世界葡萄酒圣经

Shi Jie Pu Tao Jiu Sheng Jing

主编

【法】艾薇琳娜·马尼克

翻译

姚 颖

化学工业出版社

·北京·

本书由15位葡萄酒业界的专家撰写而成，用一种简单、清晰且实用的方式向你展现了复杂而神奇的葡萄和葡萄酒的世界，堪称葡萄酒的百科全书。

在本书的第一章中，我们将穿越世纪长河，追溯它传奇的历史，描述从葡萄汁到葡萄酒的神奇转化过程，其中将会涉及葡萄品种、风土条件、葡萄酒酿造、葡萄农及酿酒师的工作内容。

第二章将带领读者进行一次活色生香的葡萄酒环球之旅，去认识一下法国及其他国家的葡萄酒。在第三章中，我们将讲解品鉴葡萄酒的技巧、礼仪、要求及窍门，教会大家如何观察酒裙的颜色，如何识别和描述葡萄酒的香气，以及如何分辨普通葡萄酒和名贵葡萄酒之间的差异。为了扩充大家在葡萄酒方面的基础知识，在第四章中，我们将解读葡萄酒专业术语，介绍复杂的法定产区，讲解酒标的辨识方法，以便各位能够游刃有余地选购葡萄酒。

葡萄酒与美食总是不可分割的，在第五章中，我们将与大家一起去感受餐桌上的葡萄酒，因为那里才是它的最终归宿。用规范的方法开启酒瓶，在正确的温度下侍酒，佐以经典得当的菜式……这些内容都会使葡萄酒的美妙之处发挥到极致。

读完本书，您对葡萄酒的体验将会进入到一个全新的境界。

图书在版编目（CIP）数据

世界葡萄酒圣经／〔法〕艾薇琳娜·马尼克主编；姚颖翻译. —北京：化学工业出版社，2013.11

ISBN 978-7-122-18603-4

Ⅰ.①世… Ⅱ.①艾… ②姚… Ⅲ.①葡萄酒-基本知识 Ⅳ.TS262.6

中国版本图书馆CIP数据核字（2013）第237862号

Published originally under the title: "Bien conna.tre et déguster le vin"
2004 by Editions Solar, Paris

北京市版权局著作权合同登记号：01-2012-1537

责任编辑：李　娜　马冰初　　加工编辑：李　曦
责任校对：陈　静　　装帧设计：水长流文化

出版发行：化学工业出版社（北京市东城区青年湖南街 13 号　邮政编码 100011）
印　　装：北京画中画印刷有限公司
787mm×1092mm　1/16　印张35　字数634千字　2014年5月北京第1版第1次印刷

购书咨询：010-64518888（传真：010-64519686）　售后服务：010-64518899
网　　址：http://www.cip.com.cn
凡购买本书，如有缺损质量问题，本社销售中心负责调换。

定　　价：298.00元　

序

穿越葡萄酒的迷宫

二十多年前，我在我的第一本书中向大家展示了葡萄酒市场的格局，它也恰恰反映了我对葡萄酒大千世界的最初体验和观感。在书中，我对许多基础而传统的概念都进行了详细的解读，从名贵的香槟到顶级的波尔多葡萄酒；从复杂神秘的勃艮第（Bourgogne）到独具韵味的阿尔萨斯（Alsace）；从卢瓦尔河谷（Loire）的玉液琼浆到罗纳河谷（Rhône）的葡萄田，无不被一一提及。除了法国以外，我也重点介绍了欧洲其他一些著名产区，例如意大利的彼尔蒙（Piémont）和托斯卡纳（Toscane）、德国的莱茵省（Rhin）和摩泽尔河区（Moselle）、西班牙的里奥哈（Rioja）以及因出产波特酒而著称于世的葡萄牙的杜罗河地区（la région du Douro）。当时，以西施佳雅（Sassicaia）为代表的一部分意大利普通餐酒由于新颖独特，其价格远远超越了传统意义上的同级别产品。还有一些来自于美国加利福尼亚州的葡萄酒仅仅因为赢得了几次盲品比赛的奖项，就想要与那些欧洲的传世经典一较高下。澳大利亚距离我们很远，那些南美洲出产的葡萄酒则是寂寂无名。

然而在此之后，葡萄酒的世界经历了天翻地覆的变革。意大利的普通餐酒不再是另类的产品，反而逐渐趋于经典。新世界葡萄酒也不再被认为只能在盲品比赛中“欺世盗名”，今天它们已经在各个著名餐厅的酒单中占有了不可小觑的份额。可供选择的葡萄酒越来越多，而葡萄酒爱好者们也更多地被来自于世界各地的高品质葡萄酒所折服。葡萄酒反映出各自产区独特的风土条件，无论它来自于知名或是不知名的产区，都会因为它迷人的口感而受到消费者的青睐。不过，日渐丰富的葡萄酒世界也给那些乐于在葡萄酒专卖店、超市、餐厅或是葡萄酒吧中选购世界各地佳酿的消费者们带来了不小的困扰。面对着葡萄酒专卖店里十几米长的货架、展

销会上堆放的占地几百平方米的葡萄酒和数千款不同的酒标，你觉得自己仿佛置身于一座葡萄酒的迷宫里，这实在不足为奇。

葡萄酒的世界也需要一张地图，让消费者们能够看清自己脚下的路。他们有权利要求了解到更多更详细的葡萄酒信息。只有明白和理解了不同的葡萄园、葡萄品种的本质以及世界各地的生产工艺之后，才能真正享受到品尝的乐趣。这本书就是帮助大家穿越巴克斯迷宫的秘笈。它由最杰出的葡萄酒从业人员、侍酒师和记者联合撰写，能够满足各位的需求。本书不仅仅满足于介绍那些传统的葡萄园，同时展现给读者的还包括来自于世界各地的出产优质葡萄酒的产区。它对于风土条件的各个方面以及生产工艺都进行了详细的阐述，而不只是局限于简单的产区介绍中。同时，本书也没有忘记最美好的品鉴享受来自于完美的餐酒搭配。它在给读者们提供了更为丰富的实用技巧的同时，也让大家透彻地理解了葡萄酒的本质。

在阅读完这部作品之后，葡萄酒世界对于各位来讲会变得清晰明了、魅力四射，大家将有能力做出自己的选择。口味因人而异，最好的葡萄酒其实就是你最喜欢的那一款。好了，一起来享受美酒吧，人生苦短，哪有时间浪费在自己并不中意的那些葡萄酒上呢？

马库斯·德拉·莫纳克

2003年度葡萄酒大师

1998年度全球最佳侍酒师

前言

葡萄酒，人类的一次奇遇

葡萄酒总是与社交、友爱、欢庆密不可分，人们在谈论它时也总是抱着极大的热情。

二十多年来，无论是葡萄酒的品质还是酿造工艺都取得了长足的进步。依据不同风土条件、不同葡萄品种的特性来进行酿造的技术取代了传统的经验主义。葡萄酒的品质得到提升，并且拥有了前所未有的稳定性，使得消费者从中获益。这一系列改善带动了葡萄酒的消费，让我们深感安慰。诚然，一分价钱一分货，偶尔多花些钱买瓶好酒来慰劳自己，总是要好过上当受骗或是经常性地饮用低价的劣质葡萄酒。

20世纪70年代，当我刚刚进入葡萄酒行业工作时，葡萄酒酿造学仅仅是为了弥补之前酿造过程中的不足之处。但30年后，它已经变得富有创造性，并被应用于酿造高品质的葡萄酒。一切都始于葡萄树，没有好的葡萄就不可能酿制出好的葡萄酒。各酒庄逐渐开始采用最理想的方式去处理果实，祖传的工艺被更新换代。紧随1970～1980年的“机械化”风潮而来的，是对原材料的极大重视，并结合了一系列更为精细和高效的分析手段。我们拥有了一切生产高端葡萄酒所要具备的条件，但这并不意味着就一定能生产出品质卓越的葡萄酒。因为，除了先期所要注意的事项和采取的措施以外，葡萄酒的真正精髓全部来自于当地独特的风土条件。一个最基本的概念就是：哪里都有可能出产好酒，但是真正伟大的葡萄酒却只来自于伟大的风土。人类永远左右不了风土条件，勉强为之，只能生产出不尽如人意的产品。

葡萄酒是我们文化的一部分，它伴随着美食，并且拥有自己的历史、灵魂和躯体，它无时无刻不给我们带来愉悦和享受，无时无刻不提醒着我们进行分享和交流。同样地，希望各位通过这本书了解并记住关于葡萄酒的林林总总，同时将其应用于实际生活中。葡萄酒是人类的一场奇遇，带给我们的是无限的魅惑与激情。

米歇尔·罗兰
酿酒师

关于本书

葡萄酒，最简单的幸福感受

提到葡萄酒——酒趣、酒友，酒伴，总是能马上打开话匣子，聚起些志同道合的人，聊得神采飞扬。葡萄酒是一种社会现象。在任何国家，都不乏描述葡萄酒的作品或谈论葡萄酒的人。但今天，我们将不仅仅满足于单纯的饮酒，而是要深入地了解它，学习它，以便能够更好地赏析它。

由于葡萄酒也是人类文明和文化的一部分，因此在本书的第一章节中，我们将穿越世纪长河去追溯它传奇的历史，描述从葡萄汁到葡萄酒的神奇转化过程，其中将会涉及葡萄品种、风土条件、葡萄酒酿造、葡萄农及酿酒师的工作内容。

葡萄酒早已不再是少数传统生产国（意大利、法国、西班牙……）的专利了，它的种植与酿造在其他国家（美国、澳大利亚、南非、智利……）也取得了成功。因此，在第二章节中，我们将带领读者来一次活色生香的葡萄酒环球之旅，去认识一下法国及其他国家的葡萄酒。

葡萄酒始终是一种用来品尝的饮料，因此在第三章节中，我们将讲解品鉴葡萄酒的艺术、礼仪、要求及窍门，教会大家如何观察酒裙的颜色，如何识别和描述葡萄酒的香气，以及如何识别一款普通葡萄酒和名贵葡萄酒之间的差异（琼瑶浆Gewurztraminer或是青酒Vinho Verde、谢瓦利埃-蒙哈榭Chevalier-Montrachet或是纳帕谷Napa Valley的霞多丽Chardonnay、弗勒里Fleurie或是西施佳雅Sassicaia、罗第丘Côte-Rôtie或是作品一号Opus One、伯林格Bollinger或是巴纽尔斯特殊年份葡萄酒Banyuls Rimage……）。

为了提升大家在葡萄酒方面的知识，在第四章节中我们将解读葡萄酒专业术语，介绍复杂的法定产区、讲解酒标的辨识方法，以便各位能够游刃有余地选购葡萄酒。这些内容将为大家在以下方面提供宝贵的指导意见：建立及管理自己的酒窖；正确判断一款葡萄酒的适饮期，以便能领略到它最佳的风采；甚至还包括葡萄酒收藏。

由于葡萄酒与美食是不可分割的，因此在第五章节中，我们将与大家一起去感受餐桌上的葡萄酒，那里才是它的最终归宿。用规范的方法开启酒瓶，在正确的温度下侍酒，佐以经典的菜式，也可以做一些会带来惊喜的新尝试，或是到餐厅里听取侍酒师的建议。

十五位葡萄酒业界的专家——侍酒师、酿酒师、品酒师、记者、作家、地图绘制师——综合他们的才学，为你奉上这本葡萄酒的百科全书。这本书用一种简单、清晰且实用的启蒙方式向你展现了复杂而神奇的葡萄和葡萄酒的世界。亲自去饮用葡萄酒，只有这样才能更深入地品鉴，才能会学思考葡萄酒，才能锻炼自己的判断力。所有这一切都是为了获得最简单的幸福感受。

艾薇琳娜·马尼克

目录

CONTENTS

PART 第 2 部分 世界葡萄酒之旅

PART 第 3 部分 葡萄酒品鉴

PART 第 4 部分 葡萄酒选购指南

PART 第5部分 餐桌上的葡萄酒

SHIJIE PUTAOJIU

SHENGJING

P A R T

第 1 部分

认识葡萄酒

▲葡萄与葡萄酒孕育了历史，塑造了一个国家的地理与建筑。葡萄酒本身与绘画、文学、音乐一样，被人们视为一种文化。

葡萄与葡萄酒的历史

葡萄树的前世今生

葡萄和葡萄酒的起源已然淹没在时间的浩瀚长河里。自几千年前起，葡萄酒就开始陪伴在人类左右了，同时它代表着神圣与世俗，它的酿造方法扑朔迷离，还是伟大权力的象征。这种具有多重美德的饮品征服了世界，塑造了独特的地理意义，孕育了历史，影响了经济，赋予了艺术家灵感，也让人类的心灵为之欢唱。葡萄酒就是文化、艺术和文明的化身。

葡萄树出现于第四纪，在赤道任意一侧纬度为30°~50° 的温带地区。与小麦一样，它是最古老的农作物之一。在史前洞穴和湖底城池中发现的葡萄籽经过碳14技术测定，证明了早在公元前7000年至公元前5000年，最早的人类就已经开始利用野生葡萄的浆果，并且掌握了压榨葡萄汁的工艺。科学家和考古学家的研究成果显示，葡萄的发源地位于东地中海一带，而最早的葡萄园则种植于南高加索地区（现今的格鲁吉亚、亚美尼亚及阿塞拜疆）。

Tips

“一款伟大的葡萄酒并不是某一个人的杰作，它来自于一种恒久坚持，精益求精的传统。一个古老的葡萄酒瓶中承载着的是上千年的历史积淀。”[保罗·克罗戴乐（Paul Claudel）]

▲ 古人将葡萄酒保存在用木塞密封的双耳尖底瓮中。

千年的历史

埃及与葡萄酒

如果古埃及人没有发明葡萄酒，他们就不可能享用到这样的玉液琼浆。他们亲手酿造的葡萄酒曾为喜庆的盛宴增光添彩，也陪伴着他们走过了最后的穷途末路。自古埃及开始（公元前2700年至公元前2200年）直到公元前1世纪末期，在墓穴或寺庙中的装饰性浮雕和图画上，经常会出现一些以描绘葡萄园内劳作、葡萄酒生产和保存为主要内容的作品。其中许多生产方法沿用至今，例如：采收、用脚踩的方式压榨葡萄汁、装罐。葡萄酒被保存在用木塞或是软木塞（那时就已经出现软木塞了）密封的双耳尖底瓮中，然后封存起来，在每个瓮上都会有标明收获日期和产地的印章。在图坦卡蒙（Toutankhamon）的陵墓中，人们发现了许多带有标签且注明年份的酒瓮。其中以白葡萄酒为主，这些在当年都是专供有钱的古埃及人饮用的。

希腊，葡萄酒的国度

▲采收的场景

马赛克、壁画、雕塑、花瓶装饰、宗教或非宗教仪式，乃至荷马（Homère）和希罗多德（Hérodote）的著作，所有的这一切都证明了葡萄酒是古希腊文明的重要元素。葡萄树在希腊被广泛种植，遍布爱琴海（la mer Égée）的岛屿［莱斯博斯岛（Lesbos）、希俄岛（Chio）、罗得岛（Rhodes）］、大希腊（Grande Grèce）的殖民地、意大利南部以及西西里岛，那里曾被称为"葡萄酒之乡"。许多葡萄酒发源于此，特别是添加了不同香料（百里香、肉桂）或蜂蜜的甜酒最为出名。那时希腊的葡萄酒出口到许多个国家。为了保存和陈酿葡萄酒，古希腊人将酒瓮放置在蓄满海水的水池中。此外，葡萄酒还显示出了它治疗的功效：古希腊名医希波克拉底（Hippocrate）（公元前460年至公元前377年）曾大力推广利用葡萄酒治疗腹痛和浮肿的方法。与他同时代的柏拉图（Platon）则将葡萄酒作为抵御衰老的一剂良药。

Tips

波斯人发明了最初的葡萄酒?

关于葡萄酒的起源，有一个古老的波斯传说：一个国王将葡萄串放在了标有"毒药"的罐子里，然后他就把这件事情给遗忘了。他的一个妃子因为失宠而郁郁寡欢，最后决定喝掉罐子里的"毒药"自杀。让她意想不到的是，罐子里的饮料不但没有毒，而且香醇可口。她把这饮料献给国王品尝，国王大悦，不但重新对妃子宠爱有加，更是下令发酵葡萄来酿酒。

狄奥尼索斯（Dionysos）与巴克斯（Bacchus）

在古希腊神话中，是葡萄与葡萄酒之神狄奥尼索斯（Dionysos）最早在希腊种植了葡萄树。在罗马神话里酒神则变为了巴克斯（Bacchus）它通常以小孩或是大腹便便的老人的形象出现。酒神节就是专门为巴克斯而设立的节日，但这个节日很快变成了人们纵酒狂欢的借口。

古罗马，葡萄酒强国

随着葡萄树的广泛种植，酿酒技术的提升，以及葡萄酒贸易的发展，继希腊之后，葡萄酒产业也开始在古罗马兴盛了起来。公元前1世纪，葡萄树遍布意大利半岛，古罗马人熟练掌握了葡萄种植及葡萄酒酿造的技艺。很多在那时运用的技术沿用至今，例如：过滤、蛋清澄清法等。他们会像古埃及人那样将葡萄酒储存在贴有标签、注明年份的酒瓮中来进行陈酿；也会同古希腊人一样，从来不饮用纯葡萄酒。首部知名烹饪书籍的作者阿比鸠斯（Apicius，公元前25年）在书中的许多菜谱中都提到了葡萄酒。在公元前27年改称为那博纳（Narbonnaise）的“行省”，曾经是著名的葡萄酒产区：从里昂起逆罗纳河（Le Rhône）和索恩河（La Saône）而上，直达勃艮第，延展至莫泽尔河（La Moselle）和莱茵河（Le Rhin）两岸，多瑙河（Le Danube）及潘诺尼亚地区（La Pannonie），向西直抵卢瓦尔河谷（La Vallée de la Loire）、塔恩河谷（Tarn）和加龙河谷（Garonne），将加亚克（Gaillac）和波尔多（Bordeaux）包含其中。阿洛布罗基斯人（Allobroges）［分布于萨瓦（Savoie）、多菲内（Dauphiné）、日内瓦（Genevois）］所种植的阿洛布罗基卡（Allobrogica）被认为是西拉（Syrah）的前身，它可以抵御当地的严寒。毕图利泽斯·比比斯克人（Bituriges Vivisques），即吉伦特人（Girondins）则种植比都利卡（Biturica），这种葡萄能够适应阿基坦地区的海洋性气候，很可能就是早期的品丽珠（Cabernet Franc）。这里的首府伯帝卡拉（Burdigala，现今的波尔多）逐渐成为葡萄酒贸易的重镇，堪比拉格丹努（Lugdunum，现今的里昂）。

高卢葡萄酒的发展大大地威胁到了古罗马本土的葡萄酒经济，同时葡萄树的大面积种植也减少了农用耕地的面积，因此在公元92年，罗马大帝多米蒂安（Domitien）下令毁掉了外部行省至少一半的葡萄园。直到近200年以后的公元270年，另外一位罗马大帝博布斯（Probus）才重新授权高卢人发展葡萄酒产业，因为他需要大量的葡萄酒来满足军需。得益于这项政令，葡萄树重新在罗马帝国内被广泛种植。从公元3世纪末起，现今欧洲的葡萄种植格局逐渐成形。

木桶的发明

克尔特人（Celtes）发明了木桶（橡木、栗木、洋槐），它在日后逐渐取代了双耳尖底瓮。

法兰尼
（Le Falerne）

法兰尼是古罗马最早的名庄酒，也是当时最著名的葡萄酒。这款葡萄酒轻柔甜美，随着酒龄的增长，会显现出迷人的琥珀色。

修道院与葡萄种植

西罗马帝国皇权的没落以及大量“外族”移民的侵入导致了整个欧洲国家葡萄种植业的衰退。葡萄酒贸易几乎全面消失。但到了公元6世纪，在教会、城市贵族、新一代社会精英、勃艮第人（Burgonde）和西哥特人（Wisigothe）的推动下，全新的葡萄种植地理版图渐渐显露出来。

主教和僧侣们种植葡萄树，在修道院的阴暗处设立酒窖。葡萄酒成了专为教徒准备的饮品。实际上，那时它已然成为了举行祭祀仪式，款待宾客，接待朝圣者和治疗疾病所不可缺少的物品。圣伯努瓦（公元480至公元587）将葡萄酒纳入了僧侣们的日常的餐食中（每人300毫升）。他的修会［本笃会（Bénédictin）］及其他一些出现于中世纪早期的修士们是勃艮第大部分著名葡萄园的最初拥有者。除此以外，他们还拥有卢瓦尔河及其支流一带、普罗旺斯、德国，甚至英国和丹麦的葡萄园。如今，从很多葡萄酒的名字里就能知晓它们最初的起源：法国的葡萄酒名称中可能出现的词有隐修修道士住所（Ermitage）、修道院（Abbaye）、园圃（Clos）、修道院院长（Prieuré）；而来自于原罗马帝国日耳曼地区（从阿尔萨斯至波西米亚）的葡萄酒的名字中则经常出现僧侣（Mönch）、修女（Nonnen）、修道院（Kloster）的字样。

▲葡萄酒文化在很长一段时间里与基督教文化密不可分。

皇族的作用

推动葡萄酒繁盛发展的不仅仅是僧侣们。从9世纪到15世纪，法国及英国国王、德国皇帝、佛兰德伯爵、勃艮第大公，乃至欧洲所有的王室都不同程度地促进了葡萄酒事业的发展。葡萄酒贸易在江河流域重整旗鼓。卢瓦尔河（La Loire）、罗纳河（Le Rhône）、加龙河（La Garonne）、塞纳河（La Seine）、马恩河（La Marne）、瓦兹河（l´Oise）都扮演了举足轻重的角色，与它们同等重要的还包括日耳曼帝国的莱茵河、默兹河（La Meuse）和易北河（L´Elbe）。那时北欧的港口贸易以葡萄酒为主（自英吉利海峡至波罗的海）。船舶的装载量以“登记吨”来计算。

查理曼大帝在法国大力推广葡萄树的种植。时至今日，在勃艮第仍有一块著名的葡萄田以他的名字命名——科尔登-查理曼（Corton-Charlemagne）。在德国的莱茵高地区（Rheingau），强制实施的卫生条例异常严苛。同时，这里准许独立酒农直接出售自己的葡萄酒，他们可以在大门上悬挂绿色的枝条吸引购买者上门。这个习俗在德国和奥地利流传至今。

法国国王所拥有的葡萄园遍布老城、巴黎、圣日内维吾山（Sainte-

Tips

加冕礼中的葡萄酒

从公元496年主教圣雷米（Remi）为法国国王克洛维（Clovis）施洗礼开始，香槟酒（也就是法国的葡萄酒）正式被兰斯大主教用于国王的加冕典礼。这不是今天我们所看到的普通的气泡酒，而是一种清淡的红色葡萄酒。

▲本笃会修士是法国和欧洲许多葡萄园的最初拥有者。

最早的葡萄酒竞赛

1223年，法国国王菲利普·奥古斯特（Philippe Auguste）组织了一场葡萄酒竞赛。这次比赛由一位英国神父做裁判，旨在将欧洲北部和南部生产的葡萄酒做一对比。来自西班牙、德国、法国南部等地的70多个酒庄参加了比赛。塞浦路斯以其著名的康梦达瑞亚（Commandaria）胜出。正是源于此次比赛所激发的灵感，诗人亨利·德安德里（Henri d´Andeli）写下了著名的诗篇《葡萄酒的战役》。

Geneviève）、叙雷纳（Suresne）和阿让特伊（Argenteuil）……而王子们所拥有的葡萄园则位于奥尔良地区。贵族享有特权，他们可以决定采摘日期，并优先出售自己的葡萄酒。许多大城市，如昂热和波尔多，也同样获得了这样的优待。

在1340年，一则政令开创了马孔葡萄酒展销会（La Foire de Mâcon）。1395年，勃艮第大公菲利普·乐哈迪（Philippe le Hardi）下令拔除产量大的公用葡萄品种佳美（Gamay），转而种植黑皮诺（Pinot Noir）。这一变革成就了该地区延续了若干个世纪的独有特征。同为安茹和普罗旺斯亲王的好国王荷内（Bon Roi René）则一直致力于宣传和推广他的葡萄酒。

从那些出产葡萄酒的城市和地区开始，葡萄酒一点点地成为了一款大众饮料，走进了人们的日常生活，影响了啤酒、苹果酒、梨子酒以及其他果酒的销量。一些历史资料记录了那时葡萄酒的年消耗量，在法国大革命前夕，巴黎人均饮用葡萄酒大约为350升。这个数字貌似惊人，那是因为在许多卫生条件恶劣的城市里，人们认为葡萄酒要比未经处理的饮用水安全得多。人们主要饮用白葡萄酒或是较为清淡的红葡萄酒，有些人也会往里面掺水。此外，人们在等待真正的葡萄酒酿成上市期间，还会饮用一种叫做“皮盖特”（Piquette）的饮料，它是用压榨后的葡萄果渣加水制成的。

葡萄酒贸易的蓬勃发展

陆路和海路

在文艺复兴时期，得益于经济的变革（资本主义的产生）和航海技术的发明，葡萄酒交易迎来了新一轮的兴盛。荷兰商人沿卢瓦尔河而行，在普瓦图（Poitou）、奥尼斯（Aunis）以及葡萄牙的沿海地带投资（那时的波特酒还不是我们现在所见到这种加烈酒，现代波特酒直到公元18世纪英国垄断时期才出现）。也正是从这时开始，梅多克地区（Médoc）逐渐转型为葡萄酒产区，而整个西南地区则生产大批量的白葡萄酒，“白兰地”也出现在这里，它即是早期的干邑。威尼斯，这个地中海贸易的重镇，为英国和法国带来了克里特、塞浦路斯以及希腊的马勒瓦西（Malvoisie）葡萄酒。在西班牙，人们开始重新种植葡萄树。在此之后不久，雪莉酒（Jerez）和马拉加（Malaga）葡萄酒就出现了，英国人在进口这两款葡萄酒的时候，将它们统称为“加烈白葡萄酒”。

▼自古代以来，葡萄酒的发展就是贸易繁盛的开始。

新世界的征服者

随着克里斯多弗·哥伦布（Christophe Colomb）在1492年登上安的列斯群岛（Antilles），葡萄酒文明也开始与西方征服者们一起进入了这些崭新的大陆。大约在1521年前后，赫曼·科特斯（Hernan Cortes）将葡萄植株带到了墨西哥，开辟了美洲的第一片葡萄园。此后，更多的葡萄园出现在智利、秘鲁、阿根廷，它们不仅满足了本地市场对葡萄酒的需求，而且也开始出口到欧洲。正如同之前提到过的罗马大帝多米蒂安（Domitien），西班牙国王菲利普二世也曾下令禁止在殖民地开垦葡萄园，但却没有取得明显的成效。

瓶子的革命

自古罗马时期开始，葡萄酒通常存放在双耳尖底瓮、交易用酒桶、特大木桶、陶瓷桶或是酒池中。人们只有在需要饮用的时候，才会用酒壶取出一些酒来，这些酒壶的材质一般为玻璃、金属（锡）或是陶土。至于那些拥有细长瓶颈和粗矮瓶身的玻璃樽，人们常常会包裹柳条或金属物质来对其进行保护，而在威尼斯或弗朗索瓦一世的宫廷中，也常会采用黄金或珐琅这样的奢侈材料。随着玻璃吹制工艺的日趋成熟，人们可以生产出更为厚实、价廉物美的瓶子。从18世纪末开始至今，葡萄酒始终被装在玻璃瓶中进行售卖。

▲玻璃酒瓶的发明是葡萄酒世界的一场伟大变革。

在酒瓶工业发展的同时，软木塞也经历了卷土重来的过程。从古代起，软木塞就开始被广泛使用，但后来人们却逐渐忘记了它的诸多优势。人们发现在密封良好的瓶子里，葡萄酒储存的时间要比在木桶中更长，同时还能获得更好的香气。对葡萄酒存储及陈酿技术的掌握，成为了葡萄酒历史中一个重要的转折点。

这一时期的葡萄酒世

▲梅多克地区遍布着气势恢宏的酒庄城堡。其中，爱士图尔酒庄的建筑以其轮廓突出的装饰图案、塔形屋顶、亭台，以及亚洲风格的小尖塔而为人称道。

界在经历着变革：从17世纪开始，由于修道士阶层的没落以及贵族们对于金钱的迫切需求，大部分由这两个阶层人士所拥有的葡萄园都遭到损毁。波尔多议会主席兼红颜容酒庄（Château Haut-Brion）庄主阿诺德·德彭塔克（Arnaud de Pontac）向世人展示了如何通过严苛的筛选来生产更为精致的葡萄酒。1666年，他的儿子在英国伦敦开办了一家酒馆，作为展示其家族葡萄酒的窗口，他们的酒也在当地获得了金奖。梅多克地区的葡萄园和城堡星罗棋布。同一时期，在香槟地区，位于埃佩尔奈（Épernay）附近的欧维耶修道院中的僧人皮埃尔·佩里农（Pierre Pérignon）成功地运用了二次发酵技术来制作香槟。从此制作香槟的公司纷纷成立：瑞纳特（Ruinart，1729）、凯歌香槟（Veuve Clicquot，1772）等。

在勃艮第，许多大的酒商开始涌现：宝尚（Bouchard）、杜安（Drouin）、香皮（Champy）、巴蒂雅旭（Patriarche）等。位于香槟地区及奥尔良一带的“法兰西葡萄园”占地42000公顷，那时的法律规定距首都20古里（即80公里）以内的地区生产的葡萄酒是不能上市销售的。下朗格多克及罗纳河谷的葡萄园因此有了进一步的发展。为了避免生产过剩，皇家法令禁止在一些地区开垦新的葡萄园。

当时的美国总统托马斯·杰斐逊在访问法国的时候为当地的葡萄酒所倾倒，特别是对红颜容（Château Haut-Brion）和滴金庄（Château d´ Yquem）情有独钟。他开始试图让美国人意识到种植葡萄的重要性，甚至梦想能在弗吉尼亚州复制一个崭新的勃艮第。为了捍卫波特酒的良好声誉，在葡萄牙的英国人着手制定了一套杜罗河地区（Douro）的法定产区监管制度（1756年）。

受法国大革命的影响，法国许多大型的古老酒庄不再由教士和贵族拥有。而在德国，摩泽尔河及莱茵河两岸也有了新的主人。酒庄所拥有的葡萄园被分割成若干个零星地块。针对法国的海上贸易封锁给波尔多造成了极大的困扰。在这种情况下，为了满足葡萄酒的日常供给，英国人更多地转向葡萄牙购酒，波特酒从而风靡一时。

▲波尔多1855年列级酒庄：这个象征荣誉的排行榜只在1973年更新过一次，木桐-罗斯柴尔德（Château Mouton-Rothschild）跃升至一级酒庄的行列。

葡萄酒的黄金时代

19世纪上半叶，整个欧洲的葡萄酒产业发展态势良好。葡萄种植酿造工艺日臻完善：出现了最早的葡萄种植学家乌塔男爵（Le Baron Oudart）；剪枝技术（居由博士 Dr. Guyot）也得到了广泛传播。拿破仑的内政大臣、化学家让·安东尼·夏普塔勒（Jean-Antoine Chaptal）提出了一种用以弥补葡萄成熟度不足的方法：在发酵前或发酵过程中，向葡萄汁中添加糖分。“加糖法”的提议很快被采用，但却给质量造成了一些影响。

波尔多“葡萄酒之都”的地位比以往任何时期都要稳固。这里生产的红葡萄酒在全世界范围内受到追捧。各个城堡酒庄都拥有自己独树一帜的标志性建筑：玛歌庄（Margaux）的帕拉底奥式建筑外观、爱士图尔的小尖塔型轮廓……出台于1855年的波尔多梅多克地区（Médoc）及苏玳地区（Sauternais）的列级名庄排行榜（至今还在沿用）给这里带来了巨大的变革。英国海关关税的降低为法国葡萄酒的出口创造了有利条件。从那时起，各大葡萄酒中间商开始在伦敦、阿姆斯特丹、吕贝克（Lübeck）、汉堡、圣彼得堡、费城等地派驻自己的贸易代表。

铁路在各个地区的发展和繁盛引发了法国葡萄酒种植版图的变化。勃艮第、博若莱（Beaujolais），甚至是法国南部朗格多克地区出产的葡萄酒被装入大罐车，经由铁路运往巴黎。这也使得奥尔良和欧塞尔（Auxerre）地区的葡萄酒几乎销声匿迹。贝尔西（Bercy，1840）成了巴黎的首要仓库。小酒馆、客栈、咖啡馆鳞次栉比。城市的发展提升了人们对低价位葡萄酒的需求量。各个不同产区推出了具有自己独立特征的葡萄酒瓶型，法定产区的管理制度也开始成形。随着平版印刷术的发明，酒标开始被大量应用。开始时，酒标的内容单一而严苛，之后则开始越来越多地加入图案以及关于产品的各类溢美之词。

此时，葡萄酒也依然在继续征服着新世界国家。1833年，波尔多人让·拉维涅（Jean La Vigne）和匈牙利人阿古斯东·阿哈兹第（Agoston Haraszthy）将欧洲的葡萄植株进口到美国的加利福尼亚，在此之前的几十年间这里都由西班牙僧侣所控制。淘金潮（1848）对于葡萄酒酿造业在美国的发展起到了决定性的作用，大量欧洲酒农来到索诺玛谷（Sonoma）和纳帕谷（Napa Valley）定居。1850年，一些来自于提洛尔（Tyrol）的耶稣会成员在澳大利亚距阿德莱德（Adélaide）不远处的地方建立了七山酒庄（Sevenhill）。5年之后，在世界博览会的闭幕晚宴上，一款来自于澳大利亚的葡萄酒被呈献给拿破仑三世品尝！这一时期，意大利的葡萄园（托斯卡纳、彼尔蒙）也重获生机，基安蒂（Chianti）、布鲁内罗 （Brunello）以及巴罗露（Barolo）的葡萄酒开始出口到海外。

▲整个欧洲迎来了葡萄酒种植的黄金时代。

葡萄种植业的重创与重生

天灾人祸

也许一切都发展得过于顺利了，法国的葡萄种植业在接下来的日子要接受一连串灾难的考验：螟蛾的侵袭、白粉病、霜霉病。同时还要遭遇前所未有的贸易困境：出口到国外的名贵葡萄酒在抵达目的地的时候已经无法饮用了。在拿破仑三世的要求下，巴斯德细化了葡萄酒发酵过程中的工作。但葡萄酒世界迎来的是新一轮更具有毁灭性的灾祸。1863年，根瘤蚜虫病首先出现在加尔省（Gard）的蒲若（Pujaut），这是一种来自于美洲的细小的黄色蚜虫，它的幼虫会侵蚀葡萄树根部，导致整个树根在几星期内死亡。这种邪恶昆虫的出现几乎在几年之内毁掉了整个法国的葡萄园。一个又一个的葡萄酒产区从地图上消失，许多古老的葡萄品种就此绝迹。其他国家的葡萄园，虽然受创程度不同，但也都难逃厄运：德国、意大利、西班牙、葡萄牙、澳大利亚、南非、美国。而有幸逃过一劫的葡萄园，要不就是由于葡萄品种自身的原因，要不就是因为土壤的砂质特性。其中包括：布济（Bouzy）和阿伊（Aÿ）地区的小块土地［伯林格（Bollinger）的法国老藤］、索洛涅（Sologne）地区种植了罗莫朗坦（Romorantin）的若干葡萄园、种植于卡玛格地区（Camargue）沙地上的葡萄园、摩泽尔河区（Moselle）的部分葡萄园、葡萄牙的一些植株，例如杜诺瓦园（Porto Quinta do Noval）。

▲一种来自于美洲的微小蚜虫——根瘤蚜虫，几乎摧毁了全世界的葡萄园。

从危机到生机

一些美国的葡萄植株具有抵抗根瘤蚜虫病的能力，于是人们决定利用这些沙地葡萄或河岸葡萄。从那时起，这些植株就被用作与欧洲本地葡萄品种进行嫁接的砧木。嫁接技术的运用使全世界的葡萄园得以重建。据估算，今天约有85%的葡萄树使用了美洲砧木。根瘤蚜虫病的危机终结于1900年，但直到20世纪30年代，全球葡萄酒业才恢复元气。许多在这场危机中破产的葡萄种植者移民到了新世界国家（如南非、澳大利亚、美国……）。

在法国，根瘤蚜虫病危机使得葡萄酒供应极度匮乏。为了暂时缓解这一情况，法国不得不从意大利、西班牙，甚至是它的殖民地阿尔及利亚进口葡萄酒。而在同一时期，本地的葡萄种植者由于要进行葡萄园的重建而负债累累，这些人因为缺少经济收入（要等待新栽种的葡萄树逐渐成熟），于是用水、深色葡萄、纯酒精和红色水果果汁作为原料来酿造劣质葡萄酒，有时也会使用那些有害的“杂交葡萄”。为了节制这种几乎波及了全法国所有酒庄的大规模造假行为，从1905年起法国政府开展了打击假酒的运动，同时严格地定义了葡萄酒的概念：“葡萄酒是通过对新鲜葡萄或葡萄汁进行完整或部分发酵而生产出来的。”

随后，突如其来的生产过剩席卷了法国，而进口葡萄酒则加剧了这一现象。它导致了葡萄酒市价的急剧下跌。对葡萄种植者而言，这是新一轮的灭顶之灾。在朗格多克等地，人们举行了大规模的游行示威。为了镇压游行，克列孟梭（Clemenceau）动用了军队，在1907年6月的这场冲突中，共有5人丧生。

现代酿酒学先驱

化学家、微生物学之父路易·巴斯德（Louis Pasteur）出生于汝拉古老的葡萄种植区。他一直致力于研究葡萄酒的变质、乳酸发酵和酒精发酵。他证明了与所有其他类型的发酵相同，酒精发酵也是在酵母的作用下发生的，同时每种发酵方式也都对应了各自独特的酵母。他还向大家展示了对于葡萄汁中所含有的有害微生物，可以在其变质之前，通过加热至60℃或100℃的方法，有效地将其去除。

在1908～1911年，法国政府颁布法令，强制要求定义葡萄酒产区、严格控制产量，通过加大对假冒产品的惩罚力度来保障葡萄酒质量。与此同时，葡萄牙人将法定产区体系的范围扩大至全国所有的葡萄园。在经历了短期的平静之后，1911年香槟地区再起争端，其激烈程度甚至超过了1907年。颇具讽刺意味的是，正是1914～1918年的第一次世界大战拯救了葡萄种植业。军队购买了上亿升的葡萄酒（1916年6亿升，1917年12亿升）用来灌入士兵专用的金属杯中，配给那些即将奔赴前线的将士们。

▲法国的原产地监控命名制度（AOC）引得世界各国纷纷效仿。

原产地监控命名制度（AOC，或称法定产区制度）的诞生

当美国受禁酒令（1920～1933年）影响市场萎靡不振之时，法国的葡萄酒种植业则正处在一段欣欣向荣的时期，直到1929年，经济危机再度影响了葡萄酒市场。迫于一些思想固执的老派酿酒者以及声名显赫的酒庄庄主们的压力［其中包括波尔多参议员让·卡比斯（Jean Capus）以及新教皇城堡（Châteauneuf-du-Pape）的业主乐华男爵（Le Baron Le Roy）］，国家实施了一项旨在保障葡萄酒质量的政策。

1935年，国家葡萄酒及白兰地原产地命名委员会成立，1947年它转型为国家原产地命名管理局（INAO）。它由业内人士及政府管理部门的代表所组成。在2005年年初的改革之前，该管理局所制定的法令都是与管理葡萄酒种植业相关的。管理局成立的第二年，第一批法定产区的名单出炉，其中包括：阿伯瓦（Arbois）、卡西斯（Cassis）、新教皇城堡（Châteauneuf-du-Pape）、塔维勒（Tavel）等。在西班牙，首批法定产区包括：里奥哈（Rioja，1926）、赫雷斯（Jerez，1933）、马拉加（Malaga，1937）、蒙迪亚·莫利雷斯（Montilla-Moriles，1945）。原产地监控命名制度为全世界树立了样板。这一体制启发了许多国家：1963年意大利立法保护法定产区，1971年德国也颁布了类似的法令。参考同一模式，欧盟制定了特定产区优质酒制度（VQPRD）。

▲新世界国家所生产的优质葡萄酒完全可以与老牌欧洲国家的产品相匹敌。

向着全球一体化迈进

欧洲葡萄酒

第二次世界大战之后，全世界的葡萄种植业迈入了一个新纪元。机械设备的广泛应用将葡萄酒的生产引入了规模化时代，人们开始选择栽种高产的葡萄品种。一些引发质量投诉的丑闻严重玷污了葡萄酒世界的声誉（意大利、奥地利、法国等地）。但与此同时，针对葡萄植株及葡萄酒的科学研究为种植和酿造工艺的进步创造了条件。

1958年，欧洲经济共同体（CEE）制定了一套葡萄酒市场共同的等级标准。1984年《都柏林仲裁协议》是整个欧洲葡萄酒政策的转折点：对于品质的追求成为了葡萄酒生产的重中之重。1986年，西班牙和葡萄牙相继加入欧共体。2004年5月，匈牙利、斯洛文尼亚、塞浦路斯等10个国家成为了新的欧盟成员国。自1998年开始，随着葡萄酒业共同组织的启动，欧洲的葡萄酒经济在它的引导下有条不紊地发展着。这一组织旨在规范葡萄酒生产，提高行业整体竞争力。

品质的转折

20世纪70～80年代是葡萄酒业一个重要的转折点。在确定以质量为先的方针后，许多国家，例如意大利、德国、匈牙利等都开始将葡萄酒生产的侧重点转向了提高品质，控制产量，重新发掘本地的特色葡萄品种，以及定义风土条件上。而在美国、阿根廷、智利、南非、新西兰等新世界国家的葡萄酒农中，酿造单品种葡萄酒成为了一种潮流。其中有不少出色的产品甚至可以和欧洲的顶级名庄酒一较高下。

21世纪初，在不同的年份里，法国与意大利交替占据着世界葡萄酒产量第一大国的位置。尽管法国始终都是全球葡萄酒出口量最大的国家，但它却不得不面对来自于新世界国家的日趋严峻的挑战，这些国家所出产的葡萄酒实惠且易饮。然而，悠久的传统和精湛的酿造技艺依然是旧世界国家推销自己时的王牌：法国和西班牙参与了许多新世界国家的酿酒工作；一些知名的酒庄也纷纷在新世界国家创办合资企业［例如菲利普·罗斯柴尔德（Philippe de Rothschild）就与蒙大维（Mondavi）一起在美国加利福尼亚州打造了“作品一号”（Opus One）］；法国的酿酒师在全世界都备受青睐。

▲从今往后，葡萄酒所追求的就是拥有优良的品质和真实地反映风土条件特征。

葡萄酒市场朝着全球一体化的方向迈进。几乎在所有国家，消费量都呈下降的趋势，但这些消费主要集中在日常饮用的葡萄酒上。得益于科学技术的发展，葡萄酒的品质整体攀升。产品质量的可追溯性成为消费者的一种诉求。在诸多因素的影响下，例如普遍采用霞多丽（Chardonnay）、赤霞珠（Cabernet-Sauvignon）、美乐（Merlot）等流行的葡萄品种，酵母、金属酿酒槽，以及新橡木桶（或是带有新木头味道的桶）的广泛应用，统一的压榨和种植方式等，使葡萄酒变得越来越整齐划一，缺乏个性。但这同时也激励着各国的酿酒者们重塑自己的传统，更多地使用本地特殊的葡萄品种去酿造那些具有独特风格、体现风土条件特征、彰显酿酒者个性的葡萄酒。这些葡萄酒才是拥有灵魂的佳作。

欲获取更多信息

费尔南·布劳岱尔（Fernand Braudel）. 法兰西身份. 阿尔多·弗拉马里翁出版社（Arthaud-Flammarion），1986.

罗杰·迪翁（Roger Dion）. 法国葡萄及葡萄酒历史. 弗拉马里翁出版社（Flammarion），1977.

让弗朗索瓦·高杰（Jean-François Gautier）. 葡萄酒的故事. PUF，1992.

让弗朗索瓦·高杰（Jean-François Gautier）. 葡萄酒文明，PUF，1997.

休·约翰逊（Hugh Johnson）. 世界葡萄酒历史. 阿歇特出版社（Hachette），1990.

亚历克利·希纳（Alexis Lichine）. 葡萄酒及烈酒百科，合集，《旧书》，罗伯特·拉芳出版社（Robert Laffont），1978.

安东尼·若雷（Anthony Rowley），让克劳德·西博（Jean-Claude Ribaut）. 葡萄酒：一个关于味道的故事，合集，《发现》，伽利玛出版社（Gallimard），2003.

▲确定开始采摘的日期对于酿酒师来说是具有决定性意义的一件事。

葡萄与葡萄酒

从植株到杯中物

一瓶葡萄酒的传奇故事是从葡萄树开始的，如果没有葡萄树，那么后面的一切也就无从谈起了。为了获得这种精妙的饮料，首先要根据种植地的风土条件和所要酿造的葡萄酒类型来选择栽种最适宜的葡萄品种。这一选择是至关重要的，因为在今天，得益于葡萄酒酿造学和生产技术的进步，几乎人人都能酿造出好酒。于是葡萄品种就成为了关键因素。当然，时间和耐性也是不可或缺的：一株葡萄树要在栽种了4年之后才会产出第一批果实；从剪枝到收获需要9个月辛苦的田间劳作……收获的日期也格外关键，如果采摘开始得过早，那么果实的成熟度可能不够；相反，如果采摘得太晚，那么葡萄则会过于成熟；在这两种情况下生产出的葡萄酒，通常都不尽如人意。在漫长的葡萄酒酿造过程中，最神秘、精彩的就是发酵环节了。普通的葡萄汁在经历这个化腐朽为神奇的过程之后，变身成了红葡萄酒、白葡萄酒、桃红葡萄酒、气泡酒或是加烈酒。每个类型都有它自己独特的生产工艺。之后，酿酒师会将葡萄酒放入橡木桶或酒槽中进行培养，以便提升酒的品质。通常酿酒师在酿造过程中的许多抉择对于葡萄酒个性的最终形成起到了关键作用，正是他们勾勒出了每款葡萄酒的特征。这些从葡萄藤上流淌出的汁液最终会成为或清淡或浓郁，或适合即时饮用，或适合陈酿久藏的葡萄酒。在经历了最终的装瓶步骤之后，一瓶葡萄酒就可以完美地呈现在餐桌上了。

Tips

"葡萄和葡萄酒充满着无限的神秘感。在所有的植物中，只有葡萄树能够将土地所蕴含的风味清晰地传达给我们，宛若一本严格忠实于原著的翻译作品。土壤里的秘密就这样被葡萄酒徐徐揭开。"［科莱特（Colette）］

▲拉图庄园（Château Latour）位于波亚克（Pauillac），它的葡萄树种植在梅多克地区最好的砂砾土壤上。

风土条件与葡萄品种

风土条件：一个最基础的概念

“空气、土壤、苗木是一个葡萄园的基础”。16世纪时，农艺学家奥利维耶·德赛赫（Olivier de Serres）就曾指出：风土条件所包含的不仅仅是土壤和底土，它是一个综合了多重要素的概念，例如：土壤（土壤的性质、结构、化学构成、朝向及地理条件、给水能力）、对葡萄品种的选择（以及对砧木的选择）、葡萄酒农的劳作。风土条件是一个最基础的概念。为什么种植在不同地区的同类葡萄品种酿造出的葡萄酒却风格迥异？为什么能够适应各种环境的葡萄植株却并不是总能酿出好酒？为什么两个地块之间会存在质量差异？这一切都是由于风土条件的存在。

土壤为本

我们绝不能断言优质的葡萄酒只来自于某一种土壤类型，各种地质构造都有可能造就特级葡萄园。不同的葡萄酒产区，土壤类型各异：隆河谷北部的页岩和花岗岩，香槟区的白垩土，金丘（Côte d'Or）地区的钙质泥灰岩，波美侯（Pomerol）或苏玳（Sauternes）地区的黏土，梅多克地区含硅的砂石土壤，西班牙斗罗河地区（Duero）及美国加利福尼亚州的纳帕谷（Napa Valley）一带的砂砾土壤，澳大利亚南澳大利亚洲古纳华拉地区（Coonawarra）独特的红色黏土，葡萄牙杜罗河产区的片岩（Douro），匈牙利陶家宜（Tokaj）的火山岩土壤，意大利彼尔蒙地区（Piémont）巴罗露村（Barolo）的钙质泥灰岩，安达卢西亚（Andalousie）赫雷斯（Jerez）地区的钙质白垩土。

▲ 加龙河（la Garonne）左岸的砂石质土壤由石块和砂砾构成，这里是出产名庄酒的胜地。

人们通常会研究土壤特性与它们所产出的葡萄酒类型之间的连带关系，但也并非对所有的情况都能做出科学的解释。硅质土壤里种植的葡萄通常会酿造出清爽细腻的葡萄酒；相反地，黏土质土壤中则出产浑厚有力的葡萄酒；而较为肥沃的土壤容易生产出口感相对寡淡的葡萄酒。

然而，与土壤中的矿物元素构成相比较起来，土壤结构及其物理性质则显得更为重要，尤其是对排水而言，因为这可以防止根系浸泡在水中。例如：在多石的砂砾土壤中，那些微小的碎石可以避免土壤结构过于紧实，保证它具有良好的透气性，特别是其回暖速度要比那些水分充足的土地快得多；这里种出的葡萄成熟度适中，糖分高，酸度低，可以酿造出圆润、浓郁、柔顺的葡萄酒。而黏土质的土壤则较为潮湿寒冷，种植在其中的葡萄成熟慢。如果不为了让葡萄达到一定的成熟度而延迟采收期的话，那么酿出的葡萄酒常会显得清爽有余，柔和度不足。

朝向以及坡度同样会对葡萄的生长产生影响。这一点在勃艮第的葡萄园显得尤为突出。根据各个地块的不同情况，人们对它们进行了等级的划分。分割这些地块的地标也千奇百怪：一小段石墙、一道沟壑，有时甚至仅仅是葡萄园尽头的一块石碑。从视觉上可能很难辨别出这些地块的好坏，但是只要将葡萄酒倒入杯中，它们各自的品质差异马上分毫毕现。通常，金丘地区最好的地块都位于山坡的中段，土壤为砾石质黏土，含有适当比例的泥灰岩和柠檬土，以及能够保证土壤具有良好排水性的碎石。山坡的顶端一般气温都较低，而山坡下的土地则过于肥沃，保水性过强。

肥沃的土壤并非理想的地块

为了让葡萄树能够正常的生长，产出成熟度适中的果实，土壤给予它的养分既不能匮乏，也不能过剩。例如：铁元素的缺失会影响光合作用的进行，减慢葡萄的生长速度。相反，肥沃的土壤含有充足的养料，会造成葡萄的丰产，从而降低单个浆果口感的浓郁度，用这样的果实酿造出的葡萄酒往往酒体不够集中，成色欠佳。

给水能力

土地的给水能力对最后收获的葡萄数量及质量都有着至关重要的影响。稳定的给水能力可以使葡萄的成熟更有规律。如果土壤中的含水量过大，那葡萄树会生长得极为旺盛，多产，枝叶繁密，结出的葡萄果粒巨大，水分充足，味道寡淡，偏酸，糖分含量少。如果土壤含水量不足，那么为了防止整棵植株水分散失，葡萄叶上的气孔就会闭合，光合作用无法进行，植株进入了休眠状态，果实也很难成熟。

▲新教皇城堡（Chateauneuf-du-Pape）的葡萄园中有大量圆形卵石，它们能将白天收集的热量在夜晚时释放出来。

所有位于一流风土之上的葡萄园，其土壤都能够对自身的水分含量进行调节。这就解释了为什么小年份依然能够出产优质酒的原因。虽然不能说得过于绝对，但对优秀的风土条件而言，无论是多雨还是干旱的小年份，土壤内含水量的多寡都不会对葡萄酒的品质形成明显的影响。

Tips

什么让拉图（Latour）与柏图斯（Petrus）殊途同归?

这两大名庄风格各异：柏图斯（位于波美侯）来自于黏土质土壤，这里的葡萄树根系较浅；拉图（位于波亚克）来自于砂石土壤，葡萄树的根系扎得极深。但这两个酒庄都得益于当地土壤良好的给水能力（尽管原理非常不同），葡萄树既不必忍受干涸之苦，又能够恰如其分地得到水分供给。

地理位置

所有的葡萄品种都会有适合自己的种植范围。当我们需要在南部地区种植一款北方的葡萄品种时，应该选择一块相对凉爽的土地来中和气候差异所带来的热度，例如可以选择朝北的斜坡，或是海拔较高的地方。这就是为什么尽管原产地是勃艮第，但种植在利慕（Limoux）地区奥德河谷（Vallée de l'Aude）

◀波美侯（Pomerol）的黏土质土壤非常适合美乐（Merlot）的生长。

制高处的霞多丽也一样清爽细腻的原因。利用同样的方法，人们将阿尔萨斯（Alsace）的特色葡萄品种琼瑶浆（Gewurztraminer）种植在西班牙东北部佩内德斯（Penedès）的高海拔地区，以此来消除纬度差异带来的影响。如果想要酿造出高品质的葡萄酒，那么葡萄成熟的过程就不能太快太突然，因为这很可能会“灼伤”葡萄的香气，使它失去应有的细腻。

▲春天里，黑品乐在萌芽。

葡萄品种

不同的葡萄品种产自不同的葡萄植株。每个葡萄品种都有它自己对于风土条件和气候的不同要求，以及各自独有的特性和香气——正是这样才造就了口感各异，风格多样的葡萄酒。有些葡萄品种的特点为世人所熟知，例如：琼瑶浆带有浓郁的玫瑰和荔枝的香气；黑品乐则以红色水果的香气著称，西拉带有典型的香料味道。

当葡萄的种植不再局限于地中海沿岸，逐渐向着北方地区扩张时，人们必须要培育出一些能够抵抗潮湿和寒冷气候的葡萄品种。于是种植者们挑选了最好的植株，通过插枝或播种果核的方式，才获得了今天我们看到的这些葡萄品种。

葡萄品种大家族

葡萄是一种葡萄科葡萄属植物（旧时写为Ampélidacées）。该属中包含了40余个不同种群。其中只有欧洲葡萄（Vitis vinifera）这一种群能够酿造出优质

葡萄品种的族谱

在美国，一些美国和法国的研究人员已经开始利用遗传基因技术绘制当今广泛种植于世界各地的葡萄品种的族谱。例如：波尔多的赤霞珠或多或少是品丽珠和苏维浓杂交的后代。这样的研究需要花费很长时间，但它可以重新理清葡萄种植学的基础，葡萄品种家族的产生正是基于这门学科。不过，也有个别的葡萄品种与其他的全无干系。

▲桑塞尔（Sancerre）的丘陵上遍布着长相思。

Tips

国家原产地命名管理局（INAO）

国家原产地命名管理局的职能是制定相关的政策法规，对法定产区实施监管，提高其认知度。他们负责界定各个产区的地理位置，限定各产区的葡萄品种、产量、酒精度、种植技术、酿造方法。在管理局中，种植酿造专家、酒商及行业联合会代表起到了举足轻重的作用。

葡萄酒。除此以外，其他的种群还包括源自美洲的沙地葡萄（Vitis Rupestris）、河岸葡萄（V. Riparia）、冬葡萄（V. Berlandieri）以及美洲葡萄（V. Labrusca），它们虽然无法用来酿酒，但常被人们用来作为砧木。在欧洲葡萄种中，核心的葡萄品种超过5000款，均被收录在册。但是，它们其中的大部分都已经不存在了，只有很少一部分今天人们仍在种植。

相关法规

法国

在法国，法律认可的葡萄品种有249种。其中的40多款葡萄品种非常具有代表性。在这40多款中，又有12个葡萄品种种植面积的总和占了总面积的70%，它们分别是：美乐、歌海娜、佳利酿（Carignan）、赤霞珠、西拉、品丽珠、佳美、神索（Cinsault）和黑品乐，以上为红葡萄品种；白葡萄品种有白玉霓（Ugni Blanc）、霞多丽和长相思（Sauvignon Blanc）。

葡萄园中种植何种葡萄品种会受到严格的监管。在一个产区，有些葡萄品种是主推的，有些是被法律规定禁止的，还有些只被允许用来酿造普通餐酒（Vins de Table）。原产地监控命名酒（AOC）、优良地区餐酒（AOVDQS），或者说得更加深入些，欧盟分级制度中的特定产区优质酒（VQPRD）对于葡萄品种都有着非常严格的规定，这些规定由国家原产地命名管理局（INAO）制定，然后通过法令的形式发布在官方公报上。一个产区的法定葡萄品种可能只有一种，也可能有好多种，但其中一些在添加时不能超过既定的比例（附属葡萄品种）。例如：勃艮第的法定红葡萄品种只有黑品乐一种，而新教皇城堡产区的法定红葡萄品种则有13种之多。

举世无双的博物馆

根瘤蚜虫病导致了很多古老的葡萄品种的灭绝。为此，法国国家农业研究院（INRA）在塞特（Sète）附近开设了一家收藏着3800个不同葡萄品种及3400个克隆品种的博物馆——瓦萨乐庄园（Le Domaine de Vassal）。尽管这里的葡萄品种也有缺失，但它仍然是世界上最重要的葡萄种植学领域的历史遗产之一。

其他欧洲国家

意大利的相关法律法规与法国的非常类似。大部分法定产区（DOC）和高级法定产区（DOCG）都拥有一种或多种法定葡萄品种，通常法律对这些葡萄的添加比例都会有最低或最高的限定。法规中所列出的葡萄品种有400种：在高级法定产区（DOCG）基安蒂经典（Chianti Classico）至少要使用80%的桑娇维赛（Sangiovese），而对于一些国际性的［赤霞珠（Cabernet-Sauvignon）、美乐（Merlot）、西拉（Syrah）］或本地的葡萄品种，使用量则不能超过20%。相反地，在另外两个高级法定产区（DOCG）巴罗露（Barolo）和巴巴拉斯高（Barbaresco），人们只可以使用一种法定葡萄品种——纳比奥罗（Nebbiolo）来酿酒，就如同布鲁内罗（Brunello）只能使用桑娇维赛一样。

在西班牙也是一样，但种植者选择的自由度更大些：例如在里奥哈（Rioja），天帕尼优（Tempranillo）被视为酿造红葡萄酒首选的葡萄品种，但法律并没有对它的最低添加比例加以规定。除天帕尼优外，该产区还有另外3个法定葡萄品种：歌海娜、格拉西亚诺（Graciano）和玛佐罗（Mazuelo）。在法定产区（DO）佩内德斯（Penedès），法律允许采用的葡萄品种多达121种。

在德国，品质超群的葡萄酒通常都由单一葡萄品种所酿成，在酒标上也都会对该品种加以标注。

▲霞多丽常赋予葡萄酒精致而浓郁香气。

每个葡萄品种都是独一无二的

每个葡萄品种都有着其独特的植株形态、叶片、葡萄串和香气，因此，经验丰富的人凭借着这些特征就能将它们分辨出来。葡萄果实的构成元素（颜色、含糖量、酸度、单宁含量、香气）也各不相同，赤霞珠和夏瑟拉（Chasselas）的浆果小而圆润，神索的果实硕大，呈椭圆形。葡萄的颜色由浅至深包括了：淡黄、橙色、桃红色、红色、淡粉红、蓝色、紫色，直至黑色。葡萄的浆果造就了多种多样的葡萄酒，并且帮助人们在品鉴时辨认出用来酿酒的到底是哪个葡萄品种。

除了可以作为食用葡萄的麝香（Muscat）以外，其他的葡萄浆果闻起来基本都没有什么味道。其实，它们特殊的香气都非常低调地隐藏在葡萄皮里面，直到经历发酵过程时，才能充分显现出来。

除了那些过于肥沃的土壤，其他任何类型的土质都能够生产出好酒，只要我们能够因地制宜地种植适合的葡萄品种。栽种的地点、生长环境的气候特征以及种植方式都会使得相同的葡萄品种有截然不同的表现。用佳美来举例：种植在博若莱北部地区橙色花岗岩土壤上的佳美，通常能酿造出品质卓越的好酒；但种植在金丘一带的佳美就表现平平了。赤霞珠是梅多克地区酿造名庄酒所使用的典型葡萄品种。作为一种晚熟的葡萄，它需要被种植在足够炎热的土壤上，以便能够尽早达到理想的成熟度。砂砾土壤的空气流通性好，非常适合赤霞珠生长，而紧实的黏土则会阻碍它的成熟。波尔多地区的赤霞珠带有明显的木头和矿物质味道，生长于炎热地区的赤霞珠会呈现出黑加仑的香气，而在美国华盛顿州的赤霞珠则以薄荷和桉树的香气著称。黑品乐也是一样：在梅尔居雷（Mercurey），它呈现出酸樱桃味；在尚博勒-穆西尼（Chambolle-Musigny），则是覆盆子和樱桃的味道；波马特的黑品乐表现出黑色水果和香料的气息；但到了朗格多克利慕（Limoux）的高海拔区或是新世界国家，它的味道又转而变成了果酱味。当西拉被种植在地中海沿岸地区时，它的水果味道突出；但如果种植在澳大利亚或是罗纳河谷北部的花岗岩土壤中，它就会带有胡椒或紫罗兰的香气。德国的雷司令（Riesling）能够酿造出带有水果（橘橙类或白色水果）和矿物质味道，酸度适中，平衡感绝佳的葡萄酒；但澳大利亚的雷司令葡萄酒则带有明显的柠檬香和烤面包味。不同地区的长相思味道也不尽相同：都兰地区（Touraine）的有黑加仑花蕾的味道，普伊地区

砧木

对于葡萄品种的选择也影响着对于砧木的选择。为了预防根瘤蚜虫病，几乎全世界的葡萄树都要种植在能够抵抗蚜虫侵袭的砧木上。对于砧木的选择要考虑到风土条件、土壤的含钙量或湿度，以及需要酿造的葡萄酒类型。从20世纪60年代起，砧木帮助人们改善了葡萄的种植技术，提高了产量。但在今天，农艺师们强调得更多的是葡萄的品质。

◀欧米伽嫁接首先在桌上完成，然后才会种植到土壤中。

▲歌海娜是全世界种植最广泛的葡萄品种之一，它的葡萄树龄越老，酿出的葡萄酒就越具风味。

（Pouilly）的带有烟熏和矿物质的味道，桑塞尔（Sancerre）的有柑橘类水果和柚子的味道，新西兰的则水果香气更为突出。

克隆选择还是混合选择

葡萄的繁殖是通过克隆选择或混合选择实现的。前者要挑选那些素质优良的枝条，特别是在生产能力和抗病能力方面。这种克隆选择的缺陷就是会助长葡萄本身的一些特性，而这些特性很快会变成一种制约，例如在20世纪70年代，对于那些高产葡萄品种的偏爱导致了如今人们很难对产量加以控制。另外一个风险就是这种方式很可能会改变葡萄品种本身的一些特征：在利慕（Limoux），人们用二十年的时间一直种植一种克隆的白葡萄品种——莫扎克（Mauzac），并用它来酿造气泡酒，因为它能够带给葡萄酒清爽和鲜活的感觉。然而在加亚克（Gaillac）地区，人们也一直都在种植莫扎克，并用它酿造甜型酒。莫扎克的巨大转变，让加亚克人都无法辨认出这就是他们古老的葡萄品种了。混合选择要求种植者挑选那些最健康、抗病能力最强的枝条，以便能够保持葡萄品种本身的特异性，避免一些偏离本质或是个性表现得过于突出的情况出现。

各异的葡萄品种

所有的葡萄品种可以分为两类：红葡萄品种，通常都用来酿造红葡萄酒，但也同样可以酿造白葡萄酒（例如黑品乐）；白葡萄品种，只能用来酿造白葡萄酒。许多葡萄品种在全世界范围内被广泛种植。

Tips

单品种葡萄酒（VDC）

单品种葡萄酒在法文中也写为“Mono-cépage”，指的是100%由一种葡萄品种酿造的葡萄酒，这一概念仅适用于法国本地法规。在其他国家，例如美国，法律规定单品种葡萄酒中最多可以加入25%的其他葡萄品种。

这种葡萄酒类型源自于美国，其他许多新世界国家也加以套用。但在阿尔萨斯，一直都有将葡萄品种标注于酒标上的传统：雷司令、灰品乐（Pinot Gris）等。

这里我们将会给大家解释一些主要葡萄品种的基本特征，至于它们的香气和味道将会在《葡萄酒品鉴》这一章节中再做详细说明。

世界性的白葡萄品种

世界性的白葡萄品种主要包括以下3种。

霞多丽

霞多丽源自于勃艮第［夏布利（Chablis）是霞多丽的专属区域］，这种葡萄品种易于种植，在北部地区的生长情况要优于在新世界国家的炎热地区。它能够酿造出世界上最好的干白葡萄酒，丰满馥郁，平衡感良好，根据其种植的风土条件不同，而具有不同的陈年潜质。霞多丽是勃艮第唯一一款法定白葡萄品种。

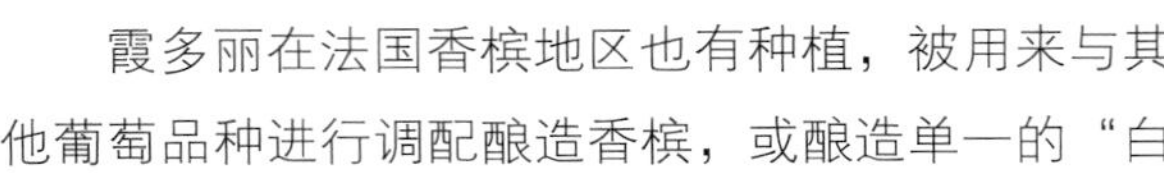

霞多丽在法国香槟地区也有种植，被用来与其他葡萄品种进行调配酿造香槟，或酿造单一的“白中白”香槟（blanc de blancs）。在汝拉（Jura）、中央产区（Le Centre）及卢瓦尔河谷（Val de Loire）也可以看到它的身影。在世界上其他一些国家，霞多丽也是重要的葡萄品种，例如：意大利［弗里沃（Frioul）、上雅迪结（Haut-Adige）］、智利、中国、英国、秘鲁、南非、澳大利亚、新西兰以及美国。

雷司令

这款尊贵的葡萄品种毫无疑问是阿尔萨斯地区最古老的葡萄品种之一，它的果粒细小，成熟晚，耐寒冷，可以用来酿造干白葡萄酒或甜白葡萄酒。用雷司令酿造的葡萄酒香气细腻，可以年轻时饮用，也可以久藏。它所带有的酸度成就了无与伦比的清爽感。在特定的土壤中生长出的雷司令通常带有一种少见的“碳氢化合物”的味道，许多葡萄酒爱好者们对这种味道情有独钟。雷司令也可以达到“过熟”的状态，在法国被用来酿造延迟采收葡萄酒（Vendanges Tardives）和粒选贵腐葡萄酒（Sélections de Grains Nobles），在德国和奥地利被用来酿造晚摘葡萄酒（Spätlese）、串选葡萄酒（Auslese）以及一般葡萄酒（Kabinett），加拿大的冰酒（Icewine）也常以它为原料。

雷司令的主要种植地区包括：德国［莱茵高（Rheingau）、摩泽尔

（Moselle）地区的葡萄园］、奥地利［斯蒂里亚（Styrie）］、意大利北部、澳大利亚［嘉拉谷（Clare Valley）、伊甸谷（Eden Valley）］、瑞士、美国（加利福尼亚州）、智利、新西兰以及南非。

长相思

长相思香气浓郁，在奥地利也被称为穆斯卡·西万尼（Muskat Sylvaner），它可以酿造出香气突出，酸度较高，适合年轻时饮用的葡萄酒。长相思在卢瓦尔河谷地区也有种植，是桑塞尔和普伊芙美（Pouilly-Fumé）产区唯一的葡萄品种。在勃艮第，它是圣布里产区［Saint-Bris，旧称圣布里·长相思（Sauvignon de Saint-Bris）］的法定葡萄品种。在波尔多及西南产区，人们也种植长相思并用它来酿造昂特尔德梅尔（l´Entre-Deux-Mers）地区干白葡萄酒，或与赛美蓉（Sémillon）及密思卡岱（Muscadelle）一起酿造超甜型葡萄酒。

长相思的种植目前也扩展到世界其他国家：新西兰［马尔堡（Marlborough）］、西班牙［卢埃达（Rueda）］、奥地利［斯蒂里亚（Styrie）］、智利［卡萨布兰卡（Casablanca）］、南非及美国［加利福尼亚州的圣克拉拉（Santa Clara）和圣贝尼托（San Benito）］。

其他主要的白葡萄品种

除了以上几种全球性的白葡萄品种，还有其他一些品种也被广泛使用。

阿尔巴利诺（Albarino）

这款西班牙的葡萄品种种植于加利西亚（Galice），可以酿造干白葡萄酒。它在葡萄牙被称为阿瓦里诺（alvarinho），用于酿造青酒（vinho verde）。

阿里高特（Aligoté）

这是一款勃艮第的白葡萄品种［它也拥有自己专属的产区：勃艮第·阿里高特（Bourgogne-Aligoté）］，主要种植于金丘、索恩-卢瓦尔省（Saône-et-Loire）及约纳省（Yonne）。它可以酿造出酸度较高的干白葡萄酒，香气不明显，适合年轻时饮用，作为开胃酒是不错的选择。保加利亚、罗马尼亚以及美国加利福尼亚州也种植这款葡萄品种。

夏瑟拉（Chasselas）

在瑞士瓦莱州（Valais）被称为“芳丹”（Fendant），是当地主要的葡萄品种；同样在法国阿尔萨斯、萨瓦（Savoie）及德国也都有种植，在这里它被称为“古特德”（Gutedel）；在美国加利福尼亚则被叫做“金夏瑟拉”（Chasselas Doré）。用它酿造的葡萄酒总是能带给人愉悦的感受。

诗南（Chenin）

作为卢瓦尔河谷最重要的葡萄品种之一，诗南也被称为“卢瓦尔河皮诺”（Pineau de la Loire）。它可用于酿造气泡酒，也可以根据收获时的成熟情况来酿造干白［萨韦涅尔（Savennières）］或甜白葡萄酒［武弗雷（Vouvray）、博纳左（Bonnezeaux）］。酒体集中程度根据年份不同而有所变化，口感滑腻的同时又带有一种清爽感。由于诗南的酸度很高，所以具有极好的陈年潜质。人们也会用它来酿造气泡酒［卢瓦尔气泡酒（Crémant-de-Loire）、武弗雷、索穆尔（Saumur）］。种植诗南的地区还包括：美国加利福尼亚、南非。在南非，它又被称为“斯蒂恩”（Steen），并拥有自己的一批追随者。

鸽笼白（Colombard）

鸽笼白是酿造干邑（Cognac）和雅马邑（Armagnac）时经常使用的葡萄品种，同时它还能酿造出淡雅充满果香的葡萄酒［加斯科涅地区餐酒（Vins de Pays des Côtes de Gascogne）］，也常在波尔多地区被用于混酿葡萄酒。鸽笼白在美国加利福尼亚纳帕谷（Napa Valley）、南非及澳大利亚也有种植。

琼瑶浆（Gewurztraminer）

这是一种充满辛香味（gewurz在德语中是香料的意思）的芳香型葡萄品种，它源自意大利提洛尔（Tyrol）的脱拉米糯葡萄（Traminer）。琼瑶浆的果实呈粉红色，可以酿造出品质出众，强劲有力，香气浓郁，适合久藏的白葡萄酒。它也常被用作酿造延迟采收葡萄酒（Vendanges Tardives）和粒选贵腐葡萄酒（Sélections de Grains Nobles）的原料。主要种植于法国阿尔萨斯和德国，此外，在意大利（上雅迪结）、瑞士、奥地利、东欧一些国家、新西兰、美国及智利也有种植。

肯内（Kerner）

德国最新的杂交葡萄品种之一，在帕拉蒂纳（Palatinat）、莱茵河畔的黑森州（Hesse）及南非都有种植。

马卡贝奥（Maccabeo）

马卡贝奥种植于西班牙的北部地区，如里奥哈（Rioja）和加泰罗尼亚（Catalogne），是酿造卡瓦酒（Cava）的原料。它就是法国鲁西荣地区（Roussillon）用来酿造干白葡萄酒和天然甜葡萄酒（Vins Doux Naturels）的葡萄品种马家婆（Macabeu）。

马勒瓦西（Malvoisie 或 Malvasia）

在西西里岛（Sicile）和马德拉岛（Madère，在这里被称为玛尔姆齐Malmsey），人们用马勒瓦西来酿造复杂的甜型葡萄酒。而在意大利、西班牙的里奥哈（Rioja）和纳瓦拉 （Navarre），它同样被用于酿造干白葡萄酒。

马尔萨纳（Marsanne）

马尔萨纳原产于罗纳河谷，是罗纳河谷北部产区［新教皇城堡（Châteauneuf-du-pape）、圣约瑟夫（Saint-joseph）……］用作混酿的葡萄品种之一。现在它也被越来越多地种植于朗格多克［与克莱雷特（Clairette）进行混酿］及普罗旺斯地区［卡西斯（Cassis）、雷波（Les Baux）］。这个葡萄品种酸度低，因此用它酿造的葡萄酒较为柔顺。美国加利福尼亚、澳大利亚的维多利亚（Victoria）以及瑞士的瓦莱州也都种植马尔萨纳。

▲在波特酒之乡——杜罗河地区（Douro），葡萄园多位于山坡的侧面，因此这里只能采用人工采摘的方式。

米勒图尔高（Müller-thurgau）

这个葡萄品种是通过夏瑟拉（Chasselas）和雷司令杂交获得的。在意大利北部、德国、奥地利、卢森堡、捷克、斯洛文尼亚、匈牙利、新西兰都有种植。用米勒图尔高酿造出的葡萄酒口感圆润而柔和。

小粒麝香（Muscat à petits grains）

小粒麝香也被称为弗龙蒂尼昂·麝香（Muscat de Frontignan），通常被用作酿造天然甜葡萄酒，但也同样可以酿造出干白葡萄酒。用这一南部特色的葡萄品种来酿造的葡萄酒包括：米内瓦·圣让麝香（Muscat-de-Saint-Jean-de-Minervois）、威尼斯·彭德·麝香（Muscat-de-Beaumes-de-Venise）、弗龙蒂尼昂·麝香（Muscat-de-Frontignan）以及米雷瓦勒·麝香（Muscat-de-Mireval）；它与大颗粒的亚历山大·麝香（Muscat d'Alexandrie）混合，可以酿造出里韦萨尔特·麝香（Muscat-de-Rivesaltes）；与克莱雷特混合，可以酿造出迪·克雷莱特葡萄酒（Clairette-de-Die）。在意大利它被人们称为“蜜丝佳桃”（Moscato），是酿造雅思提气泡酒（Asti Spumante）的基础葡萄品种。在西班牙则被称为“莫斯卡多”（Moscatel）。在希腊的萨摩斯（Samos），人们用小粒麝香酿造甜酒，在澳大利亚的路斯格兰（Ruthe-Rglen）也有种植。

帕罗米诺（Palomino）

这款葡萄品种对安达卢西亚（Andalousie）炎热而干燥的土壤情有独钟。几乎所有的雪莉酒都是用它酿造的。在澳大利亚和南非（用于酿造白兰地）也有种植。

彼卓丝（Pedro ximenez）

它常被用来与别的葡萄品种混合酿造雪莉酒，也可用于酿造蒙蒂勒白葡萄酒（Vins de Montilla）。

白品乐（Pinot Blanc）

白品乐种植在阿尔萨斯，在勃艮第比较少见，在意大利（意大利文写法“Pinot Bianco”）、德国（德文写法“Weissburgender”）、中欧地区、奥地利的斯蒂里亚（Styrie）及斯洛文尼亚也都有种植。

灰品乐（Pinot Gris）

在阿尔萨斯，它被称为托卡伊·灰品乐（Tokay-Pinot Gris），可以酿造出强劲、香气独特、口感丰富，带有辛香味的葡萄酒。灰品乐在意大利的东北部十分常见（意大利文中写为“Pinot Grigio”），在德国（德文中写为“Rülander”）、匈牙利及奥地利也不难见到。

赛美蓉（Sémillon）

赛美蓉主要种植于波尔多及西南产区，常被用于与长相思混合酿造干白葡萄酒。这一葡萄品种有益于贵腐霉的滋生，因此是波尔多地区酿造超甜型贵腐酒的主要葡萄品种。它酿造出的葡萄酒适于久藏，在世界范围内非常流行，在澳大利亚的猎人谷（Hunter Valley）、智利、阿根廷、南非及美国加利福尼亚等地都有种植。

西万尼（Sylvaner）

这款阿尔萨斯的葡萄品种活泼且清新，香气不重，在世界上许多国家广为种植，如德国、奥地利、中欧地区（写为“Silvaner”）。

多伦提斯（Torrontes）

这款西班牙加利西亚（Galice）地区的葡萄品种能够酿造出醇厚强劲的葡萄酒，在阿根廷也有种植。

白玉霓（Ugni Blanc）

白玉霓在夏朗德省（Charente）是被用于酿造干邑（Cognac）白兰地；在雅马邑（Armagnac）和普罗旺斯，它被用来酿造清新、酸度高的地区餐酒。在意大利，它被称为扎比安奴（Trebbiano），是酿造干白葡萄酒的最主要葡萄品种之一。此外，在美国加利福尼亚也有使用。

绿维特利纳（Veltliner Vert）

绿维特利纳也被写为“Grüner Velteliner”，这是奥地利最主要、种植最广泛的葡萄品种之一，能够酿造出清新淡雅的葡萄酒。在匈牙利和捷克也有种植。

华的龙（Verdelho）

华的龙是酿造白波特酒的主要葡萄品种，在澳大利亚也有种植。

维奥涅尔（Viognier）

维奥涅尔具有极为丰富的香气，口感强劲，充满油脂感，来自于法国孔得里约（Condrieu）及格里叶堡（Château-Grillet）产区。在法国朗格多克、澳大利亚、阿根廷及美国加利福尼亚也非常受欢迎。

特殊的白葡萄品种

布尔朗克（Bourboulenc）

源于法国朗格多克-鲁西荣产区的布尔朗克可以酿造出圆润、花香馥郁，适合年轻时饮用的葡萄酒。

卡塔拉托（Catarratto）

这款西西里特有的葡萄品种被用于酿造马沙拉白葡萄酒（Marsala）及普通餐酒。

克莱雷特（Clairette）

克莱雷特来自于地中海地区，用它酿造出的葡萄酒醇厚浓烈、香气细腻、容易氧化。贝勒加德-克莱雷特（Clairette-de-Bellegarde）和朗格多克-克莱雷特（Clairette-du-Languedoc）两个法定产区也使用这一葡萄品种。此外，在普罗旺斯、罗纳河谷及朗格多克，人们也会使用克莱雷特来酿酒。

白福儿（Folle Blanche）

白福儿是干邑及雅马邑地区主要的葡萄品种，它在南特地区被称为大普朗（Gros-Plant），可以酿造出果香型的干白葡萄酒。

福敏（Furmint）

匈牙利陶家宜地区（Tokaj）的特色葡萄品种，酿造出的干白葡萄酒强劲有力。在奥地利、斯洛文尼亚及保加利亚也有种植。

贾给尔（Jacquère）

酿造萨瓦葡萄酒（Vins-de-Savoie），是阿培蒙（Apremont）、阿比姆（Abymes）、希南（Chignin）等地区所使用的葡萄品种。

满胜（Manseng）

满胜可以分为大满胜和小满胜，但这两种葡萄都可以用来酿造朱朗松（Jurançon）干白葡萄酒和甜白葡萄酒，以及维克-比勒-帕歇汉克产区葡萄酒（Pacherenc-du-Vic-Bilh）。这个葡萄品种在朗格多克及美国加利福尼亚也有种植。

莫扎克（Mauzac）

莫扎克是加亚克地区主要的葡萄品种，常与达得勒依（Len-de-L´el）混合在一起酿造低酸度的白葡萄酒。它同样也是酿造利慕-布朗克特产区葡萄酒（Blanquette-de-Limoux）的葡萄品种之一。

勃艮第香瓜（Melon de Bourgogne）

勃艮第香瓜其实就是密斯卡得（Muscadet），可用来酿造酸度低、香气淡的葡萄酒。

密思卡岱（Muscadelle）

密思卡岱是波尔多和西南产区的附属葡萄品种，在这里人们将它与其他葡萄品种放在一起，混酿干白葡萄酒及超甜型葡萄酒。 在澳大利亚也有种植，人们将它称为“托卡”（Tokai）。

麝香（Muscat）

麝香被用来酿造阿尔萨斯地区细腻的芳香型白葡萄酒。

宝雪歌（Prosecco）

意大利独特的葡萄品种，既可以酿造气泡酒，也可以酿造静态酒。

胡姗（Roussane）

胡姗主要种植于罗纳河谷北部［新教皇城堡、埃米塔日（Hermitage）、圣佩雷（Saint-Péray）］，在朗格多克-鲁西荣及萨瓦也有种植，但被称为“贝尔热龙”（Bergeron）。它是一种脆弱的葡萄品种，对病虫害非常敏感。

胡塞特（Roussette）

胡塞特也被称为阿尔地斯（Altesse），是萨瓦地区典型的白葡萄品种，可用来酿造鲜活的芳香型葡萄酒。

萨瓦涅（Savagnin）

萨瓦涅来自于提洛尔，但现在只有在汝拉地区（Jura）才能见到这个葡萄品种。它被用来酿造黄葡萄酒及夏龙堡葡萄酒（Château-Chalon）。

杜佳富莱诺（Tocai Friuliona）

这是意大利北部弗里沃（Frioul）的葡萄品种，可以酿造出清爽的芳香型葡萄酒。

▲黑品乐是用于酿造勃艮第红葡萄酒的法定葡萄品种。

韦尔德贺（Verdejo）

西班牙葡萄品种，用韦尔德贺酿造出的葡萄酒适合陈酿后再饮用。

韦尔芒提诺（Vermentino）

韦尔芒提诺也被称为“侯尔”（Rolle），是法国东南部、普罗旺斯、科西嘉岛特色的葡萄品种，在意大利的撒丁岛（Sardaigne）及里古里亚（Ligurie）也有种植。用它酿造的葡萄酒口感活泼清爽。

维奈西卡（Vernaccia）

维奈西卡是意大利的葡萄品种［马尔什（Marches）、撒丁岛（Sardaigne）］，尤其以酿造圣吉米尼亚诺白葡萄酒（Vernaccia di San Gimignano）而闻名。

世界性的红葡萄品种

世界性的红葡萄品种主要包括以下5种。

赤霞珠

种植于纪龙德河左岸梅多克及格拉夫（Graves）产区的砂砾土壤中的赤霞珠可谓声名显赫。它是用来酿造梅多克地区列级名庄酒的三大葡萄品种之一。富含单宁、果香丰盈、酸度适中的赤霞珠，能够酿造出具有非凡陈年潜质的葡萄酒。

赤霞珠在西南产区[贝尔热拉克（Bergerac）]、法国南部、卢瓦尔河以及全世界的许多国家都有种植，例如：意大利、西班牙、保加利亚、罗马尼亚、摩尔多瓦、俄罗斯、格鲁吉亚、希腊、土耳其、黎巴嫩、智利、澳大利亚、南非、美国。

黑歌海娜（Grenache Noir）

黑歌海娜在西班牙被叫做“加尔纳恰”（Garnacha），它毫无疑问是西班牙种植面积最广泛的葡萄品种，这里也是它的原产地。在法国，黑歌海娜是第二大红葡萄品种，位列美乐之后。它对种植环境没有特别的要求，耐干旱、炎热，因此被广泛种植于地中海沿岸，如罗纳河谷、朗格多克-鲁西荣、阿尔代什（Ardèche）、科西嘉岛。由黑歌海娜酿造的葡萄酒口感丰满，单宁含量不多，颜色转变快，具有极好的陈年潜质。在鲁西荣［莫利（Maury）、巴纽尔斯（Banyuls）、里韦萨尔特（Rivesaltes）］和罗纳河谷地区［拉斯多（Rasteau）］，它也被用来酿造天然甜葡萄酒。

在意大利的撒丁岛（Sardaigne）和西西里岛，美国加利福尼亚、澳大利亚以及南非，人们也有种植黑歌海娜。

美乐

美乐近年来十分流行。它果皮较厚，呈蓝黑色，是法国种植面积最广泛的葡萄品种。在波美侯和圣埃米利永（Saint-Émilion），它是用来酿造能够久藏的名庄酒［如柏图斯（Petrus）］的主要葡萄品种。用美乐酿造的葡萄酒圆润、柔和、带有成熟水果的香气和无与伦比的魅力。它产量很高，既适合用来酿造单品种葡萄酒，也适合混酿。在全世界许多产区都能见到美乐的身影：美国加利福尼亚、澳大利亚、智利、意大利北部、欧洲东南部。

黑品乐

黑品乐是酿造勃艮第名庄酒的唯一法定葡萄品种。用它酿造的葡萄酒颜色浅淡，但结构复杂，单宁丝滑，适于久藏。黑品乐也可以用于酿造白葡萄酒，人们用它与霞多丽和莫尼耶品乐（Pinot Meunier）一起酿造香槟。这个娇贵的葡萄品种需要种植在适合的土壤里，并严格限制其产量，才能保证它的最佳状态。

在法国阿尔萨斯，人们也有种植黑品乐并用它酿造红葡萄酒和桃红葡萄酒。在法国汝拉、德国（黑品乐在德文中写为“Spätburgunder”）、瑞士、意大利北部、欧洲东部、美国的俄勒冈（Oregon）、新西兰及澳大利亚也都有种植。

西拉

西拉原产于罗纳河谷北部，是罗第丘（Côte-Rôtie）、埃米塔日（Hermitage）、科尔纳斯（Cornas）产区所使用的葡萄品种。它酸度不高，单宁柔和，但又浓烈醇厚，用它酿造的葡萄酒强劲有力，颜色深浓，香气浓郁。如今，西拉广泛种植于法国南部（普罗旺斯、朗格多克-鲁西荣）、南非、澳大利亚（写为“Shiraz”）、美国加利福尼亚、智利及阿根廷等地。

其他主要的红葡萄品种

还有许多其他的红葡萄品种在世界各地也非常普遍。

阿利蒂克（Aleatico）

阿利蒂克种植于意大利、智利、澳大利亚及美国加利福尼亚。用它酿造的葡萄酒果香浓郁，颜色深重。

巴比拉（Barbera）

意大利彼尔蒙地区（Piémont）的巴比拉可以酿造出结构复杂，适合久存的高品质葡萄酒。在美国加利福尼亚和阿根廷，也有种植这种葡萄品种，用作混酿。

品丽珠

品丽珠是一款产自于法国西部的红葡萄品种，在卢瓦尔河谷的希农（Chinon）和布尔格伊（Bourgueil），它常用于酿造单品种葡萄酒。品丽珠紧实而细腻，在纪龙德河右岸产区（圣埃米利永、波美侯），人们常把它与美乐调配在一起酿造葡萄酒，它为混酿的葡萄酒带来了结构和单宁。这款葡萄品种在意大利的威尼托（Vénétie）和弗里沃（Frioul），以及新世界国家（如美国加利福尼亚）都被当作附属葡萄品种来使用。

佳利酿（Carignan）

佳利酿原产于西班牙，后来传入地中海沿岸地区：朗格多克-鲁西荣、普罗旺斯、罗纳河谷南部、撒丁岛、西班牙［在西班牙被称作“玛佐罗”（Mazuelo）］及马格利布（Maghreb）。用佳利酿酿造出来的葡萄酒颜色深浓，强劲有力，单宁通常都显得很质朴。在混酿时，它赋予葡萄酒足够的单宁以及它本身的一些特质。它在美国加利福尼亚、智利、阿根廷和墨西哥也有种植。

马贝克（Malbec）

马贝克在卢瓦尔河谷被叫做“高特”（Cot），在卡奥尔（Cahors）则被称为“欧塞瓦”（Auxerrois）。它是一个芳香型的葡萄品种，果汁颜色深，单宁重，可用来酿造结构紧实，带有花香和植物香气的葡萄酒。新西兰、阿根廷及智利也种植马贝克。

佳美

佳美是博若莱唯一的红葡萄品种，在法国卢瓦尔河谷、中央产区、阿尔代什（Ardèche）及瑞士均有种植。用它酿造的葡萄酒口感柔顺，带有红色水果的香气。博若莱［莫尔贡（Morgon）、风车磨坊（Moulin-à-Vent）］花岗岩质土壤中生长出的佳美具备一定的陈年潜质。

慕合怀特（Mourvèdre）

慕合怀特也被称为“莫纳斯特雷尔”（Monastrell），原产于西班牙，是西班牙的第二大红葡萄品种。它喜欢炎热的环境，但惧怕干旱。在法国，邦多勒地区（Bandol）的风土条件最适于它生长。用慕合怀特酿造的葡萄酒色泽深浓，强劲有力。它同样也是用于混酿的主要葡萄品种之一，在美国加利福尼亚及澳大利亚都有种植。

味而多（Petit Verdot）

波尔多的许多酒庄都使用味而多来进行混酿，它能赋予葡萄酒颜色和香气。在美国加利福尼亚、西班牙及澳大利亚［里伐兰德（Riverland）］，人们也同样将它用于混酿。

桑娇维赛

桑娇维赛是意大利托斯卡纳地区最重要的葡萄品种，它有着结构良好的单宁。以它为原料的葡萄酒包括：布鲁内罗（Brunello）、基安蒂（Chianti）、梦特普西露贵族酒（Vino Nobile di Montepulciano）。在翁布里亚（Ombrie）、马尔什（Marches）、阿根廷、美国加利福尼亚及澳大利亚，人们也种植桑娇维赛。

丹那（Tannat）

丹那是马第宏地区（Madiran）的葡萄品种。由于它富含单宁，所以用它酿造的葡萄酒浑厚有力，个性独特，颇具陈年潜质。丹那在法国伊卢雷基（Irouléguy）、图尔桑（Tursan）、圣蒙区（Côtes de Saint-Mont）及乌拉圭都有种植。

美国加利福尼亚或东欧地区生产的酒标上注明“佳美”的葡萄酒，通常是用蓝弗朗克（Blaufränkisch）或黑品乐酿造而成的。

天帕尼优（Tempranillo）

天帕尼优是西班牙最重要的葡萄品种之一，在里奥哈（Rioja）及斗罗河岸（Ribera del Duero）产区尤为突出。以它为原料酿造出的西班牙红葡萄酒颜色深浓，但单宁并不突出。它在葡萄牙文中被写为“Tinta Roriz”，是酿造杜罗河产区优质红葡萄酒的葡萄品种，也被用于酿造波特酒。

仙粉黛（Zinfandel）

仙粉黛是美国加利福尼亚的头号红葡萄品种，用它酿造的红葡萄酒颜色深浓，个性突出，适合久藏。人们还会用它来酿造一种叫做“白仙粉黛”的桃红葡萄酒。

特殊的红葡萄品种

蓝弗朗克（Blaufränkisch）

蓝弗朗克多种植于中欧（匈牙利、奥地利）地区及南欧地区。

加文拿（Carmenère）

原产于法国波尔多，后传入智利，可以酿造颜色深浓，口感丰富的红葡萄酒。

卡斯特劳（Castelao）

卡斯特劳也被称作“比利吉达”（Periquita），深受葡萄牙南部酒农的喜爱。用它酿造的葡萄酒骨骼丰满，既可以年轻时饮用，也可以用来陈年。

神索（Cinsault，也写作“Cinsaut”）

神索的特点是果粒大，颜色浅。用它酿造的葡萄酒柔顺清淡，香气不明显。在法国南部产区，它被越来越多地用于酿造新酒或是桃红葡萄酒。

多姿桃（Dolcetto）

多姿桃是意大利彼尔蒙地区（Piémont）非常典型的葡萄品种［多姿桃-爱芭（Dolcetto d´Alba）、多姿桃-杜里亚尼（Dolcetto di Dogliani）］，微酸，酿出的葡萄酒适合年轻时饮用。

果若（Grolleau）

果若是卢瓦尔河地区的葡萄品种，常用于酿造桃红葡萄酒。

卡达卡（Kadarka）

卡达卡是用来酿造匈牙利著名的“公牛血”（Sang de Taureau）的葡萄品种。

兰布鲁斯科（Lambrusco）

这个葡萄品种可用来酿造红葡萄酒、气泡白葡萄酒，以及口感活泼的葡萄酒［艾米利（Émilie）、托斯卡纳（Toscane）］。

蒙得斯（Mondeuse）

蒙得斯是萨瓦地区特有的葡萄品种，果香与骨架兼具。

梦特普西露（Montepulciano）

梦特普西露是意大利中部地区的葡萄品种，酿造出的红葡萄酒醇厚但柔顺，例如梦特普西露-阿布鲁佐（Montepulciano d´Abruzzo）。但要注意，不要与托斯卡纳的梦特普西露贵族酒（Vino Nobile di Montepulciano）相混淆。

聂格列特（Négrette）

图卢兹芳桐产区（Fronton）的典型葡萄品种。用它酿造出的葡萄酒带有红色水果和紫罗兰的芳香，入口柔顺而清爽。

黑达沃拉（Nero d´Avola，也称 Calabrese）

西西里岛头号葡萄品种，能酿制出酒劲浓烈的葡萄酒。

纳比奥罗（Niebbolo）

纳比奥罗是意大利十分常见的红葡萄品种，特别是在彼尔蒙（Piémont）和伦巴第地区（Lombardie）。许多巴罗露（Barolo）和巴巴拉斯高（Barbaresco）产区的红葡萄酒都是采用这个葡萄品种酿造的，它带给葡萄酒单宁和结构，具有一定的陈年潜质。

涅露秋（Nielluccio）

涅露秋是科西嘉巴蒂莫尼奥地区（Patrimonio）的葡萄品种，用它酿造的葡萄酒呈红黑色，骨架结构突出。

皮诺朵尼（Pineau d’Aunis）

皮诺朵尼是卢瓦尔河谷产区的葡萄品种，适于酿造桃红葡萄酒。

莫尼耶品乐（Pinot Meunier）

莫尼耶品乐是酿造香槟的三个法定葡萄品种之一。它同样被用来酿造摩泽尔河产区（Moselle）葡萄酒及土尔酒区（Côtes-de-Toul）葡萄酒。

普萨（Poulsard）

普萨是汝拉产区独特的葡萄品种，酿造出的葡萄酒颜色呈橙红色，适合年轻时饮用。

国产杜丽佳（Touriga Nacional）

国产杜丽佳是酿造波特酒的最理想的葡萄品种，也可以用来酿造普通餐酒或适合陈酿的葡萄酒［杜罗河产区（Douro）］。这款葡萄品种在澳大利亚也有种植。

特鲁索（Trousseau）

特鲁索是汝拉地区的葡萄品种，用它酿造的葡萄酒颜色暗淡，富含单宁，有很好的陈年潜质。

Tips

重新发掘被遗忘的葡萄品种

根据各自不同的风土条件，法国许多葡萄酒产区开始重新种植那些在根瘤蚜虫病灾害中幸免的本地古老的葡萄品种：南部地区的维奥涅尔（Viognier）、古诺日（Counoise）；西南产区的达得勒依［len-de-l'El，也称为洛得乐（Loin-de-l´Oeil）］、费尔-塞瓦都（Fer-Servadou）、聂格列特（Négrette）和满胜；朗格多克地区的皮克葡（Picpoul Blanc）。在意大利也出现了同样的情况，古老的土著葡萄品种迎来了它们的复兴：弗里沃（Frioul）地区的莱弗斯科（Refosco）和皮诺罗（Pignolo）；撒丁岛的科维纳（Corvina）和卡诺纽（Cannonau）等。

▲冬日里，对葡萄树进行剪枝有助于调整来年的产量。

葡萄植株及田间作业

葡萄的周期

在有些葡萄园中，呈直线排列的葡萄树被修剪得整整齐齐，没有一片叶子突兀地跃出规定的界限，就如同一队行进中的士兵一般，漂亮的葡萄串点缀其间。而在另外一些葡萄园，枝蔓毫无束缚地朝各个方向生长着，甚至显得有些杂乱，密集的枝叶将果实遮挡起来，仿佛为了保护它们免受阳光的暴晒。不同国家、不同地区、不同季节的葡萄园，展现给大家的也会是一番不同的风景。

一年四季陪伴葡萄生长是一件多么有意思的事情啊！冬日里的剪枝，春天里萌发出的第一个嫩芽，葡萄开花时散发出的缕缕香气，然后葡萄的果实一点点成熟，葡萄叶在秋日里披上了一层火焰般绚丽的色彩。这一切都是如此的美妙，但美妙背后所附着的是葡萄农们辛勤的劳作。

冬日里的蛰伏

冬天里，葡萄的植株都处于休眠的状态。嫩芽很好地隐藏在葡萄树皮之下，可以抵御低至－17℃的严寒。一旦超过这个温度，汁液就会冻结，树木的脉络被破坏，那么植株就要被拔除。每年的这个时段，葡萄农们都会补充缺失的植株，并对葡萄树进行剪枝。适当地剪掉部分枝蔓，可以限制嫩芽萌发的数量，从而控制来年的产量。

不同的剪枝方式

剪枝的方式有很多种，葡萄农们会依据葡萄品种、产区及气候特征来选择不同的方式。

通常，低矮的葡萄树都会栽种在气候炎热、干燥、不易出现春季霜冻的地区。由于植株的高度一般不会超过40～50厘米，所以无需进行藤蔓引缚。嫩枝上只有1～2个芽眼，被叫作结果母枝。结出的葡萄串比较靠近地面，成熟度相对较好。

▲对葡萄植株的修剪依然采用顶端弯曲的整枝剪或采收剪来完成。

剪枝实例

①杯状修剪

这是法国南部地区葡萄园经常采用的修剪方式。植物有4～5个臂，每个臂上有2个短的结果母枝。整体形状呈碗状或杯状（如同它的名字）。无枝蔓引缚，这种剪枝方式不适用于机械化操作的葡萄园。

②单居由式修剪

这是一种长枝修剪的方式，留有一个长枝，在枝上有6～10个芽眼和一个短的结果母枝。其中有2个芽苞生出的细枝是留待来年作为长枝的。双居由式修剪则会有两个长枝和两个结果母枝。

③竖琴式修剪

两个枝蔓引缚轴使整个葡萄树呈古希腊竖琴状排列，为葡萄串带来了良好的光照条件。

较高的葡萄树一般来说都需要支撑和藤蔓引缚，典型的方式是使用短木桩和一些铁丝，这取代了藤架或棚架。每棵植株会保留1～2个藤蔓，每个藤蔓上平均留有6～10个芽眼。这种长枝葡萄树也被称为“阿斯特”（Astes）、“棍子”（Baguettes）或“弓形蔓”（Arçon）。

▲尽管老藤的产量有限，但酿造出的葡萄酒却更胜一筹。

葡萄老藤

一株葡萄树的寿命大约在50～60年左右，也有一些树龄可以超过百岁。种植的前三年是葡萄树的生长期，在这段时间内，它专注于发展自己的枝蔓和根系，却结不出很好的果实。因此头两次收获时所得到的果实是不能用来酿造法定产区葡萄酒的。

10～30年这段时间是葡萄树的黄金期。在此之后，它的产量逐渐减少，但品质却随之攀升。虽然产量有限，但葡萄农们经常会保留一些老藤。这些老藤的根系扎得极深，使得它们不那么容易受到气候变化的影响，特别是在干旱的情况下，依然能够为果实供给足够的养分。

种植的密度是指1公顷土地上的葡萄植株数量。它对葡萄的产量及品质都有着直接的影响：1公顷土地上的植株数量越多，根系在土壤中的植入状况就越好。一般来说，种植密度最低为每公顷3300株左右（例如：行内株间距为1.3米，两行之间的间距为2.5米），较高时可以达到每公顷10000株，例如在勃艮第，差不多就是每米一棵植株。以前，葡萄植株间的行距很小，基本上只能允许牛和马通过。但随着机械化时代的来临，为了降低经营成本，人们调整了每行植株的间距，以便拖拉机能够通过。

葡萄剪枝源自何处?

正如同在埃及贝尼哈桑（Beni Hassan）陵墓中所发掘的公元前两千年初的一副壁画中所展现的那样：羊群以葡萄树的嫩芽为食。人们应该就是从中了解到了剪枝的益处。

春日里的新生

随着春天的来临，葡萄树苏醒过来并开始萌芽：芽眼张开，以便嫩芽能够萌出。这时应该采取一些措施来帮助葡萄树对抗病虫害的侵袭（例如：霜霉病、粉孢菌病）。在这个阶段，人们会进行第一轮耕地，通过拔除有害的杂草来改善土壤的透气性，帮助葡萄树向更深处扎根。人们还会对葡萄的枝叶进行修剪，去除掉那些长在葡萄树树干或是旧枝上的毫无生产能力的徒长枝。

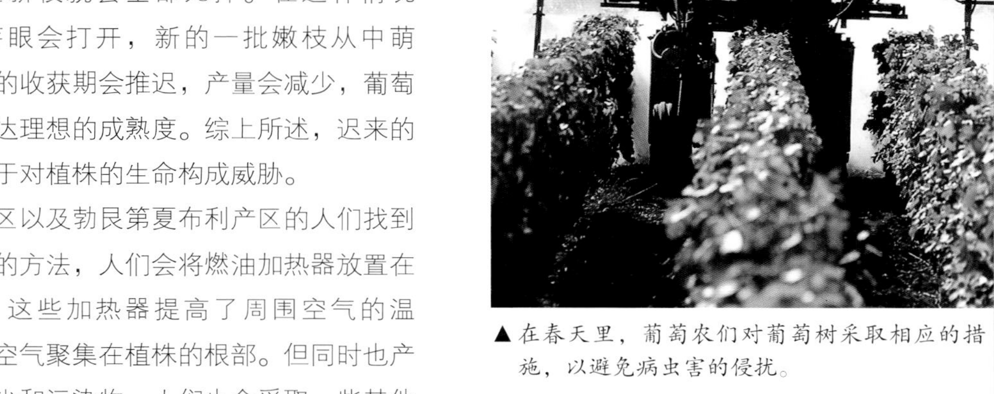

▲在春天里，葡萄农们对葡萄树采取相应的措施，以避免病虫害的侵扰。

新长出的嫩枝纤细而柔弱，春季霜冻非常容易对它形成损伤。只要0℃以下的低温持续几个小时，这些新枝就会全部死掉。在这种情况下，备用芽眼会打开，新的一批嫩枝从中萌出，但预计的收获期会推迟，产量会减少，葡萄也比较难到达理想的成熟度。综上所述，迟来的霜冻还不至于对植株的生命构成威胁。

香槟产区以及勃艮第夏布利产区的人们找到了应对霜冻的方法，人们会将燃油加热器放置在葡萄田里。这些加热器提高了周围空气的温度，避免冷空气聚集在植株的根部。但同时也产生了很多烟尘和污染物。人们也会采取一些其他的方法，例如喷淋，向葡萄树喷水，以确保枝蔓周围的温度始终保持在0℃。这种方法降低了污染的程度，但却提高了土壤的含水量，人为地改变了风土条件的特征。

6月里的开花和产果

葡萄树在6月开花，这是一个极为重要的时期。在这段时间里，葡萄树会授粉、产果。要想让一切顺利进行，首先天气情况要理想，雨水不能过多，需要有风来帮助花粉更好地散播开来。天气过于炎热的话，花粉会被灼伤；如果气温过低，它又无法成熟。在较冷的天气里，授粉一般都进行得不甚理想，果实成熟度不佳，无法长大，或是出现没有果核的情况（人们将这种情况称为“无籽”）。这种失败的授粉被称为“葡萄部分果实僵化”，它会造成葡萄的减产，最多时减产量可达50%。

如果葡萄树生长得过于旺盛，那么所有的养分就都供给了枝叶，葡萄果实反而会因为营养不良，无法成熟而最终脱落。因此，要借助于去梢的方法改善这种情况：葡萄农们会剪掉枝蔓的末端，从而节制它们的生长，将植物本身的营养成分留给果实。

当各方面条件都不错时，葡萄的挂果情况通常会比较理想。这时果

Tips

青时采摘

当葡萄丰产，植株结出的葡萄串过多的时候，人们会在夏初葡萄开始成熟前进行“青时采摘”。葡萄农们会逐棵地剪掉部分葡萄串，以限制最终的产量。这个近些年才开始流行的种植方式投入巨大，颇有局限。其实，只需在种植的过程中减少肥料的使用量，避免采用一些过于茁壮的砧木和高产的植株就足够了。

实开始逐渐生长。对于那些绑缚着的植株，人们会通过调整铁丝的高度来抬高枝条，以便让葡萄串能够获得更好的光照。人们还会对植株进行疏剪，去除掉徒长枝和部分葡萄叶为果实创造更好的通风条件。如果有必要的话，直到7月底，葡萄农们会一直对植株进行预防病虫害的处理。

▲当新枝萌发的差不多时，人们会对枝蔓进行引缚。

8月里的成熟

在初夏时节，葡萄浆果逐渐长大，但始终保持绿色。这样它们可以持续进行光合作用。葡萄的转熟期从8月中旬开始，它们的变化显而易见：如果是白葡萄品种，在几天之内，浆果的颜色会从绿色转为半透明，而红葡萄品种则从红色转变为蓝色。葡萄果皮上形成的多酚物质是决定葡萄颜色的关键所在。

成熟期

进入成熟期，葡萄开始积累糖分，降低酸度。葡萄皮逐渐变得柔软、纤细、脆弱。正是这段时间的成熟情况决定了这个年份葡萄酒的好坏。这时最理想的天气情况是日照和湿度都要适中：天气太干燥，会阻碍叶片进行光合作用，减慢果实成熟的速度；雨水过多，则会稀释葡萄的味道，酿出的葡萄酒清淡，不耐久存；如果下冰雹，浆果会有被打破的危险；如果发生腐坏，则会影响葡萄汁口感，使其产生发霉的味道，对葡萄酒的品质造成无法挽回的破坏。在收获时，人们必须要逐粒地筛选这些果实。

开花期后100多天，或是进入转熟期后的45天，葡萄达到理想的成熟度。葡萄浆果停止生长，含糖量和酸度逐渐稳定。如果超过这段时间，人们依然不对葡萄进行采摘，让它继续留在葡萄树上的话，葡萄皮会具有透水性，浆果逐渐失水萎缩。这种过熟的状态正是酿造甜型葡萄酒所需要的。

理性农业、绿色农业及生物动力法

我们会经常看到标题中有理性农业、绿色农业、生物动力法这样的字眼，但其实，它们都有着各自不同的意义。

▲绿色农业所采取的耕作方式。

理性农业

理性农业其实就是指在农业生产过程中采用一切可以利用的产品和手段来对抗病虫害。但这一定要建立在“理性”的基础上，也就是说只有在必须的情况下，葡萄农们才会采取相应的措施。这看起来似乎很简单，但是很长时间以来，人们一直在葡萄园内施用大量化学药剂，更可怕的是，这些药剂其实起不到什么作用。

绿色农业

绿色农业禁止使用化学合成制剂，但允许使用天然肥料（堆肥、绿色肥料、有机肥料、矿物肥料）来保持和增加土壤的养分，维持土壤内的微生物活动。

除草剂被严令禁止使用，人们通过耕作来去除杂草，这可以帮助葡萄树将根扎得更深。同时通过松土增加了土壤的透气性，有利于微生物的活动，从而使得养分能够更好地传递并被植物所吸收。

在对抗病虫害方面，人们也会采用很多种方法，例如“性别混淆技术”可以阻止蝴蝶在葡萄上产卵；利用盲走螨可以抵御红蜘蛛或黄蜘蛛。遗憾的是，目前仍然有一些疾病会导致葡萄植株的死亡，例如葡萄黄化病或埃斯卡病。而对于这些，绿色农业还没有找到有效的解决办法。

综合治理

综合治理始于1973年，它规定在必要的情况下可以优先采用生态学的方法来对抗病虫害，同时尽可能少地借助于合成分子。人们对这些方法要经常调整，以减少形成抗药性的风险。

生物动力法

如同绿色农业一样，生物动力法不允许使用任何化学制剂或除草剂，但它与绿色农业又有所不同。生物动力法学说由奥地利科学家兼哲学家鲁道夫·斯坦纳（Rudolf Steiner）创立于20世纪初。它所强调的是自然、天体及季节对于农业的影响。例如，田间作业的时间安排要考虑到根日、花日、果日、光日、土日及水日等对耕种的影响，如果某个日期的影响是负面的，那么人们就不会进行任何劳作。如果人们在下弦月时进行剪枝，会有益于葡萄根系的生长（这正是种植新植株时所需要的）；相反，要是在上弦月时剪枝，则会对植物枝叶的生长有所帮助。

为了获得土壤与植物之间的和谐与平衡，人们会使用很多纯自然的方法，其中一些甚至看起来有些奇怪，例如：用牛粪、硅土、石灰石及植物来制作肥料。“牛角粪肥”：将粪肥放入牛角中，埋在土里度过整个冬天，它就会获得“赋予生命的神奇力量”；“牛角硅肥”：将硅肥细细地捣碎放入牛角中，在夏天的时候埋入土中，它就会一直吸收阳光所带来的生命力。

葡萄农们可以使用剂量极低的波尔多液和硫黄花粉来对抗霜霉病及粉孢菌病，但这种方法现在越来越多地被植物制剂所替代，例如木贼、缬草、荨麻、崖柏，以它们为原料制作出的汤剂有着很好的抗病作用。为了驱赶蝴蝶，人们往往会先抓住几只，用火烧后，将它们的灰烬溶解在数百升水中。如果工序更细致一些的话，可以搅拌一个小时以增强溶液的效力，然后将其泼洒在葡萄树上，蝴蝶就会落荒而逃。

生物动力法酒庄实例：艾美尔酒庄（Mas Amiel）

在2000年，当奥利维耶·德赛乐（Olivier Decelle）重新买下位于鲁西荣产区的艾美尔酒庄时，他在老搭档农学家兼酿酒师斯蒂芬·加雷（Stéphane Gallet）的陪伴下开始了一场生物动力法的探险。一切早已准备就绪：生产场所、特色各异的地块，高质量的植株。从第一年起，每个地块被定义为一个独立单位。在按照既定的方式对每个地块进行处理（堆肥、牛角粪肥、牛角硅肥……）后，将所收获的葡萄分别放置在各自的温控酒槽中开始酿酒。葡萄树的“机能再适应”进行得非常缓慢。四年之后（这是从法律上认定一个酒庄具有生物动力法资质的规定时间），酒庄彻底完成了它的转型。它所生产的产品，无论是干型葡萄酒还是天然甜葡萄，都在国际上获得了广泛的认可。

采收葡萄

在一整年的辛勤劳作之后，最关键的采收期如约而至。然而确定采收日期是一项非常艰难的工作。成熟的葡萄一天比一天脆弱。为了达到最理想的成熟度，同时确保果实清洁完好，人们必须时时关注天气预报。

▲在全年的葡萄种植过程中，采收是一项关键的工作。

采收日期

为了正确估计采收日期，人们通常需要参考转熟期的时间。但这只停留于理论的层面。对酿酒来说，葡萄的成熟情况是非常关键的，因此仅仅粗略地估算是不够的。葡萄农们通常会在葡萄园中提取一些抽样数据，例如葡萄汁中的含糖量和酸度。当糖分的浓度不再上升，而酸度也停止下降时，就是最佳的采收时机了。

除此以外，我们还要保证酚类物质有足够的成熟度，也就是说葡萄皮也成熟了。因为葡萄酒的香气、颜色、花青素和单宁都来自于葡萄皮。除了进行科学的化验以外，最简单的方法是咀嚼葡萄颗粒，如果葡萄皮让口腔变得非常干，则说明单宁还没有完全成熟。

不同的葡萄品种的成熟期也不尽相同。比如说在波尔多，美乐比加本纳的成熟期差不多要早15天左右。局部气候的差异（朝向、海拔、地形）也会影响到成熟期，例如光照条件好的地块的葡萄一般成熟得比较早。在新西兰这样的产酒国，葡萄采收的时间差最多能达到2个月。

Tips

采收通告

在法国各个葡萄酒产区，葡萄农们必须要等到《采收通告》发布时，才能开始采摘。从这一天开始，葡萄农们会根据葡萄成熟度的测试结果以及准备酿造的葡萄酒类型来决定适合自己的采收时间。采收通告由产区工会负责发布，它可以避免葡萄农们过早采收还未成熟的葡萄。在这一天，有些产区会举行庆祝仪式，比如圣埃米利永（Saint-Émilion）。采收通告的形式在欧洲其他国家也很普遍，它们也都效仿法国的原产地监控命名制度（AOC）来严格规范自己国家的葡萄酒生产。在新世界国家则相反，人们可以自由选择开始采收的日期，只要他们觉得这时收获的葡萄能够酿造出他们想要的葡萄酒就可以了。

▲一些著名酒庄，例如拉菲庄园（Chateau Lafite-Rothschild）依然采用人工采摘的方式，力求能保持葡萄的最佳状态。

人工采摘还是机械采摘

人工采摘多用于那些要用来酿造白葡萄酒、高品质葡萄酒、延迟采收型（Vendanges Tardives）或粒选贵腐葡萄酒（Sélections de Grains Nobles）的葡萄。在人工采摘的过程中，人们通过反复的挑选来去除掉那些有瑕疵的果实，以保证所有将要用来酿酒的葡萄都完美无瑕。采摘需要的物料很简单。人们用普通剪刀或整枝剪将葡萄串剪下后放入提篮内。背着背篓的工人会收集提篮内的葡萄，然后将它们统一放置到每行尽头的翻斗中。提篮、桶、背篓、专用木桶、翻斗，每个产区和国家都有自己传统的容器。今天，人们更喜欢用容量有限的柳条筐或是塑料筐来装盛和运输葡萄，以防葡萄在运输过程中被挤坏、压烂。这种小号容器在全世界被广泛使用，那些精益求精的葡萄农们乐于在彼此间分享这些高效的工具，他们都在努力为保持葡萄的最佳状态、提升葡萄酒品质创造条件。

机械采摘就是使用机器来完成葡萄的采摘工作，原理非常简单：人们使用一种跨式拖拉机，它能够振动葡萄树的底部。在这种振动力的帮助下，葡萄浆果脱离了果梗和葡萄串，掉落下来，然后被收集到传送带上。

▲为了增加收益，人们越来越多地采用机械进行采摘。

机械采摘比人工采摘更为经济。同时，与一队采摘工人相比较起来，它也显得更加灵活，它可以降低天气因素对于收获的影响，采摘成熟度最佳的果实。一旦预知到转天会下雨，那么采摘可以在当天晚上进行。如果人们驾驶采收机的技术娴熟，行驶缓慢，采摘下来的葡萄的品质完全可以与人工采摘的葡萄相媲美。果梗也还会继续留存在葡萄树上。但如果驾驶得不好，则不能在采摘的过程中进行适度的筛选，还会损伤葡萄树，压烂果实，导致葡萄汁容易被氧化，或者带有草木的味道。采摘机的振动会降低葡萄树的寿命，这不能不说是一大缺陷，因为往往是采自于老藤的葡萄才能酿造出品质出众的葡萄酒。

延迟采收型葡萄

当葡萄成熟后，植株停止吸收养分。葡萄开始出现过熟的现象，或者称为自然风干现象，也就是说葡萄在一点点枯萎收缩，同时糖分和其他成分高度集中。人们用这种过熟的葡萄来酿造甜型酒。这类采摘普遍晚于一般的成熟期采摘，通常采用人工采摘的方式，有时需要分多次进行，每次只采摘那些完全达到过熟状态的果实。

贵腐霉葡萄

这是另外一种晚收的葡萄类型，在苏玳、蒙巴济亚克（Monbazillac）、圣克鲁瓦蒙（Sainte-Croix-du-Mont）以及卢瓦尔河谷的武弗雷、博纳佐（Bonnezeaux）、莱昂区等产区尤其突出。匈牙利的陶家宜-埃苏（Tokaji Aszu）、奥地利布尔根兰（Burgunland）的鲁斯特-奥斯伯赫甜酒（Ruster Ausbruch）和晚摘葡萄酒，还有澳大利亚及美国加利福尼亚部分产区的贵腐酒也都属于这一类型。它的形成与过熟无关，是因为受到了贵腐霉的感染。这种被称为灰葡萄孢菌（Botrytis Cinerea）的真菌在葡萄浆果内滋生，彻底改变了浆果的内部结构。于是果实干枯萎缩，如同被烤干了一样。待葡萄达到这种状态时，人们才会进行采收，通常采用连续筛拣的采收方式。

严格的名称限定

“延迟采收”这个词仅适用于法国阿尔萨斯法定产区、阿尔萨斯特级葡萄园法定产区，以及朱朗松（Jurançon）葡萄酒。相关法规对于以上这些葡萄酒的生产（例如含糖量等）都有着严格的规定。一些产区自身没有权力使用这个名词，于是人们就发挥了他们巨大的想象力。例如在西南地区靠近马第宏（Madiran）的白葡萄酒产区维克-比勒-帕歇汉克（Pacherenc-du-Vic-bilh），葡萄酒农们就将自己生产的晚摘葡萄酒称为“十月采收”。而普莱蒙（Plaimont）的酿酒者们则将一部分葡萄留到新年时再采摘，并称之为“圣西尔维斯特（除夕）采收”。

▲在巴纽尔斯（Banyuls）的骑士酒窖里，天然甜葡萄酒被放置在木桶中进行陈酿，由此成就了它美丽的琥珀色。

葡萄酒酿造

葡萄酒酿造就是将葡萄汁变为葡萄酒的一系列操作过程：对白葡萄进行压榨，对红葡萄进行破皮和去梗，放入发酵罐内进行发酵，控制发酵罐内的温度，降低葡萄汁的浓稠度，每天品尝以便监控发酵进行的情况，确定发酵的时长及混酿的配比。

所有的一切都是从葡萄的果实开始的。葡萄皮包裹着果肉和果汁，这是最为重要的部分。果肉或果汁通常都是无色的，主要由水分、糖（葡萄糖和果糖）、有机酸（酒石酸、苹果酸及柠檬酸）、含氮化合物及矿物质（钾、钙、镁）构成。葡萄中还有1~4个不等的果核。果核中含有油（对葡萄酒的品质有负面影响）、单宁及含氮物质。

果实外部的葡萄皮和薄膜也是非常精华的部分，其中含有的花青素和黄酮分别是构成年轻的红葡萄酒及白葡萄酒颜色的主要物质。此外，葡萄皮中也含有单宁，这些分子赋予葡萄酒结构，使它耐于久藏。葡萄皮的内侧包含着香气，不同的葡萄品种其香气也各具特色。而在葡萄皮的表层则常常附有一层像蜡一样的白霜。在这层白霜中生长着不计其数的微生物，特别是能够促成发酵作用的酵母。

> **关于酵母**
>
> 从二十多年前起[①]，人们开始对酵母菌进行选择，以便能更好地控制酿酒过程。人们在葡萄汁中加入酵母菌来促使发酵尽快开始。有些酵母则能够带给葡萄酒“英式糖果”的香气。为了不让葡萄酒的风格变得整齐划一，许多生产商更倾向于使用那些来自于本地土生土长的酵母菌，也就是那些存在于葡萄上的天然酵母。

红葡萄酒酿造

酿造红葡萄酒，当然要以红葡萄为原料。通过一段时间的浸皮，使得果皮中的色素进入到葡萄汁中，这是一个必不可少的步骤。

红葡萄酒的酿造分为两种不同的类型：传统酿造法和二氧化碳浸皮法（或称博若莱酿造法）。

传统酿造法

传统酿造法包含了若干个步骤，首先从去梗开始：人们会去除掉富含单宁的葡萄梗，以免它带给葡萄酒过强的收敛感以及浓烈的植物和草木味道。

破皮这一步骤是在专门的榨葡萄机中完成的：浆果经过压榨，其表皮破裂，果汁流出；葡萄汁会经过少量的二氧化硫处理。二氧化硫对葡萄汁及葡萄酒的抗氧化有着重要的意义，同时它也具有对抗微生物，防止葡萄酒腐坏的作用。使用小剂量的二氧化硫可以暂时性地抑制乳酸菌，而且不会影响酵母发挥作用。然后，酒精发酵过程就自然而然地开始了。

酒精发酵

每颗葡萄浆果表皮的白霜里都存在着不计其数的微生物，在这些微生物中，有很多是酵母菌。葡萄破皮之后，酵母菌与含有糖分的葡萄汁相接触，迅速发生反应，将糖分转化成为酒精。

如果发酵不能自然进行的话，在某些情况下，就需要人为地加入一些酵母来启动发酵过程。人们会选择加入一部分其他发酵罐内已经处于发酵过程中的葡萄汁（发酵罐酵母），或者是加入一些处于冻干状态下的酵母（发酵剂）。酵母属菌类是发酵形成的主要原因。

▲ 葡萄被采收后送至酿酒车间。

▲ 手工分拣，将浆果与葡萄梗分离开。

①原文献如此。编者注

酒精发酵释放出热量和二氧化碳。这两种物质上升至液面表层，带给人一种液体沸腾的印象。发酵过程也会产生出其他物质，例如：甘油（一种醇，能赋予葡萄酒滑腻感和甜味）、各种酸（例如少量的醋酸，如果酿造过程出现失误，产生了过多的醋酸，葡萄酒就会带有浓重的醋味；琥珀酸）、高级醇、酯，以及由醇类与酸发生反应而形成的芳香族化合物。整个发酵过程一般持续5～8天。

Tips

葡萄酒还是果醋？

如果发酵是一种自发的现象，那么大家不要忘记葡萄汁最自然的转化结果往往是变为果醋。当酒精发酵终止时，酵母死去，乳酸菌侵袭酒中的糖分，使之变为果醋。

苹果酸乳酸发酵

苹果酸乳酸发酵一般在酒精发酵之后进行，这时桶内的温度仍然很高。在接近25℃时，细菌的作用发挥得最好。如果因为冬天天气寒冷，导致葡萄酒很快冷却，发酵不能如期进行，人们可以设法提高储存场所内的温度，或者等待好天气来临。随着天气的回暖，苹果酸乳酸发酵开始进行，也就是说在春天里，葡萄园逐渐恢复活力，而葡萄酒也在不断地变化着。

在这个阶段，糖分已经消失，酵母死去，之前葡萄浆果中含有的被酵母暂

▶ 如今，螺旋式压榨机越来越多地被气囊压榨机所取代。

▼ 葡萄残留的固体物质经过再次压榨所得到的是“压榨酒”。

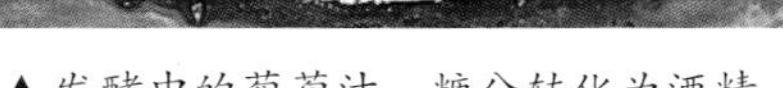

▲发酵中的葡萄汁：糖分转化为酒精。

▲波尔多都龙酒庄内极为现代化的发酵车间。

时抑制住的乳酸菌开始发挥作用。这种微生物可以将葡萄中最主要的苹果酸转化为乳酸。这种转变使葡萄酒变得更加柔顺，酸度平衡。因为跟苹果酸相比较起来，乳酸更为轻柔，更为舒适易饮，没有那么突兀。

关于加糖

这是一种在发酵开始时向葡萄汁中添加糖分，以便提高成酒的酒精度的工艺。这种方法是著名的医学家、化学家、拿破仑的内政大臣让·安东尼·夏普塔勒（Jean-Antoine Chaptal）于1801年在他的著作《酿造、驾驭、完善葡萄酒的艺术》中提出的。加糖工艺可以弥补日照不足所造成的缺陷（葡萄汁中每17克/升的糖分可以转化1度酒精）。但如果由于人们收获得太早，葡萄达不到应有的成熟度，过量加糖往往会导致口感不均衡，破坏了葡萄酒的平衡感。因此相关法规对使用这种工艺有着严格的规定：事实上，依据省级的决议，加糖工艺是不被允许的，但各个具体的产区会根据不同年份的情况确定详细的添加剂量。现如今，人们可以通过核磁共振技术来测定过量加糖，从而避免由此产生的问题。

大部分北欧国家允许采用加糖工艺，因为这里的气温过低，葡萄常常无法达到所需的成熟度。但在某些葡萄酒的生产过程中，它仍然是被严令禁止的，例如德国的法定产区酒（Qualitätswein）。在气候炎热的国家，通常不会出现此类问题，因为葡萄一般不会缺少必要的糖分，因此加糖工艺也被禁止使用。相反地，当葡萄的酸度出现问题时，也需要添加酒石酸来加以修正。

浸皮阶段

在发酵初期，所有的固体物质（葡萄皮、葡萄籽、有时也会有少量葡萄梗）都会漂浮在液体表面，我们称之为“酒帽”。葡萄酒的颜色和单宁正是存在于这些固体物质中。为了使葡萄汁能够与“酒帽”进行充分接触，人们通常采用踩皮（Pigeages）或是淋皮（Remontages）的方法来操作。

流汁与压榨

待发酵完成之后，固体物质全部聚集在发酵罐的顶部，形成了一个酒渣层。这时，人们会打开发酵罐底部的阀门，让液体流出，这就是流汁。所得到的液体，我们称其为“滴酒”（Vin de Goutte）。如果想要获得口感强劲的葡萄酒，可以再进行若干天的浸皮，以便葡萄酒能从酒渣中吸收更多的精华（在一些特殊的年份，浸皮的时间有时可达到6周之久）。

在流汁过程之后，人们会对剩余的酒渣进行压榨来获取“压榨酒”（Vin de Presse）（约占总量的15%）。压榨酒颜色极深，口感浓郁。苹果酸乳酸发酵结束之后，在有需要的情况下，人们会将酒液进行勾兑，滴酒所占的百分比会根据所酿造的葡萄酒类型不同而有所调整。至此，整个酿造过程结束。随着冬天的来临，葡萄酒进入了培养期。

二氧化碳浸皮法

二氧化碳浸皮法也被称为“博若莱酿造法”。其具体的操作方法是：人们将整串的葡萄放入充满了二氧化碳的发酵罐中。其中一些被压烂的葡萄串中的汁液流出，在酵母的作用下，糖分转化为酒精，同时产生二氧化碳。我们将此称为部分酒精发酵。

然而，由于大部分葡萄还处于完好无损的状态，葡萄皮上的酵母接触不到含糖的葡萄汁，因此酒精发酵并未真正开始。相反地，在酶的作用下，葡萄内部正在发生一系列的生物化学变化，这些变化使苹果酸变得柔和并衍生出独特的香气，比如英式糖果的味道。葡萄串浸泡在葡萄汁中便于两者间进行物质交换，例如完整的葡萄颗粒表皮上所带有的色素和香气物质能够由此进入到葡萄汁中。

接下来，整颗的和破碎的葡萄会被一起浸泡一段时间，然后进行压榨。压

踩皮及淋皮

踩皮是指将“酒帽”用工具温和地压入酒液；而淋皮则是指用泵将发酵罐底部的葡萄汁抽上去，再从上面淋在“酒帽”上。

榨后的葡萄汁开始了传统意义上的酒精发酵。采用这种方法酿造出的葡萄酒香气浓郁，柔和圆润，单宁较少，适合年轻时饮用。

桃红葡萄酒的酿造

酿造桃红葡萄酒需要有丰富的专业知识和严谨的态度。因为只要在时间上稍微晚几个小时，桃红葡萄酒的颜色就会出现偏差。同样，如果想要充分保留果香，也需要严格地把控发酵的温度：如果温度过低，戊醇的英式糖果及指甲油的气味就会显露出来。

桃红葡萄酒通常以红葡萄为原料酿造，根据所需要的颜色的深浅度来决定葡萄汁浸皮时间的长短。

Tips

除了粉红香槟以外，其他的桃红葡萄酒通常不会由红葡萄酒与白葡萄酒混合调配而成的。

放血法与直接压榨法

酿造桃红葡萄酒的方法分为两种，最常见的就是放血法。该法其实是将桃红葡萄酒作为红葡萄酒酿造过程中的副产品。首先进行5～24个小时的短暂浸皮，然后，在发酵过程中，人们会先放出一部分粉红色的果汁，并用这部分果汁来单独发酵酿造桃红葡萄酒。浸皮的时间越长，酿出的酒的颜色就越浓艳。

第二种方法就是直接压榨法：人们会直接对红葡萄进行压榨，经过挤压和短暂浸皮后，少量的色素进入到葡萄汁中。然后，人们会采用酿造白葡萄酒的工艺来酿制桃红葡萄酒。有些桃红葡萄酒的颜色非常淡，可以称之为淡色桃红葡萄酒。

白葡萄酒的酿造

通常情况下，白葡萄酒是用白葡萄品种酿造的，并且只对葡萄汁进行发酵。以前，由于酿酒技术的局限性，无法完全避免葡萄汁与葡萄梗相接触，因此葡萄酒中常常会有植物和草木的味道。但今天，人们会通过采用纯手工采摘等方式，尽量保证放入发酵罐中的葡萄全都完好无损。

待采摘下来的葡萄被送到酿造车间后，人们会对它们进行破皮或压榨，以便开始发酵前的浸渍。根据所要酿造的葡萄酒的类型，人们会选择以下两种不同的方式。

整粒葡萄压榨法就是指在去梗之后，将那些没有被压坏的葡萄（保持着完好的圆形）直接放到压榨机中进行压榨。这一程序时间较长，从果实中流出的葡萄汁可以与葡萄皮相接触，从而获

▲白葡萄酒通常由白葡萄品种酿造而成，有时也会使用红葡萄品种不带颜色的果汁来酿造，例如香槟。

取其中的香气和酵母。

果皮浸泡法是指将葡萄轻柔地破皮，然后将葡萄汁和葡萄皮一起放入发酵罐中。这时罐内充满了二氧化碳，为的是隔绝空气，防止氧化。在浸泡了12～18小时后，人们会对葡萄进行压榨，这可以帮助酒液吸收香气，获取油脂感，增加产出量。

澄清

经过压榨之后的葡萄汁被放入发酵罐内，在这里，人们将对其进行少量二氧化硫处理，以避免氧化现象的出现，白葡萄酒对氧化格外敏感。接下来，人们将通过澄清法来去除葡萄汁中悬浮的残渣，这些残渣很容易影响葡萄酒的香气和口感（例如，它会使葡萄酒产生草木味）。但是澄清也不能进行得过于剧烈，如果将酵母一并除去，则会影响到酒精发酵过程。

发酵

澄清过后，酒精发酵自然而然地开始，有时人们也需要在葡萄汁中加入发酵罐酵母或是发酵剂来启动酒精发酵。这时，周围环境的温度必须要保持在20～25℃。一旦低于或超过这个范围，发酵会变得混乱，同时香气大量流失，并伴随有挥发现象出现。

为了保持白葡萄酒的新鲜感，它通常不会经历苹果酸乳酸发酵阶段，因此人们需要对其进行滗清和轻度的二氧化硫处理。

对有些白葡萄品种所酿造的葡萄酒，例如密斯卡得（Muscadet），人们会将酒液滞留在发酵罐中，延长它与酵母残渣接触的时间，直至装瓶。这样的白葡萄酒会带有因发酵作用而产生的微量二氧化碳，我们称之为“微气泡酒”（Perlant）。

人们也可以对白葡萄酒进行苹果酸乳酸发酵，这适合于那些用于久藏的葡萄酒。苹果酸乳酸发酵赋予葡萄酒油脂感，使它在橡木桶陈酿的过程中具有一定的生物稳定性。

在酿造顶级白葡萄酒时，发酵往往是在橡木桶中而不是发酵罐中完成。这样可以使葡萄酒的油脂感和香气更加丰富。

气泡酒的酿造

法国香槟、卢瓦尔河、阿尔萨斯和勃艮第的气泡酒、西班牙的卡瓦，德国的塞克特（Sekt）、意大利的斯布曼德（Spumante），以及南非、乌克兰、英国的气泡酒……全都是采用同一种方法酿造的：在加入酵母和糖之后，将酒瓶密封，进行瓶中的二次发酵。气泡的产生完全是因为酒中所含有的二氧化碳。如今存在许多酿造气泡酒的方法，其中最具代表性的就是传统酿造法。

▲香槟需要呈水平状放置在板条架上陈年最少12个月，如果是年份香槟，则需要3年的时间。

传统酿造法（La Méthode Traditionnelle）

人们以手工的方式采摘葡萄，然后将它们完好无损地运送到酿造车间。在这里，葡萄同样要经历一个榨汁的过程。榨汁的压力必须轻柔平稳，这一方面是为了避免过度压榨给葡萄酒品质带来不良的影响（每160公斤葡萄压榨出的葡萄汁不能超过102升），另一方面则是为了避免释出红葡萄的颜色。用来酿造白色气泡酒的原料有2/3是红葡萄品种，它们只是果皮带有颜色，果汁是无色的。

我们现在来解释一下传统榨汁机的形状：传统榨汁机呈垂直状，不高，底部很大。使用传统的榨汁机，4000公斤的葡萄可以榨出2550升的葡萄汁。其中，第一次压榨非常轻柔，这时得到的葡萄汁，我们称之为“头道汁”（Cuvée，总量为2050升）；接下来的压榨，力度会更大一些，用第二次压榨所得的葡萄汁（500升）酿造出来的葡萄酒通常单宁有余、细腻不足。如今，人们经常使用气囊压榨机，它的力度更柔和，在压榨葡萄时完全不会弄烂葡萄皮。

首次发酵

压榨出的葡萄汁通常被放置在不锈钢发酵罐中，有时也会放入橡木桶内。在这里，它们将经历3周左右的首次发酵。一般来说，酿造气泡酒必须进行苹果酸乳酸发酵，这样才能够在瓶中二次发酵开始前降低葡萄酒本身的酸度，增强它的稳定性。

瓶中二次发酵及气泡的产生

将完成了首次发酵的酒液装入瓶中时，人们会同时加入由酵母和糖（大约25克/升）组成的“二次发酵糖液”（Liqueur de Tirage）。一般情况下，人们会用塑料或金属瓶盖将酒瓶封住，但也有一些生产者乐于使用软木塞。接下来，酒瓶被卧放在板条架上，酒液与沉淀的酵母充分接触。这时，酒窖内必须非常凉爽，二次发酵才能够开始。二次发酵进行得很慢，有时要几个月的时间，至于那些年份香槟，甚至会持续3年之久。

Tips

香槟酿造法（Méthode Champenoise）和传统酿造法（Méthode Traditionnelle）

长期以来，“香槟酿造法”被人们当作是“传统酿造法”的代名词。考虑到这样容易引起概念上的混淆，香槟地区的葡萄酒生产者已经成功地申请了禁止使用这种叫法。从此以后，当人们谈论到气泡酒的生产方法时，只能使用“传统酿造法”这一名称。

▲人们会使用长嘴的喷水壶来补足橡木桶中蒸发掉的酒液。

在酵母的作用下，糖分发生转化，这会使酒液的酒精度提升1度左右，同时生成二氧化碳，这就是气泡的由来，瓶中也因此产生了内部气压。在这个必经的阶段，酵母细胞释放出更为复杂的芳香族化合物，使得葡萄酒的香气变得更为丰富。

转瓶和吐泥

二次发酵完成之后，人们需要将瓶中的酵母残渣去除。酒瓶首先被水平放置于A形架上（或者是摇瓶器中）。接下来每个瓶子都会被倒置，顶端朝下。这样瓶内的大块残渣就会挟裹着细小的残渣一起沉积到瓶口处，这就是需要被去除的酒泥。之后，人们将酒瓶的头部插入到超低温的盐水中，使酒泥结成冰块。这时打开瓶盖，结冻的酒泥就会在瓶内压力的作用下，冲出瓶口。以前，吐泥这一步骤也可以通过手工来完成，但由此损失的酒液要比机器吐泥多得多。为了补足这部分酒液（如今损失的量已经很少了），人们会向酒瓶内添加最终调味液（或称为补液）。最终调味液由基酒和糖浆组成，有时也会加入蒸馏酒。它使气泡酒变得圆润而丰满，对生产商来说，调味液的调配秘方是要严格保密的。

Tips

含糖量

气泡酒的含糖量决定了它的类型。
绝干（Brut）：含糖量为0～15克。
超天然（Extra brut）：含糖量为0～6克。
特干（Extra dry）：含糖量为12～20克。
干型（Sec）：含糖量为17～35克。
半干（Demi-sec）：含糖量为33～50克。

乡村式酿酒法（La Méthode Rurale）

这种极为古老的酿造方法在一些产区被沿用至今，例如：利慕·布朗克特（Blanquette-de-Limoux）的祖传法（Méthode Ancestrale）和迪·克莱雷特（Clairette-de-die）的“迪城酿酒法”（Méthode Dioise）。

人们将经过部分发酵和澄清的果汁装入瓶中，盖上瓶盖。酒瓶一旦密封，将不会被再次开启，发酵继续在瓶中进行，生成二氧化碳，也就是气泡。这种酿造法中完全没有摇瓶和吐泥的步骤，因此也就无需像传统酿造法那样加入最终调味液。通过这种方式酿造出的气泡酒新鲜、清爽且柔美。

▲人们会对放置在摇瓶机或是A形架上的酒瓶进行规律性的摇瓶。

查尔曼酿造法（Méthode Charmat）或封闭酒槽法（Cuvée Close）

这是一种适用于批量生产的酿造方法，二次发酵在密封的发酵罐中完成。充满气泡的葡萄酒被装瓶，然后再塞上酒塞并包装。这种酿造方法效率高，成本低，适合那些大众化、缺乏个性的非法定产区气泡酒。

甜酒的酿造

甜酒是指那些保留了葡萄糖分的葡萄酒。当其他人都开始忙着对自己收获的葡萄进行处理时，还有那么一些或疯狂或热情的酒农，冒着颗粒无收的风险，耐心地等待着晚来的收成。因为晚收葡萄的香气和内容将会更加丰富，更加集中。这些葡萄的收获期大大晚于其他的葡萄，它们要经受寒风和降雨的考验，非常脆弱娇贵。在对这些葡萄进行压榨时，为了获取浆果内有限的果汁，压榨机必须运动得更加缓慢，但力道却要加重。同样，发酵过程也很慢。一旦发酵完成，则禁止再向酒中添加糖分。在阿尔萨斯，加糖法被严令禁止用于延迟采收型葡萄酒和粒选贵腐葡萄酒的酿造。而其他地区，如苏玳、朱朗松（Jurançon）或是卢瓦尔河谷，加糖法虽然被允许使用，但仅限于向未发酵的葡萄汁内添加或是在发酵过程中添加。

获得高浓度糖分的方法有很多种：自然干缩（Passerillage）、干燥法（Dessication）、贵腐霉（Pourriture Noble）、冰冻。世界上所有著名的甜型葡萄酒都来自于这几种类型：加拿大、德国、奥地利、斯洛文尼亚的冰酒，意大利的圣酒（Vino Santo），摩尔多瓦的科特纳里葡萄酒（Cotnari），南非的康斯坦莎（Constantia）葡萄酒，以及匈牙利著名的陶家宜葡萄酒。

糖度与酒精度

含糖量可以用克/升或是潜在酒精度来表示，如果要使用潜在酒精度来计算，首先必须要知道每17克/升的糖分可以转换为1度的酒精。

已得酒精度就是葡萄酒包装上所标明的酒精度。如果一款甜酒的酒精度是“13+6”，则说明它的已得酒精度为13度，潜在酒精度为6度，那么用6X17克/升就等于102克/升，这是葡萄酒中剩余的未进行转化的糖分。如果想计算出葡萄品种的原始含糖量，则可以用（13+6）X17克/升，得出原始含糖量为323克/升。遗憾的是，这一指标一般不会被注明在酒标上。

▲ 中止发酵葡萄酒的酿造和培养都与众不同。

天然甜葡萄酒的酿造：中止发酵（Mutage）

作为地中海沿岸地区的特色产品，法国天然甜葡萄酒与西班牙的雪莉酒（Xérès）和马拉加葡萄酒（Malagas）、意大利的马萨拉葡萄酒（Marsala）、葡萄牙的波特酒（Porto）和马德拉葡萄酒（Madères），以及塞浦路斯的康梦达瑞亚（Commandaria）一样，都是以含糖量极高（最低含糖量为252克/升）的葡萄品种为原料酿造而成的。人们通过加入相当于葡萄汁总量5%～10%的酒精来抑制酵母、中止发酵，从而使葡萄酒中保留一定量的天然糖分。在中止发酵后，葡萄酒的酒精度不会低于15度，同时酒液中残留的糖分为50～125克/升。

每种天然甜葡萄酒都是以独特的工艺酿造而成的。

麝香天然甜葡萄酒是在隔绝氧气的状态下酿造的，在中止发酵后迅速装瓶。

陈年天然甜葡萄酒的酿造过程一直都伴随着氧化（放入大橡木桶或是细颈瓶中），一旦装瓶，葡萄酒将不再有发展和变化。

年份和特殊年份天然甜葡萄酒大多是由歌海娜酿造而成的，抑制发酵通常针对浆果。在榨渣中加入酒精，然后长期浸泡，以便使酒液能够更好地吸收葡萄皮内的物质（单宁和色素）；之后葡萄酒会在酒槽或橡木桶中储存1～2年，避免氧化，最后装瓶。

葡萄酒的培养与装瓶

经过一段时间，葡萄酒的发酵最终完成。在接下来的冬天和春天里，将会是苹果酸乳酸发酵的时期。新酿的葡萄酒浑浊暗淡，许多还带有沉淀的残渣，充盈着因为酵母作用而产生的二氧化碳。接下来直到装瓶前都会是葡萄酒的培养阶段，在这段时间内，葡萄酒会逐渐变得澄清、稳定且精细。培养是一个非常重要的步骤，它的时间长短取决于所要酿造的葡萄酒类型，适合新鲜饮用的葡萄酒的培养期可能只有几天，但高档葡萄酒则需几年。

换桶

苹果酸乳酸发酵完成后，人们会将葡萄酒换到另外一个酒桶中，让酒液透透气的同时，除去其中的残渣和一部分发酵时产生的二氧化碳。如果葡萄酒是按不同地块和葡萄品种单独酿造的，这时也是人们将不同酒液进行调配的阶段。接下来，酿酒师会将所有的酒液存储到大罐或是木桶中。

▼如果没有玻璃酒瓶的出现，就不可能有顶级葡萄酒。

如果培养是在橡木桶中进行的话，人们会定时换桶，以便除去葡萄酒中逐渐产生的一些沉淀。对适于年轻时饮用的葡萄酒，澄清会通过过滤来实现；而对那些大批量生产的葡萄酒，则会采用离心分离法。

澄清

组成葡萄酒的物质众多，在陈酿的过程中，这些物质之间难免会发生反应，从而生成一些杂质和沉淀。为了避免这些杂质随葡萄酒一起被装入瓶内，在装瓶之前，人们会对葡萄酒进行澄清。常用的方法有以下两种。

凝结过滤法

葡萄酒的蛋白质含量丰富，这些蛋白质经常会絮凝在一起。因此人们会加入一些外来的蛋白质，让它们去黏合葡萄酒内的絮状物。这种后加入的蛋白质被称为“胶”，它可能会是新鲜鸡蛋清、鸡蛋蛋白粉、酪蛋白、明胶或是鱼胶。它黏附着葡萄酒中的天然蛋白和其他的悬浮颗粒一起沉淀到酒槽的底部。然后，人们就会通过换桶或是过滤来将酒液与这些沉淀分离开。凝结过滤法的优点是所有添加进酒液中的蛋白质最后都会被除去。

低温法除酒石沉淀

这是一种极为常见的现象：当温度降低、环境寒冷时，酒石酸就会与葡萄酒中的矿物质（钾和钙）发生反应，形成形状像糖一样的结晶颗粒。酒石一般不会影响葡萄酒的品质。人们会在接下来的换桶过程中，将其去除。

木桶还是酒槽?

依照传统，红葡萄酒的培养都是在木桶中完成的。有别于不锈钢酒槽或水

▲换桶是为了分离葡萄酒与酒渣。

▲凝结过滤法是一种利用蛋白质来澄清红葡萄酒的传统方法。

泥罐，木头并非一种惰性材料，因此它可以赋予葡萄酒香草、香料或是烟熏的香气，这些香气都是木桶在加热制造的过程中所获得的。同时，氧气也可以通过桶孔或是木桶板之间的缝隙渗透进来，产生一些轻微的氧化。这种氧化非常有益于澄清，也可以让单宁变得更为圆润。为了补足透过木桶蒸发掉的酒液（当存储葡萄酒的酒窖内非常干燥时，这种蒸发尤其明显），同时避免剧烈氧化的发生，人们会定时向桶内添加葡萄酒，这就是添桶。

▲依据酿酒师的选择，发酵可以在木桶或是不锈钢酒槽中进行。

橡木桶培养是酿造名庄酒不可或缺的环节，但是那些口感清淡、结构简单的葡萄酒则不适合这种培养方式，因为木头的气味会盖过酒香，同时改变它的品性。许多葡萄酒生产商为了节约成本，往往会将橡木桶使用很多年。但其实橡木桶在使用了3~4年之后就会失去它的香气，对改变单宁的结构也不会再有任何作用了。使用老橡木桶时要谨慎，它会使葡萄酒变干，饮用的时候显得生硬且棱角毕现。

微气泡冲击法（Microbullage）

微气泡冲击法是由马第宏（Madiran）地区郎克罗小教堂酒庄（Chapelle Lenclos）的庄主、酿酒师帕特里克·都古诺（Patrick Ducourneau）发明的。他发明这种方法的初衷是为了让自己酿造的葡萄酒变得更加柔顺。用丹那酿造的葡萄酒经常给人以单宁强劲的印象，往往需要陈放很多年之后才能饮用。这种结构感强的葡萄酒搭配传统菜肴会比较适宜。

微气泡冲击法或是微氧技术（Micro-

木头味

在智利、澳大利亚、新西兰等许多国家，葡萄酒生产商用在酒液中浸泡木屑的方法替代了橡木桶培养，帮助葡萄酒获得木头的香气。这种方法在法国是严令禁止的。

Oxygénation）通过在培养过程中向葡萄酒内打入氧气的方法，可以使葡萄酒在有限的时间内获得陈酿了若干年后的效果。这些极微量的氧气是通过放置在酒槽或橡木桶底部的陶瓷扩散器输入到酒液中的。气体以微气泡的形式被打入酒液，与葡萄酒中的酚类化合物结合在一起（并不溶解于酒液中）：单宁由此变得圆润柔和，花青素也被强化。这其实就是一种使葡萄酒发生自然氧化的方法。这种方法的优点很多，例如：它可以精确地设定打入的氧气剂量，控制打入的节奏；可以修正不锈钢罐内偶尔会出现的草木味；在带酒渣培养时，可以避免酒渣上浮；也可以有效地中断发酵。微气泡冲击法在法国波尔多被广泛应用，在其他一些产酒国也十分流行。在那些允许使用这种方法的新世界国家，人们常常将它与浸泡橡木块（这种橡木块必须来自于那些用于制作橡木桶的木材）结合使用。这样做的结果就是可以在打入空气的同时，让葡萄酒与木头进行接触，从而变得口感圆润，香气丰满。它在时间和费用上的消耗要比使用传统的橡木桶培养少得多。

▲黄葡萄酒会在容量为228升的橡木桶中培养最少6年，期间不会进行添桶。

葡萄酒的其他培养方法

酒花葡萄酒

这种培养方式无需进行添桶。葡萄酒始终存储在橡木桶中，人们不会对蒸发所流失的部分进行添补，直至培养了6年之后，蒸发的酒液达到了最初总量的40%。这时酒液的表面会形成一层薄薄的酵母层，法国人将它称为“酒花”（Voile，原意为“纱”），西班牙语中写为“Flor”（在生产雪莉酒的地区），它可以避免剧烈氧化的发生。这种情况在天然甜葡萄酒［巴纽尔斯

▲木桶片被一片一片地安装在金属桶箍中，这种圆形模具可以将木片固定在一起。然后人们在桶中点火烘烤，使桶片具有一定弯曲度。

（Banuyls）、里韦萨尔特（Rivesaltes）］、雪莉酒、加亚克及汝拉葡萄酒的生产过程中比较常见。

永恒的橡木桶

这与安达卢西亚地区生产雪莉酒及蒙迪亚-莫利雷斯（Montilla-Moriles）葡萄酒时所应用的索雷拉法（Solera）相同。它常应用于天然甜葡萄酒和加烈酒的生产。每年，人们会从培养的葡萄酒中提取20%~30%，然后再加入同等量的新酒。有些葡萄酒的陈年时间已经达到了12年之久。这样的葡萄酒不会标注年份，因为它是由各个不同年份的酒液混合而成的。

橡木桶的制作

当人们将已经成材的高大橡木砍伐和切割之后，木头会被劈开，用来做成高档的橡木板（Merrains），这些木板会在露天存放最少3年，以消除其中的水汽。橡木桶的桶身需要由32块木桶板构成（如今桶板的加工由机械来完成）。这些木板被箍入到一根绳子中，绳子逐渐收紧直至所有木板紧密地贴合在一起，这时人们会滑动调整第一个铁圈。接下来，再用火熏烤橡木桶来塑造它的弯曲度，熏烤时间的长短取决于希望得到的焦灼度。对其他桶圈的调整一般通过锤子敲击来完成，至此橡木桶的形状最终固定下来。安装桶底的工作也在这时进行，修剪好的木料被倾斜地放置到相应的位置。之后，人们借助于铁圈或栗木圈的辅助来为橡木桶加装桶箍。最后一道工序就是在桶板上凿出桶孔。

Tips

木头与香气

木头可以给葡萄酒带来香气。那些赋予法国葡萄酒细腻芳香的木头大都来自于法国中部。烧火加热能够或多或少地给木头带来焦糖的气息。

轻度加热（在120~130℃下加热30分钟）的橡木桶会给葡萄酒带来轻微的色泽变化，以及黑加仑和覆盆子的香气。

中度加热（在160~170℃下加热35分钟）或中重度加热（在180~190℃下加热40分钟）的橡木桶会给葡萄酒带来烤杏仁的香气。

重度加热（在200℃下加热45分钟）的橡木桶会给葡萄酒带来熏烤的味道。

▲一些小酒庄的装瓶工作通常是由手动装瓶机来完成的。

▲规模较大的酿酒合作社使用机器来进行装瓶。

制作木桶的原料大多都是来自于欧洲或是美国的橡木，在极少的情况下也会使用栗木。木桶之间的质量差异可能来自于制作工艺，也有可能来自于木头本身。事实上，美国橡木通常是由机器锯开而并非手工劈开。此外，它是用烤箱来烘干的，这样虽然节省了时间，但却不能像放置在露天风干了三年的橡木那样，经历了恶劣天气的考验，吸收了大自然的精华。人们会根据自己想要酿造的葡萄酒类型以及酿造工艺来选择焦灼度不同的橡木板。

装瓶

装瓶是葡萄酒酿造的最后一道工序，在调配结束之后进行。首先，人们会向葡萄酒中加入少量二氧化硫（SO_2）来防止氧化的发生，之后再进行过滤。其实，过滤得越少，对葡萄酒越好，虽然可能会在酒瓶中看到色素的沉淀物，但这样可以维持葡萄酒的集中度。（越来越多的酒标上会标注“未经过滤”的字样）。

葡萄酒的装瓶多在收获后的下一年进行。装瓶方式分为两种：或者是借助于手工装瓶器逐瓶灌装，之后再用手动器械封上瓶塞；或者使用多功能的大型机械设备来完成与装瓶相关的一系列工序（灌装、用木塞或螺旋拧盖封口、贴标签）。

灌装完成之后，人们先会将酒瓶直立放置几分钟，以保证酒塞在卧放前能够恢复原先的形状。然后，再将这些酒瓶呈水平状储存，以便让酒塞能够一直保有弹性和柔软度，很好地与瓶口的形状相契合，确保密封性能良好。

酒瓶

酒瓶（bouteille）这个词的原型是“Botele”（公元12世纪），在拉丁语中的词根是“Buttis”，指的是装液体或固体的容器。在中古时代的词汇中，与它词义相类似的有“（装液体用的）羊皮袋”或“木桶”。在中世纪时，人们将葡萄酒直接装在大酒罐里，需要拿到餐桌上饮用时，才会倒入小酒壶中。在加泰罗尼亚语和

▲①利慕-布朗克特产区（Blanquette-de-Limoux）酒瓶；②阿尔萨斯的细长酒瓶；③装盛黄葡萄酒时使用的620毫升的克拉芙兰瓶；④博若莱瓶；⑤新教皇城堡的酒瓶上带有教皇之剑的印记；⑥卢瓦尔河谷桑塞尔（Sancerre）产区的酒瓶，与勃艮第瓶型类似；⑦波尔多瓶；⑧勃艮第瓶。

葡萄牙语中也衍生出了类似含义的词汇，“Botija”就是酒壶的意思。其他地方也逐渐出现了与“酒瓶”相同的词汇：意大利语中的“Bottiglia”、西班牙语中的“Botella”以及英语中的“Bottle”都是源自于法文。

最初的酒瓶形态就是毫无雕饰的酒壶。直至公元17世纪，它的样子开始接近于现在香槟地区和勃艮第地区的酒瓶，瓶身大，瓶颈长。在18世纪时，酒瓶变得更高，瓶身更趋向于圆柱体，酒瓶的形状也多种多样。随着技术的进步，1728年政令批准了瓶装葡萄酒的运输，这标志着一个伟大进步的开始。等到19世纪初，几乎每个产区或国家都有了自己独特的瓶型：阿尔萨斯的细长瓶型、波尔多瓶型、勃艮第瓶型、罗纳河谷瓶型、荷兰瓶型、诺曼底瓶型（Normande）、维罗尼克瓶型（Véronique）、普罗旺斯地区细长带颈环的瓶型、汝拉地区的克拉芙兰瓶型（Clavelin）、基安蒂地区带有草绳装饰的大肚瓶（Fiasco）、莱茵河地区的纤细瓶型、弗兰肯地区（Franconie）的布克斯波蒂尔瓶型（Bocksbeuteel）。

不同规格

在1866年，法国立法规定了葡萄酒瓶的容量。通常标准的酒瓶容量为750毫升。但大家也不难看到半瓶装（375毫升）的葡萄酒，或是新近出现的500毫升装、1.5升装（Magnums，相当于2个标准瓶）及3升装的葡萄酒。甜葡萄酒、麦秸酒、延迟采收型葡萄酒以及粒选贵腐葡萄酒通常都以500毫升为单位装瓶销售。而容量为620毫升的克拉芙兰瓶则专为黄葡萄酒定制。

▲波尔多葡萄酒瓶从500毫升装到6升装（Impériale），各种规格一应俱全。

在波尔多和香槟地区还可以见到容量为4.5升（Jéroboams，相当于6个标准瓶）、6升（Impériales或Mathusalems，相当于8个标准瓶）、9升（Salmanazars，相当于12个标准瓶）、12升（Balthazars，相当于16个标准瓶）以及15升（Nabuchodonosors，相当于20个标准瓶）的酒瓶。酒瓶的规格对葡萄酒在瓶中的继续发展也起到了一定作用。例如，标准瓶和1.5升装酒瓶对葡萄酒的继续发展是最为理想的。半瓶装的酒瓶则会使葡萄酒过早的老化，而在超大只装酒瓶中的葡萄酒则发展得非常缓慢。

Tips

英国人发明了开瓶器

1795年，塞米尔·汉索（Samuel Hensall）在英国伯明翰首次申请了开瓶器的专利。他的灵感来自于一种清洁枪管的螺钩。最早的开瓶器都呈T字形，从那时开始它经历了多次的改进。但最重要的部分始终都是螺旋起子，它要足够长，同时推进的把手也要足够大，开瓶器才能稳稳地扎入到软木塞内，不至于把它弄得支离破碎。

瓶塞

这需要追溯到唐·佩里农（Dom Pérignon）的时代（17世纪下半叶）了，那时的西班牙朝圣者用软木块来封住他们的水壶。其实在公元前5世纪时，人们就已经采用这种方法来密封双耳尖底瓮了。但后来这种尖底瓮被木桶所取代，于是对软木塞的应用也就逐渐消失了，直至玻璃酒瓶被广泛使用时才再度兴起。在18世纪时，软木塞最初的形状是圆锥形的，并且高于瓶口。后来，它逐渐演变为圆柱形的，同时也完全没入了瓶颈内。接下来，开瓶器也应运而生。

盒中袋

盒中袋（BIB），在法语中也写为“Outre à Vins”。它有1升、3升、5升和10升等不同规格。盒子里的酒袋会随着里面液体的减少而逐渐收缩，因此可以完全杜绝氧化现象的发生。这样设计的优点就是当你喝完一杯葡萄酒之后，可以将剩下的酒继续存储若干天，甚至是若干个星期。这种包装特别适合那些适于年轻时饮用的葡萄酒。

软木塞的生产

制作橡木塞所使用的板材来自于一种橡树的树皮，在切条之后，人们使用打孔机在木条上打出所需要的软木塞。接下来，人们会对这些软木塞进行第一轮筛选，并清洗、消毒，最后再脱水风干。这时，软木塞还要经历第二次筛选，这次筛选主要是挑出那些带有皮孔和细孔的残次品。最上等的软木塞应该完全没有细孔，而另外一些则可以通过使用软木粉混合物填充来提高它的品质。

▲除软木塞以外，黏合木塞及混合木塞也很常见，后者多用于香槟的包装。

黏合木塞也是使用软木生产的：在切割树皮时掉落的一些残渣被分类、黏合，最终制成酒塞。但这类酒塞不适用于高档葡萄酒，因为它是完全密闭的，透气性差。

合成酒塞和螺旋拧盖

目前，橡木产量已经远远不能满足世界范围内酒塞生产的需求了，因此衍生出了其他一些替代品。

由模拟橡木结构的复杂合成材料制成的合成木塞卫生状况非常好，但却有可能产生漏气的现象。新世界产酒国常用它来密封适合年轻时饮用的葡萄酒。这种酒塞完全不适合那些用于久藏的葡萄酒，因为它透气性差，不利于葡萄酒在瓶中的继续发展。

瑞士在多年前就已经开始使用螺旋拧盖了，该国生产的80%的葡萄酒都是采用拧盖作为包装的，在澳大利亚、新西兰、美国等地区也是一样。螺旋拧盖使用方便，会给人一种物美价廉的印象。

▼高端葡萄酒只使用软木塞。

四分之一个世纪的软木塞

在法国波尔多，人们每25年左右会更换一次老酒的软木塞。在更换酒塞的过程中，人们也会在酒庄内对葡萄酒进行填瓶（即补充酒液）。每瓶更换了木塞的葡萄酒都会在酒标上加以标注，它的价格也会随之提高。

▲葡萄酒农是工作在葡萄园里的手工艺者。

葡萄酒生产团队

葡萄酒农

葡萄酒农是手工艺者，甚至可以毫不夸张地被视为培育葡萄树的艺术家。他们将葡萄品种、理性种植及市场需要糅合在一起，力求酿造出充满个性，代表个人风格的葡萄酒。这些人到底是酿酒者还是葡萄种植者？很多时候，这两个角色很难完全区分开来。葡萄种植者是指那些种植葡萄树并将收获的果实转手卖给酿酒商用来酿造葡萄酒的人，但他们自己并不一定会去酿酒。而葡萄酒农则是那些自己种植葡萄树，自己酿酒并进行售卖的从业者。

技术工种

这个职业的技术性越来越强：葡萄酒农并非总是能够按照自己的意愿酿酒，更多时候，他们受制于产区的法规及限定，不得不酿造符合硬性指标的葡萄酒。作为真正的中小企业，酒庄必须要拥有相关的技术资质（这越来越多地体现为要持有相关的技术文凭），才能种植葡萄、酿造葡萄酒并进行必要的勾兑。此外，他们不能仅仅满足于扮演生产者的角色，同样也需要去推广和销售自己的产品。

▲以土地为本的耕种者会理解和听从于自然。

虽然科技的进步在一定程度上降低了葡萄酒生产的难度，但这项工作依然充满了坎坷和艰辛。因为葡萄酒不同于普通的工业化产品，它是具有生命的，同时它受到自然因素的影响，突如其来的天灾，随时可以毁掉人们辛勤耕耘了一年的成果。

在一些小规模的酒庄内，葡萄酒农以个人或家庭为单位进行生产，他们越来越离不开酿酒师的指导和帮助。在规模化的酒厂里，往往还会增设种植主管的职位，由他来负责整个葡萄园内从剪枝直至采收期间的技术指导、工作组织以及常规维护等事宜，以便能够向酿酒车间主管或是酿酒师提供真实反映风土条件的葡萄果实。种植主管还可以与酿酒车间主管精诚合作。酿酒车间主管也是酒庄内一个关键性的人物，在葡萄被运到酒窖之后，是酿酒车间主管监督着整个酿造葡萄酒的过程，确保生产出的产品是对风土条件最充分的诠释。

Tips

为酒痴狂

奥利维耶·德赛乐（Olivier Decelle）（庇卡底速冻食品公司总裁）、尚塔乐·勒谷迪（Chantal Lecouty）（《法国葡萄酒评论》主编）、伊夫·比库（Yves Picaut）（银行家）、弗洛伦斯（Florence）和丹尼尔·卡地亚德（Daniel Cathiard）（滑雪冠军及零售业商人）都没有酿造葡萄酒的经验，有的只是对葡萄酒的一腔热情。凭借着这种热情，他们分别买下了艾美尔酒庄（Mas Amiel）、圣彼邦小修道院酒庄（Prieuré de Saint-Jean-de-Bébian）、圣富瓦-波尔多（Sainte-Foy-Bordeaux）产区的一家庄园，以及史密拉菲庄园（Château Smith Haut Lafitte）。他们对自己的这份新事业倾注了极大的热情，认真地学习了有关葡萄树与葡萄的知识，不惜承担风险。如今，这些酒庄出产的葡萄酒已经跻身高档酒的行列。艾美尔酒庄利用生物动力法生产的年份莫利酒已成为同类产品中的翘楚；奥斯坦比库庄园（Château Hostens-Picaut，圣富瓦-波尔多产区）葡萄酒在11年中共获得了各类评比的64块奖牌；2001年份的圣彼邦小修道院白葡萄酒和红葡萄酒分别被贝塔内-德索沃（Bettane/Desseauve)手册评选为最佳白葡萄酒第一名及朗格多克原产地监控命名产区红葡萄酒第一名；而史密拉菲则始终都是波尔多地区明星产品的重要代表。

优秀的葡萄酒农需要具备的优点

［多米尼克·彼宏（Dominique Piron），彼宏酒庄，莫尔贡（Morgon）］

◎认真严谨。

◎知道自己的使命，拥有自己的风格，时刻记得自己所酿造的是一种具有独特个性的产品，坚持到底，不畏艰难。

◎坚信葡萄酒不是一种工业化的产品。

◎能够采取相应措施对抗来自于自然的风险，可以面对并接受大自然的不确定性。

酿酒师

在酒庄我们经常会见到酿酒师，他们手持酒杯，品尝着橡木桶中处于培养期的葡萄酒或是初榨所得的果汁，然后给葡萄酒农们提出可供参考的建议。他们是整个团队名副其实的总指挥。这些道行高深的大师们会对生产葡萄酒的所有步骤进行监督：从对地块和葡萄品种的选择到生产的各个环节（酿造、调配、装瓶、质检、选择适宜的包装……）都包括在内。酿酒师的作用不容小觑，他们是葡萄酒身份的缔造者。

▲越来越多的女性跻身于酿酒师的行列之中。

颇具科技含量的职业

酿酒师已经成为了葡萄酒农们的左膀右臂，帮助他们提升葡萄植株的潜力，更好地展现风土条件的特性。作为掌握着葡萄酒科学理论的专业人士，他们协助葡萄酒农们完成各种与种植和酿造相关的日常工作。所有的葡萄酒都必须经过科学化验。一个酿酒师可以只服务于一家酒庄，也可以同时负责5～6家小型酒庄。那些大型的酒厂有时会雇佣多位酿酒师并且拥有自己的葡萄酒实验室。

专家们的参与大大提升了葡萄酒的品质。由于他们拥有农业科学、酿酒技术、生物学、生物化学方面的知识，所以他们可以全面控制发酵过程，弥补和改正由于各种原因所引发的失误，调整年份所带来的葡萄酒在质量上的差异。

作为一个葡萄酒生产大国，法国的酿酒师在世界葡萄酒舞台上独领风骚。从雅克・皮塞（Jacques Puisais）、艾米乐・贝诺（Émile Peynaud）到米歇尔・罗兰（Michel Rolland），都赢得了全世界的酒庄青睐。尽管如此，酿酒师这个职业依然不为人知。与新世界国家的酿酒师不同，法国的这些酿酒艺术家们永远低调地隐藏在酒庄的光环背后，并不能很好地代言自己所酿造的葡萄酒。

认证学历

酿酒师这个职业在19世纪末就已经出现了，但针对于它的官方认证直到1955年才诞生。在1976年，国际葡萄与葡萄酒局（OIV）再次采用了这项认证，并设立了酿酒师文凭，它成为了从事该项职业所必须具备的一种资质。

Tips

波尔多葡萄酒学院

目前，世界上的葡萄酒学校数目众多，许多重要的产区都纷纷创立自己的葡萄酒学校来培养专业人才。法国波尔多是唯一一个拥有专门的葡萄酒学院的产区。在这里，葡萄酒工艺学拥有与法学和医学一样的授课条件。想要入读该校绝非易事，这里每年只从成百上千的报名者中招收50名学生。

优秀的酿酒师需要具备的优点

◎善于观察。
◎具有敏锐的品鉴能力，这点尤为关键。因为酿酒师需要通过品尝来判断葡萄和葡萄酒在酿造和培养过程中的状态。
◎善于表达自己的品鉴感受，知道该如何评述葡萄酒。
◎对外界所发生的一切有开放的态度。

在法国，想要获得酿酒师国家文凭需要经过2年的大学教育，共有5所大学可以颁发该项文凭，它们分别位于法国波尔多、第戎、蒙彼利埃（Montpellier）、兰斯（Reims）和图卢兹（Toulouse）。申请入读该专业的条件是要拥有大学第一阶段文凭（DEUG，即大学的头两年，主修应用生物学、食品化学）或是高级技术文凭（BTS，专业为葡萄种植及葡萄酒工艺学）。

▲对于酿酒师来说，品鉴葡萄酒尤为重要。

其他国家

不同的国家在这方面的专业设置会略有差别。

德国：位于杜塞尔多夫（Düsseldorf）附近盖森海姆（Geisenheim）的德国酿酒协会（BDO）可以颁发学制为4年的专业文凭。

意大利：意大利酿酒师协会（米兰）从1997年起获得授权，开始颁发酿酒师文凭。文凭获得者需要完成为期3年的课程并通过大学水平考试。而对于报读该项课程，则只需要具有高等教育文凭即可。

英国和美国：这两个国家没有设立酿酒师学历教育课程，也没有与此相类似的文凭。

Tips

空中飞人

时过境迁，现在出现了一批新一代的酿酒师，我们可以将他们称为“空中飞人”。他们在两个半球间穿梭，5月在南半球酿酒，10月又回到法国酿酒。这种方式遭到很多人的诟病，他们认为这样酿造出的葡萄酒风格雷同，失去了风土条件本应赋予的特色。

Tips

第一家葡萄酒学校

巴斯德（Pasteur）的学生尤利西斯·卡庸（Ulysse Gayon）（1845—1929）创立了波尔多葡萄酒研究所，这就是培养了第一批酿酒师的葡萄酒学院的前身。从那时起，这里就已经开始传授许多酿造精品葡萄酒的技术工艺了（筛选葡萄、压榨、低温冷却稳定法等）。

P A R T

第 2 部分

世界葡萄酒之旅

▲滴金庄（Château d'Yquem）是苏玳地区富有传奇色彩的特一级庄。如今，它隶属于酩悦轩尼诗－路易威登集团（LVMH）。

目前，全世界有近70个国家出产葡萄酒。尽管70%的葡萄酒仍然来自于欧洲，但其实近些年世界葡萄酒格局已经发生了巨大变化。新世界产酒国，具有代表性的包括美国、智利、阿根廷、南非和澳大利亚所生产的葡萄酒，无论在产量还是质量上都有了飞速提升（但与旧世界国家相比，仍有一定差距），它们在市场营销、广告攻势、对互联网的应用等方面也颇为强势。

美国目前是世界第四大葡萄酒生产国，中国也应该会迅速占据一个举足轻重的位置。随着市场的国际化，葡萄酒也受到了全球经济一体化的冲击，它将面临的最大威胁就是产品的统一化。在那些产出大于内部消耗（大约多出20%）的国家中，法国、意大利和西班牙占据了前三把交椅，它们的产量远远超过了其他国家。虽然那些新世界产酒国仍然需要很长一段时间才有可能赶超老牌葡萄酒生产国，但不容忽视的是它们已然羽翼渐丰，中欧国家以及其他一些诸如印度、中国、日本也会很快加入竞争者的行列。

南欧（法国、意大利、西班牙、葡萄牙、希腊等）的葡萄酒消费量呈下降趋势，将葡萄酒作为重要日常饮品的阿根廷也是如此。但北欧国家［英国和斯堪的纳维亚半岛（Scandinavie）］的葡萄酒消耗量却日益增长，它们的需求逐渐从日常饮用的普通葡萄酒转向高品质葡萄酒。对于以上这些情况，人们大可保持乐观，因为葡萄酒与标准化的工业产品不同，每个年份、每个地区所出产的葡萄酒都会有所差别，它有足够的手段来抵御统一化的侵袭。这些手段包括：葡萄品种的多样性，以及越来越为人们所了解的自然环境对形成葡萄酒风格所产生的影响。例如：在葡萄牙杜罗河地区的90个葡萄品种中，经常为人们所使用的只有其中的十多种。与此同时，新世界产酒国的葡萄酒生产商数量却越来越多。他们被赤霞珠、美乐和霞多丽等"国际性"的葡萄品种的魅力所折服；同时也喜欢强调"风土条件"所带来的影响，这些都有利于提升葡萄酒的形象与声望。

欲获取更多信息

大卫·考博德（David Cobbold），圣巴斯蒂安·度朗维埃（Sébastien Durand-Viel）. 福勒菲斯葡萄酒指南. 福勒菲斯出版社（Fleurus），2003.

安德烈·多米内（André Dominé）. 葡萄酒. 胜利广场出版社（éd. Place des Victoires），2003.

休·约翰逊（Hugh Johnson），世界葡萄酒历史. 阿歇特出版社（Hachette），1990.

休·约翰逊（Hugh Johnson），杰西斯·罗宾逊（Jancis Robinson）. 世界葡萄酒地图. 弗拉马里翁出版社（Flammarion），2002.

乔安娜·西蒙（Joanna Simon）. 品鉴葡萄酒. 索拉出版社（Solar），2002.

◀罗马尼亚：一个处于全面复兴中的老牌葡萄酒产区。

Tips

世界葡萄酒生产

［资料来源：国际葡萄与葡萄酒局（OIV）］

根据产量来统计的话，以下12个国家是世界上最主要的葡萄酒生产国（具体排名会随着每年收获量的不同而有所变化）

法国、意大利、西班牙、美国、阿根廷、德国、澳大利亚、南非、葡萄牙、智利、中国、罗马尼亚。

15个国家的年人均葡萄酒消耗量

［资料来源：国际葡萄与葡萄酒局（OIV）］

卢森堡：63升
法国：57升
意大利：55升
葡萄牙：50升
瑞士：41升
阿根廷：39升
西班牙：36升
奥地利：32升
乌拉圭：32升
匈牙利：30升
丹麦：29升
希腊：25升
德国：23.7升
澳大利亚：20.4升
美国：7.8升

葡萄酒出口国

世界十大葡萄酒出口国依次为：（以容量来计算）

法国、意大利、西班牙、美国、澳大利亚、智利、德国、葡萄牙、摩尔多瓦、南非。

葡萄酒进口国

世界十大葡萄酒进口国依次为：（以容量来计算）

德国、英国、法国（其中一大部分为转口贸易）、美国、比利时、加拿大、荷兰、丹麦、日本、俄罗斯。

▲宝尚父子酒庄（Domaine Bouchard Père et Fils）、圣马克庄园（Clos Saint-Marc）：尼伊圣乔治产区共有40多个一级田，以出产红葡萄酒为主。

法国葡萄酒

从第一棵葡萄树在法国出现开始，葡萄酒已经成为了“法国特征”的重要组成元素，跨越世纪长河的经典传承打造了属于法国的神话。59%的法国消费者认为葡萄酒让人联想到的就是法国、风土条件、历史文化遗产和法国传统。得益于其拥有的技术知识、不同葡萄品种的优秀品质，以及相关立法（原产地监控命名制度是一项国家财富），法国已经被当成了世界的标杆。但现如今，它也不得不面对三重挑战：出口量下滑，特别是在一些它曾占据着绝对优势的市场中，例如英国、北欧地区、东欧地区；来自于新兴葡萄酒生产国的激烈竞争；普通餐酒消耗量减少。越来越多的消费者从规律型消费变为了随机型消费（1980年，每100个葡萄酒饮用者中有61个人是规律型消费者，39个是随机型消费者；但20年后，这个数字发生了逆转，规律型消费者减少为37个，随机型消费者则变为63个）。消费行为的倾向逐渐由对数量的追求转变为对质量的追求。人们对高端葡萄酒的关注也逐渐被特色产品所替代。

Tips

“葡萄酒是如此让法国人引以为傲，许多城市都是用特级庄或特级园的名字来命名的。”
［奥斯卡·怀德（Oscar Wilde）］

▲在石灰华（Tuffeau）上挖掘的酒窖用来陈年武弗雷葡萄酒，历经几十年都不会出现衰退。

根据传统划分方法，法国拥有14个葡萄酒产区：阿尔萨斯、博若莱、波尔多、勃艮第、香槟、汝拉-萨瓦、朗格多克-鲁西荣、普罗旺斯-科西嘉、西南地区、卢瓦尔河谷、罗纳河谷。除此以外，还可以算上洛林（Lorraine）、比热（Bugey）以及法兰西岛（Ile-de-France）和诺曼底（Normandie）一带的一些零星小产区。这些大产区下面又涵盖着次级产区、微型产区和不同的风土，每一处都有着自己的历史，自己的葡萄品种和产区特色。法国出产各种类型的葡萄酒：普通餐酒（Vins de Table）、地区餐酒（Vins de Pays）、法定产区酒［原产地监控命名酒（AOC）及优良地区餐酒（AOVDQS）］、红葡萄酒、白葡萄酒（干白及甜白）、桃红葡萄酒、气泡酒、低气泡酒、瓶中二次发酵气泡酒、中止发酵葡萄酒、生命之水、以葡萄酒为基酒的开胃酒、品牌葡萄酒、单品种葡萄酒等。朗格多克-鲁西荣凭借30万公顷的葡萄园（占据了法国三分之一的种植面积），16.5亿升年产量，34个原产地监控命名产区和70个地区餐酒产区，成为了法国最大的葡萄酒产区，也是世界最大的葡萄酒产区之一。波尔多是法国本土最重要的原产地监控命名产区，它的面积为11.5万公顷，其中11万公顷位于原产地监控命名产区内（57个原产地监控命名产区AOC），内有许多名声显赫的酒庄（柏图斯、滴金庄、拉图、拉菲……），征服了全世界，被众多饮家所追捧。勃艮第的原产地监控命名产区数量不低于100个，它们又被分为特级园、一级园、村庄级原产地监控命名产区及地区级原产地监控命名产区，其中许多广为人知［罗曼尼-康帝（Romanée-Conti）、武若园（Clos-de-Vougeot）……］。香槟是著名的欢庆用酒，也是世界上出口量（以价值来计算）最大的葡萄酒之一。汝拉是全法国最小的原产地监控命名产区之一，也是生产工艺最原始的产区之一，这里至今保留着独特的黄葡萄酒和麦秸酒。西南地区有着独特的形同马赛克般的葡萄园。此外，法国南部出产著名的天然甜葡萄酒，代表产区有巴纽尔斯（Banyuls）、拉斯多（Rasteau）、莫利（Maury）、里韦萨尔特（Rivesaltes）、弗龙蒂尼昂-麝香（Muscat-de-Frontignan）。所有这一切构成了丰富多彩、浩如烟海的法国葡萄酒世界，并使它得以不断地强大和延续。

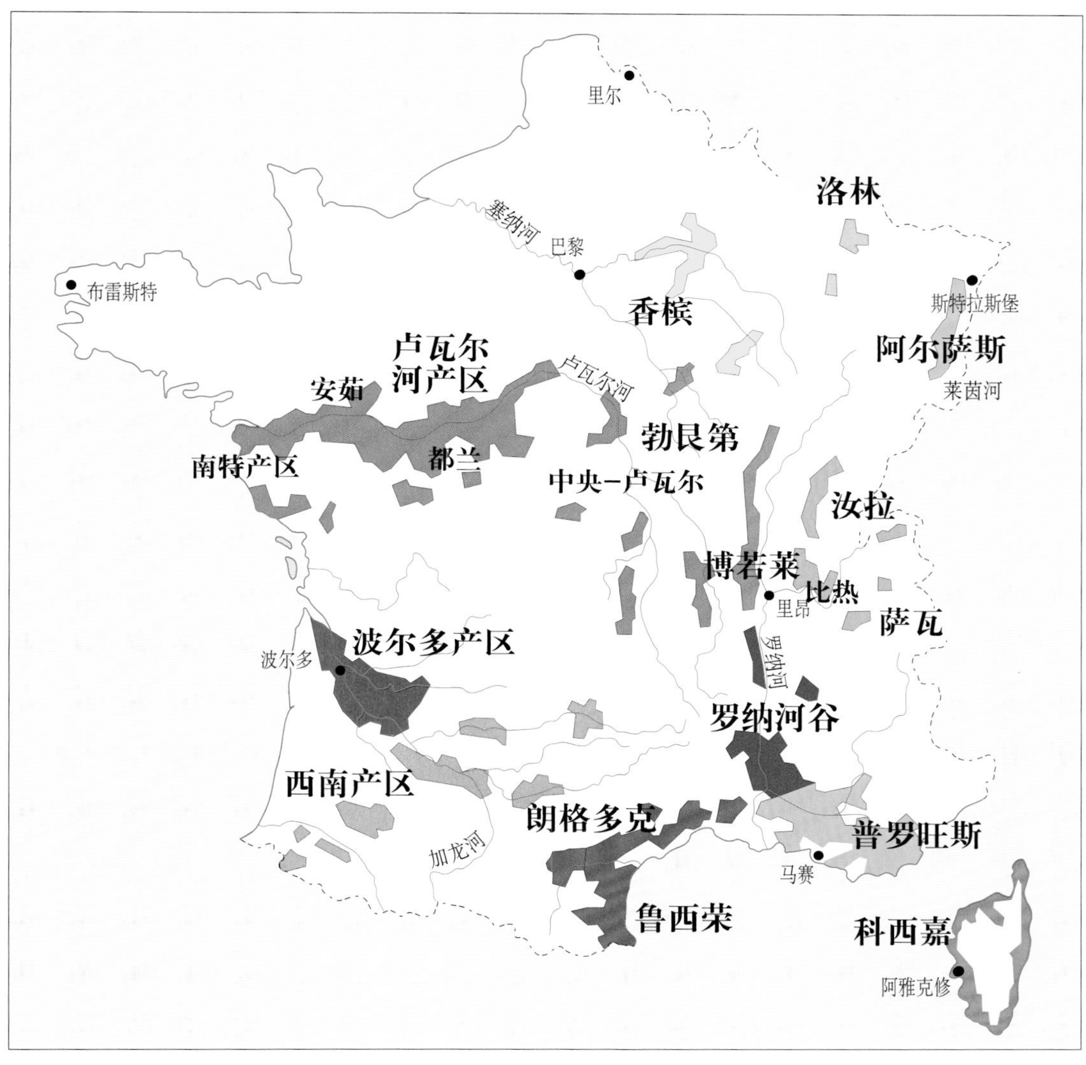

在不同的年份里，法国与意大利会交替占据世界葡萄酒头号生产大国的位置。但法国始终都是第一大葡萄酒出口国（无论是以出口量计算还是以出口总额来计算）和第一大葡萄酒消费国（消耗量为32.5亿升），尽管法国人并非全球最重要的消费者。

Tips

葡萄酒对法国经济的影响：

葡萄园共有883660公顷土地（占法国国土总面积的1.7%），其中545230公顷土地为法定产区。

占法国全部农产品产量的14%，产值为84亿欧元，其中71亿欧元来自法定产区。

产区共有238400名雇员，占法国就业总人口的1%。

53亿欧元的出口额（占法国各项产品出口总量的1.3%），是法国位列航空业和汽车业之后的第三大产生贸易顺差行业。

阿尔萨斯–洛林
阿尔萨斯
严谨与享受

葡萄田面积：15000公顷

产量：1.004亿升

白葡萄酒：91%

红葡萄酒及桃红葡萄酒：9%

三个基础的产区名号：阿尔萨斯（Alsace）、阿尔萨斯特级葡萄园（Alsace Grand Cru）、阿尔萨斯气泡酒（Crémant-d’Alsace）

白葡萄品种：雷司令、白品乐、琼瑶浆、陶家宜-灰品乐、西万尼（Sylvaner）、麝香、欧塞瓦（Auxerrois）、海利根施泰-克雷维内（Klevener de Heiligenstein）

红葡萄品种：黑品乐

产区名号

阿尔萨斯（ALSACE）
阿尔萨斯-沙斯拉或古特代勒（ALSACE CHASSELAS OU GUTEDEL）
阿尔萨斯-高贵的混合（ALSACE EDELZWICKER）
阿尔萨斯-琼瑶浆（ALSACE GEWURZTRAMINER）
阿尔萨斯特级葡萄园（ALSACE GRAND CRU）
阿尔萨斯-海利根施泰-克雷维内（ALSACE KLEVENER DE HEI LIGENSTEIN）
阿尔萨斯-麝香（ALSACE MUSCAT）
阿尔萨斯-灰品乐或陶家宜-灰品乐（ALSACE PINOT GRIS OU TOKAY-PINOT GRIS）
阿尔萨斯-黑品乐（ALSACE PINOT NOIR）
阿尔萨斯-品乐或克莱维内（ALSACE PINOT OU KLEVNER）
阿尔萨斯-雷司令（ALSACE RIESLING）
阿尔萨斯-西万尼（ALSACE SYLVANER）
阿尔萨斯气泡酒（CRÉMANT-D´ALSACE）

阿尔萨斯及其葡萄品种

雷司令：占总种植面积的22.5%　　白品乐：21%

琼瑶浆：18%　　陶家宜-灰品乐：12.6%
西万尼：11.9%　　黑品乐：9.1%
麝香：2.3%
其他葡萄品种夏瑟拉（Chasselas）、欧塞瓦、海利根施泰-克雷维内：2.6%

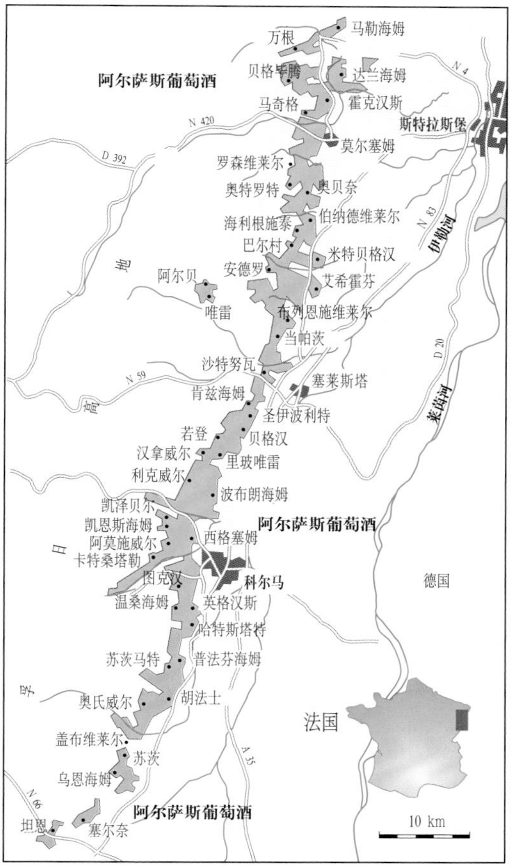

这是一幅多彩的画面！9个葡萄品种、13种既有所区别又彼此混杂的地质剖面、50个特级葡萄园、5600个葡萄种植户、特殊的温度、受到相邻的莱茵河彼岸地区影响的历史、个性突出的葡萄酒：雷司令的矿物质味、琼瑶浆的丰腴，特别是延迟采收型葡萄酒和粒选贵腐葡萄酒……

在这里，葡萄园的历史可以追溯到古罗马占领时期。在公元6世纪时，历史学家格雷瓜尔·德都尔（Grégoire de Tours）记录道：墨洛温王朝国王希尔德贝尔特（Childebert）自公元589年起一直拥有着法国斯特拉斯堡西北部马勒海姆（Marlenheim）地区的葡萄园。而"好国王"达戈贝尔（Bon Roi Dagobert）居然在公元613年将自己的葡萄园送给了哈斯拉赫（Haslach）的修道院。法兰克王国的人们对这种可以"强身健体、使人愉悦"葡萄酒情有独钟。在那时，它是欧洲最好的葡萄酒之一。在公元800年的时候，法国阿尔萨斯共有108个酿酒村，到了公元900年，变为了160个，而公元1400年时，就已经达到了430个。但是在21世纪初，由于受到相邻村镇合并以及拔除葡萄树的双重影响，酿酒村的数量又重新跌回了119个。

中世纪时，葡萄酒开始通过莱茵河向德国科隆（Cologne）、斯堪的纳维亚半岛及英国出口。从那时起直到17世纪，法国阿尔萨斯的葡萄酒在奥地利、瑞士等地都一直广受欢迎。然而在战争中，葡萄园受到重创，法国阿尔萨斯地区的人力、财力都消失殆尽。到了18世纪，人们开始再度大力发展葡萄园。但这种迅猛的增长影响了葡萄酒的品质，造成了持续了一个世纪之久的产品滞销。这种过量生产的现象从1871年起变得更为严重。阿尔萨斯被划入德国的版图，为了满足日耳曼帝国对葡萄酒的大量需求，该地区的种植者开始毫无限制地提高产量。直到1920年，葡萄酒生产才又重新回归到重质不重量的模式中。同样也是在这个时期，人们开始选择适于本地种植的葡萄品种。随着第二次世界大战的结束，和平重新回归到阿尔萨斯，人们开始划定葡萄园界线、制定葡萄酒生产和酿制的相关法规。阿尔萨斯葡萄酒的真正飞跃是随着阿尔萨斯AOC法定产区（1962年）、阿尔萨斯特级葡萄园AOC法定产区（1975

▲ 贝格汉（Bergheim）特级葡萄园是法国阿尔萨斯的50个特级园之一。在这里，拥有只有特级园才有资格种植的贵族葡萄品种，如雷司令、琼瑶浆、灰品乐及麝香。

年）以及阿尔萨斯气泡酒AOC法定产区（1976年）的确立而实现的。

形同千层糕的地质

法国阿尔萨斯的葡萄园占地15000公顷，跨越上莱茵（Haut-Rhin）和下莱茵（Bas-Rhin）2个省份，从北至南绵延170公里，在斯特拉斯堡至米卢斯（Mulhouse）一线以西。葡萄园位于孚日山脉海拔200～400米的地方，宽度不过3公里。和其他地方一样，山坡要比肥沃的山脚更适合葡萄的生长。法国阿尔萨斯的葡萄园得益于这里的半大陆性气候，冬天寒冷，夏天炎热且日光充足。据统计数据显示，科尔马（Colmar）是全法国降雨量最少的地区之一，它的年降雨量甚至比马赛还要低。这里的葡萄植株很高大，为得是能更好地接受阳光的照射。葡萄园的土壤结构复杂多变：花岗岩、石灰岩、黏土、片岩、砂岩……地质变迁为阿尔萨斯带来了状如千层糕般的地质构造。每个岩层的宽度不过几米，紧密地叠接在其他岩层中。这就解释了为什么阿尔萨斯会拥有如此数量众多且特色突出的特级葡萄园。其中，最大的特级园施洛斯贝格（Schlossberg）位于凯恩斯海姆（Kientzheim）附近，占地80.28公顷；而最小的特级园坎斯乐贝格（Kanzlerberg）则只有3.23公顷，位于贝格汉（Bergheim）镇内。

三个产区名号

在阿尔萨斯最基础的产区名号共有三个。

“阿尔萨斯”（ Appellation Alsace ou Vin-d'Alsace ）：根据年份不同，大约有80%～83%的葡萄酒都会使用这个名号，后面有可能会加注葡萄品种的名字。

“阿尔萨斯特级葡萄园”（ Appellation Alsace Grand Cru ）：这个名号在1975年由国家原产地命名管理局（ INAO ）认定，适用于50个规定地块，同时这个等级的葡萄酒必须严格地遵守种植方法、收成、酒精度及酿造工艺等方面的法律规定。产品的酒标上必须注明葡萄品种、年份、原产地等信息。每年只有不足5%的葡萄酒会使用这一名号，有时可能仅限于由以下4个葡萄品种所酿造的葡萄酒：雷司令、琼瑶浆、陶家宜-灰品乐和阿尔萨斯麝香。

“阿尔萨斯气泡酒”适用于采用香槟的酿造工艺，由黑品乐、灰品乐和（或）白品乐、雷司令、霞多丽、欧塞瓦所酿造的气泡酒。通常为白色，但也有由黑品乐单独酿造的桃红气泡酒。

这三种名号后面有时会跟随着“延迟采收”或“粒选贵腐葡萄酒”的字样。但是，在阿尔萨斯法律规定只有4个贵族葡萄品种能用来酿造以上2种葡萄酒。

阿尔萨斯的特殊之处

由于受到日耳曼文化的影响，今时今日法国阿尔萨斯的葡萄酒更多的是因为葡萄品种而出名，却并非是由于它的产地特色。这与法国的原产地重于一切的传统习惯有所不同，也解释了为什么阿尔萨斯人愿意回归到历史遗留的传统中。在这里，占主导地位的葡萄品种是雷司令，其次是白品乐和琼瑶浆。大部分的葡萄品种是阿尔萨斯所特有的，在法国其他产区鲜有种植。阿尔萨斯的白葡萄酒产量占据了总产量的91%。

四种贵族葡萄品种

雷司令：这个阿尔萨斯地区的骄子在世界许多产区也同样被视为最重要的葡萄品种之一，在莱茵河地区尤为重要。用它酿造出的干白葡萄酒典雅高贵，拥有精致的果香和细腻的口感，却并无强劲的力度。它能够充分地诠释出风土条件的特色：在砂土或砂岩土壤中生长出雷司令带有玫瑰或椴树的花香；在石灰质土壤中生长的雷司令带有柑橘类水果的香气；而在片岩或泥灰岩土壤中生长出的雷司令则带有矿物质的味道。正是由于这种难得的特性吸引了葡萄酒

最佳年份

在阿尔萨斯，年份这个概念似乎只关乎于白葡萄酒，这里的黑品乐红葡萄酒基本没有什么陈年潜质。20世纪的最佳年份包括：1900、1928、1929、1934、1943、1945、1946、1947、1949、1950、1959、1964。在过去的30年间，我们可以用年份好坏来区分干白葡萄酒或甜白葡萄酒。好年份的干白葡萄酒可以储存15年，品质不会受到任何影响。这样的年份包括：1990（极佳）、1994、1995、1996、1998、1999、2000、2001。

甜白葡萄酒保存的时间可以更长一些。1971、1976、1983、1985、1988、1989（极佳）以及1990年的葡萄酒都还处于巅峰期。1991、1993、1997、1998、1999和2000年的葡萄酒则仍可以储存一段时间。

▲在阿尔萨斯葡萄酒产区的中心地带，巴尔村（Barr）以它风格独特的建筑和美丽的葡萄园而著称。

农们，在过去的25年中，雷司令的种植面积翻了一番。无疑，人们习惯将它种植于阿尔萨斯的核心地带，在当帕茨（Dambach）与利克威尔（Riquewihr）之间，这里的土地能够赋予葡萄酒高度的复杂性。

琼瑶浆：这是法国阿尔萨斯葡萄园中的另外一个主角，它源自意大利北部特勒民（Tramin）的桃红萨瓦涅（Savagnin Rose）。虽然它在1870年才传入阿尔萨斯，却已经成为了该地区具有象征意义的葡萄品种。当地培养出的琼瑶浆要比原始的更具有香料的气息，也正是因为这一点它的名字中才会带有象征香料的“gewurz”字样。肉桂、丁香、胡椒……除此以外，还有令人难以置信的热带水果香气，如芒果、荔枝、菠萝，还有玫瑰、金合欢和覆盆子。琼瑶浆除了能酿造迷人的“干白”葡萄酒，同样也可以华丽变身为延迟采收型葡萄酒和粒选贵腐葡萄酒。浓郁、丰腴、富有冲击力，余味悠长；但偶尔会因为过度培养而缺乏细腻感。高海拔地区的石灰质土壤更为适合它的生长。

陶家宜-灰品乐：这个陶家宜与匈牙利著名的超甜型葡萄酒的名字相同。葡萄品种学中会根据这个名字的来源再做分类。有些证据显示这个葡萄品种是在公元16世纪时从东欧传入法国的，但另外一些人认为它是公元14世纪时在法国的东北部开始种植的。有一件事情是可以确定的，那就是除了名字的读音一样以外，这个陶家宜与匈牙利采用福敏（Furmint）、哈斯列维鲁（Harslevelü）及穆斯克塔伊（Muskotaly）为主要葡萄品种的陶家宜产区再无其他相似之处。酒体浑厚、留香持久是这个葡萄品种的特色，它的典型香气是烟熏味和灌木味。

麝香：这里共有2个麝香葡萄品种，阿尔萨斯麝香（Muscat d´Alsace），［也称弗龙蒂尼昂-麝香（Muscat de Frontignan）］和奥托内-麝香（Muscat Ottonel）。用它们混酿出的干白葡萄酒有着无可比拟的果香。如果酿造得非常成功的话，饮用时的感觉就如同品尝了一串在阳光照射下的甜美葡萄一般。

其他葡萄品种

白品乐：圆润、均衡、清爽、解渴，是餐桌上用来搭配猪肉制品和简餐的最佳选择。如果酒标上只注明了“品乐”而没有详细说明颜色的话，那么这款葡萄酒通常是由白品乐和欧塞瓦调配而成的，甚至有时候使用了100%的欧塞瓦。

西万尼：新鲜、清爽、解渴，适合一切大胆的餐酒搭配。它在公元18世纪时从唐西万尼（Transylvanie）地区传入阿尔萨斯。在20世纪60年代末，它的种植面积占了总面积的25%，是阿尔萨斯第一大葡萄品种，但今天却只有不到12%。

黑品乐：这是阿尔萨斯地区唯一一款用来酿造红葡萄酒及色泽较浅酒体较轻的桃红葡萄酒的葡萄品种。它会带有一些香料的气息，或是好闻的樱桃和覆盆子味。

夏瑟拉（Chasselas）：由于夏瑟拉对病虫害异常敏感，所以几十年内它的种植面积减少为原来的十分之一，大约只占整个阿尔萨斯葡萄园面积的1%。人们很少单独用它来酿酒，通常将它加入到“高贵的混合（Edelzwicker）”中。用它酿造的葡萄酒内敛、柔和、酸度

Tips

不走寻常路

三位极具天赋的酿酒师决定要酿造自己喜欢的葡萄酒，走一条反传统的路。

◎ 赛比·朗德曼（Seppi Landmann）

这位有着浓密胡须和闪亮明眸的酿酒师用它那超越法律的葡萄酒为消费者们带来了一场味觉的盛宴。他会采用西万尼和白品乐酿造延迟采收型葡萄酒，通常人们不会对这两种葡萄品种做如此处理；他还会用非典型方法来酿造特级葡萄园的琼瑶浆、雷司令或陶家宜延迟采收葡萄酒，将它们放置在全新的橡木桶中。由于他会在酒标上注明他所酿造的西万尼葡萄酒是来自于特级葡萄园钦可弗雷（Zinnkoepflé）的，因此它们被称为“Z”酒园葡萄酒。

◎ 艾伯特·塞尔兹（Albert Seltz）

艾伯特·塞尔兹酿造的葡萄酒同样具有矿物质的味道，初入口时比较生硬，但很快即显得圆润而丰满。他希望所有的葡萄酒爱好者都能了解到当“平民”葡萄品种西万尼被种植在特级园措岑贝格（Zotzenberg）时所发挥出的优秀潜质。因此他决定鄙弃那些法律的限制，将这个特级园的名字加入到种植西万尼的地块中。在2000年，由于一桩诉讼案，他被判处象征性罚款。

◎ 马赛尔·戴斯（Marcel Deiss）

一个单一的葡萄品种，一个单一的地块：这是阿尔萨斯特级园的种植规则。但马赛尔·戴斯却希望能够抛开产区的法规，将若干不同的葡萄品种集中到同一个等级为特级园的葡萄园内，酿造出的葡萄酒也不再标注葡萄品种和具体产地。由于让-米歇尔·戴斯（Jean-Michel Deiss）并不同意他的做法，所以他将不同的葡萄品种进行混酿，然后用特级园的名字来命名这些葡萄酒：蒙堡（Mambourg）、舍南堡（Schoenenbourg）、贝格汉（Bergheim）……虽然法国打假局裁定他需要纠正自己的这种错误做法，但他的酒庄却是阿尔萨斯10个最佳酒庄之一。

50个特级葡萄园

贝格毕腾-阿腾堡（Altenberg-de-Bergbieten）
贝格汉-阿腾堡（Altenberg-de-Bergheim）
霍克汉斯-阿腾堡（Altenberg-de-Wolxheim）
布兰德（Brand）
布鲁得塔（Bruderthal）
艾希贝格（Eichberg）
恩格尔贝格（Engelberg）
弗罗里蒙（Florimont）
弗兰克斯坦（Frankstein）
弗恩（Froehn）
菲尔斯坦藤（Furstentum）
盖斯贝格（Geisberg）
格楼凯勒贝格（Gloeckelberg）
戈尔歹（Goldert）
哈区堡（Hatschbourg）
亨斯特（Hengst）
坎斯乐贝格（Kanzlerberg）
卡斯泰尔贝格（Kastelberg）
凯斯雷尔（Kessler）
巴尔-基希贝格（Kirchberg-de-Barr）
里玻唯雷-基希贝格（Kirchberg-de-Ribeauvillé）
基特雷（Kitterlé）
蒙堡（Mambourg）
蒙德尔贝格（Mandelberg）
马克开恩（Marckrain）
莫区贝格（Moenchberg）
穆恩区贝格（Muenchberg）
奥尔唯雷（Ollwiller）
奥斯特贝格（Osterberg）
普费贝格（Pfersigberg）
普芬茨贝格（Pfingstberg）
普萨拉藤贝格（Praelatenberg）
仰根（Rangen）
罗萨盖尔（Rosacker）
萨埃林（Saering）
施洛斯贝格（Schlossberg）
舍南堡（Schoenenbourg）
索默宝（Sommerberg）
松嫩格朗兹（Sonnenglanz）
施皮格尔（Spiegel）
施波仁（Sporen）
施泰因根布勒（Steingrubler）
施泰纳特（Steinert）
施泰因克罗（Steinklotz）
福尔堡（Vorbourg）
维伯尔斯贝格（Wiebelsberg）
维纳克-施洛斯贝格（Wineck-Schlossberg）
温岑贝格（Winzenberg）
钦可弗雷（Zinnkoepflé）
措岑贝格（Zotzenberg）

▲顶级的阿尔萨斯葡萄酒常常会经历许多年的陈酿。

低，适于年轻时饮用。在阿尔萨斯，它也会被称为“古特德”（Gutedel）。

欧塞瓦：它是白品乐的近亲，来自于洛林（Lorraine），20世纪50年代时出现在阿尔萨斯。尽管它的品质并不逊色于其他葡萄品种，但是名字却极少出现在酒标上。它带有柔和的果香和一些香料的味道，酸度不高，但平衡感很好。在售卖时，人们会将它标注为欧塞瓦、白品乐或是克莱维内（Klevner或Clevner），但更多时候它还是会被用来做成“高贵的混合”或气泡酒。

海利根施泰-克雷维内（Klevener de Heiligenstein）：它与上面提到的克莱维内（Klevner）毫无关系。它仅种植于下莱茵省（Bas-Rhin）5个市镇中97公顷的葡萄园里，海利根施泰（Heiligenstein）、奥贝奈（Obernai）、布尔汉姆（Bourgheim）、盖特维勒（Gertwiller）及考克斯维勒（Goxwiller）。年轻时，它有着明显的酸度和热带水果的香气，但2～3年之后则会衍生出香料的味道。

高贵的混合（Edelzwicker）：这类葡萄酒简洁、爽口、在任何场合下都可以饮用。它通常由一种或多种白葡萄酒品种调配而成。

香缇（Gentil）：酒如其名，这种葡萄酒需由多个葡萄品种混酿而成，其中必须有一种是贵族葡萄品种且比例不能低于50%。它与高贵的混合一样，饮用场合非常宽泛。

▲利克威尔（Riquewihr）地区葡萄酒商家的传统招牌。

于盖尔（Hugel）的传奇

1693年成立于利克威尔的于盖尔酒庄拥有26公顷土地，他们仅种植贵族葡萄品种，其中一半是特级葡萄园的出品。同时，他们也充当着酒商的角色（从240个签约的葡萄种植者手中收购115公顷葡萄园所出产的葡萄）。他们酿造的黑品乐颇具勃艮第大酒的风范，延迟采收型葡萄酒和粒选贵腐葡萄酒，特别是琼瑶浆，堪称典范。让人吃惊的是，在1984年是让·于盖尔撰写了关于延迟采收型葡萄酒和粒选贵腐葡萄酒的相关法律条文，这是法国包括苏玳区在内的最严格的法律条文之一。

精挑细选

古莱特酒庄（COLETTE FALLER & FILLES）

三位极具个性的女性酿造出的极具个性的葡萄酒。特别推荐她们的粒选贵腐葡萄酒。☏ 03 89 47 13 21

马赛尔·戴斯酒庄（MARCEL DEISS）

品饮这里出产的特级园葡萄酒绝对是一种享受。☏ 03 89 73 63 37

辛特鸿布列什酒庄（ZIND-HUMBRECHT）

采用生物动力法来种植葡萄，使得酿造出的葡萄酒中带有一种难得的纯净。☏ 03 89 27 02 05

于盖尔酒庄（HUGEL）

它的葡萄酒无懈可击。☏ 03 89 47 92 15

廷巴克酒庄（TRIMBACH）

这里的雷司令尤其具有代表性。☏ 03 89 73 60 30

赛比·朗德曼酒庄（SEPPI LANDMANN）

这里逾越法律规范所酿造的葡萄酒绝对值得一试。☏ 03 89 47 09 33

欲获取更多信息

伯努瓦·弗朗斯（Benoît France）. 阿尔萨斯葡萄园地图.

塞日尔·杜伯（Serge Dubs），丹尼·瑞增萨勒（Denis Ritzenthaler）. 阿尔萨斯特级园. 塞班努瓦斯出版社（Serpenoise），2002.

伯努瓦·弗朗斯（Benoît France）. 法国葡萄园地图册，索拉出版社（Solar），2002.

马蒂尔德·于洛（Mathilde Hulot），让克劳德·西博（Jean-Claude Ribaut），艾莲娜·比沃（Hélène Piot）. 年份世纪. 福勒菲斯出版社（Fleurus），2001.

克劳德·勒（Claude Muller）. 阿尔萨斯葡萄酒，一个产区的历史. 考博尔出版社（Coprur），1999.

阿尔萨斯葡萄酒行业委员会

洛林

葡萄田面积：145公顷，其中35公顷为摩泽尔优良地区餐酒（产区AOVDQS Moselle），110公顷为土尔酒区原产地监控命名产区（AOC Côtes-de-Toul）。

产量：85万升，其中20万升为摩泽尔优良地区餐酒，65万升为土尔酒区原产地监控命名酒。

主要白葡萄品种：欧塞瓦、米勒图尔高（Müller-thurgau）、白品乐

主要红葡萄品种：佳美、黑品乐

产区名号

摩泽尔（优良地区餐酒 AOVDQS Moselle）
土尔酒区

土尔淡红葡萄酒（Gris de Toul）

土尔淡红葡萄酒是法国同类产品中最著名的，正是因为它，土尔产区才会变得尽人皆知。它与桃红葡萄酒的生产工艺相同，直接对佳美葡萄进行压榨。除了独树一帜的颜色以外，这款葡萄酒还以它那精细的红色水果香气和活泼的口感而著称。这是一款简单的葡萄酒，需要在新鲜时饮用才能体会到它的魅力。

在法国境内的摩泽尔产区包含了摩泽尔河南段两岸的葡萄园，顺着法国与卢森堡及法国与德国的边境延展开来。这里的葡萄园占据了摩泽尔河两岸倾斜度最好，光照最充足的山坡，总长度近100公里。气候因素对这里的葡萄生长起到了重要的作用，冬天寒冷，夏季炎热，特别是晚秋时节天气极好，为葡萄最后的成熟创造了条件。该产区以出产强劲、果味浓郁的白葡萄酒为主，它的红葡萄酒精细，单宁含量少。虽然这里多以5个典型的葡萄品种来酿造摩泽尔葡萄酒，但在一些酒庄里，我们也可以看到琼瑶浆、雷司令或是莫尼耶品乐（Pinot Meunier）的身影。

与摩泽尔产区较为分散的葡萄园不同，土尔酒区的葡萄园都聚集在土尔市以西的一片土地上。这是一个面向东方和南方的长20公里的带状产区，背靠河岸的斜坡使得它免受西风的侵袭。这里的冬天寒冷干燥，春季鲜有霜冻，夏天炎热，晚秋时则光照充足，有利于葡萄成熟。佳美是这里最主要的葡萄品种，占据了总种植面积的三分之二，它是酿造著名的土尔淡红葡萄酒的主要原料。这种葡萄酒占了该产区总产量的60%。这里出产的白葡萄酒只采用欧塞瓦酿造，口感轻柔，香气显著；采用黑品乐酿造的红葡萄酒则醇厚，具有一定的陈年潜质。

精挑细选

摩泽尔产区

J. 西蒙-奥勒瑞施（J. SIMON-HOLLERICH）☎ 03 82 83 74 81

土尔酒区

拉霍普酒庄（DOMAINE LAROPPE）☎ 03 83 43 11 04

博若莱

亟待被发现的产区

葡萄田面积：22956公顷

产量：8508.43万升

红葡萄酒：占总产量98%

红葡萄品种：佳美

产区名号

博若莱（BEAUJOLAIS）
优级博若莱（BEAUJOLAIS SUPÉRIEUR）
博若莱村庄（BEAUJOLAIS-VILLAGES）
布鲁伊（BROUILLY）
谢纳（CHÉNAS）
希露柏勒（CHIROUBLES）
布鲁伊区（CÔTE-DE-BROUI LLY）
弗勒里（FLEURIE）
朱里耶纳（JULIÉNAS）
莫尔贡（MORGON）
风车磨坊（MOULIN-À-VENT）
黑尼耶（RÉGNIÉ）
圣阿穆尔（SAINT-AMOUR）
里永奈（LYONNAIS）
里昂区（COTEAUX-DU-LYONNAIS）

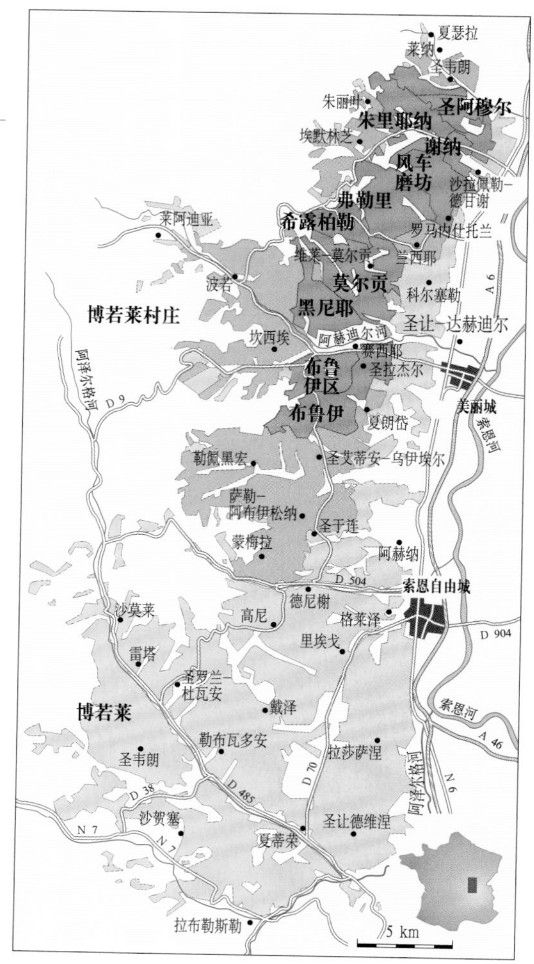

博若莱是一个既知名又无名，既让人喜爱又备受争议的产区，它被人误解，受盛名所累。它之所以蜚声国际是因为这里出产的新酒。但它同样也出产来自于10个著名葡萄园的风土酒，它们也都是用佳美这唯一一个葡萄品种酿造的。

有哪个葡萄酒爱好者从来没有在11月的第三个星期四参加过庆祝“博若莱新酒上市”的狂欢仪式呢？在这一天，全球的葡萄酒爱好者们都在谈论同一个话题。但这样的国际声望在给博若莱带来荣耀的同时，也引发了诸多烦恼。这就是博若莱悖论！有些人批评这些上市销售的新酒质量平平，有些人嫉妒这种商业模式所取得的巨大成功。博若莱葡萄酒的真正特色却往往被人们所忽略。博若莱这个美丽的名字来自于中世纪的古城“波若”（Beaujeu），如今这座城市隐藏在静谧的山丘之中。在那时，在波若贵族的推动下，这里是一座繁华而充满活力的都城。到了公元18世纪，由于靠近里昂，这里的葡萄园得到了大规模扩充。新酿的葡萄酒广受好评，会被优先运出。博若莱的葡萄酒经由布里亚尔（Briare）运河运往巴黎，后来则通过铁路进行运输。

▲这个目前仅存的风车正是风车磨坊葡萄园名字的由来。

风景如画

如果按照地理位置来划分，博若莱是隶属于勃艮第的。但是，它的地方主义、它独特的葡萄品种佳美、它的土质以及它所采用的特殊的酿造方法，都使它显得独树一帜。博若莱产区面积为22500公顷，从马孔区（Mâconnais）南部到里昂的门户绵延80公里。这里东接索恩河（Saône），风景引人入胜，是法国最美丽的葡萄酒产区之一。丘陵的缓坡被无尽的葡萄树所覆盖，大部分葡萄园都面向东方；迷人的村庄仿佛是从明信片中走出来的一样，有教堂前的小广场，还有颇具乡村风格的小酒馆；浓密的针叶树和栗树树林遮掩了远处的地平线。

由于地质构造不同，博若莱被一分为二，以索恩自由城（Villefranche-sur-Saône）为虚拟的界线。北面是博若莱村庄原产地监控命名产区（AOC Beaujolais-Villages）及10个著名葡萄园。这里的土壤贫瘠，酸度高，最初都是些古老的花岗岩，经过岁月的磨砺，逐渐风化成了硅质沙土。

博若莱新酒迎来了50周年纪念日

根据官方记录，博若莱新酒诞生于1951年11月13日。在这一天，税务局的一纸通知间接地批准了博若莱酿酒者们可以在法定的葡萄酒上市日12月15日之前销售他们的葡萄酒。但实际上，博若莱新酒的历史已经超过了1个世纪。从很久以前开始，里昂的咖啡店、酒馆和杂货铺老板们就习惯于在收获之后早早地到酒农那里采购葡萄酒。

博若莱新酒的产量约为6千万瓶，其中三分之二是博若莱原产地监控命名酒，三分之一是博若莱村庄级原产地监控命名酒。

▲葡萄要被完整地运送到酒窖。

底土中所含有的不同元素则塑造了各个葡萄园与众不同的特性：风车磨坊的土壤中含有锰；莫尔贡的土壤中则有分解了的页岩……产区的南半部［博若莱原产地监控命名产区AOC（Beaujolais）］地形更为崎岖，土地较北部肥沃，土壤中含有石灰石和砂岩。这片土地有“金石之国”的美誉，因为土壤中含有的氧化铁为石头渲染上一层靓丽的黄色。这里出产稀少的博若莱白葡萄酒。

博若莱气候温和，受到多重因素的影响。冬日里潮湿寒冷，春天则干燥多雨，夏季非常炎热，时而会有雷阵雨和冰雹出现，这对葡萄收获是个很大的威胁。

占据统治地位的葡萄品种：佳美

博若莱是佳美的国度，这是一种果香重于单宁的葡萄品种，适合采用独特的二氧化碳浸皮法来酿造。用佳美酿造的葡萄酒常因酸度过高，缺乏酒体而遭人诟病，但博若莱的佳美却能够彰显出这种葡萄品种本身的真正魅力。酒液呈明亮的红宝石色，带有明显的鸢尾、牡丹、玫瑰和紫罗兰的花香以及红色水果的果香，入口果香浓郁、几乎没有什么单宁。根据次级产区不同，葡萄酒的特色或多或少有所差别。一款相对简单的博若莱葡萄酒会比较清淡，酒精度略低，适合年轻时饮用以便欣赏它的果香。而一款博若莱村庄级的葡萄酒则会更为丰满，香气更复杂，陈年潜

乔治·杜波夫（Georges Duboeuf）：博若莱教皇

正是这位著名的葡萄酒商成就了博若莱，成就了它的腾飞与成功。他第一个意识到了博若莱新酒的巨大商业和市场潜力，并勇于尝试。每年经由他销往全球的新酒不少于450万瓶。正是因为他，“博若莱新酒上市”才成为了跟铃兰花一样重要的民俗。随着位于罗马内什托兰（Romanèche-Thorins）的博若莱葡萄酒村（Hameau du Beaujolais）的建成，乔治·杜波夫正式确立了他“博若莱教皇”的地位！

▲葡萄田间供农民们休憩的小屋。

质约为1～3年，要视其出产的年份而定。如果是在10个著名的葡萄园中，其优秀的风土条件会更有利于葡萄展现它的潜质。风车磨坊（葡萄园之王）、谢纳（Chénas）、莫尔贡（Morgon）以及朱里耶纳（Juliénas）所出产的葡萄酒结构和单宁突出，带有肉质感，具备一定陈年潜质。弗勒里（Fleurie，葡萄园王后）和希露柏勒（Chiroubles）出产的葡萄酒则更为高雅细腻，花香浓郁。布鲁伊区（Côte de Brouilly）出产葡萄酒要比布鲁伊（Brouilly）和圣阿穆尔（Saint-Amour）出产的葡萄酒更饱满。而黑尼耶（Régnié，最年轻的一个葡萄园）出产的葡萄酒则根据其具体位置的不同分别显示出清雅的花香或是强劲的果香。

博若莱及博若莱村庄这两个级别中也会有少量由霞多丽酿造白葡萄酒。同样的，这里出产的桃红葡萄酒也是数量稀少。

▲希露柏勒（Chiroubles）出产的葡萄酒细腻典雅，充满花香。

精挑细选

季诺·贝尔朵拉（GINO BERTOLLA）

风车磨坊地区的葡萄酒农，喜欢谈论自己种植的葡萄树。这里酿造的葡萄酒适合日常用餐时饮用。☏ 04 74 04 48 40 📠 04 74 04 47 66

拉布宏庄园（CHÂTEAU DES LABOURONS）

女性化的葡萄酒，非常具有弗勒里特色，带有明显的鸢尾和牡丹的香气。

☏ 04 74 04 13 04 📠 04 74 69 86 01

迪文庄园（CHÂTEAU THIVIN）

一个非常严谨的酒庄，生产布鲁伊区（Côte de Brouilly）和布鲁伊（Brouilly）两种原产地监控命名葡萄酒。☏ 04 74 03 47 53 📠 04 74 03 52 87

莎内兹酒庄（DOMAINE DE LA CHANAIZE）

多米尼克·彼宏（Dominique Piron）是莫尔贡一位非常进取的葡萄酒农。除此以外，他在其他葡萄园也拥有地块。他所酿造的葡萄酒结构感非常好。☏ 04 74 69 10 20 📠 04 74 69 16 65

让-路易·德维涅酒庄（DOMAINE JEAN-LOUIS DESVIGNES）

拥有莫尔贡地区出色的风土条件，位于比伊区（Côte de Py）和雅威尼埃（Javernières）。

☏ 04 74 04 23 35 📠 04 74 69 14 93

贝尔纳·尚岱酒庄（DOMAINE BERNARD SANTÉ）

这里出产的朱里耶纳（Juliénas）和谢纳（Chénas）原产地监控命名酒做工精良，果香浓郁，有肉质感。☏ 03 85 33 82 81 📠 03 85 33 84 46

维苏酒庄（DOMAINE DU VISSOUX）

这里出产最自然、最美味的博若莱、弗勒里及风车磨坊原产地监控命名酒。

☏ 04 74 71 79 42 📠 04 74 71 84 26

乔治·杜波夫（Georges Duboeuf）

☏ 03 85 35 34 20 📠 03 85 35 34 25

欲获取更多信息

乔治·杜波夫（Georges Duboeuf），亨利·埃尔文（Henri Elwing）. 博若莱，市民的葡萄酒. J.-C. 拉代出版社（J.-C. Lattès），1989.

伯努瓦·弗朗斯（Benoît France）. 法国葡萄园地图册. 索拉出版社（Solar），2002.

凯·雅克蒙（Guy Jacquemont），保罗·莫和德（Paul Meraud）. 博若莱全书. 橡树出版社（Le Chêne），1985.

博若莱葡萄酒行业联合会 ☏ 04 74 02 22 10 📠 04 74 02 22 19

▲拉图庄园是位于波亚克的一级名庄。

波尔多

为了葡萄酒文明

葡萄田面积：123473公顷

产量：5.511094亿升

红葡萄酒及桃红葡萄酒：89%

白葡萄酒：11%

主要白葡萄品种：赛美蓉、长相思、密思卡岱

主要红葡萄品种：美乐、赤霞珠、品丽珠、味而多（Petit Verdot）、马贝克（Malbec）

一个名字、一座城市、一款葡萄酒，在世界上，波尔多可能是除巴黎以外最著名的法国城市了。这一切都是因为它的名庄酒。除了这项宝贵的文化遗产以外，波尔多其他的葡萄酒同样值得一试。

进入波尔多，首先会被各种圆形所吸引，跨越加龙河的大桥上的圆形拱洞，还有圆形的河曲，波尔多的月亮港也由此得名。在这里，河流并不会给人们带来不便，城市与河流彼此相依，酒厂、房屋、码头沿河而建。这就是波尔多葡萄酒的所在。在中世纪时，波尔多葡萄酒就已经声名远播，这一切都得益于查理六世国王的皇后埃莉诺·阿基坦（Aliénor d´Aquitaine）。在1152年，当她被丈夫抛弃后，埃莉诺嫁给了未来的英国国王亨利二世普朗塔热内（Henri II Plantagenêt），而继承自她父亲的阿基坦地区则成为了她的陪嫁。英国人对阿基坦的统治一直持续至1453年。这一年在著名的卡斯蒂永（Castillon）战役中，大宝将军败给了查理七世的军队。在长达3个世纪的时间里，法国波尔多红葡萄酒（French Claret）打入了伦敦市场，即使在今天，它仍是英国人的挚爱。

每年约有7亿瓶波尔多葡萄酒装船被运往世界各地。在19世纪根瘤蚜虫病来临前，波尔多已经成为了全世界第一大精品葡萄酒产区。在灾难结束后的一个世纪里，波尔多葡萄酒又重拾昔日雄风。尽管今天针对波尔多葡萄酒的竞争愈发激烈，但它的地位始终是难以撼动的。

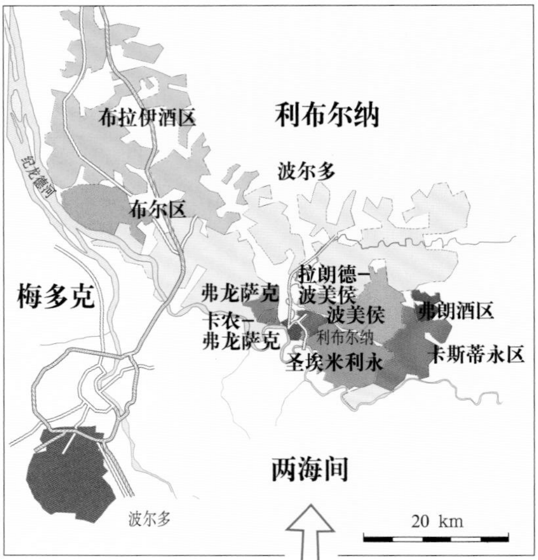

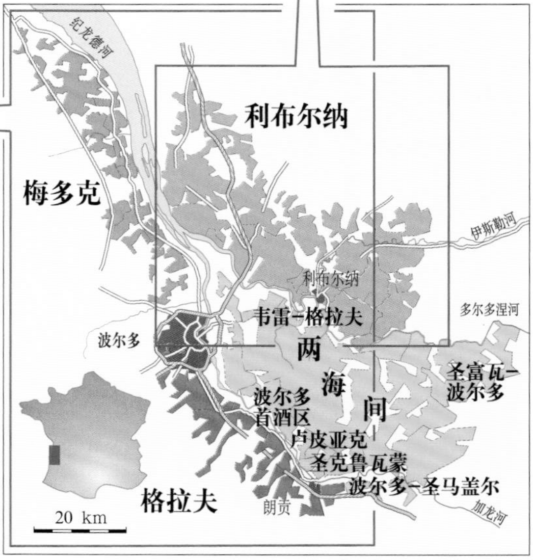

产区名号

巴尔萨克（BARSAC）
布拉伊或布拉耶（BLAYE OU BLAYAIS）
波尔多（BORDEAUX）
波尔多淡红葡萄酒（BORDEAUX CLAIRET）
波尔多气泡酒（BORDEAUX MOUSSEUX）
波尔多桃红酒（BORDEAUX ROSÉ）
波尔多干型酒（BORDEAUX SEC）
优级波尔多（BORDEAUX SUPÉRIEUR）
波尔多-弗朗酒区（BORDEAUX-CÔTES-DE-FRANCS）
波尔多-上伯诺日（BORDEAUX-HAUT-BENAUGE）
卡迪亚克（CADILLAC）
卡农-弗龙萨克（CANON-FRONSAC）
塞龙（CÉRONS）
布拉伊酒区（CÔTES-DE-BLAYE）
波尔多-圣马盖尔（CÔTES-DE-BORDEAUX-SAINT-MACAIRE）
布尔区或布尔或布尔杰（CÔTES-DE-BOURG OU BOURG OU BOURGEAIS）
卡斯蒂永区（CÔTES-DE-CASTILLON）
波尔多气泡酒（CRÉMANT-DE-BORDEAUX）
两海间（ENTRE-DEUX-MERS）
两海间-上伯诺日（ENTRE-DEUX-MERS-HAUT-BENAUGE）
波尔多白兰地（FINE BORDEAUX）
弗龙萨克（FRONSAC）
格拉夫（GRAVES）
韦雷-格拉夫（GRAVES DE VAYRES）
优级格拉夫（GRAVES SUPÉRIEURES）
上梅多克（HAUT-MÉDOC）
拉朗德-波美侯（LALANDE-DE-POMEROL）
利斯特拉克-梅多克（LISTRAC-MÉDOC）
卢皮亚克（LOUPIAC）
吕萨克-圣埃米利永（LUSSAC-SAINT-ÉMILION）
玛歌（MARGAUX）
梅多克（MÉDOC）
蒙塔涅-圣埃米利永（MONTAGNE-SAINT-ÉMILION）
穆利昂梅多克（MOULIS-EN-MÉDOC）
内阿克（NÉAC）
波亚克（PAUILLAC）
佩萨克-雷奥良（PESSAC-LÉOGNAN）
波美侯（POMEROL）
布拉伊酒区一级（PREMIÈRES-CÔTES-DE-BLAYE）
波尔多一级（PREMIÈRES-CÔTES-DE-BORDEAUX）
普瑟冈-圣埃米利永（PUISSEGUIN-SAINT-ÉMILION）
圣克鲁瓦蒙（SAINTE-CROIX-DU-MONT）
圣富瓦-波尔多（SAINTE-FOY-BORDEAUX）
圣埃米利永（SAINT-ÉMI LION）
圣埃米利永名庄（SAINT-ÉMILION GRAND CRU）
圣爱斯泰夫（SAINT-ESTÈPHE）
圣乔治-圣埃米利永（SAINT-GEORGES-SAINT-ÉMILION）
圣于连（SAINT-JULIEN）
苏玳（SAUTERNES）

波尔多葡萄酒的传统销售系统

很少有哪个地方像波尔多一样，被人们用来为饮品或是颜色命名，这是一种成功的渗透，一种绝对的拟态。即使没有红颜容、白马、苏玳等名庄或著名产区中那些鲜明的标记昭示葡萄酒的存在，你也只需冲出围墙就会发现波尔多是被葡萄园所环绕的。波尔多首先是一个商业和金融城市，这里聚集了商人、银行家、保险人、中间商、运输商、批发商。他们知道如何用商业来弥补传统工业的缺失所造成的影响。港口为他们的雄心壮志提供了一个便利的平台，他们可以通过这里对外销售自己的葡萄酒和木材。

从历史的角度分析，倚河而立的地理位置恰恰是波尔多最大的财富。波尔多葡萄酒贸易的腾飞也正是得益于此。一大批从事贸易的中小型企业自然而然地进驻到波尔多，它们每个都有自己的特色。经过若干个世纪的发展，这些企业编织起了一个包括代理商、进口商、商务代表、商业伙伴在内的巨大的网络，代表处遍布世界各地。三大运营商（生产商、中间商、批发商）会进驻的葡萄酒市场，组成了波尔多葡萄酒的传统销售系统。这个系统中既销售散装酒，也经营名庄酒。

约有75%的纪龙德地区的葡萄酒和95%的名庄酒通过中间商销售，后者主要以期酒的形式成交，这也是波尔多的特色之一。他们同样也负责向大卖场供货，特别是卖场中每年的葡萄酒展卖会。除此以外，其供货对象还包括出口商、葡萄酒专卖店、餐厅、航空公司、免税店、企业委员会、个人网店或邮购商店，以及小型批发商……有些酒商同样也是品牌葡萄酒的生产商，其中比较知名的包括：雷斯塔克男爵（Baron de Lestac）、木桐嘉棣（Mouton Cadet）、玛利莎（Malesan）、布莱萨克（Blaissac）、考维酒园珍藏（Calvet Réserve）、凯马酒庄（Cheval Quancard）、美丽海岸（Beau Rivage）等数以百计的品牌。在纪龙德河地区庞大的酒商队伍中，来自于利布尔纳（Libourne）的克雷兹人形成了一个独特的分支，他们为数众多，在19世纪中和20世纪初抱着追求美好生活的愿望背井离乡来到纪龙德河一带。他们的姓氏大多为法雅（Fayat）、宝怡（Borie）、戴尔（Theil）、麦克斯（Moueix）、沃迪（Audy）、麦松（Maison）、亚努埃克斯（Janoueix）。这些人大部分停留在了当时非常活跃的葡萄酒港埠利布尔纳。小码头都普里拉（Quai du Priourat）就是他们的“夏尔特龙码头”（Quai des Chartrons），直到今天他们依然定居于此。在这里，他们拥有自己的酿酒厂，而葡萄酒贸易公司则一直保持着家族企业的形式。他们的销售及管理方式十分严谨，始终被视为典范。

第三方

波尔多是葡萄酒中间商的一个重要市场。他们中的一些人遍寻纪龙德河一带及整个阿基坦地区来为批发商提供最好的葡萄酒。中间商是连接生产商和批发商的不可缺少的中间环节，根据每笔交易来收取批发商的费用。他们的优势是对当地及整个市场情况了如指掌，以及他们作为中介所起到的作用。几乎所有名庄酒的期酒买卖及数量可观的散装酒交易都由他们经手。

▲达雅克庄园（Chateau Tayac）位于纪龙德河右岸，隶属于布尔区（Côtes de Bourg）。

多样化的葡萄品种

波尔多地区的酿酒葡萄品种多达12种。长期以来，这里的葡萄酒一直是由多个葡萄品种调配而成的。大部分酒庄的葡萄园中都会种植3～4个葡萄品种，用以生产自己的葡萄酒。

红葡萄品种

这里最主要的葡萄品种就是美乐。我们并不十分了解它的起源，但从公元18世纪开始，它就已经被引入到圣埃米利永（Saint-Émilion）地区了。美乐之所以得此名，是因为它的颜色深红，宛若画眉（Merle）。它是全球最重要的经典葡萄品种之一，而波美侯则被视为是酿造最令人艳羡的美乐葡萄酒的摇篮。美乐是利布尔纳区的代表性葡萄品种，由它酿造的产区酒、波尔多红葡萄酒及优级波尔多红葡萄酒几乎随处可见。早熟、体格健壮、对霉菌非常敏感、适合多种类型的土壤，总的来说美乐是一个寿命较长的葡萄品种。在对产量加以控制的前提下，它能够酿造出圆润，果香丰富，既高雅又适饮的葡萄酒。

赤霞珠是梅多克和格拉夫地区的主要葡萄品种。在贫瘠、富含砂土和石块的土壤中，它的表现会格外出色，例如拉菲或拉图葡萄园中的赤霞珠。在纪龙德河一带乃至全世界的诸多酒庄所生产的混酿葡萄酒中，也总是会有赤霞珠的身影。它的耐热性众所周知。如果收获的葡萄成熟度足够好的话，可以酿造出

▲圣埃米利永：一座村庄，一种葡萄酒。

细腻高贵，极其复杂的葡萄酒，它以在口中留香时间长、单宁结构好及陈年潜质佳而著称。

品丽珠是圣埃米利永地区主要的葡萄品种。在这里，它的地位与美乐并驾齐驱，但却越来越贴近主流，逐渐成为一种时尚。它的别名是普舍“Bouchet”，在卢瓦尔河地区和意大利，也分别被称为“布莱顿（Breton）”和“波多（Bordo）”。不论是在希农（Chinon）还是在白马庄园（Cheval Blanc），品丽珠都能够酿造出历经50年窖藏却依然充满活力的葡萄酒。虽然在整个纪龙德河的葡萄酒产区中，它在混酿葡萄酒中所占的比例很少，但对于某些年份，它的表现确实可圈可点。一直以来，酒农们都低估了品丽珠这个葡萄品种，现在很多人已经开始重新审视它的价值了。

味而多险些就从纪龙德河地区的葡萄园中消失了，但一个更精致、生长速度更快的科隆品种的出现挽救了它。许多梅多克地区的列级名庄都会使用这个葡萄品种，例如玛歌庄园，但它在配比中所占的比例很低。它的作用就是为葡萄酒带来颜色和单宁。

马贝克也被称为高特（Cot）或欧塞瓦，它是卡奥尔（Cahors）地区的代表性葡萄品种，在纪龙德河地区种植量很少。在有效控制产量的前提下，马贝克的品质会很好，可以赋予葡萄酒香料和水果的香气。

经济与社会支柱

如今葡萄酒养活着纪龙德河地区的30000个家庭。总体来说，整个行业的营业额为30亿欧元，共有12000个种植酿造户，其中8000家独立酒庄53个酿酒合作社，400家葡萄酒批发商和中间商，57个合作酒窖，50000个间接及关联的就业岗位，7亿瓶葡萄酒销往世界160个国家。这还没有将国际葡萄酒及烈酒展会（Vinexpo）和国际葡萄酒、烈酒设备技术暨葡萄种植博览会（Vinitech）期间的收益计算在内。

白葡萄品种

由于对贵腐霉极为敏感，赛美蓉成为了苏玳产区的王牌葡萄品种，所有纪龙德河地区和蒙巴济亚克（Monbazillac）地区的超甜型葡萄酒都是用它酿造的。它在格拉夫（Graves）和两海间（Entre-Deux-Mers）产区也十分流行。这是一款生命力强且高产的葡萄品种，已然征服了全球饮家。它可以酿造出干型或甜型的白葡萄酒。人们经常将赛美蓉与长相思调配在一起，用它天然的圆润口感来中和酸度。就像佩萨克-雷奥良（Pessac-Léognan）的许多名庄酒那样，用赛美蓉酿造的葡萄酒可以经得起几十年的窖藏。

▲欧颂庄园（Château Ausone）是圣埃米利永地区的一级名庄。

长相思是波尔多另外一款常见的白葡萄品种，抵抗力强，早熟，且成熟度好。它用旺盛的生命力吸引了葡萄农们。在种植和酿造过程中，人们需要对它加以呵护，以免“猫尿味”出现破坏香气。长相思凭借着它的结构、新鲜感以及香气在口中的持久度而取胜。它可以用于酿造芳香型的干白葡萄酒，例如玛歌庄园出品的玛歌白亭（Pavillon Blanc de Château Margaux，100%长相思）。它的近亲灰苏维浓（Sauvignon Gris）要更加早熟些，但却没有那么流行。

波尔多传统的葡萄品种密思卡岱能够酿造出花香馥郁的葡萄酒。尽管如此，由于它对病虫害异常敏感，所以这个葡萄品种处于濒临消亡的状态。

白玉霓在干邑地区（Cognac）非常普遍，另外还有白美乐（Merlot Blanc）和鸽笼白（Colombard），这些葡萄品种都在逐渐为人们所遗忘。

混酿的优点

全法国近一半的葡萄酒产区都会出产混酿葡萄酒，这其中也包括波尔多。在每瓶葡萄酒中都会包含2个主要的葡萄品种，大多数时候有3个，甚至会达到4个。这是流传至今的一种古老的酿造工艺，人们在葡萄田中种植多个葡萄品种以降低葡萄受病虫害侵袭的风险。同时，由于各个葡萄品种的成熟时间不同，因此可以将收获期分散开来。虽然在长期的实际操作中，混酿工艺显示出了它的优势，但许多名庄酒依然采用了近乎百分之百的单品种来酿造，例如，柏图斯（Petrus）所使用的美乐，拉图的赤霞珠，以及滴金庄的赛美蓉。

各式各样的葡萄酒、风土条件及价位

波尔多葡萄酒所具有的多样性不是通过它们简单的瓶型就能够感受得到的。这里出产所有品类的葡萄酒：红葡萄酒、桃红葡萄酒、干白葡萄酒、超甜型葡萄酒、气泡酒。不同的风土条件、不同的葡萄品种、不同的微型气候缔造了不同风格、不同个性的优质葡萄酒。价格亦是如此，从2欧元的普通波尔多到200欧元左右的一级庄葡萄酒一应俱全，在拍卖会上一瓶老年份的柏图斯甚至能卖出2000欧元的高价。

为了更好地区分它们，波尔多葡萄酒被分为了5个大类。

• **波尔多和优级波尔多**是最大的一组。波尔多红葡萄酒（42000公顷）和优级波尔多葡萄酒（12000公顷）两种原产地监控命名酒占到了总产量的48%。位于多尔多涅河和加龙河之间的两海间产区坡地是葡萄酒农们所钟爱的地块，这里所出产的桃红葡萄酒和波尔多红葡萄酒在市场上供不应求。波尔多气泡酒的产量也呈上升趋势。

• **梅多克及格拉夫**涵盖了从朗贡（Langon）到古雷港（Port-de-Goulée）一带，整个加龙河和纪龙德河左岸的酒庄。其中包括的地区级原产地监控命名产区有上梅多克（Haut-Médoc）和格拉夫，村庄级原产地监控命名产区有：慕里斯（Moulis）、玛歌（Margaux）、利斯特拉克（Listrac）、圣爱斯泰夫（Saint-Estèphe）、波亚克、圣于连（Saint-Julien）和佩萨克-雷奥良（Pessac-Léognan）。这片土地（总面积18500公顷）上汇聚了列级名庄、中级酒庄（Crus Bourgeois）和艺术家酒庄。

• **利布尔纳（Libournais）**包含了弗龙萨克（Fronsac）、卡农-弗龙萨克（Canon-Fronsac）、波美侯、拉朗德-波美侯（Lalande-de-Pomerol）、圣埃米利永及其卫星产区蒙塔涅-圣埃米利永（Montagne-Saint-Émilion）、吕萨克-圣埃米利永（Lussac-Saint-Émilion）、普瑟冈-圣埃米利永（Puisseguin-Saint-Émilion）和波尔多最小的红葡萄酒原产地监控命名产区圣乔治（Saint-Georges，185公顷）。这里普遍种植美乐，土地为黏土质和石灰质土壤。尽管该产区的酒庄大多为家庭式，但却始终保持着现代感和创造性，经常将葡萄酒实验室提供给其他产区。这里也有许多久负盛名的酒庄。

• **6个酒区：**布拉伊首酒区（Premières-Côtes-de-Blaye）、布尔区（Côtes-de-Bourg）、韦雷-格拉夫（Graves-de-Vayres）、波尔多首酒区（Premières-Côtes-de-Bordeaux）、波尔多-弗朗酒区（Bordeaux-Côtes-de-Francs）、卡斯蒂永区（Côtes-de-Castillon）。种植红葡萄品种的土地面积为16700公顷。这里的葡萄园和酒庄大多沿河而建，出产一大批价廉物美的葡萄酒。许多酒庄自己直接参与销售。

• **波尔多的白葡萄酒同样分为两大类：**干型白葡萄酒和甜型、超甜型白葡萄酒。后者的影响力更大，许多产区因此出名，例如：苏玳、塞龙（Cérons）、卡迪亚克（Cadillac）、圣克鲁瓦蒙（Saint-

Tips

向多样化迈进

梅多克是一个盛产红葡萄酒的产区，其中许多酒庄举世闻名。然而，现在酿造白葡萄酒的酒庄数量也在逐渐增长。其中最著名的有：玛歌庄园的玛歌白亭、大宝庄园干白葡萄酒（Caillou Blanc de chateau Talbot）、克拉克庄园干白葡萄酒（Le Merle Blanc de chateau Clarke）。罗丹娜（Loudenne）、林卓贝斯（Lynch-Bages）、芳瑞奥德（Fonréaud）、格雷萨克（Greysac）、萨朗索（Saransot-Dupré）、力关（Lagrange）、狄龙（Dillon）等酒庄也出产非常不错的白葡萄酒。在波尔多原产地监控命名产区中有100公顷葡萄园专门种植的白葡萄品种。

▲龙船庄（Château Beychevelle）是圣于连地区的四级庄。

Croix-du-Mont）、巴尔萨克（Barsac）和卢皮亚克（Loupiac）。这些产区酿造的葡萄酒讲求品质，忠于传统，生产量非常有限，常常一整株葡萄树的果实才能够酿造出一小杯酒。产区的总面积加起来不过3000公顷。

整个纪龙德河地区要数佩萨克-雷奥良（Pessac-Léognan）和格拉夫产区出产的白葡萄酒最为出名。但很多葡萄酒爱好者也会钟情于两海间、布拉伊酒区（Côtes de Blaye）或是范围更广的波尔多白葡萄酒（6700公顷），这些产品也同样能够满足他们的好奇心和味蕾。

列级名庄

波尔多地区的第一批列级名庄出现在17世纪末，但直到1855年才真正出现了由中间商评选出的梅多克列级名庄的官方名录。这个著名的1855年分级制度仅在1973年的时候调整过一次，木桐酒庄（Mouton-Rothschild）由二级庄跃升为一级名庄。除此以外一级名庄还包括拉菲、拉图、玛歌、红颜容，其中红颜容是唯一一个位于格拉夫产区内的一级庄。1855年分级体系中共包括60个酒庄，分为5级。

在同一年出台的还有苏玳和巴尔萨克（Barsac）地区的酒庄分级。紧随特一级庄滴金庄之后的是11个一级庄和14个二级庄。格

人类遗产

圣埃米利永得名于一位来自于布列塔尼的僧侣，他兼面包师，旅行家和医师于一身，在公元8世纪的时候来到多尔多涅河沿岸，并定居于此。到了中世纪时，这里成为了一个热闹的小镇，许多农民和教士都居住在附近。联合国教科文组织（UNESCO）不但将它的古城墙列为了人类遗产，而且将这里的葡萄园定义为“文化风景”。

拉夫地区的第一个分级制度出现在1956年，但在1959年时又做过一次修改。共包含16个酒庄的13款红葡萄酒和9款白葡萄酒。在圣埃米利永地区，酒庄分级每10年做一次调整。1996年时，评委会确立了一个以白马和欧颂为代表的包括13个一级庄及55个列级庄在内的名录，其涵盖的面积约为800公顷。波尔多地区一共有171个列级庄，占地面积约5300公顷。作为带动葡萄酒经济的火车头，列级名庄所代表的是形象、销售额和刺激出口的动力。要注意的是波美侯、慕里斯（Moulis）、弗龙萨克（Fronsac）的村庄级原产地监控命名产区是没有列级酒庄的。著名的柏图斯酒庄虽然并不是这171个列级名庄中的一个，但在葡萄酒爱好者们的眼中，它早已与一级名庄旗鼓相当了。

全面腾飞中的中级酒庄

贵族阶级并没有在波尔多的历史上留下太多印记。这是一个为商业而生的城市，它所具有的这种沉静、勤勉、家族式的力量被人们称为“布尔乔亚”，中级酒庄（Crus Bourgeois）也得名于此。只有波尔多能够创造出这个充满魅力的命名。两个词已经概括了一切：一块合乎标准的土地、一个值得信赖的家族、一种典雅传统的环境、一份承传自祖辈的配方。在品质排行榜上，列级名庄一马当先，中级酒庄的定位是价格合理、质量优秀的家族酒。中级酒庄是波尔多名庄的组成部分，但它的客户群更偏向于那些热爱美食的饮家，这些人乐于将餐酒佐以搭配，来打造真正“布尔乔亚”式的用餐体验。

中级酒庄在19世纪的时候出现于纪龙德河地区，现如今它们的产量已经占到了梅多克地区总量的三分之一，形成了介于列级名庄和普通价位葡萄酒之间的过渡级别，也有的被称之为艺术家酒庄或乡土酒庄。1932年，波尔多的中间商们对梅多克地区的440个中级酒庄进行了普查。但是由于经济危机的巨大冲击，葡萄酒贸易让位给了其他生活必需品。接下来，第二次世界大战和1956年的严重霜冻纷至沓来。直到20世纪80年代，中级酒庄才开始了真正的腾飞。这是一个非常官方的分级制度，但也曾在法庭上引起过争议。在2003年时，中级酒庄的总数为247个，其中包括9个中级杰出酒庄、87个中级优质酒庄和151个普通中级酒庄。

老酒的风采

优质的波尔多葡萄酒以它非凡的陈年潜质而著称。一般来讲，能称得上具有陈年潜质的酒至少应该能够保存10年以上。然而一旦超过20年，酒的品质就不再有切实的保障了。除了一些较弱年份的葡萄酒已然难觅其踪，其他的一些波尔多老酒已经有50多年的酒龄了。这里所说的是那些在第二次世界大战后极好年份（如1945年、1947年和1949年）生产的，来自于极好的风土的葡萄酒。在之后的1953年、1955年、1959年和1961年也是非常不错的年份。低产和酷暑经常能够造就出类拔萃的葡萄酒。在20世纪六七十年代，这样的情况并不多见，但1964年、1966年、1970年、1975年和1978年仍然是不错的年份。在最近一段时期，有出色表现的年份包括1982年、1989年、1990年；这三个年份的葡萄酒让人们为之倾倒，趋之若鹜。更近一些的话，1995年、1996年（梅多克）、2000年、2001年和2003年这几个年份也出产了具有绝佳陈年潜质的葡萄酒。

正牌酒和副牌酒

以前，波尔多的名庄用这两个名词来区别自己所生产的最高等级产品和其他一些二线产品。到今天，这个用法依然盛行，随着酿造正牌酒的标准越来越严格，副牌酒的数量也在不断增加。副牌酒凭借它颇有竞争力的价位和不凡的品质吸引了许多葡萄酒爱好者，例如：力关副牌（Fiefs de Lagrange）、玛歌红亭（Pavillon Rouge）、欧颂小教堂（Chapelle d´Ausone）、拉图副牌（Forts de Latour）、雄狮侯爵园（Clos du Marquis）、拉菲庄园副牌（Carruades de Lafite）等，都来自于一流的风土，却要比购买正牌酒经济许多。

名庄传奇

在波尔多浩瀚的葡萄酒星空中，有十几个酒庄可谓是精英中的精英，在几十年甚至是若干个世纪中始终保持星光熠熠。这些酒庄的葡萄酒集三千宠爱于一身，无论是葡萄酒爱好者、酿酒师、收藏家，还是市场本身，比如各大拍卖会，都对它们青睐有加。所有人都非常清楚这些葡萄酒已经不再属于传统的葡萄酒市场了，它们早已跻身于国际奢侈品的行列中。

- **玛歌庄园**的庄主是柯琳娜·门泽罗普洛斯女士（Corinne Mentzelopoulos）。她的父亲在1977年从珍纳特（Ginestet）家族手中将酒庄买下。从此以后，来自于玛歌的高品质葡萄酒再也没有退出过梅多克一线好酒的行列。被列为历史遗迹的酒窖、帕拉底奥风格（palladienne）的酒庄建筑，酒庄经理保罗·蓬塔耶（Paul Pontallier）至臻完美的管理风格、自然位置和风土条件，这一切共同造就了玛歌庄园的盛名。

- **滴金庄**是波尔多地区唯一一个有权使用“特一级庄”称号的酒庄。两百年来，它自始

▲ 圣克鲁瓦蒙（Sainte-Croix-du-Mont）是一个位于两海间的小型原产地监控命名产区，盛产甜白葡萄酒。

Tips

时髦的车库酒

“车库酒”的说法出现在圣埃米利永，仅存在于波尔多的部分酒庄内。当时，让-卢克·杜纳文（Jean-Luc Thunevin）将酒槽安装在了自己的车库里，用来酿造第一个年份的瓦朗德鲁庄园葡萄酒（Château Valandraud）。车库酒通常都指那些出自于某一个精选地块，单独酿造的一小部分葡萄酒；有时也指来自于微型葡萄园中的产品，比如波美侯的里鹏庄园（Château Le Pin）所酿造的车库酒。不管怎么说，这类葡萄酒所具有的共性就是产出量低，精雕细琢，珍贵稀有，品质超群，价格较高。而它的客户群通常是那些富有的唯美主义者或葡萄酒收藏家。在20世纪90年代，车库酒成为了一种时尚，并随着2000年这个年份的来临而达到了顶峰。自此以后，人们对车库酒的迷恋程度开始逐渐回落。

▲佩萨克-雷奥良（Pessac-Léognan）地区的列级名庄黑教皇城堡（Château Pape Clément）是波尔多最古老的酒庄之一。

至终占据着世界甜白葡萄酒金字塔的塔尖位置。在经过了一场漫长的法律战争之后，从1999年4月开始，滴金庄不再属于掌控了它400年之久的卢萨鲁斯（Lur Saluces）家族，而是被酩悦轩尼诗－路易威登集团（LVMH）所兼并。

• **红颜容庄园**和它的近邻修道院红颜容庄园（Mission Haut-Brion）都是杜默奇公爵夫人（la Duchesse de Mouchy）的产业，她的祖父美国人克莱仁·迪龙（Clarence Dillon）在第二次世界大战前买下了这个酒庄。她的父亲曾任肯尼迪政府的财政部长，她的儿子卢森堡王子则与酒庄的运营经理让-菲利普·迪马斯（Jean-Philippe Delmas）一起掌管酒庄。这两个酒庄已经成为了格拉夫地区的双子星。

• **柏图斯庄园**不过是一个带有葡萄园的低调农庄，它的面积也非常有限：

Tips

波尔多与它的城堡酒庄

城堡酒庄的概念要追溯到公元16世纪，当时让·德彭塔克（Jean de Pontac）创立了波尔多的第一个名庄——红颜容庄园，并在葡萄园中盖起了一座小城堡。波尔多如今有超过10000个城堡酒庄，其中大部分酒庄内并没有真正的城堡建筑。在酒标背后所隐藏的通常是简单的房屋、改建过的农庄或是酒窖。在这里，“城堡”不过是指一个生产葡萄酒的单位，与建筑意义上的城堡并无任何关系。并不是所有的酒庄都可以称自己为“城堡”，它必须要有一个葡萄园才可以。

许多酒庄内有名副其实的城堡。这样的酒庄不在少数，它们的建筑并非是文艺复兴时期的瑰宝，也不是古老的防御工事，而是小型城堡或寂静的村舍，葡萄酒成了这里高雅的一隅或是灵魂元素。在20世纪80年代，许多酒庄纷纷启动了大规模的工程，主要是针对老旧建筑的修缮和翻新。

12公顷。然而它的声誉却与它的规模形成了巨大反差。这块含有黏土、砂土和铁渣的土地所富有的潜力没有逃过利布尔纳酒商让-皮埃尔·麦克斯的眼睛（Jean-Pierre Moueix）。今天，他的儿子让-弗朗索瓦掌管着这里。柏图斯每年的产量很少超过40000瓶，只能销售给全球有限的葡萄酒爱好者，供他们与亲朋密友一起分享。

• **拉图庄园**从1993年起由商人弗朗索瓦·皮诺（François Pinault）所拥有。这个富有传奇色彩的酒庄因出类拔萃的赤霞珠而让许多人折服。它的葡萄田位于波亚克纪龙德河河口沿岸的山丘上，呈砂质且多石砾，被古老的围墙所环绕。这里种植的加本纳可以酿造出力量与细腻兼具的葡萄酒，陈年期可达几十年。

• **白马庄园**位于圣埃米利永的砂砾高地上，面积37公顷，与波美侯众多名庄仅有一路之隔。它与欧颂庄园同为该产区众多酒庄中的翘楚，由比利时金融家艾伯特·费尔（Albert Frère）和法国商人贝尔纳·阿诺特（Bernard Arnault）共同拥有，他们两人所拥有的股份相当。自1850年开始，白马庄园的葡萄园土地登记从来没有变更过；使用的葡萄品种一直以品丽珠（60%）和美乐为主。在由皮埃尔·鲁赫桐（Pierre Lurton）掌管之后，高昂的卖价和严格的管理让酒庄继续名声大噪。

• **欧颂庄园**是圣埃米利永地区的另外一个标志性酒庄，由历史悠久的沃迪尔（Vauthier）家族所拥有。这个面积只有8公顷，位于石灰质坡地脚下的葡萄园产量极为有限，因此出产的葡萄酒也非常稀有。该酒庄所使用的葡萄品种为赤霞珠和美乐，由这两个品种混酿的葡萄酒口感丝滑，优雅高贵。在酒庄的

▼玛歌庄园及其帕拉底奥式的建筑外观，它是该产区内唯一一个列级酒庄。

葡萄园中觅得的高卢罗马时期的马赛克说明这里就是当年古罗马诗人欧颂的故居（公元310年至公元395年）。

- **拉菲庄园**在1855年被评为一级酒庄中的魁首。它所在的坡顶属砂砾土质，是梅多克地区典型的土壤类型。这里出产的赤霞珠能够酿造出细腻而复杂的葡萄酒，是波亚克和圣于连地区的王牌葡萄品种。单宁柔和，偏于女性化，其间所隐藏的力量要留待陈年之后才能展现出来。这是一款适合陈年并为内行人士所喜爱的葡萄酒。

- **木桐庄园**与拉菲庄园相邻，但风格却大相径庭。在1855年时，它被评为二级酒庄，到1973年才跃升为一级庄，与拉菲齐名。卓越的品质、每年都推陈出新的酒标、菲利普男爵及他儿子菲利普·罗斯柴尔德的独特个性、来自世界各地的参观者……这一切都让木桐庄园举世闻名。

家族历史

尽管有越来越多的投资者和外国人介入到波尔多的葡萄酒行业中，大部分酒庄却依然采取家族式的经营模式。波尔多的酒商也始终保持着一种传统的架构。一些观察家认为在波尔多许多葡萄酒贸易公司中所呈现的这种“家长式”的古老管理方式是它们获得成功的重要保障。这个家族传统通常是由一个家庭里的兄弟姐妹共同实现的。西谢尔集团（Maison Sichel）由阿兰·西谢尔（Allan Sichel）主理，他的兄弟本杰明、大卫、夏尔、詹姆斯助阵左右。约翰斯顿家族（Johnston）则由阿奇巴德（Archibald）、丹尼（Denis）和伊万努埃（Ivanohé）三人分别打理企业行政和商务方面的工作。自1734年在波尔多由威廉·约翰斯顿（William Johnston）创办至今，这个企业已经迎来了家族的第九代传人。

克拉克庄园（Château Clarke）：从没落到复兴

1973年，埃蒙德·罗斯柴尔德男爵（Baron Edmond de Rothschild）看中了一片废弃了的土地，这里只有十几株葡萄树。于是，他成为了这里的主人。克拉克庄园的土地面积为55公顷，位于梅多克的利斯特拉克（Listrac），在20世纪初时曾小有名气。随后，男爵在这里以每公顷10000棵植株的密度种植了葡萄树，修建了2个酿酒车间，采用机器采收（他是最早在梅多克地区采用机器采收的种植者之一），配备了最先进的酿造设备。男爵每天都会关注葡萄园的生长情况，从1978年到他去世的1997年，一共经历了19次收获，酿造了19个年份的葡萄酒。基于他对纪龙德河地区葡萄酒酿造事业的热情，男爵还拥有另外2个酒庄：玛颂庄园（Château Malmaison），由纳迪内男爵夫人（Baronne Nadine）继承；贝勒瓦德庄园（Château Peyrelevade），由他的儿子本杰明（Benjamin）继承。酒庄的总占地面积为124公顷，产量100万瓶，从最初的荒废田园成长为梅多克地区的中级酒庄，这一切可谓是男爵的“生命之作”。

金钱至上或是血脉相承

波亚克地区的二级名庄碧尚男爵堡（Château Pichon-Longueville Baron）在20世纪80年代末被安盛集团（Axa）及其主席克劳德·贝贝尔（Claude Bébéar）所收购。他是一位活跃在保险行业的金融家，手下带领着一大批高级管理人员。酒庄的原主人布戴叶（Bouteiller）家族搬离了祖传的庄园，他们原先的住所很快

▲波亚克地区的一级名庄拉菲庄园。

被改建成了面向个人和团体访客的接待中心。在让-米歇尔·凯茨（Jean-Michel Cazes）的带领下，碧尚男爵堡所出品的葡萄酒日趋完美，1998年、1999年、2000年三个年份达到了巅峰。金钱的力量终于还是取代了家族的传统。

在这座全新的庄园对面就是由一位真正的领主玛丽艾莲娜·兰翠珊夫人（Mary-Éliane de Lencquesaing）所拥有的碧尚女爵堡（Pichon-Longueville Comtesse de Lalande）。兰翠珊夫人是纪龙德河地区古老的迈赫（Miailhe）王朝的后人。从1978年开始，她全心全意地执掌着这个波亚克地区的二级名庄。她所面对的困扰只有一个，这也是许多波尔多酒庄所面临的共同问题：如何让酒庄在自己家族的手中传承下去？以便让自己的子孙成为酒庄历史、种植酿造秘笈以及83公顷葡萄园（年产量45万瓶）的继承者，从而保存住一脉相承的家族产业。

精挑细选

利斯特拉克（LISTRAC）- 美恩拉朗庄园（CHÂTEAU MAYNE LALANDE）

贝尔纳·拉提戈（Bernard Lartigue）是利斯特拉克地区葡萄酒农主席，他是个名副其实的梅多克人，他所酿造的葡萄酒可谓酒如其人。

☏ 05 56 58 27 63　⎙ 05 56 58 22 41

慕里斯（MOULIS）- 宝捷庄园（CHÂTEAU POUJEAUX）

一个真正杰出的中级酒庄。

☏ 05 56 58 02 96　⎙ 05 56 58 01 25

玛歌（MARGAUX）- 菲丽尔庄园（CHÂTEAU FERRIÈRES）

梅多克地区最小最不知名的列级酒庄之一，但出产的葡萄酒却品质上乘。

☏ 05 57 88 76 65　⎙ 05 57 88 37 87

贝卡丹（BÉGADAN）- 老罗宾庄园（CHÂTEAU VIEUX ROBIN）

玛瑞斯（Maryse）和迪蒂埃·若巴（Didier Roba）凭着他们对种植和酿造的极大热情，打造了高品质的葡萄园、酿酒车间和葡萄酒。

☏ 05 56 41 50 64　⎙ 05 56 41 37 85

圣罗兰-梅多克（SAINT-LAURENT DU MÉDOC）- 卡罗内圣吉美庄园（CHÂTEAU CARONNE SAINTE GEMME）

名副其实的中级酒庄，出产的葡萄酒极为经典，储存在酒窖中会有极长的陈年潜质。

☏ 05 56 59 42 07　🖷 05 56 59 49 91

圣爱斯泰夫（SAINT-ESTÈPHE）- 谷特兰美威庄园（CHÂTEAU COUTELIN MERVILLE）

圣爱斯泰夫地区非常重要的一个酒庄。

☏ 05 56 59 32 10

波亚克（PAUILLAC）- 拉图莱特庄园（CHÂTEAU LA TOURETTE）

该酒庄的酿酒工作由拉若斯·丹多顿（Larose Trintaudon）团队负责。酒庄相对低调，但它酿造的葡萄酒却是对赤霞珠的最好诠释。

☏ 05 56 59 41 72　🖷 05 56 59 93 22

马可（MACAU）- 普莱桑斯庄园（CHÂTEAU PLAISANCE）

最著名的优级波尔多酒庄之一。

☏ 05 57 88 07 64　🖷 05 57 88 07 00

波当萨克（PODENSAC）- 翠鸣庄园（CHÂTEAU DE CHANTEGRIVE）

位于一块地势很好的砾石平原上。乐威客（Levêque）家族建立的这个酒庄是格拉夫地区最早的兼产红白葡萄酒的酒庄之一。

☏ 05 56 27 17 38　🖷 05 56 27 29 42

巴尔萨克（BARSAC）- 胡缪拉高斯庄园（CHÂTEAU ROUMIEU LACOSTE）

埃尔维• 杜伯约（Hervé Dubourdieu）是个细致认真的完美主义者。他为酒庄打造的甜白葡萄酒和干白葡萄酒绝对让人一饮难忘。

☏ 05 56 27 16 29　🖷 05 56 27 16 29

圣埃米利永（SAINT-ÉMILION）- 歌本德巴涅庄园（CHÂTEAU GRAND CORBIN DESPAGNE）

弗朗索瓦·德巴涅（François Despagne）所酿造的葡萄酒严谨、均衡、典雅，可以与列级酒庄葡萄酒相媲美。

☏ 05 57 51 08 38　🖷 05 57 51 29 18

蒙塔涅（MONTAGNE）- 圣乔治庄园（CHÂTEAU SAINT-GEORGES）

这是圣埃米利永地区最美丽的酒庄，酒庄内的建筑建于18世纪。它所出产的葡萄酒也展现着同样的古典风格。

☏ 05 57 74 62 11

杰尼萨克（GENISSAC）- 贝楠庄园（CHÂTEAU PENIN）

优级波尔多酒庄中的翘楚，产品性价比高，颇具竞争力。

☎ 05 57 24 46 98　📠 05 57 24 41 99

格雷季亚克（GRÉZILLAC）- 博内庄园（CHÂTEAU BONNET）

无论是波尔多红葡萄酒，还是两海间葡萄酒，安德烈·鲁赫桐（André Lurton）的名字都是高品质葡萄酒的象征和保证。

☎ 05 57 25 58 58　📠 05 57 74 98 59

圣科隆坡（SAINTE COLOMBE）- 凯普德福尔庄园（CHÂTEAU CAP DE FAUGÈRES）

这个重获生机的酒庄是卡斯蒂永（Castillon）地区最佳酒庄之一。

☎ 05 57 40 34 99　📠 05 57 40 36 14

朗萨克（LANSAC）- 富嘉庄园（CHÂTEAU FOUGAS）

让伊夫·贝舍（Jean-Yves Béchet）是一个富有创新精神的生产商，他将葡萄园租给葡萄酒爱好者种植。他同时也是布尔区（Côtes de Bourg）最佳葡萄酒农之一。

☎ 05 57 68 42 15　📠 05 57 68 28 59

欲获取更多信息

伯努瓦·弗朗斯（Benoît France）. 波尔多葡萄园地图.

弗兰克·杜伯约（Franck Dubourdieu）. 波尔多佳酿. 莫拉/巴朗出版社（Mollat/Balland），2003.

伯努瓦·弗朗斯（Benoît France）. 法国葡萄园地图册. 索拉出版社（Solar），2002.

马克亨利·乐美（Marc-Henry Lemay）. 波尔多葡萄酒指南. 弗雷费斯出版社（Feret et Fils），1994.

马克亨利·乐美（Marc-Henry Lemay）. 波尔多和它的葡萄酒. 费雷出版社（Feret），2004.

米歇尔·马斯洛贾尼（Michel Mastrojanni）. 波尔多全书. 索拉出版社（Solar），1989.

米歇尔·马斯洛贾尼（Michel Mastrojanni）. 波尔多列级名庄. 索拉出版社（Solar），2002.

罗伯特·帕克（Robert Parker）. 波尔多葡萄酒. 索拉出版社（Solar），1993.

波尔多列级名庄

梅多克地区1855年列级名庄

红葡萄酒分级	
葡萄酒名称	所属村镇
一级酒庄	
红颜容庄园（Château Haut-Brion） 拉菲庄园（Château Lafite-Rothschild） 拉图庄园（Château Latour） 玛歌庄园（Château Margaux） 木桐庄园（Château Mouton-Rothschild）	佩萨克（Pessac） 波亚克（Pauillac） 波亚克（Pauillac） 玛歌（Margaux） 波亚克（Pauillac）（1973年入围）
二级酒庄	
百康庭庄园（Château Brane-Cantenac） 爱士图尔庄园（Château Cos d´Estournel） 宝嘉龙庄园（Château Ducru-Beaucaillou） 杜弗庄园（Château Durfort-Vivens） 拉露斯庄园（Château Gruaud-Larose） 力士金庄园（Château Lascombes） 巴顿庄园（Château Léoville-Barton） 雄狮庄园（Château Léoville-Las Cases） 雷威博庄园（Château Léoville-Poyferre） 玫瑰山庄（Château Montrose） 碧尚男爵堡（Château Pichon-Longueville Baron de Pichon） 碧尚女爵堡（Château Pichon-Longueville Comtesse de Lalande） 露雪世家（Château Rauzan-Segla） 露仙歌庄园（Château Razan-Gassies）	康特纳克（Cantenac） 圣爱斯泰夫（Saint-Estèphe） 圣于连-贝舍维尔（Saint-Julien-Beychevelle） 玛歌（Margaux） 圣于连-贝舍维尔（Saint-Julien-Beychevelle） 玛歌（Margaux） 圣于连-贝舍维尔（Saint-Julien-Beychevelle） 圣于连-贝舍维尔（Saint-Julien-Beychevelle） 圣于连-贝舍维尔（Saint-Julien-Beychevelle） 圣爱斯泰夫（Saint-Estèphe） 波亚克（Pauillac） 波亚克（Pauillac） 玛歌（Margaux） 玛歌（Margaux）
三级酒庄	
波尔嘉得纳（Château Boyd-Cantenac） 凯隆世家（Château Calon-Segur） 肯德布朗庄园（Château Cantenac-Brown） 狄士美庄园（Château Desmirail） 菲丽尔庄园（Château Ferriere） 吉斯古庄园（Château Giscours） 迪仙庄园（Château d´Issan） 麒麟庄园（Château Kirwan）	康特纳克（Cantenac） 圣爱斯泰夫（Saint-Estèphe） 康特纳克（Cantenac） 玛歌（Margaux） 玛歌（Margaux） 拉巴尔德（Labarde） 康特纳克（Cantenac） 康特纳克（Cantenac）

力关庄园（Château Lagrange）	圣于连-贝舍维尔（Saint-Julien-Beychevelle）
朗丽湖庄园（Château La Lagune）	鲁顿（Ludon）
丽冠巴顿庄园（Château Langoa-Barton）	圣于连-贝舍维尔（Saint-Julien-Beychevelle）
玛乐斯歌庄园（Château Malescot Saint-Exupéry）	玛歌（Margaux）
贝嘉侯爵庄园（Château Marquis d´Alesme-Becker）	玛歌（Margaux）
宝马庄园（Château Palmer）	康特纳克（Cantenac）
四级酒庄	
龙船庄（Château Beychevelle）	圣于连-贝舍维尔（Saint-Julien-Beychevelle）
伯哈内庄园（Château Branaire-Ducru）	圣于连-贝舍维尔（Saint-Julien-Beychevelle）
都夏美隆庄园（Château Duhart-Milon）	波亚克（Pauillac）
拉丰罗彻庄园（Château Lafon-Rochet）	圣爱斯泰夫（Saint-Estèphe）
德姆侯爵庄（Château Marquis-de-Terme）	玛歌（Margaux）
宝爵庄园（Château Pouget）	康特纳克（Cantenac）
丽仙庄园（Château Prieure-Lichine）	康特纳克（Cantenac）
圣皮尔庄园（Château Saint-Pierre）	圣于连-贝舍维尔（Saint-Julien-Beychevelle）
大宝庄园（Château Talbot）	圣于连-贝舍维尔（Saint-Julien-Beychevelle）
拉图嘉利庄园（Château La Tour-Carnet）	圣罗兰-梅多克（Saint-Laurent-Médoc）
五级酒庄	
小丑人庄园（Château d´Armailhac）	波亚克（Pauillac）
巴特利庄园（Château Batailley）	波亚克（Pauillac）
百家富庄园（Château Belgrave）	圣罗兰-梅多克（Saint-Laurent-Médoc）
嘉文莎庄园（Château Camensac）	圣罗兰-梅多克（Saint-Laurent-Médoc）
佳得美庄园（Château Cantemerle）	马可（Macau）
美隆修士堡（Château Clerc-Milon）	波亚克（Pauillac）
柯斯拉伯利庄园（Château Cos Labory）	圣爱斯泰夫（Saint-Estèphe）
歌碧庄园（Château Croizet-Bages）	波亚克（Pauillac）
豆莎庄园（Château Dauzac）	拉巴尔德（Labarde）
都卡斯庄园（Château Grand-Puy-Ducasse）	波亚克（Pauillac）
拉高斯庄园（Château Grand-Puy-Lacoste）	波亚克（Pauillac）
自由庄园（Château Haut-Bages-Liberal）	波亚克（Pauillac）
欧拜伊庄园（Château Haut-Batailley）	波亚克（Pauillac）
林卓贝斯庄园（Château Lynch-Bages）	波亚克（Pauillac）
林卓慕莎庄园（Château Lynch-Moussas）	波亚克（Pauillac）
百德诗歌庄园（Château Pedesclaux）	波亚克（Pauillac）
宝德嘉纳庄园（Château Pontet-Canet）	波亚克（Pauillac）
杜德庄园（Château du Tertre）	阿萨克（Arsac）

甜白葡萄酒分级	
葡萄酒名称	所属村镇
特一级酒庄	
滴金庄（Château d´Yquem）	苏玳（Sauternes）
一级酒庄	
可利文庄园（Château Climens）	巴尔萨克（Barsac）
上柏哈阁庄园（Château Clos Haut-Peyraguey）	博姆（Bommes）
古德庄园（Château Coutet）	巴尔萨克（Barsac）
古依河庄园（Château Guiraud）	苏玳（Sauternes）
拉弗利庄园（Château Lafaurie-Peyraguey）	博姆（Bommes）
哈波庄园（Château Rabaud-Promis）	博姆（Bommes）
雷威尼奥庄园（Château Rayne-Vigneau）	博姆（Bommes）
拉菲贵族（Château Rieussec）	法格德朗龙（Fargues-de-Langon）
斯嘉拉庄园（Château Sigalas-Rabaud）	博姆（Bommes）
雪丹露庄园（Château Suduiraut）	普雷格纳克（Preignac）
白拉图（Château La Tour Blanche）	博姆（Bommes）
二级酒庄	
达西庄园（Château d´Arche）	苏玳（Sauternes）
布贺斯特庄园（Château Broustet）	巴尔萨克（Barsac）
嘉罗庄园（Château Caillou）	巴尔萨克（Barsac）
多斯达恩庄园（Château Doisy-Daëne）	巴尔萨克（Barsac）
多斯杜庄园（Château Doisy-Dubroca）	巴尔萨克（Barsac）
多斯威庄园（Château Doisy-Vedrines）	巴尔萨克（Barsac）
菲奥庄园（Château Filhot）	苏玳（Sauternes）
拉梦特庄园（Château Lamothe）	苏玳（Sauternes）
拉梦特古雅庄园（Château Lamothe Guignard）	苏玳（Sauternes）
玛乐庄园（Château de Malle）	普雷格纳克（Preignac）
米哈庄园（Château de Myrat）	巴尔萨克（Barsac）
内哈庄园（Château Nairac）	巴尔萨克（Barsac）
杜雅庄园（Château Romer-du-Hayot）	法格德朗龙（Fargues-de-Langon）
苏奥庄园（Château Suau）	巴尔萨克（Barsac）

圣埃米利永地区葡萄酒分级	
（该地区的第一个分级制度出现在1954年，之后每10年重新审评一次，最新一期分级名单产生于1996年。）	
一级酒庄	
欧颂庄园（Château Ausone）	圣埃米利永 一级庄A组
白马庄园（Château Cheval Blanc）	圣埃米利永 一级庄A组
金钟庄园（Château Angelus）	圣埃米利永 一级庄B组
美舍庄园（Château Beauséjour Becot）	圣埃米利永 一级庄B组
宝雪珠庄园（Château Beauséjour）	圣埃米利永 一级庄B组
(Duffau-Lagarrosse)	圣埃米利永 一级庄B组
碧豪庄园（Château Belair）	圣埃米利永 一级庄B组
大炮庄园（Château Canon）	圣埃米利永 一级庄B组
飞卓庄园（Château Figeac）	圣埃米利永 一级庄B组
嘉芙丽庄园（Château La Gaffelière）	圣埃米利永 一级庄B组
美特朗庄园（Château Magdelaine）	圣埃米利永 一级庄B组
柏菲庄园（Château Pavie）	圣埃米利永 一级庄B组
卓特威庄园（Château Trottevieille）	圣埃米利永 一级庄B组
可罗弗德（Clos Fourtet）	圣埃米利永 一级庄B组
列级酒庄	
拉托内庄园（Château Balestard La Tonnelle）	圣埃米利永
贝尔维尤庄园（Château Bellevue）	圣埃米利永
百嘉庄园（Château Bergat）	圣埃米利永
波利歌庄园（Château Berliquet）	圣埃米利永
嘉德邦庄园（Château Cadet Bon）	圣埃米利永
小比奥拉庄园（Château Cadet-Piola）	圣埃米利永
大炮嘉芙丽庄园（Château Canon La Gaffelière）	圣埃米利永
嘉德慕林庄园（Château Cap de Mourlin）	圣埃米利永
苏万庄园（Château Chauvin）	圣埃米利永
歌本庄园（Château Corbin）	圣埃米利永
歌本米索庄园（Château Corbin-Michotte）	圣埃米利永
居尔邦庄园（Château Cure Bon）	圣埃米利永
达索庄园（Château Dassault）	圣埃米利永
弗海德苏查尔堡（Château Faurie-de-Souchard）	圣埃米利永
丰布乐嘉庄园（Château Fonplegade）	圣埃米利永
丰贺克庄园（Château Fonroque）	圣埃米利永
弗红美庄园（Château Franc Mayne）	圣埃米利永
美尼庄园（Château Grand Mayne）	圣埃米利永
邦特庄园（Château Grand Pontet）	圣埃米利永
卡岱圣于连庄园（Château Guadet Saint-Julien）	圣埃米利永

上歌本庄园（Château Haut-Corbin）	圣埃米利永
上莎普庄园（Château Haut-Sarpe）	圣克里斯多夫-巴德（Saint-Christophe-des-Bardes）
圣克里斯多夫-巴德（Saint-Christophe-des-Bardes）	圣埃米利永
拉贺舍庄园（Château L´Arrosée）	圣埃米利永
拉可罗庄园（Château La Clotte）	圣埃米利永
拉克鲁塞尔庄园（Château La Clusière）	圣埃米利永
拉古斯坡庄园（Château La Couspaude）	圣埃米利永
拉多米尼庄园（Château La Dominique）	圣埃米利永
拉舍庄园（Château La Serre）	圣埃米利永
拉图杜鹏飞卓庄园（Château La Tour du Pin-Figeac）(纪由德-贝利维Giraud-Belivier)	圣埃米利永
拉图杜鹏飞卓庄园（Château La Tour du Pin-Figeac）(J.-M. 麦克斯J.-M. Moueix)	圣埃米利永
拉图飞卓庄园（Château La Tour Figeac）	圣埃米利永
拉玛泽勒堡(Château Lamarzelle)	圣埃米利永
拉尼奥庄园（Château Laniote）	圣埃米利永
拉斯杜嘉庄园（Château Larcis Ducasse）	圣罗兰德宏（Saint-Laurent-des-Combes）
拉芒德庄园（Château Larmande）	圣埃米利永
拉贺可庄园（Château Laroque）	圣克里斯多夫-巴德（Saint-Christophe-des-Bardes）
拉贺姿庄园（Château Laroze）	圣埃米利永
乐普依尔庄园（Château Le Prieuré）	圣埃米利永
慕哈尔庄园（Château Les Grandes Murailles）	圣埃米利永
玛特哈庄园（Château Matras）	圣埃米利永
加迪磨坊庄园（Château Moulin Cadet）	圣埃米利永
富伊苏塔尔庄园（Château Petit Faurie de Soutard）	圣埃米利永
利波庄园（Château Ripeau）	圣埃米利永
圣乔治柏菲庄园（Château Saint-Georges Côte Pavie）	圣埃米利永
苏达庄园（Château Soutard）	圣埃米利永
道格庄园（Château Tertre Daugay）	圣埃米利永
卓龙梦特庄园（Château Troplong-Mondot）	圣埃米利永
威灵明庄园（Château Villemaurine）	圣埃米利永
永卓庄园（Château Yon-Figeac）	圣埃米利永
罗哈托（Clos de l´Oratoire）	圣埃米利永
嘉柯宾（Clos des Jacobins）	圣埃米利永
圣马丁（Clos Saint-Martin）	圣埃米利永
古湾嘉柯宾（Couvent des Jacobins）	圣埃米利永

格拉夫地区葡萄酒分级		
（始于1953年，1959年最终修改完成）		
葡萄酒名称	所属村镇	入选葡萄酒
波斯歌庄园（Château Bouscaut）	卡多亚克（Cadaujac）	红、白葡萄酒
嘉波尼尔庄园（Château Carbonnieux）	雷奥良（Léognan）	红、白葡萄酒
骑士庄园（Domaine de Chevalier）	雷奥良（Léognan）	红、白葡萄酒
古茵庄园（Château Couhins）	维纳夫-多农（Villenave-d´Ornon）	白葡萄酒
金露桐庄园（Château Couhins-Lurton）	维纳夫-多农（Villenave-d´Ornon）	白葡萄酒
菲尔扎庄园（Château Fieuzal）	雷奥良（Léognan）	红葡萄酒
红百仪庄园（Château Haut-Bailly）	雷奥良（Léognan）	红葡萄酒
红颜容庄园（Château Haut-Brion）	佩萨克（Pessac）	红葡萄酒
拉威尔红颜容庄园（Château Laville Haut-Brion）	塔朗斯（Talence）	白葡萄酒
玛拉蒂庄（Château Malartic-Lagraviere）	雷奥良（Léognan）	红、白葡萄酒
修道院红颜容庄园（Château La Mission Haut-Brion）	塔朗斯（Talence）	红葡萄酒
奥莉薇庄园（Château Olivier）	雷奥良（Léognan）	红、白葡萄酒
黑教皇城堡（Château Pape Clément）	佩萨克（Pessac）	红葡萄酒
使密拉菲庄园（Château Smith-Haut-Lafite）	玛天雅（Martillac）	红葡萄酒
拉图红颜容庄园（Château La Tour Haut Brion）	塔朗斯（Talence）	红葡萄酒
拉图玛天雅庄园（Château Latour Martillac）	玛天雅（Martillac）	红、白葡萄酒

原产地监控命名产区中级酒庄	
产生于梅多克原产地监控命名产区内（复审于2003年）	
中级杰出酒庄	
酒庄名称	**原产地监控命名产区**
忘忧堡（Château Chasse-Spleen）	穆利昂梅多克（Moulis-en-Médoc）
高美必泽庄园（Château Haut-Marbuzet）	圣爱斯泰夫（Saint-Estèphe）
兰博格斯庄园（Château Labegorce Zédé）	玛歌（Margaux）
奥得比斯庄园（Château Les Omes de Pez）	圣爱斯泰夫（Saint-Estèphe）
德碧丝庄园（Château de Pez）	圣爱斯泰夫（Saint-Estèphe）
飞龙世家（Château Phélan Ségur）	圣爱斯泰夫（Saint-Estèphe）
波坦萨庄园（Château Potensac）	梅多克（Médoc）
宝捷庄园（Château Poujeaux）	穆利昂梅多克（Moulis-en-Médoc）
雪兰庄园（Château Siran）	玛歌（Margaux）

▲夏隆内酒区（Côte Chalonnaise）以产红葡萄酒为主，梅尔居雷（Mercurey）是其中的一个村庄。

勃艮第（Bourgogne）

同一主题的不同演绎

葡萄田面积：26583公顷

产量：1.98027亿升

白葡萄酒：66%

红葡萄酒：34%

上百个法定产区

四个次级产区：约纳（Yonne）、金丘（Côte d´Or）［夜丘（Côte de Nuits）和博纳区（Côte de Beaune）］、夏隆内酒区（Côte Chalonnaise）、马孔区（Mâconnais）

三个产区内有特级葡萄园：夏布利（Chablis）、夜丘（Côte de Nuits）、博纳区（Côte de Beaune）

红葡萄酒品种：黑品乐

白葡萄品种：霞多丽

勃艮第因它的复杂性和多样性而备受瞩目。然而，它的葡萄品种和它的地质特点却又具有异乎寻常的单一性。它再一次证明了一个不可抗拒的逻辑，那就是葡萄酒是自然环境、葡萄品种和人这三个元素相互作用的结果。

在公元4世纪时，勃艮第就已经有种植葡萄的历史了，这里因“勃艮第人”（Burgondes）而得名，这些人在公元6世纪中叶时从斯堪的纳维亚来到该地区。公元587年，葡萄园首次被捐赠给修道院。本笃会的修士们拥有热夫雷（Gevrey）、沃恩（Vosne）和博纳（Beaune）地区的葡萄园。他们酿造的葡萄酒被人们称为“博纳葡萄酒”，在很长一段时间内，由于缺乏与首都地区的江河运输通道，这些葡萄酒的知名度仅限于勃艮第本地。于是它们的品质成为了当地统治者最为关注的核心，例如在1395年时菲利普·乐哈迪（Philippe le Hardi）就曾颁布法令摒弃了“最为低贱拙劣的葡萄品种佳美”！为了在某种程度上遵守这项法令，人们将勃艮第和博若莱的葡萄种植及葡萄酒酿造分割开来。

公元18世纪初，勃艮第迎来了它的第一个黄金时代。在博纳，葡萄酒贸易公司的数量迅速增长。然而，接下来的法国大革命加剧了葡萄园的四分五裂。占地50公顷的武若园（Clos de Vougeot）旧时只有一个主人，但如今被分割开来，由80个业主共同拥有。这种产区的分裂和增加使得集团式酒商的出现成为了一种必然现象，这些酒商同时也是葡萄园的业主，他们有足够的能力在一个易于识别的品牌下塑造一系列等级不同的产品。由于具有标志性意义的大酒庄非常罕有，所以那些以酿造和/或销售葡萄酒为主业的贸易公司扮演起了这样的角色。从20世纪70年代开始，独立葡萄酒农的数量逐渐增加，他们会自己完成葡萄酒的灌装和销售。如今，他们出产的葡萄酒占了勃艮第地区总产量的一半以上。

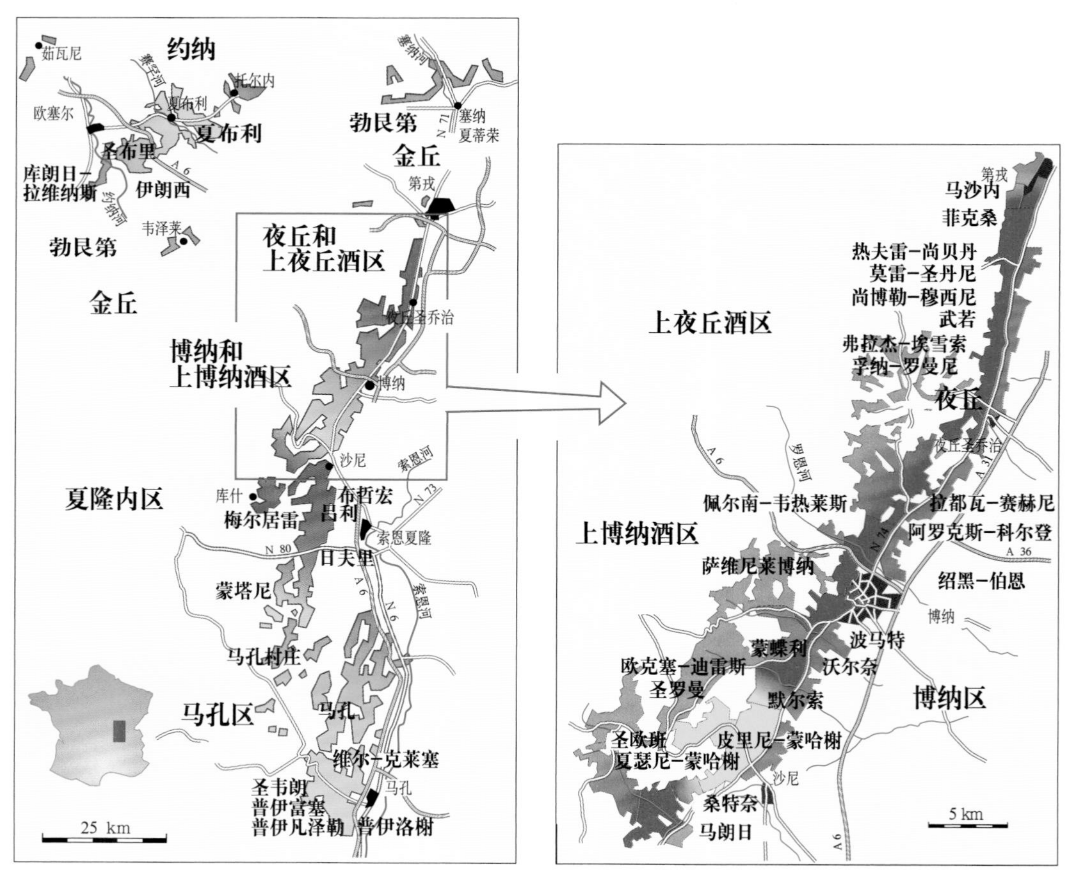

产区名号

勃艮第的原产地监控命名产区分为四个级别：地区级、村庄级、一级葡萄园、特级葡萄园。

阿罗克斯-科尔登（ALOXE-CORTON）
阿罗克斯-科尔登一级葡萄园（ALOXE-CORTON PREMIER CRU）
欧克塞-迪雷斯（AUXEY-DURESSES）
欧克塞-迪雷斯一级葡萄园（AUXEY-DURESSES PREMIER CRU）
巴达-蒙哈榭（BÂTARD-MONTRACHET）
博纳（BEAUNE）
博纳一级葡萄园（BEAUNE PREMIER CRU）
比安沃尼-巴达-蒙哈榭（BIENVENUES-BÂTARD-MONTRACHET）
布拉尼（BLAGNY）
布拉尼一级葡萄园（BLAGNY PREMIER CRU）
博纳马尔（BONNES-MARES）
勃艮第（BOURGOGNE）
勃艮第淡红葡萄酒（BOURGOGNE CLAIRET）
勃艮第气泡酒（BOURGOGNE MOUSSEUX）
勃艮第-阿里高特（BOURGOGNE-ALIGOTÉ）
勃艮第-希特利（BOURGOGNE-CHITRY）
勃艮第-夏隆内酒区（BOURGOGNE-CÔTE-CHALONNAISE）
勃艮第-欧塞尔酒区（BOURGOGNE-CÔTES-D´AUXERRE）
勃艮第-圣雅克（BOURGOGNE-CÔTES-SAINT-JACQUES）
勃艮第-库朗日-拉维纳斯（BOURGOGNE-COULANGES-LA-VINEUSE）
勃艮第-埃皮诺依（BOURGOGNE-ÉPINEUIL）
普级勃艮第（BOURGOGNE-GRAND-ORDINAIRE）
勃艮第-上博纳酒区（BOURGOGNE-HAUTES-CÔTES-DE-BEAUNE）
勃艮第-上夜丘酒区（BOURGOGNE-HAUTES-CÔTES-DE-NUITS）
勃艮第-圣母教堂园（BOURGOGNE-LA-CHAPELLE-NOTRE-DAME）
勃艮第-蒙荷居勒-夏比特（BOURGOGNE-MONTREUL-LE-CHAPITRE）
勃艮第巴斯红酒（BOURGOGNE-PASSETOUTGRAIN）
勃艮第-韦泽莱（BOURGOGNE-VÉZELAY）
布哲宏（BOUZERON）
夏布利（CHABLIS）
夏布利特级葡萄园（CHABLIS GRAND CRU）
夏布利一级葡萄园（CHABLIS PREMIER CRU）
尚贝丹（CHAMBERTIN）
尚贝丹-贝日庄园（CHAMBERTIN-CLOS-DE-BÈZE）
尚博勒-穆西尼（CHAMBOLLE-MUSIGNY）
尚博勒-穆西尼一级葡萄园（CHAMBOLLE-MUSIGNY PREMIER CRU）
沙佩勒-尚贝丹（CHAPELLE-CHAMBERTIN）
查理曼（CHARLEMAGNE）
夏尔姆-尚贝丹（CHARMES-CHAMBERTIN）
夏瑟尼-蒙哈榭（CHASSAGNE-MONTRACHET）
夏瑟尼-蒙哈榭一级葡萄园（CHASSAGNE-MONTRACHET PREMIER CRU）
谢瓦利埃-蒙哈榭（CHEVALIER-MONTRACHET）
绍黑-伯恩（CHOREY-LÈS-BEAUNE）
罗什园（CLOS-DE-LA-ROCHE）
朗贝雷园（CLOS-DES-LAMBRAYS）
塔特园（CLOS-DE-TART）
武若园（CLOS-DE-VOUGEOT）
圣丹尼园（CLOS-SAINT-DENIS）
科尔登（CORTON）
科尔登-查理曼（CORTON-CHARLEMAGNE）
博纳区（CÔTE-DE-BEAUNE）
夜丘（CÔTE-DE-NUITS）
勃艮第气泡酒（CRÉMANT-DE-BOURGOGNE）
克利优-巴达-蒙哈榭（CRIOTS-BÂTARD-MONTRACHET）
埃雪索（ÉCHÉZEAUX）

菲克桑（FIXIN）
菲克桑一级葡萄园（FIXIN PREMIER CRU）
热夫雷-尚贝丹（GEVREY-CHAMBERTIN）
热夫雷-尚贝丹一级葡萄园（GEVREY-CHAMBERTIN PREMIER CRU）
日夫里（GIVRY）
日夫里一级葡萄园（GIVRY PREMIER CRU）
格朗-埃雪索（GRANDS-ÉCHÉZEAUX）
格里优特-尚贝丹（GRIOTTE-CHAMBERTIN）
伊朗西（IRANCY）
拉格朗路（LA GRANDE-RUE）
拉侯马内（LA ROMANÉE）
拉塔须（LA TÂCHE）
拉都瓦（LADOIX）
拉都瓦一级葡萄园（LADOIX PREMIER CRU）
拉特里歇尔-尚贝丹（LATRICIÈRES-CHAMBERTIN）
马孔区（MÂCON）
优级马孔（MÂCON SUPÉRIEUR）
马孔村庄（MÂCON-VILLAGES）
马朗日（MARANGES）
马朗日一级葡萄园（MARANGES PREMIER CRU）
马沙内（MARSANNAY）
马立-尚贝丹（MAZIS-CHAMBERTIN）
马若耶尔-尚贝丹（MAZOYÈRES-CHAMBERTIN）
梅尔居雷（MERCUREY）
梅尔居雷一级葡萄园（MERCUREY PREMIER CRU）
默索尔（MEURSAULT）
默索尔一级葡萄园（MEURSAULT PREMIER CRU）
蒙塔尼（MONTAGNY）
蒙塔尼一级葡萄园（MONTAGNY PREMIER CRU）
蒙蝶利（MONTHÉLIE）
蒙蝶利一级葡萄园（MONTHÉLIE PREMIER CRU）
蒙哈榭（MONTRACHET）
莫雷-圣丹尼（MOREY-SAINT-DENIS）
莫雷-圣丹尼一级葡萄园（MOREY-SAINT-DENIS PREMIER CRU）
穆西尼（MUSIGNY）
夜丘或夜丘圣乔治（NUITS OU NUITS-SAINT-GEORGES）
夜丘或夜丘圣乔治一级葡萄园（NUITS OU NUITS-SAINT-GEORGES PREMIER CRU）
佩尔南-韦热莱斯（PERNAND-VERGELESSES）
佩尔南-韦热莱斯一级葡萄园（PERNAND-VERGELESSES PREMIER CRU）
小夏布利（PETIT CHABLIS）
品乐-霞多丽-马孔（PINOT-CHARDONNAY-MÂCON）
波马特（POMMARD）
波马特一级葡萄园（POMMARD PREMIER CRU）
普伊富塞（POUILLY-FUISSÉ）
普伊洛榭（POUILLY-LOCHÉ）
普伊凡泽勒（POUILLY-VINZELLES）
皮里尼-蒙哈榭（PULIGNY-MONTRACHET）
皮里尼-蒙哈榭一级葡萄园（PULIGNY-MONTRACHET PREMIER CRU）
丽琪堡（RICHEBOURG）
罗曼尼-康帝（ROMANÉE-CONTI）
罗曼尼-圣维旺（ROMANÉE-SAINT-VIVANT）
吕绍特-尚贝丹（RUCHOTTES-CHAMBERTIN）
吕利（RULLY）
吕利一级葡萄园（RULLY PREMIER CRU）
圣欧班（SAINT-AUBIN）
圣欧班一级葡萄园（SAINT-AUBIN PREMIER CRU）
圣布里（SAINT-BRIS）
圣罗曼（SAINT-ROMAIN）
圣韦朗（SAINT-VÉRAN）
桑特奈（SANTENAY）
桑特奈一级葡萄园（SANTENAY PREMIER CRU）
萨维尼莱博纳（SAVIGNY-LÈS-BEAUNE）
萨维尼莱博纳一级葡萄园（SAVIGNY-LÈS-BEAUNE PREMIER CRU）
维尔-克莱塞（VIRÉ-CLESSÉ）
沃尔奈（VOLNAY）
沃尔奈一级葡萄园（VOLNAY PREMIER CRU）
沃尔奈-桑特诺（VOLNAY-SANTENOTS）
孚纳-罗曼尼（VOSNE-ROMANÉE）
孚纳-罗曼尼一级葡萄园（VOSNE-ROMANÉE PREMIER CRU）
武若（VOUGEOT）
武若一级葡萄园（VOUGEOT PREMIER CRU）

一个狭长的产区

勃艮第位于法国东北部的内陆地区，属大陆性气候，凉爽而干燥，整个产区又分为若干部分。其中，约纳产区（Yonne）位于整个勃艮第的西北部，它的绝大部分为夏布利法定产区。这里较为凉爽，主要出产酸度较高的白葡萄酒。土壤呈石灰质，内有岩石，由于这里位于巴黎盆地的最南端，因此含有2种亚土质类型：启莫里阶（Kimméridgien）和波兰特（Portlandien），其中最好的葡萄园基本都位于启莫里阶土壤层上。

▲位于博纳区（Côte de Beaune）科尔登坡（Coteau de Corton）下的一个带有典型彩釉瓦片的建筑物。

与勃艮第以外的其他产区一样，葡萄酒的品质会体现在法定产区的等级高低上。外围地区只能生产小夏布利（Petit-Chablis）原产地监控命名酒，而中心地带则出产举世闻名的高端夏布利原产地监控命名酒。位于山坡上的最好地块能够享受到日光的照射，会被定级为一级葡萄园（Premier Cru）或特级葡萄园（Grand Cru）。冠有特级园的地块或小葡萄园只占总数的2%。这些特级葡萄园成为整个产区历史的核心，它们往往位于与村镇同名的山坡上，脚下为启莫里阶土壤层。

分布在夏布利附近的一些产区会让我们忆起，在公元13～18世纪奥塞瓦（Auxerrois）曾经是法国最大的葡萄酒产区。伊朗西（Irancy）和库朗日-拉维纳斯（Coulanges-la-Vineuse）专门生产红葡萄酒，圣布里（Saint-Bris）和韦泽莱（Vézelay）则出产白葡萄酒。

距离约纳100公里处就是金丘产区（Côte d´Or）。整个产区起自第戎（Djon）终止于沙尼（Chagny）附近的马朗日（Maranges）村，基本都位于东南向的缓坡上。再往南就是夏隆内区（Chalonnaise），随后就进入了勃艮第产区的最南端——马孔区（Mâconnais）。从夏布利到马孔，整个产区长250公里，宽10公里，总面积为25000公顷，仅仅是波尔多的五分之一，并无连续性。

就这个绵长的产区整体而言，红葡萄酒和白葡萄酒的分布比较平均，但各个次级产区却有着极强的倾向性。约纳省几乎只生产单一的白葡萄酒。夜丘产区是指小城夜丘圣乔治（Nuits-Saint-Georges）南北两侧的葡萄园，它也正是因此而得名的。这里是红葡萄酒的王国，有着整个勃艮第最出名的葡萄园：热夫雷-尚贝丹（Gevrey-Chambertin）、尚博勒-穆西尼（Chambolle-Musigny）、武若（Vougeot）、孚纳-罗曼尼（Vosne-Romanée）、夜丘圣乔治（Nuits-Saint-Georges）等。博纳区位于博纳市南边，这里种植的红白葡萄品种比例相当。再往南是夏隆内区（Côte Chalonnaise）和马孔区（Mâconnais），这两个产区出产的白葡萄酒数量要比红葡萄酒多。葡萄园地块面积更大，中间由丘陵、树林或牧场作为分隔。

随区域变化而出现的气候隐患

整个勃艮第产区的土壤特点基本没有什么差别，由北自南均为侏罗纪时期形成的石灰岩基底。这样的土壤结构有利于葡萄植株根系的生长，并且具有良好的渗水性。葡萄园的朝向和角度也同样非常重要，佐证就是布根地人在定义一个地块时总习惯使用“科利玛”（Climat）这个词（译者注：指规模很小的葡萄园），它强调的就是本地气候或局部气候。

但这种由北至南的狭长地域必然会有着非常明显的差异。例如，北部的约纳省在春季常受到霜冻的威胁，这会对葡萄树的嫩芽造成无可挽回伤害；在东部和南部，金丘产区绵延50公里，是一个狭长的带状产区，西边与索恩河（La Saône）平原相衔接。在这里，葡萄树被种植在由高地风化而成的缓坡上，东南的朝向有效地避免了冷空气的侵袭。

Tips

注意！复名的使用！

一定要注意使用复名的情况。许多人都想通过购买一瓶皮里尼-蒙哈榭（Puligny-Montrachet）葡萄酒来跟特级葡萄园扯上点关系。但其实，皮里尼-蒙哈榭的特级葡萄园分布在皮里尼-蒙哈榭村和夏瑟尼-蒙哈榭（Chassagne-Montrachet）村，分别叫做蒙哈榭（Montrachet）、谢瓦利埃-蒙哈榭（Chevalier-Montrachet）、克利优-巴达-蒙哈榭（Criots-Bâtard-Montrachet）、比安沃尼-巴达-蒙哈榭（Bienvenues-Bâtard-Montrachet）和巴达-蒙哈榭（Bâtard-Montrachet）。

单一、详尽而复杂的组织形式

凭借着上百个法定产区，勃艮第保持着法国葡萄酒界的纪录。这里的特级葡萄园常常只有一块田那么大，有些时候一个生产商所拥有的地块就可以享有一个单独的原产地名号了。勃艮第出产红葡萄酒、白葡萄酒、极少量的桃红葡萄酒和数量众多的气泡酒。

为了让所有的一切能有一定之规，勃艮第人建立了一套世界上独一无二的金字塔体系，这个体系中含有包括红葡萄酒和白葡萄酒在内的4个等级。等级越高，土地面积就越小，法律限定的最高产量也就越低。这个极为严格的等级标准关注的是葡萄酒自身的潜质，对于品质和价格却没有切实的指导意义。也就是说特级园葡萄酒的品质并不一定会优于一级园葡萄酒或村庄级葡萄酒。但对于那些在同一年份，由同一生产商生产的葡萄酒，这个等级标准还是具有一定参考价值的。这是一个以实践为基础，但较大程度上受理论指导的等级体系。

第一等级

第一等级指的是地区级原产地监控命名产区酒（例如，勃艮第白葡萄酒）。这些葡萄酒有可能是由来自于勃艮第不同地区的葡萄汁调配而成的，也可能是由采自于未能进入较高等级的葡萄园的葡萄所酿造的。这个等级中也会包括某个特定次级产区的葡萄酒（例如，博纳区）。这两个类型占据了勃艮第葡萄酒总量的60%。

第二等级

这个等级的葡萄酒基本都来自于一个单一的村子，有时也可能会来自于同一原产地监控命名产区内的几个相邻村子（例如，马朗日）。人们一般称之为“村庄级”葡萄酒，其中包括红［例如：热夫雷-尚贝丹（Gevrey-Chambertin）、孚纳-罗曼尼（Vosne-Romanée）、波马特（Pommard）］、白［例如：夏布利、皮里尼-蒙哈榭（Puligny-Montrachet）、蒙塔尼（Montagny）］两个颜色的葡萄酒。这个等级葡萄园的各方面条件都略逊于一级葡萄园，原产地名号大都与村庄的名字相同。该等级的葡萄酒占总产量的25%。

第三等级

这个等级指的是一级葡萄园。经过了若干个世纪的发展，人们标注出了上百个地块，这些地块每年出产的葡萄酒都会优于其他地块。这个评定是通过定义村庄中的一级葡萄园来实现的。例如，蒙塔尼一级葡萄园（Montagny Premier Cru）葡萄酒指的是来自于该村庄中被评定为一级葡萄园的地块中的葡萄酒。这个概念还可以更为精准，限定性更强，例如，热夫雷-尚贝丹卡列堤耶一级园（Gevrey-Chambertin Premier Cru Les Cazetiers）葡萄酒所指的仅限于那些源自热夫雷-尚贝丹村中同名地块的葡萄酒。一级葡萄园占了勃艮第葡萄园总面积的11%。

第四等级

高端葡萄酒市场的宝座始终被特级葡萄园所占据着。这些葡萄园都是精心筛选出的最佳地块，占了葡萄园总面积的1%。只有夜丘、博纳区和夏布利地区很少的村子中有特级葡萄园。其中，只有科尔登（Corton）和穆西尼（Musigny）两个特级葡萄园既出产白葡萄酒也出产红葡萄

宝尚父子酒庄（Bouchard Père et Fils）：经典范例

几乎没有哪个勃艮第的酒庄敢夸耀自己拥有像宝尚父子酒庄一样悠久的历史。该酒庄成立于1731年，拥有位于市中心的博纳城堡以及勃艮第最美丽的葡萄园。酒庄面积130公顷，其中80%是一级葡萄园或特级葡萄园。与勃艮第所有的酒商一样，宝尚父子酒庄也会收购葡萄或葡萄汁来酿酒，产品线极宽。1995年它被来自于香槟地区的昂西欧家族（Henriot）所收购，跻身勃艮第一线酒商的行列。

酒。其他的特级葡萄园则只出产红白葡萄酒中的任意一种。除了科尔登（Corton），其他出产红葡萄酒的特级葡萄园都位于夜丘，而生产白葡萄酒的特级园则位于博纳区和夏布利，只有穆西尼（Musigny）是坐落于夜丘的。对于特级园葡萄酒（夏布利除外），原产地名号就是葡萄园的名字，这个名字同时也会出现在酒标上。

两大葡萄品种

勃艮第大部分白葡萄酒，其中包括所有顶级白葡萄酒，都是用霞多丽酿造而成的。这个葡萄品种偏爱浓度较高的石灰质土壤，较黑品乐容易种植。勃艮第好年份的白葡萄酒要多于红葡萄酒。霞多丽香气适中，是风土条件以及种植酿造工艺的忠实传达者。

种植于棕色黏土中的黑品乐是酿造高品质的勃艮第红葡萄酒的原料。它的果皮较薄，这使得它非常容易受到不确定的气候因素的影响。同时它对于产出量的多少也非常敏感。黑品乐不但对种植条件有着非常苛刻的要求，同时也需要采取适合的方法进行酿造。

其他葡萄品种

红葡萄品种佳美在勃艮第使用较少，它得名于皮里尼-蒙哈榭附近的一个小村庄。它是勃艮第南部的博若莱产区唯一的红葡萄品种，在马孔区的部分地段，以及夏隆内区和金丘一些品质稍差的地块中也有种植。在这2个地区中，它被用来调配勃艮第巴斯红酒（Bourgogne-Passetoutgrain），最高比例可达三分之一。另外一个红葡萄品种恺撒（César）常用来与黑品乐混合在一起酿造伊朗西（Irancy）红葡萄酒。

阿里高特（Aligoté）是勃艮第第二大白葡萄品种。在原产地监控命名体系中，它非常难得地被允许出现在酒标上，这是因为它的名字已经进入了产区名号中：勃艮第-阿里高特（Bourgogne-Aligoté）。为了冲淡它的酸度，第戎的议事司铎基尔（Chanoine Kir）想出了在酒中加入黑加仑汁的办法。在夏隆内酒区的布哲宏（Bouzeron）村，阿里高特是酿造同名原产地监控命名酒布哲宏葡萄酒的专用葡萄品种。在欧塞尔的圣布里（Saint-Bris）产区，人们也会种植长相思。

亨利• 亚尔（Henri Jayer）：勃艮第最有影响力的葡萄酒农之一

他的酒庄规模体现了勃艮第产区的特色，5公顷的面积分散在不同的小葡萄园中，种植的葡萄品种均为黑品乐。亨利• 亚尔是一个认真严谨的人，他细心观察自然，更新了许多传统的酿造配方。葡萄的品质很大程度上依赖于对产出量的严格控制，这也是他非常关注的一个环节。在酒精发酵开始前，葡萄全部在低温条件下进行浸皮，然后使用天然酵母发酵。亚尔酿造的葡萄酒家喻户晓，喜爱者众多。

四大类葡萄酒

勃艮第出产4种类型的葡萄酒：白和桃红气泡酒、干型桃红葡萄酒（较为少见）、干白葡萄酒和红葡萄酒。具体的类型要视葡萄品种而定，风土条件及葡萄酒农或酿酒者在实际操作中的一些选择也会或多或少对葡萄酒类型产生一定的影响。要注意的是，葡萄酒农和酿酒者通常不是同一个人。同一个酿酒者用产自于相邻地块的同一葡萄品种酿造出的葡萄酒会具有不同的特性，这就像两个不同的勃艮第葡萄酒农用同一法定产区内相邻地块出产的黑品乐和霞多丽酿造出的葡萄酒必然不会一样。

▲夜丘圣乔治产区（Nuits-Saint-Georges）在冬季燃烧枝蔓。

霞多丽酿造出的白葡萄酒可以非常鲜活，也可以是充满了矿物质香气的夏布利、口感丰富滑腻的默尔索（Meursault）或普伊富塞（Pouilly-Fuissé），这是因为受到气候凉爽度的影响，较为炎热的局部气候会使葡萄酒更为圆润。橡木桶发酵和培养一般都用于那些更为高端的白葡萄酒，例如所有的一级葡萄园和特级葡萄园的葡萄酒，以及部分村庄级原产地监控命名产区酒。夏布利地区对于橡木桶的应用相对较少，这是因为他们要保持葡萄酒的精细感。阿里高特酿造出的葡萄酒口味更加鲜明但不够复杂。最好的白葡萄酒可以陈年10～20年，与红葡萄酒不相上下。在陈年之后，它会变得更为复杂，酸度较年轻时柔和。

黑品乐也可以像霞多丽一样富于变化，但会相对困难一些。最好的葡萄酒往往是用那些产出量很少的葡萄酿造的，这个产量要低于法律规定的最大值。勃艮第红葡萄酒几乎没有颜色很深的。酒中的单宁并不显著，但在高级别葡萄

Tips

夏布利：自成一格和一连串的特例

夏布利产区占地4000公顷，共含有4个等级的原产地监控命名产区：小夏布利（Petit-Chablis）、夏布利、夏布利一级葡萄园（Chablis Premier Cru）、夏布利特级葡萄园（Chablis Grand Cru）。它独立于勃艮第其他葡萄酒产区。这里出产的全部是以霞多丽为原料酿造的白葡萄酒。它的另外一个特点是：这里的7个特级葡萄园的名字会与夏布利字样连在一起出现在酒标上，这点与勃艮第其他产区不同。7个特级葡萄园是产区历史的核心，对面就是与它们同名的村子，它们分别是：布朗修（Blanchots）、雷克罗（Les Clos）、瓦勒米尔（Valmur）、格内尔（Grenouilles）、沃歹日尔（Vaudésir）、利贝斯（Les Preuses）和布尔果（Bougros）。穆栋纳（Moutonne）是一个横跨2个特级葡萄园的小村庄，它也可以使用特级葡萄园的名号。有意思的是，位于金字塔顶端的夏布利特级园葡萄酒在市场上的售价要略低于博纳区的特级园葡萄酒。

酒（一级葡萄园或特级葡萄园）年轻时可能会比较突出。勃艮第红葡萄酒之所以广受欢迎是因为它突出而丰富的果香以及天鹅绒般丝滑的质地。

▲ 武若园城堡是勃艮第品酒骑士协会（Confrérie des Chevaliers du Tastevin）的所在地。

两个充满传奇色彩的葡萄园：罗曼尼–康帝（Romané e–Conti）和武若园

这两个位于博纳区的葡萄园将勃艮第产区的百余个特色呈现无余。它们都有着最佳特级葡萄园应具备的要素。

Tips

出色的陈年潜质是顶级葡萄酒的标志，优秀的勃艮第葡萄酒也不例外。村庄级原产地监控命名产区酒的陈年潜力是5～10年，一级园葡萄酒是7～15年，而特级园葡萄酒的陈年潜质则为10～20年。

罗曼尼-康帝面积不到2公顷。从很久以前就是一个独家拥有的葡萄园，也就是说它只有一个业主。因此使用这个名字的葡萄酒只有一款。

武若园与前者不同。它占地50公顷，四周有围墙作为分界［正是因为这样，它才可以使用“园（Clos）”这个称呼］。它由大约80个业主共同拥有。因此，由不同生产商生产的武若园葡萄酒在个性、品质方面都具有各自的特点，这主要是由他们的酿酒理念、生产方式及各自所拥有的具体地块所决定的。整个葡萄园所包含的微风土条件差异很大，随着坡度的变化，土壤的深层结构也会不尽相同。

购买勃艮第葡萄酒

对那些外行而言，选购一支勃艮第葡萄酒的确是件伤脑筋的事情。极为零散的葡萄园使得同一法定产区下的葡萄酒种类变得异常繁多，因此了解并记住一些口碑好的生产商要比了解产区更为实用。这个产区最顶级的葡萄酒出产量都很小，因此直接到葡萄酒专卖店或者生产商那里去购买会更为便捷可靠。

精挑细选

• **酒商**

宝尚父子酒庄（BOUCHARD PÈRE ET FILS）

最古老的酒商之一，它拥有勃艮第最美丽的葡萄园。

☎ 03 80 24 24 00 　 📠 03 80 24 64 12

约瑟夫·德胡安酒庄（JOSEPH DROUHIN）

位于金丘和夏布利的美丽酒庄，它的葡萄酒格外细腻。

☎ 03 80 24 68 88 　 📠 03 80 22 43 14

奥利维耶·乐富来沃酒庄（OLIVIER LEFLAIVE）

生产白葡萄酒的大家，它的白葡萄酒从夏布利到吕利（Rully），中间跨越了皮里尼（Puligny，酒庄的所在地），它的沃尔奈（Volnay）和波马特红葡萄酒也很出色。

☎ 03 80 21 37 65 　 📠 03 80 21 33 94

• **约纳和夏布利**

夏布利合作社（LA CHABLISIENNE）

这是一个大型的合作社，它管理着超过1000公顷土地，为消费者带来口感均衡的葡萄酒。

☎ 03 86 42 89 89 　 📠 03 86 42 89 90

威廉·费尔酒庄（Domaine William Fèvre）

在近些年，这个酒庄成为了当地不可错过的代表性酒庄之一。

☎ 03 86 98 98 98 　 📠 03 86 98 98 99

米歇尔·拉厚实酒庄（DOMAINE MICHEL LAROCHE）

作风大胆、积极进取的生产商，是当地规模最大的酒庄之一。

☎ 03 86 42 89 00 　 📠 03 86 42 89 29

• **夜丘**

布鲁诺·克莱尔酒庄（DOMAINE BRUNO CLAIR）

一个奉行古典主义的勃艮第酒庄，涉及的产区包括热夫雷-尚贝丹（Gevrey-Chambertin）和马沙内（Marsannay），该酒庄酿造的葡萄酒精细典雅，具有极好的陈年潜质。

☎ 03 80 52 28 95 　 📠 03 80 52 18 14

亨利·古日酒庄（DOMAINE HENRI GOUGES）

夜丘圣乔治地区的生产商，出产高端葡萄酒，口味浓郁、具有较长的陈年潜质。

☎ 03 80 61 04 40 　 📠 03 80 61 32 84

乐花酒庄（DOMAINE LEROY）

它拥有一系列著名葡萄园中的若干地块，严谨精细的酿造技艺提升了葡萄酒的品质。

☏ 03 80 21 21 10 ⎙ 03 80 21 63 81

让·塔贝父子酒庄（DOMAINE JEAN TRAPET PÈRE ET FILS）

拥有13公顷的土地，酒庄核心位于热夫雷-尚贝丹。

☏ 03 80 34 30 40 ⎙ 03 80 51 86 34

- **博纳区**

西蒙·比兹酒庄（DOMAINE SIMON BIZE ET FILS）

☏ 03 80 21 50 57 ⎙ 03 80 21 58 17

蒙蒂耶酒庄（DOMAINE DE MONTILLE）

沃尔奈（Volnay）和波马特红葡萄酒是该酒庄最为出色的产品，他们是最早开始在酒庄内进行灌装的生产商之一。

☏ 03 80 21 62 67 ⎙ 03 80 21 67 14

让-马克·博优酒庄（DOMAINE JEAN-MARC BOILLOT）

位于波马特产区，它生产的最出色的葡萄酒是皮里尼（Puligny）白葡萄酒。

☏ 03 80 24 97 57 ⎙ 03 80 24 98 07

马克·古兰父子酒庄（DOMAINE MARC COLIN ET FILS）

夏瑟尼（Chassagne）和圣欧班（Saint-Aubin）产区的杰出酒庄，他们的白葡萄酒堪称精品，红葡萄酒令人信服。

☏ 03 80 21 94 44 ⎙ 03 80 21 90 04

文森特·吉哈丹酒庄（DOMAINE VINCENT GIRARDIN）

产品线非常宽，原料既有自有葡萄园中的葡萄也有收购来的葡萄，不管是红葡萄酒还是白葡萄酒，品质都非常稳定。

☏ 03 80 20 81 00 ⎙ 03 80 20 81 10

- **夏隆内酒区**

昂都南·若岱酒庄（ANTONIN RODET）

面积超过120公顷的大型酒庄中的代表者，产品涵盖整个勃艮第的各个次级产区，选择面宽，酿酒态度严谨。

☏ 03 85 98 12 12 ⎙ 03 85 45 25 49

米歇尔·瑞友酒庄（DOMAINE MICHEL JUILLOT）

夏隆内地区最知名的酒庄之一，拥有梅尔居雷（Mercurey）产区的一系列优质葡萄园。

☏ 03 85 98 99 89 ⎙ 03 85 98 99 88

• 马孔区

让• 蒙西亚酒庄（DOMAINE JEAN MANCIAT）

面积仅为6公顷的小型酒庄，它所酿造的马孔区和圣韦朗（Saint-Véran）葡萄酒以纯净精细著称。

☏ 03 85 34 35 50　🖷 03 80 34 38 82

瓦莱特酒庄（DOMAINE VALETTE）

出产最出色的普伊富塞（Pouilly-Fuissé）葡萄酒。

☏ 03 85 35 62 97　🖷 03 85 35 68 02

欲获取更多信息

伯努瓦·弗朗斯（Benoît France）. 勃艮第葡萄园地图.

让弗朗索瓦·巴赞（Jean-François Bazin）. 勃艮第葡萄酒. 阿歇特出版社（Hachette），1996.

伯努瓦·弗朗斯（Benoît France）. 法国葡萄园地图册. 索拉出版社（Solar），2002.

安东尼·汉森（Anthony Hanson）. 勃艮第（英文），费博出版社（Faber），1995.

西尔万·比图瓦（Sylvain Pitiot），让夏尔·赛赫旺（Jean-Charles Servant）. 勃艮第葡萄酒. PUF，1992.

勃艮第葡萄酒行业办公室：www.bivb.com

香槟（LA CHAMPAGNE）

文化之酒

葡萄田面积：29000公顷

产量：2.282亿升

地区：兰斯山区（Montagne de Reims）、马恩河谷（Vallée de la Marne）、布朗酒区（Côte des Blancs）、奥布产区（Vignoble de l´Aube）

葡萄品种：莫尼耶品乐、黑品乐、霞多丽

产区名号

香槟（CHAMPAGNE）
香槟区（COTEAUX-CHAMPENOIS）
里瑟桃红（ROSÉ-DES-RICEYS）

香槟是最好的欢庆用酒。“一杯香槟、一盘龙虾沙拉、壁炉中的火堆、倾心的交谈，这是一幅多么具有文化质感的画面。”［拜伦（Lord Byron）］

与法国的其他地方一样，香槟产区的形成受到恺撒大帝军团以及修道院势力（例如本笃会）的影响。公元4世纪，随着罗马帝国的没落，产区逐渐发展起来。公元17世纪末，唐·佩里农发明的香槟酿造法改写了整个产区的历史。他明白他和他的那些前辈一样无法控制酿造过程中葡萄酒会产生气泡的自然趋势，那么为了更好地掩饰这种现象，就只能将其夸大。作为与路易十四（1639—1715）同时代的人，佩里农也许并未像传说中的那样发明了香槟，但是在历史长河中，他永远被传颂为香槟的精神之父。1668年，佩里农作为一位酒窖主管来到了位于欧维莱尔（Hautvilliers）的本笃会修道院。身为一名品酒高手的他感觉到了这里葡萄的特性与他家乡的有所不同。同时，他产生了将红、白葡萄串混合放入压榨机中以求得到最好的白葡萄酒的想法。混酿，这个广为香槟地区葡萄酒农所采用的酿造技艺由此产生。气泡和混酿是香槟酒的两大特色，它们可以很好地掩饰这个北部产区由于气候条件所引发的一些问题。香槟是法国最伟大的葡萄酒之一，与其他类型的葡萄酒相比，它更具有代表性。

19世纪末时，香槟也像法国其他产区一样遭受了根瘤蚜虫病的蹂躏，葡萄园尽毁。这种情况的出现以及由此产生的结果引发了一系列危机，其中最著名的出现于1911年。为了重建产区秩序，必须要制定一套详细而严谨的生产和酿造细则。这一套制度至今仍在规范着整个产区以及香槟的生产。

▲ 兰斯山区（Montagne de Reims）是整个香槟最北端的产区，这里是黑品乐的王国。

三个法定葡萄品种

尽管产区的地质结构有它的统一性，但整个香槟区仍然包含两种主要的土壤类型：石灰质土壤和不含石灰的土壤。产区内大部分葡萄园都位于石灰质土壤之上，例如，白垩土。从东边的兰斯（Reims）到南部塞泽纳酒区（Côte de Sézanne）的维诺克斯-拉格朗德（Villenauxe-la-Grande），以及维特里-勒弗朗索瓦（Vitry-le-François）都可以见到这种土质。整个兰斯山区（Montagne de Reims）以及马恩河谷（Vallée de la Marne）和布朗酒区（Côte des Blancs）的一部分都位于这种底土之上。此外，拉德谷（Vallée de l´Ardre）和马恩河谷（Vallée de la Marne）的山坡上坚硬的石灰质土壤。这里以种植霞多丽和黑品乐为主。非石灰质土壤是由淤泥、砂子和黏土构成的，主要集中在马恩河谷、圣蒂耶里的高地（Saint-Thierry）和奥布产区（Vignoble de l´Aube）内。这种土壤主要用于种植莫尼耶品乐和黑品乐。

香槟地区有3个法定葡萄品种：黑品乐赋予葡萄酒丰富的口感，莫尼耶品乐带来果香，霞多丽则使葡萄酒变得鲜活、典雅而甜美。按种植面积来计算，品乐占据了总面积的72%，霞多丽则为28%。

香槟酒

香槟地区的五个省份［奥布省（Aube）、上马恩省（Haute-Marne）、马恩省（Marne），以及埃纳省（Aisne）和塞纳-马恩省（Seine-et-Marne）的部分村镇］出产不同类型的葡萄酒。总种植面积约为31000公顷，分成四个主要次级产区：兰斯山区、马恩河谷、布朗酒区、奥布产区。

白中白香槟（Blancs de Blancs）

白中白香槟指的是仅用单一葡萄品种霞多丽酿造的香槟。这个葡萄品种为香槟带来浅金的色泽和细腻的口感。位于埃佩尔奈（Épernay）南面的布朗酒区的几个特级葡萄园出产香槟区最好的霞多丽，其中包括：阿维日（Avize）、舒伊（Chouilly）、克拉芒（Cramant）、梅尼-欧杰（Mesnil-sur-Oger）、奥热尔（Oger）和瓦利（Oiry）。

红葡萄香槟（Blancs de Noirs）

这是比较稀有的香槟，仅用黑品乐或是莫尼耶品乐酿造，这都是用来酿造上等香槟的原料。

桃红香槟

香槟是唯一一个获准将白葡萄酒和红葡萄酒混合在一起来生产桃红酒的产区。用来进行调配的黑品乐红葡萄酒必须来自于香槟产区，所占比例约为10%～20%。其他的桃红酒则是用从红葡萄浸皮的发酵罐中放出的一部分浅色葡萄汁酿造而成的。绝干型红葡萄酒约占葡萄酒生产总量的5%，但对于有一些品牌却不止于此。

香槟王（Dom Pérignon）：一款传奇的香槟

酩悦香槟公司（Moët & Chandon）是香槟地区最著名的酒庄之一，葡萄园面积900公顷。香槟王是该公司在1936年推出的一个顶级香槟品牌，是香槟历史上重要的一笔。这款香槟融合了黑品乐和霞多丽两个葡萄品种。虽只是一款年份香槟，但每年投放到市场中的数量却一直是一个秘密。如果年份不好，当年就不会出产香槟王。这款香槟可以在酒窖中陈放20年甚至更久，它的香气也会随之变得更为丰富。最为稀有，最让人惊艳的是香槟王桃红香槟。

天然葡萄酒

香槟地区也出产平静葡萄酒，例如香槟区干白葡萄酒，或是布济（Bouzy）、奎米尔（Cumières）、安伯内（Ambonnay）及阿伊（Aÿ）红葡萄酒。出产于奥布省（Aube）的里瑟桃红（Rosé-des-Riceys）是一款产量有限，果香细腻的葡萄酒。这里也是一个完全独立的法定产区。

香槟的酿造

香槟是采用“香槟酿造法”生产出来的，这是该产区独有的酿造方法，尽管其他气泡酒的生产工艺与之极为相似。

人们对手工采摘来的白葡萄及红葡萄（每年最高产量不能超过13000公斤/公顷）进行压榨，获得透明的葡萄汁。压榨要进行3轮：第一次压榨获得的头道汁品质最佳，会被用来酿造顶级香槟；第二次压榨所得的葡萄汁可酿造中间等级的葡萄酒；而第三次压榨出的果汁则只能用于生产低档酒了。澄清后的葡萄汁被注入发酵罐或是橡木桶中，并按照它们的出产地、等级编号以及内在品质进行分类。澄清过后便是为期2~3周的第一次酒精发酵，这次发酵会生成平静的新酒，不含气泡。人们对这些新酒进行过滤，直至它们完全清澈为止。酿造工作进行到了这一步时，酿酒车间主管可以根据自己酒庄的风格来选择不再继续进行苹果酸乳酸发酵，为了是刻意地保留住葡萄酒中的苹果酸和突兀感。

调配酒的诞生是一个具有决定意义的时刻。酒精发酵完成之后，酿酒师会对这些已按产地分类的酒液进行品尝和调配。也就是说酿酒师将一些以前年份的酒液与最新年份的酒液按照各个品牌自有的比例混合在一起，以获得较为均衡的调配酒。当然，调配的比例绝对是个秘密。只有年份香槟的生产原料全部来自于同一年份。

接下来，香槟生产过程中的关键步骤——二次发酵正式开始了。它包含了若干环节：首先是装瓶，在装瓶的同时要向瓶中添加由蔗糖（500克/升）溶解在老年份基酒中制成的二次发酵糖液（le Tirage）；然后将酒瓶用瓶盖密封，放置于酒窖的板条架上，不记年份香槟需要这样放置15个月，而年份香槟则需要放置3年，在部分酒庄甚至可以达到5年或更长时间。在这段时间里，酒中会逐渐生成气泡。二次发酵结束之后，人们会开始进行转瓶、吐泥及加入最终调味

Tips

抗压瓶帽

创建于1798年的雅克森香槟公司（Jacquesson）历史悠久，是为数不多的保持独立的酒庄之一。1844年，这家公司发明了带有铁丝网套的瓶帽。这种瓶帽可以帮助固定酒塞，使之能够抵御来自于瓶内的强大气压（5帕）。

▼在瓶中二次发酵产生出气泡后，香槟会被储存在凉爽的白垩土酒窖中。图中为泰亭哲（Taittinger）酒厂的酒窖。

液的工作，最终调味液决定了香槟到底是甜型还是干型。许多酒庄基本不向调味液中添加糖分，由此酿造出超天然或绝干型香槟。最终调味液添加完毕后，由机器完成向瓶中打入酒塞的工作。接下来，人们会在瓶塞外包裹一层铝箔纸，为的是将它与铁丝网套隔离开。铁丝网套在瓶口处拧合，将酒塞锁死。

▲ 香槟地区压榨机的独特设计可以避免榨渣与果汁相接触。

葡萄种植者与酒商的完美搭档

香槟地区13%的葡萄园由酒商所拥有，另外的87%则掌握在种植者手中。葡萄种植者或是采收合作社将葡萄卖给酒商，用作他们的生产原料。一些历史悠久的香槟公司［酩悦（Moët & Chandon）、伯林格（Bollinger）、路易王妃（Roederer）、巴黎之花（Perriet-Jouet）……］拥有自己的葡萄园，但出产的葡萄远远不能满足他们的需要，无法完成生产定额。因此酒商与葡萄种植者之间的合作是非常有必要的。收购的价格是由马恩省行政长官根据葡萄园的不同等级来确定的。

占据优势的酒商

一百多家香槟公司控制了产区内70%的销售，剩余的则由葡萄酒农经手。这些酒商们维护了香槟地区的声誉，开辟了出口市场，使他们在世界范围内缔造了香槟的盛名与荣耀。夏尔·海锡克（Charles Heidsieck）的查理香槟让美国人认识了香槟；埃蒙德·汝纳特（Edmond Ruinart）曾在华盛顿受到美国总统的接见；路易王妃打入了俄国市场，并为沙皇特别打造了水晶香槟；克劳德·穆艾（Claude Moët）的“皇室香槟”也广受欧洲王公贵族的欢迎；伯瑞香槟（Pommery）为迎合英国的行家们酿造出了历史上第一支干型香槟。

葡萄酒农打造的香槟

除了这些在兰斯、埃佩尔奈和阿伊由酒商们酿造的香槟以外，5000个独立酒庄也拥有若干公顷的葡萄园。他们所生产的葡萄酒一般都在酒庄内销售，直接送货至客户家中或是在一些传统渠道中发售。总的来说，香槟区总产量的25%来自于葡萄酒农（2.6亿～3亿瓶，视年份而定），这个数字相当可观。这些充满风土特色的香槟是近些年才出现的，它们是新一代酒农们［保罗·巴哈（Paul Bara）、艾格利（Egly）、维塞勒（Vesselle）、福勒里（Fleury）……］的杰作。这些人不愿将自己种植的葡萄卖给酒商，而是留给自己酿造能够充分体现风土条件的香槟。

葡萄园等级

香槟的品质总是受到出产原料的葡萄园的影响。香槟区的管理机构也为300个产酒村建立了一套等级体系。这个按地理分界的分级体系并非是纯理论的，而是很大程度上取决于葡萄的质量。评分以100%（特级葡萄园）为基准，一级葡萄园的分数在90%~99%，其他的则为80%~89%。

位于兰斯山区的特级葡萄园包括：安伯内（Ambonnay）、博蒙-维斯勒（Beaumont-sur-Vesle）、布济（Bouzy）、卢瓦（Louvois）、马伊香槟（Mailly-Champagne）、皮西优（Puisieulx）、锡耶里（Sillery）、韦尔兹奈（Verzenay）、韦尔济（Verzy），这些葡萄园都只种植红葡萄品种。

马恩河谷：阿伊和图尔苏马恩（Tours-sur-Marne）。仅限于红葡萄品种。

布朗酒区：阿维日（Avize）、舒伊（Chouilly）、克拉芒（Cramant）、梅尼-欧杰（Mesnil-sur-Oger）、瓦利（Oriy）。

一级葡萄园：阿武内-瓦勒多鹤（Avenay-Val-d´Or）、贝赛尔索-沃图斯（Bergèresles-les-Vertus）、贝赞那（Bezannes）、比利-格朗（Billy-le-Grand）、彼索尔（Bisseuil）、尚莫瑞（Chamery）、尚比龙（Champillon）、西尼-罗斯（Chigny-les-Roses）、舒伊（Chouilly）、科里尼（Coligny）、康梦妥耶（Cormontreuil）、桂伊（Cuis）（红葡萄品种）、桂米尔（Cumières）、迪兹（Dizy）、艾克尔（Écueil）、艾泰齐（Étrechy）、格若夫（Grauves）（白葡萄品种）、欧维尔（Hautvillers）、茹伊-兰斯（Jouy-les-Reims）、鲁德（Ludes）（红葡萄品种）、马托伊-阿伊（Mareuil-sur-Aÿ）、美索（Mesneux）、蒙布雷（Montbré）、米蒂尼（Mutigny）、帕尼-兰斯（Parny-les-Reims）、皮耶希（Pierry）、瑞里山（Rilly-la-Montagne）、萨斯（Sacy）、泰斯（Taissy）、都克尔-穆萃（Tauxières-Mutry）、图尔苏马恩（Tours-sur-Marne）（白葡萄品种）、特巴耶（Trépail）、杜瓦皮（Trois-Puits）、沃德芒日（Vaudemanges）、沃图斯（Vertus）、维勒-多芒日（Ville-Domenge）、维勒诺夫-贺内威尔（Villeneuve-Renneville）、威尔-阿尔朗（Villers-Allerand）、威尔欧诺（Villers-aux-Noeuds）、威尔-马慕瑞（Villers-Marmery）、瓦珀尔（Voipreux）（红葡萄品种）。

刀劈香槟与加糖饮用

“刀劈香槟”（Sabrer le Champagne）这个传统要追溯至法国的“美好时代”（Belle Époque）。那时，在一些大型的军事庆典中，人们开瓶的方法是用一种重量沉，刀背平的短刃军刀砍掉香槟瓶的顶部。开瓶时，军官要用手握住酒瓶的底端，用军刀的刀刃平着划过瓶颈处，动作要稳准狠。随着猛烈的撞击，酒瓶的颈环断裂，瓶塞飞出，香槟随之喷涌而出。

这种方法千万不要与“加糖饮用”（Sabler le Champagne）相混淆，后者指的是在酒杯壁上涂抹一层糖来调和香槟的口味。

▲这个著名的品牌由劳仑卡特（Nonancourt）家族所拥有。

精挑细选

伯林格香槟（BOLLINGER）

香槟爱好者们不变的选择。

☎ 03 26 53 33 66　📠 03 26 54 85 59

蒂姿香槟（DEUTZ）

最出色的是它的白中白香槟和爱慕香槟（Amour de Deutz）。

☎ 03 26 56 94 00　📠 03 26 56 94 10

霞卡香槟（JACQUART）

霞卡马赛克香槟（Cuvée Mosaïque）和天然香槟平衡感极好。

☎ 03 26 57 52 29　📠 03 26 57 78 14

库克香槟（KRUG）

一款非凡的香槟，融力量与典雅于一身。

☎ 03 26 84 44 20　📠 03 26 84 44 49

岚颂香槟（LANSON）

一款在岁月中愈现精致的年份香槟。

☎ 03 26 78 50 50　📠 03 26 78 50 99

罗兰百悦香槟（LAURENT PERRIER）

它的桃红香槟和盛世香槟（Grand Siècle）最为经典。

☎ 03 26 58 91 22　📠 03 26 58 95 10

酩悦香槟（Moët & Chandon）

始终坚守品质，特别是1.5升装的产品。香槟王（Dom Pérignon）更是艳压群芳。

☎ 03 26 51 20 00　📠 03 26 57 78 08

巴黎之花香槟（PERRIER-JOUET）

美丽时光（Belle Époque）是一款唯美、高端、回味悠长的香槟。

☎ 03 26 53 38 00　📠 03 26 54 54 55

路易王妃香槟（Roederer）

一级香槟（Brut Premier）醇烈，水晶香槟（Cuvée Cristal）率真。

☎ 03 26 40 42 11　📠 03 26 47 66 51

瑞纳特（RUINART）

唐•瑞纳特香槟（Dom Ruinart）和白中白香槟轻盈而空灵。

☎ 03 26 77 51 51　📠 03 26 82 88 43

沙龙香槟（SALON）

罕有的单一葡萄园单一葡萄品种香槟，精彩绝伦。

☎ 03 26 57 51 65 　 03 26 57 79 29

泰亭哲香槟（TAITTINGER）

纯正的年份香槟和丰盈的伯爵香槟（Comtes de Champagne）。

☎ 03 26 85 45 35 　 03 26 50 14 30

凯歌香槟（VEUVE CLICQUOT-PONSARDIN）

贵妇香槟（Grande Dame）和粉红香槟完美无瑕。

☎ 03 26 89 54 40 　 03 26 40 60 17

欲获取更多信息

伯努瓦·弗朗斯（Benoît France）. 香槟葡萄园地图.

弗朗索瓦·伯纳勒（François Bonal）. 香槟精选. D·杰尼奥出版社（D. Guéniot），1990.

弗朗索瓦·伯纳勒（François Bonal）. 唐·佩里农，传奇与史实. D·杰尼奥出版社（D. Guéniot），1995.

F. 科瑞斯丹比野（F. Crestin-Billet）. 香槟底片. 弗拉马里翁出版社（Flammarion），2003.

F. 科瑞斯丹比野（F. Crestin-Billet）. 凯歌：香槟贵妇. 格雷那出版社（Glénat），1992.

穆艾-阿歇特六语对照葡萄酒词典. 阿歇特出版社（Hachette），1996.

伯努瓦·弗朗斯（Benoît France）. 法国葡萄园地图册. 索拉出版社（Solar），2002.

E. 格拉特（E·Glatre）和B. 皮雄纳（B·Pichonnat）. 香槟，分享喜悦. 欧博客出版社（Hoëbeke），2001.

帕特里克·德哥里那（Patrick de Gmeline）. 瑞纳特. 斯托克出版社（Stock），1995.

米歇尔·马斯洛贯尼（Michel Mastrojanni）. 香槟爱好者指南. 索拉出版社（Solar），2000.

多米尼克·帕涅（Dominique Pagès）. 香槟概况. 希特迪斯出版社（Citedis），1998.

尼古拉·德哈伯第（Nicolas de Rabaudy）. 香槟指南. 艾尔美出版社（Hermé），1997.

汝拉、萨瓦和比热、
汝拉

小而独特

葡萄田面积：1800公顷

产量：910万升

红葡萄酒及桃红葡萄酒：34%

白葡萄酒：66%

主要白葡萄品种：萨瓦涅、霞多丽

主要红葡萄品种：特鲁索、普萨、黑品乐

产区名号

阿伯瓦（ARBOIS）
阿伯瓦气泡酒（ARBOIS MOUSSEUX）
阿伯瓦-普皮兰（ARBOIS-PUPILLIN）
夏龙堡（CHÂTEAU-CHALON）
汝拉酒区（CÔTES-DU-JURA）
汝拉气泡酒（CÔTES-DU-JURA MOUSSEUX）
汝拉气泡酒（CRÉMANT-DU-JURA）
埃托勒（L´ÉTOILE）
埃托勒气泡酒（L´ÉTOILE MOUSSEUX）

汝拉产区的葡萄园面积只有2000公顷，这的确少之又少。然而这里是萨瓦涅的王国，出产著名的黄葡萄酒，同时也是现代酿酒工艺学之父巴斯德的故乡。汝拉地区最早的葡萄园出现在公元1世纪，但直到中世纪，在宗教社团的影响下，葡萄园才真正地在当地发展开来。19世纪时，葡萄园的面积达到了20000公顷，葡萄品种有49个，但这时根瘤蚜虫病蔓延开来，摧毁了这一切。重建的过程是漫长而缓慢的。即使到了今天，葡萄园的规模也与当年相距甚远。

▲阿伯瓦（Arbois）是汝拉地区最著名的原产地监控命名产区。这里出产各种葡萄酒：红葡萄酒、白葡萄酒、黄葡萄酒、麦秸酒、马克凡葡萄酒（Macvin）。

特殊的葡萄品种

汝拉产区位于弗朗什孔泰（Franche-Comté），在索恩河（La Saône）以东，瑞士汝拉州以西，由北至南从香槟苏鲁（Champagne-sur-Loue）至圣阿穆尔（Saint-Amour）共80公里。沿途的景致多为树林、牧场和葡萄园，让人们无时无刻不感受到整个地区的田园风情。葡萄园都集中于海拔250～480米处，沿着汝拉山脉瑞沃蒙山谷（Revermont）的斜坡绵延而下。它们偏爱西向的斜坡，以便能够尽量获得更多的光照。这里的气候条件比较艰苦，冬天漫长而寒冷，夏季天气变幻莫测。土壤主要源于三叠纪和侏罗纪的里阿斯统地层，由石灰岩和泥灰岩构成。泥灰岩呈灰白色、红色或是蓝色，正是由于它的存在，才造就了这里特殊的葡萄品种和独具特色的葡萄酒。

萨瓦涅是汝拉地区最重要的白葡萄品种，也是酿造黄葡萄酒的原料。它包含了苹果、烤杏仁、绿色坚果、小麦粒、咖喱、咖啡等丰富的香气。人们在酿造黄葡萄酒的时候可以添桶，也可以不添；可以将之与霞多丽进行调配，也可以单独酿造。萨瓦涅葡萄酒优雅而美味，清爽并适于陈酿。此外，霞多丽和黑品乐虽然属于勃艮第的主要葡萄品种，但在这里用它们酿造出的葡萄酒却带有汝拉地区的风土特色。

普萨在北方地区十分常见，它酿造出的红葡萄酒为浅宝石红色，甚至有些接近于桃红色，随着酒龄的增长，会逐渐显现出珊瑚色的酒缘。酒中带有红色水果的香气，口感清爽，花香馥郁，几乎没有什么单宁。

非常少见的葡萄品种特鲁索（Trousseau只占5%）的特点是酒色暗淡，有红色水果和香料的气味，口感稠厚，单宁紧实，具有极佳的陈年潜质。它通常会用于与黑品乐和（或）普萨一起混酿葡萄酒。

Tips

黄葡萄酒的奥秘

一切都始于萨瓦涅，它是酿造黄葡萄酒唯一的葡萄品种，法国阿尔萨斯的脱拉米糯（Traminer）是它的近亲，但具体起源不详。人们首先用晚摘的萨瓦涅酿造出干白葡萄酒，然后将其储存在容量为228升的酒桶中。在这里它将开始神奇的转变。由于不进行添桶（指人们向酒桶中添加酒液用来补充被蒸发掉的部分），液体表面慢慢地形成了一层薄纱状的酵母层。它可以避免酒液转化成酒醋，同时产生出一种难以效仿的“黄葡萄酒”味儿。在6年零3个月之后，这些酒液会被装入著名的620毫升的克拉芙兰瓶中，这就是1升酒液经过6年的培养后所剩余的量。黄葡萄酒呈黄玉色，散发着核桃、咖喱、香料和无花果的香气，口感丰富而精致，典雅又强劲，香气的持久性无以伦比。这款葡萄酒的陈年潜力惊人，最近人们发现1774年的黄葡萄酒依然表现得非常年轻。

传奇年份：1929年、1933年、1947年、1964年、1990年

最佳年份：1979年、1982年、1983年、1989年、1990年、1992年、1995年、1997年

Tips

酿酒果商合作社：汝拉的又一种特色

在汝拉，合作社自称为“水果商”（Fruitière），这是源自人们将果实集中在一起的传统。1906年，一位颇有实力的葡萄酒农在阿伯瓦创办了汝拉地区第一家酿酒果商合作社。

▲ 蒙泰居（Montaigu）的夏特尔酒窖：在这座13世纪的酒窖中，黄葡萄酒会被陈放百年之久。

六个产区名号

汝拉地区共有6个原产地监控命名产区：一个地区级产区，即汝拉酒区，它包括了整个产区；三个村庄级产区，由北至南分别是阿伯瓦（Arbois）[可将皮比兰（Pupillin）村生产的葡萄酒称为皮比兰法定产区酒]、夏龙堡（Château-Chalon）和埃托勒（L´Étoile）；两个专项产品产区。汝拉气泡酒（Crémant-du-Jura）和马克凡汝拉香甜酒（Macvin-du-Jura），这两个原产地监控命名产区始于1995年。汝拉气泡酒以霞多丽和黑品乐为原料，经传统方法酿造而成；而马克凡是一种通过对红葡萄或白葡萄的果汁进行中止发酵而制成的甜酒，酒精度约为16%～22%。它兼具水果的柔美和酒精的力道。

在汝拉酒区、阿伯瓦和埃托勒三个原产地名号旗下，除了红葡萄酒和白葡萄酒以外，还包括黄葡萄酒和当地的另外一种特色葡萄酒——麦秸酒。麦秸酒是使用在麦秸上晾干的葡萄酿造的。由于葡萄已经晾干，所以果汁含糖量极高并且充满了干果和果脯的香气。夏龙堡出产绝佳的黄葡萄酒，但仅限于好年份时才会生产。

亨利·玛丽（Henri Maire）：代表性酒庄

亨利·玛丽名冠整个产区。它在阿伯瓦重建了占地300公顷的酒庄，并开始朝着中间商与零售终端的方向发展。如今它已经成了业界的老大。

精挑细选

达雷庄园（CHÂTEAU D´ARLAY）

一个历史悠久的酒庄，出产汝拉酒区白葡萄酒和黄葡萄酒。

☎ 03 84 85 04 22 📠 03 84 48 17 96

拉本特酒庄（DOMAINE DE LA PINTE）

阿伯瓦地区的大型酒庄，出产上乘的白葡萄酒。

☎ 03 84 66 06 47 📠 03 84 66 24 58

阿伯瓦酿酒果商合作社（FRUITIÈRE VINICOLE D´ARBOIS）

拥有值得力荐的一系列产品。

☎ 03 84 66 12 88 ⓔ www.château-bethanie.com

厚雷父子酒庄（DOMAINE ROLET PÈRE ET FILS）

家庭式酒庄。出产一系列阿伯瓦和汝拉酒区原产地监控命名酒。

☎ 03 84 66 00 05 📠 03 84 37 47 41

安德烈及米海耶・天梭酒庄（ANDRÉ ET MIREILLE TISSOT）

自1990年起，他们的儿子斯蒂芬开始与他们一起在酒庄工作。这里出产20多款有机葡萄酒，例如格拉维埃（Les Graviers），这是一款纯正的霞多丽葡萄酒，让人一饮难忘；斯比哈勒（Spirale）是一款非常传统的麦秸酒。

☎ 03 84 66 08 27 📠 03 84 66 25 08

欲获取更多信息

伯努瓦・弗朗斯（Benoît France）. 汝拉葡萄园地图.

伯努瓦・弗朗斯（Benoît France）. 法国葡萄园地图册. 索拉出版社（Solar），2002.

克劳德・罗叶（Claude Royer）. 黄葡萄酒：自然的奇迹还是智慧的结晶. 贝考德城堡出版社（Château Pécauld），1995.

▲掩映在湖光山色之间的萨瓦产区出产个性独特的葡萄酒，白葡萄酒清新活泼，红葡萄酒强劲有力。

萨瓦

一幅马赛克图画

葡萄田面积：2200公顷

产量：1150万升

白葡萄酒：80%

红葡萄酒：15%

桃红葡萄酒：5%

主要白葡萄品种：胡塞特（Roussette）（阿尔地斯 Altesse）、贾给尔（Jacquère）、莫丽特（Molette）、夏瑟拉（Chasselas）、格汉凯（Gringuer）

主要红葡萄品种：贝尔热龙（Bergeron）、蒙得斯（Mondeuse）、佳美

产区名号

克雷皮（CRÉPY）
萨瓦-胡塞特（ROUSSETTE-DE-SAVOIE）包含4个村庄:
弗朗日（FRANGY）、马雷斯戴勒（MARESTEL）和马雷斯戴勒-阿尔地斯（MARESTEL-ALTESSE）、蒙图（MONTHOUX）、蒙特米诺（MONTERMINOD）
塞塞勒（SEYSSEL）
塞塞勒气泡酒（SEYSSEL MOUSSEUX）
萨瓦葡萄酒（VIN-DE-SAVOIE）包含16个村庄：
阿比姆（ABYMES）、阿培蒙（APREMONT）、阿班（ARBIN）、阿伊兹（AYZE）、肖达涅（CHAUTAGNE）、希南（CHIGNIN）和希南-贝革宏（CHIGNIN-BERGERON）、克吕艾

（CRUET）、弗朗日（FRANGY）、琼玖（JONGIEUX）、马里酿（MARIGNAN）、马汉（MARIN）、蒙梅利扬（MONTMÉLIAN）、里帕耶（RIPAILLE）、圣让-波特（SAINT-JEAN-DE-LA-PORTE）、圣茹瓦尔-皮邀雷（SAINT-JEOIRE-PRIEURÉ）、萨瓦气泡酒（VIN-DE-SAVOIE MOUSSEUX）、萨瓦低气泡酒（VIN-DE-SAVOIE PÉTILLANT）

悲惨记忆的见证

阿比姆（Abymes）和阿培蒙（Apremont）是萨瓦葡萄酒（Vin-de-Savoie）原产地监控命名产区内两个著名的村子，这里出产的贾给尔白葡萄酒清新爽脆，带有燧石的味道。阿培蒙（Apremont）的寓意是“苦涩的山峦”，而阿比姆（Abymes）则代表着“坍塌”。这两个名字是为了纪念发生于1248年11月某天夜里的悲惨灾难。这天晚上嘎尼尔山（Granier）发生了坍塌，掩埋了圣安德烈（Saint-André）及附近的村庄，5000人罹难。若干个世纪之后，这里变成了葡萄园。

直到19世纪时，萨瓦地区还只限于生产仅够满足本地需求的清淡而微酸的葡萄酒。冬季旅游业的兴起带动了当地的葡萄酒需求，从而推动了生产。萨瓦葡萄酒受到那些滑雪者的喜爱，但却难于穿越大山走向外界。对不了解这里的人们，广袤的葡萄园和繁多的葡萄酒让他们难于辨识，但其中一些真的非常值得关注。面积为2200公顷的葡萄园分散在萨瓦省、上萨瓦省（Haute-Savoie）、伊泽尔省（Isère）和安省（Ain）。

散落在农田与起伏的牧场间的葡萄园占据着海拔300～600米的向阳山坡。微气候造成了葡萄园之间的差异。罗纳河河水以及周边大量的湖泊成为了天然的温度调节器，同时水面对阳光的反射有助于葡萄的成熟。这里的土壤类型多变，以石灰质土壤、黏土质冰碛、冲积土和砾石为主。如此复杂多变的土壤解释了当地的葡萄品种为什么会有20种之多，其中以白葡萄为主，例如贾给尔。

4个原产地监控命名产区

萨瓦葡萄酒（Vin-de-Savoie）和萨瓦-胡塞特（Roussette-de-Savoie）是这里的两个地区级产区。前者包含了16个村子，后者则包含了4个村子，胡塞特也被称为阿尔地斯（Altesse）。另外，还有两个村庄级的原产地监控命名产区：塞塞勒（Seyssel）和克雷皮（Crépy）。

▲阿培蒙（Apremont）出产由本地特色葡萄品种贾给尔酿造的白葡萄酒。

雷芒湖（Lac Léman）的左岸主要种植了瑞士的特色葡萄品种夏瑟拉（Chasselas）。这里出产清新活泼的克雷皮原产地监控命名葡萄酒以及另外3款来自于里帕耶（Ripaille）村的萨瓦葡萄酒。再往南，在罗纳河的两岸是塞塞勒原产地监控命名产区，这里出产由胡塞特酿造的干白葡萄酒和由莫丽特（Molette）酿造的气泡酒。它下面的肖达涅村（Chautagne）出产独具个性的红葡萄酒。从这里开始，产区向南延伸，占据了布尔盖湖（Lac du Bourget）的湖岸，包含了以蒙得斯（Mondeuse）为代表葡萄品种的琼玖（Jongieux）村。产区的南端止于尚贝里（Chambéry），这里有2个村子：阿比姆和阿培蒙，均出产优质的贾给尔白葡萄酒，另外还有以生产充满胡椒味，结构突出，陈年潜力良好的红葡萄酒而著称的希南（Chignin）和希南-贝革宏（Chignin-Bergeron）。

萨瓦葡萄酒很难满足本地区的需求，因此酒农们不得不将葡萄酒早早（过早）地装瓶，这同时也激励了年轻人重新建立起与土地和葡萄的关系，改变了20世纪60～80年代的土地荒漠化现象。葡萄田面积的翻番证明了这种努力行之有效。

精挑细选

里帕耶庄园（CHÂTEAU DE RIPAILLE）

这里出产的夏瑟拉白葡萄酒活力十足，充满了果香和矿物质的味道。

☎ 04 50 71 75 12 　 04 50 71 72 55

帕斯吉尔酒庄（DOMAINE DU PASQUIER）

这里出产精致典雅的胡塞特葡萄酒和富有陈年潜质的蒙得斯葡萄酒。

☎ 04 79 44 03 56 　 04 79 44 03 56

路易·玛甘酒庄（DOMAINE LOUIS MAGNIN）

这里有绝佳的蒙得斯葡萄酒和高档的贝尔热龙葡萄酒。

☎ 04 79 54 12 12 　 04 79 84 40 92

欲获取更多信息

伯努瓦·弗朗斯（Benoît France）. 法国葡萄园地图册. 索拉出版社（Solar），2002.

萨瓦葡萄酒行业委员会：☎ 04 79 33 44 16 　 04 79 85 92 47

▲由于受到相邻的萨瓦产区和勃艮第产区的影响，比热以出产清爽、适于年轻时饮用的果香型白葡萄酒为主。

比热

萨瓦、汝拉还是勃艮第?

葡萄田面积：492公顷

产量：212万升

白葡萄酒：44%

红葡萄酒：18%

桃红葡萄酒：38%

主要白葡萄品种：贾给尔、阿尔地斯（Altesse）、莫丽特（Molette）、霞多丽、阿里高特

主要红葡萄品种：普萨、蒙得斯、佳美、黑品乐

产区名号

萨瓦-胡塞特（ROUSSETTE-DU-BUGEY）
比热葡萄酒（VIN-DU-BUGEY）
比热气泡酒（VIN-DU-BUGEY MOUSSEUX）
比热低气泡酒（VIN-DU-BUGEY PÉTILLANT）

比热产区（250公顷）坐落于安省（Ain），在罗纳河右岸由塞塞勒（Seyssel）至布雷斯-布格尔（Bourg-en-Bresse）的河湾间。它的葡萄园大都位于汝拉山脉瑞沃蒙山谷（Revermont）最南端的低矮山坡上。在1875年时，这里的葡萄园面积有10000公顷，但由于受到根瘤蚜虫病的破坏，到今天只剩余不到500公顷了。比热产区的红葡萄品种包括了普萨、蒙得斯、佳美和黑品乐，白葡萄品种有贾给尔、阿尔地斯、莫丽特、霞多丽、阿里高特，充分地反映出了它处于汝拉、萨瓦和勃艮第之间的地理位置。这里的优良地区餐酒（AOVDQS）以气泡酒为代表，最著名的有塞尔东（Cerdon）和蒙塔尼奥（Montagnieu），但基本上这些葡萄酒还只是局限在本地区内。

精挑细选

哈法尔·巴图斯酒庄（RAPHAËL BARTUCCI）

采用有机方式种植的葡萄酿造出美味的比热-塞尔东半干型葡萄酒。

04 74 39 95 94　04 74 39 97 66

▲大部分朗格多克区红葡萄酒都会以西拉作为附加葡萄品种。

朗格多克-鲁西荣

朗格多克-鲁西荣凭借它所拥有的288000公顷葡萄园和占全国葡萄酒总产量40%的年产量，成为了世界上最大的葡萄酒产区，是产量与面积的双冠王。这里出产种类繁多的葡萄酒，特别是大量的地区餐酒。尽管南部地区的葡萄酒产量始终处于领先地位，但它们却品质平平。

朗格多克-鲁西荣也是法国历史最悠久的葡萄酒产区之一，在这里，葡萄酒业的发展从未中断过。直到19世纪，一连串灾祸从天而降：白粉病和致命的根瘤蚜虫病几乎毁掉了所有葡萄园。人们将葡萄植株嫁接在砧木上，使得葡萄种植和葡萄酒酿造得以继续。但当时为了满足市场的需求，当地出产了大量质量平庸的葡萄酒。过量生产导致了1907年的骚乱，这对解决灾祸问题没有任何切实的帮助。危机加剧，葡萄酒的品质持续下降。来自于其他欧盟成员国的葡萄酒在市场上的出现使得交易额下跌愈演愈烈。于是，人们不得不通过大量拔除葡萄树来解决问题。自20世纪70年代开始，一些生产商和酿酒合作社开始提倡提高葡萄和葡萄酒的质量，原产地监控命名产区数量增多，以波尔多酒商为代表的大批投资商也涌入当地。

朗格多克和鲁西荣两地的历史总是容易被相互混淆，这两个地方被划分在同一行政分区下，但实际上，它们各有各的特色。

朗格多克

一片乐土

葡萄田面积：45000公顷（原产地监控命名产区）

产量：1.668亿升（原产地监控命名酒）*、2.738亿升（地区餐酒级红葡萄酒）、6920万升（地区餐酒级白葡萄酒）、2400万升（地区餐酒级桃红葡萄酒）、480万升（天然甜葡萄酒）

红葡萄酒：81%

白葡萄酒：12%

桃红葡萄酒：7%

主要白葡萄品种：歌海娜、克莱雷特（Clairette）、布尔朗克-皮克葡（Bourboulenc-Picpoul）、胡姗（Roussanne）、马尔萨纳（Marsanne）、马家婆（Macabeu）

主要红葡萄品种：佳利酿（Carignan）、歌海娜、西拉、慕合怀特（Mourvèdre）、神索（用于酿造桃红葡萄酒）

［*资料来源于国家葡萄酒行业局（ONIVINS）：原产地监控命名产区/2003；地区餐酒/2001］

产区名号

布朗克特祖传法（BLANQUETTE MÉTHODE ANCESTRALE）
利慕-布朗克特（BLANQUETTE-DE-LIMOUX）
卡巴戴斯（CABARDÈS）
贝勒加德-克莱雷特（CLAIRETTE-DE-BELLEGARDE）
朗格多克-克莱雷特（CLAIRETTE-DU-LANGUEDOC）
科比埃（CORBIÈRES）
尼姆区（COSTIÈRES-DE-NÎMES）
朗格多克区（COTEAUX-DU-LANGUEDOC）
朗格多克-卡布利耶尔（COTEAUX-DU-LANGUEDOC CABRIÈRES）
朗格多克-蒙彼利埃沙石地（COTEAUX-DU-LANGUEDOC GRÈS DE MONTPELLIER）
朗格多克-克拉普（COTEAUX-DU-LANGUEDOC LA CLAPE）
朗格多克-梅加内尔（COTEAUX-DU-LANGUEDOC LA MÉJANELLE）
朗格多克-蒙佩鲁（COTEAUX-DU-LANGUEDOC MONTPEYROUX）
朗格多克-皮克普勒（COTEAUX-DU-LANGUEDOC PICPOUL-DE-PINET）
朗格多克-皮克-圣路（COTEAUX-DU-LANGUEDOC PIC-SAINT-LOUP）
朗格多克-卡突兹（COTEAUX-DU-LANGUEDOC QUATOURZE）
朗格多克-圣克里斯托尔高原（COTEAUX-DU-LANGUEDOC SAINT-CHRISTOL）
朗格多克-圣德雷泽利（COTEAUX-DU-LANGUEDOC SAINT-DRÉZÉRY）
朗格多克-圣乔治-多尔克（COTEAUX-DU-LANGUEDOC SAINT-GEORGES-D´ORQUES）
朗格多克-圣萨蒂南（COTEAUX-DU-LANGUEDOC SAINT-SATURNIN）

朗格多克-韦拉格（COTEAUX-DU-LANGUEDOC VÉRARGUES）
马勒佩尔区（CÔTES-DE-LA-MALEPÈRE）(优良地区餐酒)
利慕气泡酒（CRÉMANT-DE-LIMOUX）
福热尔（FAUGÈRES）
菲图（FITOU）
利慕（LIMOUX）
米内瓦（MINERVOIS）
米内瓦-拉里维涅（MINERVOIS-LA-LIVINIÈRE）
圣西尼昂（SAINT-CHINIAN）
天然甜葡萄酒（LES VINS DOUX NATURELS）
弗龙蒂尼昂（FRONTIGNAN）
弗龙蒂尼昂-麝香（MUSCAT-DE-FRONTIGNAN）
吕内尔-麝香（MUSCAT-DE-LUNEL）
米雷瓦勒-麝香（MUSCAT-DE-MIREVAL）
米内瓦-圣让麝香（MUSCAT-DE-SAINT-JEAN-DE-MINERVOIS）
弗龙蒂尼昂葡萄酒（VIN-DE-FRONTIGNAN）

朗格多克的葡萄园占地45000公顷（原产地监控命名产区），位于3个省份内［加尔省（Gard）、埃罗省（Hérault）、奥德省（Aude）］，包括了地中海及狮子湾（Golfe du Lion）一带40公里的海岸线。整个产区被纳鲁兹关（Seuil de Naurouze）分割为两部分，其中一部分处于中央高原的末端山脉——塞汶山（Cévennes）和黑山（Montagne Noire）；另一部分处于比利牛斯山（Pyrénées）。

朗格多克区被人们定义为地区级产区，包括从尼姆（Nîmes）到那博纳（Narbonne）面积为9000公顷的风土各异的葡萄园。土地比较贫瘠，以页岩质土壤和石灰质砾石土壤为主。这里出产3种颜色的葡萄酒，葡萄品种繁多。红葡萄品种包括歌海娜、西拉、慕合怀特；神索用于酿造桃红葡萄酒；白葡萄品种包括歌海娜、克莱雷特、布尔朗克-皮克葡、胡姗、马尔萨纳。

在贝济耶（Béziers）以北有3个著名的小产区：福热尔（Faugères）和圣西尼昂（Saint-Chinian）出产极具个性的红葡萄酒和桃红葡萄酒；朗格多克-克莱雷特（Clairette-du-Languedoc）则生产由克莱雷特酿造的干型或甜型白葡萄酒；在贝勒加德-克莱雷特（Clairette-de-bellegarde）也同样使用这个葡萄品种酿造特级葡萄酒。

背靠黑山的米内瓦（Minervois）产区从那博纳一直延伸到卡尔卡松（Carcassonne）。这里非常适合佳丽酿的生长，可以用它酿出具有良好陈年潜质，颜色深浓，口感强劲，但细腻感不足的葡萄酒。这个广袤的地区包含了

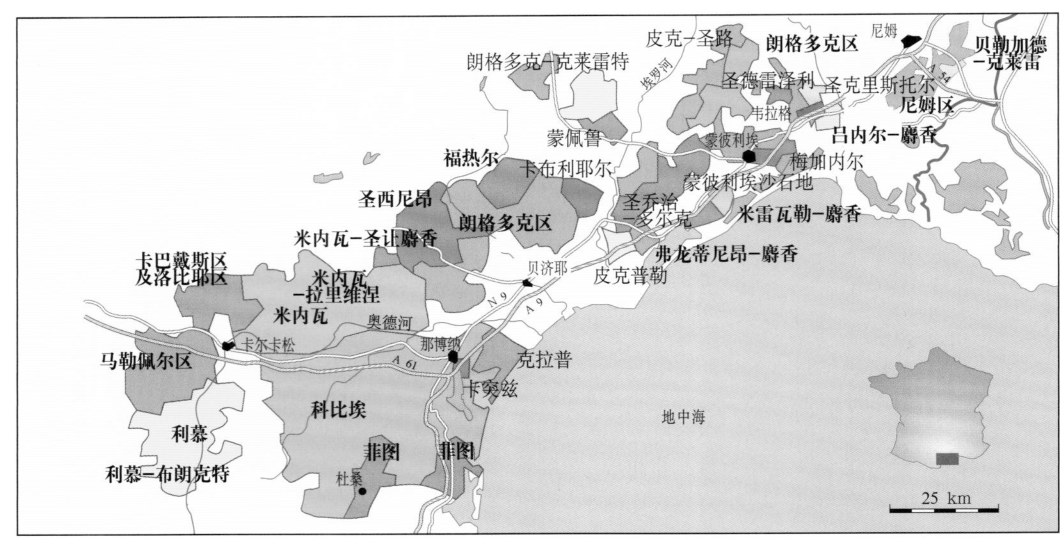

5种不同的风土条件，基本都出产红葡萄酒，但这些红葡萄酒却个性迥异，有的柔顺而富有果香，有的结构紧实，适于久藏。在这些不同的风土中，最为重要的是拉里维涅（Livinière，包含6个村庄），它已经获得了自己专属的原产地名号：米内瓦-拉里维涅（Minervois-la-Livinière），这里出产的葡萄酒细腻独特。

尼姆区（Costières-de-Nîmes）是连接罗纳河谷产区和朗格多克产区的中间地带。它的面积为4500公顷，位于尼姆以东的高原和山坡上，常年受季风和海洋性气候的影响。这里大都出产一些由本地葡萄品种酿造的美味易饮的葡萄酒，既非罗纳河谷的风格，也非百分之百的朗格多克葡萄酒，饮客们经常能从中获得一些惊喜。

特性分明的产区

处于奥德省腹地的科比埃（Corbières）占据了比利牛斯山与地中海狮子湾之间的广袤地带。它的地理位置常使人认为它是鲁西荣产区的地理延长线。这里的风土条件种类多样，已经被定义的有11个。科比

▲科比埃是朗格多克最大的次级产区，这里土壤干燥。

科比埃11种不同的风土条件塑造了性格各异的葡萄酒。这11片葡萄田分别为：布特纳克（Boutenac）、德班（Durban）、冯福洛（Fontfroide）、拉格塔斯（Lagrasse）、雷兹年（Lézignan）、阿拉西克山（Montagne-d´Alaric）、凯西比（Quéri-bus）、圣维克多（Saint-Victor）、艾尔维埃（Serviès）、希让（Sigean）、特莫奈（Termenès）。

▲一款地区餐酒因卡尔卡松市（Carcassonne）而得名。

埃产区的葡萄酒95%为红葡萄酒，酒色深暗，酒体集中而强健，口感粗犷，陈年潜力好。

科比埃东面就是菲图产区，这个产区包含两个个性鲜明的分区，出产两款特点迥异的葡萄酒。其中一个分区位于沿海的石灰质黏土土壤上；另一个位于内陆，在科比埃高地南边的页岩质土壤上。这里非常适合佳利酿的生长，它可以与黑歌海娜混合在一起酿酒，在沿海地区也会加入慕合怀特。经过传统技法酿造的菲图红葡萄酒强劲有力，像科比埃红葡萄酒一样，需要经过适当的陈年才能变得柔和。然而，为了满足市场上对口感柔和、能够尽快饮用的果香型葡萄酒的需求，一些酒庄通过减少传统葡萄品种佳利酿在酒中所占的比例和使用二氧化碳浸皮法来缩短酿造时间。位于卡尔卡松市西南奥德河谷的利慕产区占

Tips

朗格多克的天然甜葡萄酒

朗格多克共有4个天然甜葡萄酒（VDN）产区，都以麝香为原料。吕内尔-麝香、米雷瓦勒-麝香和弗龙蒂尼昂-麝香产区都位于海边，酿造出的葡萄酒口感强劲而浑厚。米内瓦-圣让麝香偏内陆，海拔高。因此，这里的葡萄酒优雅，保持了葡萄本身的香气，口感极为细腻典雅。

地120公顷，以出产知名的白气泡酒而著称。这里大部分的葡萄酒都产自于酿酒合作社。人们用莫扎克、诗南和霞多丽三款白葡萄品种酿造4种类型各异的白葡萄酒：布朗克特祖传法（Blanquette Méthode Ancestrale）葡萄酒仅使用单一葡萄品种的莫扎克酿造而成（是法国最古老的气泡酒）；利慕-布朗克特（Blanquette-de-Lmoux）、利慕气泡酒（Cémant-de-Limoux）和利慕白葡萄酒，后者是一款个性独特的平静葡萄酒。利慕红葡萄酒是近些年才出现的，美乐的特性格外突出。

补充在朗格多克区（Coteaux-du-Languedoc）原产地名号后的13种风土条件：克拉普（La Clape）、卡突兹（Quatourze）、皮克-圣路（Pic-Saint-Loup）、卡布利耶尔（Cabrières）、圣萨蒂南（Saint-Saturnin）、蒙佩鲁（Montpeyroux）、皮克普勒（Picpoul-de-Pinet）、韦拉格（Vérargues）、圣德雷泽利（Saint-Drézéry）、圣乔治-多尔克（Saint-Georges-d´Orques）、梅加内尔（La Méjanelle）、圣克里斯托尔高原（Saint-Christol）、蒙彼利埃沙石地（Grès de Montpellier）。

始于阿坤廷盆地的卡尔卡松市的纳鲁兹关（Seuil de Naurouze）对卡巴戴斯（Cabardès）和马勒佩尔（Malepère）风土特色的形成起到了不容忽视的作用。马勒佩尔位于比利牛斯山脉的一线，利慕的北边，面朝卡巴戴斯，临着中央高原。这里的风轻柔和缓，减弱了地中海阳光带来的酷热。尽管这里的葡萄酒依然具有朗格多克的风范，但其中一部分却大量使用了波尔多葡萄品种。黑歌海娜与美乐、高特（Cot）、赤霞珠及品丽珠混合在一起。由东至西，这里的葡萄酒逐渐从强劲的朗格多克风格向典雅的阿基坦风格转变。

精挑细选

- **富有表现力的葡萄酒：**

乌勒特·卡帕黑酒庄（CHÂTEAU LA VOULTE GASPARETS）（科比埃）

04 68 27 07 86

圣彼邦小修道院酒庄（PRIEURÉ DE SAINT-JEAN-DE-BÉBIAN）（朗格多克区）

04 67 98 13 60

- **代表性酒庄：**

卡内·瓦莱特酒庄（ DOMAINE CANET VALETTE）（圣西尼昂）

04 67 89 51 83

卡波罗酒庄（DOMAINE DE CABROL）（卡巴戴斯）

04 68 77 19 06

父亲的农庄（DOMAINE DE LA GRANGE DES PÈRES）(埃罗地区餐酒 Vin de Pays de l´Hérault)

04 67 57 70 55

高地酒庄（DOMAINE DES AIRES HAUTES）（米内瓦-拉里维涅)

04 68 91 54 40

让·米歇尔·阿乐吉尔酒庄（DOMAINE JEAN-MICHEL ALQUIER）（福热尔）

04 67 23 07 89

布日尔酒庄（MAS BRUGUIÈRE）（朗格多克-皮克-圣路）

04 67 55 20 97

欲获取更多信息

伯努瓦·弗朗斯（Benoît France）. 朗格多克葡萄园地图.

伯努瓦·弗朗斯（Benoît France）. 法国葡萄园地图册. 索拉出版社（Solar），2002.

阿兰·雷涅尔（Alain Leygnier），皮埃尔·托海（Pierre Torrès）. 地中海地区天然甜葡萄酒. 欧巴内出版社（Aubanel），2000.

鲁西荣

绝妙的甜酒

葡萄田面积：24335公顷

产量：6800.71万升（原产地监控命名酒）*、2.292亿升（地区餐酒级红葡萄酒）、4300万升（地区餐酒级桃红葡萄酒）、7860万升（地区餐酒级白葡萄酒）、3543.19万升（天然甜葡萄酒）

红葡萄酒和桃红葡萄酒：77%

白葡萄酒：23%

主要白葡萄品种：马家婆、马勒瓦西（Malvoisie）、歌海娜、胡姗、马尔萨纳（Marsanne）、侯尔（Rolle）

主要红葡萄品种：佳利酿、歌海娜、神索、西拉、慕合怀特

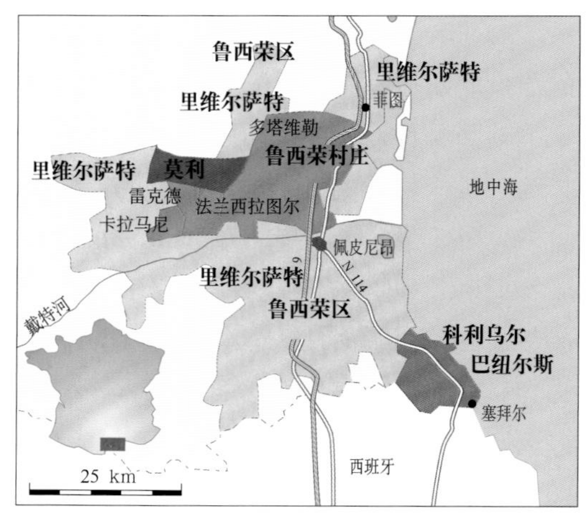

产区名号

科利乌尔（COLLIOURE）
鲁西荣区（CÔTES-DU-ROUSSILLON）
鲁西荣村庄区（CÔTES-DU-ROUSSILLON-VILLAGES）
鲁西荣村庄-卡拉马尼（CÔTES-DU-ROUSSILLON-VILLAGES CARAMANY）
鲁西荣村庄-法兰西拉图尔（CÔTES-DU-ROUSSILLON-VILLAGES LATOUR DE FRANCE）
鲁西荣村庄-雷克德（CÔTES-DU-ROUSSILLON-VILLAGES LESQUERDE）
鲁西荣村庄-多塔维勒（CÔTES-DU-ROUSSILLON-VILLAGES TAUTAVEL）
天然甜葡萄酒
巴纽尔斯（BANYULS）
巴纽尔斯特级葡萄园（BANYULS GRAND CRU）
陈年特级巴纽尔斯（BANYULS GRAND CRU RANCIO）
陈年巴纽尔斯（BANYULS RANCIO）
大鲁西荣（GRAND-ROUSSILLON）
陈年大鲁西荣（GRAND-ROUSSILLON RANCIO）
莫利（MAURY）
陈年莫利（MAURY RANCIO）
里维尔萨特-麝香（MUSCAT-DE-RIVESALTES）
里维尔萨特（RIVESALTES）
陈年里维尔萨特（RIVESALTES RANCIO）
（*资料来源于国家葡萄酒行业局 ONIVINS：原产地监控命名产区/2003；地区餐酒/2001）

▲鲁西荣区的风土条件丰富多样，出产三种不同颜色的葡萄酒。

鲁西荣产区在比利牛斯山的山麓间，周围是起伏的山景。24000公顷的葡萄园（原产地监控命名产区）占据了沿海的开阔地带，北边是科比埃高地，西边是卡尼古（Canigou），南边则是阿勒贝尔（Albères）。葡萄树遍布在炎热而干燥的风土之上，而并非那些肥沃的冲击土层中。这里日照充足，干燥多风，保证了收获时葡萄果实的洁净、健康、完好。

鲁西荣产区出产传统型葡萄酒，其中尤以优质的天然甜葡萄酒最为著名，虽然对许多人来说它还显得很陌生。酿造白色天然甜葡萄酒的原料为金色麝香（即小粒麝香）、弗龙蒂尼昂-麝香、桃红歌海娜和白歌海娜，马家婆、马勒瓦西；酿造红色天然甜葡萄酒的原料有桃红歌海娜和黑歌海娜、灰歌海娜、佳利酿、神索和西拉；人们采用了中止发酵的生产工艺。

丰富多样性

这里最大的产区当属韦萨尔特-麝香，占地5000公顷，出产由麝香酿造的白葡萄酒，其最鲜明的特点就是酒中充盈着柑橘类水果的香气。韦萨尔特（Rivesaltes）则是面积最小的产区，出产的葡萄酒呈琥珀色、瓦片色或石榴红色，其口味视培养和装瓶时间的长短而有所不同。莫利位于鲁西荣产区的西北部，阿格里河谷（Vallée de l´Agly）中央，著名的盖西比城堡点缀其间。它被包围在里韦萨尔特（Rivesaltes）和鲁西荣村庄区（Côtes-du-Roussillon-Villages）之中，页岩质土壤非常有利于黑歌海娜的生长和个性的塑造。这里出产的葡萄酒颜色深浓，口感醇厚，年轻时有黑色水果甚至是可可的香气。

历史悠久的巴纽尔斯（Banyuls）产区与科利乌尔（Collioure）的地理范围基本相同，辐射到的村庄包括巴纽尔斯、科利乌尔、旺德赫港（Port-Vendre）和塞拜尔（Cerbère），占地约1400公顷，地势陡峭。黑歌海娜和桃红歌海娜是最主要的葡萄品种，其次还有佳利酿、神索和西拉。传统的巴纽尔斯葡萄酒颜色瓦红，带有李子干和烘焙的味道。其中有一些被称为特殊年份葡萄酒（Rimage），它们一般在年轻时期装瓶。这些酒品质超群，有很好的间架结构，香气极为复杂。

以红葡萄酒和桃红葡萄酒为主的鲁西荣葡萄酒主要来自于3个产区：鲁西荣区（Côtes-du-Roussillon）、鲁西荣村庄区（Côtes-du-Roussillon-Villages）和科利乌尔。葡萄品种为西拉、慕合怀特和佳利酿。白葡萄酒比较罕有，多是由一些本地传统葡萄品种酿造的，如马家婆、马勒瓦西和白歌海娜。

鲁西荣区是全法国最南边的一个葡萄酒产区，它南起于阿勒贝尔高地，北边止于与科比埃的交界处。土质为鹅卵石、花岗岩粗砂及页岩，适合佳利酿的生长。这里的葡萄酒色泽深邃，强劲有力，可以陈酿很多年。鲁西荣村庄区指的是戴特河（Têt）以北，品质更高的地块。同时法规对这个等级葡萄酒的生产规定得也更为严格。四个村庄所生产的葡萄酒品质不尽相同：卡拉马尼（Caramany）、法兰西拉图尔（Latour-de-France）、雷克德（Lesquerde）和多塔维勒（Tautavel）。

科利乌尔位于法国与西班牙的边境处，葡萄园多处于陡坡的阶地上。这里的红葡萄酒酿造于采摘初期，特点鲜明，酒体强劲醇厚，细致的口感为人称道，颇具陈年潜质。

艾美尔酒庄（DOMAINE MAS AMIEL）（莫利）

☏ 04 68 29 01 02

凯茨兄弟酒庄（DOMAINE CAZES FRÈRES）［里韦萨尔特（Rivesaltes）、里韦萨尔特-麝香（Muscat-de-Rivesaltes）］

☏ 04 68 64 08 26

戈比酒庄（DOMAINE GAUBY）（鲁西荣区 Côtes-du-Roussillon)

☏ 04 68 64 35 19

萨达-马雷酒庄（DOMAINE SARDA-MALET）［鲁西荣区（Côtes-du-Roussillon）、里韦萨尔特-麝香（Muscat-de-Rivesaltes）］

☏ 04 68 56 72 38

白色农场酒庄（DOMAINE DU MAS BLANC）［巴纽尔斯（Banyuls）、科利乌尔（Collioure）］

☏ 04 68 88 32 12

普罗旺斯和科西嘉
普罗旺斯
迎向启蒙年代

葡萄田面积：28500公顷（原产地监控命名产区）*

产量：1.2亿升原产地监控命名酒和4920万升地区餐酒级红葡萄酒

桃红葡萄酒：70%

红葡萄酒：25%

白葡萄酒：5%

主要白葡萄品种：侯尔（Rolle）、布尔朗克（Bourboulenc）、韦尔芒提诺（Vermentino）、克莱雷特（Clairette）、白歌海娜、白玉霓

主要红葡萄品种：歌海娜、佳利酿、西拉、神索、慕合怀特、古诺日

▲陡峭的地形和少雨的气候有利于葡萄生长。

产区名号

邦多勒（BANDOL）
贝莱（BELLET）
卡西斯（CASSIS）
艾克斯区（COTEAUX-D´AIX-EN-PROVENCE）
皮埃尔凡区（COTEAUX-DE-PIERREVERT）
瓦尔区（COTEAUX-VAROIS）
普罗旺斯区（CÔTES-DE-PROVENCE）
普罗旺斯-圣维克多（CÔTES-DE-PROVENCE-SAINTE-VICTOIRE）
雷波-普罗旺斯（LES BAUX-DE-PROVENCE）
帕莱特（PALETTE）
（*资料来源于国家葡萄酒行业局 ONIVINS：原产地监控命名产区/2003；地区餐酒/2001）

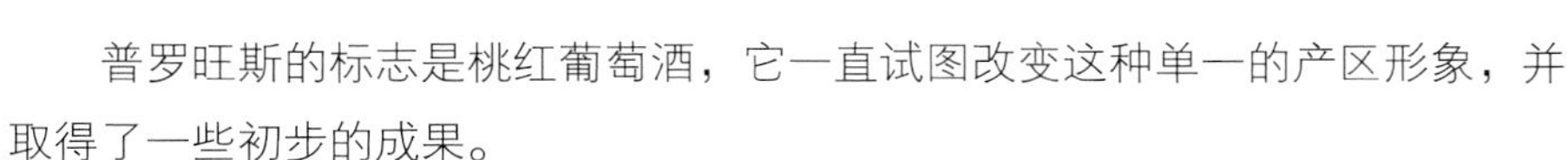

普罗旺斯的标志是桃红葡萄酒，它一直试图改变这种单一的产区形象，并取得了一些初步的成果。

普罗旺斯最早的葡萄种植出现于公元前6世纪，先后受到腓尼基人和弗凯亚人的推动。传承自古罗马的农业组织模式使得葡萄栽种和谐地融入了地中海农业三要素中（葡萄、橄榄、粮食），同时修道士们的管理也促进了它的进一

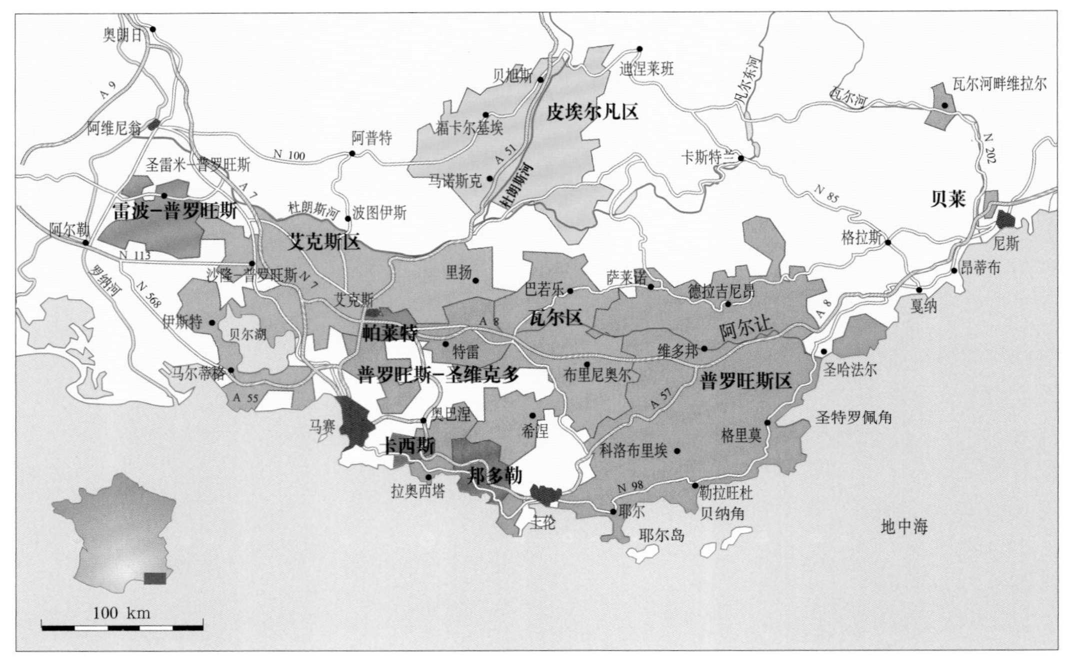

步发展。在那些艰难的岁月里，历经了瘟疫、战争、法国大革命和一系列后续事件，葡萄园依然顽强地保存了下来。19世纪时，葡萄园重新获得了飞跃性的发展，但不幸的是，根瘤蚜虫病接踵而至，让一切努力毁于一旦。20世纪初，这里兴起了合作社运动，保证了葡萄酒业向着规模化的方向发展。在此之外，一些业主们为了维护地方主义组织在一起。自1936年开始，一些小型产区如邦多勒（Bandol）、贝莱（Bellet）、卡西斯（Cassis）和帕莱特（Palette）先后获得原产地监控命名产区的认证。大型产区整体的认证要比小产区晚很多，第一个地区级原产地监控命名产区——普罗旺斯区的认证是在1977年才获得的。

> **因地制宜**
>
> 为了保护人们赖以生存的环境，雷波-普罗旺斯（Baux-de-Provence）地区的葡萄酒农采用了生物动力法来耕种葡萄。这是一种在法国普遍应用的方法，但又根据不同产区的具体情况而有所调整。这里出产的红葡萄酒强劲、优雅、细腻，颇具陈年潜质。

普罗旺斯重点的原产地监控命名产区

普罗旺斯区、艾克斯区（Coteaux-d´Aix-en-Provence）和瓦尔区（Coteaux-Varois）三地的葡萄酒产量占了普罗旺斯全部原产地监控命名酒总量的95%。

普罗旺斯区

这里是地中海沿岸最大的原产地监控命名产区，以出产桃红葡萄酒著称。产量占了当地葡萄酒总产量的60%，以及全法国桃红葡萄酒产量的一半。使用放血法生产的桃红葡萄酒因其出产地的风土不同而具有自己独特的个性：莫赫山地（Massif des Maures）和沿海地带为页岩和花岗岩土壤，高地丘陵区（Collines du Haut-Pays）为石灰质土壤，而内谷地区（Vallée Intérieure）则为砂质黏土。但日照水平、密史脱拉风，以及所使用的葡萄品种等情况则基本相同。

在1985~1990年，为了获得市场的认同，树立自己的威望，普罗旺斯区开始朝着生产红葡萄酒的方向发展。由于在生产中没能考虑到葡萄园自身的潜质，因此许多被夸耀得天花乱坠的葡萄酒并没有真正达到其应有的水平。产区的形象仍然需要进一步提升。在国家原产地命名管理局（INAO）和葡萄酒行业协会的指导下，当地的葡萄酒农们着手推动一项“风土条件政策”，旨在精简酿酒葡萄品种，特别是突出一些本地特色葡萄品种：例如对酿造桃红葡萄酒的特殊葡萄品种（神索、堤布宏）要加以保护；西拉和慕合怀特则取代了“非典型”葡萄品种赤霞珠；白葡萄品种侯尔被大范围地推广。然而并非所有的酒农都会执行这一政策，对违反了该项政策的酒庄，作为惩罚，其资格认证将会被剥夺，且不可申诉。例如雷波-普罗旺斯产区的最著名的酒庄特瓦隆酒庄（Domaine de Trévallon）就遇到了这种情况。

这项新政的结果就是：圣维克多山（Montagne-Sainte-Victoire）一带的葡萄园获得了次级产区的原产地监控命名产区资格。这一认证还会逐渐扩大到其他地区。得益于其与众不同的地质特性和火山的自然条件，弗雷瑞斯（Fréjus）将会是最早获得这一资质的产区。

艾克斯区（Coteaux-d´Aix-en-Provence）和瓦尔区（Coteaux-Varois）

艾克斯区是普罗旺斯第二大产区。它位于罗纳河口省，从杜朗斯（Durance）延伸至地中海，葡萄园都坐落在布满树木和绿栎丛的避风山坡上。这里出产新鲜、果香浓郁的桃红葡萄酒；平衡感良好，适合年轻时饮用并具有一定陈年潜质的红葡萄酒，以及果香型白葡萄酒（数量极少，约占艾克斯区整体产量的6%）。

在布里尼奥尔（Brignoles）附近的瓦尔区（Coteaux-Varois）出产口感舒适，适合年轻时饮用的葡萄酒。

袖珍产区

邦多勒（Bandol）、贝莱（Bellet）、卡西斯（Cassis）和帕莱特（Palette）这几个普罗旺斯地区的

Tips

普罗旺斯：女人天下

法国很少有哪个葡萄酒产区会拥有像普罗旺斯一样多的女性葡萄酒农。最早的一批女性酿酒者出现在普罗旺斯区，在她们之中有瑞琴·苏眉尔（Régine Sumeire），她所酿造的著名的“玫瑰花瓣”是一款颜色非常浅淡的桃红葡萄酒；弗朗索瓦斯·希考德（Françoise Rigord）用她自己的方式酿造出的康芒德尔·贝哈瑟勒（Commanderie de Peyrassol）红葡萄酒是产区中的代表之作；丽兹·希艾德（Lise Rieder）始终在自己位于海边的酒庄内兢兢业业的工作；苏菲·赛思埃罗（Sophie Cerciello）将她的才智发挥在酿造白葡萄酒上，她所供职的巴赫巴诺庄园（Château Barbanau）不仅在马赛附近有自己的葡萄园，更拥有卡西斯数一数二的布赫雅尔谷酒园（Clos Val-Bruyère）。在彭特维（Pontevès）附近的拉卡利斯酒庄（Domaine de la Calisse），帕特丽夏·奥和特里（Patricia Ortelli）创造出了瓦尔区最好的葡萄酒之一。帕斯卡乐·诺瓦利（Pascale Noilly）凭借自己的才能和贝阿特酒庄（Domaine des Béates）的优秀潜质酿造出高品质的艾克斯区葡萄酒。

▲海湾中的小渔港卡西斯出产适合夏季饮用的白葡萄酒。

特瓦隆酒庄（Domaine de Trévallon）：最佳地区餐酒

出生在法国阿尔萨斯的艾鲁瓦•杜荷巴（Eloi Dürrbach）在1973年接手了父亲收购的位于圣艾蒂安-杜格艾（Saint-Étienne-du-Grès）附近的阿勒皮耶（Alpilles）北坡的酒庄。他采用两种葡萄品种各占50%的方法混酿红葡萄酒，这两个葡萄品种都非常适合酒庄葡萄园独特的风土条件：西拉和赤霞珠。但后者并不属于国家原产地命名管理局（INAO）所规定的当地的法定葡萄品种，且所占比例超过了特定情况下所允许的最大值15%。由于没有遵守立法的规定，特瓦隆酒庄葡萄酒由艾克斯区原产地监控命名酒被降级为罗纳河口地区餐酒（Vin de Pays des Bouches-du-Rhône）。

“葡萄园”从创立伊始就以它们严格的生产规范为人们所熟知。除了邦多勒地区面积较大（约1500公顷）以外，其他几个原产地监控命名产区的面积都非常有限（总面积才只有400公顷），而且它们都处于一个相对封闭的微气候环境中。朝北的地理位置对帕莱特葡萄酒的颜色起到了加强的作用。临近海边则创造了卡西斯和贝莱出产白葡萄酒的天然优势。

微型产区贝莱位于尼斯附近的山坡上，因为受到繁华都市不断扩张的影响，这里原先划分的650公顷土地只剩下了50公顷。但是这里的风土条件有着独一无二的优势。位于山海之间的地理位置非常理想，常年吹拂的凉爽微风使葡萄成熟得比较缓慢；种植在阶地上的葡萄园，由于土壤具有透水性且非常紧实，因此产量偏低；一些对气候适应性强的葡萄品种，例如侯尔，在这里被广泛种植。黑福尔（Folle Noir）和布拉给（Braquet，红葡萄品种）常与歌海娜和神索混合在一起，这两种在年轻时会释放出丰富果香的葡萄品种，种植在这个纬度上也同样会给人们带来惊喜。至于那些最完美的白葡萄酒，它们在岁月的更迭中得到充分的发展，获得了丰满而曼妙的蜂蜡和蜂蜜的香气。

在树木茂密的丘陵掩映下的邦多勒产区（Bandol）的葡萄园种植在延伸向海边的梯田上，这里出产3种颜色的葡萄酒。当地带有“B”字标识的葡萄酒受到法国皇室的喜爱，法律对它的生产工艺进行了严格的规范：红葡萄酒要在大橡木桶中陈酿最少18个月。慕合怀特的种植在这里取得了巨大的成功。这个葡萄品种源于西班牙，根瘤蚜虫病灾害来临前在普罗旺斯就已经开始种植了。当这里在1941年被认证为原产地监控命名产区时，慕合怀特还并不十分普遍，后来它逐渐成为了当地主要的葡萄品种，特别是1977年的新法令规定在所有法定产区葡萄园中，慕合怀特的种植面积不能低于50%，这愈发巩固了它的地位。慕合怀特的最大特点是它突出的结构感和较好的抗氧化性，因此以它为原料酿造的葡萄酒具有很好的陈年潜质。它所带有的强劲的单宁，需要经过在橡木桶中较长时间的培养才能够变得柔和。有一些葡萄酒农会进一步增加慕合怀特在混酿葡萄酒中所占的比例，有时甚至会接近法律允许的最高比例（近乎100%）。

Tips

桃红葡萄酒的春天

被人们视为“假期用酒”的桃红葡萄酒雄霸了整个普罗旺斯产区三分之二的产量。这里是全世界桃红葡萄酒的第一大产区，整体质量水平上乘。如今，桃红葡萄酒凭借着它“快乐饮品”的形象又迎来了新的春天。它支撑了整个地区经济，但与此同时，它的巨大成功也使得其他类型葡萄酒失去了发展空间。不过，这里一些重要的产区也会出产个性鲜明，陈年潜质良好的红葡萄酒。

▼雷波-普罗旺斯产区全部采用生物动力法进行种植。

法律规定邦多勒葡萄酒中必须要混有一种补充葡萄品种，但可以只是象征性地混入少量。这样做的通常是一些抱有雄心壮志的老牌酒庄［皮帕农庄园（Château de Pibarnon）、普拉多庄园（Château Pradeaux）、瓦尼埃庄园（Château Vannières）、布南酒庄（Domaines Bunan）和唐比尔酒庄（Domaine Tempier）］或新生代酒庄［拉苏芙海娜酒庄（Domaine de la Suffrène）、图尔杜邦酒庄（Domaine de la Tour du Bon）、葛洛诺黑酒庄（Domaine du Gros´ Noré）和拉芳维罗酒庄（Lafran-Veyrolles）］。

▲卡斯特雷特（Castellet）是8个出产邦多勒葡萄酒的村子之一，这里的红葡萄酒具有极强的个性和较好的陈年潜质。

精挑细选

- **普罗旺斯区**

卡德内酒庄（MAS DE CADENET）

04 42 29 21 59

杰尔酒庄（DOMAINE DE JALE）

04 94 73 51 50

米妮蒂庄园（CHÂTEAU MINUTY）

04 94 56 12 09

奎尔贝阿斯酒庄（DOMAINE DE CUREBÉASSE）

04 94 40 87 90

卡沃提酒庄（DOMAINE GAVOTY）

04 94 69 72 39

- **艾克斯区**

雷巴斯蒂德酒庄（DOMAINE LES BASTIDES）

04 42 61 97 66

- **瓦尔区**

阿丽斯酒庄（DOMAINE DES ALYSSES）

04 94 77 10 36

- **雷波-普罗旺斯**

欧维特酒庄（DOMAINE HAUVETTE）

☏ 04 90 92 03 90

- **邦多勒**

皮帕农庄园（CHÂTEAU DE PIBARNON）

☏ 04 94 90 12 73　⎙ 04 94 90 12 98

普拉多庄园（CHÂTEAU PRADEAUX）

☏ 04 94 32 10 21　⎙ 04 94 32 16 02

拉苏芙海娜酒庄（DOMAINE DE LA SUFFRÈNE）

☏ 04 94 90 09 23　⎙ 04 94 90 02 21

拉芳维罗酒庄（DOMAINE LAFRAN-VEYROLLES）

☏ 04 94 90 13 37　⎙ 04 94 90 11 18

- **卡西斯**

布赫雅尔谷酒园（CLOS VAL-BRUYÉRE）

☏ 04 42 73 14 60

- **贝莱**

贝莱庄园（CHÂTEAU DE BELLET）

☏ 04 93 37 81 57

- **帕莱特**

西蒙娜庄园（CHÂTEAU SIMONE）

☏ 04 42 66 92 58

- **罗纳河口地区餐酒**

特瓦隆酒庄（DOMAINE DE TRÉVALLON）

☏ 04 90 49 06 00

欲获取更多信息

伯努瓦·弗朗斯（Benoît France）. 普罗旺斯葡萄园地图.

伯努瓦·弗朗斯（Benoît France）. 法国葡萄园地图册. 索拉出版社（Solar），2002.

弗朗索瓦·米罗（François Millo）. 普罗旺斯葡萄酒. 酒与生活艺术，费雷出版社，2003.

普罗旺斯区葡萄酒行业委员会　☏ 04 94 99 50 10

科西嘉

有待发现的白葡萄酒

葡萄田面积：2730公顷（原产地监控命名产区）*

产量：977.06万升原产地监控命名酒，850万升为地区餐酒级红葡萄酒，620万升地区餐酒级桃红葡萄酒，350万地区餐酒级白葡萄酒

红葡萄酒：42%

白葡萄酒：14%

桃红葡萄酒：44%

主要白葡萄品种：韦尔芒提诺（Vermentinu）或侯尔（Rolle）

主要红葡萄品种：涅露秋（Nielluccíu）、夏卡雷罗（Sciaccarellu）

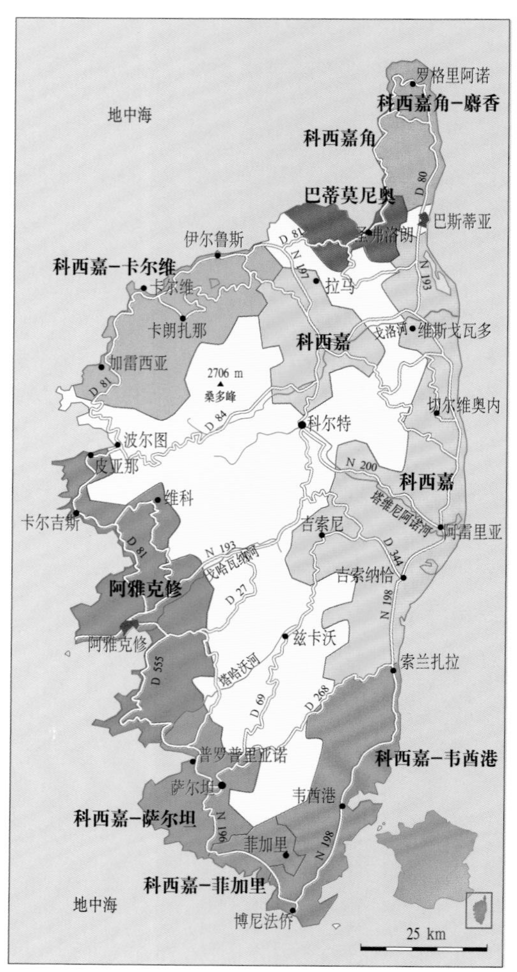

产区名号

阿雅克修（AJACCIO）
巴蒂莫尼奥（PATRIMONIO）
科西嘉（CORSE）、科西嘉角（CORSE COTEAUX DU CAP CORSE）
科西嘉-卡尔维（CORSE CALVI）、科西嘉-菲加里（CORSE FIGARI）、科西嘉-韦西港（CORSE PORTO-VECCHIO）、科西嘉-萨尔坦（CORSE SARTÈNE）
科西嘉角-麝香（MUSCAT-DU-CAP-CORSE）
天然甜葡萄酒（LE VIN DOUX NATUREL）
（*资料来源于国家葡萄酒行业局ONIVINS：原产地监控命名产区/2003；地区餐酒/2001）

科西嘉产区有着极佳的自然环境，种植本地区特有的葡萄品种，这里出产的葡萄酒能带给人们绝妙的清爽体验，点点滴滴间都渗透着产区的风土条件。

在科西嘉岛漫长的历史中，在古希腊人和古罗马人交替统治的影响下，这里出现了大量的外来葡萄品种。例如，涅露秋就是意大利托斯卡纳地区的桑娇维赛的近亲。然而，在被纳入到原产地监控命名体系的过程中，这里的法定葡萄品种被压缩为三个：韦尔芒提诺（或侯尔）用于酿造白葡萄酒，涅露秋（Niellucciu）和夏卡雷罗（Sciaccarellu）用于酿造红葡萄酒和桃红葡萄酒。

来自于海洋和高山的双重影响

由于科西嘉岛满是高低起伏的山地，因此除了东部海岸以外，并没有太多适合种植葡萄的区域。不同的产区零散地分布在岛上。这里几乎所有的葡萄园都受到海洋和高山两个环境因素的双重影响，这既给予了葡萄理想的成熟度又赋予了它足够的清爽感。这种情况尤其适合韦尔芒提诺的生长。基于同样的原因，科西嘉角-麝香（Muscat-du-Cap-Corse）葡萄酒可以获得一种对甜型葡萄酒来说至臻完美的平衡感。

▲巴蒂莫尼奥地区出产的红葡萄酒非常典型。

种植于巴蒂莫尼奥地区（Patrimonio）石灰质土壤中的涅露秋在这里展现出了它的醇厚和结构。如果对它的照料不够精心，或是将它种植于并不适合的风土条件下的话，它就会显得粗糙而平庸。至于夏卡雷罗（Sciaccarellu），它更偏爱花岗岩的土质，用它酿造出的桃红葡萄酒带有水果的甘美和精致的口感，魅力无限。

科西嘉原产地监控命名产区包含的区域有东部海岸和岛中央彭勒西亚（Ponte Leccia）一带的一块独立区域，这里出产3个颜色的葡萄酒。科西嘉角（Coteaux du Cap Corse）、卡尔维（Calvi）、韦酋港（Porto-Vecchio）、萨尔坦（Sartène）和科西嘉岛最南端的菲加里（Figari）5个次级产区都可以将它们的名字与科西嘉原产地名号连在一起。阿雅克修（Ajaccio）主要出产陈年潜质良好的红葡萄酒，这里是夏卡雷罗的摇篮，也是全岛海拔最高的葡萄园[萨里多尔奇诺（Sari d´Orcino）的葡萄园位于海拔380米处]。

巴蒂莫尼奥（Patrimonio）出产白葡萄酒和桃红葡萄酒，不过最突出的还是适于久藏的红葡萄酒。

美妙的科西嘉角-麝香（Muscat-du-Cap-Corse）葡萄酒

科西嘉角-麝香葡萄酒的产区面积约为90公顷，主要以巴蒂莫尼奥一带的葡萄酒农为主。他们使用的原料是小粒麝香，它能够适应巴蒂莫尼奥的石灰质土壤和科西嘉角的页岩质土壤。像朗格多克-鲁西荣地区的麝香葡萄酒一样，人们在酿造过程中采取了中止发酵的工艺。除此以外，当地还有一种与之非常近似的葡萄酒，被称为“巴斯图”（Passitu），它是采用自然干缩法生产出来的，并非中止发酵的产物。尽管这样的葡萄酒甜度较高，但它自身有着极好的平衡感和细腻度，这些都是产自内陆的同类葡萄酒很难具备的，因为这是受到海岛气候影响的结果。当地几乎每个葡萄酒农都会酿造自己独特的麝香葡萄酒。

精挑细选

- **巴蒂莫尼奥和科西嘉角-麝香**

安东尼·阿海那酒庄（DOMAINE ANTOINE ARENA）

极具天赋却不因循守旧的酒庄。

04 95 37 08 27

勒西亚酒庄（DOMAINE LECCIA）

来自于风土条件的精华。

04 95 37 11 35

- **阿雅克修**

卡皮多豪酒园（CLOS CAPITORO）

一款经典的葡萄酒。

05 95 25 19 61

柏哈迪伯爵酒庄（DOMAINE COMTE PERALDI）

物有所值。

05 95 22 37 30

- **科西嘉原产地监控命名产区及补充地区名号**

多哈西亚酒庄（DOMAINE DE TORRACCIA）（科西嘉-韦茜港）

个性独特又货真价实的葡萄酒。

04 95 71 43 50

西南产区

多种多样的葡萄酒

葡萄田面积：340062公顷

产量：1.564611亿升

红葡萄酒：68%

白葡萄酒：22%

桃红葡萄酒：10%

主要白葡萄品种：大满胜和小满胜、莫扎克、密思卡岱、阿修菲亚克、古尔、赛美蓉、长相思

主要红葡萄品种：丹那、欧塞瓦、聂格列特（Négrette）、品丽珠、赤霞珠、美乐、费尔-塞瓦都（Fer-Servadou）、马贝克（或高特）

▲拉格海则特庄园（Château Lagrezette）是卡奥尔（Cahors）产区复兴后的代表性酒庄之一。

依照传统，从中央高原到比利牛斯山，从塞汶山（Cévennes）到大西洋，这片等同于全法国四分之一面积的广袤土地上为数众多的葡萄酒产区都被归到了“西南产区”的名下（波尔多除外）。它们并非是一个统一的整体。从许多年前开始，一些充满热情的葡萄酒农和酿酒合作社为这个产区带来了一股全新的气息。

大部分西南地区的葡萄酒产区都是因为受恺撒大帝军团的影响而出现的，并且在教会的管理下逐步发展了起来，但每一个产区或多或少也会有自己独特的历史。在19世纪末期，这些产区全都受到了根瘤蚜虫病的破坏。位于加龙河及其支流附近的产区，例如卡奥尔（Cahors）、加亚克（Gaillac）、拉维迪约（Lavilledieu）和比泽（Buzet）都受益于水路

优质葡萄酒质量宪章

由乔治•维古侯（Georges Vigouroux）［维古侯酒庄（Domaine Vigouroux）］、阿兰•盖厚德（Alain Gayraud）（拉玛蒂娜庄园）、让•瓦勒岱（Jean Valdès）［翠格蒂娜庄园（Château Triguedina）］、阿兰多米尼克•贝汉（Alain Dominique Perrin）［拉格海则特庄园（Château de Lagrezette）］倡导，由帕斯卡乐•沃阿格（Pascal Verhaeghe）［雪松庄园（Château du Cèdre）］组织若干葡萄酒生产商联合制定的《卡奥尔优秀葡萄酒》（Cahors Excellence）质量宪章对葡萄的种植方式、产量和生产工艺都做了严格的标准化规定。这一标识会出现在葡萄酒的背标上。

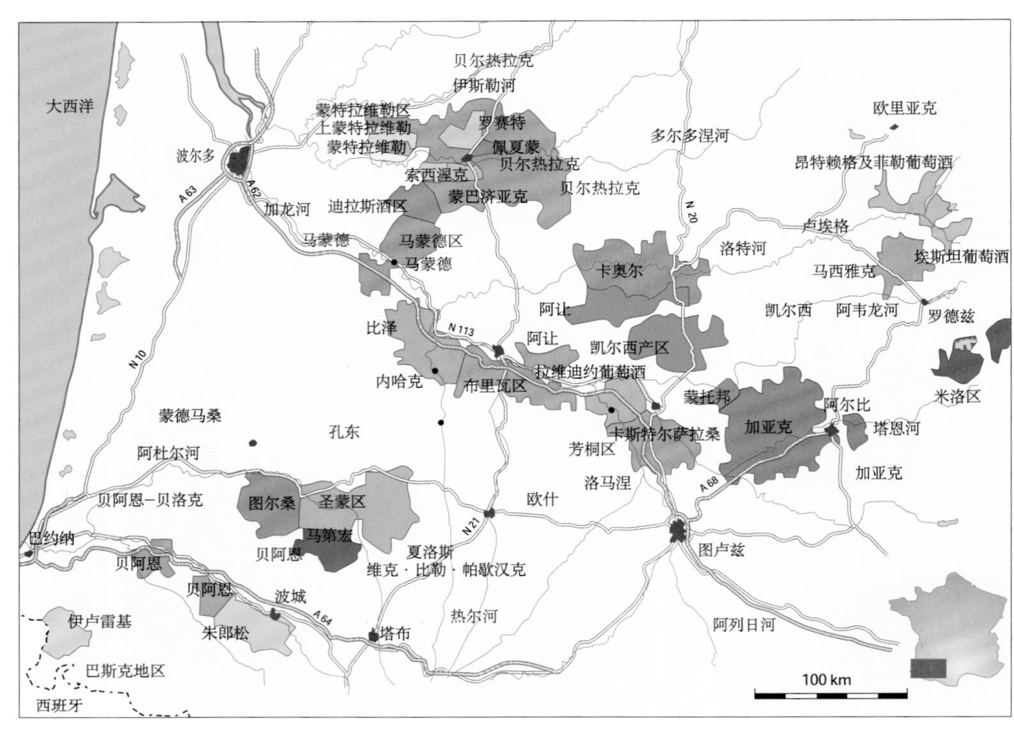

这条天然的商业通道，它们所出产的葡萄酒从这里经由波尔多一直运往海边。遗憾的是在12世纪中叶，埃莉诺阿基坦（Aliénor d´Aquitaine）给予了波尔多葡萄酒极大的特权［直到1761年时才被杜尔哥（Turgot）废除］。这一特权限制了葡萄酒的买卖，波尔多人将西南产区的葡萄酒轻蔑地归类为“高地葡萄酒”，在那时只有波尔多的葡萄酒才能在本地进行交易。

鳞次栉比却不尽相同的产区

西南产区宛如一幅真正的马赛克图画，40多个不同的小产区分散在10个大分区之内，在地理上没有统一性，葡萄品种、风土条件和葡萄酒的特点更是多种多样。只有2条线索以某种特定的方式将它们串联了起来。气候：来自于地中海或大西洋的海洋性气候的影响整体表现为温度适中，春季雨水丰沛，夏季炎热，晚秋时节光照充足，有利于葡萄的成熟。历史：所有西南地区的葡萄酒产区都曾经历了若干个世纪的辉煌期，它们蜚声海外，但一切也都因根瘤蚜虫病的破坏而毁于一旦。从20世纪70年代起，它们开始了复兴。如今，大量葡萄酒都出产于酿酒合作社，其中大部分来自于不同的原产地监控命名产区。

贝尔热拉克（Bergeracois）

贝尔热拉克是西南地区最大的葡萄酒产区，面积12400公顷，位于佩里戈尔（Périgord）的腹地，环绕着贝尔热拉克市。它与波尔多近在咫尺的距离，极为相似的风土条件，相同的葡萄

• 贝尔热拉克（BERGERACOIS）
贝尔热拉克（BERGERAC）
贝尔热拉克桃红葡萄酒（BERGERAC ROSÉ）
贝尔热拉克干型葡萄酒（BERGERAC SEC）
贝尔热拉克区白葡萄酒（CÔTES-DE-BERGERAC BLANC）
贝尔热拉克区红葡萄酒（CÔTES-DE-BERGERAC ROUGE）
蒙特拉维勒区（CÔTES-DE-MONTRAVEL）
上蒙特拉维勒（HAUT-MONTRAVEL）
蒙巴济亚克（MONBAZILLAC）
蒙特拉维勒（MONTRAVEL）
佩夏蒙（PÉCHARMANT）
罗赛特（ROSETTE）
索西涅克（SAUSSIGNAC）
• 马蒙德（MARMANDAIS）
迪拉斯酒区（CÔTES-DE-DURAS）
马蒙德区（CÔTES-DU-MARMANDAIS）
• 阿让（AGENAIS）
比泽（BUZET）
布里瓦区（CÔTES-DU-BRULHOIS）(优良地区餐酒 AOVDQS)
• 洛马涅（LOMAGNE）
芳桐区（CÔTES-DU-FRONTONNAIS）
芳桐区-芳桐（CÔTES-DU-FRONTONNAIS FRONTON）
芳桐区-维拉德里克（CÔTES-DU-FRONTONNAIS VILLAUDRIC）
拉维迪约葡萄酒（VINS DE LAVILLEDIEU）（优良地区餐酒 AOVDQS）
• 凯尔西（QUERCY）
卡奥尔（CAHORS）
凯尔西产区（COTEAUX-DU-QUERCY）（优良地区餐酒 AOVDQS）

• 加亚克（GAILLACOIS）
加亚克（GAILLAC）
加亚克甜葡萄酒（GAILLAC DOUX）
加亚克气泡酒（GAILLAC MOUSSEUX）
加亚克首丘（GAILLAC PREMIÈRES CÔTES）
• 卢埃格（ROUERGUE）
米洛区（CÔTES-DE-MILLAU）（优良地区餐酒 AOVDQS）
马西雅克（MARCILLAC）
昂特赖格及菲勒葡萄酒（VINS D´ENTRAYGUES ET DU FEL）（优良地区餐酒 AOVDQS）
埃斯坦葡萄酒（VINS D´ESTAING）（优良地区餐酒 AOVDQS）
• 夏洛斯（CHALOSSE）
圣蒙区（CÔTES-DE-SAINT-MONT）（优良地区餐酒 AOVDQS）
马第宏（MADIRAN）
维克-比勒-帕歇汉克（PACHERENC-DU-VIC-BILH）
图尔桑（TURSAN）（优良地区餐酒 AOVDQS）
• 贝阿恩（BÉARN）
贝阿恩（BÉARN）
贝阿恩-贝洛克（BÉARN-BELLOCQ）
朱朗松（JURANÇON）
朱朗松干型葡萄酒（JURANÇON SEC）
• 巴斯克地区（PAYS BASQUE）
伊卢雷基（IROULÉGUY）

品种（红葡萄品种：赤霞珠、品丽珠、美乐、马贝克；白葡萄酒品种：长相思、赛美蓉和密思卡岱）使得这里的葡萄酒也与波尔多如出一辙。贝尔热拉克的13个产区出产各种类型的葡萄酒：桃红葡萄酒（贝尔热拉克桃红酒 Bergerac Rosé）、红葡萄酒［贝尔热拉克红葡萄酒、贝尔热拉克区红葡萄酒、佩夏蒙（Pécharmant）、蒙特拉维勒（Montravel）］、干白葡萄酒（贝尔热拉克干白葡萄酒、蒙特拉维勒白葡萄酒）、甜型葡萄酒［贝尔热拉克区白葡萄酒、蒙特拉维勒区（Côtes-de-Montravel）、上蒙特拉维勒（Haut-Montravel）、罗赛特（Rosette）和索西涅克（Saussignac）］以及著名的法国超甜型葡萄酒第一大产区蒙巴济亚克出产的超甜型葡萄酒。这个产区曾经广受大众诟病，但在一群充满热情的葡萄酒农的共同努力下，它已经逐渐重拾旧日雄风。

马蒙德（Marmandais）

由于紧邻纪龙德河的首府波尔多，马蒙德产区的葡萄酒在很大程度上受到它的影响。这个产区包含了迪拉斯酒区（Côtes-de-Duras）和马蒙德区（Côtes-du-Marmandais）两部分。前者出产辛辣的红葡萄酒、果味浓郁，个性突出的桃红葡萄酒、果香型干白葡萄酒以及延迟采收或贵腐霉甜型葡萄酒。后者则主要使用西南产区本地的特色葡萄品种，例如红葡萄品种费尔-塞瓦都（Fer-Servadou）和阿布丽由（Abouriou）、白葡萄品种白玉霓（Ugni），这里以出产红葡萄酒为主，从最浓郁到最清淡，一应俱全。

阿让（Agenais）

沿加龙河逆流而上就来到了阿让地区和它下辖的2个产区：比泽（Buzet）和布里瓦区（Côtes-de-Brulhois）。位于百伊斯河（Baïse）两岸的比泽是加

Tips

拉维迪约（Lavilledieu）：一个复苏中的优质地区餐酒产区和一些被遗忘的葡萄品种

这个几乎鲜为人知的产区位于蒙托邦市（Montauban）以西，塔恩河（Tarn）和加龙河（Garonne）之间，面积为150公顷。它是芳桐产区的延续，因此也种植聂格列特（Négrette）。1947年，这里被评定为优良地区餐酒产区，并重新开始了普通餐酒的生产。

1994年时，一个出生在本地的酿酒师吉尔• 贝纳可（Gil Bénac）开始了一系列的改革，他建立了气象站、实施了理性种植，与先进的酿酒工艺学实验室合作，采取综合治理的方法，实验性地种植了一些不知名的葡萄品种……改革的成果很快显露出来，一系列全新的葡萄酒应运而生：绿白葡萄酿造出的白葡萄酒香气不很明显，清爽而内敛，酒精度较低；布汉娜拉（Prunelard）酿造的葡萄酒香料气息浓郁，强劲有力，它所带有的胡椒气味和充满果香的尾韵常会令人想起丹那或西拉；米尔格哈内（Milgranet）是一个高产的葡萄品种，用它酿造的葡萄酒有着令人难以置信的迷人香气，草莓味充斥其间并伴有充满胡椒香气的尾韵。

▲波城（Pau）附近的葡萄酒产区出产著名的朱朗松（Jurançon）甜型葡萄酒。

龙河一带最古老的葡萄酒产区。这里所使用的葡萄品种与波尔多相同，但酿酒合作社的专业技能和他们对产区风土条件的深入了解，造就了当地葡萄酒完全不同于波尔多的个性特征。得益于法国南部鲜明的气候条件的影响，占阿让地区总产量95%的红葡萄强劲而浑厚。在比泽产区的延长线上就是布里瓦区，它位于雷哈克村（Layrac）附近被加龙河一分为二的两块不同的风土之上。这里出产由梅多克地区和当地特色葡萄品种（马贝克和费尔-塞瓦都）酿造的三种颜色的葡萄酒。其中，红葡萄酒强健紧实，耐久藏，在中世纪时就广为人知，被称作“布里瓦黑葡萄酒”。

洛马涅（Lomagne）

芳桐产区［也被称为芳桐区（Côtes du Frontonnais）］位于塔恩河（Tarn）和加龙河之间的冲积层阶地上，这种贫瘠的土壤有利于当地葡萄品种聂格列特（Négrette）的生长。聂格列特是在近千年以前由圣殿骑士团从塞浦路斯引入法国的，用它酿造的红葡萄酒个性突出带有牡丹以及熟透的黑色水果的香气，微苦，酸度较低，更适合在年轻时饮用。

凯尔西（Quercy）

这里是卡奥尔葡萄酒的王国。这种葡萄酒在英国备受推崇（也被称为卡奥尔黑葡萄酒），东正教教堂将它用作弥撒酒，而俄罗斯人则试图在黑海岸边的克里米亚（Crimée）效仿卡奥尔生产同样的葡萄酒，并把它称作“卡奥斯夸艾”（Caorskoié）。卡奥尔只出产红葡萄酒，以突出的特色和较长的陈年潜质著称。这两个特点都源于葡萄所生长的石灰质土壤和欧塞瓦这个葡萄品种自身的特性。欧塞瓦在波尔多被称为马贝克，在卢瓦尔河谷被称为高特，用它酿造出的葡萄酒颜色深浓，呈石榴红甚至偏黑色，单宁丰富，年轻时期显露出黑色水果和香料的气息，陈年后则带有黑松露的味道。

加亚克（Gaillacois）

覆盖了塔恩河两岸2000多公顷土地的加亚克是西南地区历史最悠久、面积最大的葡萄酒产区之一。使整个产区名垂青史的是这里的珍珠低气泡酒（Vin Blanc Perlé）。加亚克采用两种土著葡萄品种莫扎克和达得勒侬（Len-de-l´el）酿造出了各种各样的白葡萄酒，如干型、甜型，还有采用传统酿造法或加亚克法（自然发酵）生产的珍珠低气泡酒和气泡酒。这里也出产黄葡萄酒、新酒以及红葡萄酒。以法定葡萄品种迪拉斯（Duras）和西拉为原料酿造的红葡萄酒颜色较深，酒体结实，具有陈年潜质；以费尔-塞瓦都（Fer-Servadou）、美乐和加本纳酿造的红葡萄酒则圆润柔和，果香馥郁，适合年轻时饮用。

创新之路

在卡奥尔土生土长的泽维尔•考柏乐（Xavier Copel）在1996年说服了几个葡萄酒农，让他们将一部分收成卖给他，然后他再以自己的方式进行酿造。普利莫巴拉丹（Primo Palatum）公司就此诞生，它既是中间商，又出产品质上乘的葡萄酒。它的运营方式更偏向于一个经营着自己酒庄的生产商，而并非一个传统的装瓶酒商（Négociant-éleveur）。它在每一个产区只选择一个葡萄酒农，并与他们建立起长期合作关系，这个酒农的葡萄园必须处在当地最好的风土之上。

卢埃格（Rouergue）

位于西南产区最东边的卢埃格包含了4个次级产区。昂特赖格（Entraygues）、埃斯坦（d´Estaing）和米约产区（Côtes-de-Millau），出产三个颜色的葡萄酒，风格相近，醇美迷人，易于饮用，但不同年份之间的差异较大。马西雅克（Marcillac）位于洛特河（Lot）的支流杜尔度河（Dourdou）一带，盛产用芒索瓦（Mansoi）酿造的红葡萄酒。这种葡萄酒个性独特，非常传统，既适合年轻时饮用，也具有一定的陈年潜质。

夏洛斯（Chalosse）

加龙河盆地在这里让位于阿杜尔（Adour）盆地。夏洛斯地区包含了马第宏（Madiran）、帕歇汉克（Pacherenc）、圣蒙区（Côtes-de-Saint-Mont）和图尔桑（Tursan）四个次级产区。其中，马第宏产区位于比利牛斯山脚下的黏土质阶地上，这里长期以来一直生产用于供给圣雅克-德-孔波斯特拉（Saint-Jacques-de-Compostelle）朝圣者的葡萄酒。这款以葡萄之王丹那酿造的红葡萄酒，成为了这个位于卡奥尔以东的产区的标志性产品。它颜色深浓，单宁强劲，需要经过较长时间

▲蒙巴济亚克（Monbazillac）出产的超甜型葡萄酒早已经蜚声海外。

的陈年才能进入适饮期。维克-比勒-帕歇汉克葡萄酒（Pacherenc-du-vic-bilh）产自与它同名的产区，是一款由当地特有的葡萄品种阿修菲亚克（Arrufiac）酿造的白葡萄酒。它香气复杂，陈年潜力好，根据年份不同会出产甜白和干白两种不同类型的产品。在加斯科涅（Gascogne）的腹地，与以上两个产区比邻的是圣蒙区（Côtes-de-Saint-Mont）。这里的葡萄园都位于阿杜尔（Adour）河旁突出的丘陵侧翼上。这里使用丹那来搭配波尔多的葡萄品种，为的是塑造葡萄酒的独特个性，加强它的单宁。除此以外，当地还出产能够呈现出风土条件的鲜明特征的白葡萄酒。大部分葡萄酒都是由普莱蒙生产商（Plaimont Producteurs）酿造的，使用的是在“圣西尔维斯特（除夕）采收”（Vendanges de la Saint-Sylvestre）中所获得的葡萄。朗德省（Landes）的图尔桑（Tursan）所出产的白葡萄酒非常有名，占了整体产量的一半。它最大的特点就是来自于一种当地罕有的原始葡萄品种的无可比拟的香气。

贝阿恩（Béarn）

在历史故事中，亨利四世的洗礼是用一瓣蒜和一滴朱朗松葡萄酒来完成的。在现实生活中，朱朗松葡萄酒因它卓越的品质而为人称道。这个产区位于波城附近海拔300米的圆砾岩土壤（富含鹅卵石的硅质黏土）之上，只出产白葡萄酒——朱朗松白葡萄酒（甜型）和朱朗松干型葡萄酒（干白），所采用的葡萄品种以大满胜、小满胜和古尔（Courbu）为主。这里的超甜型葡萄酒有着丰满的香气和较长的陈年潜质，被誉为法国最好的超甜型葡萄酒之一。但实际上，清淡的干白葡萄酒在整个产区的出产量中却占了更大的比例（75%）。

巴斯克地区（Pays Basque）

在距法国和西班牙边境不远的地方便是伊卢雷基（Irouléguy）产区，它是在隆塞沃（Ronceveaux）修道院僧侣们的推动下形成的。现如今葡萄园面积200公顷，产量为40万升。鉴于这里的葡萄园都位于圣艾蒂安-巴伊格利（Saint-Étienne-de-Baigorry）一带山坡的阶地上，所以会受到与众不同的微气候的影响，主要体现为干热的焚风。用丹那酿造的红葡萄酒基本都是由酿酒合作社生产的，颜色呈深浓的紫红色，香气粗犷，结构良好，陈年潜质佳。这个位于山中的产区还出产新鲜易饮的桃红葡萄酒和白葡萄酒。

▲马第宏产区曾为圣雅克-德-孔波斯特拉（Saint-Jacques-de-Compostelle）的朝圣者们提供葡萄酒。

精挑细选

• **贝尔热拉克**

卢克德康帝酒庄（LUC DE CONTI）

拉图尚德（la Tour des Genders）的魔术师。

05 53 57 12 43

杜布洛瓦庄园（CHÂTEAU DU BLOY）

蒙特拉维勒地区的新酒庄。

05 53 22 47 87

• **马蒙德**

小马勒霍梅酒庄（DOMAINE DU PETIT MALROMÉ）

出产迪拉斯酒区红葡萄酒和白葡萄酒，传统而精妙。

05 53 89 01 44

• **阿让**

比泽酒农（LES VIGNERONS DE BUZET）

05 53 84 74 30 www. vignerons-buzet.fr

• **洛马涅**

罗若克酒庄（DOMAINE LE ROC）

该产区的代表性酒庄。

05 61 82 93 90

• 凯尔西

雪松庄园（Château du Cèdre）

卡奥尔的首席酒庄。

📞 05 65 36 53 87

• 加亚克

珍纳特酒庄（DOMAINE DE GINESTE）

产区内一个全新但却经典的酒庄，盛产浓郁型葡萄酒。

📞 05 63 33 03 18

• 夏洛斯

柏杜米欧酒庄（DOMAINE BERTHOUMIEU）

这里出产纯正的马第宏葡萄酒和维克-比勒-帕歇汉克葡萄酒。

📞 05 62 69 74 05

普利莫巴拉丹（PRIMO PALATUM）/泽维尔• 考柏乐（XAVIER COPEL）

一个颠覆了传统酒商形象的酒庄。

📞 05 56 71 39 39

普莱蒙生产商（LES PRODUCTEURS PLAIMONT）

出产圣蒙区葡萄酒。

📞 05 62 69 62 87

• 贝阿恩

拉贝尔园（CLOS LAPEYRE）

出产朱朗松干型和甜型葡萄酒。

📞 05 59 21 50 80

• 巴斯克地区

阿海泽亚酒庄（DOMAINE ARRETZEA）

📞 05 59 37 33 67

伊卢雷基葡萄酒合作社（COOPÉRATIVE DES VINS D´IROULÉGUY）

📞 05 59 37 41 33

欲获取更多信息

伯努瓦·弗朗斯（Benoît France）. 法国葡萄园地图册. 索拉出版社（Solar），2002.

西南地区葡萄酒行业委员会（CIVSO），包含了西南产区的大部分葡萄酒。

卢瓦尔河谷

魅力不可挡的葡萄酒

葡萄田面积：53000公顷（原产地监控命名产区）*

产量：2.9亿升原产地监控命名酒、2140万升地区餐酒级红葡萄酒、2510万升地区餐酒级白葡萄酒和680万升地区餐酒级桃红葡萄酒

红葡萄酒和桃红葡萄酒：45%

白葡萄酒：55%

地区：南特产区（Pays Nantais）、安茹（Anjou）和索穆尔（Saumurois）、都兰（Touraine）、中央-卢瓦尔（Centre-Loire）、奥弗涅（Auvergne）

主要白葡萄品种：勃艮第香瓜（Melon de Bourgogne）、诗南、白福儿（Folle Blanche）、霞多丽、长相思

主要红葡萄品种：品丽珠、佳美、高特、（也称马贝克）、果若（Grolleau）、黑品乐

（*资料来源于国家葡萄酒行业局ONIVINS：原产地监控命名产区/2003；地区餐酒/2001）

卢瓦尔河沿岸的葡萄酒产区并不是全部连接在一起的。它们中的每一个都融入在自然风景之中，如梦如幻。从大西洋的入海口到中央高原河流的发源地，卢瓦尔河滋养着这片充满魅力的产区，赋予葡萄酒前所未有的清爽感。

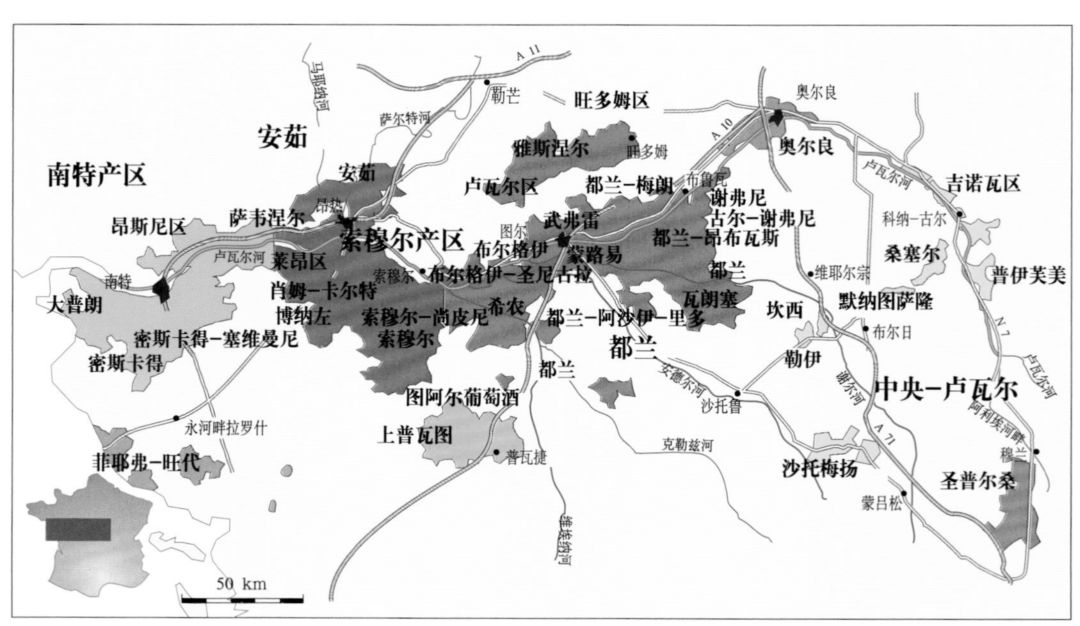

产区名号

卢瓦尔河谷出产大量的法兰西庭园地区餐酒（Jardin de la France）。

• 南特产区（PAYS NANTAIS）

昂斯尼区（COTEAUX-D´ANCENIS）（优良地区餐酒）

南特区大普朗（GROS-PLANT DU PAYS NANTAIS）（优良地区餐酒）

密斯卡得（MUSCADET）

密斯卡得-卢瓦尔酒区（MUSCADET-COTEAUX-DE-LA-LOIRE）

密斯卡得-格兰里奥（MUSCADET-CÔTES-DE-GRAND-LIEU）

密斯卡得-塞维曼尼（MUSCADET-SÈVRE-ET-MAINE）

• 安茹和索穆尔（ANJOU ET SAUMUROIS）

安茹（ANJOU）

安茹气泡酒（ANJOU MOUSSEUX）

安茹低气泡酒（ANJOU PÉTILLANT）

安茹卢瓦尔酒区（ANJOU-COTEAUX-DE-LA-LOIRE）

安茹佳美（ANJOU-GAMAY）

安茹村庄（ANJOU-VILLAGES）

安茹村庄-布里萨克（ANJOU-VILLAGES-BRISSAC）

博纳左（BONNEZEAUX）

安茹-解百纳桃红酒（CABERNET-D´ANJOU）

索穆尔-解百纳桃红酒（CABERNET-DE-SAUMUR）

莱昂-肖姆一级葡萄园（CHAUME PREMIER CRU DES COTEAUX-DU-LAYON）

奥班斯区（COTEAUX-DE-L´AUBANCE）

索穆尔区（COTEAUX-DE-SAUMUR）

莱昂区（COTEAUX-DU-LAYON）

肖姆-卡尔特（QUARTS-DE-CHAUME）

安茹桃红（ROSÉ-D´ANJOU）

安茹桃红低气泡酒（ROSÉ-D´ANJOU PÉTILLANT）

索穆尔（SAUMUR）

索穆尔气泡酒（SAUMUR MOUSSEUX）

索穆尔低气泡酒（SAUMUR PÉTILLANT）

索穆尔-尚皮尼（SAUMUR-CHAMPIGNY）

萨韦涅尔（SAVENNIÈRES）

萨韦涅尔-塞朗-古列（SAVENNIÈRES COULÉE-DE-SERRANT）

萨韦涅尔-罗什莫恩（SAVENNIÈRES ROCHE-AUX-MOINES）

• 都兰（TOURAINE）

布尔格伊（BOURGUEIL）

谢弗尼（CHEVERNY）

希农（CHINON）

卢瓦尔区（COTEAUX-DU-LOIR）

旺多姆区（COTEAUX-DU-VENDÔMOIS）

古尔-谢弗尼（COUR-CHEVERNY）

雅斯涅尔（JASNIÈRES）

蒙路易（MONTLOUIS）

蒙路易气泡酒（MONTLOUIS MOUSSEUX）

蒙路易低气泡酒（MONTLOUIS PÉTILLANT）

布尔格伊-圣尼古拉（SAINT-NICOLAS-DE-BOURGUEIL）

都兰（TOURAINE）

都兰气泡酒（TOURAINE MOUSSEUX）

都兰低气泡酒（TOURAINE PÉTILLANT）

都兰-昂布瓦斯（TOURAINE-AMBOISE）

都兰-阿沙伊-里多（TOURAINE-AZAY-LE-RIDEAU）

都兰-梅朗（TOURAINE-MESLAND）

都兰-诺伯勒-儒埃（TOURAINE-NOBLE-JOUÉ）

瓦朗塞（VALENÇAY）（优良地区餐酒）

武弗雷（VOUVRAY）
武弗雷气泡酒（VOUVRAY MOUSSEUX）
武弗雷低气泡酒（VOUVRAY PÉTILLANT）
• 安茹、索穆尔及都兰（ANJOU, SAUMUROIS ET TOURAINE）
卢瓦尔气泡酒（CRÉMANT-DE-LOIRE）
卢瓦尔桃红（ROSÉ-DE-LOIRE）
• 中央-卢瓦尔（CENTRE-LOIRE）
沙托梅扬（CHÂTEAUMEILLANT）（优良地区餐酒）
吉诺瓦区（COTEAUX-DU-GIENNOIS）
默纳图萨隆（MENETOU-SALON）
奥尔良（ORLÉANS）（优良地区餐酒）
奥尔良-克雷希（ORLÉANS-CLÉRY）
普伊芙美（POUI LLY-FUMÉ）
卢瓦尔河畔普伊产区（POUI LLY-SUR-LOIRE）
坎西（QUINCY）
勒伊（REUILLY）
桑塞尔（SANCERRE）
• 奥弗涅（AUVERGNE）
罗阿纳产区（CÔTE-ROANNAISE）
奥弗涅区（CÔTES-D´AUVERGNE）（优良地区餐酒）
福雷酒区（CÔTES-DU-FOREZ）
圣普尔桑（SAINT-POURÇAIN）（优良地区餐酒）

人们经常将卢瓦尔河谷、旺代省（Vendée）[菲耶弗-旺代产区（Fiefs-Vendéens）]和普瓦图（Poitou）[上普瓦图产区（Haut-Poitou）]归并在一起。

Tips

老藤与冷门葡萄品种

都兰地区的名人亨利·马西奥内（Henry Marionnet）在20世纪80年代因为用佳美酿造出了一款清爽度超越博若莱葡萄酒的新酒而名声大噪。从那时开始，他就不停地寻觅一些葡萄老藤并保护它们免于被拔除。另外，他还酿造出了布兹佳美（Gamay de Bouze），这是一种被禁止的染色品种。要销售带有这个名字的葡萄酒一定要有足够的信心，当然它只能出现在地区餐酒的酒标上。采用如此无与伦比的葡萄品种和酿造方式生产出的葡萄酒显得质朴而传统。亨利·马西奥内还挽救了罗莫朗坦（Romorantin），使它免于被接枝，也就是说不把它嫁接在砧木上。这些树龄超过150年的葡萄树树姿十分优美，有着巨大的弯曲度。令人惊奇的是它们的产量非常平稳，而且还能够抵抗一些年轻植株所惧怕的病虫害。用老藤结出的果实酿造的葡萄酒颜色金黄，香气浓郁，带有明显的油脂感。

▲雷河畔马勒伊（Mareuil-sur-Lay）是出产菲耶弗-旺代（Fiefs-Vendéens）葡萄酒的4个产区之一。这款葡萄酒适合年轻时饮用，清爽、果香浓郁。

现如今在都兰地区的葡萄园依然能够见到圣马丁的形象，是他在公元4世纪末在图尔（Tours）附近，也就是现在的武弗雷一带，创建了马穆提（Marmoutier）修道院并开垦了一片葡萄园。而其他几个产区的发展也都与宗教团体有着直接的关系，例如在公元12世纪时，安茹伯爵亨利二世普朗塔热内（Henri II Plantagenêt）成为英国国王，整个安茹地区就因此而受益。从这里可以沿卢瓦尔河顺流而下直到大西洋，鉴于这样便利的交通条件，当地的葡萄酒很快就出口到英国和荷兰，或是经由奥尔良被运往巴黎。水陆运输的不确定性常常会危害到葡萄酒的品质，人们会在奥尔良将那些因为变质而难于售出的葡萄酒从船上卸下，于是这里就成为了酒醋的生产中心。接下来，文艺复兴时期的繁盛使布鲁瓦（Blois）和舍农索（Chenonceaux）一带的葡萄园迎来了一片欣欣向荣的景象。19世纪末的根瘤蚜虫病灾害造成了葡萄树的大量死亡。在那之后，酒农们只重建了一部分葡萄园，此时，他们更倾向于品质而非数量。

酒泥陈酿

这一传统要追溯至公元19世纪，那时葡萄酒农总要保留一大桶当年最好的葡萄酒，以便日后在家族的重大庆典上使用。这些好似中国的“女儿红”一般的葡萄酒，由于未经过滤，所以口感既丰盈又清新。

干白葡萄酒的王国

南特产区是卢瓦尔河谷西边的起点，紧邻大西洋。在温和的海洋性气候的影响下，这里成为了干白葡萄酒的王国，这种葡萄酒用以搭配海鲜及贝类最为合适。当地盛产两款密斯卡得（Muscadet）葡萄酒：第一种是由勃艮第香瓜（Melon de Bourgogne）所酿造的，这在其他地区比较少见，这款葡萄酒通常为干型，内敛，酸度低，与卢瓦尔河谷其他地区以清新鲜活为特色的葡萄酒大为不同。另外一种由于经常会带酒泥陈酿，因此会含有少量二氧化碳，增加了酒的清爽感。良好的风土条件，再加上葡萄酒农们强调品质的酿造态度，南特产区的密斯卡得总是能达到极高的水平并具有较长的陈年潜质。

南特的另外一个代表性产区是大普朗（Gros-plant）。采用白福儿酿造的干白葡萄酒是海鲜的最佳搭配。它的产量相当有限，最好在当年内饮用。

变化无穷

产区的风景在接近安茹的地方陡然改变。葡萄园生长在卢瓦尔河边的岩石土壤上，河的右岸出产大量的萨韦涅尔（Savennières）及萨韦涅尔-塞朗-古列（Savennières Coulée-de-Serrant）干白葡萄酒。同时，葡萄园也越来越多的延伸到河流的左岸，这里的葡萄酒种类繁多：莱昂区（Coteaux-du-Layon）和奥班斯区（Coteaux-de-l´Aubance）、博纳左（Bonnezeaux）和肖姆-卡尔特（Quarts-de-Chaume）、索穆尔（Saumur）、索穆尔区（Coteaux-de-Saumur）和索穆尔-尚皮尼（Saumur-Champigny）、安茹、安茹村庄 Anjou-Villages）和安茹村庄-布里萨克（Anjou-Villages-Brissac）。

想要了解这种多样性，我们首先要从这一地区的中心城市昂热（Angers）说起，这里是中世纪的要塞，土地由两种颜色的石头组成。东部直到索穆尔的这一段都是以石灰质土壤为主这与以石灰华为主导的都兰产区非常相似；而河流西边的一部分为黑色的页岩土壤，会让人联想到布列塔尼（Bretagne）。

这里是白诗南的王国，是用卢瓦尔河最经典的葡萄品种酿造出的最经典的白葡萄酒，其他地区很少有同类葡萄酒能与它媲美。从莱昂一路向东南方直到博纳左（Bonnezeaux），这中间所覆盖的产区盛产细腻非

Tips

世界人类遗产

2000年，卢瓦尔河谷从卢瓦尔河畔叙利（Sully-sur-Loire）到卢瓦尔河畔沙洛那（Chalonnes-sur-Loire）之间的一段被联合国教科文组织（UNESCO）认定为世界人类遗产。

葡萄酒与文学

七星诗社（La Pléiade）的作品不但赞颂了法兰西后花园的幸福生活，也是献给巴克斯（Bacchus）的圣歌。被誉为“诗歌王子”的皮埃尔•德龙萨（Pierre de Ronsard）出生于旺多姆（Vendômois），1549年时他在自己的作品《阿可伊之旅》中写道：九次以珈桑德拉的名义/我将九次举起/瓶中的葡萄酒/为了将她名字中的九个字/饮入记忆中九次。更为质朴的是出生于都兰地区的弗朗索瓦•拉伯雷（François Rabelais），他在1552年出版的《巨人传第四部》中狂热地表达了对葡萄酒的热爱以及自己作为一个希农人的骄傲之情：“我知道希农的所在，也知道它美丽的古老酒窖。在那里，我畅饮了无数佳酿。”

凡的甜白葡萄酒。肖姆-卡尔特（Quarts-de-Chaume）葡萄酒兼具细腻与力度。该产区之所以得到这个名字是因为当地的一位庄园主每年都会从他的佃农手中抽取四分之一的收成。沿卢瓦尔河逆流而上就来到了奥班斯区（Coteaux-de-l´Aubance），这里所生产的葡萄酒与莱昂区十分相近，但又多了一些矿物质的味道。再往东，页岩土壤逐渐被石灰质的土壤所取代，位于此地的索穆尔产区盛产丝滑的果香型红葡萄酒，以及充满矿物质味道的干白葡萄酒，其中包含了平静酒、低气泡酒、气泡酒、干型及半干型等诸多品类。最完美展现当地风土条件的葡萄酒还要数著名的索穆尔-尚皮尼（Saumur-Champigny）：用加本纳酿造的红葡萄酒个性突出、陈年潜力好。

▲诺瑟城堡（Château du Nozet）附近的葡萄园隶属于普伊芙美（Pouilly-Fumé）产区。

难以颠覆的白葡萄酒

丰特莱（Fontevraud）以及这里著名的中世纪建筑杰作皇家修道院成为了划分安茹，更确切地说是索穆尔和都兰的界线。位于卢瓦尔河左岸，在它与维埃纳河（La Vienne）之间的希农产区（Chinon）出产优质的品丽珠，在当地也被称为“布莱顿”（Breton）。然而这个名字跟布列塔尼毫无关系，正如拉伯雷在《巨人传》中所提到的那样：“布莱顿并非存在于布列塔尼，它生长在维龙地区（Véron）。”与希农隔河相望的右岸缓坡上同样种植着品丽珠，这里是布尔格伊（Bourgueil）和布尔格伊-圣尼古拉（Saint-Nicolas-de-Bourgueil）的所在地。他们与希农葡萄酒的风格相近，但会显得更为新鲜和清爽。

继续沿着卢瓦尔河前行就来到了武弗雷产区，这里只出产白葡萄酒：从最干的到最甜的；从清爽的低气泡酒到真正的传统气泡酒，应有尽有。采用种植于石灰华土壤上的白诗南为原料是武弗雷葡萄酒的一大特性。花香、矿物质味、永远富有活力，陈年后口感更佳。那些产于较差年份的葡萄酒在年轻时口感过于刺激，需要陈放10年左右才能使它的酸度变得柔和。这里也出产上好的气泡酒。即使年份非常好的葡萄酒也需要在陈年后才能尽展魅力。只要储存的环境足够凉爽，几乎所有的武弗雷葡萄酒都可以长时间存放，酸度却丝毫不会被破坏。例如，1989年和1990年的葡萄酒才刚刚进入适饮期，而富有传奇色彩的1947年的葡萄酒依然活力十足。

在武弗雷的对面，也就是河的左岸坐落着蒙路易（Montlouis）产区，它

▲桑塞尔（Sancerre）出产采用长相思酿造的白葡萄酒。

与武弗雷就像一对近亲：其实上在原产地监控命名制度创立以前，这两个产区的确很少被区分开来。但蒙路易更为清新的风土条件使得这里的葡萄酒偏于细腻，没那么强劲。

沿卢瓦尔河向布鲁瓦（Blois）方向前进，景致依旧，但葡萄酒的风格却有很大变化。在大西洋影响下的温和气候逐渐转变为大陆性气候。红葡萄酒柔和且富有果香。高特、品丽珠、黑品乐既可单独酿酒也可以混合调配，而佳美则更像一个独行侠。每年用它酿造的卢瓦尔河新酒清爽宜人，完全可以与博若莱新酒相媲美。

这里除了白诗南，还会使用霞多丽，特别是长相思来酿造白葡萄酒，它的清爽、活力及黄杨和番茄嫩芽的香气举世闻名。100%的长相思白葡萄酒是都兰产区的一大特色。

葡萄之王长相思的主要产区位于卢瓦尔河更上游偏南的地方，更靠近河流的源头。隔河相望的普伊产区（Pouilly）与桑塞尔（Sancerre）都出产用长相思酿造的葡萄酒。直到19世纪末，桑塞尔地区的红葡萄酒都比白葡萄酒更出名，但长相思的出现改变了这种局面。石灰质的山坡风景宜人，出产的芳香型干白葡萄酒远销世界各地。其中最优质的产品香气丰富，酒体集中，有着浓郁的矿物质味道。

富有创新精神的酒农

旺代地区的蒂耶里·米颂（Thierry Michon）、都兰的普兹拉（Puzelat）兄弟以及维埃纳的费德里克·布洛舍（Frédéric Brochet）并不热衷于原产地监控命名产区的资质，他们游走于产区法规之外，并不严格遵循那些相关的条例。他们所生产的葡萄酒被列为地区餐酒，甚至是普通餐酒，但却受到许多葡萄酒爱好者的青睐。

雅克·皮塞（Jacques Puisais），人文主义酿酒师

许多人认识这个都兰人是通过他在学校中所教授的关于味道的课程以及他与卢卡斯·卡顿餐厅（Lucas-Carton）主厨阿兰·桑德润（Alain Senderens）所共同组织的"美味"活动。这些活动旨在从口味和质地的角度来进行餐酒搭配。但很少有人知道他其实是一位酿酒师并且一直管理着图尔酿酒工艺学实验室。在这里，他始终鼓励卢瓦尔河一带的酿酒者们返璞归真，回归到祖辈们所使用的简单的酿造工艺中去，并根据不同的年份条件因地制宜。经由他培训出来的从业人员和葡萄酒爱好者人数众多，所有他曾经介绍过的葡萄酒都在这些人心中留下了深刻的印象。雅克总是说："透过一款葡萄酒应该能看到的是它所出产的地方和酿酒师的个性"。

Tips

双重荣誉

以出产红葡萄酒为主的瓦朗塞（Valençay）产区在2003年被列入到原产地监控命名体系中。同时，这里所出产的同名的灰白色羊奶奶酪使得它成为了第一个获得国家原产地命名管理局（INAO）双重认证的地区。

尼古拉·若力（Nicolas Joly）：生物动力法先驱

在法国葡萄种植业广泛应用的生物动力法最早诞生于昂热附近的萨韦涅尔。当尼古拉·若力（Nicolas Joly）接手了家族式的赛宏河坡酒庄（Coulée de Serrant）之后，他弃用了化学品，转而应用了斯坦纳（Steiner）的相关理论。他与阿尔萨斯的奥利维耶·鸿布列什（Olivier Humbrecht）、布根地的安娜克劳德·乐富来沃（Anne-Claude Leflaive）和皮埃尔·莫雷（Pierre Morey）、新教皇城堡地区的菲利普杜华·德布里克盖（Philippe du Roy de Blicquy）等一些同行一起成立了一个质量宪章组织，将那些与他们志同道合的置身于原产地监控命名体系之外的酒庄联合在一起。这个协会也接收外国酿酒师。

▲萨韦涅尔地区的两个酒园之一——拉莫石（Domaine de la Roche-aux-Moines）是白诗南的王国。

温和的气候

在卢瓦尔河的右岸，发源自贝赫驰（Perche）丘陵地带的小卢瓦尔河（Loir）（注：在法文中与卢瓦尔河同音）的河水汇入到萨尔特河（Sarthe）和曼恩河（Maine）中。它的水道或多或少与卢瓦尔河相平行，由东至西重塑了一条微缩的卢瓦尔河。这里同样有着温和的气候，同样是在石灰华的山岩上挖掘酒窖，同样将葡萄园修建在山坡和高原上，连使用的葡萄品种都是相同的。

如果不是因为雅斯涅尔（Jasnières）产区，当地的葡萄酒还不会如此出名。出生在安茹的“美食王子”古农斯基（Curnonsky）曾将这里的葡萄酒誉为“法国最伟大的白葡萄酒，可谓千载难逢！”它们并没有受到成熟度不够的困扰。在卢瓦尔-谢尔省（Loir-et-Cher）、萨尔特省（Sarthe）和安德尔-卢瓦尔省（Indreet-Loire）的一些小产区也出现了许多不错的葡萄酒。这里的葡萄树多种植于靠近小卢瓦尔河的地方，它们受益于当地极为温和的微气候，这是因为卢瓦尔河将大西洋的温润空气带入到了内陆地带。旺多姆区（Coteaux-du-Vendômois）是卢瓦尔河谷最年轻的原产地监控命名产区之一（成立于2001年），这里出产3种颜色的葡萄酒，但其中最知名的是一款淡粉红葡萄酒，鲜活、辛辣、细腻感十足，充满魅力，适合年轻时饮用。卢瓦尔区（Coteaux-du-Loir）更加鲜为人知，这里多出产红葡萄酒。

除了这些比较知名的大产区之外，卢瓦尔河地区还存在着许多微型产区，它们基本都是在19世纪末时被废弃的大片葡萄园的遗迹。奥尔良一带的葡萄园就属于这种情况，即使在今天，这里的淡粉红葡萄酒依旧很出名，这之中包括了吉诺瓦区（Coteaux-du-Giennois）、沙托梅扬（Chateaumeillant）以及瓦朗塞（Valençay）。

在卢瓦尔河河道的上游地区也存在着一些葡萄酒产区，例如位于波旁内（Bourbonnais）阿利埃河畔（Allier）的圣普尔桑（Saint-Pourçain）。这个产区因美妙绝伦的特雷萨丽（Tressalier）白葡萄酒而广为人知，但时至今日，这款葡萄酒几乎已经绝迹了，只剩下用佳美或黑品乐酿造的果香浓郁，但欠缺结构感的红葡萄酒。同样位于卢瓦尔河上游阿利埃河畔的奥弗涅区（Côtes d´Auvergne）以火山岩土壤为主，出产易于饮用的葡萄酒，其中最著名的村庄就是香居尔格（Chanturgue）。卢瓦尔河畔的罗阿纳产区（Côte Roannaise）出产用单一葡萄品种佳美酿造的红葡萄酒或桃红葡萄酒，果香浓郁，颇有个性。福雷（Forez）产区位于河流的左

Tips

肖姆一级葡萄园（Chaume Premier Cru）的诞生

这是卢瓦尔河谷的第一个一级葡萄园。最初这里的原产地名号是莱昂-肖姆区（Coteaux-du-Layon-Chaume），但当地人并不愿意被归并入莱昂区（Coteaux-du-Layon），因为在以前，单单使用“肖姆”这个产区名称已经足够了。

莱昂区的肖姆一级园葡萄酒颜色金黄，并且会逐渐地转为琥珀色，它带有刺槐花蜜和水果的香气，糖度、酸度和油脂感在口中能达成很好的平衡。在2003年7月，第一批28个酒庄获得了等级认证，共产出10.25万升葡萄酒，即13600瓶。这可能只是沧海一粟，但却是货真价实的一级园。

▲默纳图萨隆（Menetou-Salon）是一个白葡萄酒产区。

岸，在更靠上游的地方。这里是花岗岩质的土壤，以佳美为主要葡萄品种，酿造出的葡萄酒单宁突出，富有陈年潜质。

气泡的世界

武弗雷和索穆尔同样会让人们联想到“带有气泡的葡萄酒”。这可绝非偶然。这里是法国第一大气泡酒产区（除香槟以外）。除此以外，都兰的蒙路易，还有安茹都出产气泡葡萄酒。

每个地区的葡萄酒都有着自己独特的风格。在生产这些酒时，只要遵循它们自然的发展趋势就可以了，在装瓶前这些葡萄酒都具备了生成气泡的条件。这种现象与都兰和安茹地区的气候特征有关，人们一般都会延迟采摘。在冬季里，酒精发酵常常因为天气过于寒冷而中止，人们便以为发酵过程已经完全结束了。但是，当春天天气刚一回暖，发酵马上又继续进行了，这时有的酒还储存在发酵罐内，有的则已经装瓶了。这种与香槟地区相类似天气现象使得当地人也会应用相同的生产工艺：在装瓶时加入二次发酵糖液来启动二次发酵。这里我们称之为“传统法”。

在这些气泡酒产区中，卢瓦尔气泡酒（Crémant-de-Loire）是一个新晋的法定产区，相关的生产条例非常严格：必须采用手工采摘，以确保葡萄果实完好无损，对于压榨出的葡萄汁的量也是有明确限定的。二次发酵的时间不能少于12个月，必须在酒窖中存放至少1年后才能上市，这一切都是为了提高它的品质。绝干型气泡酒的含糖量是8～15克/升，半干型则为20～50克/升。

还有一些酒庄会生产“低气泡酒”：这是通过内部压强的大小来区分的，传统气泡酒的内部压强为5克/立方厘米，而低气泡酒则为2.5克/立方厘米。在这一类产品中，人们总能遇到一些非常少见的利用葡萄自身的糖分所酿造的酒，例如，武弗雷和蒙路易地区的白诗南，此外还有霞多丽、加本纳、黑品乐。在更宽泛的标准下也不难看到用皮诺朵尼（Pineau d´Aunis）、果若（Grolleau）、高特和佳美等品种所酿造的低气泡酒。与香槟不同，这种葡萄酒往往会在酒窖中陈放5～10年。

▲在葡萄酒的国度里，葡萄树就是王后。

精挑细选

- **密斯卡得（Muscadet）**

哈高提庄园（CHÂTEAU DE LA RAGOTIÈRE）
02 40 33 60 56

- **维埃纳区（Coteaux de la Vienne）地区餐酒**

昂普利达（AMPELIDAE）
05 49 88 18 18

- **萨韦涅尔（Savennières）及萨韦涅尔-塞朗-古列（Savennières Coulée-de-Serrant）**

尼古拉·若力（NICOLAS JOLY）
02 41 72 22 32

- **莱昂区（Coteaux-du-Layon）**

皮埃尔碧斯庄园（CHÂTEAU PIERRE BISE）
02 41 78 31 44

- **索穆尔-尚皮尼（Saumur-Champigny）**

维勒诺夫庄园（CHÂTEAU DE VILLENEUVE）
02 41 51 14 04

- **希农（Chinon）**

菲利普•阿利埃（PHILIPPE ALLIET）
02 47 93 17 62

• 都兰（Touraine）

沙默思酒庄（DOMAINE DE LA CHARMOISE）

02 54 98 70 73

白石酒园（CLOS ROCHE BLANCHE）

02 54 75 17 03

布希德瑞酒园（CLOS DE LA BRIDERIE）

02 54 70 28 89

• 布尔格伊（Bourgueil）和布尔格伊-圣尼古拉（Saint-Nicolas-de-Bourgueil）

雅尼克·阿米侯酒庄（YANNICK AMIRAULT）

02 47 97 78 07

皮埃尔和卡特琳娜·布莱顿（PIERRE ET CATHERINE BRETON）

02 47 97 30 41

• 武弗雷（Vouvray）

诺丹酒园（CLOS NAUDIN）

02 47 52 71 46

欧比斯艾酒庄（DOMAINE DES AUBUISIÈRES）

02 47 52 61 55

雨爱酒庄（DOMAINE HUET）

02 47 52 78 87

• 桑塞尔（Sancerre）

亨利• 布尔乔亚酒庄（HENRI BOURGEOIS）

02 48 78 53 20

• 默纳图萨隆（Menetou-Salon）

亨利• 拜雷酒庄（HENRI PELLÉ）

02 48 64 42 48

欲获取更多信息

伯努瓦·弗朗斯（Benoît France）. 法国葡萄园地图册. 索拉出版社（Solar），2002.

卢瓦尔联盟：明星风土的集合

卢瓦尔联盟（Alliance Loire）是由从南特产区到都兰的7个酿酒合作社所组成的。它旨在推广一些重点地块：艾皮纳（Les Épinats）、普什（Les Pouches）、莫约（Les Moyeux）、博荷卡（Beau Regard）等。这些都是一个原产地监控命名产区内拥有同样周边环境、同样组成要素及同样气候条件的地区。那么这些地方酿造出来的葡萄酒也必然非常典型，能够突出当地风土条件的特色。

罗纳河谷

杯中阳光

葡萄田面积：82454公顷（原产地监控命名产区）*

产量：3.608075亿升原产地监控命名产区酒、3460万升地区餐酒级红葡萄酒、810万升地区餐酒级白葡萄酒和790万升地区餐酒级桃红葡萄酒

红葡萄酒：90%

桃红葡萄酒：6%

白葡萄酒：4%

主要白葡萄品种：维奥涅尔（Viognier）、马尔萨纳（Marsanne）、胡姗、布尔朗克（Bourboulenc）、克莱雷特（Clairette）、歌海娜、皮克葡、白玉霓

主要红葡萄品种：西拉、歌海娜、慕合怀特、佳丽酿、神索、古诺日（Counoise）、密思卡丹（Muscardin）、卡马黑斯（Camarèse）或瓦卡黑斯（Vaccarèse）、黑皮克葡（Picpoul Noir）、铁烈（Terret）、灰歌海娜（Grenache Gris）、粉克莱雷特（Clairette Rose）

产区名号

格里叶堡（CHÂTEAU-GRILLET）
新教皇城堡（CHÂTEAUNEUF-DU-PAPE）
夏蒂荣昂迪瓦（CHÂTILLON-EN-DIOIS）
迪-克莱雷特（CLAIRETTE-DE-DIE）
孔得里约（CONDRIEU）
科尔纳斯（CORNAS）
迪酒区（COTEAUX-DE-DIE）
特里加斯丹区（COTEAUX-DU-TRICASTIN）
罗第（CÔTE-RÔTIE）
吕贝隆区（CÔTES-DU-LUBÉRON）
罗纳河谷区（CÔTES-DU-RHÔNE）
罗纳河谷村庄区（CÔTES-DU-RHÔNE-VILLAGES）
旺度区（CÔTES-DU-VENTOUX）
维沃雷区（CÔTES-DU-VIVARAIS）
迪城气泡酒（CRÉMANT-DE-DIE）
克罗兹-埃米塔日（CROZES-HERMITAGE）
吉恭达斯（GIGONDAS）
埃米塔日（HERMITAGE）
利哈克（LIRAC）
圣约瑟夫（SAINT-JOSEPH）
圣佩雷（SAINT-PÉRAY）
圣佩雷气泡酒（SAINT-PÉRAY MOUSSEUX）
塔维勒（TAVEL）

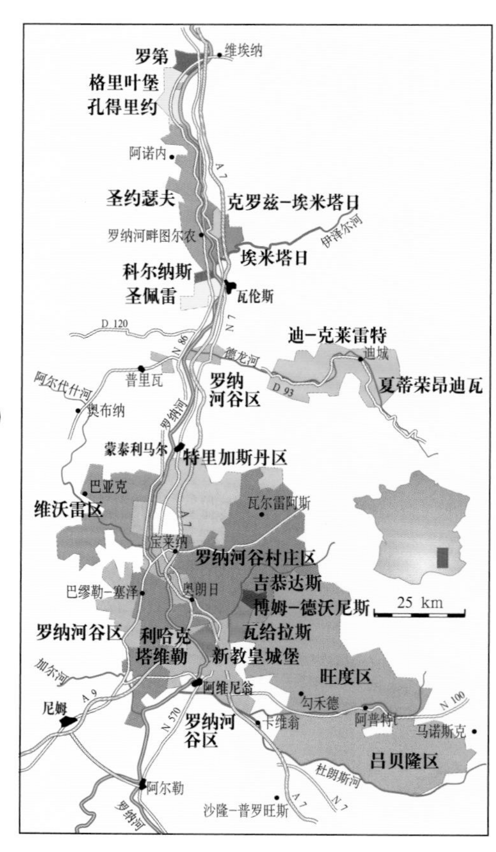

瓦给拉斯（VACQUEYRAS）

天然甜葡萄酒（LES VINS DOUX NATURELS）
博姆-德沃尼斯-麝香（MUSCAT-DE-BEAUME-DE-VENISE）
拉斯多（RASTEAU）
陈年拉斯多（RASTEAU RANCIO）
（*资料来源于国家葡萄酒行业局 ONIVINS：原产地监控命名产区/2003；地区餐酒/2001）

13种法定葡萄品种

用于酿造新教皇城堡葡萄酒的13个法定葡萄品种是：歌海娜、西拉、慕合怀特、黑皮克葡、黑铁烈、古诺日、密思卡丹、瓦卡黑斯、庇卡棠（Picardan）、神索、克莱雷特、胡姗、布尔朗克。

在这些葡萄品种之中，歌海娜是领军人物，它赋予葡萄酒油脂感、厚度、骨架和香料的气息。西拉则带给葡萄酒颜色、香气及结构。慕合怀特又为其添加了细腻感、复杂度和陈年潜质。古诺日、密思卡丹和黑铁烈相对比较少见。

13个小产区

8个北部小产区位于维埃纳和瓦伦斯（Valence）之间：罗第（红葡萄酒）、孔得里约（白葡萄酒）、格里叶堡（白葡萄酒）、圣约瑟夫（红葡萄酒、白葡萄酒）、克罗兹-埃米塔日（红葡萄酒、白葡萄酒）、埃米塔日（红葡萄酒、白葡萄酒）、科尔纳斯（红葡萄酒）、圣佩雷（白葡萄酒）。

5个南部小产区位于蒙泰利马尔（Montélimar）和阿维尼翁（Avignon）之间：吉恭达斯（红葡萄酒、桃红葡萄酒）、瓦给拉斯（红葡萄酒、桃红葡萄酒、白葡萄酒）、新教皇城堡（红葡萄酒、白葡萄酒）、利哈克（红葡萄酒、桃红葡萄酒、白葡萄酒）和塔维勒（桃红葡萄酒）。

16个村庄

罗纳河谷村庄区原产地监控命名产区涵盖了分布于德龙省（Drôme）、沃克吕兹省（Vaucluse）、加尔省（Gard）和阿尔代什省（Ardèche）的95个村子。其中品质最卓越的16个村庄出产的葡萄酒会在产区名号后再补充上该村庄的名字。

德龙省：罗什戈（Rochegude）、鲁塞莱维尼（Rousset-les-Vignes）、圣莫里斯（Saint-Maurice）、圣庞塔莱翁-莱韦尼（Saint-Pantaléon-les-Vignes）和万索布尔（Vinsobres）。

沃克吕兹省：博姆-德沃尼斯（Beaumes-de-Venise）、给汉（Cairanne）、拉斯多（Rasteau）、罗阿克斯（Roaix）、萨布莱（Sablet）、塞居雷（Séguret）、瓦尔雷阿斯（Valréas）和维桑（Visan）。

加尔省：许斯克朗（Chusclan）、洛丹（Laudun）、圣热尔韦（Saint-Gervais）。

罗纳河谷的葡萄酒种类繁多，从著名的埃米塔日到相对低调的旺度区（Côtes-du-Ventoux），从红葡萄酒到桃红葡萄酒、白葡萄酒，应有尽有。葡萄酒的香型多变，花香和果香混合着香料的辛香，复杂度非同一般，陈年后则更为丰满。

这里同样也出产地区餐酒。

如果说公元前6世纪的弗西斯人在罗纳河谷种植了第一批葡萄树的话，那么罗纳河谷一带的第一个产区应该形成于公元1世纪，位于维埃纳（Vienne）附近，也就是我们今天所说的罗纳河谷“北部”（Septentrionale）。这里就像高卢其他地区一样，宗教僧侣势力在葡萄酒产业的发展中起到了重要的作用，特别是在1309～1417年居住于阿维尼翁的教皇们，新教皇城堡产区的出现也是基于这一点。

在17世纪时，罗纳丘（Côte du Rhône）指代的是加尔省内的维格里-于泽一带，当地的葡萄酒非常出名。1650年时，政府出台了一项法规，旨在维护出产地的真实性，确保质量。1737年，法国国王下诏书规定所有用于销售或运输的木桶上都必须用火烤上C.D.R.的字样。19世纪中期，罗纳河谷的葡萄园已经延伸到了河的左岸，罗纳丘也变为了罗纳河谷区。这样的名望是在世纪的传承中累积下来的，并且在1936年获得了图尔农（Tournon）和于泽高等法院的认可。转年，相关机构就出台了用以规范罗纳河谷区葡萄酒生产流程的法令。得益于一系列推广活动的展开和出口贸易的发展，罗纳河谷葡萄酒在全世界有着很好的声誉，反而是在法国它并没有获得应有的重视和认可。

阳光孕育的葡萄品种

罗纳河谷产区总长度超过300公里，起始于里昂附近，当地为大陆性气候；终于普罗旺斯的阿维尼翁南部，这里则是典型的地中海式气候。除葡萄以外，罗纳河谷还遍布着梨树、桃树和杏树。这里的葡萄园四处可见，但却形态各异。

天然的地理位置将罗纳河谷分为了北部和南部两个部分，它们所使用的葡萄品种也有很大差异。在北部，红葡萄酒通常都是单品种葡萄酒。孔得里约和格里叶堡的白葡萄酒是采用维奥涅尔（Viognier）酿造的，而另一些白葡萄酒则采用了马尔萨纳（Marsanne），甚至是更为少见的胡姗。酿制红葡萄酒的葡萄品种为西拉，有时也会加入一些维奥涅尔。

在南部，绝大多数葡萄酒都是用多款葡萄品种放在一起混合酿造的。新教皇城堡产区的葡萄酒可以采用13种不同的葡萄品种（有些非常罕见）进行混酿，罗纳河谷区原产地监控命名酒则可以使用21个法定葡萄品种，其中8种为白葡萄品种。这些品种中的大部分被公认为是高品质的代名词，因此在混酿中

▲旺度区出产的红葡萄酒占了当地总产量的85%，桃红葡萄酒和白葡萄酒的产量也开始有所增长。

所占的比例也会比较高，例如红葡萄品种西拉、歌海娜、慕合怀特；白葡萄品种维奥涅尔、马尔萨纳、胡姗、布尔朗克、克莱雷特、白歌海娜。附属葡萄品种包括：红葡萄品种佳利酿、神索、古诺日、密思卡丹、卡马黑斯（Camarèse）或瓦卡黑斯（Vaccarèse）、黑皮克葡、黑铁烈、灰歌海娜和粉克莱雷特（Clairette Rose）；白葡萄品种白皮克葡和白玉霓。它们所占的比例相对较少。

罗纳河谷地区的次级产区

罗纳河由北向南流淌，葡萄园都位于河谷的陡坡之上。为了弥补坡度的不足，葡萄树都被种植在阶地上，这样就能够拥有充足的光照。大部分田间劳作都采用手工形式来完成，因此许多葡萄酒的价格会偏高。

▲新教皇城堡的葡萄酒充满阳光的气息，强劲而辛辣。

北部产区

罗第产区（Côte-Rôtie）位于罗纳河的右岸，包含了两种不同的风土条件：褐色山坡（Côte Brune）和金色山坡（Côte Blonde），其实它们的名字跟土壤特征并没有什么直接关系。传说在中世纪时，莫吉龙（Maugiron）的领主将自己拥有的葡萄园分给了他的两个女儿，她们头发的颜色跟各自所分到葡萄园的名字刚好是相反的。这里的葡萄酒集力度与柔美于一身，它是用小比例的白葡萄品种维奥涅尔与西拉混酿而成的，但并没有失去其原本的深浓色彩。

继续向前行进，就是孔得里约产区（Condrieu）了，这里同样有着陡峭的山坡。与相邻的迷你产区格里叶堡（Château-Grillet，4公顷土地）一样，这里只出产罗纳河谷白葡萄酒。这款葡萄酒的独特之处在于它浓郁的杏子香气，这种香气来自于花岗岩土壤和维奥涅尔这个葡萄品种本身。在20世纪70年代时，这款当地的葡萄品种还无名。但后来却逐渐在罗纳河谷和朗格多克地区拥有了大批追随者。

Tips

埃米塔日式葡萄酒

由于埃米塔日的（Hermitage）葡萄酒充满力量，各类物质、果香和酒精的含量都很丰富，因此在很长一段时间里，波尔多的一些名庄都会使用这种葡萄酒。波尔多人将此称为“埃米塔日式”，同时这种做法也是合法的，当然那是在原产地监控命名制度出台以前的事情了。

圣约瑟夫产区（Saint-Joseph）绵延60公里，盛产在市场上广受欢迎的西拉红葡萄酒和马尔萨纳白葡萄酒。罗纳河谷葡萄酒的成功推广提升了这个产区在外部的影响，但却并没有推动高品质葡萄酒的发展。如今，在新一代葡萄酒农做出的努力下，人们逐渐回归到对品质的追求中。

从圣约瑟夫再往南走，在河流的同一侧，便是科尔纳斯产区（Cornas）了。这里出产以西拉酿造的红葡萄酒，强劲有力，朴实无华，需要经过较长时间的陈放才能将其柔化。与它相邻的是圣佩雷（Saint-Péray），主要出产以马尔萨纳酿造的干白葡萄酒和气泡酒。

埃米塔日和它的光环

埃米塔日的面积只有134公顷，均为花岗岩阶地。与罗纳河谷其他更靠北的产区不同，它的界限从很久以前就已经划定了。它的知名度和美誉度也不仅仅是最近几十年才形成的。早在19世纪时，许多专业书籍或是酒单就已经将埃米塔日的

▲位于罗纳河右岸的圣约瑟夫产区主要出产用西拉酿造的红葡萄酒。

葡萄酒与拉菲庄园和罗曼尼-康帝（Romanée-Conti）归为一类了。产区内不同风土条件的葡萄园被划分得很细：美阿尔（Méal）、格雷菲欧（Gréfieux）、博姆（Beaume）、厚古勒（Raucoule）、慕黑（Muret）、古瓦涅尔（Guoignière）、贝萨（Bessas）、布赫日（Burges）和娄德（Lauds）。这些名字拼写有时会稍有出入，但葡萄园的范围是不会发生变化的。依据传统，在调配之前，在尽可能长的时间内，来自于不同葡萄园的葡萄酒会被一起处理、酿造，甚至是培养。该产区的领军人物让-路易·沙乌（Jean-Louis Chave）一直坚持这种酿造方法。埃米塔日葡萄酒在年轻时期显得雄浑有力，这里所说的年轻时期可能会持续20年之久。

南部产区

在产区的另一边，瓦伦斯（Valence）以北，坐落着以出产高品质红葡萄酒和耐久藏的白葡萄酒而广为人知的埃米塔日产区。图尔农（Tournon）和泰恩-埃米塔日（Tain-l´Hermitage）周边的小城隔河相望，从这里开始，山丘上景色宜人。建造在产区内的小教堂让人不禁想起公元13世纪时，斯岱汉伯格骑士（Stérimberg）在这

塔维勒（Tavel）：桃红葡萄酒之王

塔维勒已经成为了桃红葡萄酒的代名词，独特的细长酒瓶能够突出葡萄酒本身瑰丽的色彩。它与香槟区的里瑟桃红（Rosé-des-Riceys）一样，是法国为数不多的专门针对桃红葡萄酒的原产地监控命名产区。塔维勒桃红葡萄酒采用罗纳河谷9种传统的葡萄品种酿造而成，其中既包括红葡萄品种，也包括白葡萄品种。它不仅被作为餐前酒饮用，在搭配菜肴的餐桌上也常常可以见到它的身影。

里退役，潜心修行并种植葡萄。新兴的克罗兹-埃米塔日（Crozes-Hermitage）产区位于泰恩-埃米塔日和伊泽尔河畔罗曼（Romans-sur-Isère）之间。它一路向南延伸，葡萄树替代了种植于缓坡上的果树。当地的葡萄酒产量如今已经超过吉恭达斯（Gigondas），成为了罗纳河谷所有村庄级产区中的第一名。这些葡萄酒带有罗纳河谷北部产区的典型特征，但同时也适合年轻时饮用。

▲孔得里约产区只出产白葡萄酒。

在瓦伦斯与蒙泰利马尔（Montélimar）之间很少能见到葡萄园，直到宝莱纳（Bollène）附近，大批的葡萄园才又重新出现。它构成了沃克吕兹省、德龙省和加尔省自然风景的主基调，丘陵与山谷错落有致。歌海娜是当地最主要的葡萄品种，其次是西拉、慕合怀特和神索。

阿维尼翁附近出现了一片葡萄的海洋，这里就是法国最早获得原产地监控命名产区资质的葡萄酒产区之一——著名的新教皇城堡（原产地监控命名制度的发起人之一乐华男爵曾经是这里的业主）。葡萄园的土壤非常贫瘠，同时含有许多外表光滑的大颗圆形鹅卵石，它们可以收集白天里日照的热量，并在夜晚释放出来。

吉恭达斯和瓦给拉斯是两个最为低调的新晋产区。这里非常值得一游，秀丽的风景让人一见难忘，蒙米拉伊（Montmirail）的花边状峰峦在普罗旺斯如洗的碧空下闪耀着银色的光芒，彰显着一种震撼人心的美。

成功之路

马赛尔·吉佳乐（Marcel Guigal）是法国著名的葡萄酒农、中间商。他从20世纪70年代起就开始积极地推广罗纳河谷葡萄酒，把它们带到世界各地的餐桌上。在他太太伯纳黛特（Bernadette）的鼎力相助之下，他从未停止过重建那些被废弃的葡萄园。有时候，他会与一些认真严谨的葡萄酒农签约，将这些葡萄园交给他们管理；有时候，他会通过购买一些高品质的植株来提高葡萄园的整体素质或是全面重新栽种。现在，他经营着两个不同的公司：吉佳乐世家（La Maison Guigal）主要从事罗纳河谷高品质葡萄酒的销售工作；阿布斯庄园（Château d'Ampuis）则集中了一些比较特殊的葡萄酒，如朗多纳（Landonne，罗第）和多瑞安（Doriane，孔得里约）。这些酒的价格和稀缺程度都与它们的寿命成正比。

▲利哈克（Lirac）出产三种颜色的葡萄酒。

人们将葡萄园按照其各自的风土条件进行了详细界定，但对罗纳河谷区原产地监控命名酒就没有这样清晰的地理范围了，从维埃纳到阿维尼翁之间的171个村庄都出产这个级别的葡萄酒，特别是罗纳河谷南部的大部分村庄（加尔省和沃克吕兹省）。罗纳河谷区原产地监控命名酒的最大特色是果香浓郁，个性显著，特别适于在前两年内饮用。相比之下，罗纳河谷村庄区原产地监控命名酒则更为圆润和复杂，它们出自于经过筛选的地块。这些地块更为贫瘠，石块也更多。南部产区的16个最佳村庄所出产的葡萄酒的酒标会在“罗纳河谷村庄区”的后面加注村庄名。

在罗纳河的右岸，闻名遐迩的塔维勒产区坐落在遍布着岩石的山坡上。这里出产的桃红葡萄酒带有胡椒的香气，力道十足，醇厚浓郁。再远一点的瓦隆格高原（Plateau de Vallongue）涵盖了塔维勒和利哈克两个产区。这里出产红葡萄酒和桃红葡萄酒，土地干燥

海豚酒庄（Cellier des Dauphins）是法国第一个产区商标，产量6000万瓶。这是罗纳河谷区葡萄酒农联盟（l'Union des Vignerons des Côtes du Rhône）所使用的主要商标。该联盟成立于1967年，包含11个合作社，产量占了罗纳河谷产区总产量的25%。

而平坦，遍布着与相邻的新教皇城堡产区一样的大颗圆形鹅卵石。

罗纳河谷的原产地监控命名产区等级

如果以产量为衡量标准的话，罗纳河谷是法国第二大原产地监控命名产区。原产地监控命名酒的产量占了整个产区总产量的80%。红葡萄酒、桃红葡萄酒及白葡萄酒的产区遍布了德龙省、沃克吕兹省 、加尔省和阿尔代什省。

它们的组织结构类似于布根地，呈金字塔状。在最底层的是属于地区级的罗纳河谷区原产地监控命名产区；上面一级是罗纳河谷村庄区原产地监控命名产区；最顶端则是以各个次级产区或葡萄园为原产地名号的产区。

天然甜葡萄酒

天然甜葡萄酒（VDN）并不是朗格多克和鲁西荣地区的专利。罗纳河谷也一样生产这种葡萄酒，它们是经由同样的工艺酿造而成的，但产量却非常有限。

人们并不知道从何时开始在博姆（Beaumes）出现了用麝香酿造的甜型葡萄酒，但在老普林尼（Pline L´Ancien）的文章中却记载了在公元1世纪时，

▼新教皇城堡产区有13种法定葡萄品种，这里出产的红葡萄酒有着出色的陈年潜质。

麝香就已经存在于“博姆”（Balme）了。博姆-德沃尼斯-麝香（Muscat-de-Beaume-de-Venise）葡萄酒颜色金黄，光听名字已经足够诱人了。它由小粒麝香（弗龙蒂尼昂-麝香）酿成，带有着浓郁的葡萄香气，口感饱满而肥厚，110克/升的含糖量和最低15° 的酒精度之间能够达成很好的平衡。

拉斯多（Rasteau）产区的葡萄酒则更为稀有，因为整个产区的面积不超过33公顷。它位于同名的村庄内，当地还出产一些给汉区（Cairanne）和萨布莱区（Sablet）葡萄酒。在酿造过程中，歌海娜的比例不能低于90%，根据培养方式和时间的不同，所生产出的葡萄酒也会具有不同的特色。这里的红葡萄酒果香浓郁，通常带有香料和甘草味。金黄色的白葡萄酒和陈年型葡萄酒则以水果软糖、木瓜冻、李子干和果脯的香气为主要特征。

迪-克莱雷特（Clairette-de-die）

在德龙省的迪城（Die）附近有一个小产区，出产以小粒麝香和克莱雷特为原料的多种葡萄酒。迪-克莱雷特产区最有特色的产品是以迪城酿酒法酿造的气泡酒。这里还出产用克莱雷特酿造的瓶中二次发酵气泡酒，以及夏蒂荣昂迪瓦（Châtillon-en-Diois）产区红葡萄酒和白葡萄酒。

Tips

酒中传奇

除了新教皇城堡产区的博卡斯特尔庄园（Château de Beaucastel）和夕铎庄园（Mont Redon）、埃米塔日产区的热拉尔·沙夫酒庄（Domaine de Gérard Chave）及其他几个酒庄以外，许多人所梦寐以求的罗纳河谷葡萄酒还包括一些酒商所拥有的以下几款产品：来自于罗第产区吉佳乐（Guigal）的拉慕琳（La Mouline）、朗多纳（Landonne）和杜克（Turque）；嘉伯乐（Jaboulet）的小教堂（La Chapelle）；来自于埃米塔日产区莎普蒂尔（Chapoutier）的云雀之歌（Chante Alouette）。这些令人肃然起敬的葡萄酒个性鲜明，在投资潜质方面丝毫不逊色于波尔多的列级名庄葡萄酒。

精挑细选

德拉斯（DELAS）

圣约瑟夫产区葡萄酒的专营者。

04 75 08 60 30

莎普蒂尔（CHAPOUTIER）

生物动力法的捍卫者，趋于极致的风土条件。

04 75 98 54 78

E. 吉佳乐，威菲庄园（E. GUIGAL, VIDAL FLEURY）

罗纳河谷的教皇级酒庄

04 74 57 10 22

嘉伯乐（JABOULET）

专营克罗兹-埃米塔日（Crozes-Hermitage）葡萄酒，在山岩上开凿出的酒窖是酒庄的一大特色。

04 75 04 35 55

维埃纳葡萄酒（LES VINS DE VIENNE）

这是一个由杰出的独立葡萄酒农所组成的协会。

04 74 85 04 52

乔治• 沃内酒庄（DOMAINE GEORGES VERNAY）

经家族代代相传的孔得里约的神奇酿酒技艺。

☏ 04 74 56 81 81

艾瑞克与若埃尔• 度朗酒庄（ÉRIC ET JOËL DURAND）

专注开拓新产品的新生代酒庄。

☏ 04 75 40 46 78

老电报酒庄（DOMAINE DU VIEUX TÉLÉGRAPHE）

经典、稀有、永不缺失的细腻感和果香。

☏ 04 90 33 00 31

卡诺格庄园（CHÂTEAU LA CANORGUE）

吕贝隆（Lubéron）地区的领军酒庄。

☏ 04 90 75 81 01

马赛尔• 希朔酒庄（DOMAINE MARCEL RICHAUD）

一个现代的酿酒商，不仅酿造最普通的罗纳河谷区葡萄酒，也酿造独特的给汉（Cairanne）葡萄酒。

☏ 04 90 30 85 25

拉斯多酿酒合作社（CAVE DE RASTEAU）

罗纳河谷南部产区最认真、严谨的酒庄之一。

☏ 04 90 46 16 65

博姆-德沃尼斯酒农合作社（CAVE DES VIGNERONS DE BEAUMES-DE-VENISE）

☏ 04 90 12 41 00

艾斯黛扎格酒农合作社（CAVE DES VIGNERONS D´ ESTÉZARGUES）

位于塔维勒地区优良风土中的酿酒合作社。

☏ 04 66 57 04 83

欲获取更多信息

伯努瓦·弗朗斯（Benoît France）. 罗纳河谷葡萄园地图.

伯努瓦·弗朗斯（Benoît France）. 法国葡萄园地图册. 索拉出版社（Solar），2002.

贝尔纳·当蔼若（Bernard Dangreaux）. 罗纳河与葡萄酒. 格雷那出版社（Glénat），2003.

巴黎及北部地区的葡萄园

一场小型的复兴

葡萄田面积：少量

白葡萄酒：54%

红葡萄酒：40%

桃红葡萄酒：3%

气泡葡萄酒：3%

主要白葡萄品种：霞多丽、赛美蓉、长相思
主要红葡萄品种：黑品乐

如今在法国北部依然能够见到葡萄树。虽然说它曾经消失过，或者说是几近消失。但在一些热忱之士的努力推动之下，它们今天又重现于我们眼前。它们以一些零散的小葡萄园的形式出现在巴黎、法兰西岛（Ile-de-France）、诺曼底和北部地区。

Tips

跟随你的善心

游行、乐队演奏、品酒仪式……10月的第一个或第二个周末，蒙马特高地（Montmartre）会举行一场欢庆活动。人们借着这个难得的机会去参观葡萄园，这种机会一年只有三次：采收节、文化遗迹日和六月初的葡萄日。1700支零售价为35欧元的小瓶葡萄酒（500毫升），售卖所得将由18区的区政府负责用于社会工作。酒的性价比可能会备受争议，但这的确是一种善行。如果你善心大发的话，可以随时到区政府的节庆事务委员会去购买。

葡萄园地址：巴黎索雷路14-18号，75018（14-18, rue des Saules, 75018 Paris）

巴黎和法兰西岛（PARIS ET L´ILE-DE-FRANCE）

“啊，小白葡萄酒，我们在棚架下畅饮，当姑娘们依然美丽迷人，这都来自于诺让坡（Côté de Nogent）……”除此以外，还有叙雷讷（Suresnes）、默顿（Meudon）、克拉马尔（Clamart），甚至是“城墙内的巴黎”（Paris intra-muros）。法兰西岛的葡萄园并不只是咖啡馆里的传说。虽然这里生产的葡萄酒并无过人之处，但葡萄园却精致漂亮，并且一直在不停地发展。仅在巴黎，葡萄园的数量就不会少于9个，当然这与18世纪全盛时期的葡萄园面积（42000公顷）相距甚远。那时，这里是法国最大的葡萄酒产区。

▲ 蒙马特高地葡萄园是首都的4大葡萄园之一。

最出名的葡萄园位于蒙马特高地。1932年，巴黎市政府在索雷路和圣文森特路的街角处重建了这个葡萄园，每年的收获时节，这里不但风景如画，而且还会得到广泛的社会关注。蒙马特葡萄园协会有许多社会名流，从雅克·希拉克（Jacques Chirac）到中国驻法国大使。修建于1982年的莫瑞龙葡萄园（Morillons）面积稍小一些（1200平方米），是巴黎第二大葡萄园。它位于15区古沃吉哈赫屠宰场（Abattoirs de Vaugirard）的遗迹上。贝尔西（Bercy）和美丽城（Belleville）是种植葡萄的传统街区，这里也有葡萄园。

总的来说，法兰西岛的上百个葡萄园总面积为7公顷。它们的使命在于留住过去的一丝遗迹，让今日的巴黎人能够更好地了解历史。这里每年的葡萄酒产量不少于35000瓶。这些葡萄酒大都由多个葡萄品种混酿而成：以霞多丽为主（种植面积占总面积的23%），接下来分别是黑品乐（18%）、赛美蓉（17%）和长相思（13%）……法兰西岛出产的葡萄酒中，白葡萄酒占所有葡萄酒的54%，红葡萄酒占40%，桃红葡萄酒占3%，气泡酒占3%。瓦兹河谷省（Val-d´Oise）因拥有26个葡萄园而居于首位，其次是伊夫利

想拥有自己的葡萄树吗?

法兰西岛葡萄酒农联合会非常愿意向公众提供这方面的咨询和服务，同时他们负责对法兰西岛的葡萄酒及葡萄园进行推广。在联合会的办公所在地，大家可以领取当地葡萄园的地图。电话：01 53 35 03 21

纳省（Yveline）（22个）、塞纳-圣丹尼省（Seine-Saint-Denis）（19个）、上塞纳省（Hauts-de-Seine）（16个）、城墙内的巴黎（Paris intra-muros）（9个）。在以上地区，葡萄园的种植和管理相对比较随意，无需获得官方的认证，处于法律体制之外，是一种体验型的种植状态。基于这种情况，除了叙雷讷（Suresnes）的葡萄酒农获准出售自己的葡萄酒以外，其他地区的葡萄酒酿造者只能将他们的产品用于慈善用途。因此这些葡萄酒一般只作为家庭内部品尝，或是用于一些市政庆典中。这些酒的酒标通常设计精美，惹人喜爱，例如他们专门为依西雷莫里诺（Issy-Les-Moulineaux）学校的孩子们所设计的酒标。但这些酒标大都不合乎法律规范。这里的葡萄酒农并没有放弃获得地区餐酒资质的努力，为了达到这一目的，他们实施了相应的质量管理章程。

北部地区的葡萄园

在法国西北部不止有啤酒和苹果酒！加来海峡省（Pas-de-Calais）、北方省（Nord）和卡尔瓦多斯省（Calvados）也一样拥有很多巴克斯的拥趸。他们更多的是打着教学或更为专业的旗号来种植葡萄。

与法兰西岛一样，北部地区所出产的葡萄酒也不能用于获取商业利益，只能被用来拍卖，收入所得捐助给慈善机构。这种情况在里尔市（Lille）的费武区（Quartier de Fives）就存在。成立于1993年的费武及周边地区葡萄协会（Association Les Raisins de Fives et d´Ailleurs）旨在推广弗朗德勒地区（Flandres）的葡萄种植与葡萄酒酿造事业。他们的理念是：将人们在各自花园里种植的葡萄收集在一起，并不存在一般大家说所的葡萄园，所采收的葡萄主要有霞多丽、长相思和黑果若（Grolleau Noir）。为了让这些葡萄保有一定的一致性，实习的葡萄酒农们（就像这个协会的名字所显示的一样，这些葡萄酒农们来自于费武区和周边其他地区）可以从协会统一领取葡萄树苗。

费武及周边地区葡萄协会（Association Les Raisins de Fives et d´Ailleurs）

☎ 03 20 47 69 20

▲依西雷莫里诺（Issy-Les-Moulineaux）的葡萄小径（Chemin des Vignes）。

加来海峡省（Pas-de-Calais）最主要的葡萄品种是灰品乐和霞多丽，1600平方米内种植了900棵植株。这些葡萄树都种植在南向的山坡上，由桑塞尔（Sancerre）的葡萄酒农让马西·巴朗（Jean-Marie Balland）来负责监管。当地人也会负责剪枝、绑缚和采收，不同年份的产酒量在400～800升。还有一点值得一提的是当地葡萄的含糖量基本都能符合标准，无需再另外加糖。

纪梵希昂戈埃勒葡萄园协会（Confrérie du vignoble de Givenchy-en-Gohelle）
03 21 60 90 90

西北地区最严谨的葡萄酒农是一位公证人。为了纪念家族中曾在阿让特伊（Argenteuil）做葡萄酒农的先辈，热拉尔·桑松（Gérard Samson）在离卡尔瓦多斯省（Calvados）的卡昂市（Caen）不远的地方建立了“阿庞阳光”酒庄（Les Arpents du Soleil）。在试种了夏瑟拉之后，他最终选定了用灰品乐、香瓜（Melon）和欧塞瓦来酿造卡尔瓦多斯地区餐酒。这个产区名号是建立在当地18世纪就已建成的葡萄园的基础上的。这里的米勒图尔高（Müller-thurgau）葡萄酒至今也依然被誉为“法兰西普通餐酒”。在诺曼底地区的许多星级酒店或餐厅中都不难见到卡尔瓦多斯葡萄酒的身影。

热拉尔·桑松（Gérard Samson）
02 31 20 80 41

法国地区餐酒

突出的是地理产地

地区餐酒是标注出地理原产地的普通餐酒。这一级别的葡萄酒的生产要遵守相关法律条例的规定，以确保它的质量能达到一定水平，当然这些由国家葡萄酒行业局（ONIVINS）所制定的规范没有原产地监控命名酒或是优良地区餐酒（AOVDQS）那么严格，涉及的内容包括最高产量、酒精度、推荐葡萄品种、化验检测与感官检测等。

适合年轻时饮用的葡萄酒

在法国大约有150种地区餐酒（VDP），主要分为3个类别：大区级地区餐酒涵盖了若干个省份；地区级地区餐酒一般包含的是一组村镇；再有就是省级地区餐酒了。地区餐酒的产量是15亿升。

一些大区，比如阿尔萨斯、波尔多、勃艮第、香槟，是不出产地区餐酒的。大部分地区餐酒都来自于法国南部（Midi），特别是朗格多克-鲁西荣地区（奥德省、加尔省、埃罗省）出产的地区餐酒多达60种。虽然地区餐酒的质量水平参差不齐，但一般比较简单、柔和，适合年轻时饮用，大多数出自于酿酒合作社。

在地区餐酒这个等级中，我们也能发现一些相当不错的原产地监控命名酒，它们大多是因为没有采用法律所规定的葡萄品种，所以才会被降级；也有些葡萄酒农故意选择这一等级，为的是在葡萄品种的选择上能够获得更大的自由度［例如：杜马农庄（Mas de Daumas）、卡萨克（Gassac）］。这类葡萄酒的售价完全可以匹敌一些列级名庄葡萄酒。

为了满足全球消费者的需求，一种新的地区餐酒等级应运而生：单品种地区餐酒（Vins de Pays de Cépage）。如果想要在酒标上标注葡萄品种的名字，就必须保证葡萄酒百分之百是采用这种葡萄品种酿造的。这类葡萄酒大多来自于奥克地区（Pays d´Oc）和法兰西庭园（Jardin de la France）。霞多丽是酿造白葡萄酒的主要原料，其他的还包括长相思、维奥涅尔和铁烈（Terret）。对桃红葡萄酒来说，神索是被使用得最多的葡萄品种，其次还有歌海娜和西拉。美乐是酿造红葡萄酒的主要葡萄品种，此外还有加本纳、西拉和佳美。

地区餐酒也包括新酒。它在每年10月的第三个星期四上市销售。

一款地区餐酒的品牌化

许多人是通过丽思黛勒（Listel）这个品牌［由法国南部萨兰公司（Compagnie des Salins du Midi）所拥有］才认识了狮子湾沙地地区餐酒（Vin de Pays des Sables du Golfe du Lion）的。这片始于15世纪种植于地中海沿岸沙地之上的葡萄园面积为1800公顷，位于卡玛格（Camargue）与阿格德角（Le Cap d´Agde）之间的埃格-莫尔特（Aigues-Mortes）中世纪城墙之下。这里出产三个颜色的葡萄酒，但淡粉红葡萄酒的产量最大（一种颜色很淡的桃红葡萄酒）。独特的风土条件（砂土）、气候类型（地中海气候）和葡萄品种（神索、佳利酿和歌海娜）都赋予了这款葡萄酒与众不同的个性。

欲获取更多信息

- 法国地区餐酒联盟（CFVDP）01 40 20 93 80
- 伯努瓦·弗朗斯（Benoît France）. 法国葡萄园地图册. 索拉出版社（Solar），2002.

地区餐酒（Les Vins de Pays）

其中包含5个大区级地区餐酒

法兰西庭园地区餐酒（VINS DE PAYS DU JARDIN DE LA FRANCE）
托洛桑孔泰地区餐酒（VIN DE PAYS DU COMTÉ TOLOSAN）
奥克地区餐酒（VIN DE PAYS D´OC）
地中海门地区餐酒（VINS DE PAYS DES PORTES DE MÉDITERRANÉE）
罗达酿孔泰地区餐酒（VINS DE PAYS DES COMTÉS RHODANIENS）

地区级地区餐酒

地区级地区餐酒共有94个，但这个数字时有变化，因为总是有新产区出现。

卡塔朗地区餐酒（VIN DE PAYS CATALAN）
卡达地区餐酒（VIN DE PAYS CATHARE）
夏朗德地区餐酒（VIN DE PAYS CHARENTAIS）
埃戈地区餐酒（VIN DE PAYS D´AIGUES）
阿洛伯济地区餐酒（VIN DE PAYS D´ALLOBROGIE）
阿尔让地区餐酒（VIN DE PAYS D´ARGENS）
奥特里沃地区餐酒（VIN DE PAYS D´HAUTERIVE）
于尔菲地区餐酒（VIN DE PAYS D´URFÉ）
贝桑地区餐酒（VIN DE PAYS DE BESSAN）
比戈尔地区餐酒（VIN DE PAYS DE BIGORRE）
卡桑地区餐酒（VIN DE PAYS DE CASSAN）
科地区餐酒（VIN DE PAYS DE CAUX）
塞瑟农地区餐酒（VIN DE PAYS DE CESSENON）
库库酿地区餐酒（VIN DE PAYS DE CUCUGNAN）
弗朗什-孔泰地区餐酒（VIN DE PAYS DE FRANCHE-COMTÉ）
阿让地区餐酒（VIN DE PAYS DE L´AGENAIS）
阿尔达伊屋地区餐酒（VIN DE PAYS DE L´ARDAILHOU）
美岛地区餐酒（VIN DE PAYS DE L´ILE DE BEAUTÉ）
贝诺维地区餐酒（VIN DE PAYS DE LA BÉNOVIE）
卡尔卡松城邦地区餐酒（VIN DE PAYS DE LA CITÉ DE CARCASSONNE）
韦尔美伊地区餐酒（VIN DE PAYS DE LA CÔTE VERMEILLE）
奥尔伯上河谷地区餐酒（VIN DE PAYS DE LA HAUTE VALLÉE DE L´ORB）
奥德上河谷地区餐酒（VIN DE PAYS DE LA HAUTE-VALLÉE DE L´AUDE）
小克鲁地区餐酒（VIN DE PAYS DE LA PETITE CRAU）

奥朗日地区餐酒（VIN DE PAYS DE LA PRINCIPAUTÉ D´ORANGE）
天堂谷地区餐酒（VIN DE PAYS DE LA VALLÉE DU PARADIS）
沃纳日地区餐酒（VIN DE PAYS DE LA VAUNAGE）
奥梅拉维孔泰地区餐酒（VIN DE PAYS DE LA VICOMTÉ D´AUMELAS）
维斯特朗克地区餐酒（VIN DE PAYS DE LA VISTRENQUE）
蒙高姆山地区餐酒（VIN DE PAYS DE MONT-CAUME）
白圣玛丽地区餐酒（VIN DE PAYS DE SAINTE-MARIE-LA-BLANCHE）
圣吉莱姆勒沙漠地区餐酒（VIN DE PAYS DE SAINT-GUILHEM-LE-DÉSERT）
圣萨尔多地区餐酒（VIN DE PAYS DE SAINT-SARDOS）
泰扎-佩里加地区餐酒（VIN DE PAYS DE THÉZAC-PERRICARD）
巴勒姆多芬地区餐酒（VIN DE PAYS DES BALMES DAUPHINOISES）
塞万纳地区餐酒（VIN DE PAYS DES CÉVENNES）
穆尔陵地区餐酒（VIN DE PAYS DES COLLINES DE LA MOURE）
罗纳陵地区餐酒（VIN DE PAYS DES COLLINES RHODANIENNES）
夏里托瓦丘地区餐酒（VIN DE PAYS DES COTEAUX CHARITOIS）
昂塞韵丘地区餐酒（VIN DE PAYS DES COTEAUX D´ENSERUNE）
贝西勒丘地区餐酒（VIN DE PAYS DES COTEAUX DE BESSILLES）
塞泽丘地区餐酒（VIN DE PAYS DES COTEAUX DE CÈZE）
夸非丘地区餐酒（VIN DE PAYS DES COTEAUX DE COIFFY）
弗努耶德丘地区餐酒（VIN DE PAYS DES CÔTEAUX DE FENOUILLÈDES）
丰高得丘地区餐酒（VIN DE PAYS DES COTEAUX DE FONTCAUDE）
格兰丘地区餐酒（VIN DE PAYS DES CÔTEAUX DE GLANES）
阿尔代什地区餐酒（VIN DE PAYS DES COTEAUX DE L´ARDÈCHE）
奥克斯瓦丘地区餐酒（VIN DE PAYS DES COTEAUX DE L´AUXOIS）
卡博雷里斯丘地区餐酒（VIN DE PAYS DES CÔTEAUX DE LA CABRERISSE）
洛朗丘地区餐酒（VIN DE PAYS DES COTEAUX DE LAURENS）
米哈蒙丘地区餐酒（VIN DE PAYS DES COTEAUX DE MIRAMONT）
谬尔维伊丘地区餐酒（VIN DE PAYS DES COTEAUX DE MURVIEL）
那博纳丘地区餐酒（VIN DE PAYS DES COTEAUX DE NARBONNE）
佩里亚克丘地区餐酒（VIN DE PAYS DES COTEAUX DE PEYRIAC）
塔奈酒区地区餐酒（VIN DE PAYS DES COTEAUX DE TANNAY）
巴隆尼丘地区餐酒（VIN DE PAYS DES COTEAUX DES BARONNIES）
谢尔-阿农丘地区餐酒（VIN DE PAYS DES COTEAUX DU CHER ET DE L´ARNON）
格雷西沃东地区餐酒（VIN DE PAYS DES COTEAUX DU GRÉSIVAUDAN）
利布朗丘地区餐酒（VIN DE PAYS DES COTEAUX DU LIBRON）
奥德海岸地区餐酒（VIN DE PAYS DES COTEAUX DU LITTORAL AUDOIS）
加尔水道桥河岸地区餐酒（VIN DE PAYS DES COTEAUX DU PONT DU GARD）
萨拉谷地区餐酒（VIN DE PAYS DES COTEAUX DU SALAGOU）
凡尔东地区餐酒（VIN DE PAYS DES COTEAUX DU VERDON）
蒙托班泰拉斯地区餐酒（VIN DE PAYS DES COTEAUX ET TERRASSES DE MONTAUBAN）

弗拉维安坡地区餐酒（VIN DE PAYS DES COTEAUX FLAVIENS）
卡塔朗地区餐酒（VIN DE PAYS DES CÔTES CATALANES）
加斯科涅地区餐酒（VIN DE PAYS DES CÔTES DE GASCOGNE）
拉斯图尔地区餐酒（VIN DE PAYS DES CÔTES DE LASTOURS）
蒙特斯度克地区餐酒（VIN DE PAYS DES CÔTES DE MONTESTRUC）
佩里酿地区餐酒（VIN DE PAYS DES CÔTES DE PÉRIGNAN）
普鲁伊地区餐酒（VIN DE PAYS DES CÔTES DE PROUILHE）
陶地区餐酒（VIN DE PAYS DES CÔTES DE THAU）
东戈地区餐酒（VIN DE PAYS DES CÔTES DE THONGUE）
布里昂地区餐酒（VIN DE PAYS DES CÔTES DU BRIAN）
塞雷素地区餐酒（VIN DE PAYS DES CÔTES DU CERESSOU）
孔东地区餐酒（VIN DE PAYS DES CÔTES DU CONDOMOIS）
塔恩地区餐酒（VIN DE PAYS DES CÔTES DU TARN）
维都勒地区餐酒（VIN DE PAYS DES CÔTES DU VIDOURLE）
上巴登地区餐酒（VIN DE PAYS DES HAUTS DE BADENS）
莫赫地区餐酒（VIN DE PAYS DES MAURES）
格拉日山地区餐酒（VIN DE PAYS DES MONTS DE LA GRAGE）
狮子湾沙地地区餐酒（VIN DE PAYS DES SABLES DU GOLFE DU LION）
朗代地区餐酒（VIN DE PAYS DES TERROIRS LANDAIS）
阿格里河谷地区餐酒（VIN DE PAYS DES VALS D´AGLY）
贝朗日地区餐酒（VIN DE PAYS DU BÉRANGE）
波旁内地区餐酒（VIN DE PAYS DU BOURBONNAIS）
格里酿孔泰地区餐酒（VIN DE PAYS DU COMTÉ DE GRIGNAN）
博蒂勒山地区餐酒（VIN DE PAYS DU MONT BAUDILE）
佩里戈尔地区餐酒（VIN DE PAYS DU PÉRIGORD）
多尔冈地区餐酒（VIN DE PAYS DU TORGAN）
塞斯谷地区餐酒（VIN DE PAYS DU VAL DE CESSE）
达涅谷地区餐酒（VIN DE PAYS DU VAL DE DAGNE）
蒙费朗谷地区餐酒（VIN DE PAYS DU VAL DE MONTFERRAND）
于宰斯-迪谢地区餐酒（VIN DE PAYS DU DUCHÉ D´UZÈS）

省级地区餐酒

金丘省、上莱茵省、下莱茵省、纪龙德省（Gironde）、马恩省（Marne）和罗纳省（Rhône）不允许生产地区餐酒。

（资料来源：国家葡萄酒行业局 ONIVINS）

生命之水（Les EAWX-DE-VIE D VIN）

▲加斯科涅（Gascogne）白兰地。

干邑（Cognae）

葡萄田面积：80000公顷

产量：1.27亿瓶

出口量：95%

干邑地区被分为6个次级产区：

大香槟区（Grand Champagne）、小香槟区（Petite Champagne）、边林区（Borderies）、优质林区（Fins Bois）、良质林区（Bons Bois）以及普通林区（Bois Ordinaires）

葡萄品种：白玉霓、鸽笼白（Colombard）

雅马邑区（Armagnac）

葡萄田面积：15000公顷

产量：700万瓶

出口量：45%

雅马邑地区被分为3个次级产区：

下雅马邑（Bas-Armagnac）、雅马邑-待纳黑兹（Armagnac-Ténarèze）、上雅马邑（Haut-Armagnac）

葡萄品种：白玉霓、巴高（Baco）、白福儿

"生命之水"（白兰地）是采用蒸馏葡萄酒或蒸馏榨渣的方法来获取高酒精度的葡萄酒，它与用水果或粮食酿造的烈酒不同（威士忌、伏特加等）。它因具有治疗的功效而出名，若干个世纪以来，它已经成为了行家们钟爱的饮料，人们也逐渐掌握了它的生产技艺。虽然有很多地区都出产白兰地，但干邑和雅马邑无疑是它们之中的标志性地区。

荷兰人曾经大大提升了干邑和雅马邑地区生产白兰地的专业性。17世纪时，他们凭

延续千年的工艺

蒸馏是一种延续了几千年的古老技法，它通过蒸发的方法来将物质中的精华部分分离出来。首先，希腊人逐步完善了蒸馏法，然后在公元8～11世纪，阿拉伯医生和炼丹术士在制造香水的过程中又逐步提升了这项工艺。中世纪时，这个方法传入西方。一些医生和药剂师根据加泰罗尼亚的阿诺德• 维勒诺夫（Catalan Arnaud de Villeneuve，公元13世纪）所传授的原理，用它来制造"燃烧的葡萄酒"，其目的是为了延年益寿。随着若干个世纪的发展，蒸馏的技术越来越精纯，越来越具有地域特色。

借着在商贸和海上交通方面的强大实力，开始进行白兰地贸易。对他们来说白兰地在当地有着诸多优势：经得起长途运输，在船上所占的空间有限，而且在当地人中极受欢迎。同时，他们还发明了将白兰地兑水饮用的方法。

干邑和雅马邑：相似的命运

在加斯科涅地区，人们从15世纪开始酿造被称为“火焰之水”的白兰地。那时白兰地被认为有医治疾病的功效，在圣瑟韦（Saint-Sever）和阿杜尔河畔艾尔（Aire-sur-l´Adour）两个城市附近销售。

就像在其他地区一样，人们在偶然之间才发现了白兰地所具有的非凡的陈年潜质：有时候是将酒放在橡木桶中留作来年再用，有时候干脆就是忘记了，通过这样的机会人们发现白兰地经过陈年之后品质得到了提升，口感更加复杂和醇美。很快，英国市场就表现出了对这款优质的高酒精度葡萄酒的浓厚兴趣。到了18世纪时，干邑已然成为了英国社会的一种时尚，他们利用了夏朗德省与西北欧的传统贸易关系，以及中间商的巨大力量来推广白兰地。

相比较之下，雅马邑所处的位置更为内陆一些，这里有更多的葡萄园和树林。这个产区发展得比较缓慢，几乎落后了干邑一个世纪。借助于巴依斯（Baïse）运河这个更为便捷的运输通道，雅马邑地区出产的白兰地被运送到波尔多。

在根瘤蚜虫病的影响下，干邑和雅马邑两个产区的葡萄园数量急剧减少。重建工作缓慢而艰难，直到20世纪50年代时才重新展露出新的面貌。至此之后，干邑与雅马邑的命运就随着时尚潮流的变化而起伏，它们拥有一批狂热的追随者，但更重要的是，白兰地要不停地应对挑战，努力吸引更多的消费者。

一种全新的方式

依据白兰地的酿造原理，在不同的陈年时期，它会获得不同的香气。因此，奥利维耶•布朗（Olivier Blanc）和皮埃尔• 瓦赞（Pierre Voisin）选择放弃传统的官方术语，而是使用香味类型来命名不同的干邑，由低到高的顺序为：“初香白兰地”、“果香白兰地”、“花香白兰地”、“辛香白兰地”和“极品浪漫白兰地”。这些不同的干邑都能够彰显出自己的风格，它们的共同点是细腻、精致且纯净。

葡萄园

白玉霓是这两个产区中最流行的葡萄品种。它足够健壮，酿造出的葡萄酒带有足够的酸度，酒精度不高，赋予了白兰地应有的细腻感。除此以外还有白福儿和鸽笼白，前者曾经是雅马邑地区种植面积最广的葡萄品种。在雅马邑地区的其他法定葡萄品种中，只有巴高22A［白福儿与诺亚（Noah）的杂交葡萄品种］仍被用于酿酒。

干邑产区

在干邑地区，所谓的风土条件并不是一个空洞的词汇。法律划分出了干邑地区6个不同的次级产区，它们所拥有的是不同的土壤类型和局部气候。80000公顷的广袤土地被按照同心圆的形式进行了划分，每个圆对应一个次级产区。位于最中心位置的是大香槟区

▲干邑区一隅：大香槟区的中心地带。

（Grande Champagne），然后是小香槟区（Petite Champagne），它的位置更偏向东南和西南。这两个产区的干邑因细腻精致而广为人知。接下来分别是边林区（Borderies）、优质林区（Fins Bois）、良质林区（Bons Bois）以及普通林区（Bois Ordinaires），这是干邑地区最小、最外围的产区。

雅马邑产区

雅马邑产区的面积为15000公顷，被分为3个次级产区：西边的下雅马邑（Bas-Armagnac）、中间地带的雅马邑-待纳黑兹（Armagnac-Ténarèze）、东部及南部的上雅马邑（Haut-Armagnac），其中后者出产越来越多的干型葡萄酒。

蒸馏

葡萄酒的蒸馏过程很简单：依据挥发性不同的原理，将酒精与水

Tips

不同级别的干邑

V.S.级（Very Special）或三星级（***）干邑对应的是酒龄至少为2年的白兰地。V.S.O.P.级（Very Superior Old Pale）对应的是培养了4年以上的白兰地。

X.O.级、拿破仑级（Napoléon）或忘年级（Hors d'Âge）指的是培养期为6年以上的白兰地。

▲用于培养白兰地的酒库：雅马邑离开蒸馏器之后，被放入到橡木桶中。

和杂质分离开来。在加热的过程中，酒精的沸点要比水低。但对白兰地来说，蒸馏并不是要获取纯酒精，人们调整蒸馏的程度，为了保留一部分“杂质”，因为其中含有的香味物质会最终决定成酒的个性。由此在不同的产区派生出了不同的生产工艺和不同类型的蒸馏器：在干邑产区，人们采用“双重蒸馏”的方法（对初次蒸馏所获得的蒸馏物进行新一轮蒸馏）获取酒精度在70%左右的清澈透明的白兰地；在雅马邑地区，人们则使用雅马邑蒸馏器和连续蒸馏的方法，蒸馏出的白兰地酒精度在52%～60%。

培养和调配

生产白兰地的秘诀主要存在于培养和调配的技法中。这与香槟地区非常相似，每一个干邑或雅马邑公司在酿造不同年份的白兰地时都试图保持统一的风格。蒸馏出的白兰地在被放入橡木桶之后逐渐发生转变，其中一部分自行蒸发，同时酒精度也会略有降低（每年0.5°）。随着时间的流逝，在氧化作用和酒液与木头之间的交换作用的影响下，白兰地逐渐获取了更为复杂的香气，颜色也慢慢地由黄色转变为棕色。酿酒车间主管通常会酿造不同橡木桶、不同年份和不同产区的酒，为了根据自己所追求风格来进行调配。

命名的难题

对不了解干邑的人来说，解读它的酒标的确是件让人头疼的事情。即使含量、产地、装瓶地点、酒精度都没有什么问题，酒龄却总是让人感到困扰。区分酒龄的标准规定：一款干邑的酒龄要以混酿酒液中最年轻的那个为标准来计算，而它的酒龄则要从蒸馏完成之后的4月1日开始算起。但事实是人们常常逾越这一法规，可以使用的命名有几十种，或多或少都是为了吸引消费者。这些名称大多传承自每个酒庄，对那些没什么经验的消费者而言显得神秘莫测。在必要的情况下，可以在酒标上打出次级产区的名字，前提是酿造干邑所用的原料全部来自于同一产区。如果酒标上标有“优质香槟区干邑”（Fine Champagne）则说明调配用的酒液来自于大香槟区和小香槟区。

在雅马邑地区存在同样的分级体系，但人们为了化繁为简，所以只建立了2个类别：由5年以下的白兰地调配而成的雅马邑和陈年雅马邑。

干邑区和雅马邑区的新面孔

从20世纪50年代开始，白兰地的消费量有所下降，再加上亚洲等市场的剧烈变化，过量生产的问题面临了严峻的考验。尽管传统市场依然存在，但更迫切的是要不断开拓具有消费能力的新客户群。在20世纪80～90年代，雅马邑开始建立年份表，这在当时是首屈一指的。不久前，他们又推出了白雅马邑，这是一种白色的白兰地，在蒸馏之后直接装瓶，没有经过橡木桶培养，因此香气浓郁，特别是果香突出。一部分葡萄园重新恢复了普通葡萄酒的生产，具有代表性的酒庄包括：达希克酒庄（Tariquet）。

干邑地区在1989年出台了一项改革法案，准许酒庄生产英国市场上需求量可观的年份干邑，最关键的是人们开始用一些新型方式来饮用干邑，例如加入水或苏打水进行稀释。

▼轩尼诗（Hennessy）公司使用传统的夏朗德蒸馏器（Alambic Charentais）来进行蒸馏。

其他白兰地

许多其他的葡萄酒产区也同样出产白兰地，人们一般称之为果渣白兰地或优质白兰地。通常情况下，质量好的葡萄极少被用于

▲待纳黑兹（Ténarèze）位于整个产区的中心地带，白玉霓是最主要的葡萄品种，用它酿造的白兰地浓郁醇厚。

酿造白兰地，人们大都是对酿造葡萄酒所剩下的残余物进行循环再利用（但这并不影响产品的质量）。果渣白兰地是对酿造葡萄酒所剩下的榨渣进行蒸馏所获取的。这类白兰地多产于阿尔萨斯、勃艮第和香槟省，在萨瓦、波尔多和博若莱也有生产。酒的特色取决于人们所采用的生产原料。香槟地区的榨渣来自于整颗压榨的葡萄，因此含糖量更丰富，酿造出的白兰地香气馥郁。同时，这里的白兰地采用的都是名贵的葡萄品种，因此它的精致细腻广为人知。在香槟区，白兰地生产基于酿造过程中所回收的酒液，而在勃艮第则基于酒泥。

绝无仅有的老年份珍藏

第一家历史悠久的雅马邑酒商嘉思德（Castarède）成立于1832年。从创立之初到现在，它始终都由同一个家族所掌管。在它的两个酒库中存放着来自于自己酒庄的白兰地——位于下雅马邑区的玛尼邦庄园（Château de Maniban），以及在同一地区内收购来的酒。这个公司最大的特色就是它所拥有的50多款老年份酒，其中酒龄最老的来自于1888年。这些酒充分展示了长时间培养的魅力。其中最珍贵稀有的1900年份白兰地呈琥珀色，在强劲有力的同时，又显得柔和而复杂。

精挑细选

• 干邑区

轩尼诗（HENNESSY）

历史悠久的干邑公司，市场上的领军人物，产品包含了最顶级的干邑。

☏ 01 41 88 32 00 　 ☐ 01 41 88 32 15

法拉宾酒庄（DOMAINE FRAPIN）

建于17世纪的家族酒庄，在大香槟区位列第一，面积300公顷，自始至终专注于高品质白兰地的生产。

☏ 05 45 83 40 03 　 05 45 83 33 67

博乐马（LÉOPOLD GOURMET）

新派酒庄，产品线短，但干邑的细腻度堪称典范。

☏ 05 45 83 76 60 　 05 45 35 41 92

德拉曼（DELAMAIN）

老牌酒庄，历史可追溯至17世纪，专注于酿造大香槟区干邑。

☏ 05 45 81 08 24 　 05 45 81 70 87

• 雅马邑区

嘉思德（MAISON CASTARÈDE）

雅马邑区最古老的酒庄，因为拥有一批老年份白兰地而声名远播。

☏ 05 62 09 66 80 　 05 62 09 64 21

劳巴德庄园（CHÂTEAU DE LAUBADE）

这个新兴的酒庄拥有大片葡萄园，出产的白兰地无懈可击。

☏ 05 62 09 06 02 　 05 62 69 08 62

达希克酒庄（CHÂTEAU DU TARIQUET）

这家著名的酒庄酿造了出色的平静葡萄酒，但同时它所生产的高品质雅马邑也是酒庄重要的特色产品之一。

☏ 05 62 09 87 82 　 05 62 09 89 49

▼干邑采用不同年份的白兰地调配而成，因此不注明年份。

Tips

世界各地的白兰地

世界上许多葡萄酒生产国都会生产白兰地，其中许多白兰地因品质突出而为人称道。

意大利古拉帕（La grappa Italienne）在过去口碑不佳，但如今已然跻身于最佳白兰地的行列。这是意大利北部的特产，生产范围从彼尔蒙（Piémont）直至威尼托（Vénétie）。它是一款果渣白兰地，因此品质与原材料息息相关。大部分古拉帕都是用单一葡萄品种（会将葡萄品种的名字标注在酒标上）酿造而成的，但有时也会进行调配。它们有些在橡木桶中经过1~2年的培养，有些在蒸馏之后就立即装瓶了（例如白古拉帕）。它的风格在简单质朴与精细优雅间摇摆不定。意大利还出产葡萄白兰地（Aquavite di Uva），这是一种用不完全发酵的葡萄汁所酿造的白兰地，口感圆润，果香浓郁。

在西班牙，一些出产雪莉酒（Xérès）的著名酒庄会采用索雷拉法（Solera）和来自于拉芒什地区（La Manche）的葡萄来生产上乘的白兰地：西班牙烧酒（Aguardiente）。

在葡萄牙，最多见的是中止发酵的波特酒，但也有一些地区，例如巴亚达（Barraida）会酿造巴卡瑟拉（Bagaceira）白兰地（果渣白兰地）。

这款地中海地区的特色产品被出口到南美地区。在那里，白兰地是家喻户晓的饮料，例如智利和秘鲁的皮克斯白兰地（Pisco）。南非、美国、澳大利亚都会酿造一定量的白兰地，其中不乏佳作。

以葡萄酒为基础的开胃酒

这种以葡萄酒为基础的开胃酒也被称为“味美思”（Vermouths）。提到它，人们常常会想起那些加入了植物或其他香料的普通餐酒，例如：蒿草，当然具体风格要视每个品牌自己的生产流程及独特配方而定。它们都经过了轻度的加烈或中止发酵，酒精度为16° 左右。

由于受到古罗马时期，甚至更早的古老传统的影响，这种类型的产品在地中海沿岸一些国家非常流行，比如法国和意大利。在那时，人们没有装瓶工艺，也不懂得二氧化硫处理法，所以只能采取这种方式来保存葡萄酒。16世纪时，这种被称为“味美思”的葡萄酒（Wermuth Wein，在英国被写做vermouth）在德国广受欢迎，人们认为它有一定的保健功效，特别是可以促进消化。接下来，彼尔蒙和法国阿尔卑斯的大部分生产商也都开始生产这种酒，这是因为两地隔着阿尔卑斯山，距离很近，同时这个地区有着大量的植物资源。19世纪末、20世纪初时，味美思的风潮达到顶点。许多国际性的品牌浮出水面：仙山露（Cinzano）、马天尼（Martini）、威末（Noilly Prat）及杜本内（Dubonnet）……其他的诸如波尔多开胃酒利莱（Lillet）或是忠于阿尔卑斯传统的尚贝里开胃酒（Chambéry）的知名度基本只限于本地。那些用于生产开胃酒的葡萄酒不需要具备太高的质量，开胃酒的出现也的确为一小部分生产过量的葡萄酒找到了出路。

利口酒和蜜甜尔（VINS DE LIQUEUR OU MISTELLES）

利口酒的生产要遵守一项与原产地监控命名制度相类似的法规，也就是说生产要在划定的地区内按照规定的细则来进行。

葡萄汁的味道

蜜甜尔（Mistelles）是葡萄汁与酒精调配而成的。在法国，最出名的两款蜜甜尔分别来自两个著名的白兰地产区：干邑地区的皮诺香甜酒产区（Pineau-des-Charentes）和雅马邑地区的福乐克酒产区（Floc-de-Gascogne）。为了酿造蜜甜尔，人们向葡萄汁中加入酒精来中止发酵。与中止发酵葡萄酒（或天然甜葡萄酒）不同的地方在于蜜甜尔的发酵在初期就中止了。因此，它的口感更接近于普通的葡萄汁，只不过含有一些酒精而已。采用本地榨渣酿造的马克凡汝拉香甜酒（Macvin-du-Jura）知名度不高。在意大利和西班牙也有不少的蜜甜尔酒。

▲ 皮诺香甜酒（Pineau-des-Charentes）有白色、桃红色；也有老、超老和极老几种类型。

熟酒：几乎已经消失的技艺

人们经常错误地将以葡萄酒为基础的开胃酒、天然甜葡萄酒和熟酒混淆在一起。通过一些埃及古墓中的浮雕，这种古老的葡萄酒才逐渐被还原。人们将葡萄酒、糖、调料和香料一起放入小锅中加热，然后获取它们的浓缩汁，有时这种浓缩酒形态好似果酱一般。现存的传统熟酒可以在普罗旺斯找到。在这里，它成了冬日里特别是圣诞节时的一种传统饮品。其他地区也有自己的熟酒配方，它显示了烹调传统在葡萄酒世界里的影响。

▲南非的帕莱莎德梅尔酒庄（Plaisir De Merle）。在弗兰谷（Franschhoek）一带，许多酒庄是由胡格诺派教徒修建的，并且使用法文来命名。

欧洲及世界葡萄酒

在20年以前，法国人对外国葡萄酒的了解还只是局限于基安蒂（Chianti）、里奥哈（Rioja）、布劳婉娜（Boulaouane）、波特酒……诚然，大部分外国葡萄酒都来自意大利、西班牙和葡萄牙。但智利、澳大利亚、南非葡萄酒也越来越多地出现在市面上，其他的，例如阿根廷的葡萄酒也在慢慢敲开法国大门（8年内，在数量上的增长达到150%，价值的增长达到了300%）。这些葡萄酒推翻了复杂的等级体系，它们之中的一些在盲品比赛中所展露的实力跟许多法国名庄酒不相上下。国际化是大势所趋，最杰出的侍酒师深知国境之外的行业现状；葡萄酒零售店开始发掘那些其他国家的葡萄酒产区；消费大众也逐渐展现出他们对异域葡萄酒的浓厚兴趣…… 接下来，我们会将这些葡萄酒生产国分成两部分为大家进行介绍。第一部分是欧洲葡萄酒生产国（西班牙、意大利、葡萄牙等），他们的相关法律与目前法国所实施的非常相近。

Tips

"艺术与葡萄酒以同样的方式造福人类"（歌德）

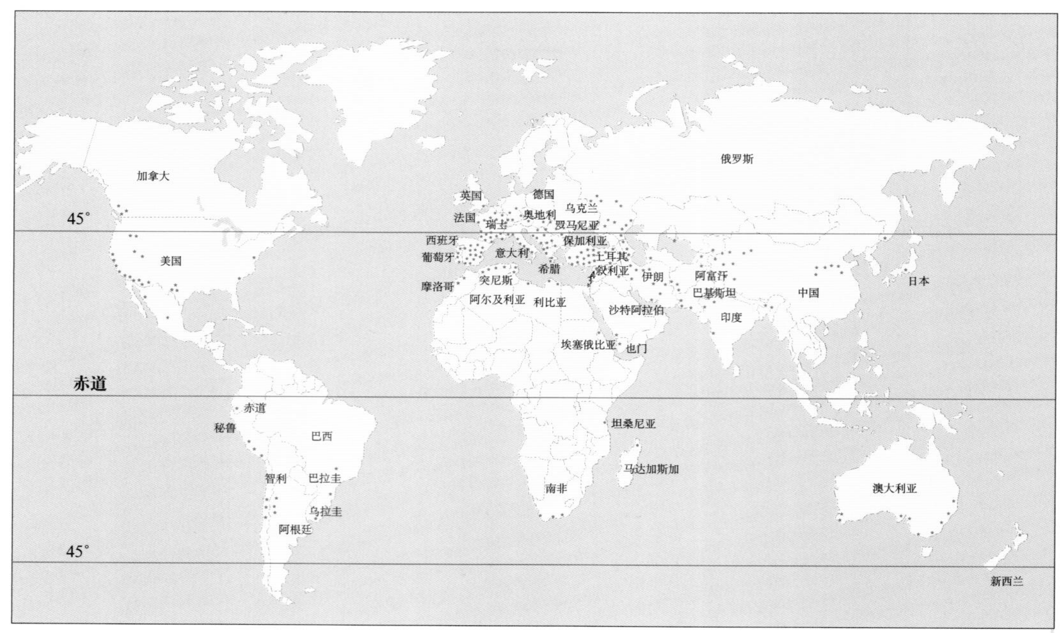

人们一般都通过产地来识别葡萄酒，有时也会通过葡萄品种来区分，但这种情况比较少见。在第二种情况下，其他国家的葡萄酒农纷纷采用法国葡萄酒的一个重要元素来打造自己的身份，那就是葡萄品种。以赤霞珠和霞多丽为代表的一些葡萄品种的良好适应性使它们的名字出现在欧洲以外的地方，并成为识别葡萄酒的最简单方法。大部分新世界国家的葡萄酒在强调葡萄品种的同时，也不忘将生产商的名字或是品牌放在最显眼的地方。根据现行的法律，酒标上标注出的葡萄品种在葡萄酒中所占的比例要达到85%（各个国家规定的比例有所不同）。在所有地方，酒标上标注的年份都必须是葡萄采收的年份，有时允许有5%其他年份的葡萄汁混入。酒精度和容量采用的是适用于所有葡萄酒的国际化标准。

目前，一个主要的争议点依然在于对欧洲一些传统产区名号的滥用，例如：雪莉（Sherry）、波特（Porto）、香槟（Champagne）及夏布利（Chablis）。澳大利亚和美国加利福尼亚的一些生产商借助于这些历史悠久的著名产区来提升自己葡萄酒的辨识度，但其实这些产品的质量还远未达到相应的水平。这类葡萄酒是禁止出口到欧洲的。

Tips

法国葡萄酒市场上10个主要的供应国（包含所有葡萄酒），按进口量排序

意大利　西班牙　葡萄牙　智利　摩洛哥　德国　南非　美国　澳大利亚　突尼斯

葡萄酒生产国					
国家	**面积/公顷**	**产量/百升**	**国家**	**面积/公顷**	**产量/百升**
欧洲			**大洋洲**		
德国	104000	8891000	澳大利亚	148000	10163000
奥地利	49000	2531000	新西兰	15000	530000
比利时	35	2000			
卢森堡	1000	135000	**非洲**		
西班牙	1235000	30500000	南非	118000	6471000
法国	914000	53389000	阿尔及利亚	61000	420000
希腊	122000	3477000	突尼斯	28000	321000
意大利	908000	50093000	摩洛哥	50000	286000
葡萄牙	248000	7789000	马达加斯加	2000	89000
英国	1000	15000	坦桑尼亚	3000	
瑞士	15000	1113000			
马耳他	200	50000	**美洲**		
阿尔巴尼亚	6000	142000	加拿大	9000	445000
波斯尼亚	4000	50000	美国	415000	19200000
保加利亚	110000	2260000	墨西哥	39000	1411000
克罗地亚	63000	1950000	阿根廷	205000	15835000
匈牙利	93000	5406000	玻利维亚	4000	20000
马其顿	30000	1000000	巴西	63000	2968000
捷克	14000	518000	智利	178000	5658000
罗马尼亚	247000	5090000	巴拉圭		60000
斯洛伐克	18000	480000	秘鲁	12000	128000
斯洛文尼亚	17000	645000	乌拉圭	11000	1000000
前南斯拉夫地区	67000	2100000	委内瑞拉	1000	
东欧			**中东**		
亚美尼亚	15000	35000	埃及	67000	42000
阿塞拜疆	11000	400000	塞浦路斯	18000	503000
白俄罗斯		99000	以色列	6000	50000
爱沙尼亚		21000	黎巴嫩	15000	195000
格鲁吉亚	64000	1326000	土耳其	564000	265000
哈萨克斯坦	11000	300000			
吉尔吉斯斯坦	8000	17000	**亚洲**		
立陶宛		60000	中国	359000	10800000
摩尔多瓦	110000	1400000	日本	21000	1100000
俄罗斯	70000	3430000	印度	46000	
塔吉克斯坦	36000	56000	韩国	29000	
土库曼斯坦	28000	240000	泰国	4000	
乌克兰	105000	1296000			
乌兹别克斯坦	135000	435000			

（资料来源：国际葡萄与葡萄酒局 OIV 2001）

德国

白葡萄酒的国度

葡萄田面积：104000公顷

产量：8.89亿升

出口量：2.42亿升

葡萄酒产区：帕拉蒂纳（Palatinat）、莱茵黑森州（Hesse Rhénane）、巴登（Bade）、符腾堡（Wurtemberg）、摩泽尔-萨尔-鲁维（Moselle-Sarre-Ruwer）、弗兰肯（Franconie）、纳赫（Nahe）、莱茵高（Rheingau）、萨尔-昂斯鲁（Saale-Unstrut）、莱茵河中游（Rhin Moyen）、阿尔（Ahr）、贝格施特拉瑟-黑森（Bergstrasse de Hesse）、萨克森（Saxe）

主要白葡萄品种：雷司令、米勒图尔高（Müller-thurgau）、西万尼（Sylvane）、肯内（Kerner）

主要红葡萄品种：黑品乐、丹菲特（Dornfelder）、葡萄牙人（Portugieser）、托林格（Trollinger）

▼莱茵兰（Rhénanie）和帕拉蒂纳（Palatinat）地区开始一点点转型生产红葡萄酒。

绝佳年份

1921年、1953年、1959年、1971年、1976年、1990年、2003年

德国与欧洲其他著名的产酒国之间最大的区别在于这里主要出产白葡萄酒，包括了干白、气泡酒和甜型葡萄酒。其中一些久负盛名，被人们纳入全世界最好的白葡萄酒的行列。

德国葡萄酒种植业的摇篮是摩泽尔河谷一带。公元2～3世纪，第一片葡萄园出现于古罗马帝国西部都城特里尔（Trèves）附近。接下来，葡萄产区在墨洛温王朝（Mérovingiens）和卡洛琳王朝（Carolingiens），特别是修道院的推动下，逐渐遍布了莱茵河的上下游。到了16世纪时，德国葡萄园的面积已经达到了30万公顷，出产的葡萄酒也在整个欧洲范围内获得了良好的声誉。然而，紧随这段黄金时期之后来临的是由于质量下降和战争的蹂躏而引发的严重危机。为时两个世纪的萧条过后，鉴于人们在研究和挑选更好的葡萄种植地点以及优秀葡萄品种方面所作出的努力，葡萄酒产业迎来了缓慢的复兴。但是，好景不长。从1881年开始，纷至沓来的根瘤蚜虫病和两次世界大战对葡萄园造成了巨大的破坏。直到20世纪60年代时，人们才真正开始了重建的工作。随着科技水平的进步，抵抗力强的克隆品种的出现，以及成熟期短的葡萄品种的大范围推广，1960～1990年，葡萄的产量翻了一番，而葡萄园的面积也在20世纪90年代时达到了10万公顷。行业的重点也毅然转向了以出口为目的的批量生产上。但是，这种发展模式如今已经触及到了它的底线，无论是国内市场还是国际市场，对这种批量生产的葡萄酒的需求量都已经接近饱和。德国开始果断地转向发展高品质葡萄酒的生产，这在以前很长一段时间里，只有一小部分非常严谨、认真的酿酒者涉足其间。

复杂的葡萄酒产区

德国的葡萄酒产区分为13个，全部都集中在德国南部，因为这里是受恶劣的大陆性气候影响最少的地段。其中历史最悠久，出产葡萄酒品质最高的产区位于西南一隅。德国的葡萄种植必须要解决的一个问题是：在凉爽的气候条件下，如何让葡萄达到足够的成熟度并具有相应的精致感。人们用两种方式来应对这一问题：首先要选择最适合的种植地，也就是说气候要足够温和；其次要选择适合的葡萄品种，用它们来生产清爽而活泼的白葡萄酒。

从巴登到阿尔之间，在位于莱茵河中游的西南地区有着由莱茵河和它的支流所形成的密集的江河网络。这片水路之内遍布了自然天成的陡坡及河谷。于是，人们自然而然地在这些能够受益于河流的气温调节作用且光照条件好的地

▲约翰内斯堡酒庄（Schloss Johannisberg）是莱茵高地区的传奇酒庄。

> **伊慕酒庄（Egon Muller）的金色葡萄**
>
> 伊慕酒庄的葡萄酒在国内外市场上价格高昂，这样的酒庄在德国为数不多。伊慕酒庄位于萨尔的韦廷根村（Wiltingen），在顶级的施华格（Scharzhofberger）葡萄园拥有7公顷的土地。每年它都会将一小部分葡萄酒留给特里尔（Trèves）的顶级葡萄酒年度拍卖会。酒庄打造的精选贵腐霉葡萄酒（Beerenauslese）、精选干颗粒贵腐霉葡萄酒（Trockenbeerenauslese）和冰酒极富传奇色彩，半瓶装的价格就可以飙升到几千欧元。

点建起了葡萄园。在这样的环境下，纬度、坡度和光照的细微变化都会即时反应在收获的葡萄所体现出的特点中。

摩泽尔-萨尔-鲁维（Moselle-Sarre-Ruwer）和莱茵高（Rheingau）产区出产的葡萄酒在德国之外的其他国家有着非常好的声誉。德国两个最重要的葡萄酒产区是莱茵黑森州（Hesse Rhénane）和帕拉蒂纳（Palatinat）：前者是日常饮用类葡萄酒的重点产区，较为知名的是一款名为“圣母之乳”（Liebfraumilch)的混酿半干型白葡萄酒；而后者除了出产优质的雷司令白葡萄酒以外，还酿造以丹菲特（Dornfelder）和葡萄牙人（Portugieser）为原料的红葡萄酒。这两个地区占了德国葡萄园总面积的近40%。符腾堡（Wurtemberg）由于大量出产红葡萄酒而显得较为特殊，虽然托林格是当地的特色葡萄品种，但这里最受欢迎的葡萄酒还是雷司令和莱姆贝格（Lemberger，红葡萄酒）。弗兰肯地区（Franconie）90%的葡萄酒都是用西万尼酿造的白葡萄酒。在东部和南部，巴登是黑品乐和米勒图尔高（Müller-thurgau）的王国，它们占据了产区总面积（16000公顷）的一半。这里也是若干大型酿酒合作社的所在地，例如艾丰戴尔（Affentaler）和奥波博根（Oberbergen）。

莱茵高（Rheingau）：雷司令的故乡

纵观德国所有的葡萄酒产区，没有一个能像莱茵高这样充分释放雷司令的高贵，将它的特性发挥到极致。经过若干个世纪的观察和研究，人们了解了如何让雷司令更好地适应当地的风土条件。莱茵高产区总面积3200公顷，这里特有的局部气候可以让雷司令达到理想的成熟度。全南的朝向，能够阻挡寒冷北风侵袭的陶努斯山区（Taunus），能够提高局部温度并适度地滋润植株的莱茵河水，这一切都为葡萄的生长提供了理想的条件。再加上人们对产量的严格控制使得葡萄果实在口感上的集中度非常好。

莱茵高地区的雷司令葡萄酒的整体风格在过去几十年间得到了提升。它的酒精度不高，香气丰富，其中果香与矿物质味最为突出，酒体顺滑，完美的酸度是它的灵魂所在，纤细精致，具有极好的陈年潜质。最出色的还要数串选葡

▼摩泽尔河谷以种植雷司令为主。

萄酒（Auslese）、精选贵腐霉葡萄酒（Beerenauslese）、精选干颗粒贵腐霉葡萄酒（Trockenbeerenauslese）和冰酒（Eiswein）等几种甜型葡萄酒。它们香气馥郁，口感饱满，出色的酸度造就了完美的平衡感，即使是最浓郁的酒液也是一样。

然而雷司令并不是莱茵高地区的专利，在莱茵黑森州（Hesse Rhénane）也有非常出色的雷司令葡萄酒，例如卡托尔酒庄（Müller-Catoir）的出品。除此以外在摩泽尔-萨尔-鲁维（Moselle-Sarre-Ruwer）产区著名的普朗酒庄（Johan Joseph Prüm）和伊慕酒庄（Egon Muller），在纳赫（Nahe，南部）、贝格施特拉瑟-黑森（Bergstrasse de Hesse）及莱茵河中游（Rhin Moyen）都有不错的雷司令。

Tips

莱茵高产区的两个传奇酒庄

• 罗伯特・威尔酒庄（Weingut Robert Weil）

如今威廉・威尔（Wilhelm Weil）是这个酒庄的管理者，由他的祖辈罗伯特・威尔（Robert Weil）在1870年购入的50公顷土地全部种植着雷司令。这些葡萄酒的光芒来自于种植者长期以来对葡萄园的精心照料。他们的成功之处在于几乎每年都可以生产出一系列质量水平不同的葡萄酒。这里的干型葡萄酒堪称典范，复杂、精细、回味绵长，而最出色的当数精选干颗粒贵腐霉葡萄酒（Trockenbeerenauslese），丰富迷人的果香与细腻柔和的酸度相得益彰。

• 约翰内斯堡酒庄（Schloss Johannisberg）

这个酒庄在推动莱茵高地区的葡萄酒发展上起到了关键作用。这里曾经是本笃会修士们一个重要的酿酒中心，后来辗转于王宫贵族之手，最终由梅特涅（Metternich）家族掌管，直到现在。17世纪时，酒庄开始全面种植雷司令。许多年之后，德国第一款晚摘葡萄酒（Spätlese）在这里问世。为了见证历史，这个酒庄保留着古老的围墙、18世纪的城堡，同时也保留着葡萄园和酒窖中代表着酒庄先进性的点点滴滴。这里的冰酒也同样出色，酸度均衡有力，口感浓郁醇厚。

红葡萄酒的攀升

在德国，白葡萄酒的产量占了葡萄酒总产量的65%，以雷司令为主，其中许多是世界顶级的超甜型葡萄酒。与此同时，在内需增加的影响下，红葡萄品种产量每年也都会有所提升。现在它的栽种面积已经占了德国葡萄种植总面积的三分之一。德国的葡萄酒生产商已经知道该如何挑选适合本地寒冷气候的红葡萄品种了。

黑品乐（Spätburgunder）能够酿造出鲜活的红葡萄酒，有时略显锐利，但从不缺乏果香和一定的矿物质香气。它通常都种植于气候相对温和的南部地区（巴登、帕拉蒂纳），在北方阿尔地区的一些小葡萄园也有种植，其中86%用于酿造红葡萄酒。

用葡萄牙人（Portugieser）酿造出的红葡萄酒较为简单，酸度不明显，莱茵黑森州和帕拉蒂纳都有种植这一葡萄品种。至于符腾堡，这里是托林格的主要种植地，以它为原料的红葡萄酒或桃红葡萄酒，较为甜美，充满活力。

塞克特（Sekt）

凭借着人均每年5升的消耗量，德国成为了世界最大的气泡酒消费国。塞克特是一款名副其实的高产气泡酒，在某些年份中，它的产量可以达到5亿瓶！纪尧姆二世（Guillaume II）在位的时候增加税赋，用这款国宝级的葡

▲摩泽尔河中游盛产平衡感良好的雷司令葡萄酒。

萄酒来犒劳自己的海军将士。今天，这款气泡酒的不确定性越来越明显，质量水平参差不齐。酿酒所使用的葡萄或葡萄汁大都是从国外采购来的，然后使用查尔曼法（Charmat）进行酿造。除了这些平民化的气泡酒以外，一些著名的葡萄酒公司或是独立葡萄酒农也会按照香槟法的严格规定来酿造高档气泡酒。

两种分级体系

德国的葡萄酒立法中包含两种等级体系。第一种是从地理原产地的角度来划分。13个葡萄酒产区被分为若干个单一葡萄园（Einzellagen），这是最基础的单位（最小的面积为5公顷），有点近似于风土条件。单一葡萄园可以包括几个村子中的若干个地

Tips

新型葡萄品种

近些年，德国开始采用一些抵抗力强、高产的杂交葡萄品种来酿造特色葡萄酒。用米勒图尔高（雷司令与西万尼的杂交品种）酿造的葡萄酒柔顺圆润，酸度低，易于饮用，但前提是要对产量进行必要的控制。肯内（Kerner，托林格与雷司令的杂交品种）的种植面积也呈上升趋势，这主要是得益于它容易成熟的特性。巴登、帕拉蒂纳和莱茵黑森州都出产用肯内酿造的优质葡萄酒。它的香气和酸度与雷司令颇为相似，只是有时会欠缺雷司令的细腻感。

▲莱茵高地区埃伯巴赫修道院（12世纪）内的古老压榨机。

块。在单一葡萄园之上的是酒村（Grosslagen），它可以包含数个单一葡萄园。然后再往上一级为子产区（Bereiche），每个子产区中又包含了若干个酒村。

第二种分级体系则是以气候特点和葡萄成熟的难易程度为标准的。为了反映出葡萄的成熟度，人们从葡萄汁含糖量的角度进行了划分。这一体系中包含3个类别：普通餐酒（Tafelwein）是用成熟度最低的葡萄酿造的；地区餐酒（Landwein），然后是法定产区酒（Qualitätswein）。法定产区酒又分为优质餐酒（QbA）和高级优质餐酒（QmP）。其中优质餐酒（来自于指定地区的优质葡萄酒）是基础级别。高级优质餐酒（Qualitätswein Mit Prädikat，有区别的优质葡萄酒）是用含糖量最高的葡萄汁酿造的。对这一类葡萄酒来说，加糖工艺是严令禁止的，这就使得北方地区一些葡萄酒的酒精度会非常低（79%-89%）。高级优质餐酒的所谓“区别”是通过含糖量来体现的：一般葡萄酒（Kabinett）、晚摘葡萄酒（Spätlese，延迟采收型葡萄酒）、串选葡萄酒（Auslese）、精选贵腐霉葡萄酒（Beerenauslese，超甜型葡萄酒）、精选干颗粒贵腐霉葡萄酒（Trockenbeerenauslese，来自于受灰葡萄孢菌感染的葡萄，也写为TBA）和冰酒。

Tips

难以解读的德国酒标

在懂得如何解读的前提下，一瓶德国葡萄酒的酒标无疑可以向购买者传达足够多的信息。其中有一些内容是必须要标注的：葡萄酒的类别“高级优质餐酒”（Qualitätswein Mit Prädikat，QmP），同时要说明它的质量等级，即Prädikat［图中酒标上面所标注的为“精选干颗粒贵腐霉葡萄酒”（Trockenbeerenauslese）］，产地［莱茵高（Rheingau）］、所有优质餐酒经过必要的官方检测后所获得的许可号（图中酒标的许可号为A.P. Nr 26 026 013 00）、灌装者的公司名称及地址（图中酒标上地址为“Fürst von Metternich-Winneburg´ sche Domäne, D-65366 Schloss Johannisberg im Rheingau”）、酒瓶容量及酒精度。尽管年份和葡萄品种一般都会出现在酒标上，但其实它们都属于非强制标注的内容。其他的非强制标注内容还包括：酒庄内灌装（Guts-Abfüllung）、来源［也就是单一葡萄园（Einzellag）］、酒村（Grosslage）或子产区（Bereich）。［图中标注的为“约翰内斯堡酒庄（Schloss Johannisberg）。”］

精挑细选

- **摩泽尔-萨尔-鲁维（Moselle-Sarre-Ruwer）**

奥斯特酒庄（SELBACH-OSTER）

位于摩泽尔坡上的16公顷葡萄园中栽种的雷司令，在酿酒师的精雕细琢之下，魅力展现无遗。这里出产的干型葡萄酒尤其值得一试。

00 49/6532 20 81　00 49/6532 40 14

露森博士酒庄（DOCTOR LOOSEN）

恩斯特·露森（Ernst Loosen）追随传承了200年的家族酒风，经营着位于若干个久负盛名的葡萄园中的12公顷最好的老藤雷司令。

00 49/6531 34 26　00 49/6531 42 48

普朗酒庄（J. J. PRÜM）

一个专门生产雷司令葡萄酒的酒庄，可以酿造出摩泽尔地区最出色的葡萄酒，它的天然纯净和极好的陈年潜质堪称典范。

00 49/6531 30 91　00 49/6531 60 71

- **莱茵高（Rheingau）**

汉斯酒庄（BALTHASAR RESS）

这家酒庄生产各种类型的雷司令葡萄酒，从干白到冰酒，其中的入门级产品可以让人们不用花大价钱也能领略到雷司令的绰约风采。

00 49/6723 91 950　00 49/6723 91 95 91

弗拉德酒庄（SCHLOSS VOLLRADS）

这是一家历史悠久的酒庄，曾经由格蕾芬劳（Greiffenclau）家族所拥有，1997年时被一家企业收购，但这丝毫不影响酒庄生产的雷司令葡萄酒绽放它独特的光彩。

• **纳赫（Nahe）**

赫曼杜荷夫酒庄（HERMANN DÖNNHOFF）

当地最著名的酒庄之一，其代表产品为优质的超甜型葡萄酒。

00 49/6755 263　00 49/6755 10 67

• **帕拉蒂纳（Palatinat）**

卡托尔酒庄（Müller-Catoir）

这个面积为20公顷的雄伟酒庄已经传承了9代人。除了生产用雷司令酿造的优质葡萄酒以外，酒庄还出产用比较稀有的葡萄品种雷司兰尼（Rieslaner）、施埃博（Scheurebe）和穆思卡得（Muskateller）酿造的品质卓越的葡萄酒。

奥地利

强势攀升

葡萄田面积：49000公顷

产量：约2.5亿升

出口量：5240万升

葡萄酒产区：下奥地利（Basse-Autriche）、布尔根兰（Burgenland）、斯蒂里亚（Styrie）、维也纳（Vienne）

主要白葡萄品种：白绿维特利纳（Grüner Veltliner）、威尔殊雷司令（Welschriesling）、穆思卡得（Muskateller）、脱拉米糯（Traminer）、米勒图尔高（Müller-thurgau）、雷司令

主要红葡萄品种：蓝布根第（Blauer Burgunder）、蓝弗朗克（Blaufränkisch）、圣罗兰（Saint-Laurent）、茨威格（Zweigelt）

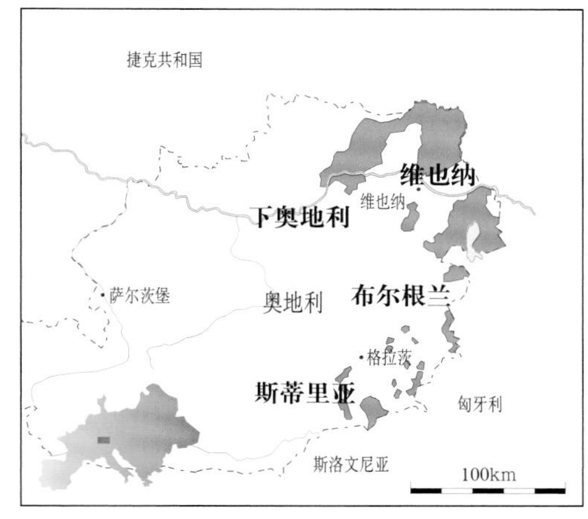

尽管与全球葡萄酒总量相比较起来，奥地利葡萄酒的产量只不过是沧海一粟，但这丝毫抹杀不了它出色的品质。

奥地利的葡萄酒生产可以追溯至古罗马时期。在中世纪时，由于宗教僧侣的推动，这里的葡萄酒贸易也如欧洲其他国家一样兴旺，但之后却经历了一段漫长的萧条期。19世纪，奥地利的葡萄酒产业逐渐复苏，以规模化的生产为主要模式。1985年，一桩引起轰动的掺假丑闻对葡萄酒行业造成了巨大的影响，同时也成为奥地利颁布全新行业立法的契机，这项法规堪称是欧洲最严格的法律之一。经历了诸多严峻的考验，奥地利的葡萄酒业发生了巨大的转变，酒农们酿造的红葡萄酒和白葡萄酒兼具细腻感与力度，跻身于全球最佳葡萄酒的行列。

丰富多样的葡萄酒

奥地利的葡萄酒产区基本都集中在国土的

▼斯蒂里亚（Styrie）出产绝佳的干白葡萄酒。

Tips

首都附近的葡萄酒产区

奥地利首都维也纳的周边也有葡萄园。650公顷的土地上出产清爽活泼的新酿白葡萄酒（Heurige）。这款葡萄酒适合在上市后的一年之内饮用。

▲ 位于下奥地利（Basse-Autriche）的瓦豪区（Wachau）因出产干白葡萄酒而远近闻名。

东部，在这里，阿尔卑斯山让位于潘诺尼亚平原（Plaine de Pannonie）。人们划分出4个葡萄酒产区，分别是：下奥地利、维也纳、布尔根兰和斯蒂里亚。由于受到大陆性气候的影响，北方地区非常寒冷，南部和东部则相对温暖。

局部气候对不同地区的葡萄酒类型和风格起到了决定性的作用。奥地利一直保留着许多独特的葡萄品种，其中白葡萄品种有绿维特利纳（Grüner Veltliner）、威尔殊雷司令（Welschriesling）、穆思卡得（Muskateller）和脱拉米糯（Traminer）；红葡萄酒品种有蓝弗朗克（Blaufränkisch）、圣罗兰（Saint-Laurent）和茨威格（Zweigelt）。这些品种确保了当地葡萄酒的独特性。

最凉爽的地区位于西北部和西南部，这里出产用维特利纳（Grüner Veltliner）、雷司令和威尔殊雷司令酿造的清新的果香型白葡萄酒。得益于当地温和的气候，维也纳这个一直专注于酿造白葡萄酒的小产区也开始了红葡萄酒的生产。

布尔根兰和下奥地利的东部地区气温较高，出产全国最好的红葡萄酒、丰满的白葡萄酒和上乘的超甜型葡萄酒。

产区分级

奥地利葡萄酒被分为普通餐酒（Tafelwein）、地区餐酒（Landwein）和优质餐酒（Qualitätswein）三类。最后一组优质餐酒中包含了法定产区酒（共16个），其中又分成了6个不同的类别，每个类别指代一种类型的葡萄酒，这与德国的分级制度相似：一般葡萄酒（Kabinett）、晚摘葡萄酒（Spätlese）、串选葡萄酒（Auslese）、精选贵腐霉葡萄酒（Beerenauslese）、高级甜葡萄酒（Ausbruch）、精选干颗粒贵腐霉葡萄酒（Trockenbeerenauslese）。奥地利也出产冰酒，原料是被自然冰冻的葡萄；此外还有稻草酒（Strohwein），这是用成熟度极高的葡萄在稻草上风干一段时间后再压榨酿造的。法律规定包括晚摘葡萄酒在内的5个高级别产品是不允许加糖的。

▲ 用威尔殊雷司令酿造的白葡萄酒新鲜清爽、果香浓郁。

精挑细选

- **布尔根兰（Burgenland）**

格莱士酒庄（ALOIS KRACHER）

世界最佳超甜型葡萄酒之一。

☎ 00 43/21 75 33 77　传真 00 43/21 75 33 774

沃马彤酒庄（UMATHUM）

这个酒庄用本地葡萄品种与赤霞珠的混酿证明了奥地利同样能够酿造出伟大的红葡萄酒。

☎ 00 43/21 72 24 400　传真 00 43/21 72 21 734

- **斯蒂里亚（Styrie）**

特曼酒庄（TEMENT）

占地25公顷的葡萄园种植着白葡萄品种，这里的葡萄酒兼具力量感与细腻度。

☎ 00 43/34 53 41 010　传真 00 43/34 53 41 01 030

欲获取更多信息

彼得·莫瑟（Peter Moser）. 奥地利葡萄酒终极指南. 年度指南，法尔塔夫出版社（Falstaff Publications），2002.

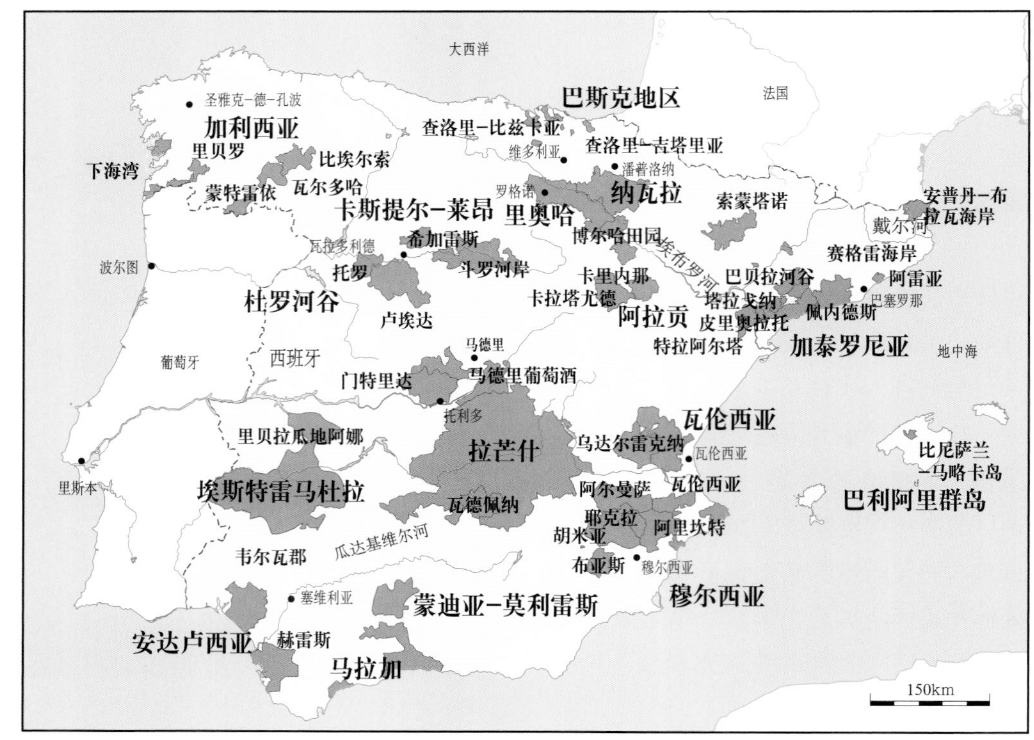

西班牙

戏剧性的突破

葡萄田面积：123万公顷

产量：约30.5亿升

出口量：9950万升

葡萄酒产区：加利西亚（Galice）、巴斯克地区（Pays Basque）、卡斯提尔-莱昂（Castille-Léon）、斗罗河谷（Vallée du Duero）、里奥哈（Rioja）、纳瓦拉（Navarre）、阿拉贡（Aragon）、加泰罗尼亚和巴利阿里群岛（Catalogne et Iles Baléares）、拉曼恰（Manche）、埃斯特雷马杜拉（Estrémadure）、瓦伦西亚（Valence）、穆尔西亚（Murcie）、赫雷斯（Jerez）、马拉加（Malaga）、蒙迪亚-莫利雷斯（Montilla-Moriles）、加那利（Canaries）

主要白葡萄品种：阿尔巴利诺（Albarino）、歌海娜、马卡贝奥（Maccabeo）、帕罗米诺（Palomino）、彼卓丝（Pedro Ximenez）、韦尔德贺（Verdejo）

主要红葡萄品种：波巴尔（Bobal）、卡里内那（Carinena）、歌海娜、格拉西亚诺（Graciano）、莫纳斯特雷尔（Monastrell）、天帕尼优（Tempranillo）

西班牙是世界第三大葡萄酒生产国，种植面积居世界第一。在国际舞台上，西班牙葡萄酒经历着一场戏剧性的崛起。

西班牙最早的葡萄园是公元前1100年左右由腓尼基人（Phéniciens）在南部地区兴建的。古希腊人、迦太基人和古罗马人将葡萄种植推广到了整个伊比利亚半岛。在摩尔人统治时，葡萄园并没有因为违反古兰经教义而受到太多的打压。当基督教势力再度兴起时，大批的西班牙葡萄酒被出口到英国，英国人非常钟爱马拉加和雪莉酒（这些葡萄酒中所含的酒精使它们能够耐得住漫长的海上运输）。从公元16世纪到19世纪，许多英国酒商进驻到西班牙南部，专门从事西班牙葡萄酒贸易。从19世纪起，西班牙葡萄酒行业的重心开始逐渐向中部和北部地区转移，这些地区更多地受到法国波尔多的影响，特别是卡斯提尔（Castille）和纳瓦拉（Navarre）。像欧洲其他国家一样，西班牙也难逃根瘤蚜虫病的厄运，当时西班牙国内的政治危机更使这一切雪上加霜。在佛朗哥派的独裁统治下，葡萄酒产业以酿酒合作社和大酒商为核心，一套原产地监控命名体制逐步建立起来。越来越多的酿酒合作社成员或是原先只靠出售葡萄谋生的葡萄农加入了独立酒农的行列，开始酿造他们自己的葡萄酒。除此以外还有为数众多的西班牙本地和国外的投资商。正是这些人将西班牙葡萄酒推向了一个全新的高度，其中不乏价值连城的好酒。

Tips

西班牙最著名的品牌之一

最近的一项调查显示，在西班牙里奥哈是紧随梅赛德斯（Mercedes）、可口可乐（Coca-Cola）和宝马（BMW）之后第四大知名品牌。这个在19世纪末曾经率先引入现代化生产方式的产区，如今也是在传承古老的酿造传统方面做得最好的产区。然而，现代化风潮也一样影响到了这里，如今许多葡萄酒生产商不再标明陈年时间，他们所生产的葡萄酒的颜色就如同年轻的波尔多葡萄酒一般。整个里奥哈（西班牙的一个自治区）沿着埃布罗河（Èbre）绵延120公里，下辖3个子产区：上里奥哈（Alta）、下里奥哈（Baja）和阿拉瓦里奥哈（Alavesa，位于巴斯克地区的阿拉瓦省境内）。由于各地的气候特征不同，它们所出产的葡萄酒也风格各异。

地域和气候的馈赠

西班牙的葡萄酒产区传承了多种多样的地区性传统，以及风格各异的气候特征和地形条件。这种地形是由中部广袤的梅塞塔（Meseta）高原和它周边的一系列山地所构成的。

那些最知名的葡萄酒产区基本都位于马德里北部海拔较高的地方。这之中包括里奥哈（Riojà）、阿拉贡（Aragon）和纳瓦拉（Navarre），坎塔布连山脉和比利牛斯山的保护使它们免受大西洋的影响。里奥哈是西班牙最著名的产区，天帕尼优（Tempranillo）是这里最主要的葡萄品种，它有时会与一些比例较小的葡萄品种进行混酿，例如歌海娜、格拉西亚诺（Graciano）和玛佐罗（Mazuelo，佳利酿）。里奥哈白葡萄酒则主要采用维乌拉（Viura）酿造。靠东边的纳瓦拉和阿拉贡主要生产用歌海娜酿造的红葡萄酒。

拉曼恰（Manche）及其周边地区构成了西班牙面积最大的葡萄酒产区，产量占了西班牙全国葡萄酒总产量的一半。这里的一些小产区也生产红葡萄酒，如瓦德佩纳（Valdepenas）。

▲里奥哈是西班牙最著名的葡萄酒产区，这里是天帕尼优的王国。

西班牙另外一个著名产区是加泰罗尼亚（Catalogne），它受到地中海气候的控制。这里的地形、海拔高度和近海的地理位置都会对葡萄种植产生影响。当地出产西班牙最著名的气泡酒卡瓦（Cava）。从几十年前开始，当地的十几个子产区就以歌海娜、天帕尼优、莫纳斯特雷尔（Monastrell，慕合怀特）和卡里内那（Carinena，也称佳利酿）为原料酿造传统型红葡萄酒；用帕雷拉达（Parellada）和马卡贝奥（Maccabeo）酿造白葡萄酒。此外，当地一些葡萄酒界的名人，如米格尔·桃乐丝（Miguel Torres）大胆起用法国葡萄品种，推动了葡萄酒行业的发展。

在西班牙国土的南端坐落着安达卢西亚 （Andalousie）产区，悠久的种植酿造历史，受加的斯湾（Golfe de Cadix）和大西洋影响的气候条件，品种多样的葡萄酒：雪莉酒、蒙迪亚-莫利雷斯（Montilla-Moriles）、马拉加、中止发酵型、干型、甜型……这一切都构成了安达卢西亚的特色。

西班牙其他一些葡萄酒产区也很值得关注：加利西亚（Galice）出产以西班牙著名葡萄品种阿尔巴利诺［Albarino，多种植于下海湾（Rias Baixas）一带］酿造的细腻的白葡萄酒；卡斯提尔-莱昂省（Castille-Léon）和这里著名的斗罗河岸产区（Ribera del Duero）盛产天帕尼优葡萄酒；卢埃达地区（Rueda）则是白葡萄品种韦尔德贺（Verdejo）的天下。

自从西班牙葡萄酒被世人视为等同于列级名庄的高档酒之后，这里就再也不缺乏用以提升它们形象的漂亮而宏伟的酒庄建筑了。一些著名的建筑设计师，例如毕尔巴鄂古根海姆博物馆（Musée Guggenheim de Bilbao）的设计者盖里（Gehry）、卡拉特拉瓦（Calatrava）都曾设计过酒库、酒窖和酒庄。这些都是西班牙献给葡萄酒神巴克斯（Bacchus）的奇珍异宝。

古老又独一无二的雪莉酒（赫雷斯葡萄酒）

赫雷斯是世界上第一个用三种语言作为官方名称的产区——

▲雪莉酒是一种加烈葡萄酒。在酒窖中，它可以陈放很多年。

Jerez、Xérès、Sherry（雪莉），它也是世界上最古老的葡萄酒之一。依据葡萄品种和培养时间的不同，雪莉酒可以变身为许多类型：口感圆润的干型白葡萄酒、半干型白葡萄酒、琥珀色葡萄酒（虽然使用的依然是白葡萄品种）和超甜型葡萄酒。用于酿造雪莉酒的葡萄品种有两种：帕罗米诺（Palomino）凭借它超强的酸度可以抵抗住安达卢西亚的骄阳；比较少见的彼卓丝（Pedro Ximenez）含糖量高，非常适合用来酿造超甜型葡萄酒。陈年也会对葡萄酒性格的形成起到重要作用。最年轻也最出名的雪莉酒是菲诺（Fino，一种淡色干型雪莉酒），它干而强劲，轻度的中止发酵工艺赋予了它16° 的酒精度，可以避免氧化现象的发生。它在酿造过程中也会出现酒花，就如同汝拉黄葡萄酒一样。此外，还有比较少见的阿蒙蒂拉雪莉酒（Amontillados)，经过陈年之后，它显得柔和可口。欧洛索雪莉酒（Oloroso）和帕洛-科塔多雪莉酒（Palo Cortado）更是具有无可比拟的复杂口感。甜度更高的是阿莫露索（Amoroso）雪莉酒，也称奶油雪莉。

游走于法国模式与本地传统之间

西班牙参照法国的模式建立起了本国在葡萄酒方面的相关立法，并于2003年时做了修改和调整。西班牙的普通餐酒（Vino de Mesa）分为两类：一类是由来自于不同地区的葡萄汁混酿而成的葡萄酒；另一类是专属于某一个地区的葡萄酒，即

Tips

索雷拉法（Solera）

索雷拉法是一项复杂的混酿工艺，主要用于生产雪莉酒。人们将酒桶分若干层一个挨一个地码放起来。最底下的一层被称为“索雷拉”，里面放着酒龄最老的葡萄酒，以此类推，最上面一层酒桶里面存放的是最年轻的葡萄酒。一年之中，人们会分几次从索雷拉桶中取酒，然后再用上面一层酒桶中的酒液补足容量，每一层都是一样，也就是说第三层的酒补充到第二层，第四层补充到第三层……这种混酿方法比较复杂，因此需要使用的劳动力也比较多，但这样酿造出的葡萄酒风格统一，不会受到年份的影响。标注在酒标上的年份，例如“索雷拉1922”意味着酿造这瓶葡萄酒所使用的最底层的葡萄酒是在1922年时摆放就位的。

特定产区普通餐酒（Vino de Mesa Con Indicacion Geografica）。推荐产区葡萄酒（VCIG, Vino de Calidad Con Indicacion Geografica）是一个新增加的等级，它对应的是即将晋升到更高等级的地区餐酒。法定产区酒（DO, Vinos Con Denominacion de Origen）等同于法国的原产地监控命名酒（AOC）。优质法定产区酒（DOC, Vinos Con Denominacion de Origen Calificada）则要更胜一筹，此等级只包括两个产区［里奥哈和普利奥拉（Priorat）］。另外一个新兴级别——单一葡萄园葡萄酒（VP, Vino de Pago）针对的是那些出自于特定产区中单一地块的葡萄酒。

▲与雪莉侍酒师（Venenciador）一起品尝雪莉酒。

除了这种以地理产区为基础的分级方式以外，还存在一种从技术层面进行分级的方法，也就是按照陈年的时间和方式进行分级：新酒（Joven，通常在酒标上不做标注）指的是那些在采摘后24个月后进行装瓶的葡萄酒；陈酿（Crianza）需要经过至少2年的陈年过程，其中包括6个月的橡木桶陈年；珍藏（Reserva）级别的葡萄酒最少要陈年3年，其中包括最少1年的橡木桶陈年和1年的瓶内陈年；特级珍藏（Gran Reserva）葡萄酒只在最好的年份才会生产，在上市销售前，它最少要经过5年的陈年，其中包括2年的橡木桶陈年和3年的瓶中陈年。对白葡萄酒和桃红葡萄酒也有类似的分级方法，但所要求的陈年时间往往要短一些。

许多质量上乘的地区餐酒并没有进入到这个复杂的分级体系中，就像在意大利一样，越来越多的葡萄酒生产商倾向于将他们的产品定级为普通餐酒，这是为了在选择葡萄品种上能够获得更大的自由度。

雪莉酒鲜为人知的近亲

蒙迪亚-莫利雷斯（Montilla-Moriles）葡萄酒不是加烈酒。它自然生成14°~15°的酒精度。这款葡萄酒由彼卓丝（Pedro Ximenez）酿造而成，分为4种类型：菲诺、欧洛索、阿蒙蒂拉和彼卓丝甜食酒，后者香气的复杂程度令人惊叹，残余糖分达到460克之多。

Tips

西班牙酒王：来自斗罗河岸的维嘉·西西里亚（Vega Sicilia）

建于19世纪60年代的维嘉·西西里亚酒庄为提升西班牙北部葡萄酒的知名度做出了巨大的贡献。该酒庄的产品已经跻身于全球顶级葡萄酒的行列中了。酒庄名字的来历与西西里岛全无瓜葛，维嘉（Vega）是山谷的意思，而西西里亚（Sicilia）则代表着圣西西里亚家族。在1864年之前，这个家族曾经是酒庄所在地的拥有者。当地的气候条件十分极端，可以说是“9个月的寒冬，3个月炼狱般的酷暑”。这种气候造成的结果可想而知，虽然葡萄的生长期开始得晚，但却成熟得非常迅速。同时，酒庄所选用的葡萄品种也很特别：以天帕尼优为主，但与之相混合的却是波尔多的葡萄品种——赤霞珠、美乐、马贝克，这是酒庄创始人埃洛·勒坎达·查韦斯（Eloy Lecanda Chaves）的创新之作。酒庄的外观朴实无华，甚至色调会有些许暗淡，但它庞大的规模却让人印象深刻。进入到建筑内部，凉爽和宽敞是人们最直观的感觉，映入眼帘的还有一排排的橡木桶和分层摆放的大酒桶。这里存储的都是酒庄的经典之作。为了不让自己的产品过早上市出售，酒庄只会将存储了5~10年的葡萄酒投放到市场中，对个别产品，时间可能会更长。如此之长的陈放时间保证了葡萄酒可以通过最自然的方式逐渐变得柔和，同时避免了采用过滤的工艺。维嘉·西西里亚酒庄出产3款顶级葡萄酒：瓦尔布纳（Valbuena，经过5年的培养期）、独一年份酒（Unico Millésimé，收获后10年左右才会上市）和独一特别珍藏（Unico Reserva Especial）。独一特别珍藏是一款混合年份葡萄酒，其中最老的酒液可能会有20年左右的酒龄，所以它的复杂程度可想而知。

精挑细选

- **里奥哈（Rioja）**

卡塞里侯爵酒庄（MARQUÉS DE CACERES）

由恩里克·佛纳（Enrique Forner）创建于1970年，为里奥哈产区的复兴作出了重要贡献。

☎ 00 34/941 45 50 64

🖷 00 34/941 45 44 00

- **卡斯提尔-莱昂（Castille et Léon）**

季埃杜酒庄（QUINTA QUIETUD）

这个年轻的酒庄是该产区最优秀的代表。

☎ / 🖷 00 34/980 56 80 19

- **斗罗河岸（Ribera del Duero）**

维嘉·西西里亚（VEGA SICILIA）

☎ 00 34/983 680 147　🖷 00 34/983 680 263

▲ 多默克酒庄（Cave Domecq）是著名的雪莉酒生产商。

• 加泰罗尼亚（Catalogne）

桃乐丝酒庄（MIGUEL TORRES）

☏ 00 34/93 81 77 400　🖷 00 34/93 81 77 444

• 普利奥拉（Priorat）

阿瓦洛·帕拉西欧斯（ALVARO PALACIOS）

虽然成立于1989年，但已然酿造出了传世好酒（艾米塔 Ermita）。

☏ 00 34/977 839 195　🖷 00 34/977 839 197

• 蒙迪亚-莫利雷斯（Montilla-Moriles）

托罗·阿尔巴拉酒庄（TORO ALBALA）

用彼卓丝酿造的绝佳的黑葡萄酒和超甜型葡萄酒，口味别具一格。

☏ 00 34/957 660 046　🖷 00 34/957 661 494

• 赫雷斯（Jerez）

卢士涛酒庄（LUSTAU）

最具代表性的雪莉酒酒庄之一，它出产的葡萄酒丰满而富于变化。

☏ 00 34/956 34 15 97　🖷 00 34/956 34 77 89

欲获取更多信息

约翰·瑞德福德（John Radford）. 崭新的西班牙. 米切尔·比兹利出版社（Mitchell Beazley），1998.

朱利安·杰夫（Julian Jeffs）. 西班牙葡萄酒. 费博出版社（Faber），1999.

东欧

匈牙利、斯洛文尼亚、克罗地亚、前南斯拉夫地区、捷克共和国、斯洛伐克、罗马尼亚、保加利亚、前苏联地区

东欧地区与葡萄酒有着很深的渊源，其中格鲁吉亚可谓是葡萄种植与葡萄酒酿造的摇篮。凭借着自身强大的优势，如今东欧葡萄酒又回归到了国际市场上。

欧洲珍酿

为了纪念包括匈牙利在内的10个新成员国加入欧盟，陶家宜名庄联合会推出了一款纪念酒：包含了每个酒庄出品的2000年份陶家宜-埃苏5P葡萄酒的礼盒套装。礼盒的价格象征性地定为25欧元，寓意欧盟包括25个成员国。

▲在匈牙利，人们在采收埃苏（Aszu）葡萄。

匈牙利

飞速发展

葡萄田面积：93000公顷

产量：5.34亿升

出口量：9010万升

葡萄酒产区：索普朗（Sopron）、阿扎尔-内兹梅丽（Aszar-Neszmely）、帕农哈尔马-索科罗迦（Pannonhalma-Sokoroalja）、索姆罗（Somlo）、巴拉顿佛瑞-索帕克（Balatonfüred-Csopak）、包道乔尼（Badacsony）、巴拉顿高地（Balatonfelvidek）、巴拉顿莫莱克（Balatonmelleke）、巴拉顿博格拉尔（Balatonboglar）、厄特耶克（Etyek-Buda）、摩尔（Mor）、埃格尔（Eger）、布克（Bükkalja）、马特拉（Matraalja）、坤萨格（Kunsag）、哈约什-包瑶（Hajos-Baja）、琼格拉德（Csongrad）、塞克萨德（Szekszard）、麦克斯卡瑶（Mecsekalja）、托尔瑙（Tolna）、维拉尼（Villany-Siklos）、陶家宜（Tokaj-Hegyalja）

主要白葡萄品种：福敏（Furmint）、哈斯莱威路（Harslevelü）、小公主（Leanyka）、伊莉莎（Irsai Oliver）、全盛（Czerszegi Füszeres）、威尔殊雷司令（Olaszrizling）

主要红葡萄品种：卡达卡（Kadarka）、蓝珐琅（Kékfrankos）、蓝波尔图（Kékoporto）、美乐、黑品乐、蓝葡萄牙（Blauer Portugieser）、茨威格（Zweigelt）

匈牙利一直是知名的葡萄酒生产国，以白葡萄酒为主。葡萄的种植历史可以追溯至公元3世纪，那时的匈牙利还只是罗马帝国的一个行省（潘诺尼亚）。尽管曾遭受过蒙古人的侵略（1241年），葡萄的种植传统却依然保存至今。匈牙利人很为自己的葡萄酒感到骄傲，特别是其中最著名的陶家宜已经被人们尊为了国宝级的葡萄酒。但是，匈牙利的葡萄酒并不仅仅局限于这一个类型。

独特的本地葡萄品种

从20世纪90年代开始，除了大型的国有企业，例如被德国巨头汉凯-索海因集团（Henkell und Söhnlein）收购的匈牙利酒业公司（Hungarovin）和巴拉顿-博格拉公司，许多生产商开始以家庭为单位从事葡萄酒生产活动。在陶家宜、在埃格尔（位于布达佩斯与陶家宜之间）、巴拉顿湖附近、维拉尼（Villany）和塞克萨德（Szekszard），一些颇具潜质但始终怀才不遇的产区终于迎来了它们的春天。

如果说国际性的葡萄酒品种只能用于酿造大众化的高品质产品（例如维拉尼产区葡萄酒）的话，那么匈牙利葡萄酒的秘笈和未来最终还是得依赖于那些各具特色的本土葡萄品种，例如白葡萄品种小公主（Leanyka）、伊莉莎（Irsai Oliver）、全盛（Czerszegi Füszeres）、皮赫丽（Keknyelü）；红葡萄品种卡达卡（Kadarka）、蓝珐琅（Kékfrankos）、蓝葡萄牙（Blauer Portugieser）、茨威格（Zweigelt）。这些葡萄还被用

▲陶家宜是匈牙利22个葡萄酒产区中的一个。图中为陶家宜地区的皇家园酒庄（Hetszolo）。

于混酿埃格尔地区和塞克萨德（Szekszard）地区的公牛血（Bikaver）葡萄酒。匈牙利的另外一个优势就是这里到处都是火山岩质土壤，对葡萄的生长极为有利。同时，因为位于喀尔巴阡盆地（Bassin des Carpates）之内，所以当地的气候条件也很特殊。无论是口感辛辣、颜色浓郁的卡达卡葡萄酒，还是平衡感出色的公牛血葡萄酒，都带有着地道的匈牙利风格，绝对不是其他任何一种葡萄酒的简单仿制品。

风格迥异的葡萄酒

匈牙利全国共有22个葡萄酒产区。让我们先从陶家宜说起吧。这是一个只生产白葡萄酒的产区，产品从最干到最甜，一应俱全：干白葡萄酒、天然干型葡萄酒（Szamorodni Sec）、天然甜型葡萄酒（Szamorodni Doux）、陶家宜-埃苏（Tokaji Aszu）、陶家宜爱珍霞（Tokaji Essencia）、爱珍霞（Essencia）。位于东北部的埃格尔产区因为出产“公牛血”葡萄酒而为人所熟知，酿造这种葡萄酒要遵循严格的生产规定，至少使用3种不同的葡萄品种。维拉尼产区以酿造色泽深浓，口感肥厚的红葡萄酒为主。巴拉顿湖产区因为拥有火山岩质的土壤，出产矿物质味浓厚的白葡萄酒。塞克萨德（南部产区）是第一个使用蓝玹琅（Kékfrankos）、卡达卡（Kadarka）和波尔多葡萄品种（赤霞珠和美乐）来酿造公牛血的产区。帕农哈尔马-索科罗迦（Pannonhalma-Sokoroalja）和索姆罗（Somlo）产区（匈牙利最小的产区）一样出产优质白葡萄酒，易

匈牙利国歌与陶家宜

“……你赐予我们波涛般的麦穗，在平原上翻涌；你赐予我们陶家宜的珍酿，早已注满酒杯……”

克尔舍伊•菲伦茨词（Ferenc Kölcsey，1790—1838）

艾凯尔•菲伦茨曲（Ferenc Erkel，1810—1893）

于饮用，酸度优雅。位于布达佩斯附近的厄特耶克（Etyek-Buda）产区则因出产气泡酒而为人们所熟知。

超甜型葡萄酒的翘楚：陶家宜

陶家宜产区位于布达佩斯的东北方，面积约4000公顷，这里生产的陶家宜葡萄酒堪称是一个传奇。在公元18～19世纪，它备受俄国沙皇和欧洲王室的推崇，甚至曾摆上了法国皇帝路易十四的餐桌，被他誉为“葡萄酒之王，王者的葡萄酒”。这款著名的陶家宜-埃苏之所以不同于其他世界名酒是因为它具有无可比拟的含糖量［爱珍霞（Essencia）的每升含糖量可高达650克］和酸度，这一切都来自于小粒埃苏葡萄。福敏、哈斯莱威路（Harslevelü）、吕内尔-麝香（Muscat de Lunel）和泽塔在受到灰葡萄孢菌（Botrytis cinerea）侵蚀［灰葡萄孢菌的产生得益于附近的博德罗格河（Bodrog）和蒂萨河（Tisza）所带来的湿度条件］或经过自然风干后（葡萄浆果在来自于俄罗斯平原的微风吹拂下失水干燥）会变成高度浓缩的葡萄，人们称之为“埃苏佐塔”（Aszuszodas）。这些葡萄都是由当地具有丰富采收经验的妇女逐粒人工采收的。采收之后会在酒窖中进行酿造（在基酒或葡萄汁中进行浸皮）和橡木桶培养。最后生成的葡萄酒品质超群，拥有干果、蜜饯和蜂蜜的复杂香气，余韵绵长，让人惊叹，被大仲马（Alexandre Dumas）称为“孔雀之尾”。如同所有伟大的超甜型葡萄酒一样，陶家宜的陈年潜质可以达到100年以上。

20世纪90年代初，陶家宜吸引了许多外国投资者的目光。来自于德国肖特酒杯公司的巴卡·德布瑞克塞尼（Csaba Debrecseny）还特地为这款葡萄酒设计了专用的酒杯。

▲爱珍霞（Essencia）指的是贵腐葡萄的浓缩汁。

精挑细选

• 陶家宜

陶家宜-奥蜜丝（TOKAJ OREMUS）

这是一家西班牙公司，阿尔瓦雷斯（Alvarez）家族在西班牙的斗罗河岸产区还拥有著名的维嘉·西西里亚酒庄和阿里安（Alion）酒庄。

☎ 00 36/47 384 505　📠 00 36/47 384 504

皇家园（HÉTSZÖLÖ）

由法国佳年公司（Grands Millésimes de France）所拥有，酒庄位于陶家宜山的山腰位置。

www.tokaj.com hetzsolo@axelero.hu

玛德-奇瑞宜酒庄（SZEPSY MAD-KIRALYI SZÖLESZET）

奉行完美主义的匈牙利本土酒庄。

00 36/47 348 349 00 36/47 348 724

史丹莎酒庄（STANZA KFT）

彼得·文丁戴亚斯（Peter Vinding Diers）和巴卡·德布瑞克塞尼（Csaba Debrecseny）让世人认识了这里的爱珍霞葡萄酒。

/ 00 36/47 380 900

- **维拉尼（Villany）**

产区内有2个最好的酒庄：阿提拉基尔酒庄和马拉汀奇酒庄。

阿提拉基尔酒庄（ATTILA GERE WINERY）

00 36/72 592 940

马拉汀奇酒庄（MALATINZKY KURIA）

/ 00 36/72 493 042

- **埃格尔（Eger）**

产区内有两个最好的酒庄：坦莫尔酒庄和加尔迪博酒庄。

坦莫尔酒庄（THUMMERER）

/ 00 36/36 463 269

加尔迪博酒庄（GAL TIBOR）

/ 00 36/36 429 800

欲获取更多信息

阿莱克斯·里戴尔（Alex Liddell）. 休·约翰逊（High Johnson）做简介. 匈牙利葡萄酒. 米切尔·比兹利出版社（Mitchell Beazley），葡萄酒经典丛书，2003.

《陶家宜产区图集》，这是一本1867年的著作，由陶佳宜酿酒公司（Société vinicole de Tokaj-Hegyalja）出版了4种语言的版本，后由陶家宜复兴组织（Tokaji Renaissance）重新编辑，2001.

马蒂尔德·于洛（Mathilde Hulot）. 亚历山大·卢萨鲁斯（Alexandre de Lur Saluces）作序. 陶家宜葡萄酒. 费雷出版社（Féret），2001.

阿孔依·拉兹洛（Alkonyi Laszlo）. 陶家宜，自由之酒. 波巴拉出版社（Borbarat），2000.

斯洛文尼亚

遗存产区的魅力

葡萄田面积：17000公顷

产量：6450万升

出口量：1330万升

葡萄酒产区：普利莫斯克（Primorska）、博萨维耶（Posavje）、波德拉维（Podravje）

主要白葡萄品种：威尔殊雷司令（Welschriesling）、白品乐（Pinot Blanc）、长相思、斯庞（Sipon）、哈尼纳（Ranina）、泽莲（Zelen）、勒布拉（Rebula）

主要红葡萄品种：莱弗斯科（Refosk）、巴比拉（Barbera）、赤霞珠

斯洛文尼亚位于意大利与克罗地亚之间，这里出产许多相当出色的葡萄酒。

从某种意义上讲斯洛文尼亚是一个新兴的葡萄酒生产国，在1991年之前，它一直都是南斯拉夫的一部分。虽然这里的葡萄酒产量非常有限，但却深受人们欢迎。今天，大部分斯洛文尼亚的葡萄酒都是由酿酒合作社生产的，但私有酒庄、优质酒庄的数量也越来越多。

斯洛文尼亚西邻意大利，北靠奥地利，东面是匈牙利，南边是克罗地亚，这样的地理位置让它可以充分利用到每一个国家在葡萄酒行业上的优势。它以生产白葡萄酒为主，并且一直保有着自己的传统葡萄品种：哈尼纳（Ranina）、斯庞（Sipon）、比纳拉（Pinela）、泽莲（Zelen）、勒布拉（Rebula）、夸杰维娜……但同时它也没有放弃那些国际性的葡萄品种，例如：霞多丽、长相思、雷司令、白品乐等。

斯洛文尼亚共有3个葡萄酒产区：靠近亚得里亚海的普利莫斯克（Primorska），特别是科佩尔（Koper）一带，盛产带有地中海强劲风格的红葡萄酒。博萨维耶（Posavje）产区的特产是茨维挈克（Cvicek）桃红葡萄酒和用黄麝香（Rumeni Muskat）酿造的贵腐葡萄酒。最后一个是位于东北部的波德拉维（Podravje）产区，这里出产酸度较高的葡萄酒、气泡酒、冰酒以及贵腐酒。这个规模不大的葡萄酒生产国正在以一种低调却决绝的方式吸引着世人的目光。只要看看这里一些采用生物动力法方式酿造出的高品质白葡萄酒，例如典雅而精细的摩亚极品葡萄酒（Veliko Rdece de Movia），你就会认同我们的说法了。

摩亚酒庄（DOMAINE MOVIA）

位于布莱达（Brda），是斯洛文尼亚最好的酒庄之一。它是集体所有制时期唯一的私营企业。米尔科（Mirko）和阿莱斯·克里斯唐克（AlesKristancic）采用生物动力法方式酿造绝佳的白葡萄酒。

/ 00 36/5 395 95 10

欲获取更多信息

- 标签、分类、不同产区、生产商列表、联系方式、相关信息（英文）：斯洛文尼亚葡萄酒 www.matkurja.com/projects/wine
- 欧洲葡萄酒产区协会也可以提供与斯洛文尼亚葡萄酒相关的资讯（法语），特别是地图和葡萄酒之路的信息：www.arev.org

前南斯拉夫地区

潜力凸显

葡萄田面积：130000公顷（前南斯拉夫地区）

产量：4.05亿升

主要白葡萄品种：长相思、脱拉米糯（Traminer）、赛美蓉、霞多丽、白品乐（Pinot Blanc）、威尔殊雷司令（Welschriesling）、凯维丹卡（Kevedinka）、兹瓦卡（Zilavka）、兹拉特阿（Zilartea）、伯格达纽萨（Bogdanusa）

主要红葡萄品种：赤霞珠、品丽珠、苏维浓、美乐、黑品乐、普罗库帕茨（Prokupac）、斯卡达卡（Skadarka）、扎希纳克（Zacinak）、黑马（Vranac）

地理位置优越的巴尔干葡萄酒产区［克罗地亚（Croatie）、波斯尼亚-黑塞哥维那（Bosnie-Herzégovine）塞尔维尔共和国、黑山共和国、马其顿（Macédoine）］一直以来都是一块被埋没了的宝藏，随着岁月的流逝，我们希望能够一点点揭开它神秘的面纱。战争以及前南斯拉夫的分裂所带来的一系列困难，让我们很难清楚地了解这个葡萄酒生产国，也使得它的产量非常不均衡。然而，这里所拥有的300多个古老的葡萄品种成就了它的独特之处。

前南斯拉夫所辖6个共和国之一的克罗地亚是最主要的葡萄酒产区。自1991年独立以来，克罗地亚充分展现了它的潜力，国内生产各种类型的葡萄酒，清新易饮，特别是与意大利近在咫尺的亚得里亚海岸一带［伊斯拉特（Istrie）、达尔马提亚（Dalmatie）］。这里的红葡萄酒带有地道的地中海风格，辛辣、浓郁、酸度低，单宁强劲。克罗地亚同样也出产白葡萄酒，既有非常干的，也有甜度高的，其中也包括气泡酒。当地还酿造一款名为普罗瑟克（Prosek）的甜酒，它是以自然干缩的红、白葡萄为原料，充满了干果的香气。达玛特岛（Dalmate）则生产优质的高酒精度白葡萄酒。

前南斯拉夫地区的葡萄酒生产基本是通过酿酒合作社来实现的，因此重量不重质。在炎热气候的作用和匈牙利的影响下，塞尔维亚的伏伊伏丁那自治省（Voïvodine）出产颇受欢迎的黑品乐葡萄酒。贝尔格莱德（Belgrade）北部的弗鲁什卡格拉（Fruska Gora）山区则出产优质白葡萄酒。波斯尼亚和黑塞哥维那（Bosnie-Herzégovine）的莫斯塔（Mostar）一带有着非常不错的兹瓦卡（Zilavka）干白葡萄酒和布拉缇娜（Blatina）红葡萄酒，口感肥厚、香气浓郁，酒精度在13%～14%。黑山共和国出产各种不同类型的葡萄酒，其中最著名的要数鲁东摩尔（Ljutomer）、脱拉米糯（Traminer）和雷司令。在维兹（Vis）地区有用秘方酿造的绝佳的白葡萄酒；此外，还有用黑马（Vranac）酿造的带有苦樱桃味道的红葡萄酒。

在2004年的国际葡萄酒挑战赛中，原塞尔维亚和黑山共和国选送的7款葡萄酒中，其中有2款夺得了铜奖。

马其顿

这个在1991年10月从前南斯拉夫社会主义联邦中独立出来的共和国，拥有30000公顷葡萄园，年产量为1亿升。其中绝大部分都是高品质的红葡萄酒，这是因为当地的葡萄能够达到足够的成熟度，同时在大陆性气候的影响下又拥有适宜的酸度。

欲获取更多信息

萨格勒布县（The Zagreb County）：这里有关于克罗地亚葡萄酒的综合信息。

☏ 00 385/1 63 45 201　传真 00 385/1 61 54 008

捷克共和国及斯洛伐克（LA RÉPUBLIQUE TCHÈQUE ET LA SLOVAQUIE）

历史悠久的产酒国

葡萄田面积：14000公顷（捷克共和国），18000公顷（斯洛伐克）

产量：5180万升（捷克共和国），4800万升（斯洛伐克）

出口量：170万升（捷克共和国），1080万升（斯洛伐克）

主要白葡萄品种：帕拉瓦（Palava）、米勒图尔高（Müller-Thurgau）、绿维特利纳（Grüner Veltliner）、威尔殊雷司令（Welschriesling）

主要红葡萄品种：蓝弗朗克（Frankovka）、黑品乐、圣罗兰（Saint-Laurent，Svatovavrincecké）

▲摩拉维亚（Moravie）的布尔诺（Brno）地区是捷克共和国最大的葡萄酒产区。

捷克共和国和斯洛伐克（原捷克斯洛伐克）由于地理位置偏北，因此出产的白葡萄酒（占总产量的85%）要远远多于红葡萄酒。这里的葡萄酒非常清爽，但却无名。

在分裂之后，原捷克斯洛伐克的葡萄酒产区被分割给了2个国家，但其中的大部分都位于斯洛伐克境内。布拉迪斯拉发（Bratislava）附近的葡萄酒产区紧贴着匈牙利的国境线，主要出产由维特利纳和雷司令酿造的白葡萄酒，更特别一些的，还有以当地的土著葡萄品种艾瑟若（Eserjó）和小公主酿造的产品。斯洛伐克同样还继承了2个隶属于陶家宜产区的产酒村——托伦亚（Toronya）和索罗斯科（Szölölske），其商业价值极高，因为这里的葡萄酒可以标注上陶家宜产区的名号。

捷克共和国保留了波西米亚（Bohême）和摩拉维亚（Moravie）的葡萄园。波西米亚的葡萄酒产量非常少，最好的都来自于布拉格以北的小产区：这些清新的干型葡萄酒带有一定的酸度，其中白葡萄酒基本都是用雷司令、脱拉米糯和西万尼酿造的，红葡萄酒所使用的葡萄品种则为蓝布根第（Blauer Burgunder）、葡萄牙人和圣罗兰。剩余的大部分葡萄园都位于摩拉维亚（Moravie）地区，它在布尔诺（Brno）以南，捷克共和国与斯洛伐克和奥地利的交界处。在这里，用灰品乐的变种卢兰茨（Rulandské）、帕拉瓦（Palava）、米勒图尔高（Müller-Thurgau）、威尔殊雷司令（Welschriesling）、西万尼和长相思等葡萄品种酿造的白葡萄酒品质上乘，颇受欢迎。

精挑细选

- **捷克共和国**

瓦勒提斯酒庄（VINNE SKLEPY VALTICE）

00 420/627 94 328　00 420/627 94 330

维尼姆酒庄（VINIUM）

00 420/626 922 550　00 420/626 922 670

- **斯洛伐克**

托普阿缇酒庄（VINÁRSKE ZÁVODY TOPOIANKY）

00 421/37 6301 131/243　00 421/37 6301 132

卡帕特斯卡酒庄（KARPATSKA PERLA）

00 421/33 6496 855　00 421/33 6497 007

罗马尼亚

不可小觑的潜力

葡萄田面积：247000公顷

产量：5.09亿升

出口量：2300万升

主要白葡萄品种：塔马萨（Tamiîoasa）、罗曼尼斯卡（Romaneasca）、白公主（Feteasca Regala）（注：原文中拼写有错误）、白姑娘（Feteasca Alba）、格雷斯卡（Grasca）、威尔殊雷司令、阿里高特、长相思

主要红葡萄品种：黑姑娘（Feteasca Neagra）、巴贝萨卡（Babeasca）

罗马尼亚依然处于经济转型时期，国内困难重重，许多本国公司和外资公司争相表现，力图证明该国在葡萄酒酿造方面的实力，特别是一些采用本地葡萄品种酿造的白葡萄酒。

凭借着247000公顷的葡萄园和数量众多的本土葡萄品种，罗马尼亚被视为东欧地区最重要的葡萄酒生产国之一。但是如果想充分展现出自己真正的实力，罗马尼亚还有很长的一段路要走：从齐奥塞斯库（Ceausescu）总统下台和1989年革命开始直到现在，整个国家的发展滞后，财力和基础设施严重匮乏。至少有110000公顷的土地种植着抗病能力强，但品质平平的杂交葡萄品

种，耕种这些土地的是数以千计的毫无资金能力的小农户。然而，当地依然保有着生产优质葡萄酒的潜力，一些国外投资商也纷纷开始在这里投资。

罗马尼亚境内有8个葡萄酒产区，其中喀尔巴阡山（Carpates）以东的摩尔多瓦（Moldavie）地区［注意不要与相邻的摩尔多瓦共和国（La République Moldave）相混淆］是最重要的一个。这里是白葡萄酒的国度，特别值得一提的是一款源自于19世纪，与陶家宜齐名的甜白葡萄酒——高特纳西（Cotnari）。由于资金缺乏，高特纳西的葡萄园面临着许多困难，但是在特殊微气候条件的影响下，这里出产的甜型葡萄酒如丝般柔滑。位于喀尔巴阡南部山区与多瑙河（Danube）之间的瓦拉几亚（Valachie）产区包含了奥勒特尼亚丘（Olténie）和曼特尼亚丘（Munténie）。其中，迪露玛（Dealul Mare）产区盛产由黑品乐酿造的优质红葡萄酒。此外，在更南边的地方，靠近黑海的穆尔法特拉（Murfatlar）也是一个非常有发展前途的产区。一个科西嘉的葡萄酒生产商——凯狄海乐·德普瓦（Guy Tyrel de Poix）来到这里并开始生产酒体集中，果香浓郁的高品质葡萄酒“罗马娜之地”（Terra Romana）。整个罗马尼亚的葡萄酒生产是以白葡萄酒为主线的（75%），从干白葡萄酒到气泡酒，从超甜型葡萄酒到延迟采收型葡萄酒，共包括50多个大大小小的产区。人们也按照大部分欧洲国家通行的分级模式对这些产区进行了分级。

精挑细选

博罗瓦纽堡（CASTEL BOLOVANU）

电话 00 40/93 658 700　传真 00 40/93 113 704

高特纳西（COTNARI）

电话 00 40/232 730 314　传真 00 40/232 730 205

达纽比亚乐酒庄（TERASE DANUBIALE）

电话 00 40/52 352 206

欲获取更多信息

罗马尼亚出口商协会，Provinum

电话 00 40/21 233 40 65　传真 00 40/21 233 40 75

保加利亚

转向出口

葡萄田面积：110000公顷

产量：2.26亿升

出口量：8020万升

主要白葡萄品种：白羽（Rkatsiteli）、密斯凯特（Misket）、霞多丽、雷司令

主要红葡萄品种：赤霞珠和美乐（占75%）、帕米得（Pamid）、加穆萨（Gamza）、玛路德（Mavrud）、梅尔尼克（Melnik）

与罗马尼亚同病相连，保加利亚所拥有的巨大潜能也因为一些原因受到了压制，但是一些生产巨头很快捕捉到了出口所带来的可观利益，在20世纪90年代末期，市场上迫切需求低价位葡萄酒，而保加利亚葡萄酒所呈现出的高性价比刚好满足了这种需要。

在3000年前，色雷斯（Thrace）部落就已经有人开始种植葡萄树了。酿酒业在当地得到了持续的发展，直到公元14世纪，在土耳其人的统治下，这一行业经历了5个世纪的衰退期。在20世纪50年代，得益于广泛种植国际性葡萄酒品种的相关政策，保加利亚开始专注于高性价比葡萄酒的出口，而出口对

▲保加利亚拥有数量众多的土著葡萄品种。

象则是当时的苏联，接下来在90年代，它们又打开了英国、德国和波兰市场的大门。今天，保加利亚的葡萄酒产区以生产红葡萄酒为主。

保加利亚有以下5个大产区：色雷斯（Thrace）是大型红葡萄酒产区；普雷斯拉夫（Preslav）和苏南（Shunen，东部地区）出产白葡萄酒；西南地区则广泛种植着一种本地葡萄品种梅尔尼克（Melnik），用它酿造的红葡萄酒富含单宁，口感浓郁；北部山区出产用赤霞珠酿造的顶级红葡萄酒。

保加利亚的葡萄酒分级制度与欧洲大部分国家的相仿，这里有30多款“特选酒”（Controliran），相当于法定产区酒。

精挑细选

博雅酒庄（BOYAR ESTATE）

00 359/2 969 79 80　00 359/2 969 79 81

欲获取更多信息

保加利亚贸易推广处（The Bulgarian Trade Promotion Agency）

00 359/2 980 50 69　00 359/2 980 58 69

前苏联地区

主要白葡萄品种：阿里高特、霞多丽、雷司令、灰品乐、白品乐、费塔斯卡（Feteasca）

主要红葡萄品种：沙贝拉（Saperavi）、马贝克、白羽（Rkatsiteli）

葡萄酒等级

普通餐酒（Vins Ordinaires）：不标注原产地，乃至年份。

标注原产地葡萄酒

高级葡萄酒（Kollektsionie）：出自于著名产区，由著名葡萄品种酿造的葡萄酒，瓶中陈年2年以上。

20世纪50年代，前苏联选择用葡萄酒来抗衡伏特加。这使得当地的葡萄园面积在30年中增至原先的4倍，在1985年的时候从40万公顷跃升至140万公顷，成为了世界上葡萄园面积最广袤的国家之一。

乌克兰

葡萄田面积：105000公顷

产量：1.296亿升

乌克兰拥有3个主要的葡萄酒产区：与罗马尼亚交界的西部沿海地区、克里木半岛（Crimée），以及与匈牙利交界的喀尔巴阡山支脉地区。其中最重要的是克里木半岛，这里有着著名的马桑德拉酒厂（Massandra），它由俄国沙皇尼古拉二世修建于1894年，出产的甜食酒在前苏联时期堪称最佳。这些加烈葡萄酒的颜色从金色到暗红色、琥珀色、火焰色，直至砖红色，它们与马德拉、雪莉酒、波特酒、陶家宜、莫斯卡多和卡奥尔非常类似，但却只是简单的模仿，专门供应国内市场。今天，这一地区主要专注于白葡萄酒的生产，特别是用传统法和封闭酒槽法（Cuvée Close）酿造的气泡酒。此外，人们也能见到一些加烈酒、甜食酒和用沙贝拉（Saperavi）酿造的优质红葡萄酒。

格鲁吉亚

葡萄田面积：67000公顷

产量：1.326亿升

位于高加索（Caucase）腹地的格鲁吉亚是全世界酿酒业的发源地之一。这里有上百个葡萄品种，其中一部分，例如白羽（Rkatsiteli）和沙贝拉（Saperavi）已经拥有500多年的历史了，是当地酿造顶级葡萄酒的原料。格鲁吉亚出产各种类型的葡萄酒：持续酿造的气泡酒，如“尚帕司夸”（Champanskoie）；在巨大的瓮中进行浸皮和发酵的红葡萄酒——威沃希（Kwevris），在酿造过程中，人们会将它埋入土中3～4个月，以此来获得果香浓郁的葡萄酒［卡赫基地区（Kakheti）］；还有采用纯酒精来中止发酵的加烈酒［西部的伊美基地区（Lmeti）］。

摩尔多瓦

葡萄田面积：110000公顷

产量：1.4亿升

摩尔多瓦有超过4000年的葡萄种植历史，在前苏联时期，葡萄园面积为240000公顷，而红葡萄酒的产量占了该国葡萄酒生产总量的绝大部分。今天，这里的葡萄园面积减少了一半，在全世界排第十名，酿造出来的葡萄酒基本全部用于出口。但是摩尔多瓦的潜力是巨大的。最好的葡萄酒都出自南部地区，其中最为著名的是由马贝克、美乐和品丽珠酿造的罗马内斯提（Romanesti）葡萄酒。波卡尔（Purkar）酒厂生产的罗克斯（Rochus）和内格鲁斯（Negrus）红葡萄酒，品质不俗，完全可以与波尔多葡萄酒相媲美。在摩尔多瓦的克利科瓦（Cricova）一带也出产气泡酒，这些气泡酒的培养过程是在由65公里的地下通道连成的网络型酒窖中完成的。此外，这里还有采用索雷拉法酿造的加烈葡萄酒。

Tips

品种繁多的甜酒

这些甜酒共分为以下3类。

半甜型葡萄酒：既有白色也有红色，最高酒精度15°，其中的极品来自于格鲁吉亚。

甜型葡萄酒：麝香酿造的甜型葡萄酒是克里木半岛的特色产品，酒精度12°～16°，含糖量为20%～30%；克里木半岛也生产陶家宜甜酒；而所谓的“卡奥尔葡萄酒”是陈年3年以上的利口酒；其他还有克里木半岛的灰品乐和中亚地区葡萄酒。

加强型葡萄酒：酒精度可达20°，是模仿西班牙、葡萄牙和意大利的利口酒酿造而成的。

其他国家

俄罗斯（70000公顷，3.43亿升）主要生产气泡酒和采用赤霞珠酿造的红葡萄酒，90%都是由国家拥有的酿酒合作社生产的。亚美尼亚（15000公顷，350万升）酿造的一款类似于波特酒的葡萄酒非常出名。哈萨克斯坦（11000公顷，3000万升）的里海（Caspienne）海岸一带出产雷司令白葡萄酒和甜型葡萄酒。乌兹别克斯坦（135000公顷，450万升）和塔吉克斯坦（20000公顷）主要出产甜食酒，但只是针对于内部市场。

精挑细选

- **乌克兰**

玛卡哈齐葡萄酒学院（INSTITUT MAGARACH）

☎ 00 380/654 325 630　📠 00 380/654 230 595

马桑德拉酒厂生产的葡萄酒在欧洲许多葡萄酒专卖店中都有出售。

拉维尼亚（LAVINIA）（在法国有售）

☎ 01 42 97 20 20

少而精葡萄酒（FINE AND RARE WINES）（在英国有售）

☎ 00 44/20 8960 0404

西北欧

英国、比荷卢经济联盟（ANGLETERRE, BENELUX）

北欧并不是一个葡萄种植及葡萄酒酿造的典型区域，或者说它不再是了。直到中世纪时，荷兰和英国还都有着广袤的葡萄园。当地的旅行家和大商人们专注于为许多欧洲著名的葡萄酒产区（波尔图、赫雷斯、干邑和波尔多）的发展提供一些其他类型的服务。尽管地理位置非常偏北，但这些国家并没有放弃生产自己的葡萄酒。

Tips

尼尔坦博酒园（Nyetimber Vineyard）

这个中世纪时就已经名声大噪的古老酒庄在20世纪80年代时得到重建，人们种植了香槟地区的葡萄品种（莫尼耶品乐、黑品乐和霞多丽）。斯图尔特（Stuart）和桑迪·摩丝(Sandy Mossy）在这里酿造出了英国最好的气泡酒。

英国

复兴

葡萄田面积：1000公顷

产量：150万升

主要白葡萄品种：米勒图尔高（Müller-thurgau）、雷昌斯坦纳（Reichensteiner）、谢瓦尔（Seyval）、安吉文（Madeleine Angevine）

自20世纪50年代，一批葡萄种植者开始了葡萄酒产区的复兴工作之后，从北部的兰开夏郡（Lancashire）到东南地区的苏塞克斯（Sussex），共有300多个酒庄建成。每年生产约200万瓶葡萄酒，大部分都是用杂交葡萄品种酿造的干白葡萄酒和传统型的气泡酒。

卢森堡

酒之圣殿

葡萄田面积：1300公顷

产量：1540万升

出口量：1040万升，其中540万升为转口贸易

主要白葡萄品种：雷司令、欧塞瓦、灰品乐、丽瓦娜（Rivaner）、埃尔宾（Elbing）

沿摩泽尔河左岸生长的1400公顷葡萄园并不能使卢森堡成为一个葡萄酒生产大国。但是人均63公升的年消费量，让这个小国成为了名副其实的葡萄酒圣殿。

摩泽尔地区的山丘为葡萄的成熟提供了良好的条件，这些葡萄酿造出的干白葡萄酒鲜活而优雅（用雷司令酿造），圆润而富有果香（用欧塞瓦和灰品乐酿造）。卢森堡还出产非常好的瓶中二次发酵气泡酒，例如马西斯酒庄（Domaine Mathes）和有卢森堡巨头之称的美溪庄园（Domaines de Vinsmoselle）的产品。

卢森堡葡萄酒分级

卢森堡的葡萄酒分级体系十分细致，共包含4级：法定产区（Appellation Contrôlée）、列级葡萄酒法定产区（Appellation Contrôlée «Vin Classé »）、一级葡萄园法定产区（Appellation Contrôlée «Premier Cru »）、特一级葡萄园法定产区（Appellation Contrôlée «Grand Premier Cru »）。

Tips

比利时和荷兰：有限的产量

荷兰与比利时仅拥有几十公顷的葡萄园，但却是一个将勤补拙的最好例证。在这些地势过于平缓的国家中，气候条件并不十分适合葡萄的成长，但一些执著的种植者会选择局部气候条件良好的地块种植葡萄，以便它能够按时开花。在旧石堆上，在少见的山坡上，有时甚至是在城市里，人们种植来自于德国和法国的葡萄品种。

比利时（20万升）有两个一流产区被评定为原产地监控命名产区：哈戈地（Hageland）和哈斯彭格（Haspengauw），它们都位于弗拉芒语区。

这两个国家主要生产清新的干白葡萄酒，其中不乏惊人之作，例如荷兰使徒酒庄（Apostelhoeve）的葡萄酒，这个酒庄位于靠近马斯特里赫特（Maastricht）的卡纳山区（Mont de Canne）。

精挑细选

- **英国**

夏朴罕酒庄（SHARPHAM ESTATE）

安吉文（Madeleine Angevine）是这个酒庄的主打葡萄品种，人们用它酿造了多款不同的产品。

☏ 00 44/1803 732203 ⎙ 00 44/1803 732122

尼尔坦博酒园（NYETIMBER VINEYARD）

☏ 00 44/1798 81 3989 ⎙ 00 44/1798 81 5511

- **卢森堡**

若克酒园（CLOS DES ROCHERS）

一个拥有10多公顷土地的葡萄园，因酿造瓶中二次发酵气泡酒和雷司令葡萄酒而出名。

☏ 00 352/75 05 451 ⎙ 00 352/75 05 606

- **荷兰**

使徒酒庄（DOMAINE APOSTELHOEVE）

☏ 00 352/43 3432264 ⎙ 00 352/43 3430094

意大利

出类拔萃的丰富性

葡萄田面积：910000公顷

产量：50亿升

出口量：约为15亿升

葡萄酒产区：瓦莱达奥斯塔（Val d´Aoste）、彼尔蒙（Piémont）、里古里亚（Ligurie）、伦巴第（Lombardie）、多天奴-上雅迪结（Trentin-Haut-Adige）、威尼托（Vénétie）、弗里沃-威尼斯朱利亚（Frioul-Vénétie Julienne）、艾米利亚-罗马涅（Émilie-Romagne）、马尔什（Marches）、托斯卡纳（Toscane）、翁布里亚（Ombrie）、拉丁姆（Latium）、阿布鲁索（Abruzzes）、莫利塞（Molise）、普利亚（Pouilles）、坎帕尼亚（Campanie）、巴斯利卡塔（Basilicate）、卡拉布里亚（Calabre）

主要白葡萄品种：阿内斯（Arneis）、卡塔拉多（Cataratto）、都福格雷克（Greco di Tufo）、马勒瓦西（Malvasia）、灰品乐、弗留利托凯（Tocai Friulano）、扎比安奴（Trebbiano）、维蒂奇诺（Verdicchio）

主要红葡萄品种：巴比拉（Barbera）、布鲁内罗（Brunello）、多姿桃（Dolcetto）、兰布鲁斯科（Lambrusco）、梦特普西露（Montepulciano）、纳比奥罗（Nebbiolo）、黑曼罗（Negroamaro）、黑达沃拉（Nero d´Avola）、普米蒂沃（Primitivo）、桑娇维赛

因为受到国际葡萄酒风格总趋势的影响，意大利开始挖掘那些本土葡萄品种身上所蕴含的潜力。这是提高国际竞争力的一张王牌。

早在公元前1000年，伊特鲁利亚人就开始在意大利大规模地种植葡萄树了。在接下来的日子里，意大利半岛经历了一系列的荣辱兴衰，而酿酒业的发展亦随之起伏跌宕。当希腊人在这个靴子形的半岛上登陆时，被漫山遍野的葡萄园所震撼，于是便将这个他们口中的欧伊诺特里亚（Oenotria）地区称为“葡萄酒之乡”。在罗马帝国的末期，葡萄酒逐渐成为了一种真正的文化，民间出现了以酒神巴克斯为主题的葡萄酒节。紧随这段黄金时代而来的是长期的经济低迷，这种情况直到公元11世纪时，因为意大利诸多城邦的经济复苏才得以缓解。在文艺复兴时期，意大利的葡萄酒业展现出新的面貌。位于佛罗伦萨和西耶纳（Sienne）之间的基安蒂（Chianti）可能是世界上第一个进行了产区认证和划分的葡萄酒产区。在城市共和国（佛罗伦萨、米兰）衰落之后，意大利的葡萄酒产业因为“大酒”这个摩登概念的引入而出现了巨大的落差，这个概念最早产生于波尔多。公元19世纪，卡武

▲在里古里亚（Ligurie），位于五渔村（Cinqueterre）阶地上的葡萄园出产清新的果香型干白葡萄酒。

尔（Cavour）为推动彼尔蒙产区的现代化作出了很多努力，但收效甚微。直到第二次世界大战之后，意大利葡萄酒才重新加入了市场竞争中。为了生存的需要，意大利必须将自己的葡萄酒出口到海外，这就使得它要去面对全球性的竞争，比如在德国和美国市场上就必须要跟法国这个劲敌进行较量。在经过一段依靠廉价葡萄酒来争取市场份额的时期之后，21世纪伊始，意大利开始面对以品质为前提的竞争环境。实际上从20世纪80年代开始，意大利就已经开始实施一项葡萄酒品质复兴计划了；国际性的葡萄品种得到迅速地推广，同时，人们也开始挖掘传统本土葡萄品种的非凡潜质。

最初的分级

在公元1世纪时，老普林尼（Pline l'Ancien）创建了最早的葡萄酒分级并将法兰尼酒庄（Falerne）放在了第一位："这些葡萄酒不仅仅易于饮用，人们更多的是沉醉于法兰尼葡萄酒、希俄岛葡萄酒，以及诸多与它们相类似的葡萄酒所带来的巨大味觉享受中。"

山海之间的葡萄酒产区

意大利由北到南全长1200公里，纬度跨度为10°。海拔高度和海洋对葡萄酒产区的风土条件产生了巨大的影响。除了西北地区以外，没有任何一个意大利城市与海边的距离超过150公里，因此那些山坡上的葡萄园都得益于这一优良条件。山在意大利同样四处可见，在北部被平原所环绕，并且由北到南贯穿整个半岛。因为这些山峦的存在，气候和纬度所引起的差异才能得到缓解：例如，翁布里亚（Ombrie）其实比地理位置更偏北的托斯卡纳产区还要凉

▲加尔达湖（Lac de Garde）地区盛产巴多利诺（Bardolino）葡萄酒，这是一款带有樱桃香气的清淡型红葡萄酒。

爽。相反的，意大利的土壤类型却没有像局部气候那样富于变化：北方地区、托斯卡纳地区和东南地区以石灰质土壤为主；中西部地区及南方，主要是火山岩土壤。土壤、气候、海拔、朝向以及海洋影响等诸多因素汇聚在一起，形成了错综复杂的风土条件。

葡萄品种的丰富性

意大利所使用的葡萄品种从另一个侧面反映出了世界上其他产酒国难以与其匹敌的多样性，尤其是20世纪80年代许多国际性葡萄品种的涌入，更使得这里的葡萄酒世界变得异彩纷呈。人们统计出的葡萄品种超过1000款，其中400款是法定或主推葡萄品种。虽然有些葡萄品种，例如白葡萄品种扎比安奴（Trebbiano，白玉霓）和卡塔拉多（Cataratto）；红葡萄酒品种桑娇维赛和巴比拉（Barbera）被大面积种植，但这并不能削弱当地葡萄品种的丰富性。人们总是觉得意大利长期沐浴在阳光中，因此这里的葡萄不费吹灰之力就能达到足够的成熟度。然而，这并不尽然，因为实际上气候与葡萄品种自身的特征都非常多

安蒂诺里（Antinori）与“超级托斯卡纳”（Super Toscans）

意大利酿酒业的代表性人物——佛罗伦萨人皮埃里• 安蒂诺里（Pieri Antinori）继承了一座有600年酿酒历史的酒庄，在推动整个托斯卡纳地区酿酒业的现代化进程中，他扮演了重要的角色。他联合西施佳雅酒庄（Sassicaia，由他的表亲马里奥-因奇萨·德拉罗切达侯爵所拥有）一起创立了“超级托斯卡纳”这个特殊的类别。在这个级别中，我们可以看到铁达尼号（Tignanello）和苏拉雅（Solaia）的身影，这两个酒庄都将波尔多的葡萄品种引入了托斯卡纳传统葡萄酒的生产中，脱离开了意大利法定产区酒的严格约束。它们的成功轰动一时。

变。在北方，纳比奥罗（Nebbiolo）、巴比拉（Barbera）和多姿桃（Dolcetto）等葡萄品种都需要经历很长的一段成熟期，才能够使单宁变得柔和，酸度更加适中。在中部地区，桑娇维赛是托斯卡纳和翁布里亚的主要葡萄品种，用它酿造出的葡萄酒的味觉特征会随着种植地的气候条件而发生变化，这一点与法国的赤霞珠非常相似。在南部地区，黑达沃拉（Nero d´Avola）并不像人们所认为的那样处于潮湿炎热的气候条件下。

▲ 圣哲米尼亚诺（San Geminiano）位于托斯卡纳的基安蒂产区。

谜一样的产区

在意大利全国的20个地区中，人们根据气候特征划分出了300个产区［法定产区酒（DOC）和高级法定产区酒（DOCG）］。其中最著名的有巴巴拉斯高（Barbaresco）、巴罗露（Barolo）、（彼尔蒙 Piémont）、布鲁内罗-蒙塔奇诺（Brunello di Montalcino）、基安蒂（Chianti）、基安蒂经典（Chianti Classico）、梦特普西露贵族酒（Vino Nobile di Montepulciano）（托斯卡纳）、索瓦（Soave）、华普斯兹拉（Valpolicella）（威尼托 Vénétie）、翡瑞丽东丘（Colli Orientali del friuli）、泰纳斯（Taurasie）。

在意大利还有100多个产区享有一个特殊的名称——地区餐酒（IGT），它与法国的地区餐酒很类似（VDP），这里还没有算上普通餐酒（VDT）。

在这个看似简单明了的体系背后，隐藏着异常复杂的现实，固有的刻板与

Tips

标志性产区：基安蒂

意大利最出名的葡萄酒来自于基安蒂产区。关于基安蒂有着各式各样的说法，也有着诸如带有草绳装饰的大肚长颈瓶这样的民间风俗。它既是一个古老传统的传承者，也是为数众多的意大利新派葡萄酒的生产地。在文艺复兴时期，人们会在装盛基安蒂葡萄酒的木桶上打上铁质的“黑公鸡”标识，以便鉴别身份，这个习惯一直保留到今天。产区法规准许当地酒农酿造红葡萄酒（主要以桑娇维赛为原料），但并没有规定相应的白葡萄品种。今天，这里和波尔多一样有着风格各异的葡萄酒。除了总的基安蒂产区之外，还有一系列相邻产区会将它们的产区名称加在基安蒂之后［例如：基安蒂-鲁菲娜（Chianti-Rufina）］。整个产区的历史中心位于佛罗伦萨与西耶纳之间，被人们称为基安蒂经典（Chianti Classico）。

▲威尼托（Vénétie）出产一款名为宝雪歌（Prosecco）的白色气泡酒。

立法体系不易融合在一起。那些用来限定和描述产区的条件远不能清晰地反映出葡萄品种的特色和这个国家局部气候的多样性，更何况整个半岛上分布着上百万的葡萄酒生产者，他们的产品也都是各具特色。许多产区以所在地区的地名来命名，有些用葡萄品种来命名，也有的将两者合二为一。建立这种体系的目的是为了保证葡萄酒的原产地真实有效，但许多生产者们很快发现了它所具有的局限性，无法同时兼顾到地域传统、技术革新、消费方式的转变以及质量要求等诸多方面。他们之中的一些人排斥产区名号，这使得整个意大利就像一个放大版的勃艮第，生产商的名字往往要胜过产区名号。因此，人们重新对这一体系进行了深度的考量，尽量让它变得更加可信。一个新成立的产区是用单一生产商的名字来命名的，它就是“西施佳雅”（Sassicaia）。在意大利的所有省份，地区餐酒（IGT）都是一个不可或缺的类别，它集合了一大批最活跃的生产商，给了他们机会向缺乏相关知识的消费者展示那些具有争议的酿酒葡萄品种的名字。

得益于各地不同的酿造技艺，意大利葡萄酒的类型和风格多种多样，让葡萄酒爱好者们应接不暇：干白葡萄酒（Secco），如索瓦；甜白葡萄酒［甜酒（Abbocato）、微甜酒（Amabile）、帕赛托（Passito）］，如著名的圣酒（Vin Santo）；气泡酒，如雅思提气泡酒（Asti Spumante）和兰布鲁斯科（Lambrusco）；加烈酒（Liquoroso），例如非常著名的马沙拉（Marsala）；清淡型红葡萄酒［巴多利诺（Bardolino）、上雅迪结-苏伯第霍

现代派先锋：安吉罗·嘉雅（Angelo Gaja）

意大利葡萄酒能屹立于世界葡萄酒之林，嘉雅作出的贡献无人能敌。安吉罗·嘉雅出生于朗格区彼尔蒙的酿酒世家。在蒙彼利埃求学期间，他深深领悟了葡萄栽种与葡萄酒酿造的重要性。低产、采用波尔多橡木桶（这在当地的传统酿酒者中备受争议）以及大胆的产品定位造就了嘉雅（Gaja）品牌。这款葡萄酒的名称总是突出地印在酒标上，在全球范围内备受推崇。它最大的贡献在于提升了彼尔蒙本地葡萄品种的价值，例如红葡萄品种纳比奥罗、巴比拉，以及白葡萄品种阿内斯（Arneis）。

雷（Alto Adige-Sudtiroler）］或浓郁型红葡萄酒［泰纳斯（Taurasie）、西西里葡萄酒］；新酒（Novello）；各个价位的葡萄酒一应俱全，也包括价格高昂的碧安仙蒂（Biondi-Santi）、布鲁内罗-蒙塔奇诺（Brunello di Montalcino）、安吉罗·嘉雅的巴罗露，以及西施佳雅。

意大利的新国界

意大利的北部和中部产区都非常出名，尤以彼尔蒙、威尼托和托斯卡纳为代表，然而人们往往忽略了其实最重要的葡萄种植地恰恰位于南部地区，例如普利亚（Pouilles）和西西里。这些地区长期扮演着“葡萄酒仓库”的角色，葡萄酒价格便宜，酒精度高，是用来混酿欧洲普通餐酒的主要原料。今天，像法国朗格多克一样，以上地区开始大规模的朝着生产优质葡萄酒的方向转型，吸引了意大利北方的投资者和世界各国的酿酒师。本地葡萄品种［普米蒂沃（Primitivo）、黑曼罗（Negroamaro）、黑达沃拉（Nero d´Avola）］所具有的丰富果香、在日照充足的气候条件下自然天成的柔顺感与超现代化的酿造技术相结合，使得初来乍到的生产商和那些传统居民一样，都能够酿造出越来越受欢迎的葡萄酒。梅索兹阿诺（Mezzogiorno）成为了意大利酿酒业的“新国界”。所以安蒂诺里（Antinori）在蒙特堡（Castel Del Monte）收购了一个占地100公顷的酒庄也绝对不是一个偶然。

精挑细选

• 彼尔蒙

安吉罗·嘉雅（ANGELO GAJA）

☏ 00 39/01 73 635 158　🖷 00 39/0173 635 256

斯皮内塔酒庄（SPINETTA-RIVETTI）

这个年轻的酒庄凭借着它所酿造的精细馥郁的蜜丝佳桃雅思提葡萄酒而声名鹊起。最近它又开始涉足巴巴拉斯高产区。

☏ 00 39/0141 877 396　🖷 00 39/0141 877 566

• 弗里沃（Frioul）/威尼托（Vénétie）

特德斯奇（TEDESCHI）

该酒庄位于华普斯兹拉经典产区（Valpolicella Classico）的葡萄园充分发挥了阿玛罗尼（Amarone）的潜质，它的复杂性和丰富性都达到了前所未有的高度。

☏ 00 39/045 7701 487　🖷 00 39/045 7704 239

罗曼酒庄（VIE DI ROMANS）

向公众展示了一个不为人所知的法定产区（DOC）——伊松佐河（Isonzo）的巨大潜力，这里主要生产高端的白葡萄酒。

/ 00 39/048 169 600

- **托斯卡纳（Toscane）**

安蒂诺里（ANTINORI）

00 39/055 23 595　00 39/055 23 598 84

西施佳雅（SASSICAIA）

意大利的传奇酒庄之一，是“超级托斯卡纳”的鼻祖，因为在传统的桑娇维赛产区成功种植赤霞珠而异军突起。

00 39/0565 762 003　00 39/0565 762 017

凤都堡（FONTERUTOLI）

在马瑟（Mazzei）家族手中传承了23代的酒庄，出产极品基安蒂经典葡萄酒（Chiantis Classico）。

00 39/0577 735 71　00 39/0577 735 757

- **普利亚（Pouilles）**

弗昕纳酒庄（FUSIONE）

美国加利福尼亚人马克·山农（Mark Shannon）在极短的时间内征服了本土葡萄品种，如普米蒂沃，并用它酿造了自己最具代表性的珍酿——阿马诺（A Mano）。

00 39/099 84 93 770　00 39/099 84 93 771

- **西西里（Sicile）**

朴奈达酒厂（PLANETA）

这是一个年轻的企业所经营的酒庄，面积150公顷，混合了国际性葡萄品种与西西里本地葡萄品种。

00 39/091 327 965　00 39/091 612 4335

欲获取更多信息

波顿·安德森（Burton Anderson）. 意大利葡萄酒. 米切尔·比兹利出版社（Mitchell Beazley），2004.

H. 约翰逊（H. Johnson），卡茨（Katz）. 托斯卡纳和这里的葡萄酒. 索拉出版社（Solar），2001.

雅克·欧宏（Jacques Orhon）. 意大利葡萄酒最新指南. 白日出版社（éd. Le Jour），2003.

葡萄牙（PORTUGAL）

波特与迷人的葡萄酒

葡萄田面积：260000公顷

产量：7.78亿升

出口量：1.6亿升

葡萄酒产区：米尼奥（Minho）、杜罗河（Douro）、杜奥（Dão）、比拉达（Bairrada）、埃斯特雷马杜拉（Estrémadure）、里巴特茹（Ribatejo）、阿连特茹（Alentejo）

主要白葡萄品种：阿瓦里诺（Alvarinho）、阿林图（Arinto）、阿维索（Aveso）、鲁尔奥（Loureiro）、达加杜拉（Trajadura）、贝得纳（Pedernã）

主要红葡萄品种：巴罗卡红（Tinta Barroca）、好丽诗红（Tinta Roriz）、国产杜丽佳（Touriga Nacional）、法国杜丽佳（Touriga Francesa）、特林加岱拉（Trincadeira Preta）、比利吉达（Periquita）、莫雷托（Moreto）、阿拉冈尼兹（Aragonês）

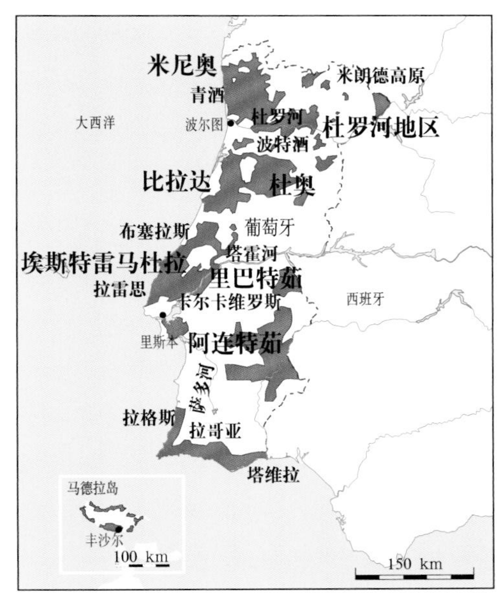

葡萄牙的葡萄酒酿造业很长时间以来都是以波特酒为代表的。在加入欧盟和重建葡萄酒产区之后，它展现出了全新的优势和价值。

从文艺复兴时期开始酿造葡萄酒以来，葡萄牙一直拥有着出口葡萄酒的传统，但是在1986年它才真正被纳入葡萄酒生产大国的行列，也正是在这一年，它加入了欧盟。在欧盟的经济支持下，葡萄牙建立起了自己的行业立法。这个一直被认为只拥有波特酒的国度，开始一点点向世人展现出它所酿造的许多更具特色的葡萄酒。这大多是一些采用充满活力的葡萄品种所酿造的红葡萄酒，它们来自于优质的风土条件，例如杜罗河（Douro，波特酒产区）、杜奥（Dão）或更为广袤的阿连特茹（Alentejo）。

具有非凡典型性的葡萄品种和葡萄酒

在葡萄牙的领土上，葡萄园随处可见，甚至包括了那些位于大西洋上的岛屿，如马德拉岛（Madère）和很少有人知道的亚速尔群岛（Açores）。独一无二的葡萄谱系遗产以及在海洋和陆地的交替影响下而形成的特殊地理气候类型造就了葡萄牙产区的独特性和诸多优势。北方的地势要较南方更加起伏不平，但同样的花岗岩底土决定了葡萄酒在某种程度上具有一定的相似性。

米尼奥（Minho）是葡萄牙最北部的葡萄酒产区，这里群山起伏，盛产新颖独特，广受欢迎的白葡萄酒。这款被称为“青酒”（Vinho Verde）的产品，酒精度低，清爽活泼，有

▲葡萄牙因波特酒而名声大噪，但它同样也生产许多其他类型的优质葡萄酒。

时带有少量气泡，通常采用鲁尔奥（Loureiro）、达加杜拉（Trajadura）、贝得纳（Pedernã）酿造而成。另外一款白葡萄品种阿瓦里诺［Alvarinho，西班牙语中称为阿尔巴利诺（Albariño）］广泛种植于边境地区，用它酿造出的青酒口感更佳丰富。

位于内陆的杜罗河（Douro）产区因波特酒而为人们所熟知。这里同样也出产杜罗河干红葡萄酒，但却一直被加烈酒的锋芒所掩盖。在一些大型波特酒生产商的推动下，它逐渐开始崭露头角。在上杜罗河地区，山谷中布满了蔚为壮观的葡萄树阶地。这里生长着葡萄牙著名的葡萄品种——国产杜丽佳（Touriga Nacional），它是页岩土壤上缔造的奇迹，可以与许多葡萄品种相混合，例如：好丽诗红（Tinta Roriz）、巴罗卡红（Tinta Barroca）、法国杜丽佳（Touriga Francesa）、猎狗（Tinto Cão）、巴卡红（Tinta da Barca）……每种葡萄都会尽展自己的特性。

杜奥（Dão）产区是典型的花岗岩土质，它可以算是杜罗河产区的近邻，与之一样有着偏内陆的地理位置和部分相同的葡萄品种，其中国产杜丽佳随处可见。此外，这里还种植阿拉冈尼兹（Aragonês）。杜奥产区的红葡萄酒常常会带给人惊喜。靠近海边，与杜奥产区位于同一水平线的是比拉达（Bairrada）产区，以前它常常被埋没于其他产区的盛名之下，之所以能够重新引起人们的注意，全靠着被列入了法定产区的行列以及当地一位杰出的葡萄酒农——路易・帕托（Luis Pato），非凡的天赋与个性使得他在当地异军突起。这个地区的葡萄品种相对单一，基本上以种植巴格（Baga）为主，以其为原料酿造出的葡萄酒结构感强，寿命较长。现在人们也会将它与卡斯特劳（Castelão）和派托摩塔加（Preto Mortagua）进行混酿，以求使单宁变得更为柔和细腻。

阿连特茹（Alentejo）产区几乎占据了整个葡萄牙南部，面积

人类文化遗产：上杜罗河地区（HAUT-DOURO）

上杜罗河的一部分地区（24000公顷，13个村镇）在2001年12月被联合国教科文组织列为人类遗产。其实早在1996年时，位于杜罗河口的波尔图市（Porto）作为历史文化中心就已经获得这一殊荣了。

相当于全国的三分之一。作为一个相对年轻的产区，这里除了种植比较传统的葡萄品种，如比利吉达（Periquita）和莫雷托（Moreto）以外，也会栽种阿拉冈尼兹（Aragonês）和特林加岱拉（Trincadeira Preta）。而白葡萄品种则为比较另类的安图奥维斯（Antao Vaz）。一款以亚历山大-麝香（Muscat d´Alexandrie）为原料酿造的塞图巴尔莫斯卡多葡萄酒（Moscatel de Setubal）也非常值得一提。这是一种少见的加烈酒，有时也需经过长期陈年，它来自于里斯本东南方的一个地区。

▲著名的波特酒生产商。

等级体系

人们对葡萄牙的葡萄酒产区也进行了分类。位于最顶端的是法定产区（Denominaçao de Origen Controlada，DOC），其中最著名的有比拉达、杜奥、杜罗河、波尔图、马德拉和青酒产区（Vinho Verde）。接下来一级为推荐产区（Indicação de Proveniência Regulamentada,IPR），它形同于法国的优良地区餐酒（AOVDQS）。区域产区酒（Vinhos Régionales）涵盖了几个大型的葡萄酒产区，与法国的地区餐酒相同。这里面也包括了那些品质出色，但并不符合法定产区规范的产品。

著名的加烈酒

波特酒（Porto）

波特酒的酿造历史可以追溯至公元18世纪，那时人们向葡萄酒中添加酒精是为了让它们能够耐得住去往英国的长途旅行。由于这种酒在市场上广受追捧，因此中止发酵的工艺就自然而然地被应用于所有来自于上杜罗河地区的葡萄酒了。相关的法律也极为严格。

人们根据陈年程度的不同对波特酒的生产进行了分类。年份波特酒（Vintage）要经过2年的培养之后才能够装瓶，适于久藏。其他类别的波特酒都要或多或少地经过橡木桶储存才能够上市销售。较为年轻的宝石红波特酒（Ruby）果香丰盈，一般要经过2～3年的陈年。如果一款酒被称为茶色波特酒

Tips

阿连特茄（Alentejo）：一个新兴的黄金国?

阿连特茄省主要种植软橡木、橄榄树和葡萄。

从1999年的13500公顷到2002年的19000公顷，阿连特茹的葡萄园迅速扩张，从它身上我们看到了葡萄牙酿酒业的新生。整个地区被分成了5个法定产区（DOC）和3个推荐产区（IPR），处于内陆的地理位置伴随着起伏的地形。这里的土壤贫瘠且矿物质丰富，因此塑造了葡萄酒的独特个性。酿酒合作社主导着当地的葡萄酒生产（产量超过总量的75%），因此产品的风格较为统一。

（Tawny），那就意味着它需要在橡木桶中经过一个漫长的氧化成型期。茶色波特酒包括：简单茶色波特酒，法规对这一类酒的细化时间没有明确的规定；陈年茶色波特酒（10年、20年、30年、40年），它所标注的酒龄指的是用于混酿的基酒的平均酒龄。除以上几种以外，我们还可以见到其他的类型，例如白色波特酒（Branco）、迟装瓶年份波特酒（Late Bottled Vintage），后者一般经过4～6年的陈年后才装瓶，与普通的年份波特酒不同。在英国酒商的推动下，波特酒在英伦市场上确立了自己不可动摇的地位，当地人的文化背景完全可以领略这款酒的魅力所在。虽然法国人是全球最早的波特酒消费者，但他们仅仅是把它作为开胃酒来享用，而忽略了其他更能体现其特色的饮用方式。

马德拉葡萄酒（Madères）

正如它的名字所体现的那样，马德拉葡萄酒来自位于葡萄牙东南方的同名岛屿，这里的葡萄种植历史可以上溯至公元15世纪。这款酒的独特口味最初完全是因意外所得，之后人们才逐渐凭借着积累下来的经验开始了系统化的生产。葡萄酒在添加酒精中止发酵后，要在高温室（50℃）中保存3个月。根瘤蚜虫病危机过后，人们在重建过程中并未能保证葡萄植株的品质，这对当地的葡萄酒产生了消极的影响。虽然如此，它依然有着不错的销路，特别是用于烹饪。与波特酒相仿，人们也会根据陈年时间的长短来对马德拉葡萄酒进行分类，通常这一时间不会少于5年。

精挑细选

- **青酒（Vinho Verde）**

阿布瑞盖洛酒庄（QUINTA DOS ABRIGUEIROS）

一个非常出色的小酒庄，还向游客提供房间租赁服务。

☎ 00 351/258 947 315　　📠 00 351/258 947 538

- **比拉达（Bairrada）**

路易·帕托（LUIS PATO）

无论是品质还是声誉在整个产区都没有其他酒庄能与之相匹敌。

欧洲葡萄酒公司（EUROPVIN）(法国经销商)

☎ 05 57 87 43 21

- **杜奥（Dão）**

罗克酒庄（QUINTA DOS ROQUES）

在模仿中进步。

第奥尼烈性葡萄酒（DIONIS VINS SPIRITUEUX）（法国经销商）

☏ 04 72 31 02 06

- **杜罗河（Douro）**

威比特酒庄（Ramos Pinto）

除了以柔和甜美而著称的波特酒以外，这个酒庄还生产杜艾丝庄园红葡萄酒（Duas Quintas）。

- **阿连特茹（Alentejo）**

穆绍庄园（HERDADE DE MOUCHÃO）

这是一个置身于传统之外的非典型酒庄。

☏ 00 351/268 539 228 　 🖷 00 351/268 539 293

- **波尔图（Porto）**

多诺瓦酒庄（QUINTA DO NOVAL）

著名的品牌，传奇的产品。

☏ 00 351/223 770 270 　 🖷 00 351/223 750 365

瑞士

个性独特的产区

葡萄田面积：15000公顷

产量：1.3亿升

出口量：150万升

葡萄酒产区：瑞士罗曼什语区（Suisse Romande）、瑞士德语区（Suisse alémanique）、瑞士意大利语区（Suisse Italienne）

主要白葡萄品种：芳丹（Fendant）（夏瑟拉Chasselas）、米勒图尔高（Müller-thurgau）、小奥铭（Petite Arvine）

主要红葡萄品种：柯娜林（Cornalin）、玉曼（Humagne）、黑品乐、佳美

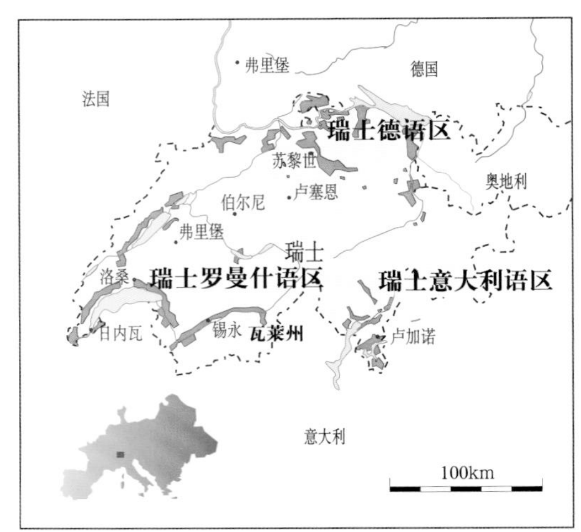

尽管国土面积有限，但瑞士却拥有着丰富的葡萄酒文化遗产和美不胜收的自然风景。瓦莱州（Valais）和沃州（Vaud）的所在地——瑞士罗曼什语区（Suisse Romande）集中出产颇受市场青睐的葡萄酒。

瑞士的葡萄酒虽然并不为许多人所知，但的确不乏上乘之作。它们很少踏出国门，基本上都是本国消费。15000公顷的葡萄园的确面积有限，但人们却始终严格遵循着传统。瑞士的葡萄种植最早由罗马人引入，随后在修道院势力的推动下得以发展，并在公元18世纪时扩展到了国家的每一个角落。然而，在19世纪时，由于德国市场的流失、来自于意大利的激烈竞争，以及各种病虫害的侵扰（白粉病、霜霉病、根瘤蚜虫病），这里的葡萄园面积从34000公顷降至12000公顷。直到20世纪70年代时，在内需增加的影响下，酿酒业才逐渐重获生机。

种植于湖边、江边或是阿尔卑斯山和汝拉山脉陡坡上的葡萄园构成了一幅壮观的画面，这些地方有着适合葡萄生长的局部气候。阶地种植尤为实用。在瓦莱州，葡萄园延伸至海拔800米处。在沃州，位于洛桑（Lausanne）和蒙特勒（Montreux）之间，雷芒湖（Léman）边的拉沃产区（Lavaux）

瓦莱州当地特产

拥有超过40种葡萄品种的瓦莱州不愧是一个葡萄谱系的博物馆。有些葡萄品种是绝无仅有的，例如红葡萄品种柯娜林（Cornalin）和玉曼（Humagne），白葡萄品种艾米尼（Amigne）、小奥铭（Petite Arvine）和帕岩［Païen，也被称为艾达（Heida）或白萨瓦涅（Savagnin Blanc）］。这些特色葡萄品种虽然产量极少，但在市场上还是颇受欢迎。艾米尼、小奥铭和马勒瓦西（Malvoisie）可以酿造出带有丰富香气的极品超甜型葡萄酒。红玉曼和柯娜林则可以用来酿造浓郁且别具特色的红葡萄酒。

▲瑞士罗曼什语区（Suisse Romande）的葡萄园位于湖光山色之间。

更是在雪山的映衬下铺陈开一幅如画的美景。

三种反差强烈的特征

人们按照语言分区将瑞士的葡萄酒产区分成3块：西部产区（罗曼什语区）、东部产区（德语区和罗曼什语区）、意大利语区［提契诺州（Tessin）］。每一个产区都有自己的特点，相互之间形成了对照。瑞士罗曼什语区的葡萄园面积占了全国葡萄园总面积的75%，代表产区有瓦莱州（5250公顷）和沃州（3850公顷），其次是日内瓦（Genève，1850公顷）和纳沙泰尔（Neufchâtel，600公顷）。这一地区有着诸多优势，例如：众多的湖泊［雷芒、纳沙泰尔（Neufchâtel）、比尔（Bienne）和穆尔滕（Morat）］，它们是重要的温度调节器和反光镜；来自于南部罗纳河谷的热风；朝南的山坡，以及贫瘠、排水性良好的土壤。夏瑟拉是当地最主要的白葡萄品种（90%）。红葡萄品种则以黑品乐和佳美为主（99%），其中用黑品乐酿造的芳香型桃红葡萄酒被称为“松鸡的眼睛”，果香浓郁又足够清爽，是纳沙泰尔地区的特产。在日内瓦州，霞多丽是用来酿造充满花果香气，容易饮用的葡萄酒的主要原料。而瓦莱州却以葡萄品种的多样性而著称。

▲瓦莱州是瑞士著名的葡萄酒产区，广泛种植夏瑟拉（Chasselas）。

在瑞士东部，葡萄多种植于莱茵河和苏黎世湖的岸边，也包括被热风吹拂的阿尔卑斯山山谷。这里盛产红葡萄酒，根据产地不同，有强劲［沙夫豪森（Schaffhouse）］和清淡［图尔高（Thurgovie）］之分；另外还有用黑品乐（约占90%）酿造的桃红葡萄酒。当地的典型白葡萄品种为雷司令和西万尼杂交所得的米勒图尔高（Müller-thurgau），它的最大特色是带有水果和麝香葡萄的香气。

提契诺（Tessin）是瑞士最南部的一个州，这里的葡萄园都集中于马焦雷湖（Majeur）和卢加诺湖（Lugano）一带。当地最出色的葡萄品种就是美乐，用它酿造的提契诺美乐红葡萄酒广受欢迎，果香突出，既有清爽型，也有浓郁型。这个葡萄品种也可以用于酿造柔顺、圆润的白葡萄酒，例如提契诺白葡萄酒，它是整个产区的一款珍品。

瑞士的产区体系与法国略有不同：葡萄酒产区按州来划分，在每个州的内部又有以地区为单位的次级产区，在此之后是葡萄园或特级葡萄园。酒标上通常会标示出葡萄品种的名称。

Tips

夏瑟拉：瑞士葡萄酒

作为瑞士典型的白葡萄品种，夏瑟拉占了全国葡萄总产量的74%。用它酿造的干白葡萄酒新鲜清爽，带有明显的花香和苹果香，自然产生的二氧化碳赋予了葡萄酒一种跳跃的口感。在一些特定的风土条件中，它会变得更加精细，例如在沃州的拉沃产区（在洛桑与蒙特勒之间的湖岸地带），有两款用夏瑟拉酿造的特级园葡萄酒——卡拉曼（Calamin）和德扎雷（Dézalay），它们结构突出，口感丰富。在瓦莱州，夏瑟拉是酿造芳丹葡萄酒的原料。这是一款清爽型葡萄酒，带有青苹果和榛子的味道。它一般在非常年轻时就已经装瓶了，通常使用金属拧盖，以避免产生橡木塞味，适合在一年之内饮用。

精挑细选

在瑞士，人们将独立葡萄酒农称为“Encaveur”。

- **瓦莱州（Valais）**

克里斯多夫·阿贝（CHRISTOPHE ABBET）

生产酒体集中，口感平衡的葡萄酒（玉曼、西拉）以及出色的超甜型葡萄酒（琥珀）。

/ 00 41/27 722 81 37

马西德海斯•沙巴（MARIE-THÉRÈSE CHAPPAZ）

一个以自然为本的葡萄酒酿造商，该酒庄用小奥铭（Petite Arvine）、马尔萨纳酿造的超甜型葡萄酒出类拔萃。

00 41/27 746 35 37　00 41/27 746 35 29

普万瓦莱酒庄（PROVINS VALAIS）

生产一组优质的红、白葡萄酒，其中用老藤结出的果实酿造的超甜型葡萄酒尤为精彩。

00 41/27 328 66 66　00 41/27 328 66 60

- **沃州（Canton de Vaud）**

欧博纳酿酒协会（ASSOCIATION VITICOLE AUBONNE）

这里出产颇受饮者欢迎的夏瑟拉葡萄酒，其中最值得一提的是艾斯邦庄园（Château d´Es Bons）的出品。

00 41/21 808 50 69　00 41/21 808 73 67

让和皮埃尔·戴祖茨（JEAN ET PIERRE TESTUZ）

这个酒庄因为它所生产的德扎雷（Dézalay）特级园葡萄酒而为人们所熟知。

00 41/21 799 99 33

- **日内瓦（Genève）**

玉单酒庄（DOMAINE LES HUTINS）

用加玛赫（Gamaret）和佳美酿造的红葡萄酒是该酒庄的亮点。

00 41/22 754 12 05　00 41/22 754 19 81

- **纳沙泰尔（Neufchâtel）**

庞维拉酿酒者酒庄（CAVE DES VITICULTEURS DE BONVILLARS）

这个酒庄的特色产品是用黑品乐酿造的红葡萄酒，其中包括“松鸡的眼睛”；以及夏瑟拉白葡萄酒。

00 41/24 436 04 36　00 41/24 436 04 37

欲获取更多信息

· 瑞士葡萄酒出口商联盟

00 41/21 320 50 83　00 41/21 312 74 83

东地中海地区

希腊、塞浦路斯、黎巴嫩、以色列、马耳他、土耳其

东起以色列，西至马耳他，东地中海的岛屿和海岸一样孕育了许多异彩纷呈的灿烂文明。从黑海周边开始，葡萄的种植逐渐在小亚细亚地区传播开来，然后进入希腊，最后才传入西地中海地区。因此这些国家拥有全世界最古老的葡萄种植历史，许多考古学遗迹都证明了这一点。然而，当一段最辉煌的时期逝去之后，当地的酿酒业进入了漫长的休眠状态，直到公元19世纪时才再度复苏。从20世纪90年代开始，人们发现优质葡萄酒在这一区域逐渐增多，每个国家都有了自己手中的王牌。

希腊

葡萄酒产区的复兴

葡萄田面积：122000公顷

产量：3.5亿升

出口量：7500万升

主要白葡萄品种：阿瑟帝（Assyrtiko）、小粒麝香（Muscat à Petits Grains）、洛迪斯（Roditis）、莎瓦提诺（Savatiano）

主要红葡萄品种：阿吉提可（Agiorgitiko）、琳慕诗（Limnio）、曼迪拉里亚（Mandelaria）、黑玛瑙（Xinomavro）

作为地中海盆地酿酒业发展的主要推手，古希腊人十分认可葡萄酒的重要地位，它是社会生活、经济交换，以及宗教信仰中不可或缺的元素。从古代到中世纪，希腊甜酒一直是最受人们欢迎的葡萄酒之一。在15世纪被土耳其人占领之后，希腊的葡萄酒产区逐渐消失，直到国家获得独立之后，才重整旗鼓。

希腊逐渐意识到300多种本土葡萄品种所具有的巨大潜力，其中一些能够完全适应当地炎热的气候条件。大型的葡萄酒生产企业以及诸多小酒庄是这场复兴的源动力。122000公顷的葡萄园分布在希腊大陆和诸多海岛上，当地气候极为干燥炎热。但由于海拔高度和海洋性气候的影响，许多葡萄园还是处于相对温和的环境下。

对希腊葡萄酒，许多人可能只知道著名的热茜娜（Retsina），这是一种浸泡着小块阿勒颇松香的白葡萄酒，有时也会见到桃红色的热茜娜。但其实希腊具有优质的红葡萄酒，例如，用阿吉提可（Agiorgitiko）酿造的葡萄酒浓郁且适合久藏，它多生长于尼米亚［Nemea，伯罗奔尼撒（Péloponnèse）］的高海拔地区；另外还有纳乌萨（Naoussa）地区的黑玛瑙（Xinomavro）。在白葡萄品种中，阿瑟帝（Assyrtiko）独占鳌头。在圣托里尼（Santorin），人们用它酿造香气四溢，细腻甜美，带有极好酸度的葡萄酒。在东部的岛屿，采用小粒麝香酿造的萨摩斯（Samos）甜葡萄酒声名远播。

精挑细选

卡萨诺斯酒庄（KATSAROS）

生产用波尔多葡萄品种酿造的强劲且结构突出的红葡萄酒。

/ b00 30/2410 536811

普塔莉（BOUTARI）

生产纳乌萨产区红葡萄酒。

00 30 210 660 5200　00 30/210 703 7969

阿塔纳斯酒庄（ATHANASE PARPAROUSSIS）

酒庄的产品线很短，但因为这里的葡萄酒充分体现了希腊传统葡萄品种所具有的细腻感和复杂性，所以不容错过。

00 30/614 38676　00 30/614 20334

纳乌萨（Naoussa）：普塔莉（Boutari）的发祥地

在1879年，希腊最著名的葡萄酒生产商之一普塔莉灌装了它的第一支纳乌萨葡萄酒。一个世纪之后（1970年）希腊第一个法定产区纳乌萨正式成立，它位于希腊北部的马其顿丘陵区。这里的特产是用黑玛瑙酿造的红葡萄酒，被人们称为“黑而酸”。

塞浦路斯

受保护的历史遗产

葡萄田面积：18000公顷

产量：5030万升

出口量：680万升

主要白葡萄品种：西尼特丽（Xynisteri）

主要红葡萄品种：奥夫塔莫（Ophthalmo）、墨伏罗（Mavro）

▲塞浦路斯是康梦达瑞亚（Commandaria）的国度。

在它漫长的历史中，塞浦路斯一直被东地中海一带更迭交替的伟大文明所影响。这里的甜葡萄酒曾被赫西奥德（Hésiode，公元前8世纪）和老普林尼（Pline L´Ancien，公元1世纪）所称赞。虽然塞浦路斯曾分别被十字军、威尼斯人和土耳其人所统治过，但凭借着盛名经久不衰的康梦达瑞亚（Commandaria）葡萄酒，它在葡萄酒界的威望一直得以延续。

酿酒业是岛国塞浦路斯的主要生产活动之一。葡萄园的面积占了当地耕地面积的20%，几乎每5个就业人口中就有一个从事与葡萄酒相关的行业。整个国家沐浴在典型的地中海气候中，夏天干燥炎热，降雨则集中在冬季的几个月里。葡萄园多分布于西部地区利马索尔（Limassol）与帕福斯（Paphos）之间的沿海平原上（在这里人们可以欣赏到狄奥尼索斯之家的美丽马赛克装饰），特别是杜多思高地（Troodos）的南麓。塞浦路斯知道该如何保护自己在酿酒方面的特色，他们大量使用本地葡萄品种来酿酒，例如墨伏罗（Mavro），它的种植面积占了全国葡萄种植总面积的三分之二，且多位于高海拔地段。在对产量加以限定的前提下，以它为原料的红葡萄酒浓郁热烈，颇受欢迎。

Tips

超越时间的葡萄酒

康梦达瑞亚是世界上最古老的葡萄酒之一。这款被古人称为“纳玛”（Nama）的葡萄酒是用自然干缩的葡萄酿造出的甜酒。在中世纪时，耶路撒冷圣让骑士团重塑了当地的葡萄园，并为这款葡萄酒取名为康梦达瑞亚。如今，康梦达瑞亚是塞浦路斯唯一一个法定产区，面积2000公顷，出产由2种不同的葡萄品种［西尼特丽（Xynisteri）和墨伏罗（Mavro）］酿造的甜葡萄酒。作为原料的葡萄都会放置在阳光下晒干。这种葡萄酒最少要经过2年的陈酿，有时还会运用索雷拉法，因此甜蜜浓郁，带有典型的干果和蜜饯的香气。

精挑细选

艾可酒庄（ETKO）

成立于1844年，是塞浦路斯最古老的酒庄之一也是塞浦路斯最主要的葡萄酒生产商之一。

☎ 00 357/2557 3391　📠 00 357/2557 3338

凯奥酒庄（KÉO）

这个塞浦路斯的大型企业成立于1927年。它因酿造康梦达瑞亚葡萄酒而出名，成为当地最著名的酒庄之一。

☎ 00 357/2585 3100　📠 00 357/2557 3429

▲科萨酒庄（Ksar）位于贝卡山谷内，生产精细而浓郁的红葡萄酒。

黎巴嫩

千年酒园

葡萄田面积：15000公顷

产量：1950万升

出口量：180万升

主要白葡萄品种：霞多丽、莫兰（Merlan）敖拜德（Obaideh）、长相思、白玉霓

主要红葡萄品种：赤霞珠、佳利酿、神索、歌海娜

黎巴嫩的酿酒业最早出现于5000年前的比布鲁斯（Byblos）一带。在中世纪时，它经历了一段辉煌期，著名的提尔（Tyr）葡萄酒和西顿（Sidon）葡萄酒都出现在那时。如今，该国葡萄园的面积仅有1万多公顷，分布于贝卡（Bekaa）平原上。

虽然黎巴嫩也有不少本地葡萄品种，但大部分葡萄酒还是采用法国葡萄品种酿造而成的。在这里，白天的酷暑被夜晚的凉爽所抵消，非常适合这类葡萄的生长。一批认真勤勉的酿酒商充分发挥了当地的优势，将出口葡萄酒作为他们的主攻方向。穆萨庄园（Château Musar）、凯法雅（Kefraya）酒庄以及科

萨拉（Ksara）酒庄出产的红葡萄酒将浓郁与精细很好地结合在一起，让人印象深刻。

精挑细选

凯法雅酒庄（KEFRAYA）

该酒庄出产用赤霞珠及法国南部的特色葡萄品种酿造的红葡萄酒，甜美紧实。

00 961/8 645 333/444 00 961/8 645 151

科萨拉酒庄（KSARA）

这家古老而著名的酒庄位于贝卡谷，1837年时被耶稣会获得。它生产种类丰富的葡萄酒，其中红葡萄酒采用了大比例的赤霞珠混酿而成。

00 961/1 200 715 00 961/1 200 716

以色列

新视野

葡萄田面积：6000公顷

产量：500万升

出口量：180万升

葡萄酒产区：加里雷（Galilée）、撒马利亚（Samarie）、森松（Samson）、路德山脉（Monts de Judée）、内盖夫（Néguev）

主要白葡萄品种：霞多丽、诗南、长相思、赛美蓉

主要红葡萄品种：赤霞珠、佳利酿、歌海娜、美乐

▲以色列的成功指日可待。

在犹太人的节日和庆典中，葡萄酒一直扮演着非常重要的角色，因此以色列的葡萄酒生产基本上是为了满足这种需要，对质量并没有过多的要求。但是从20世纪80年代开始，以色列呈现出一种对精品葡萄酒的渴求，生产商不惜加大投资力度，务求提高自己的酿造水平。

符合犹太教教规的葡萄酒

酿造符合犹太教教规的葡萄酒与生产传统葡萄酒并没有什么巨大差异，只是整个操作过程从头至尾都要在犹太教徒的监督下完成，有时他们只是认真地从旁观看，并不直接干预。首先，人们会对采收来的葡萄进行清理，然后才运进酒窖，接下来再用开水对所有酿造过程中要使用的器具进行"圣化"。整个过程要等到给酒瓶塞上酒塞，并且由犹太教法庭（Beth Din）盖好封印才算完成。

在以色列的5个葡萄酒产区中，加里雷（Galilée）既是最重要的，又是最具潜力的。在这个以凝灰岩和玄武岩为主要土壤类型，位于戈兰高地（Plateau du Golan），最高海拔可达1200米的产区中，赤霞珠、美乐和霞多丽能够酿造出丰满而可口的葡萄酒，清爽与细腻相得益彰，例如戈兰高地酒庄（Domaine Golan Heights）的出品。来自于路德山脉（Monts de Judée）的葡萄酒也一直保持着自己的特点，一些颇具潜力的酒庄取得了不小的成绩，其中的代表是卡斯特尔酒庄（Domaine du Castel）以及它著名的“C”牌霞多丽葡萄酒。

卡斯特尔酒庄（DOMAINE DU CASTEL）

00 972/253 422 49　00 972/257 009 95

马耳他

活力四射

葡萄田面积：200公顷

产量：500万升

主要白葡萄品种：霞多丽

主要红葡萄品种：赤霞珠、美乐

▲这种充满了阳光气息的葡萄酒发展得一帆风顺。

葡萄树的种植最早是由腓尼基人在公元前1000年时传入马耳他的，并在罗马统治时期经历了一段繁盛期。在没落了若干个世纪之后，由于圣让骑士团的到来，酿酒业在公元16世纪时重获新生。

马耳他群岛位于西西里岛以南80公里处，这里的葡萄园面积很小，无法满足本地的需求。因此该国将近80%的葡萄酒都是用从意大利和法国进口的葡萄酿造的。但从20世纪80年代开始，一股全新的酿酒热情蔓延了整个群岛。两个主要的酿酒企业玛索文（Marsovin）和德利卡塔（Delicata）花了很大力气来鼓动农民种植葡萄树；当地也出现了许多像梅里第安纳酒庄（Domaine Meridiana）这样的现代化企业，它们都用自己种植的葡萄来酿酒。葡萄园面积逐渐扩大，以种植国际性的葡萄品种（赤霞珠、美乐、西拉和霞多丽）为主。这些葡萄品种已经很好地适应了岛上的生存条件。关于这一点，只要看看用它们酿造的甜美而浓郁的葡萄酒就会一目了然，玛索文酒庄用波尔多葡萄品种（加本纳和美乐）所酿造的昂都南（Antonin）葡萄酒就是其中的佼佼者。

精挑细选

德利卡塔酒庄（DELICATA）

00 356/2182 5199　00 356/2167 2626

玛索文酒庄（MARSOVIN）

00 356/2182 4920

梅里第安纳酒庄（MERIDIANA）

00 356/2141 3550　00 356/2141 3728

Tips

富有潜力的土耳其

土耳其这个古老的葡萄酒国度拥有世界上最广袤的葡萄园（564000公顷），但采摘下来的葡萄只有2%被用于酿酒，其他的都用来制成了葡萄干或是作为食用葡萄在市场上出售。酿酒传统和市场的缺失，以及宗教方面的限制都束缚了当地酿酒业的发展。但它也拥有自己的一些特殊优势，例如适合葡萄生长的地区性条件以及数量众多的本地葡萄品种（超过1000种）。这里的葡萄园散布于全国各地，其中以色雷斯（Thrace）、爱琴海（Égée）和安塔利亚（Anatolie）为代表的一些地区展现出了它们酿造红、白葡萄酒的突出潜质。

北非

阿尔及利亚、摩洛哥、突尼斯

阳光下的新宠儿

葡萄田面积：阿尔及利亚40000公顷，突尼斯18000公顷、摩洛哥12000公顷

产量：1.14亿升

出口量：18%

主要白葡萄品种：克莱雷特、麝香、白玉霓

主要红葡萄品种：紫北塞（Alicante-Bouschet）、阿哈蒙（Aramon）、赤霞珠、佳利酿、神索

曾经是世界最大葡萄酒出口地的马格利布（Maghreb）产区长期被荒废，在外来投资者的推动下，它才得以重获新生。

在20世纪上半叶，马格利布的酿酒业经历了一段黄金期。当时，阿尔及利亚、突尼斯和摩洛哥是全世界最大的葡萄酒出口国。但在20世纪50年代末，非殖民化时代的到来使他们丢掉了传统的销售市场（特别是法国），葡萄园也逐渐荒废。从10年前开始，一些法国和意大利的投资者［例如卡斯特（Castel）、威廉皮特（William Pitters）、太阳酒庄（Taillan）和卡拉希酒庄（Calatrasi）］纷纷将触角伸到这里。再加上数量有限的本地酒庄的努力，酿酒业才得以重新启动。在国际市场偏爱炎热地带国家的葡萄酒的大环境下，马格利布地区的产品有着大好的发展前景。

共性

这些葡萄酒产区全部为地中海式气候，夏季冗长，干燥而炎热。葡萄不费

原产地监控命名产区（AOC）与原产地名称担保产区（AOG）

阿尔及利亚的AOG产区：艾因拜沙姆-布伊哈（Ain-Bessem-Bouira）、穆阿斯凯尔区（Coteaux de Mascara）、扎卡尔区（Coteaux de Zaccar）、特莱姆森（Coteaux de Tlemcen）、达哈拉（Dahra）、麦迪亚（Médéa）、舍萨拉山（Monts de Shessalah）

突尼斯AOC产区：德布尔巴区（Coteaux de Tébourba）、乌提卡区（Coteaux d´Utique）、凯丽比亚（Kélibia）、莫纳日（Mornag）、凯丽比亚-麝香（Muscat de Kélibia）、斯蒂萨朗（Sidi Salem）、提哈尔（Thihar）

摩洛哥的AOG产区：安格（Angad）、拜尼提尔（Beni M´Tir）、拜尼-萨丹（Beni-Sadden）、贝尔凯纳（Berkane）、切拉（Chellah）、杜卡拉（Doukkala）、格茹阿纳（Gerrouan）、哈伯（Rharb）、塞斯（Sais）、萨赫勒（Sahel）、扎尔（Zaer）、泽穆尔（Zemmour）、泽纳塔（Zenatta）、泽乌那（Zerhoune）

摩洛哥的AOC产区：阿特拉斯区（Coteaux de l´ Atlas）

吹灰之力就可以达到应有的成熟度，甚至还不得不忍受过多的阳光照射。这也就是为什么当地优质的葡萄产区一般都位于偏内陆地区，例如摩洛哥境内中阿特拉斯山脉（Moyen-Atlas）脚下的梅克内斯（Meknès）和菲斯（Fez）、突尼斯的莫纳日（Mornag）和阿尔及利亚的穆阿斯凯尔（Mascara）。它们都具有很好的发展潜质。

这三个国家都在法国的启发下建立了自己用于规范酿酒业的政策法规。阿尔及利亚共有7个原产地名称担保产区（AOG），但许多葡萄酒都是游离在这一体系之外的，其中最出类拔萃也最知名的当属总统庄（Cuvée du Président），它采用来自于4个地区（穆阿斯凯尔、达哈拉、麦迪亚、特莱姆森）的7个葡萄品种酿造而成。在突尼斯，7个原产地监控命名产区的产量占了全国总产量的70%。摩洛哥的原产地名称担保产区和原产地监控命名产区体系有效地规范了葡萄酒生产。拥有1100公顷葡萄园的摩洛哥酒窖领衔整个国家的酿酒业，同时这里也是全国最早的原产地监控命名产区——阿特拉斯区所在地，出产红（1998）、白（2004）两种类型的葡萄酒。

各不相同的未来

如今，北非地区所种植的葡萄品种依然带有浓郁的法国色彩。源自于法国南部和西班牙的佳利酿、神索、歌海娜和紫北塞（Alicante-Bouschet）占据了主导地位，但也在逐渐让位于赤霞珠、西拉和慕合怀特。

马格利布主要出产丰满、醇厚、酒精度高的红葡萄酒，通常显得朴实无华。这里的桃红葡萄酒，一般都会酿造成淡红葡萄酒，香醇浓烈。除此以外，当地也生产品质不俗的白葡萄酒。

阿尔及利亚葡萄酒中有两个品牌最为突出，分别是斯蒂巴赫（Sidi Brahim）和总统庄（Cuvée du Président）。

在突尼斯，意大利的卡拉希酒庄（Calatrasi）是一个很好的例子，充分证明了这个国家有足够的生产高端葡萄酒的能力，而另外一款阿克德米亚戴索勒西拉葡萄酒（Syrah Accademia del Sole）则完全展现了一种现代派风格。除了红葡萄酒以外，这里也酿造浓郁大气的淡红葡萄酒。与摩洛哥一样，它也开始推行优质葡萄酒的生产。

精挑细选

卡斯特兄弟（CASTEL FRÈRES）（在法国销售）

05 56 95 54 00　05 56 95 54 20

卡拉希酒庄（CALATRASI）

00 216/91 85 76 767　00 216/91 85 76 041

总统庄（CUVÉE DU PRÉSIDENT）

实际上它出自于阿尔及利亚的一个公立机构——国家葡萄酒贸易办公室（ONCV）。

00 213/21 73 72 75　00 213/21 73 72 69 40

来自法国的先驱者

在认识到了摩洛哥所具有的巨大潜力之后，卡斯特集团于20世纪90年代决定在此投资，它在布劳婉娜（Boulaouane）和梅克内斯（Meknès）购买了1000多公顷土地，建起了自己的两个酿造中心。13个酒庄潜心打造的葡萄酒大部分来自于阿特拉斯山麓，梅克内斯以南的拜尼提尔（Beni M′ Tir）产区，其中伯纳斯雅酒庄（Domaine de Bonassia）的红葡萄酒会被特别标注为“伯纳斯雅珍酿”。该集团同样觊觎着阿尔及利亚的葡萄酒产区，并于2003年收购了著名品牌斯蒂巴赫（Sidi Brahim）。

南非

棋逢对手

葡萄田面积：118000公顷

产量：6.471亿升

出口量：1.173亿升

葡萄酒产区：波贝格（Boberg）、布瑞得河谷（Brede River Valley）、沿海区（Coastal Region）、克林卡鲁（Klein Karoo）、奥利凡茨河谷（Olifants River）

主要白葡萄品种：霞多丽、诗南、鸽笼白、肯布（Hanepoot）（亚历山大-麝香 Muscat d'Alexandrie）、长相思

主要红葡萄品种：赤霞珠、神索、美乐、贝露特、西拉

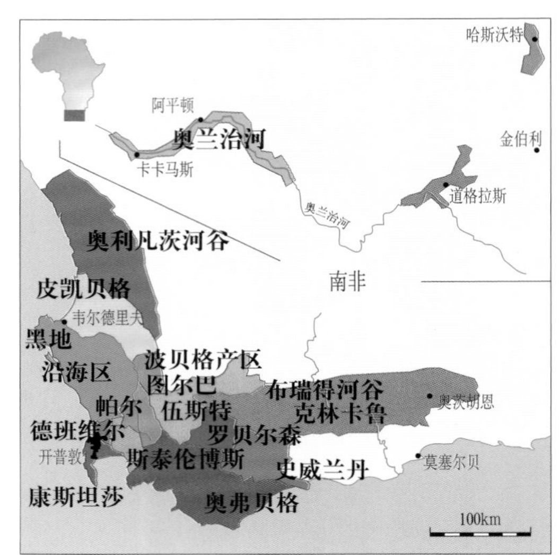

作为一个新世界国家，南非从3个世纪前才开始生产葡萄酒。在长期受限于种族隔离政策之后，南非葡萄酒迎来了巨大的变革。

南非是一个非比寻常的国家。澄澈的蓝天映衬着灰色的山峰，色彩斑斓的植物生长旺盛，棕黄色的葡萄藤攀缘在荷兰风格的白色房屋周围，这一切构筑了一种让人难以抗拒的美丽。

南非酿酒业的兴起要归功于将葡萄植株带到这里的荷兰人，在17世纪时，开普敦曾是荷兰人通过海路去往印度时的中途停靠站。1655年，人们在南非种下了第一棵葡萄树，1659年时酿出了第一批葡萄酒。葡萄园就从这非洲一隅开始，逐渐向内延伸。那时南非主要生产类似于波特酒和雪莉酒的葡萄酒，主要的目标客户是居住于开普敦的英国人。最值

全球最大的酿酒合作社

成立于1918年的葡萄种植者合作协会（Kooperative Wijnbouwers Vereniging）完全可以自豪地将自己称为全球最大的酿酒合作社，其成员超过4000个。它的主要作用是调节市场，在采摘之前就对将要用于上市销售的葡萄酒的数量做出规定，然后将剩余的收集起来用于酿造白兰地。此外，它还对整个行业进行监控，负责产品的市场投放。1996年，在生产过剩时期，这一体系转制为股份制公司。如今，葡萄种植者合作协会经营着一系列品种多样的葡萄酒，其中旗舰产品大教堂酒窖（Cathedral Cellar）的波尔多混合风格三部曲（Triptych）（美乐、赤霞珠和品丽珠）可谓是南非最好的葡萄酒之一。

得一提的是当地一种麝香风格的美酒——克林-康斯坦莎（Klein Constantia）。它备受欧洲王室的推崇。

在19世纪末的根瘤蚜虫病灾害过后，生产过剩成为了一种普遍现象。像是对历史的一种讽刺，南非的葡萄园恢复得异常迅速（人们将葡萄种植于美国砧木上），有些在病虫害期间已转向鸵鸟毛生意的生产商们又重新回到酿酒的行列中。许多农民将自己种植的葡萄卖给酿酒合作社。那些颇有实力的酒商迫使农民将收获的葡萄以极低的价格出让给他们。为了挽救濒于没落的酿酒业，酒商们在帕尔（Paarl）集结在一起，成立了葡萄种植者合作协会（KWV）。南非葡萄酒业于1991～1994年经历了全新的转折。

全面调整

南非的酿酒业以惊人的速度发展着。出口量的激增引发了葡萄产区和酿酒行业的全面调整。

长期专注于生产白兰地的南非酿酒业满怀热情地迎来了一次转型。葡萄酒的产量也从1991年的4亿多升上升到了2002年的5.7亿升。国际性的葡萄品种逐渐适应了当地的生长环境，红葡萄酒的品质也逐年提升。1995年时，这里的红葡萄酒只占全国总产量的13%，白葡萄酒占87%。在2002年时，红葡萄酒的产量占到了28%，白葡萄酒则为72%。专业人士和科研人员设计了一项名为“愿景2020”的20年计划，目的是让一直以生产为中心的南非葡萄酒行业逐步转变为一个针对消费者和国际市场的产业。

葡萄酒行业中的个体也逐渐增多：庄园（Estates，这是最小的产区单位，相当于法国的酒庄或是庄园）应运而生。一些酿酒师（Winemakers）成立了自己的公司。在出口方面，过去葡萄种植者合作协会（KWV）大权独揽，但现在普通的生产商也热衷于此，出口量在五年内翻了一倍。以前那些只将自己的葡萄卖给酿酒合作社的种植者现如今也开始自行生产葡萄酒，例如威利德沃（Willie de Wall）的低产贝露特葡萄酒和西拉葡萄酒。此外还有夏尔·百克（Charles Back），他是帕尔地区一个酒庄［锦绣酒庄（Fairview）］的庄主，他自己兴建了酒窖，在葡萄树和橡木桶方面投以重金，精心打造以“香料之路”（Spice Route）为品牌的西拉、美乐和贝露特葡萄酒。在一批积极向上，富有梦想精神的酿酒者的打造下，许多新兴产区展现出了让人意想不到的超强潜力。一直以小麦种植和畜牧业为主的黑地（Swartland）开始转向葡萄种植。在西部，丘陵将大海和格隆克鲁夫（Groenekloof，也被称为达令 Darling，这是附

Tips

康斯坦莎葡萄酒：神话重现

在开普敦半岛，离市中心不远的地方，一个富有传奇性的小葡萄园隐藏在群山中，它就是康斯坦莎。1685年时，南非的第一个酒庄就是在这里诞生的，它的创建者是开普总督西蒙•范德斯特尔（Simon van der Stel）。这里可谓是葡萄生长的天堂，雨量充足，如神话一般的康斯坦莎葡萄酒就此诞生。这是一款甜食酒，充满了蜂蜜与柠檬的复杂香气，在18～19世纪时频繁出现在国王们［圣艾莲娜的拿破仑（Napoléon à Sainte-Hélène）对其尤为喜爱］的餐桌上。它曾经失传过很长一段时间，直到1980年，克林-康斯坦莎（Klein Constantia）酒庄的拥有者茹思特（Jooste）家族才重塑了它的传奇。

▲小小的康斯坦莎葡萄园酿造出的超甜型葡萄酒俨然成为了一个传奇。

近村庄的名字）产区分隔开来。这个产区受益于海洋的影响，特别适合长相思的生长。东北部的利比克山（Riebeekberg）产区和东南的布巴尔德山产区（Paardeberg）则以酿造红葡萄酒见长。

南非葡萄酒的这些变化触动了消费者，使他们成为了其忠实的追随者。最佳混酿葡萄酒的评选经常举行，葡萄酒爱好者们必须首先去学习葡萄酒学院的品鉴课程，之后定期聚集在一些“俱乐部”中彼此分享自己喜欢的佳酿，南非人也非常钟爱自己国家的葡萄酒，他们将这种热情融入生活，甚至在自家的花园里都种上了葡萄树。

葡萄酒产区：俄罗斯娃娃

南非的葡萄酒产区集中于西南部的西开普省内。像一个俄罗斯娃娃一样，整个产区被划分为若干个级别，其中包括地方区域［波贝格（Boberg）、布瑞得河谷（Brede River Valley）、沿海区（Coastal Region）、克林卡鲁（Klein Karoo）、奥利凡茨河谷（Olifants River）］、行政区域［道格拉斯（Douglas）、奥弗贝格（Overberg）、帕尔（Paarl）、皮凯贝格

（Piketberg）、罗贝尔森（Robertson）、黑地（Swartland）、斯泰伦博斯（Stellenbosch）、史威兰丹（Swellendam）、图尔巴（Tulbagh）、伍斯特（Worcester）、凯利兹多普（Calizdorp）]、小区域（Wards）（43个）和庄园（Estate）（2002年时有83个）。

南非的原产地制度确立于1973年。沿海区麾下的行政区域最为出名：开普南部的康斯坦莎（Constantia）属地中海式气候，非常适合霞多丽、长相思和雷司令的生长，这里还出产著名的康斯坦莎葡萄酒。斯泰伦博斯（Stellenbosch）是南非酿酒业的命脉，这里有着大学和研究所，以及全国最好的生产商，特别是在红葡萄酒（赤霞珠、美乐、西拉）的酿造方面。这一行政区域又被分成了若干个次级产区：西蒙贝格-斯泰伦博斯（Simonsberg-Stellenbosch）、琼克舒克（Jonkershoek）、伯特拉瑞（Bottelary）、德文郡山谷（Devon Valley）、海德贝格（Helderberg）、普克拉达山（Papegaaiberg）、克伦堡（Koelenhof）、沃伦伯格（Vlottenburg）。此外，还有帕尔产区[它包含的小区域有弗兰谷（Franschhoek）、威灵顿（Wellington）和西蒙贝格-帕尔（Simonsberg-Paarl）]，它位于开普东北50公里处，是葡萄种植者合作协会（KWV）总部以及许多酿酒合作社和优质酒庄的所在地。

至于其他产区，在这里必须提及的包括以下几个：达令和它的格鲁诺克卢富（Groenokloof）长相思白葡萄酒；布瑞得河谷和它境内的伍斯特（Worcester）行政区（四分之一的南非葡萄酒都出自于此，这里有19个酿酒合作社和一家大规模的白兰地生产商）；曾经是白葡萄酒和甜食酒的重要产区，但现在逐渐转向生产红葡萄酒的罗贝尔森（Robertson）。奥弗贝格[Overberg，包括埃尔金（Elgin）、沃克湾（Walker Bay）、宝特河（Bot River）]靠近赫曼努斯市（Hermanus），这里的霞多丽和黑品乐绝对有能力媲美勃艮第的高端葡萄酒。

单品种葡萄酒

南非盛产采用经典的、国际性的葡萄品种酿造的单品种葡萄酒：霞多丽、长相思、赤霞珠、美乐、品丽珠、黑品乐、西拉。在这里，当地独特的土壤结构（红土或深红硅钍石土、页岩质土壤、花岗岩、黏土、石英石……）和不同的气候特点（靠近海洋和偏内陆的产区，气温高低有所不同）塑造了葡萄酒与众不同的个性。

但是南非人也钟爱波尔多的混酿风格，也就是那些由赤霞珠、美乐混合调配而成的葡萄酒，它们在南非也同样大放异彩。

南非的特色

• 开普经典法（La méthode Cape Classique）是“香槟法”的别称，通常用于酿造高品质气泡酒。

• 康斯坦莎葡萄酒——一款让全世界为之倾倒的超甜型葡萄酒。

白诗南也被称为“斯蒂恩”（Steen），即可以用来酿造白兰地的基酒，也可以用于酿造可口的白葡萄酒，是南非的特色葡萄品种。但在近些年，人们拔除了不少白诗南，将土地用于种植赤霞珠和美乐。一场保护白诗南的运动已经展开，白诗南协会（Chenin Blanc Association）不断地向人们宣传这款葡萄品种的优势所在。

• 贝露特是地地道道的南非葡萄品种，它是在1925年时由斯泰伦博斯大学首位葡萄种植学教授亚伯拉罕·柏若德博士（Dr. Abraham Perold）用黑品乐和神索［也被称为埃米塔日（Hermitage）］杂交而成的。这是一款独特的葡萄品种，游移不定、难以捉摸的个性使得人们很难在酿造过程中把握适当的尺度。1961年，斯泰伦博斯农夫酒庄（Stellenbosch Farmers´Winery）首次将它推向市场。从那时起，许多酒庄都力图将它纳入自己的产品线中。如果分寸把握得当，这款资质不俗的葡萄品种能够酿造出颜色偏黑，香气纯朴，单宁细腻，口感香醇的高品质葡萄酒。

南非的小法国

帕莱莎德梅尔（Plaisir De Merle）、普罗旺斯（Provence）、卡洛斯马文（Clos Malverne）、乐梦迪（La Motte）、卡布利耶尔（Cabrière）、罗谢尔山（Mont Rochelle）、奥玛汉（Ormarins）……这一系列的酒庄见证了法国文化在弗兰谷的渗透。在1688~1690年，第一批法国人来到弗兰谷定居，他们是200多名受到迫害的胡格诺派教徒。他们在这里发展葡萄种植业，种植了许多法国葡萄品种，如长相思、赛美蓉、霞多丽、诗南、美乐和加本纳。他们在这个自古以来只酿造克林-康斯坦莎（Klein Constantia）葡萄酒的地区，推广波尔多风格的混酿。一些法裔的酒庄庄主，如卡布利耶尔庄园（Cabrière）的皮埃尔• 汝丹（Pierre Jourdan）、英格威酒庄（Ingwe）的阿兰• 麦克斯（Alain Moueix）、定居在斯泰伦博斯［摩根哈佛酒庄（domaine de Morgenhof）］的君度酒庄前庄主的后裔安娜• 君度（Anne Cointreau），特别是与弗雷德里克斯堡（Fredericksburg）的鲁伯特（Rupert）家族联合在一起的本杰明• 罗斯柴尔德（Benjamin de Rothschild），决意要通过酿造符合欧洲标准的红、白葡萄酒来延续法国人在当地的影响。巴若尼斯-纳迪内（Baroness Nadine）就足可以证明这一点，它是一款用霞多丽酿造的白葡萄酒，在伦敦的售价堪比最好的夏布利白葡萄酒。

精挑细选

克林-康斯坦莎（KLEIN CONSTANTIA）

这个酒庄生产的康斯坦莎葡萄酒绝对不容错过。

☏ 00 27/21 794 5188

📠 00 27/21 794 2464

炮鸣之地庄园（KANONKOP）

奢华的葡萄酒所缔造的神话。

☏ 00 27/21 884 4656

📠 00 27/21 884 4719

富豪酒庄（ÉTIENNE LE RICHE）

不受传统束缚的酿酒师们正是这家酒庄的特色所在。

☏ / 🖷 00 27/21 887 0789

白叶斯克鲁夫酒庄（BEYERSKLOOF）

出类拔萃的葡萄酒。

☏ 00 27/21 865 2135

🖷 00 27/21 865 2683

锦绣酒庄（FAIRVIEW ESTATE）

庄主夏尔·百克（Charles Back）是一个充满热情的梦想家。

☏ 00 27/21 863 2450

🖷 00 27/21 863 2591

香料之路葡萄酒公司（SPICE ROUTE WINE COMPANY）

这个位于黑地的新兴酒庄也是夏尔·百克（Charles Back）的产业，它充分代表了南非葡萄酒所具有的潜力。

☏ 00 27/224 87 7139

🖷 00 27/224 87 7169

贝克酒庄（Graham Beck Wines）

拥有美好前景的酒庄，既重产量也重质量。

☏ 00 27/21 874 1258

🖷 00 27/21 874 1712

欲获取更多信息

约翰·普拉特（John Platter）. 南非葡萄酒. 因杰克瑞德出版社（Injectrade），2003.

▲ 在斯泰伦博斯（Stellenbosch）地区广泛种植的葡萄品种包括贝露特、赤霞珠和美乐。

北美地区

加拿大

冰酒之乡

葡萄田面积：9000公顷

产量：4450万升

出口量：1400万升

葡萄酒产区：安大略（Ontario）、不列颠哥伦比亚（Colombie-Britannique）、魁北克（Québec）、新斯科舍（Nouvelle-Écosse）

主要白葡萄品种：霞多丽、雷司令、威代尔（Vidal）

主要红葡萄品种：黑品乐、佳美、赤霞珠

加拿大的葡萄酒酿造业尚显青涩。由于寒冬凛冽，所以这里并不适宜生产葡萄酒。然而，葡萄树依然在这里顽强地生存下来，开枝散叶，加拿大现在已经成为了世界上最大的冰酒生产国之一。

1811年，一位退伍的德国下士约翰·施乐（Johann Schiller）打赌要在离多伦多不远的地方开辟一块葡萄园。他的酒庄经营得非常成功，向世人展示了即使是在加拿大这样气候极端的国家里也一样可以发展酿酒业。在今天，安大略省（Ontario）依然是加拿大第一大葡萄酒产区，紧随其后的是西部的不列颠哥伦比亚省（Colombie-Britannique），这里的气候要柔和许多。从逻辑上讲，葡萄酒产区比较适合坐落于那些近水的区域，因为水对气候有着调节作用。不列颠哥伦比亚省的葡萄园都集中在靠近太平洋或临近内陆湖泊的地区；安大略省的葡萄酒产区则分布于伊利湖（Erié）周边。

长期以来，全部的加拿大葡萄酒都采用耐寒性强的法国或德国混种葡萄品种［威代尔（Vidal）、白谢瓦尔（Seyval Blanc）、马雷夏尔福煦（Maréchal Foch）、巴高（Baco）］为原料，主要产品为酒精度高的甜酒和高甜度的气泡酒。加拿大作家莫迪凯·里奇勒（Mordecai Richler）曾经开诚布公地说："我实在不太喜欢喝我们国家的干型葡萄酒。"但从大约15年前开始，情况发生了变化。混种葡萄品种被大范围地拔除，由不同的酿酒葡萄品种所取代，如雷司令、霞多丽、黑品乐或佳美。一套正式的法律体系出现于1988年，酒商质量联盟（Vintners Quality Alliance）卓有成效地调节和规范着加拿大的葡萄酒生产。如今，这里也出产品质不俗的干白葡萄酒，当然，加拿大的葡萄酒中最熠熠生辉的依然是冰酒。

▲安大略省的葡萄园面积占了全国葡萄园总面积的四分之三以上。

▲加拿大有自己的地理法定产区体系，即酒商质量联盟（Vintners Quality Alliance）。

加拿大特色

加拿大是除了奥地利、德国和法国之外，唯一一个也生产冰酒的国家，这里的冬天漫长又寒冷，气候条件简直就像为冰酒定制的一样。在生产原料方面，加拿大也非常幸运，它是全世界仅有的每年都有能力生产冰酒的国家。在近些年，它已然成为了全球第一大冰酒生产国，产量是原先的10倍。而加拿大那些最好的超甜型葡萄酒，例如云岭（Inniskillin），在海外也不乏趋之若鹜的追随者。

精挑细选

加拿大有两大最著名的葡萄酒生产商，他们生产的冰酒尤其出色。

云岭庄园（INNISKILLIN）（安大略省）

00 1/905 468 2187　00 1/905 468 5355

察姆庄园（CHÂTEAU DES CHARMES）（安大略省）

00 1/905 262 4219　00 1/905 262 5548

美国

追求多样性

葡萄田面积：415000公顷

产量：20亿升

出口量：2.84亿升

葡萄酒产区：加利福尼亚州（Californie）、纽约州（New York）、俄勒冈州（Oregon）、华盛顿州（Washington）、德克萨斯州（Texas）

主要白葡萄品种：霞多丽、诗南、鸽笼白、琼瑶浆、雷司令、长相思、赛美蓉

主要红葡萄品种：巴比拉、赤霞珠、歌海娜、美乐、黑品乐、西拉、仙粉黛

目前，美国是全球第四大葡萄酒生产国，能够占据这样的地位主要归功于加利福尼亚产区，它的葡萄酒产量已经占到了全国总产量的90%，这其中包括了那些品质超群、价格不菲的顶级酒。然而，在今天的辉煌背后，它也曾走过一段坎坷不平的道路。

在17世纪初，弗吉尼亚州决定采用当地的土著葡萄品种来酿造葡萄酒。但是凭借着这些美洲葡萄品种很难生产出让人满意的产品。美国东部地区常见的病虫害长期阻碍着欧洲酿酒葡萄品种的引入。在19世纪初，人们终于用由以上两种葡萄杂交而成的一种混种葡萄酿造出了适合饮用的葡萄酒，但是它的香气仍然不尽如人意。在此之后，其他一些混种葡萄品种相继出现，直到化学杀虫剂和除真菌剂被广泛应用，欧洲葡萄品种才得到了有效地保护。

西部热潮

美国西海岸的发展自成一章，这全凭借着公元17世纪中期西班牙人将葡萄树引入了后来的德克萨斯州和新墨西哥州一带，并在接下来的一个世纪中，将其推广到现在的加利福

▲奥克维尔（Oakville，纳帕谷）是作品一号（Opus One）的产地，这是一款无与伦比的葡萄酒。

尼亚地区。从1848年开始，受到西部淘金潮的刺激，当地的葡萄酒产区急速扩张。许多来自于欧洲的新移民带来了自己在酿酒方面的丰富经验，但随后始于东海岸的根瘤蚜虫病席卷了这里。灾难还接二连三地降临，1920～1933年的禁酒令破坏了整个葡萄酒市场；接下来是1930年的经济危机和第二次世界大战。直到20世纪60年代，当地的酿酒业才重获新生。同时，以夏尔・库克酒庄（Charles Krug）、碧流酒庄（Beaulieu）和炉边庄（Inglenook）为代表的一批生产商开始转向生产高品质葡萄酒。本地市场的腾飞始于1970年。从那时起，加利福尼亚葡萄酒大踏步地在成功之路上迈进，在它身后还跟随着两个等级略低的产区：俄勒冈（Oregon）和华盛顿州（Washington），它们也都位于太平洋沿岸。

名人效应

作为第二次世界大战战后时期酿造高品质葡萄酒的先锋派人物之一，罗伯特・蒙大维（Robert Mondavi）在与自己的父亲一起为夏尔・库克酒庄（Charles Krug）工作过一段时间以后，于1966年创建了自己的酒庄。他看好纳帕谷所具有的非凡潜质，将自己的酒庄建在了奥克维尔（Oakville）。他与菲利普・罗斯柴尔德男爵（Philippe de Rothschild）共同打造的合资品牌“作品一号”是葡萄酒世界中的翘楚，也是加利福尼亚州最好的葡萄酒之一。作为一家上市公司，蒙大维酒厂在加利福尼亚州各处都有自己的葡萄园，此外在智利和意大利也有相关的合作项目。

▲ 索诺玛谷（Sonoma Valley）是加利福尼亚州酿酒业的摇篮。

加利福尼亚州代表性葡萄品种

仙粉黛是加利福尼亚州最出类拔萃的葡萄品种，用它可以酿造出风格各异的红葡萄酒和带有草莓香气，颜色浅淡的粉红葡萄酒，这种葡萄酒有甜和半干两种类型。

美国葡萄酒产区制度（AVA）

葡萄酒产区可大可小：可以是一个州，例如加利福尼亚州；一个郡（次级行政区划），例如门多西诺（Mendocino）；也可以是更为细化的区域，例如纳帕谷，这类产区被统一认定为美国葡萄酒产区（AVA），全国共有100多个，其中加利福尼亚州有60多个（译者注：目前数量已有变化）。美国葡萄酒产区是根据地理范围和气候特征进行定义的，它与法国的原产地监控命名产区相类似，但却没有对其他要素进行严格规定。如果一款葡萄酒标注了某个产区的名字，那么酿酒所使用的葡萄最少要有85%都来自于这一产区。

单品种葡萄酒：美国发明

绝大部分美国葡萄酒的酒标上会标出在混酿中占主要比例的葡萄品种的名字。法律规定这类葡萄品种的比例不能低于75%。

单品种葡萄酒这个概念是由一位美国记者兼酒商弗兰克·斯库马克（Frank Schoonmaker）在1934年时提出的。他鼓励葡萄酒生产商通过使用葡萄品种标签来彰显自己的风格。其实这种形式在欧洲已经存在，例如在德国和法国阿尔萨斯。但当时在美国，人们还都喜欢使用欧洲著名的葡萄酒名称来命名自己的产品：夏布利、勃艮第、雪莉等。

这一形式在接下来的许多年中被推广到所有的新世界国家。但同时，这里也可以酿造出波尔多风格的混酿型红、白葡萄酒（Meritage）。

加利福尼亚州的领衔地位

被人们称为“阳光之州”的加利福尼亚气候多变，局部气候的差异之大令人惊讶。这种得天独厚的优势决定了这里可以生产出各式各样的葡萄酒：干白、红葡萄酒、桃红葡萄酒、气泡酒和甜型酒。

简而言之，最炎热、最干燥的地区都位于内陆。越靠近太平洋，气候越显温和，流动的凉爽空气所产生的影响就越大。在纳帕谷南部，靠近旧金山湾的地方，春季很容易产生霜冻，威胁葡萄的生长，所以人们不得不使用螺旋形的风机搅动空气。加利福尼亚州南部的一些地区，例如圣巴巴拉（Santa Barbara）的气候要明显比纳帕谷北部凉爽。由于20世纪80年代和90年代根瘤蚜虫病卷土重来而引发的大规模的重新种植，让人们有机会可以根据气候条件来搭配葡萄品种。以前人们总会自然而然地优先种植霞多丽和赤霞珠，但现在大部分生产商都会倾向于选择较为尖端的葡萄品种。

中央谷的葡萄园面积占了加利福尼亚州葡萄园总面积的一半以上，产量也超过了总量的三分之二。除了餐酒，清淡的干白葡萄酒和气泡酒以外，这里也生产超甜型葡萄酒、加烈酒和甜食酒。

纳帕，葡萄酒的理想国

纳帕包含了若干个郡：纳帕谷（Napa Valley）、春山（Spring Mountains）、奥克维尔（Oakville）等。这里在一年中三分之二的时间里都显得炎热而干燥，但来自于太平洋的凉爽气流又使之得以缓解。因为气流的影响，在夜间山谷中会弥漫着一层雾气，从而使空气得以净化。正是这一切成就了纳帕谷的传奇。适当的灌溉会弥补降雨不足对葡萄生长所造成的影响，同时，充足的日照也有利于葡萄浆果达到理想的成熟度。这里主要种植的波尔多葡萄酒品种用于酿造红葡萄酒（赤霞珠和美乐），波尔多和勃艮第葡萄品种用于酿造白葡萄酒（长相思、霞多丽），当然，仙粉黛也是必不可少的。

索诺玛谷（Sonoma）的面积是纳帕谷的两倍。由于气候凉爽，所以这里适合酿造霞多丽白葡萄酒和赤霞珠红葡萄酒。

在加利福尼亚州其他的葡萄酒产区中，北部的门多西诺（Mendocino）以酿造黑品乐和霞多丽气泡酒为特色；蒙特利

Tips

品牌为先

在许多情况下，除了原产地以外，生产商的品牌也同样起着至关重要的作用。嘉露（Gallo）是全球最重要的葡萄酒生产商之一，这个品牌清晰地标注在它所生产的所有产品上。位于索诺玛郡（Sonoma）的嘉露酒庄（E & J. Gallo Winery）是一个家族企业，也是世界上规模最大的酿酒公司之一，它是由来自于意大利彼尔蒙移民家庭的两兄弟于1933年创建的。

（Monterey）则盛产霞多丽和雷司令白葡萄酒；此外还有圣巴巴拉，这里的特产是黑品乐红葡萄酒和丰满的霞多丽白葡萄酒。

俄勒冈（Oregon）

由于该州地理位置在加利福尼亚州以北，所以当地的气候要比前者更凉爽，海岸地区多雨，内陆地区干燥，但同时一系列山脉的存在又避免了湿度过大。这里的特色是黑品乐葡萄酒。在一众优秀的生产商中，不得不提到的是杜鲁安（Drouhin），他是博纳区的一位著名人物。

华盛顿州在俄勒冈州以北。这里出产的葡萄酒数量更多，因为相比较之下，当地的气候更加炎热干燥，至少在喀斯喀特山脉（Chaîne des Cascades）以里的内陆地区是这样的。由于气候干燥的原因，灌溉是必不可少的。那些最著名的次级产区的名字也都源自于周围的河流，例如：蛇河（Snake）、亚基玛（Yakima）和沃拉沃拉（Walla Walla）。华盛顿州主要出产采用霞多丽或雷司令酿造的果香型干白葡萄酒及气泡酒。

葡萄品种繁多

美国种植了许多隶属于美洲葡萄种群的本地葡萄品种和混种葡萄品种。白葡萄品种有：白卡玉佳（Cayuga）、玫瑰露（Delaware）、达其斯（Dutchess）、梅洛迪（Melody）、尼亚加拉（Niagara）、瑞福特（Ravat）、谢瓦尔（Seyval）、威代尔（Vidal）……

红葡萄品种：黑巴高（Baco Noir）、沙保仙（Chambourcin）、社卢瓦（Chelois）、康科德（Concord）、雷昂米洛（Léon Millot）、马雷夏尔福煦（Maréchal Foch）……

精挑细选

- **纳帕谷/加利福尼亚州**

黑兹酒厂（HEITZ）

1961年，乔·黑兹（Joe Heitz）凭借着一块种植着意大利葡萄品种吉诺林诺（Grignolino）的3公顷土地，开始了他的酿酒生涯。今天，他已然成为了加利福尼亚州酿造赤霞珠葡萄酒的教皇级人物之一。由他打造的葡萄酒以口感浓郁而著称。

☏ 00 1/707 963 35 42　📠 00 1/707 963 74 54

罗伯特•蒙大维（ROBERT MONDAVI）

☏ 00 1/707 226 13 95　📠 00 1/707 251 41 10

约瑟夫• 菲尔普斯酒庄（JOSEPH PHELPS）

酒庄里有加利福尼亚州最好的赤霞珠葡萄酒，但同时也不要忽略这里生产的霞多丽葡萄酒和采用罗纳河谷葡萄品种酿造出的“西北风”系列产品。

☏ 00 1/707 963 27 45 ⎙ 00 1/707 963 48 31

• **中海岸/加利福尼亚州**

好气候酒庄（AU BON CLIMAT）

由吉姆·克朗德南（Jim Clendenen）酿造的葡萄酒可谓是全美国最好的霞多丽和黑品乐葡萄酒之一。它们的风格完全跳出了加利福尼亚州葡萄酒的老框框。

☏ 00 1/805 937 98 01 ⎙ 00 1/805 937 25 39

山岭酒庄（RIDGE VINEYARD）

保罗·德雷帕（Paul Draper）一点点地将这个酒庄带向了整个加利福尼亚州葡萄酒行业的巅峰。它的赤霞珠葡萄酒［其中包括顶级的蒙特贝洛（Montebello）］和精选仙粉黛尤为出色。

☏ 00 1/408 867 32 33 ⎙ 00 1/408 868 13 50

欲获取更多信息

斯蒂芬·布鲁克（Stephen Brook）. 加利福尼亚州葡萄酒. 米切尔·比兹利出版社（Mitchell Beazley），2002.

丽萨莎拉·霍（Lisa Shara Hall）. 西北太平洋葡萄酒. 米切尔·比兹利出版社（Mitchell Beazley），2001.

詹姆斯·哈利德（James Halliday）. 加利福尼亚州葡萄酒地图. 维京出版社（Viking），1993.

拉丁美洲

凭借着一腔雄心壮志，在以法国人为代表的外国投资者的促动下，拉丁美洲的人们开始着手重塑他们拥有了若干个世纪历史的古老葡萄园。在智利和阿根廷，酒庄如雨后春笋般涌现出来，当地生产的葡萄酒在比利时布鲁塞尔、英国伦敦和法国巴黎参加各种比赛。这里的葡萄酒有着自身独特的优势：拥有真正的酿造历史、风土条件和局部气候都非常有利于优质葡萄酒的生产、拉丁文化与欧洲文化的共通性等，当然，还包括葡萄酒的口感。对21世纪的葡萄酒爱好者来说，拉丁美洲不失为一片崭新的乐土。

▼拉丁美洲的自然环境适合葡萄的生长，同时使它们免受根瘤蚜虫病的危害。

智利

性价比出众

葡萄田面积：178000公顷

产量：5.658亿升

出口量：3.089亿升

葡萄酒产区：阿塔卡马（Atacama）、科金博（Coquimbo）、阿空加瓜（Aconcagua）、中央谷（Vallée Centrale）、南部谷（Vallée du Sud）

主要白葡萄品种：霞多丽、长相思、赛美蓉

主要红葡萄品种：莫斯卡多（Moscatel）、托隆戴尔（Torontel）、派斯（Pais）、赤霞珠、美乐、品丽珠、马贝克、黑品乐、西拉

近些年，智利葡萄酒在国际市场上实现了迅速的突破，这全依赖于它出色的性价比。这一成功与三个因素密不可分：有利的自然环境、低廉的生产成本和积极的商业运作。

葡萄树最早是由西班牙人在公元16世纪时带入智利的。到了18世纪，这里已然成为了低价位葡萄酒的生产大国，主要采用西班牙葡萄品种来酿酒。这时，西班牙人警觉到智利葡萄酒出口给自己带来的巨大威胁，于是开始禁止在智利种植葡萄。可这不过是徒劳无益的。19世纪时，几位到欧洲旅游的智利富翁带回了一些法国葡萄树种子。由于这里没有当时在欧洲葡萄园中肆虐的病虫害，因此这些葡萄生长得十分旺盛。20世纪上半叶，生产过剩和供不应求两种状况交替出现，不过在强大的内需的支持下，智利酿酒业还是进入了空前的繁荣期。1978年，来自于加泰罗尼亚地区的酿酒商米格尔·桃乐丝（Miguel Torres）被智利所具有的潜力所折服，决定在这里开始一次新的冒险。紧随其后的有来自于法国和美国的投资者。从那时起，大量的资金投入用于更新生产设备，果实的质量成为了决定葡萄酒好坏的关键。

智利传奇

智利是位于安第斯山（Andes）和太平洋之间的狭长国度，南北全长4500公里。葡萄酒产区都集中于国土的中间部分，这里气候最为温和，特别是首都圣地亚哥（Santiago）一带。大部分葡萄树都被种植在平原上（这会更加便于灌溉，有一半的葡萄园都需要进行人工灌溉），这些平原被垂直于太平洋的河谷所分割。沿海地区的一排山脉遮挡住了来自海上的冷空气；东边的安第斯山脉则为葡萄园储备了丰富的水分用以对抗夏天的干旱。现在一些生产商开始在山坡上种植葡萄，以便能更好地诠释风土条件这个概念。智利最奇特的地方是葡萄树可以不使用砧木，直接种植于土壤中。这很可能是得益于它与外界相隔绝的地理位置：北部和南边的沙漠及冰川，西边的太平洋和东面的安第斯山脉，共同搭建起了一个隔绝根瘤蚜虫病的天然屏障。巨大的昼夜温差使得葡萄的果香和酸度都非常集中。除

美国
恩塞纳达谷
下加利福尼亚
科阿韦拉
索诺拉
瓜达卢佩谷
萨卡特卡斯
阿瓜斯卡连特斯
墨西哥
墨西哥城
大西洋
加拉加斯
委内瑞拉
圭亚那
哥伦比亚
秘鲁
巴西
利马
巴西利亚
玻利维亚
拉巴斯
巴拉圭
里约热内卢
太平洋
智利
萨尔塔
图库曼
里韦拉
卡塔马卡
乌拉圭
卡内洛内斯
阿空加瓜
卡萨布兰卡
里奥哈
布宜诺斯
艾利斯
蒙得维的亚
美宝谷
圣豪
中央谷
圣地亚哥
门多萨
兰佩谷
阿根廷
哥查加谷
南部谷
嘉利谷
拉潘帕
大西洋
摩利谷
伊塔达谷
毕欧谷
里奥纳高
智利
1000 km

了这些天然优势之外，许多大型企业如干露酒园（Conchay Toro）、柯诺苏酒庄（Cono Sur）、桑塔丽塔酒庄（Santa Rita）、圣派德罗酒庄（San Pedro）和中小规模酒庄也实施了成功的商业运作，全面转向国际市场。

▲位于卡萨布兰卡（Casablanca）的翠岭酒庄（Veramonte）。

根据1985年该国颁布的相关法规，智利葡萄酒产区被分成了5部分［阿塔卡马（Atacama）、科金博（Coquimbo）、阿空加瓜（Aconcagua）、中央谷（Vallée Centrale）、南部谷（Vallée du Sud）］。中央谷产区由4个次级产区组成：摩利谷（Maule）、兰佩谷（Rappel）、嘉利谷（Curico）和美宝谷（Maipo）。圣地亚哥周边是最古老的葡萄种植区，这里既有以古仙露（Cousino Macul）为代表的精品酒庄，也有像干露酒园（Conchay Toro）这样的大型生产商所拥有的一部分葡萄园。在圣地亚哥附近气候比较炎热的地区，人们主要种植赤霞珠；而靠近圣安东尼达莱区（San-Antonio-Leyda）的新兴产区则非常适合黑品乐和白葡萄品种的生长。摩利谷的葡萄酒产量最大，那些源自于西班牙的葡萄品种，如派斯（Pais），依然占据着重要的位置。兰佩谷包含两个次级产区：卡查波谷（Cachapoal）和哥查加谷（Colchaga），后者风头正劲，一系列生产精品酒的酒庄都聚集于此，例如：鲁赫桐酒庄（Lurton）、拉博丝特酒庄（Casa Lapostolle）、白银酒庄（Casa Silva）、威玛酒庄（Viu Manent）、埃德华兹酒庄（Luis Felipe Edwards）和蒙特斯酒厂（Domaine Montes）。

阿空加瓜是一个双面佳人，一面是离海岸不远的卡萨布兰卡谷，这里主要出产优质白葡萄酒；另一面是偏向内陆的阿空加瓜谷，生产甜美醇香的红葡萄酒。

科金博（Coquimbo）和阿塔卡马（Atacama）两个产区的葡萄酒没有非常明显的特征。南部谷［Vallée du Sud，包括伊塔达谷（Itata）和毕欧谷（Bio-Bio）］主要出产白葡萄酒。

米格尔·桃乐丝（Miguel Torres）

著名的加泰罗尼亚酿酒商米格尔·桃乐丝（Miguel Torres）1979年进驻到嘉利谷（Vallée de Curico），他是智利葡萄酒行业的第一个外国投资商。如今他拥有300公顷的葡萄园，这一规模与那些占地几千公顷的智利酿酒业巨头相比较起来的确非常有限。因为当地气候凉爽，所以酒庄主要出产白葡萄酒，葡萄品种包括雷司令和琼瑶浆。他用以上两个品种混酿的葡萄酒取得了巨大的成功。而这里的红葡萄酒则以清爽为主要特色，那种鲜活的感觉超越了许多智利同类产品。

单品种葡萄酒

虽然现在智利葡萄酒的酒标上越来越多地提到产地，但葡萄品种依然是主导内容。传统的西班牙葡萄品种依然存在，例如：莫斯卡多（Moscatel）、托隆戴尔（Torontel），特别是依然占据

▲ 在哥查加谷（Colchaga）,蒙特斯酒厂（Domaine Montes）生产优质葡萄酒。

着该国葡萄总种植面积三分之一的派斯。但真正缔造了智利葡萄酒声望的是那些国际性的葡萄品种（红葡萄酒品种：赤霞珠、美乐、品丽珠、马贝克、黑品乐、西拉；白葡萄酒品种：霞多丽、长相思和赛美蓉）。加文拿（Carmenère）是智利的一大特色，这是一款古老的波尔多葡萄品种，但在智利一直被人们错误地当作美乐加以种植，直到最近才被验明正身。种植在智利的加文拿的成熟度远远要优于波尔多，用它酿造的葡萄酒果香明显，口感浓郁，有时会带有香辛料的气息。其中价格最昂贵的产品都是能够充分诠释风土条件，并采用波尔多酿造工艺生产的。

在智利淘金的法国人

有超过15家法国酿酒企业在智利投资。两个国家之间在文化上的种种关联使得法国人像来自于美国、澳大利亚、德国和西班牙的投资商一样，对智利的酿酒业发展起着举足轻重的作用。在这个队伍中不难看到波尔多顶级酒庄的身影：罗斯柴尔德集团（拉菲庄园）拥有一家大规模酒庄；在开发葡萄园方面永不知疲倦的雅克和弗朗索瓦・鲁赫桐兄弟被哥查加谷（Colchaga）的巴斯克酒庄（Los Vascos）所吸引；菲利普・罗斯柴尔德男爵（Philippe de

Rothschild，木桐庄园）与智利最大的生产商干露酒园一起创建了一家合资企业，酿造顶级葡萄酒活灵魂（Almaviva）；在波尔多著名酿酒师米歇尔·罗兰（Michel Rolland）的倾力协助下，烈酒生产商金万利（Grand Marnier）成功地在智利创立了阿伯斯托酒庄（Marnier Lapostolle）。

▲卡萨布兰卡的气候适于生产新鲜的果香型白葡萄酒。

精挑细选

瓦帝维索庄园（VINA VALDIVIESO）

这个长期以酿造气泡酒为专长的酒庄从20世纪90年代开始全面革新。目前生产现代派风格的精品葡萄酒，尤以采用波尔多品种酿造的红葡萄酒最为出色。

☏ 00 34/562 381 92 69　⎙ 00 34/562 238 23 83

圣伊纳斯酒庄/马蒂诺酒庄（VINA SANTA INES/DE MARTINO）

马蒂诺家族不但是同名酒庄的老板，也是圣伊纳斯（Santa Inès）品牌的拥有者。这个意大利移民家庭如今已经传承到第三代人了。他们所拥有的250公顷的葡萄园中出产的葡萄酒颇受欢迎。

☏ 00 34/562 819 29 59　⎙ 00 34/562 819 29 86

蒙特斯酒厂（VINA MONTES）

奥雷利奥·蒙特斯（Aurelio Montes）无疑是智利经验最丰富的酿酒师之一。酒庄的葡萄园分布在哥查加谷和嘉利谷，它最出名的产品是蒙特斯阿尔法（Montes Alpha）系列，其中的霞多丽和赤霞珠葡萄酒有着出色的陈年潜质。

☏ 00 34/562 819 29 59　⎙ 00 34/562 819 29 86

欲获取更多信息

智利葡萄酒指南. 旅游和交流出版社（Turismoy Communicados）.

哈布瑞奇·杜吉克（Hubrecht Duijker）. 智利葡萄酒. 荷兰：斯柏克瑞姆出版社（Spectrum），2000.

玛德琳娜·勒布朗（Magdalena Le Blanc）. 智利葡萄酒. 智利：奥少立博出版社（Ocho Libros Editores），2000.

阿根廷

拉丁美洲的葡萄酒乐土

葡萄田面积：205000公顷

产量：15亿升

出口量：8820万升

葡萄酒产区：胡胡伊（Jujuy）、萨尔塔（Salta）、里奥哈（Rioja）、圣豪（San Juan）、门多萨［Mendoza，包含的次级产区有迈普（Maipú）、卢冉德库祖（Luján de Cuyo）、图潘卡杜（Tupuncato）］、里奥纳高（Rio Negro）

主要白葡萄品种：霞多丽、诗南、亚历山大-麝香、彼卓丝（Pedro Ximenez）、多伦提斯（Torrontes）

主要红葡萄品种：伯纳达（Bonarda）、赤霞珠、瑟蕾莎（Cereza）、克里奥拉（Criolla）、马贝克、罗萨达-莫斯卡多（Moscatel Rosada）、天帕尼优

▲阿根廷是整个拉丁美洲的第一大葡萄酒生产国。

随着外国投资者的介入，阿根廷葡萄酒开始注重对品质的塑造。凭借着自身的诸多优势，位于安第斯山脉脚下的门多萨产区有着无可限量的未来。

阿根廷是整个拉丁美洲第一大葡萄酒生产国。这里出产的葡萄酒质量中等，主要针对于本地市场。但是外国投资者的到来，加上阿根廷本地酒庄希望参与到国际竞争中的决心，大大改变了这里的产品特色。

如同周边国家的情况一样，殖民主义者在16世纪时将葡萄树带到阿根廷。虽然在此之后，葡萄种植发展得非常快，但直到公元19世纪时，随着意大利和西班牙移民的大量涌入，酿酒业才真正在阿根廷成为了一个经济产业。位于东北部的门多萨省则成为了整个国家的酿酒中心。

位于安第斯山脚下的门多萨省所拥有的葡萄园占全国总葡萄园面积的70%。作为一个葡萄酒产区，它优势众多。一系列山脉的存在保证了产区内足够的湿度，这湿度来自于大西洋和山上融化的积雪所带来的充足水分。尽管如此，灌溉依然是必不可少的，这是由当地的沙漠性气候特征所决定的。这里白天炎热，夜晚凉爽。葡萄园基本分布在海拔300～1600米的冲积层和风蚀层上，土壤非常贫瘠，常混有鹅卵石，这确保了当地所出产的葡萄酒大部分都是精品酒。

世界尽头酒窖（BODEGA DEL FIN DEL MUNDO）

世界尽头酒窖因它的地理位置而得名，它位于门多萨以南800公里处的巴塔哥尼亚（Patagonie）。这里酿造的2002年份的世界尽头马贝克葡萄酒（Malbec del Fin del Mundo 2002）是一款极品佳酿。尽管它还略显年轻，但酿酒团队在酿造和培养过程中却倾尽了他们的细心与天赋。让我们跟随着它，一直走到世界尽头吧！

▲在阿根廷，意大利葡萄品种处于主导地位，但法国葡萄品种的种植量在逐渐扩大。

阿根廷的特色葡萄品种当属马贝克，它来自于卡奥尔（Cahors），在1850年时被法国人带到阿根廷，并成为了当地的主打葡萄品种。北部的萨尔塔（Salta）位于海拔1800米的高地上，这里的葡萄酒质量完全可以与门多萨一较高下。而南部的里奥纳高（Rio Negro）也同样具备生产优质葡萄酒的条件。

从1999年开始，一项法律总则定义了3种不同的产区级别：来源标识酒（Indication de Provenance）、地理标识酒（Indication Géographique）、法定产区酒（DOC）。阿根廷出产大量的日常饮用类餐酒（75%）。

精挑细选

爱士墨拉达酒庄（BODEGA ESMERALDA）

☏ 00 54/261 490 0214　⎙ 00 54/261 490 0217

世界尽头酒窖（BODEGA DEL FIN DEL MUNDO）

☏ / ⎙ 00 54/299 442 4040

翠碧驰酒庄（BODEGA TRAPICHE）

☏ / ⎙ 00 54/261 497 2388

安第斯白马（CHEVAL DES ANDES）：阿根廷的白马庄园

诞生于门多萨腹地的安第斯白马酒庄是酩悦香槟公司（Moët & Chandon）于1959年在阿根廷建立的分支——酩悦酒庄与圣埃米利永一级庄A组的白马庄园合作的结晶。它采用赤霞珠、马贝克和少量味而多（Petit verdot）酿造而成，经过法国橡木桶培养。第一个官方年份2001年的安第斯白马一上市就被人们视为阿根廷出品的波尔多名庄酒。它的颜色呈胭脂红色，带有优雅的果香和木香，口感丝滑，单宁精致，有着完美的平衡感，不失为一款阿根廷名庄酒。

Tips

门多萨光环下的两个波尔多人

虽然雅克和弗朗索瓦·鲁赫桐兄弟来自于著名的葡萄酒产区波尔多，但他们还是被拉丁美洲的魅力所折服了，门多萨尤其让他们心动。从1995年收购了125公顷葡萄园开始，他们一直坚持酿造顶级的阿根廷葡萄酒。尤其是多伦提斯葡萄酒，兼具清爽感和油脂感，甜美香醇，带有花香和杏子香气。他们的马贝克珍藏葡萄酒，经过橡木桶培养，充分展现了本地葡萄品种的特色，颜色深邃，带有浓郁的香料气息和动物性香气，单宁肥厚而细腻。

乌拉圭

充满希望的国度

葡萄田面积：11000公顷

产量：1亿升

出口量：260万升

葡萄酒产区：蒙得维的亚（Montevideo）、卡内洛内斯（Canelones）、圣何塞（San José）、佛罗里达（Florida）、科洛尼亚（Colonia）、派桑杜（Paysandu）、萨尔多（Saldo）、阿蒂加斯（Artigas）、里韦拉（Rivera）、塔夸伦博（Tacuarembo）、杜拉斯诺（Durazno）

主要白葡萄品种：多伦提斯（Torrontes）、白玉霓

主要红葡萄品种：丹那［哈莱格（Harraigue）］、赛美蓉、赤霞珠、品丽珠、美乐

与智利和阿根廷相比较起来，乌拉圭的葡萄酒产量显得微不足道。但是，当地葡萄酒所呈现出的优秀品质，足以使它成为拉丁美洲葡萄酒世界中一道亮丽的风景。

乌拉圭的葡萄园（它的面积仅占全国农用耕地面积的1%）集中于南纬30°~35°，主要分布于国土的南部和西南部［蒙得维的亚（Montevideo）、卡内洛内斯（Canelones）、圣何塞（San José）及佛罗里达（Florida）］。乌拉圭气候温热潮湿，夏日的夜晚凉爽，冬季寒冷，土地贫瘠，这一切都成为了葡萄生长的有利因素。

公元17世纪时，西班牙殖民者首先在乌拉圭种植了葡萄树。在1870年后，随着大批欧洲移民的登陆，葡萄园的发展进入了一个全新阶段。巴斯克·帕斯奎尔·哈莱格（Basque Pascual Harraigue）是这些移民中的一个，他带来了后来名扬乌拉圭的著名葡萄品种丹那，丹那在当地也被称为哈莱格（Harraigue）。19世纪末根瘤蚜虫病危机过后，为了提高质量，人们重新种植了混种葡萄品种。从20世纪70年代开始，为了出口的需要，在当地一些先锋派酒农的主张下，人们对一部分葡萄园进行了改造。外国投资者的介入以及在南方共同市场（Mercosur）的大背景下所进行的对外开放，使得人们在提高葡萄酒品质方面做出了更多的努力。

大部分针对于本国市场的葡萄酒依然会带有一定程度的氧化味道。相反地，那些出口到国际市场的产品则主要以国际性葡萄品种为原料。丹那是乌拉圭最具代表性的葡萄品种，用它酿造出的葡萄酒口感强劲，色泽浓郁，堪称当地的顶级葡萄酒。

乌拉圭的葡萄酒主要分为两大类：大部分为普通餐酒；另外一类为首选优质葡萄酒（Vinos de Qualidad Preferente），只占总产量的10%。在全国约有350个这样的特殊酒庄。

托斯卡尼尼（Toscanini）：世代相承的酿造者

祖籍热那亚的托斯卡尼尼家族在1894年来到乌拉圭闯荡天下。在1908年时，胡安（Juan）在南部的卡内洛内斯（Canelones）建立起了自己的酒庄。如今，家族的新一辈人重整了面积为185英亩的葡萄园，主要种植法国葡萄品种。这里出口到海外的首选优质葡萄酒级别的2000年份丹那珍藏葡萄酒在国际比赛上屡获大奖。

精挑细选

凯若酒庄（BODEGAS CARRAU）

00 598/232 00 238　00 598/232 08 221

皮萨诺家族酒园及酒窖（PISANO FAMILY VINEYARDS AND CELLARS）

00 598/2 36 89 077　00 598/2 36 90 062

巴西

姗姗来迟

葡萄田面积：60000公顷

产量：4亿升

主要白葡萄品种：霞多丽、琼瑶浆、麝香、赛美蓉

主要红葡萄品种：赤霞珠、品丽珠、美乐、丹那

巴西是南美洲第三大葡萄酒生产国。与智利和阿根廷不同，在朝着生产优质葡萄酒的方向转型的路上，它姗姗来迟。

跟南美洲其他国家一样，巴西的葡萄酒行业在19世纪随着欧洲移民的迁入，开始进入全面发展时期。

巴西的葡萄园主要集中于南部地区的里奥格兰德州，其纬度位置等同于阿根廷的门多萨产区（南纬29°）。这里是典型的热带气候，并不太适合葡萄的生长，这也就是为什么人们会选择种植美洲混种葡萄［伊莎贝拉（Isabella）和康科德（Concord）］，它比欧洲葡萄更能适应当地的生长条件，但质量却略逊一筹。到目前为止，虽然巴西也在进行葡萄

园的改造，但这类葡萄仍占了全国葡萄种植总量的80%左右。以东南部靠近乌拉圭边境的地区为例，人们开始转向种植一些经典葡萄品种：赤霞珠、品丽珠、美乐、丹那；还有白葡萄品种霞多丽、琼瑶浆、麝香和赛美蓉。

拥有1.7亿人的巴西有着巨大的市场消费潜力，这必然会促进精品葡萄酒生产的发展并吸引大量外国投资者。

墨西哥

白兰地胜于葡萄酒

葡萄田面积：39000公顷

产量：1.4亿升，其中包括蒸馏酒

出口量：180万升

葡萄酒产区：下加利福尼亚［Basse-Californie，恩塞纳达谷（Vallées d´Ensenada）和瓜达卢佩谷（Guadalupe）］、索诺拉（Sonora）、科阿韦拉（Coahuila）、萨卡特卡斯（Zacatecas）、阿瓜斯卡连特斯（Aguascalientes）、帕拉斯谷（Vallée des Paras）

主要红葡萄品种：赤霞珠、纳比奥罗（Nebiollo）、梦特普西露（Montepulciano）

虽然近些年来，墨西哥的葡萄酒酿造者在生产优质葡萄酒方面做出了许多努力，但这里的生产重心依然被平淡无奇的普通葡萄酒和白兰地所占据。

在哥伦布发现新大陆之前，墨西哥还都只是一个蛮荒之地，在16世纪时，葡萄树跟着西班牙移民一起来到这里。美洲的第一片葡萄园就出现在墨西哥。1594年，在墨西哥城东北方的“葡萄之谷”帕拉斯谷（Vallée des Paras），西班牙传教士被当地丰富的资源和野生葡萄所吸引，决定留在这里布道，并采用这些土著葡萄品种酿造了第一支葡萄酒。三年之后，洛伦佐·加西亚（Lorenzo Garcia）获得了这片土地的所有权，并在此建立了第一个真正意义上的酒庄，所采用的都是进口葡萄品种。葡萄酒产区迅速兴起，特别是在下加利福尼亚地区。20世纪时，根瘤蚜虫病和墨西哥国内的政治问题干扰到了酿酒业的发展。从20世纪70年代开始，墨西哥的酿酒业重整旗鼓，这也证明了它的确具有一定的生命力。当地种植的葡萄品种五花八门（法国、意大利、美洲本土），但80%以上都用于酿造蒸馏酒。

墨西哥的优质葡萄园都集中于北部地区的下加利福尼亚，这里的气候受到海洋的直接影响，此外还有中部高原，高海拔的地理位置（1600米）让这里显得格外凉爽。除了独立酿酒商之外，在墨西哥也有许多大型的国际集团，例如马爹利（Martell，干邑）、佩德罗-道麦克酒业集团（Pedro Domecq，西班牙）和三得利（日本）。

精挑细选

赛托酒庄（L.A. CETTO）

 00 52/6461 55 22 69

Tips

玛德若酒庄（Casa Madero）

墨西哥历史上第一个酒庄至今依然存在，从1873年起人们以庄主的名字为其命名。玛德若酒庄酿造的葡萄酒主要用于出口，其高端产品格兰德葡萄酒（Casa Grande）采用100%的赤霞珠酿造而成，经过橡木桶培养，呈现出新世界葡萄酒的风格。它带有香料和木头的香气，在口中显得饱满肥厚，果香浓郁，单宁强劲。

赛托酒庄（L.A. CETTO）：年产量100万升

位于下加利福尼亚瓜达卢佩谷（Vallée de Guadalupe）的赛托酒庄（Maison L.A. Cetto）成立于1926年，是墨西哥最重要的独立酒庄。1000公顷的葡萄园每年出产100万升葡萄酒，其中大部分是针对本地市场的氧化型葡萄酒。

同时，他们也不忘顾及到西方市场的需求，例如酒庄所生产的白金珍藏葡萄酒（Platinum Reserve）就是采用赤霞珠、纳比奥罗和梦特普西露混酿而成的。

大洋洲

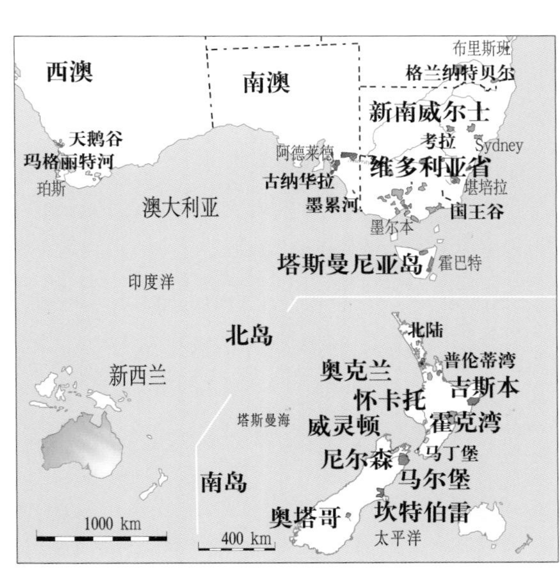

◀因为干旱，所以人们必须采用机械采收的方式。

澳大利亚

活力四射

葡萄田面积：148000公顷

产量：10.163亿升

出口量：3.75亿升

葡萄酒产区：南澳（South Australia）、维多利亚（Victoria）、新南威尔士（New South Wales）、西澳（Western Australia）、塔斯曼尼亚岛（île de Tasmanie）

主要白葡萄品种：霞多丽、鸽笼白、歌海娜、马尔萨纳、麝香、雷司令、长相思、赛美蓉、维奥涅尔

主要红葡萄品种：品丽珠、歌海娜、美乐、赤霞珠、慕合怀特、黑品乐、西拉

没有哪个葡萄酒生产国能像澳大利亚这样在短期内在国际葡萄酒市场上引起巨大反响。在20年的时间里，澳大利亚葡萄园的面积扩大到了原来的3倍，它所生产的葡萄酒占据了不小的市场份额，敲开了世界上许多国家的大门。

澳大利亚的葡萄种植历史要追溯到第一任总督亚瑟·菲利普（Arthur Philip）在位之时，是他在1788年的时候在悉尼湾地区首次种植了葡萄树。在接下来的一个世纪中，来自德国的路德会（Luthériens）移民对酿酒业的发展起到了至关重要的作用，特别是在阿德莱德（Adélaïde）附近的巴罗莎谷（Barossa Valley）一带。许多最古老的澳大利亚葡萄酒生产商依然沿用着他们的德语名字，例如：亨施克（Henschke）、莱曼（Lehmann）、禾富（Wolf Blass）和沙普（Seppelt）。由于没有受到根瘤蚜虫病的过多影响，在19世纪末，南澳大利亚州成为了澳大利亚最主要的葡萄酒产区。直到今天，它的地位依然无人能及。在20世纪上半叶，澳大利亚专注于生产甜食酒和加烈葡萄酒。第二次世界大战之后，一些有远见卓识的酿酒商，例如奔富酒庄（Penfolds Grange）的创始人马克斯·舒伯特（Max Schubert）或莱恩·埃文斯（Len Evans）才逐渐发现自己国家所具有的潜力，并开始酿造精品干白葡萄酒和红葡萄酒。埃文斯并不只满足于在猎人谷（Hunter Valley）建立自己的酒庄罗斯百瑞庄园（Rothbury Estate），他还一直努力与世界各地的人们分享他对葡萄酒的感受：这是一种赋予人们快乐的饮料。本地市场的提升以及由一系列葡萄酒评比所引发的业内良性竞争为出口的发展构筑起了坚实的基础。与大部分竞争对手不同，澳大利亚人非常了解应该如何通过集体的力量取胜。

专业化产区

澳大利亚的葡萄酒产区都分布在该国气候最温和的地区，即靠近海洋的地方。五大葡萄酒产区包括南澳大利亚州、维多利亚州、新南威尔士州、西澳大利亚州和塔斯曼尼亚岛，葡萄酒的生产都集中在以上地区的一些特定区域内。其中既有像墨累河（Murray

▲ 由于大陆性气候的影响，阿德莱德山（Adelaide Hills）一带更适于种植长相思、霞多丽和黑品乐。

River）这样的大型产区，它们有着近乎于工业化的生产能力；也有一些精品产区，例如南澳大利亚的古纳华拉（Coonawarra）、巴罗莎谷、嘉拉谷（Clare Valley）、维多利亚的雅拉谷（Yarra Valley）、西澳大利亚的玛格丽特河（Margaret River），这些地方以酿造充满地域特色的优质葡萄酒为主。

在澳大利亚，葡萄生长的最大威胁就是炎热的气候以及因此而产生的干旱，这使得灌溉变得必不可少。也正是因为这个原因，人们一直坚持寻找更加凉爽的局部气候，同时新兴的产区也在不断涌现。澳大利亚的酿酒商们保持着与时俱进的态度，他们将适合于极端炎热气候条件的最新技术应用在酿造葡萄酒的过程中。例如夜间采摘以及使用惰性气体来保存葡萄或葡萄汁，这些技术也被世界上其他一些葡萄酒生产国所借鉴，其中也包括法国。干旱造成了一系列的局限，例如在这里，葡萄植株间的距离要比欧洲更大，同时在生产中机械化程度也必须更高。但另一方面，它也有优点，这样的气候条件大大地减少了杀真菌剂的使用频率。因此，这里的鸟类也更多，虽然它们是害虫的天敌，但却会对收获造成一定的威胁。人们在葡萄园安装隔离网或是使用大炮作为驱鸟利器。

澳大利亚的葡萄酒生产高度集中在一小部分生产商手中（10家大型出口商控制了该国葡萄酒总产量的80%），这很容易让人们将葡萄酒酿造划分到工业

▲巴罗莎谷的露天酒窖。

▲那些最好的葡萄酒自然价格不菲。

化的范畴中，即使其他的葡萄酒都出自于中小规模的酒庄（大约有1500家酒庄或酒厂）。此类酒庄的生产重心都放在突出本产区特色上。酒标上那些法律规定必须要标注的信息也传达了这些葡萄酒的身份特征。葡萄酒的品牌通常会与葡萄品种一起被标注在酒标上。

略显含糊的产区体系

澳大利亚的产区制度与美国葡萄酒产区制度（AVA）较为近似，以出产地为基础，或多或少地对这些产区从地理学和气候学的角度进行了定义。其中涉及的产区都是具有示范性的，例如古纳华拉和巴罗莎谷。在定义一些面积更广阔的产区时，人们还会考虑到在酿造过程中经常会使用的混酿方法，这些用于混酿的葡萄有时会来自于两个或更多间隔很远的次级产区。通常，在日常饮用的葡萄酒中，“东南澳”的标识意味着用于混酿的葡萄可以来自于3个不同的州（新南威尔士、维多利亚和南澳大利亚），这要比欧洲的相关规定宽泛很多。

在整个产区体系中，古纳华拉占据了一个特殊的位置。为了定义这一产区的风土，澳大利亚人实际上要考虑到更多行政界线之外的因素。这个一马平川的区域位于阿德莱德南部，局部气候凉爽，在1940～1950年，这里的葡萄园几乎消失殆尽。在此之后，因为当地匠心独具的葡萄酒，古纳华拉被列为一个单独的产区。它的名气完全来自于它所拥有的全澳大利亚最优良的土质。这里的底土多为石灰质，但表层土却较为多变，甚至曾在20世纪末时引起过一场论战。一部分人（在此地拥有葡萄园的人）坚持认为古纳华拉葡萄酒的特性是由这里松软的红色黏土（Terra Rossa）所赋予的，因此对这个产区的界定，一定要将这个因素考虑进去。而另外一些人（葡萄园不在本地区的人）则断言是微气候条件让古纳华拉变得与众不同，没有证据可以明确显示土壤的颜色或是化学结构会对葡萄酒的口味产生影响。这场以“好酒”为名义的争论会让人联想到当初促成法国确立原产地监控命名制度的相关争议。

代表性酒商：亨施克（Henschke）

约翰·克里斯蒂安·亨施克（Johann Christian Henschke）是19世纪下半叶在阿德莱德登陆的德国流亡者之一。在阿德莱德山的肯尼顿（Keyneton）拥有了一块土地之后，亨施克创建了自己的葡萄园。这个酒庄在五代人手中薪火相传，如今他的后人们［斯蒂芬•亨施克（Stephen Henschke）和他的太太普鲁（Prue）］已经成为了澳大利亚最受尊崇的葡萄酒生产商之一。这里生产的富有传奇色彩的神恩山西拉葡萄酒（Hill of Grace）珍贵而稀有，在世界范围内久负盛名。

精挑细选

奔富（PENFOLDS）

葡萄酒工业巨头之一的奔富酒庄，之所以能跻身于顶级生产商的行列全凭它充满传奇色彩的葛兰许（Grange）系列葡萄酒，它由老藤葡萄酿造而成。

☏ 00 61/8 8301 55 69　　⎙ 00 61/8 8301 55 88

- **新南威尔士**

天瑞酒庄（TYRRELL´S）

这款别具一格的葡萄酒来自于盛产高档白葡萄酒的猎人谷产区。

☏ 00 61/2 4993 70 00　　⎙ 00 61/2 9889 48 72

- **南澳大利亚**

格兰特伯爵酒庄（GRANT BURGE）

产品种类丰富，各个价位齐全，以品质稳定、口感纯正而著称。

☏ 00 61/8 8563 37 00　　⎙ 00 61/8 8563 28 07

亨施克（HENSCHKE）

☏ 00 61/8 8564 82 23　　⎙ 00 61/8 8564 82 94

- **西澳大利亚**

曼达岬酒庄（CAPE MENTELLE）

这是凯歌香槟（Veuve Clicquot）公司旗下的酒庄，也是澳大利亚西部最出色的酒庄。这里生产的葡萄酒有着理想的细腻感和清爽度。

☏ 00 61/8 9757 32 66　　⎙ 00 61/8 9757 32 33

- **维多利亚**

酩悦酒庄（CHANDON）

这家酒庄是酩悦香槟公司（Moët & Chandon）在雅拉谷投资兴建的，这里的气候条件适合生产优质气泡酒和经典的黑品乐或霞多丽葡萄酒。

☏ 00 61/3 9739 11 10　　⎙ 00 61/3 9739 10 95

欲获取更多信息

詹姆斯·哈利德（James Halliday）. 澳大利亚及新西兰葡萄酒地图. 澳大利亚哈勃考林斯出版社（Harper Collins Australia），1999.

詹姆斯·哈利德（James Halliday）. 葡萄酒手册（澳大利亚&新西兰）. 寒士街出版社（Grub Street）.

尼古拉·费斯（Nicolas Faith）. 澳大利亚黄金酒. 米切尔·比兹利出版社（Mitchell Beazley），2003.

新西兰

满怀抱负，低调前行

葡萄田面积：15000公顷

产量：5300万升

出口量：1920万升

葡萄酒产区：马尔堡（Marlborough）、霍克湾（Hawke´s Bay）、吉斯本（Gisborne）、奥塔哥（Otago）、坎特伯雷（Canterbury）、奥克兰（Aukland）、北陆（Northland）、惠灵顿（Wellington）、尼尔森（Nelson）、怀帕拉（Waipara）、怀拉拉帕（Wairarapa）、怀卡托（Waikato）/普伦蒂湾（Bay of Plenty）

主要白葡萄品种：霞多丽、米勒图尔高、雷司令、长相思

主要红葡萄品种：赤霞珠、美乐、黑品乐

位于地球最南端的葡萄酒生产小国新西兰主要出产清爽鲜活的葡萄酒。这个独特之处使得它在所有新世界国家中拥有了自己的特殊地位，同时又可以从容不迫地面对邻国澳大利亚这个强劲的竞争对手。

病虫害、禁酒令、市场竞争、生产过剩……所有这一切决定了新西兰人必须抱有更坚定的信心，付出更多的努力才能让酿酒业蓬勃发展。这也正是今天他们在努力实践着的。从20世纪70年代开始，转向品质化生产所带来的种种优势开始显现。葡萄园的面积逐渐扩大，产量和出口量在10年内翻了三番。拥有15000公顷葡萄园的新西兰依旧不算是一个葡萄酒生产大国，但它却满怀着雄心壮志。

▼马尔堡（Marlborough）盛产清爽鲜活的果香型葡萄酒。

领衔葡萄品种：黑品乐

尽管海洋的影响无所不在，新西兰全境气候都很温和，但各个地区的气候特征却又并不是整齐划一的。那么在这个由北至南全长1200公里，由2个岛屿组成的国家里，气候到底是怎样的呢？两个岛屿相比较起来，北岛更加炎热潮湿，南岛则更多受到极

▲在霍克湾（Hawke′s Bay），最好的红葡萄酒通常是采用赤霞珠单独或混合酿造（与美乐和品丽珠一起）而成的。

地气候的影响，葡萄酒的风格由其出产的区域所决定。新西兰的10个葡萄酒产区从北到南分散开来，其中大多数都靠近海边。这里67%的葡萄园都种植白葡萄酒品种，其中以霞多丽和长相思为主，它们统领着白葡萄酒的生产，酿造出的葡萄酒将成熟度和清爽感完美地结合在一起。一些红葡萄品种发展迅速，例如某些年份的赤霞珠能酿造出顶级的马尔堡红葡萄酒（位于南岛的北部）或是怀赫科岛（Waiheke）优质葡萄酒。最值得一提的是，新西兰是为数不多的能够酿造出绝佳黑品乐葡萄酒的国家。作为新西兰最具代表性的红葡萄酒品种，黑品乐不但被用来酿造优质气泡酒（与霞多丽混酿，类似于香槟），更多地还被用于酿造顶级红葡萄酒。一些次级产区，如怀帕拉（Waipara）、马丁堡（Martinborough）或中奥塔哥区（Central Otago）的黑品乐葡萄酒果香四溢，清爽宜人。

奥塔哥（Otago）：世界尽头的葡萄酒产区

奥塔哥区既是世界上最南端的葡萄酒产区，也是新西兰唯一一个位于内陆地带的葡萄酒产区。这里的葡萄树生长在群山峻岭间的斜坡上，构筑起了一幅壮美的景观。这个新开发的产区拥有着非凡的潜力，它将日照、坡度及适合在凉爽气候条件下生长的葡萄品种（黑品乐、霞多丽和灰品乐）极好地结合在了一起。

精挑细选

• **马尔堡（Marlborough）**

云雾之湾（CLOUDY BAY）

这里有新西兰最好的白葡萄酒，采用长相思为原料，深邃浓郁。

☏ 00 64/3 520 91 40　 ⎙ 00 64/3 520 90 40

• **霍克湾（Hawke´s Bay）**

泰玛塔酒庄（TE MATA）

新西兰最古老的酒庄之一，出产的葡萄酒却充满了现代派风格。

☏ 00 64/6 877 4399　 ⎙ 00 64/6 877 4397

欲获取更多信息

露丝玛丽·乔治（Rosemary George）. 新西兰葡萄酒. 费博出版社（Faber），1996.

东亚

在20多年前，几乎没有人会想到在亚洲的这一区域发展葡萄种植与酿造。葡萄酒并不符合当地的饮食习惯，甚至在不少国家会受到文化与宗教的双重制约。但是在过去的20年中，东亚的一些国家对葡萄酒产生了浓厚的兴趣，并逐渐形成了一个不可小觑的市场。

中国

当中国从沉睡中醒来

葡萄田面积：359000公顷

产量：10.8亿升

出口量：300万升

主要葡萄品种：白羽（Rkatsiteli）、琼瑶浆、威尔殊雷司令（Welschriesling）、汉堡麝香（Muscat de Hambourg）、地方混种葡萄品种（北醇、龙眼、巨峰……）

法国是最早对中国在酿酒业方面所蕴含的潜力表示出兴趣的国家之一，早在1980年时，人头马集团就通过投资“王朝”品牌开始了它在中国的冒险，紧随其后的便是保乐力加（Pernod Ricard）和威廉彼德酒业（William Pitters）。从15年前开始，中国的葡萄酒产区开始经历大规模的变革。葡萄园的面积以及葡萄酒的消费量和产量都以惊人的比例迅速地增长着。中国企业与外国公司之间的合作为生产技术的现代化创造了条件。以张裕葡萄酒公司、长城葡萄酒公司以及烟台威龙葡萄酒有限公司为代表的一批企业对这种发展起到了推动作用。

重整葡萄园

为了配合本地消费者的口味，中国的葡萄酒生产始终以甜型葡萄酒或是半干型葡萄酒为主。但近些年，许多的中国酿酒师到澳大利亚的大学中进修，将他们所学习到的学院派酿造工艺应用于实践，生产出越来越多的干型葡萄酒，其中干红葡萄酒占生产总量的80%。大部分中国生产的葡萄酒都用于本地消费，但也有一些品牌被出口到海外，例如龙徽、亚洲花园和金葡萄。这里的一些葡萄酒也曾在国际比赛中荣膺大奖，例如青岛华东霞多丽葡萄酒。

尽管从整体上来讲，中国的气候条件比较严酷，但其中还是有一些适合酿造高品质葡萄酒的理想区域。东北部的山东半岛是中国最主要的葡萄酒产区，数量众多的大型酿酒商云集于此。在中部地区，葡萄园大都集中在大别山的南侧山坡上，这里土地贫瘠，透水性好。那些进口葡萄品种（赤霞珠、麝香、霞多丽和雷司令）也将变为中国具有代表性的葡萄品种。

日本

对品质的不懈追求

葡萄田面积：21000公顷

产量：1.1亿升

主要葡萄品种：玫瑰露（Delawara）、巨峰（Kyoho）、甲州（Koshu）

尽管在16世纪时，日本人就从葡萄牙传教士那里了解到了葡萄酒，但葡萄的种植和酿造真正在日本兴起还是在19世纪70年代。今天日本的酿酒业已然进入了一个较为繁荣的时

亚洲其他国家

在印度这样极不适合葡萄生长的环境中，葡萄酒爱好者萨姆•卓格勒（Sham Chougule）在自己的故乡马哈拉斯特拉邦（Maharashtra）建立了一家酒庄。此外，在白雪香槟酒厂（Piper-Heidsieck）的协助下，他于1980年在孟买（Bombay）附近建起了一片葡萄园，专门种植霞多丽和白玉霓。采用这些葡萄酿造的欧玛尔气泡酒（Omar Khayyâm）在市场上取得了巨大的成功。但印达吉庄园（Château Indage）的成功却并没有引起巨大的反响。尽管印度的葡萄酒消费量在逐渐增长，但就整体水平而言还是微乎其微。也许在未来，这里将成为一个庞大的市场。

在印度尼西亚和泰国，许多投资商也在跃跃欲试。在一些来自于澳大利亚或法国的外国技师的帮助下，人们在努力开发以旅游者为主要对象的市场：巴厘岛（Bali）出产采用伊莎贝拉（Isabella）酿造的桃红葡萄酒；泰国的部分酒庄，如黎府庄园（Château de Loei）和暹罗酒庄（Siam Winery）采用西拉、白诗南和长相思酿造干红葡萄酒和干白葡萄酒。韩国的中东部地区也有许多小型葡萄园。

期，这里盛产鲜活的白葡萄酒，清淡的红葡萄酒和桃红葡萄酒。尽管日本大量进口外国葡萄酒，但本国所产的葡萄酒还是在国内市场上受到了人们的认可和喜爱。竞争激励着日本生产商们不断更新他们的设备和技术，并选择种植最适合本国潮湿气候的葡萄品种。在本州（Honshu），人们不但种植来自于美洲的混种葡萄，如玫瑰露（Delawara）和巨峰（Kyoho），也种植以甲州（Koshu）为代表的土著葡萄品种。那些国际性的葡萄品种在日本也取得了不俗的成绩。一些著名的酿酒商正是因为栽种了这类葡萄而名声大振，例如美露香庄园（Château Mercian），这是一个名副其实的葡萄酒研究所，出产日本最好的葡萄酒（它的霞多丽葡萄酒在国际竞赛中屡获大奖）；此外还有狮子庄园（Château Lion）的赛美蓉超甜型葡萄酒也曾夺得过金奖。

精挑细选

- **中国**

北京龙徽葡萄酒（BEIJING DRAGON SEAL WINES）

世界级的中国葡萄酒品牌之一。

☎ 00 86/13 168 7182, 00 86/10 821 5832　📠 00 86/13 476 5694

王朝葡萄酒（DYNASTY WINERY LTD）

中国最早的中法合资企业之一。

☎ 00 86/26 998 888, 00 86/26 990 838　📠 00 86/22 26 990 996

- **印度**

印达吉庄园（CHÂTEAU INDAGE）

☎ 00 91/22 498 81 68　📠 00 91/22 491 34 35

• **日本**

美露香庄园（CHÂTEAU MERCIAN）

www.mercian.co.jp

• **泰国**

暹罗酒庄（SIAM WINERY）

该酒庄成立于1986年，其中最经典的夏登普（Chatemp）系列在国外广受欢迎。

00 66/29 336 300　00 66/29 966 900

P A R T

第 3 部分

葡萄酒品鉴

▲品鉴的艺术。

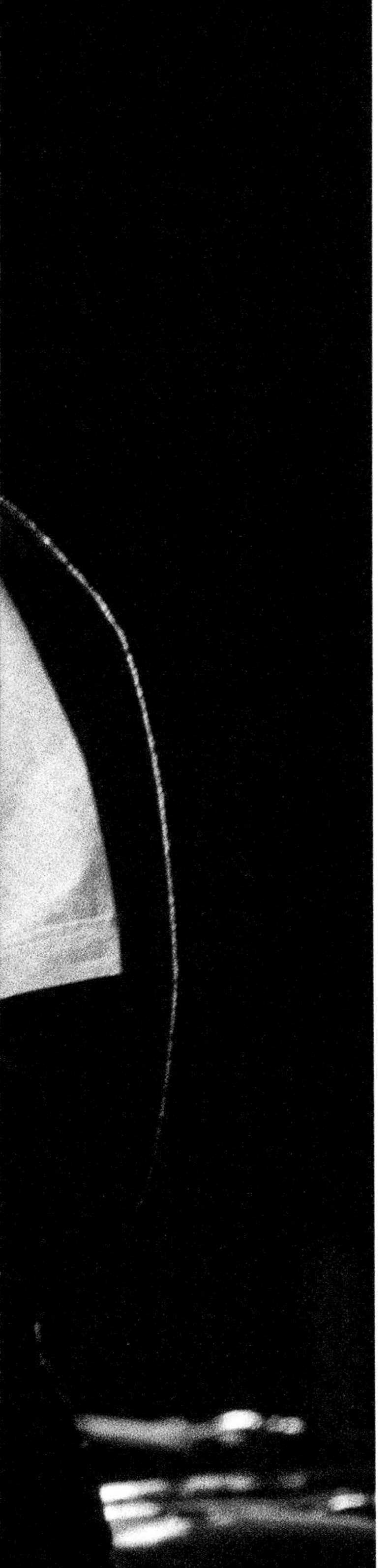

用感官体验葡萄酒

杯中之乐

品鉴葡萄酒除了要赞许它的优点，也要指出它的不足。品鉴，同时不忘享受饮用的乐趣。要知道应该怎样表达你的感受。人们会喝水、喝茶、喝咖啡、喝有气或是无气的饮料，每当这时你可能会一饮而尽，也可能会轻酌慢饮，但却很少去品鉴它们。然而，对一瓶能给我们带来丰富感受的葡萄酒，我们需要细细地品鉴它。品酒！这听起来显得高深莫测，难以企及。但其实，当你对一件事情感兴趣或者乐在其中的时候，你自然会赞美它。专业词汇可能是唯一的难点。刚开始的时候，人们只会简单地说“我喜欢”或是“我不喜欢”。随着经验的积累和耐心的增多，我们的眼睛会帮我们辨别色彩的差异，我们的鼻子将有能力识别不同的香气，我们的舌头也会捕捉到细微的味觉讯息。来吧，如果你想要与大家一起交流，分享你的感受的话，用丰富的品鉴词汇来诠释你所有的感觉吧。

Tips

“在将酒杯举到唇边之前，首先要对葡萄酒进行的认真观察，然后再长时间地轻嗅它的香气……接下来呢？要把它喝掉吗？不，先生，还不是时候！接下来，我们要放下酒杯，聊聊对酒的感受。”［塔列朗（Talleyrand）］

▲古人将葡萄酒保存在用木塞密封的双耳尖底瓮中。

不同的葡萄酒品鉴类型

品鉴葡萄酒要求有出色的健康状况和良好的精神状态，否则很容易让人有“口苦”的感觉。感冒或是吃药都会冲淡葡萄酒的味道，扭曲人们的感官标记。

品鉴的类型也多种多样：专业品鉴、在俱乐部中品鉴、以酒会友等。一般情况下，如果只是为了欣赏葡萄酒，满足自己的好奇心，那么不必非得成为一个专家。在这里，我们通过一种简单有效、细致朴实的方式学习品鉴，是为了消遣娱乐，也是为了获得独立评判一款葡萄酒时所需要具备的基础知识。每个人都能够很快地锻炼出自己的品酒绝技，这不复杂，也并不浮夸。我们有着和那些专家一样的味蕾和鉴赏能力。

专业品鉴

专业人士、酿酒师、侍酒师和葡萄酒专栏记者常会进行此类品鉴，他们可能会在半天内品鉴上百款葡萄酒。

人们可以通过专业品鉴来分析一款正处于酿造过程中的葡萄酒，找出它的不足并加以弥补。在这个过程中，品鉴者并非要追求品尝的乐趣，而且这种乐趣也的确并不存在；他们要衡量的是葡萄酒中的各个要素（酒精度、酸度、单宁）是否平衡并预测它未来的发展趋势。

这个基础的步骤可以帮助人们判断尚未成型的葡萄酒在未来是否具有商业价值，这是在市场上能否取胜的关键。职业品鉴者们对不同年份、不同地块的葡萄酒的相关信息都谙熟于心，可以通过类比的方法来推断出它们的发展趋势。

专业品鉴也可以应用于已经酿造好的葡萄酒。专业品鉴者们通过这种方法来确认葡萄酒的相关信息，并从中获得极大的乐趣。在葡萄酒竞赛的评奖过程中、在专业展会上、在建立分级制度或是在专业报纸杂志推选产品时，都不难见到这种品鉴形式。

朋友间的小范围品鉴

“品鉴游戏”并不是可以即兴为之的，它也需要提前进行准备。

游戏条件

参加者以6～8人为宜。最佳的游戏时间是10～13点或17～19点间，这是因为人们在饥饿的状态下能够获得最佳的品鉴效果。不要使用香水，也不要抽烟。选择一个宽敞没有异味的空间，采光要好，可以是自然光，也可以是日光灯或卤钨灯（不要是霓虹灯），室温保持在18～22℃。桌子要足够大，表面铺有白色桌布或白纸。注意保持安静。

游戏器材

使用郁金香型的国家原产地命名管理局（INAO）标准杯，它适用于各种类型的葡萄酒和白兰地。酒杯必须洁净，没有异味。对每一个参加者来说，要保证每款样酒独立使用一支酒杯。此外，还要有一个水杯，供参加者随时漱口之用。在酒杯前面摆放一个空桶，用来当作吐桶，每两人1个即可。提前准备一些白面包片（不要有奶酪）、餐巾纸、用来记录的稿纸和1支测量酒温专用的温度计。

Tips

国家原产地命名管理局（INAO）标准杯

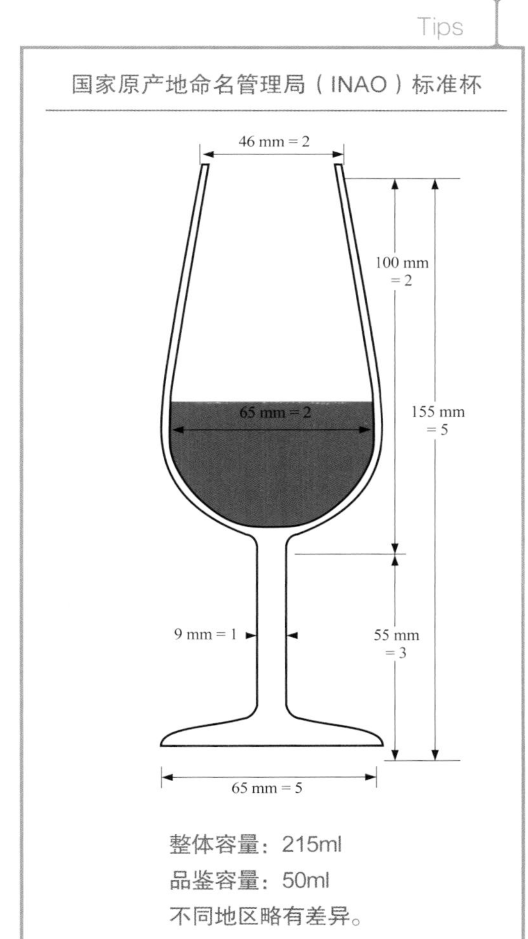

整体容量：215ml
品鉴容量：50ml
不同地区略有差异。

葡萄酒

学习品酒的时候，不需要使用昂贵的酒杯。在价格便宜的酒杯中一样能品尝到葡萄酒的味道。如果你偶尔尝到了木塞味、马德拉葡萄酒的味道，或者是发现酒中的硫化物味道过大，酸度过高，不要急于将酒扔掉，因为这是一个难得的机会，可以帮助你了解并记住葡萄酒的缺陷。

选择一个主题：白葡萄酒、红葡萄酒、桃红葡萄酒、气泡酒、某个地区、某个法定产区或是某个年份；将要品尝的葡萄酒的数量限制在4～6款。要确保每瓶酒都摆放得当，葡萄酒的温度也符合要求。将气泡酒先放在一边，这是要到最后一刻才打开的。其他的葡萄酒都要提前开瓶，并对其进行检查。在要进行品尝的时候才将酒倒入杯中，少量即可（每支杯子50ml），因此每瓶酒能够倒15杯。不要忘记在品尝每款酒的前后可以吃一些白面包。

主题品鉴

不管组织什么形式的品鉴都最好选择一个主题。如果没有什么特定的规律和目的，只是根据不同产地、不同颜色和不同年份来选择一系列的葡萄酒，那么往往会在品鉴中引起混淆。

产地

这是最经典的品鉴主题，因为它也是最自然的。我们可以以“村庄”为单位，也可以细化到每块葡萄田。从红葡萄酒开始，然后是白葡萄酒，如果我们选择的产区中也有甜白葡萄酒的话，则要放在最后品尝（这种品尝中的侍酒顺序与用餐时是不一样的）。

颜色（白葡萄酒、红葡萄酒或桃红葡萄酒）

按照颜色来品鉴葡萄酒的时候，产区和年份可以有所变化，也可以保持一致。侍酒顺序与上文“产地”中介绍的顺序相同。

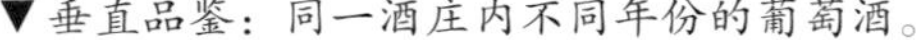

▼垂直品鉴：同一酒庄内不同年份的葡萄酒。

年份

我们可以按照颜色来比较同一地区内不同酒庄的葡萄酒，也可以按照颜色来品尝同一年份的不同产区的葡萄酒。如果该产区（卢瓦尔河谷、波尔多、勃艮第……）有多种不同颜色的葡萄酒，那么先从红葡萄酒开始品尝，然后是白葡萄酒。白葡萄酒的酸度会刺激口腔分泌唾液，从而冲淡红葡萄酒中的单宁留存在味蕾上的感觉。

葡萄品种

这种品鉴的技术性更强，通过它人们可以观察到不同的种植区域对同一款葡萄品种所产生的影响。例如，我们可以将最经典又最富于变化的法国勃艮第霞多丽与产自于朗格多克-鲁西荣、澳大利亚和美国加利福尼亚的同一葡萄品种进行对比。

葡萄酒类型

每款葡萄酒都有自己的整体风格：红色的、果香型的、辛辣的、清淡的、单宁突出的……虽然这种风格极其多变，但葡萄酒始终都会被按此归类。我们可以试想着进行这样一种品鉴：对比不同产区的超甜型葡萄酒、气泡酒或是陈酿氧化型葡萄酒……

水平品鉴

这种品鉴是针对同一种颜色、同一种风格、同一个年份，来自于同一产区的葡萄酒的。我们甚至可以深入到产区内部，按照某个村庄或某个科利玛（勃艮第）来品鉴，当然必须是来自于不同酒庄的同一款葡萄酒。水平品鉴可以为我们提供足够的信息，让我们了解到在同一个年份中某个酒庄或庄园过人之处。

垂直品鉴

垂直品鉴的目的是要比较同一酒庄生产的不同年份的葡萄酒。这种体验是非常有趣的，因为它可以让我们判断出同一款葡萄酒在一段时间内的发展趋势，以及某一年份的葡萄酒所具有的潜质。在有些名庄的垂直品鉴中，年份的跨度甚至可以达到一个世纪之久，人们从每十年中挑选出2～3个年份，那意味着将有几十款的葡萄酒等着你去品尝！在这种情况下，请不要忘记每款葡萄酒都有自己的发展轨迹，因此在品尝中难免会有惊喜（或是惊吓）。如果某瓶酒已经变质了，不要马上否定它，可以再另选一瓶。

半盲品

所谓半盲品指的是在已知产区，却不知道具体的酒庄和年份的情况下品尝一款葡萄酒。品尝者不会受到酒标的影响。这是一种客观、合理地评判葡萄酒的最好方法。

盲品

盲品意味着品鉴者事先并不了解要品尝的样酒，酒瓶被遮挡起来。这是一项难度很高的练习，因为除了客观的评判一款葡萄酒以外，你还要详细地说出这款葡萄酒的相关信息。这种游戏引人入胜且冒险性极强。因为了解葡萄酒并不代表你就一定能认出它来。

Tips

盲品测试

这个游戏常被用来唤醒品鉴者的感官。

选择1～6款风格相近的葡萄酒，例如马孔、圣韦朗、西万尼、两海间、密斯卡得、皮克普勒。

让品鉴者按照自己中意的顺序对这些葡萄酒进行排列（不公布它们的名字）。记录答案，然后将样酒取回。

一刻钟之后，在不做任何解释的情况下，将同样的样酒以不同的顺序重新呈上。要求品鉴者再次对其进行排序，观察他们的反应。取回样酒。对比两次的答案。

用餐过程中的品鉴

在用餐过程中进行的葡萄酒品鉴更加社交化和生活化。同时，在美食的陪伴下饮酒，才算真正地将葡萄酒还原到了它本该出现的地方：餐桌上。首先要检查一下室温是否保持在20℃以下，所以尽量选择一年中天气还算凉爽（甚至是寒冷）的夜晚。晚餐时段无疑是最佳品鉴时间，每个人都有着充足的时间，精神也最为放松。当然，这类品鉴活动也要有组织地进行。

气氛

选择柔和的灯光，蜡烛也可以，它能够将酒裙的颜色映衬得更加靓丽。使用干净，没有异味的郁金香型酒杯（国家原产地命名管理局标准杯也可以），每款葡萄酒占用一个杯子。避免使用香水或是在餐桌上抽烟。使用白色桌布。邀请的宾客最好不要超过8位，在每支酒杯倒满三分之二的前提下，一瓶葡萄酒刚好可以倒8杯。大家一起品尝、交流。当然，要严格确保在座的品鉴者喝的都是同一款葡萄酒。

葡萄酒

用一款白中白香槟做开胃酒，同时确保整个用餐过程中饮用的葡萄酒不要超过4～5款。侍酒顺序如下：从最年轻的到酒龄最老的，白葡萄酒先于红葡萄酒饮用，清淡型的葡萄酒先于浓烈型的葡萄酒；对白葡萄酒来说，要从最干到最甜；对红葡萄酒来说，要从最清淡到最浓郁，从果香型的到单宁厚重的。最后，还要记住一条原则：葡萄酒的级别越高，搭配的菜肴就要越简单。

配餐

为了将一切简单化，可以选择用大盘子来装盛菜肴或甜品。挑选1～2款成熟度刚好，适合搭配葡萄酒的奶酪即可（无需更多）。大可不必准备沙拉，但面包和水是必不可少的。千万要记得，一款细腻的葡萄酒不但有许多可以与它搭配得相得益彰的食物，也一样有着不少跟它互相抵触的天敌（醋、柠檬、过甜或过辣的酱汁、芦笋、洋蓟、菠菜、鸡蛋、柑橘、冰淇淋、巧克力……），所以在一场品鉴晚宴中一定要避免使用这些食材。

筹备

我们花在准备晚宴上的时间越充裕，那么品鉴就会越有条不紊，事半功倍。在晚宴开始前的若干天，我们就要准备好所有的葡萄酒。在晚宴当天，要将白葡萄酒和香槟放到冰箱中。在宾客到场前1个小时，将葡萄酒开瓶（白葡萄酒和红葡萄酒）并逐一检查，香槟除外。检查后，将白葡萄酒的瓶塞重新塞好，继续冷藏；对红葡萄酒，或者将瓶塞塞回，或者进行醒酒（如果有必要

需要吐酒吗？

在专业品鉴中，人们总是会将品尝的葡萄酒再吐出来。这仅仅是为了保持清醒，避免喝醉！如果你在完全没有配菜的情况下进行品鉴，那么你也可以效仿上面的做法。如果葡萄酒的数量少于4～5款，那就没有必要非得这么做了。

的话）。一旦醒酒结束，要立刻想办法将醒酒器封住。接下来，将酒瓶或醒酒器放置在屋子中最凉爽的地方。如果采用醒酒器侍酒，那么别忘了要把相对应的酒瓶也展示给客人。

Tips

一场别出心裁的晚会

不管是饮酒作乐，还是借助葡萄酒来点亮思想的火花，都可以成为组织一场令人难忘的品鉴之夜的初衷。

• 静思之酒

几个人围桌而坐。灯光柔和，环境暗雅。你可以精心挑选2款或3款精细典雅的葡萄酒。何不就选择口感甜美的唐• 瑞纳特香槟呢？再搭配上一些用烟熏三文鱼制作的小吃。接下来一款无与伦比的约翰内斯堡酒庄雷司令晚摘葡萄酒向你揭示了德国人的浪漫情怀。最后一瓶好年份的玛歌庄园让你的思想开始奔腾，也掀起了这个夜晚的高潮。此时，你已经不知道该用什么样的词语表达自己的情感了。这个静思之夜美妙得难以言喻。

• 哲学之酒

一款库克罗曼尼钻石香槟（Krug Clos du Mesnil）让你的灵魂为之一振。它的纯净和率真不期然地开启了一场思想的论辩。晚些时候，当一支完美诠释了白诗南的萨韦涅尔-塞朗-古列葡萄酒或是一支来自于索诺玛谷哈德森酒庄（Hudson Vineyard）的霞多丽葡萄酒上桌之时，你可能正游移于斯宾诺沙（Spinoza）和伏尔泰（Voltaire）之间。然而，当尼采出现在你脑海里的时候，你正啜饮着一支顶级的1996年乐花酒庄罗曼尼-圣维旺葡萄酒或是来自于托斯卡纳的2000年份的西施佳雅。连你的朋友也不得不承认勃艮第和佛罗伦萨最能激发人们的灵感。

• 以酒会友

在这种情况下，一切皆有可能：无论是全新的发现，还是不同寻常的体验。这是一个难得的机会，人们可以体验最富于变化的葡萄酒，特别是法国南部和西南产区的产品。一支无名的孔得里约葡萄酒可能会让客人们大感意外。向他们介绍一些法国之外的葡萄酒吧，比如伯恩巴德精选贵腐霉葡萄酒（Beerenauslese Bernkasteler Badstube）。也可以试试非常怪异的汝拉地区黄葡萄酒。作为结束，能够衬得起你那无与伦比的巧克力蛋糕的只有巴纽尔斯葡萄酒或是杜诺瓦园的波特酒（葡萄牙）。

• 黑领带派对

这是一种传统。人们会用香槟做开场，比如一支顶级的伯林格香槟或凯歌香槟。选择白葡萄酒常常让人举棋不定：即可以选勃艮第和它的一系列一级园和特级园葡萄酒（默索尔、夏瑟尼-蒙哈榭、皮里尼-蒙哈榭、科尔登-查理曼），也可以选择圣路卡（Sanlucar）的曼萨尼亚雪莉酒（Manzanilla，西班牙）。对这种经典活动来讲，最理想的红葡萄酒总是出自于波尔多的列级名庄或是勃艮第的特级园，但也不要忘记来自于美国纳帕谷的作品一号赤霞珠红葡萄酒。最经典的总是最出色的。

▲品鉴葡萄酒需要人们充分调动自己的嗅觉。

品鉴葡萄酒的步骤

品鉴葡萄酒需要我们充分唤醒自己的5种感官并高度集中注意力。在这之中，最重要的（但也最容易被忽略）是嗅觉，因为它由始至终密切地参与了整个品鉴过程。

品鉴葡萄酒包含了4个不可或缺的步骤：用眼睛看、用鼻子闻、用嘴品尝以及总结品鉴结果。除了借助于热情之外，我们必须要掌握一些基本的知识与方法才能够进行品鉴。鼓足勇气，不要因为你不知道该如何描述和表达自己的感受而觉得尴尬。每一个初学者的起点都是一样的。

葡萄酒的外观

仅仅是葡萄酒的外观已经向我们传达了许多信息了。首先要观察它的厚度，然后是它的色泽、透明度、流动性和杯泪。

厚度

首先，我们要记录的是葡萄酒颜色的厚度。白色、桃红色、红色，这些颜色会随着不同的葡萄品种、不同的酿造方法和不同的年份而变得或深或浅。波尔多或是地中海沿岸出产的红葡萄酒的颜色往往要比勃艮第的颜色深。日照充足的产区生产的桃红葡萄酒的颜色要比卢瓦尔河谷的桃红葡萄酒颜色浓郁。罗纳河谷的白葡萄酒和超甜型葡萄酒要比其他白葡萄酒的颜色深。

红葡萄酒酒裙的颜色会随着酒龄增长逐渐变浅。白葡萄酒则相反。

色泽

在年轻时，所有红葡萄酒的酒裙都会显现出蓝色的酒缘。与蓝色相映衬的，还会有青紫色、紫罗兰色或是紫红色的色调。我们通过观察“碟面”会发现以上现象。一款酒龄略老的葡萄酒通常显现出玫瑰红、黑加仑或是石榴红的色泽。一款老酒的碟面会更宽，并带有橘红、砖红或是桃花心木的色调。年份对葡萄酒色泽的变化会产生直接影响：一款好年份的葡萄酒颜色变化得要比小年份的葡萄酒慢。葡萄品种也会有相同的影响：用赤霞珠酿造的葡萄酒要比佳美或黑品乐葡萄酒老化得慢。

年轻的白葡萄酒酒裙颜色很浅。碟面显现出稻草黄的底色，带有绿色酒缘，这可以很充分证明它的年龄。随着酒龄的增长，葡萄酒的色调会逐渐偏向金色，在晚一些则变为琥珀色或是黄玉色。

透明度

优质葡萄酒都应该不同程度地拥有完美的透明度：洁净、清澈、明亮、晶

Tips

酒龄	白葡萄酒	桃红葡萄酒	红葡萄酒
年轻	绿色酒缘	橙红色	紫色色调
成熟	稻草黄	樱桃色	宝石红/石榴红
年老	金黄/琥珀色	杏黄色	瓦红色
衰退	琥珀色/栗色	琥珀色	橘红色/栗色

莹。如果它显得浑浊，那说明酒本身有些问题，但这并不妨碍我们进行品鉴。要注意浑浊和沉淀物之间的区别，后者是陈年过程中的自然产物，对葡萄酒的品质没有影响。

流动性和杯泪

当你轻轻转动杯中的葡萄酒时，会发现葡萄酒在杯壁上流过时所留下的油脂般的痕迹。我们称之为“杯泪”或“酒腿”，这是由水和酒精间不同的毛细张力和蒸发速度所引起的。简而言之，它反映了酒精度的高低，酒精度越高，杯泪越多。这与葡萄酒的品质没有必然联系。

气泡酒

对香槟或其他的气泡酒，我们要观察的是气泡。优质气泡酒的气泡丰富而细小，它们持续不断地快速升腾，在碟面上形成了一圈珠串。呆板、粗糙、转瞬即逝的气泡并不是一瓶上等气泡酒的标志。

葡萄酒的外观及相关词汇

- 视觉厚度

  弱、浅、苍白、浅淡、柔和、中等、鲜活、鲜明、深浓、浓厚、深、昏暗

- 透明度

  晶莹、明亮、洁净、清澈；或是相反的：暗淡、乳状的、模糊、浑浊、没有光泽

- 流动性

  流动的、迅速的；或是相反的：浓稠的、油状的、厚重、黏滞、黏糊

- 气泡酒的气泡

  细腻、均匀、粗大、杂乱

  气泡的活力：快速、中等、缓慢

  气泡的质量：丰富、中等、少量

  气泡的形状：串状、烟囱状

  液面的姿态：持久的、细带状（在碟面上形成了一圈气泡串）。

- 酒缘（从新酒到老酒再到处于衰退期的葡萄酒）

闻香识美酒

无疑，闻香是葡萄酒品鉴中最核心的部分：70%关于葡萄酒的信息都是通过香气传达给我们的。鼻子是最精密、最敏感的工具，给予我们最准确的记

白葡萄酒

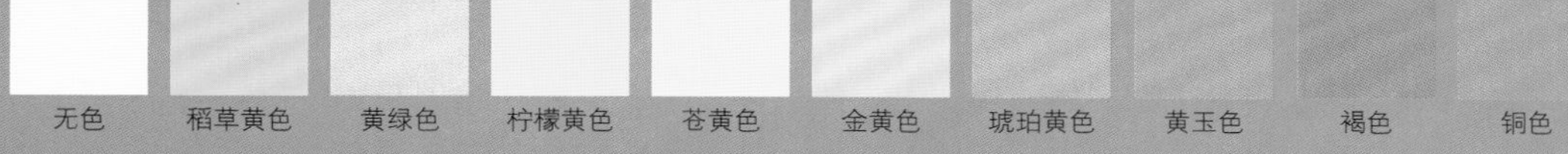

桃红葡萄酒

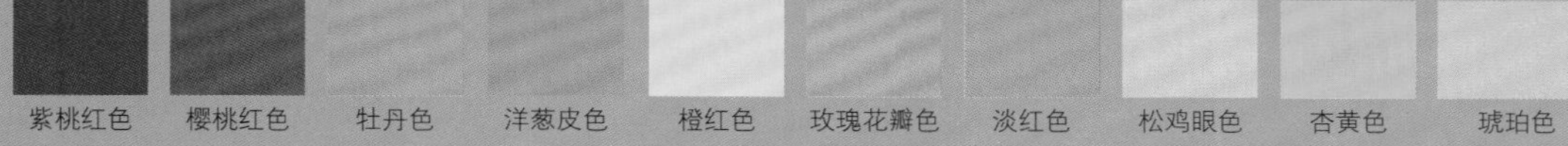

红葡萄酒

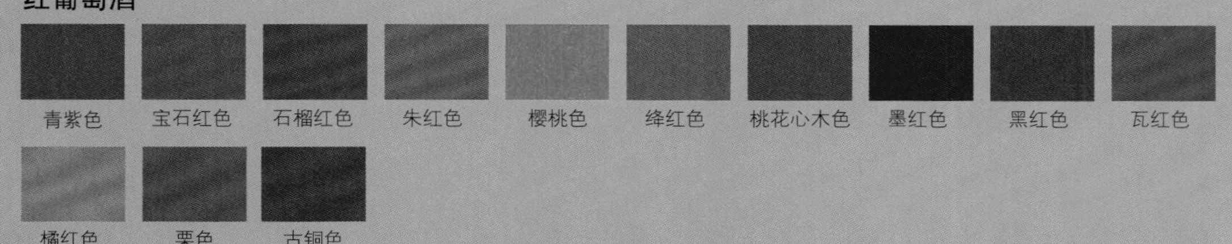

▲观酒

▲闻酒

▲品酒

如何操作

郁金香型的酒杯最适合闻香这个环节。当你转动杯子的时候，香气自然而然地向杯口处聚拢。为了清晰地感受葡萄酒的香气，要将鼻子探入杯中，深吸一口气，然后马上远离酒杯。持续地将鼻子停留在杯中只会混淆你所闻到的气味。挥发的酒精带出了葡萄酒的香气，但它的过度出现又会破坏掉我们闻香的初衷。因此，你可以分多次断断续续地去感受酒香。第一印象往往是最好、最准确的。

忆，尽快运用这个工具吧。

在葡萄酒进入口腔之后，嗅觉和回味通过鼻后道共同发挥作用，有助于我们分析香味类型。即使是最轻度的感冒也会影响和阻碍我们进行品鉴。

接下来就要分析葡萄酒的香气了。总体来说白葡萄酒具有白色水果或白色花朵的香气；红葡萄酒带有红色水果、黑色水果和彩色花朵的香气。在葡萄酒中，我们很容易捕捉到某些水果（黑加仑、麝香葡萄、李子……）和鲜花（紫罗兰、玫瑰、牡丹……）的香气，但当很多种气息紧密地混杂在一起，就变得很难识别了。长期练习是掌握闻香技巧的必经之路；经验和实践会帮助我们熟悉和记住许多基本的气味。我们还应该学会如何区分这些香气，并说出香气中所包含的每种花的名字。

三种类型的香气

葡萄酒的香气并不是永恒不变的。对那些顶级葡萄酒来说，随着酒龄的增长，香气也会发生变化。一款年轻的葡萄酒往往带有花香，随着酒龄的增长，这种花香逐渐演变为新鲜水果的香气，然后是成熟水果或是干果的香气，直到最后会出现浓重的林下植物味或是动物型香气。

人们一般将葡萄酒的香气分为以下3大类。

初级香气指的是非常年轻的葡萄酒所带有的与葡萄品种有关的气味。

二级香气是与发酵有关的气味。

三级香气反映的是葡萄酒在成熟期中所显现的香气。

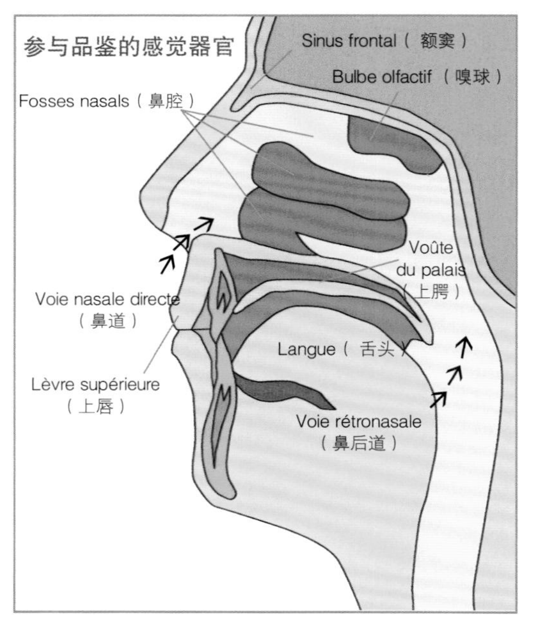

不同的气味类别

嗅觉所感受到的气味可以被分为不同的类别：水果、蔬菜、林下植物、动物、食物、焦臭、香脂、树木、辛香料、香料、矿物质和化学气味。我们对葡萄酒香气的描述通常从水果型香气开始，因为葡萄酒中总是会带有这类香气，即使是让人不悦的过熟水果或烂水果味。

葡萄品种与香气

葡萄品种也会赋予葡萄酒特殊的香气，这是极易识别的。

品丽珠：覆盆子、蓝莓、苔藓。

赤霞珠：黑加仑、桑葚、甜椒。

霞多丽：花香、果香、蜂蜜。

诗南：干型葡萄酒中带有茶香、茉莉花和木瓜香；甜型葡萄酒中带有蜜糖味、辛香料和蜂蜡味。

佳美：红樱桃、醋栗、桑葚。

琼瑶浆：玫瑰、荔枝、辛香料。

歌海娜：浓烈的黑色水果、辛香料和常绿栎丛香气。

美乐：李子、紫罗兰。

密思卡岱：麝香。

黑品乐：红色水果、皮革、林下植物。

雷司令：花香、柑橘、矿物质味。

长相思：白色水果、柑橘。

赛美蓉：蜂蜜、黄色花朵、杏。

西拉：丰富的水果香气和辛香料味。

维奥涅尔：紫罗兰、洋槐花、杏、麝香。

▲红葡萄酒中总是带有红色水果的香气。

香气质量

得出的结论可能是：让人失望的、难闻的、有问题的、粗糙的、使人厌恶的、普通的、表现平平的、简单的。

或者相反：年轻的、令人愉悦的、舒服的、清新的、细腻的、好闻的、精致的、纯净的、典雅的、复杂的、丰富的、美妙绝伦的。

Tips

香味的轮回

葡萄酒亦如四季更迭。在它年轻的时候，带给你的都是一些春天的味道，刚刚苏醒的植被、萌发的嫩芽、才长出的新枝和盛开的春花。这香气清新得无可比拟，“空气里都是春天的味道”。当葡萄酒逐渐成熟时，随之而来的将会是不同水果的浓郁芳香。其中还夹杂着辛香料和动物型的香气，越来越丰富，越来越复杂，也越来越细腻。

处在巅峰期的葡萄酒会让你觉得仿佛漫步在秋日的森林中，灌木、苔藓、潮湿的树叶和菌类的味道萦绕四周。有时候，那些极好的葡萄酒还会散发出松露那勾魂摄魄的香气。

Tips

如何持杯

持杯的时候要用拇指和食指拿住杯脚，向前略微地倾斜一点，要在白色背景（一张白纸或白色桌布）的映衬下，照明最好是自然光或者非直射的灯光（不要使用霓虹灯）。仔细观察葡萄酒。碟面与杯子内部相接触的地方，厚度的变化和酒缘最能说明问题。

▲① 苹果和柑橘；② 茉莉花；③ 香草；④ 燧石；⑤ 玫瑰；⑥ 烟草；⑦ 烤面包；⑧ 核桃、榛子；⑨ 甘草；⑩ 红色水果；⑪ 林下植物。

葡萄酒的香气及相关词汇

• 浓郁度

弱、封闭、较弱、中等、开放、富有表现力、使人振奋、持久、发展充分、芳香、充分释放、强劲、集中、极其强劲、丰满。

• 不同的香气

水果

黑色：李子、黑加仑、蓝莓、桑葚、酸樱桃。

红色：樱桃、毕加罗甜樱桃、草莓、覆盆子、醋栗、野草莓。

柑橘：橙子、橘子、柠檬、柚子、青柠檬。

热带水果：菠萝、芒果、百香果、番木瓜、香蕉、荔枝。

其他：乌梅、无花果、桃子、杏、梨、苹果、橄榄。

干果和蜜饯：核桃、榛子、杏仁、李子干、无花果干、椰枣、柑皮、非果肉果酱、纯果酱、果泥、开心果、果子冻。

花：蔷薇、玫瑰、洋槐、紫罗兰、金银花、桂竹香、牡丹、金雀花、橙花、风信子、天竺葵。

植物：草、树叶、草地、蕨类、接骨木、黑加仑叶、干草、柠檬香植物、薄荷、茶叶、草药茶、烟草、青椒。

林下植物：苔藓、枯叶、潮湿的泥土、腐殖土、蘑菇、松露。

动物：麝香、肉、鹿肉、野味、皮革、皮毛、琥珀、猛兽。

食物：蜂蜜、焦糖、甘草、可可、乳制品、黄油、酵母、苹果酒、啤酒、大蒜。

焦臭味：熏、烤、烘焙、焙烧、焦糊、碳烤咖啡、烤吐司、摩卡咖啡、烤杏仁、橡胶。

香脂：树脂、雪松、百里香、清漆、产树脂植物。

树木：雪松、树脂、松树、香草、桂皮。

辛香料和香料：桂皮、香草、八角、胡椒、月桂、芫荽、丁香、生姜。

矿物和化学品：火石、硫黄、碘、燧石、泥土、粉笔、煤油。

葡萄酒的味道及相关词汇

• 入口：柔软、柔顺、果香浓郁、圆润、活泼、富有表现力、率直、封闭、艰涩、质朴。

• 发展：可以从5个方面来描述葡萄酒带给我们的感受。

单宁：这一点只针对红葡萄酒，可以体会它的收敛感，这是口腔黏膜能够感受到的一种粗糙和艰涩的感觉；随着时间的增加，单宁会逐渐软化，苦涩的感觉随之减弱，但它还会继续支撑着葡萄酒的结构。

甜味、果味：这是葡萄酒最让人觉得舒服的一面，同时还伴随着必不可少的芳香，总是让人联想到酿酒所使用的水果——葡萄。

酸度：它是葡萄酒的核心要素，是支撑整个葡萄酒的脊柱。人们很容易感受到酸度的存在，因为它会引起唾液的分泌。白葡萄酒的酸度通常要高于红葡萄酒，这也是为什么我们总会在侍酒前将白葡萄酒冰一下，低温会降低葡萄酒的酸度，让它不至于过于突兀。一支清爽的白葡萄酒总是会比一款单宁突出的红葡萄酒更容易带给人解渴的感觉。

酒精：酒精是葡萄酒的一个重要组成部分，它在酒中的含量约为10%～15%。在口中遇到较高的温度时，酒精会有助于香气的释放。它有甜味，并带给葡萄酒油脂感和容量感。

气泡：气泡只存在于气泡酒中。当气泡酒或进行酒泥培养的葡萄酒中的二氧化碳含量较少时，人们常会使用“低气泡酒”这个词。对其他的气泡酒，我们可以通过眼睛和味蕾来分析气泡的大小、上升速度和持久性。气泡是因二氧化碳而形成的，它没有味道，可增加酒的活力和清爽感。

• 后味：人们采用“欧达利”（Caudalie）（1欧达利=1秒）这个单位来衡量葡萄酒的后味。它的持久性可以分为短暂（3欧达利）、中等（4～6欧达利）、持久（7～10欧达利）和非常持久（11欧达利或更多）4种级别。后味可以是活泼的、略酸的、刺激的、可口的、美味的、层次丰富的、解渴的；相反地，也可以是苦的、艰涩的、带有植物味的、干涩的。

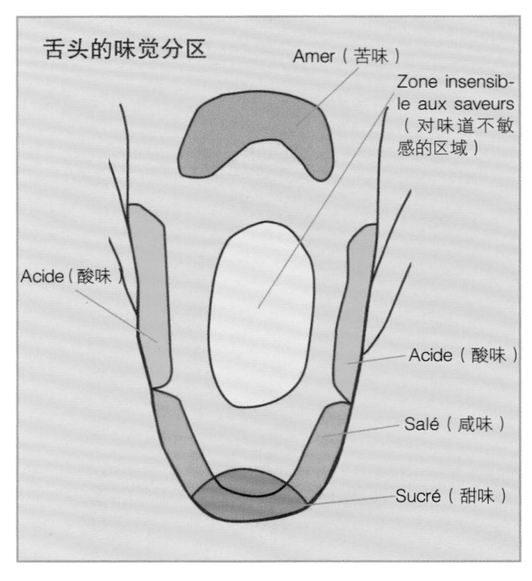

舌尖上的葡萄酒

嗅觉可以帮你辨识葡萄酒的多种香气，但味觉却通常只能感受到4种基础的味道：甜味、咸味、酸味和苦味。在深入探寻的过程中，我们能够感知到更多，例如辣味和金属味……

在舌头的表面有一层味蕾，正是它们帮助我们感受到不同的味道。根据对各种味道的敏感程度不同，我们可以将舌头详细地划分成若干个味觉区域：舌尖处主要感知甜味；舌头两侧主要感知咸味和酸味；舌根处对苦味最敏感。而舌头的中间部分对味道几乎毫无反应，但是它有触感并能察觉出到食物的热度。为了证明这一点，你可以先将手指放在舌尖处，马上你就会尝到手指的味道；然后，再把手指向前伸3厘米，你会惊奇地发现你尝不到什么明显的味道了。

味觉三部曲

入口是葡萄酒刚进入口腔时带来的感觉：它是你对葡萄酒的第一印象。

发展：入口之后，让葡萄酒在口腔中停留几秒钟。在这个过程中，葡萄酒与口腔充分地接触，你还可以再吸入一些空气。吸气时可能会出现一些奇怪的声音，但这在品酒过程中不足为奇。味蕾被葡萄酒充分浸润，评估着它的质感。两腮和牙龈可能会感觉到单宁的刺激。香气蔓延到鼻后的区域。这时你应该已经收集到了关于这款葡萄酒的足够的信息。

后味：将葡萄酒咽下或吐出之后，它最终的香气会在口腔中停留几秒钟（可以用欧达利来计算）。

品酒总结

不管它产自何处、风格怎样、酒龄长短、颜色如何，一款真正的好酒都应该是平衡的，也就是说它的外观、香气和味道能够完美地融合在一起。如果一支葡萄酒达不到这种状态，那么这种不平衡感可能是由许多不同的原因引起的：酿造或保存过程中的问题（这种缺陷是难以弥补的），或者是因为酒龄的缘故（葡萄酒过于年轻或是太老了）……

在对品鉴所做的总结中，首先应该有一份详细的品酒笔记，它描述了这款葡萄酒给你留下的印象，这是你对它做出的评判。然后对专业人士来说，还要对这款葡萄酒的发展趋势做一个预见。

要想让自己的评判做到细致准确，需要品鉴者对葡萄品种、风土条件、年份及酿造技艺都有着深刻的了解。此外，丰富的经验和对各种味道的记忆也是必不可少的。毫无疑问，我们需要经过若干年的练习，同时记录下品鉴的点点滴滴才能够对各种类型的葡萄酒谙熟于心，并且预见它们的未来。

品酒笔记及专业词汇

缺乏平衡感的葡萄酒：刺激性强的、单薄的、瘦弱的、干涩的、酒精味浓郁的、不平衡的、过于年轻的、过老的、氧化的、带有马德拉酒味道的、衰退的、处于衰退期的。

平衡的葡萄酒：细腻的、内敛的、精致的、鲜活的、活跃的、清爽的、解渴的、平衡的、流畅的、圆润的、成熟的、美妙的、柔顺的、柔滑的、甜美的、处于巅峰期的。

品质出众的葡萄酒：极为出色的、典雅的、纯正的、丰满的、完美的、出类拔萃的。

品尝人人皆会

当你想检查一下酸醋沙司是否符合自己口味的时候，会用手指沾上一些，或是在小勺中滴上几滴，然后把它们放在自己的舌尖上，并且大声地咂巴两下舌头。通过这种方式，沙司会分布在整个舌头表面，你会马上分辨出其中所带有的咸味、胡椒味……咂巴舌头这个动作可以让空气进入到口腔之中。在回味中你可以感觉到醋、油和芥末的香气。你可以不断品尝，不断调整不同调味料在沙司中的剂量，直至到达自己满意的效果为止。你可能还没察觉到，这其实就是一个品鉴的过程，与品鉴葡萄酒别无二致。

葡萄酒的缺陷

葡萄酒并不总是完美的，更糟的是，有时它还会带有某些缺陷。我们拿酸度举例：它构筑了葡萄酒的主体骨架，突出了果香，赋予了葡萄酒美味和清爽感。如果酸度过低，酒会显得软弱无力，不成形状。但如果酸度过高的话，醋酸味就会扑鼻而来。苦味也是一样的，葡萄酒中的苦味常常会让人不悦地皱起眉头，但正如艾米乐·贝诺（Émile Peynaud）在《葡萄酒的味道》中所说的那样“适当的苦味对于红葡萄酒来说非常重要，它可以证明葡萄酒的品质以及它是否在朝着好的方向发展。”实际上，某些苦味，例如精致的烘焙咖啡的味道、可可味和甘草味能够为一款单宁优雅的名庄酒锦上添花。

在整个品鉴过程中，我们不难发现一些普遍的缺陷。

外观

通常只有尚未酿成的葡萄酒和新酒可以允许在外观上有些瑕疵。一旦装瓶上市之后，葡萄酒必须是清澈透明的。酒液内不可以有任何悬浮物，但白葡萄酒中的酒石酸沉淀是可以存在的，它既不会影响酒的口感，也不会对消费者产生任何不良影响。只需在饮用前进行醒酒或是将酒瓶直立静置1小时即可将其去除。

如果红葡萄酒的碟面上出现气泡，说明在残留的酵母或糖分的影响下，酒液在瓶中出现了继续发酵的现象。这种情况在采用了加糖工艺的葡萄酒中也可能出现，但并不影响我们对酒的品鉴。

气味

如果一瓶葡萄酒在气味上出现了许多问题，那么最好不要再做进一步的品鉴了。

一瓶香气闭锁的葡萄酒就好像一个缄默不语的聋哑人，它可能是由于近期才装瓶或是经历了长途颠簸的旅行而变得疲惫不堪。这不算是一种缺陷，在经过一段时间的休息之后，它往往会重新焕发光彩。

变酸。挥发酸的出现是一种警示，它提醒你葡萄酒开始变酸，在向着酒醋的方向发展了。当酒中出现化学品、胶水、清漆、丙酮的味道，就意味着它已经出现了问题。

霉味、腐败的味道、旧木板味、潮湿的纸箱味、尘土味、潮闷味都是不应该出现在葡萄酒中的味道，它们常常是由于不恰当的采摘或是在生产过程中使用的材料不洁净而引起的。

内脏味和腐烂味是随着强烈的还原作用而产生的。长时间的醒酒，让酒液与空气充分接触有时可以解决这些问题。

烂苹果味说明葡萄酒已经氧化变质了。

马德拉葡萄酒的味道说明葡萄酒已经进入了衰退期。

硫或其衍生物（硫醇）的味道非常难闻，带有此类味道的葡萄酒可以说是无药可救了。

橡木塞味在品鉴过程中经常会出现。

Tips

橡木塞味

如果一瓶葡萄酒的香气出现了问题，那么橡木塞多半是罪魁祸首。不幸的是，这种情况极为常见，有时是由于劣质橡木塞本身所引起的，有时是因为一些肉眼看不到的寄生菌污染了树皮所导致的。即使带有橡木塞味儿的葡萄酒（所有类别）的比例降低了（不足1%），霉味、腐败味和年老的真菌味也还是会影响到部分葡萄酒，因为对酒窖或酿酒车间内的木质设备所做的防寄生菌处理会带给储存在其中的葡萄酒一种类似于橡木塞的味道。如今大部分名庄酒都不会再有这种典型的缺陷了，因为人们对许多酒窖和酿酒车间都进行了重建。

味道

如果通过嗅觉你已经察觉出一款葡萄酒的缺陷了，那么味觉会帮你做进一步确认（如果确定要冒这个险的话）。这是因为回味会放大这些不好的味道。然而，单宁、酸度或是苦味上的一些小瑕疵有时会随着时间的增加而逐渐消失。你会发现你已经感觉不到那些葡萄酒在年轻时所带有的缺陷了。

品鉴得分

品鉴通常就是就是对葡萄酒进行对比和评价。给每款你所品鉴的葡萄酒打分以便对它们进行定位和分类。但是，我们应该知道每次品鉴结果都是一款产品，在某个地方、某个时间、所留给你的个人印象。因此，当你今后在其他地方遇到同样的一款酒时，除了一些必要的评语之外，最好不要再打分了。

评分比例

（可以出现0.5分或0.25分）

视觉：2/20

嗅觉：6/20

味觉：10/20

总结：2/20

总分：20/20

在20/20的总分中，视觉所占比例为10%，嗅觉为30%，味觉为50%，整体感觉占10%。

Tips

葡萄酒与香水：异曲同工的感官体验

葡萄酒与香水之间的共通之处令人惊奇，用来描述它们的词汇也通常都一样。观色和闻香之间存在着某种必然联系，许多描述感觉的词汇都可以用来修饰嗅觉上的深刻体验和香气所展现出的迷人魅力。

如果说在品鉴过程中我们需要动用各种感觉器官的话，那么对许多侍酒师和酿酒师来讲，嗅觉无疑是其中占主导地位的一个。这跟香水制造者是一样的。他们谈论的也是一种甜美、高贵的“液体”，或是“嗅觉金字塔”，就如同酿酒师口中的“连续阶段”。

共通之处

“第一闻”（Premier Nez，指的是葡萄酒最开始时带给人们的笼统的香味感觉）就类似于香水的“前调”（Note de Tête）。它会一下子吸引人的注意力，而决定这一香气特征的是生产葡萄酒或香水时所使用的某些易挥发原料。“第二闻”（Deuxième Nez，转动杯子之后，葡萄酒分子所产生出的更为复杂的香气）等同于香水的“中调”，它决定了香味的主体风格。“第三闻”（葡萄酒与氧气接触一段时间后，所进一步释放出的香气）与香水的“后调”（Notes de Fond）相同，它持续的时间最久，比较容易留存在记忆里。不管是香水还是葡萄酒，它们的香气都有浓烈、清淡、强烈、持久和短暂之分。

香水生产者将香水分为了7大类（花香型、西普型、蕨香型、皮香型、龙涎香型、柑橘香型、木香型），在每个大类下又存在若干个小类别。虽然葡萄酒的香味类型与香水并不百分之百一样，但有许多类别非常近似，常见的有：花香、果香、木香、辛香料，甚至是烈酒所具有的烘焙香……

受葡萄酒启迪的香水制造者们

有些香水与葡萄酒世界有着密切的关系，例如下面一系列熟悉的名字：沙龙的“皇家香槟浴”（Royal Bain de Champagne）、法巴芝（Fabergé）的男士香水、圣罗兰（Yves Saint Laurent）的香槟香水后更名为“醉爱”（Yvresse）……而另外一些香水配方中的成分也会让人们联想到葡萄酒：纪梵希男士香水（Givenchy pour Homme）中含有艾菊（Davana）精华（一种带有浓郁酒精味的草本植物，让人们联想到雅马邑）；鳄鱼男士香水（Lacoste pour Homme）和山本耀司（Yamamoto）的男士淡香水中的纯朗姆酒气味与香脂味、雪松味，木头味搭配得恰到好处；苦艾酒精华为芦丹氏的纯粹柔雅香水（Douce Amere de Serge Lutens）带来一种甜苦交杂的效果；刺柏与当归所搭配出的一种“杜松子酒”的味道让“罗莎之水”男性香水（Eau de Rochas pour Homme）和吉尔桑达男性香水（Jil Sander for Men）有一种令人为之一振的感觉；迪奥的“真我”香水（J´adore de Dior）带有一种巴纽尔斯葡萄酒浸李子的味道；香奈儿的“No. 5”香水尽显蒙哈榭白葡萄酒的复杂与细腻，有着轻柔的辛香料、草药、鲜花和椴树的香气；迪奥的至尊淡香水（Dioressence de Dior）所带有的紫罗兰和杏子香气，与孔得里约白葡萄酒颇为类似。

葡萄酒品鉴记录

根据不同的品鉴类型，随之产生的品鉴记录的格式也不尽相同。甚至于在一些相对轻松的社交场合，我们也没有必要非得随身带着纸和笔去填写品鉴记录。一切只是为了自我娱乐而已。

品鉴记录I：简单型	
日期：	年份：
时间：	外观：
葡萄酒名称：	香气：
品鉴地点：	味道：
产区：	总结：

这种基础品鉴记录的形式可以随着品尝用酒数量的变化而进行调整（见记录II）。

品鉴记录II：改善型				
日期：	时间：	地点：		
	第一款	第二款	第三款	第四款
外观				
香气				
味道				
总结				
分数				

注明日期、时间和地点非常重要，它们可以帮助你回忆起每次品鉴时的场景。

<table>
<tr><th colspan="2">品鉴记录III：全面型</th></tr>
<tr><td colspan="2">姓名：　　　日期：　　　时间：</td></tr>
<tr><td colspan="2">葡萄酒名称：　　　产区：　　　年份：</td></tr>
<tr><td>外观：</td><td>味道：</td></tr>
<tr><td>厚度：
描述：
透明度
流动性
颜色
气泡（气泡酒）</td><td rowspan="2">入口：
发展：
果香、甜度
酸度
酒精度
单宁（红葡萄酒）
气泡口感（气泡酒）
后味：（持久性）
欧达利
主导香气</td></tr>
<tr><td>香气：
浓郁度：
描述：
不同的香气类型
品质</td></tr>
<tr><td colspan="2">总结（个人观点）：
平衡度：
判断：
预见：
食物搭配：</td></tr>
<tr><td colspan="2">分数：</td></tr>
</table>

以上是一个应用于专业品鉴的完整的品鉴记录，它更加高效也更加完美，可以避免我们遗忘掉任何一个与葡萄酒相关的细节。它借鉴了在葡萄酒世界中惯常使用的品鉴记录的框架，能够帮助你熟练掌握一套品鉴技巧，同时也是最好的备忘录。

任何情况下，在对一款葡萄酒所做的总结中，我们都应该自然而然地考虑到它适合搭配的菜式、烹调方法或是菜谱。

跟踪一款葡萄酒

林卓贝斯庄园（Château Lynch-Bages）1990年，波亚克地区五级庄

品鉴日期	外观	香气	味道	总结
1991年5月（在橡木桶中）	黑色/紫红色 不透明	香气强烈，带有明显的橡木桶味，还有黑加仑、桑葚、月桂、皮革和烘烤咖啡豆的味道	单宁突出，有明显的新鲜感，热情，果味浓郁、绵长，整体感觉有些混乱	结构紧实，单宁成熟，尾韵持久。陈年潜质：15/20年
1993年3月	不透明的绛红色	香气浓郁、橡木桶味非常明显、带有用黑加仑和桑葚做成的果酱的香气，还有柔和的辛香料味、雪松味。香气非常复杂	单宁突出而成熟，果香丰富，甘美，新鲜感明显，回味持久，非常醇美	葡萄酒逐渐变得柔和，单宁依然占主导地位，果香还没有全面释放出来，余味也还很闭塞。巅峰期：1998～2010
1997年6月	红宝石色，带有很深的绛红色色调	香气非常富有表现力。首先闻到的是橡木桶的味道，然后是熟黑加仑、雪松、雪茄、月桂以及香脂的气味	入口柔顺、丰满、成熟。果香在口中四散，单宁美味柔和。活泼的酸度调动了整个葡萄酒的口感。表现力强，回味悠长	葡萄酒已经逐渐进入了适饮期，初具平衡感；整体风格已经基本固定。发展速度比预计的快。巅峰期：1997～2010
2000年7月	不透明的红宝石色	香气发展得很好，富有表现力且十分复杂。多种香气元素融合在一起，并伴有鲜花和肉桂的香味；月桂的香气减弱，熏烤的味道变得柔和了	入口柔顺且有力。酒精的热烈没有影响到馥郁的果香和丝滑的单宁。结构平衡且典雅。回味中的甘草香持久悠长	葡萄酒还会慢慢发展一段时间；此时饮用的话，要提前2小时醒酒。巅峰期：1998～2012
2003年6月	很深的红宝石色，碟面带有石榴红色调	香气富有穿透力。儿茶、苔藓和松露的气味加入到了整个香气组合中，非常细腻且纯净	整体上非常平衡，甘美中糅合着丰满。口感绵柔、冗长而新鲜	整体结构没有瑕疵，有着完美的平衡感，仍然有着很好的陈年潜质。饮用时需提前1小时醒酒。巅峰期：1998～2015

葡萄酒品鉴实例

以下所有葡萄酒的品鉴均完成于2003年。

白葡萄酒的品鉴

阿尔萨斯麝香葡萄酒 2002

原产地监控命名酒

适饮温度：8℃

外观：酒裙明亮，颜色浅淡，呈稻草黄色，碟面带有绿色光泽。杯泪粗大，流动速度慢。

香气：这个葡萄品种带有浓郁的木瓜香气，轻微的矿物质味夹杂其间。透气后，会出现麝香和蕨类植物的气味。整体的香气纯净而简洁。

味道：非常细小的气泡伴随着葡萄酒一起进入口中，带来浓郁的果香、适度的油脂感和精致的酸度。所有这一切又融合在它独特的甜味中。这款葡萄酒后味持久，能散发出一种少见的苦甜兼具的糖渍橘皮味道。

总结：这款独具魅力的葡萄酒无论是葡萄品种还是产区都非常典型。它可以用来搭配荷兰的芦笋酱（一般情况下芦笋很难与葡萄酒搭配在一起）、三文鱼、熏鳗鱼或是龙蒿鸡。

陈年潜质：在6年之内饮用最好。

阿尔萨斯琼瑶浆白葡萄酒 2000
福尔堡特级园延迟采收型葡萄酒

适饮温度：8℃

外观：酒裙呈明亮的金黄色。杯泪持续时间长，流动迟缓。

香气：香气极其丰满，可以感觉到由荔枝、糖渍乌梅、玫瑰花瓣和柔和的辛香料味所混合而成的复杂香气。在透气之后，又呈现出粉笔和苔藓的气息。

味道：从入口开始，厚重的果味和浓郁的甜味就衬托出了这款葡萄酒丰富的口感。由于它具有一定的清爽度，所以整体上显得非常平衡。它油滑、肥厚且丰腴，但又不会让你的味蕾觉得不堪重负。后味绵长，带有明显的辛香料和果脯味。

总结：这款葡萄酒正值巅峰期，能带给人无限乐趣。它既可以用来单独饮用，也可以搭配不同食物，比如鹅肝酱抹面包、藏红花烩鲛鱇鱼或芒斯特奶酪。此外，它还可以用来搭配有一点辣味或糖醋味的东方菜肴。

陈年潜质：这款葡萄酒的巅峰期在2004~2015年。

萨韦涅尔-塞朗-古列白葡萄酒 1999

CLOS
DE LA
Coulée de Serrant
APPELLATION SAVENNIÈRES-COULÉE DE SERRANT CONTRÔLÉE
1999
Nicolas JOLY, Propriétaire-Viticulteur
au CLOS DE LA COULÉE DE SERRANT - 49170 SAVENNIÈRES
Mise en bouteilles au Château
PRODUCT OF FRANCE WHITE WINE NET CONTENTS : 750 ML ALC. : 13,5 %/VOL.

葡萄品种：诗南

适饮温度：12℃

外观：从杯中观察，酒裙呈金色的稻草黄，同时带有闪亮的黄绿色光泽。晃杯之后，杯泪流动缓慢，带有一定间隔。

香气：香气突出且丰满，带有精致的椴树香、茶香，以及热带水果和桃子的香气，并混有丝丝缕缕的辛香料和木瓜的气味。

味道：在口中，甜和干的感觉紧密地交织在一起，我们可以说二者同时主导着这款葡萄酒。浓郁而丰富的果香与充满活力的酸度相混合，使得这款葡萄酒兼具了油脂感和出色的回味。

总结：这是一款高端白葡萄酒，它的复杂性令人惊奇。再陈年一段时间，它的优势会更加突出，因此最好在饮用前2小时醒酒。将它视为法国最好的白葡萄酒的确是实至名归。它既可以用于单独饮用，也可以搭配奶油面包、带有酱汁的小牛胸或是上好的奥洛夫牛里脊。

陈年潜质：这款葡萄酒的巅峰期在2004~2015年。

夕铎庄园新教皇城堡白葡萄酒 2003

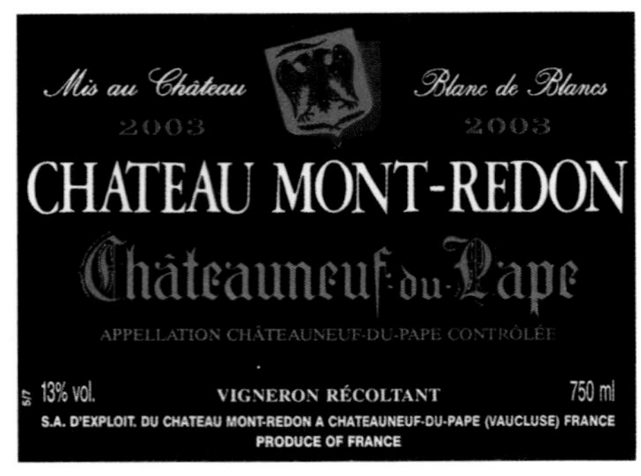

葡萄品种：白歌海娜、布尔朗克、克莱雷特、胡姗、皮克葡

适饮温度：10℃

外观：酒裙呈明黄色并伴有金色光泽。碟面很厚，杯泪厚重，流动迟缓。

香气：香气非常发达，整个香气集合中包含有丰富的糖渍柑橘、山楂花和淡香料的气味。慢慢地还会进一步释放出与葡萄同时期收获的桃子香气。

味道：从一入口就不难感受到这款圆润、热烈、果香饱满的葡萄酒所具有的丰富口感。它的油脂感很明显。酸度在最后才出现，它延长了果香持续的时间，这时香气中会带有一丝苦杏仁的味道。

总结：这是一款馥郁、丰满且强劲的葡萄酒，能够轻而易举地将你征服。它需要与味道相对浓郁的菜肴相搭配，可以考虑龙虾汤、西班牙海鲜饭、小茴香烧狼鱼、奶油烤螯虾。

陈年潜质：5年内饮用最佳。

宝尚父子酒庄
谢瓦利埃-蒙哈榭白葡萄酒 2000

葡萄品种：霞多丽

适饮温度：12℃

外观：稻草黄的酒裙厚度适中，色彩明亮，带有金色酒缘。杯泪大且流动缓慢。

香气：香气开放、典雅且极为复杂。可以从中分辨出水果蜜饯、淡香料、烤蜂蜜面包、鲜奶油、榛子和麝香的味道。

味道：虽然这款葡萄酒尚在变化之中，但它在口中已然达到了很好的平衡感。与甜美的果味和精妙的油脂感相衔接的是持久的清爽感和回荡在嗅觉中的绵长香气。

总结：这款出色的葡萄酒饱满、有力又优雅。只要再陈放几个月，它就能呈现出完美的平衡感了。高档的鱼类和贝类都可以与它相搭配。

陈年潜质：这款葡萄酒的巅峰期在2005~2015年。

雪丹露庄园苏玳白葡萄酒 1997

葡萄品种：赛美蓉、长相思

适饮温度：8℃

外观：简洁的金黄色酒裙，厚度绝佳。杯泪很大，数量众多，流动非常缓慢。

香气：香气丰满，其中包含有蜂蜜、蜂蜡、果酱、糖渍柑橘、辛香料、杏子酱和牛轧糖的味道。

味道：刚入口时，这款甜酒带有着充沛的活力和出色的清爽感。它所具有的油脂感在味蕾上扩展开来，带给人感官上的满足。杏、白胡椒和生姜的味道一直持续到最后。

总结：一款极品的超甜型葡萄酒，细腻与力度完美地糅合在一起。单独饮用或是搭配冻鸭肝、洛克福羊乳奶酪（Roquefort）及杏仁奶油千层糕都是不错的选择。

陈年潜质：这款葡萄酒的巅峰期在2005~2025年。

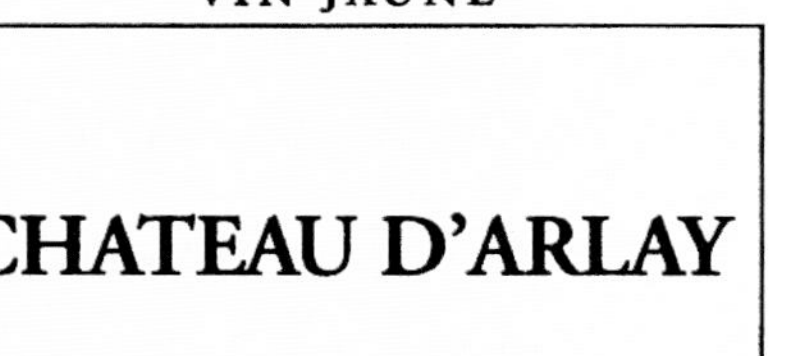

达雷庄园汝拉酒区葡萄酒 1990

葡萄品种：萨瓦涅

适饮温度：14℃

外观：酒裙厚度适中，色彩明亮，呈金褐色带有琥珀色酒缘。杯泪多，流动较快。

香气：香气沁人心脾，能够闻到奇特的核桃、科林斯葡萄、无花果干、淡香料的香气，并带有些许木头香和熏烤味。

味道：这款葡萄酒在口中呈现出的是干果的味道，可口而持久，其间并没有掺杂甜味。它不会显得生硬或刺激，带有完美的平衡感和无限回味，令人赞叹。

总结：这是一款新颖独特的葡萄酒。在进入适饮期后，这款具有示范意义的葡萄酒更加展现出无与伦比的魅力。它既适合单独饮用，也可以搭配弗朗什孔泰产的奶酪（Comté）或黄葡萄酒炖鸡。

陈年潜质：适于在2017年之前饮用。

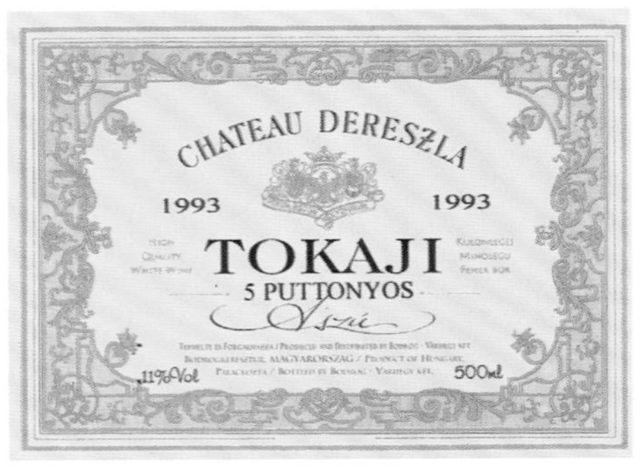

匈牙利德瑞斯拉庄园（Château Dereszla）
陶家宜-埃苏5箩甜白葡萄酒 1993

适饮温度：12℃
外观：厚度适中，金色的酒裙在闪耀的古铜色和黄玉色光泽的映衬下显得愈发突出。
香气：香气格外强劲，杏干、蜂蜜、丁香、腌橘皮和蜂蜡的香气扑鼻而来，还夹杂着细微的核桃味。
味道：浓郁的甜味充满口腔，与强劲的酸度达成平衡，正是由于酸度的存在，整个葡萄酒呈现出一种让人感觉舒畅的清爽感。这款葡萄酒的油脂感非常明显。蜂蜜、辛香料、杏和生姜的后味突出。
总结：这是一款丰满、浓郁、甜美，能够给人带来极大享受的陶家宜葡萄酒。可以稍加冷藏后在用餐结束时饮用；它既可以用来单独饮用，也可以搭配焦糖布丁。如果和夹着尚蒂伊鲜奶油的鸡蛋薄饼一起食用，更是美妙绝伦。
陈年潜质：这款葡萄酒最少可以保存20年。

意大利
托斯卡纳西施佳雅红葡萄酒 2001

适饮温度：17℃
外观：颜色亮丽深浓，酒裙呈宝石红色，非常纯净。碟面带有石榴红色调。晃杯之后，杯泪数量众多，流动缓慢。
香气：这款葡萄酒的香气充满表现力和渗透性，带有典型的名庄酒之风。它的香气中带有木头的辛香味、红色和黑色水果，以及烟草和紫罗兰的味道，而穿插其间的一丝叶绿素的气味更是让这一切变得鲜活起来。
味道：这款葡萄酒入口时显得精致、饱满而热烈。充足的日照赋予了它紧致丝滑的单宁，平衡、复杂、回味悠长。后味中充分展现了女性化的柔美特征。
总结：这是一款高端葡萄酒，广为上流人士所推崇。在餐酒搭配方面，选择红肉和禽类都可以，但鹅肝牛排和马沙拉葡萄酒炖牛肉配意式小丸子则更胜一筹。
陈年潜质：由于2001这个年份非常好，因此这款葡萄酒就算保存20年，也依然会大放异彩。

GAJA

SPERSS
1995

BAROLO
DENOMINAZIONE DI ORIGINE CONTROLLATA E GARANTITA
IMBOTTIGLIATO DA - BOTTLED BY GAJA, BARBARESCO, ITALIA
RED WINE, PRODUCT OF ITALY
e750 ML 13,5%VOL ALC. 13.5% BY VOL.

意大利彼尔蒙
嘉雅康特莎希瑞奇巴罗露红葡萄酒
1995

适饮温度：16℃

外观：几乎不透明。桃花心木色的酒裙带有黑色光泽，色彩深浓。晃杯之后，带有颜色的杯泪排布密集，流动缓慢。

香气：这款葡萄酒香气丰满，从中可以辨识出李子干和黑色水果果泥的香气，并带有少量动物味和烟熏味。紧随其后的是雪松和紫罗兰的撩人气息。

味道：这款葡萄酒的单宁紧密而柔滑，所呈现出的口感始终如一。此外，它还带有浓郁的果香和持续的清爽感。后味悠长，并带有李子干和甘草的味道。

总结：这款葡萄酒独特的个性需要一些特别的菜式与它相搭配，绿胡椒炖野鸭无疑是最佳选择。总之，野味很适合与它搭配在一起。此外，配帕尔马奶酪也相当不错。

陈年潜质：这是一款适合久藏的葡萄酒，完全可以耐心地等到2015年时再饮用。

葡萄牙
杜诺瓦园红葡萄酒 1997

适饮温度：14℃

外观：酒裙与酒瓶的颜色一样，黑而不透明。碟面上带有桃花心木色的光泽。杯泪数量多且厚重，说明酒精和糖分的含量很高。

香气：这款葡萄酒的香气浓烈，极其复杂：果脯、李子干、白兰地腌水果、可可、咖啡、焦糖布丁、淡香料、皮革、雪茄等各种香气混杂在一起。

味道：这款葡萄酒入口时丰满肥厚，热烈，充满活力。随后能感觉到果香、单宁以及完美且惹人喜爱的清新感。口感优雅细腻，充满异域风情。

总结：这款葡萄酒可以带给人们绝佳的感官享受，它既可以用来单独饮用，也可以搭配美味的煎肥鸭肝佐香料面包。特别要推荐的是用它来搭配奶酪，例如洛克福羊乳奶酪或斯提耳顿奶酪（Stilton）。

陈年潜质：这款葡萄酒可以保存至2020年。

意大利
碧安仙蒂布鲁内罗-蒙塔奇诺红葡萄酒2001

适饮温度：16℃

外观：厚度适中，宝石红色的酒裙，青紫色的碟面说明这款葡萄酒尚处于年轻期。杯泪细小，数量较多。

香气：细腻是这款葡萄酒给人的第一印象。经过透气后，丰富的香气被唤起。就整体而言，美妙而成熟，其中有淡香料（香草和桂皮）的味道，以及少量林下植物、无花果、野蘑菇和麝香的气味。

味道：从入口到后味都显得柔和舒服。细腻的单宁如丝绒一般，还伴随着果脯的香气。精致的酸度和无可比拟的丝滑感萦绕其间。

总结：这款美味精细的葡萄酒适合搭配牛肝菌炖牛肉，也可以用它来搭配白肉。

陈年潜质：这款葡萄酒在未来的15年都可以饮用。

加利福尼亚州纳帕谷
作品一号 1997

适饮温度：16℃

外观：酒裙呈深浓的绛红色，带有宝石红的酒缘。

香气：香气非常集中，黑色水果果酱的气味后面紧跟着昂贵木料所具有的辛香味。一丝桉树和薄荷的气味使得这款葡萄酒的整体香气变得更加淡雅细腻。

味道：口感醇厚丰满，果香馥郁，单宁成熟。厚实、有咬劲儿，后味突出且悠长。

总结：“作品一号”是纳帕谷最具代表性和象征意义的葡萄酒，它被人们自然而然地归入“大酒”的行列。它完全可以搭配那些味道重、辛辣或香料味浓郁的食物。T骨牛排、煎牛排或加入了胡椒酱料的狍子肋排都是绝佳的搭配选择。

陈年潜质：这款葡萄酒独特的个性确保了它可以保存15年以上。

品鉴天然甜葡萄酒

白色农场酒庄
巴纽尔斯特殊年份葡萄酒 2000

葡萄品种：歌海娜、慕合怀特、西拉

适饮温度：14℃

外观：桃花心木色的酒裙，色泽浓郁，带有浅黄褐色光泽。丰富的酒精含量使得杯泪数量众多，厚重密集。

香气：香气非常饱满，开始时可以闻到烧烤味，可可、焦糖、黑色水果和辛香料的气味。紧接着会出现蜂蜜和烟草的味道。

味道：热烈而充满油脂感，主导这款葡萄酒口感的是它的力度和甜度。坚实的单宁带来良好的结构。但这款酒依然显得非常活泼，刺激唾液的分泌。后味悠长带有糖渍水果的味道。

总结：这款浓郁的葡萄酒需要味道厚重的食物来与之相搭配，例如强劲的洛克福羊乳奶酪或略带苦味的巧克力甜品，也可以大胆地做一些新尝试。

陈年潜质：这款葡萄酒尚处于青年期，可以等到2020年再饮用也不迟。

品鉴白兰地

嘉思德下雅马邑忘年级白兰地 40°

外观：酒裙呈熏烤过的黄玉色，带有琥珀色光泽。黏稠度适中，杯泪数量众多，流动缓慢。

香气：离鼻子还有10厘米远的时候，李子干的香气就扑面而来，紧随其后的是淡香料、金色烟草的味道，并混有一丝烧烤、雪茄和焦糖布丁的香气。

味道：入口时马上能感受到这款酒的热情，以及它强烈的果香和油脂感。之前嗅觉所捕捉到的丰满香气在此刻变得愈发浓烈，同时还加入了黑胡椒、儿茶和紫罗兰的味道。口感衰退得很缓慢，糖渍的黑色水果味道始终在味蕾上回荡。

总结：白兰地一般出现在用餐结束时，可以一边抽着雪茄一边慢慢品尝，当然，如果没有雪茄也可以。在陈年过程中，人们只计算它在橡木桶中的储存年限。

陈年潜质：这瓶酒应该立式存放，通常可以保存几十年。一旦开启，必须在当年内喝完。

葡萄酒品鉴关键词

酸涩的（Acerbe）：这个词用来形容一款酸度过高、单宁不够成熟的葡萄酒所带有的艰涩和刺激的口感。

醋化（Acescence）：这个词用来形容一款葡萄酒明显带有近似于醋（酸）的不良气味和味道。

酸度（Acidité）：在品鉴过程中不可或缺的四种基础味道之一。比例适当时会给葡萄酒带来宜人的新鲜感。一旦过量，则会具有刺激性和酸涩感；如果酸度不足，那么葡萄酒就会显得平淡无奇，软弱无力。

挥发性酸（Acidité volatile）：主要由醋酸构成，它会参与到葡萄酒的香气释放过程中。

微酸的（Acidulé）：当酸度适量，令人感觉舒畅时，会提升整个葡萄酒的清爽感。

刺激的（Agressif）：这个词清晰地描述了当酸度或单宁过量时所带给人的不适感。

酒精（Alcool）：发酵的产物，葡萄酒的酒精含量一般在10%～15%。在品鉴过程中，酒精会赋予葡萄酒热烈、甘美、充满油脂的感觉。它会参与到葡萄酒的香气释放过程中。

酒精味浓重的（Alcooleux）：说明葡萄酒带有缺陷，酒精味占了主导地位。

苦的/苦味（Amer/amertume）：在品鉴过程中不可或缺的四种基础味道之一。如果一款葡萄酒的苦味适中并能够与其他味觉元素很好地融合在一起，那么就没有问题；如果过量，则会引起人们味觉上的不适感，这种情况通常是因为单宁有问题或是收敛性过强而产生的。

饱满的（Ample）：用来形容一款葡萄酒丰满、结构好、非常平衡。它的味道能够覆盖所有味蕾并具有持久性。

动物型（Animal）：这是一种与动物有关的香气类型：琥珀、麝香、皮革、野味、皮毛、汗液、猫尿……虽然并不一定好闻，但它的确会出现在葡萄酒之中，大部分酒龄很老的红葡萄酒中都可以闻到这种气味。

巅峰期（Apogée）：它指的是在葡萄酒的整个陈年储藏过程中，能够呈现出其最佳状态的一段时期。

粗糙的（Apre）：指的是当单宁过于刺激时所引发的非常涩口的感觉。

香气（Arôme）：与葡萄品种有关的气味。

芳香的（Aromatique）：芳香型葡萄酒说明这款葡萄酒本身的香气非常丰富饱满。

收敛的/收敛感（Astringent/astringence）：它指的是一款富含单宁的红葡萄酒所带给人的触觉感受，是单宁与口腔黏膜相接触时的感觉。收敛感是葡萄酒结构和口感的构成要素。许多名庄酒的收敛感会随着陈年时间的增加而减弱，逐渐变得柔和。

入口（Attaque）：在品鉴过程中，葡萄酒在味觉上给人的第一印象。

青涩的（Austère）：可以用来形容那些非常年轻，没有什么香气，单宁突出，尚未显示出自身潜质的红葡萄酒。

有香脂气味的（Balsamique）：一种气味类型：诸如松树、雪松、檀香、新橡木、柏树、香草和树脂的味道。

橡木桶味（Boisé）：那些经过橡木桶培养的葡萄酒会获得橡木所带来的特殊香气，例如香草、桂皮、松树以及烟熏和烧烤的气味。

英式糖果味（Bonbon anglais）：可以用来形容一些年轻的，果香突出、酸度较高的葡萄酒所带有的酸味。

口感（Bouche）：在品鉴葡萄酒时，口腔内全部感觉的总称。

木塞味（Bouchon、goût de bouchon）、带有木塞味（bouchonné）：一种让人感觉非常不舒服的气味或味道。通常是由坏掉的橡木塞所导致的腐败、发霉或霉菌滋生所引起的。

陈酿酒香（Bouquet）：葡萄酒在达到成熟状态时所带有的香气。

醉人的（Capiteux）：用来形容一款葡萄酒口感浓烈，酒精浓度较高。

浑浊变质（Casse）：指一款变质的葡萄酒在透明度方面发生了变化。

欧达利（Caudalie）：计量单位（1欧达利=1秒），用于衡量咽下葡萄酒后香气的持续时间。欧达利的数量多少也代表了一款葡萄酒品质的好坏。

肉质（Chair）/稠厚的（Charnu）：单宁和酸度构筑起了葡萄酒的骨架，果香和甜味就是这骨架之外的肉质部分。

热烈的（Chaleureux）：丰富的酒精含量带给人们的舒畅感觉。

与室温相同（Chambré）：红葡萄酒逐渐达到理想的适饮温度（15～18℃）。

结构紧实（Charpenté）：用来描述一款单宁紧致、结构良好的葡萄酒。

酒体（Corps）/厚实的，醇厚的（Corsé）：用来形容一款葡萄酒中的甜度、单宁及酒精含量丰富而明显。

流畅的（Coulant）：形容一款葡萄酒易于饮用，没有任何生硬或粗糙的感觉。

短促的（Court）：一款葡萄酒香气的持久性很差，欧达利指数很低或几乎没有。

空洞的（Creux）：形容一款葡萄酒毫无质感，如同空壳一般。

精致的（Délicat）：形容一款葡萄酒结构精细，有时会略显脆弱。

沉淀（Dépôt）：在陈年过程中，在酒瓶中形成的肉眼可以观察到的物质。这完全是一种自然产生的现象，它对葡萄酒的品质毫无影响，只需进行醒酒处理即可。

光秃的（Dépouillé）：可以用来形容一瓶经过澄清后的年轻的葡萄酒。也可以用于那些尚存一些颜色、气味和味道超龄老酒。

失去平衡感的（Déséquilibré）：一种重大缺陷，说明葡萄酒中的某一项要素过于突出，遮盖住了其他的。

干涩的（Desséché）：陈年过程中形成的一种负面结果，葡萄酒的甜度消失殆尽，单宁占据了主导地位。

碟面（Disque）：酒杯中葡萄酒的液面。

典雅的（Distingué）：优雅而高贵。

甘甜（Douceur）：一种味道或触觉感受，通常是个优点。

生硬的（Dur）：形容葡萄酒的一种负面状态，但有时只是由酸度或单宁引起的短期现象。

焦臭的（Empyreumatique）：一种气味类型，其中包括烧烤味（面包干、面包、杏仁）、烟熏味（煤烟灰、灰烬）、烘烤味（白吐司、面包皮）、烘焙味（咖啡、可可）、焦糊味（沥青、木头、橡胶）。

厚的，粗壮的（Épais）：形容一款葡萄酒沉重粗糙，缺乏细腻感和柔和感。

充分发展的（Épanoui）：在陈年过程中，一款葡萄酒的视觉、嗅觉及味觉要素都呈现出了最佳状态。

辛香料及香料（Épices et aromates）：一种香气类型，一般会出现在优质葡萄酒中。其中包括调味料（月桂、百里香、肉豆蔻、胡椒、丁香、松露）及甜品香料（桂皮、甘草、茴香、香草、糖姜）。

平衡的（Équilibré）：所有优质葡萄酒追求的一种境界。葡萄酒的所有基础要素：酒精度、酸度、果香、单宁（红葡萄酒）能够完美的彼此融合。

走味的（Éventé）：在经过长期氧化之后，葡萄酒失去了本身原有的香气，也可以用索然无味来形容它。

单薄的（Faible）：用来形容葡萄酒不够丰满。

略带腐臭味的（Faisandé）：动物型香气的一种，让人联想到野味的腐臭味。有些品鉴者会喜欢陈年红葡萄酒中所带有的这种味道。

疲惫的（Fatigué）：葡萄酒在经历装瓶或长途运输之后，品质会短暂性地下降。在静止若干个星期之后，它的状态会自然回升。也可以称作处于退步期的葡萄酒。

野兽味（Fauve）：一种非常强烈的动物型香气，经常在一些老酒中会闻到，有些难闻。它是由于还原作用而引起的，有时经过简单的透气或是醒酒即可消除。

女性化的（Féminin）：可以用来形容淡雅、精致、细腻、惹人喜爱的葡萄酒。

坚实的（Ferme）：用来形容一款葡萄酒的单宁结构好，毫无生硬之感。长时间的陈年可以弱化这种现象。

闭塞的（Fermé）：用来形容葡萄酒的香气释放受到阻碍或香气流失。有时这只是暂时现象，可以花一些耐心再静候一段时间。

凝滞的（Figé）：用来形容葡萄酒的发展和进化被阻塞住了。

风味（Flaveurs）：指的是由香和味共同引发的感觉。

花的（Floral）：与花有关的香气类型包括金合欢、玫瑰、鸢尾花、紫罗兰。

流畅的，稀薄的（Fluide）：说明葡萄酒一点都不浓稠。

流动性（Fluidité）：这是在品酒时需要关注的一个指标，一款清淡的葡萄酒的流动性要强于一款浓郁型的葡萄酒。

融合的（Fondu）：当葡萄酒中的单宁、酸度和酒精完美地彼此渗透时所带给人们的感觉。

新鲜的（Frais）：一款年轻，充满活力的葡萄酒所带给人们的感觉。完好的酸度会让人觉得十分解渴。

率真的（Franc）：形容一款葡萄酒直接、纯净。这通常与葡萄品种，风土条件和年份有着直接关系。

美味的（Friand）：用来形容一款葡萄酒可口而精致。

带有果香的（Fruité）：指的是葡萄酒中所有与水果有关的气味或味道， 包含了水果的各种状态，青涩的、成熟的、非常成熟的、极其成熟的、过熟的、烤制的、糖渍的、风干的、将要腐烂的、果酱、果泥、用酒腌过的、法式水果软糖等。

容易消逝的（Fugace）：指的是香气保持不住。对于气泡酒来说，指的是气泡消失得非常快。

烟熏味（Fumé）：隶属于焦臭味中的一类气味，让人联想到烟熏食物的味道。

肉味的（Fumet）：动物型香气的一种，让人联想到动物或野味的肉。

耐久藏的（Garde）：用来形容一款葡萄酒能够经得住陈年，同时在这个过程中葡萄酒的品质不断提升，葡萄酒中的各个要素（酒精、酸度、果香、单宁）能够更好地融合在一起。

丰满的（Généreux）：用来形容一款葡萄酒丰富的酒精所带来的醇厚感与馥郁的果香融合在一起。

沁人心脾的（Gouleyant）：形容一款葡萄酒毫无艰涩难饮之感，带给人愉悦和解渴的感觉。

油脂感（Gras）：一款柔顺、圆润、甜美的葡萄酒所带给人的触觉感受。

和谐的、协调的（Harmonieux）：一款成功的葡萄酒所要具备的首要条件，葡萄酒中的各项味觉要素完美地彼此交融。

带有草木味的（Herbacé）：葡萄酒中一种类似于刚割下的新鲜青草的气味。这并不算是一种好的香气，它是由于在葡萄尚未达到标准的成熟度时就进行采摘，所以才造成的。

含碘的（Iodé）：一种类似于在海边时所能闻到的气味。

酒腿（Jambes）：晃杯之后，酒精在杯壁内侧流过时所留下的无色，油状痕迹。这个现象与葡萄酒质量的好坏毫无关系。

年轻的（Jeune）：形容一款葡萄酒的味道与酿造时的味道还非常接近，充满果香。在陈年过程中，就算是一款已经有了6年酒龄的葡萄酒仍然可能会显得非常年轻。

杯泪（Larmes）：见“酒腿”。

酵母（Levures）：在一些葡萄酒中（香槟、采用酒泥陈酿法酿造的密斯卡得、黄葡萄酒）仍然可以感觉到的酵母的气味或味道。与之有关的味道包括白吐司味、圆面包味、面包芯味。

透明度（Limpidité）：指的是葡萄酒的透明程度，可分为晶莹、明亮、朦胧、浑浊等不同状态。

长度（Longueur）：指的是将葡萄酒咽下后，其香气在口中持续的时间。可以用欧达利来进行计算，它代表了葡萄酒的质量水平。

沉重的（Lourd）：用来形容一款葡萄酒没有平衡感，果香、单宁或是酒精过于突出，毫无清爽感可言。

光（的味道）［Lumière（goût de）］：用来形容一款白葡萄酒或香槟由于长期暴露在光照之下而产生的一种介于硫醇和烧焦的橡胶之间的味道。

有咬劲的，厚实的（Mâche）：用来描述一款稠厚的果香和单宁丰富的葡萄酒所带给人的触感。

马德拉化（Madérisé）：氧化了的葡萄酒会带有一种类似于马德拉葡萄酒的气味和味道。在陈年的过程中，如果葡萄酒出现了这种现象，则很难弥补修正。

贫乏的（Maigre）：一款葡萄酒缺乏内在和表现力。

硫醇味（Mercaptan）：一种类似于臭鸡蛋、鸡屎和大蒜的难闻气味。这种气味的产生的原因可能是因为酒泥陈酿进行得太久，也可能是由于还原作用或光的味道所引起的。

甜美（Moelleux）：葡萄酒所具有的圆润、丝滑、油脂感及滑腻感等一系列的感觉。也用来形容一些尚有残余糖分留存的白葡萄酒。

发霉的（Moisi）：采摘的葡萄或其他材料不洁净而导致发霉时所产生的一种气味和味道。

咄咄逼人酸（Mordant）：当一款葡萄酒中的酸度和单宁过于突出时所给人的感觉。

软弱无力的（Mou）：形容一款葡萄酒毫无生气，缺乏酸度。

鲜明的（Nerveux）：用来形容一款葡萄酒酸度和果香丰富，具有一种真切的，令人愉悦的活力。

纯净的，清晰的（Net）：形容一款葡萄酒率真而直接，毫无矫揉造作之感。

平淡的（Neutre）：一款品质平平的葡萄酒，没有什么过人之处。

鼻子（Nez）：嗅觉器官，在品鉴过程中起着最重要的作用。鼻子鉴赏葡萄酒的灵敏性要靠不断的练习和记忆来提高。

滑腻的（Onctueux）：一款黏滞度绝好的葡萄酒所带给人的触觉感受。也可以形容一款含糖量丰富的白葡萄酒所带给人的味觉感受。

感官特征（Organoleptique）：在品鉴过程中，一切感官所捕捉到的感觉——外观、颜色、气味、味道、浓稠度、温度、持久性。

氧化（Oxydation）：由葡萄酒中的氧气所引发的变化。酒的颜色变成棕色，香气变味，口感变得僵硬，单宁变得干涩，还带有一种无法去除的马德拉酒味儿。

过期的（Passé）：用来形容一款葡萄酒已经度过了巅峰状态，进入了衰退期。

有气泡的（Perlant）：葡萄酒中带有一些因二氧化碳而形成的气泡。

持久性（Persistance）：见“长度”。

火石味（Pierre à fusil）：隶属于矿物质香气类型中的一种，让人们想到火药或燧石的味道。这种气味在一些白葡萄酒中可以闻到（武弗雷、桑塞尔、密斯卡得、阿里高特等）。

刺激性强的/刺痛感（Piqué/piqûre）：用来形容一款葡萄酒酸度过于强烈，接近于醋。

乏味的（Plat）：用来形容一款葡萄酒缺乏酸度。

丰满的（Plein）：用来形容一款葡萄酒浑厚、饱满、平衡感好。

尖锐的（Pointu）：一款葡萄酒的酸度过于突出，占了主导地位。

腐烂的（Pourri）：在收获的时候，葡萄感染了灰霉菌并将这种味道带到了酒中。

强劲的（Puissant）：用来形容一款葡萄酒热烈，酒精含量丰富，浑厚有力。

孔雀尾巴（Queue de paon）：这是一种形象的比喻，用来描述一款极品好酒在口中留下的美妙回味。

高贵（Racé）：用来形容一款葡萄酒柔和优雅，浑然天成，带有非同一般的迷人魅力。

果梗味（Rafle）：用来形容一款带有草木味和强烈收敛感的葡萄酒。

僵硬的（Raide）：用来形容一款葡萄酒毫无圆润柔和之气，艰涩难饮。

陈年葡萄酒（Rancio）：在西班牙语中写为“Rance”，陈年葡萄酒带有一丝氧化的味道，这种味道在经过橡木桶陈酿的白兰地和鲁西荣地区的一些葡萄酒中可以闻到（马德拉葡萄酒味、焦糖、烘焙味、干核桃味和味美思味）。

还原作用（Réduction）：葡萄酒因为缺乏氧气（与氧化作用相反）而充满难闻的动物型气味。有时经过透气之后，这种味道会消失。

回味（Rétro-olfaction）：在咽下葡萄酒后，通过口腔后部所感受到的香气。

酒裙（Robe）：与葡萄酒外观相对应，包括颜色、厚度、透明度和酒龄。

圆润的（Rond）：可以用来形容一款柔顺、果香丰富、单宁顺滑的葡萄酒。

烧烤蜜汁味［Rôti（goût de）］：在品尝一款贵腐酒时所尝到的糖渍水果、法式水果软糖和蜂蜜的味道。

咸的（Salé）：在品鉴过程中不可或缺的四种基础味道之一。在葡萄酒中并不多见。

干的（Sec）：基本没有残余糖分存在的白葡萄酒。也用来形容那些单宁胜过果香的红葡萄酒。

干涩的（Séché）：用来形容一款葡萄酒逐渐失去了果香和甜度，收敛感和苦涩感让人觉得不适。

丰厚的（Séveux）：在品鉴过程中，用来形容一款丰满浓郁的葡萄酒，用于酿造它的原料葡萄已经达到了完美的成熟度。

结实的（Solide）：用来形容葡萄酒的结构无懈可击。

柔顺的（Souple）：葡萄酒的果味和甜度胜过了酸度和单宁。

甜的（Sucré）：在品鉴过程中不可或缺的四种基础味道之一，如甜、咸、酸、苦。

甜度（Sucrosité）：用来表述甜酒的不同级别（果味的、柔和的、甘美的、滑腻的、甜美的、超甜的）

触觉的（Tactile）：舌头通过触感所捕捉到的一些葡萄酒的特性，例如温度、流动性、质地，以及气泡酒的气泡质量。

单宁（Tanin）：单宁来自于葡萄的果皮、籽以及果梗，会产生收敛感。它是葡萄酒味道和质地的组成部分，会在陈年过程中发生变化。单宁可能会是柔弱的、柔顺的、成熟的、柔滑的、美味的、丝滑的、天鹅绒般的、优雅的、高贵的、紧致的、强烈的、有棱角的、青涩的、植物味儿的、发干的，等等。

酒石酸（结晶）［Tartre（cristaux de）］：这是存在于葡萄酒中的一种酒石酸的结晶型沉淀。它对葡萄酒的口感没有影响，简单的醒酒就可以将其去除。

瓦红色的（Tuilé）：一款红葡萄酒在发展过程中所呈现出的一种偏橘红的颜色。

具有代表性的（Typé）：用来形容一款葡萄酒具有符合它本身级别、风土条件和年份的特点。

衰退的（Usé）：说明葡萄酒随着时间的增加而逐渐失去了它的特点。

植物味（Végétal）：一组与植物有关的香气类型——蕨类、新鲜的青草、黄杨等。

柔滑的，丝绒般的（Velouté）：用来形容一款葡萄酒毫无粗糙突兀之处，如行云流水一般。

浓醇的（Vinosité）：说明一款葡萄酒酒精含量丰富，果香和单宁明显。

野味（Venaison）：一种野生动物的气味，在酒龄非常老的红葡萄酒中可以闻到。

青涩（Vert）：葡萄酒酸度高，刺激性强，削弱了果香。

活泼的（Vif）：用来形容一款酸度适中、平衡感好，十分解渴的葡萄酒。

黏稠度（Viscosité）：用来描述一款酒精、糖分及甘油含量较高的超甜型葡萄酒的流动性近似于油。

欲获取更多信息

让-克劳德·布凡（Jean-Claude Buffin）. 您的品鉴天赋，2000.

皮埃尔·卡萨马耶（Pierre Casamayor）. 品鉴学校. 阿歇特出版社（Hachette），1998.

吉尔伯特·菲里伯格（Gilbert Fribourg），克劳德·萨法提（Claude Sarfati）. 品鉴. 艾迪苏出版社（Edisud），1989.

小拉鲁斯葡萄酒. 拉鲁斯出版社（Larousse），2002.

艾米乐·贝诺（Émile Peynaud）. 葡萄酒的味道. 迪诺出版社（Dunod），1996.

Sigille Qualité
Sigille de Qualité
de la
Confrérie Saint-Étienne
d'Alsace

P A R T

第 4 部分

葡萄酒选购指南

▲葡萄酒展销会（Les foires aux vins）是发掘和购买葡萄酒的理想场所。

如何更好地选购葡萄酒

销售渠道中的法定产区

挑选一瓶葡萄酒就好像是去参加一场真正的竞技比赛，需要提前做足功课。第一项考验既简单又重要：制订自己的购买标准，包括价格，适用场合——是要与朋友一起分享，还是要留给以后的重要庆典。接下来，开始在琳琅满目的法国和其他国家的葡萄酒中做选择了，原产地监控命名酒（AOC）、特定产区优质酒（VQPRD）、地区餐酒、品牌葡萄酒……还要弄清楚什么是葡萄品种、年份以及酒标上所提及的“老藤”、“顶级葡萄酒”、“茶色”、“宝石”、“陈酿”等一系列概念。要学会识别酒标上一些信口开河，过于夸大的信息，并不是所有的内容都经过了法律的认可，例如“有机葡萄酒”。还要学会解读酒标，了解哪些是必须标注的信息，哪些是非强制性标注的信息，从正标和背标的字里行间去了解一款葡萄酒……

Tips

“葡萄酒的价值必然要高于它的卖价，因为它给千家万户带来了欢乐，宛如一束温暖的阳光。”——安德烈·西蒙（André Simon）

▲法国是第一个建立了葡萄酒法定产区体系的国家。

法定产区分级体系

法国有467个原产地监控命名产区，超过100种地区餐酒、特定产区优质酒（欧洲法定产区）、品牌葡萄酒、单品种葡萄酒……如果再算上欧洲葡萄酒及其他大洲的葡萄酒，那么一些刚开始对葡萄酒感兴趣的“菜鸟”肯定会觉得晕头转向。是否应该信赖葡萄酒在比赛中所获得的奖项或是参考葡萄酒指南呢？如何能在这复杂的等级迷宫中重新找到方向？酒标和上面所标注的信息反映了世界各地葡萄酒产区的多样性，应该把这些信息了解清楚再进行购买，许多重要的知识点必须牢记在心。

鉴于自身在葡萄酒生产方面的核心地位，同时也为了打击在根瘤蚜虫病危机过后层出不穷的假冒伪劣产品，法国成为了将葡萄酒贸易法律化和有组织化的先驱。第一批相关法律出现在20世纪初；在1935年，第一批原产地监控命名产区被确定，国家葡萄酒及白兰地原产地命名委员会成立，后来改称为国家原产地命名管理局（INAO），它的职能就是管理原产地监控命名产区。1947年，为了对应市场上出现的危机，优良地区餐酒（VDQS）问世。

一项针对于原产地监控命名产区的改革正在进行，位于顶端的依然是原产地监控命名产区酒（AOC-AOCE），接下来依次是优良地区餐酒（AOVDQS）、地区餐酒（Vin de Pays）和普通餐酒，其中最后一个等级的葡萄酒仅仅适于日常饮用。

原产地监控命名酒

原产地监控命名酒是风土条件（土地、气候）、葡萄品种、传统工艺和专业技术共同作用的结果。它指的是在一个划定的地区中，按照由生产商与国家原产地命名管理局共同制定并以法令的形式正式公布的生产规范（其中涉及的内容包括：产区名称、产区范围、法定葡萄品种、种植及酿造的方法和工艺、最高产量、含糖量、最低或最高酒精度、果汁浓缩法的规则、化验标准、陈年条件及贴标规定）所酿造出的葡萄酒。本着对“持久的，合乎标准的本地习俗”的尊重，所有的原产地监控命名酒都出自于精挑细选的风土条件。所有希望能够得到这一认证的葡萄酒都需要经过严格的化验检测以及品鉴委员会的品鉴测试。到2004年为止，467个在册的原产地监控命名产区的总面积占据了全法国葡萄园面积的47%，其中波尔多居首位，紧随其后的是罗纳河谷和朗格多克-鲁西荣。

必要的改革

生产过剩、消费力的降低及转变、国际竞争加剧……如今葡萄酒行业所呈现出的危机证明了国家原产地命名管理局法国葡萄酒委员会主席荷内·何努（René Renou）所提出的对原产地监控命名制度进行改革的必要性，通过这样的方式可以让葡萄酒行业具有更高的透明度和可解读性。目前存在两种彼此对立的逻辑：一种是新世界国家的模式，现代而经济，以英语国家人群的思维方式为基础；另外一种则建立在风土条件的传统之上，力求卓越。这意味着所有目前应用的法令都要改写，其中涉及了从葡萄种植到葡萄酒酿造的所有环节，只有这样才能保证瓶中的产品与规定中所要求的是一致的。最终，葡萄酒农将在两种可能性中做一选择：原产地监控命名酒（AOC）和杰出原产地监控命名酒（AOCE）。为了确保这项改革能够顺利进行，必须首先配备严格的监管制度。

在这项改革过程中，人们将放宽现行的生产规范，简化原产地监控命名产区制度，例如与酿造工艺（应用某些新世界国家所采用的新型酿造技术）和贴标（在酒标上标注葡萄品种）有关的方面。在这套全新的原产地监控命名产区制度中，有一项新的内容“杰出种植点及风土条件”（Site et Terroir d´ Excellence），能够获得这一殊荣的酒庄不但要生产高品质的葡萄酒，而且要符合等同于杰出原产地监控命名产区（AOCE）的严格标准。

与此同时，一个新的等级——杰出原产地监控命名酒（AOCE）出现了，它像意大利的高级法定产区酒（DOCG）和西班牙的单一葡萄园葡萄酒（Vinos de Pago）一样，将对风土条件、传统和生产规范的严格要求带向了一个新境界。它的评定标准极为严格，几乎涵盖了所有名庄涉及的区域。一个产区要想进入这个等级，产区内75%以上的生产商都必须符合要求。在这个新的AOC-AOCE等级中不再包含其他的等级水

Tips

欧洲与葡萄酒

在法国法定产区体系的启发下，欧洲的相关条例及葡萄酒市场共同组织将欧洲葡萄酒分为了2个级别：一类是普通餐酒，它相当于法国的地区餐酒和普通餐酒的集合；另一类是特定产区优质酒（VQPRD），它等同于法国的原产地监控命名酒和优良地区餐酒。每一级别的产品都受到相关生产规定的严格约束。这些规定由欧盟统一制定，再由各国根据自己的情况加以完善。

平，每个葡萄酒生产商可以根据自己的经营理念和所针对的目标客户群来选择自己的定位。

优良地区餐酒

优良地区餐酒（AOVDQS）被人们视为原产地监控命名酒的“预备役”。但自从其中包含的大部分葡萄酒都晋升为原产地监控命名产区酒之后，这个级别已经失去了往日的重要性。2004年年初，这一级别中只剩下25个产区，最后一个晋升为AOC产区的是瓦朗塞（Valençay）。

这个级别的大部分葡萄酒都出自于法国西南产区［圣蒙区（Côtes de Saint-Mont）、凯尔西产区（Coteaux-Du-Quercy）、布里瓦区（Côtes-Du-Bruhlois）等］和卢瓦尔河谷［昂斯尼区（Coteaux-D´ Ancenis）、奥弗涅区（Côtes-D´ Auvergne）等］。由国家原产地命名管理局（INAO）制定的针对优良地区餐酒的生产规范要略微宽松于原产地监控命名酒的有关规定，但其中涉及的内容也包括产区划定、葡萄品种、最低酒精度、最高产量以及耕作技术。同时也要对葡萄酒进行化验检测和品鉴测试。

其他产区类别

地区餐酒

这个等级出现于1968年，在获得人们的认可方面，它的确花费了一些时间。大约从近15年开始，地区餐酒的知名度才逐渐提高。地区餐酒的前身是“带有产区提示的普通餐酒”（Vins de Table à Indication Géographique），在酿造过程中需要制定生产细则，虽然相对宽松，但对品质一样有着严谨的要求。地区餐酒必须来自于具有相应资质的产区并符合法律所规定的生产条件，例如最高产量、最低酒精度、葡萄品种、化验指标。同时也要通过品鉴测试。

地区餐酒共分为3类：省级地区餐酒（加尔省地区餐酒、奥德省地区餐酒、东比利牛斯省地区餐酒）；小区域地区餐酒［穆尔陵地区餐酒（Vin De Pays Des Collines De La Moure）、巴隆尼丘地区餐酒（vin de pays des coteaux des Baronnies）］、地区级或大区级地区餐酒（奥克地区餐酒、法兰西庭园地区餐酒）。人们正在研究建立一个涵盖所有新兴区域，甚至整个法国在内的地区餐酒新类别的可能性。

欧洲人眼中的葡萄酒

在欧洲，人们将葡萄酒定义为“通过对压榨过或未经压榨的新鲜葡萄或葡萄汁进行完全或部分酒精发酵所获得的产品。”

目前，在法国本土存在超过百种地区餐酒，最受欢迎的莫过于奥克地区餐酒。那些在酒标上注明了葡萄品种（西拉、加本纳、美乐……）的地区餐酒也非常受欢迎。

普通餐酒

“法国普通餐酒”（Vin de Table Français）的标志意味着这款葡萄酒完全来自于法国，酒精度达到了规定标准，适于日常饮用。如果一款葡萄酒是采用来自欧洲不同国家的葡萄酒调配而成的，那么就应该注明“由来自于欧共体内不同国家的葡萄酒混合而成”。欧盟之外的其他国家的葡萄酒是禁止用于混酿的。

其他标注信息

有些葡萄酒酒标上所标注的信息与它的品质并无关系，甚至有时还存在故意夸大的成分。

单品种葡萄酒（Vin de Cépage）

直译的话，这个词的意思就是“葡萄品种葡萄酒”，葡萄酒就是以葡萄为原料酿造的，因此所有的葡萄酒都合乎这个定义。实际上，之所以提出这个说法是为了区分开那些分别以地理原产地和葡萄品种作为自己身份标识的葡萄酒。在法国，除了阿尔萨斯以外，其他地方都不会在酒标上标注这一信息。但这个概念可以应用于那些采用单一葡萄品种为原料酿造的地区餐酒，在这种情况下，葡萄品种的名称也必须同时出现，例如：加尔省葡萄酒，美乐。从几年前起，人

法国之外的相关立法

各个国家都有自己不同的法律（更详细的内容可以参考“世界葡萄酒之旅”一章中所涉及的相关信息）。

意大利葡萄酒分为普通餐酒（Vino da Tavola）、地区餐酒（IGT，Indicazione Geografica Tipica，共118个）和特定产区优质酒（VQPRD），其中后者又包含了300种法定产区酒（DOC，Denominazione di Origine Controllata）和28种高级法定产区酒（DOCG，Denominazione di Origine Controllata e Garantita）。

在西班牙，普通餐酒包括了传统的普通餐酒（Vino de Mesa）和2003年新出现的推荐产区葡萄酒（Vino de Calidad con Indicacion Geografica），前者还可以进一步标注为特定产区普通餐酒，数量共40个。特定产区优质酒则包括了61种法定产区酒（Denominacione de Origen），1种优质法定产区酒（DOC，Denominacion de Origen Calificada）（译者注：如今数量已有变化），以及2003年新出现的单一葡萄园葡萄酒（Vins de Domaine）。

德国的等级体系由2个类别组成：一种是地理意义上的，其中包括单一葡萄园（Einzellagen，相当于风土条件）、酒村（Grosslagen）和子产区（Bereiche）；另一种则从气候特点和成熟度的角度划分出了3类：普通餐酒（Tafelwein）、地区餐酒（Landwein）和法定产区酒（Qualitätswein）。法定产区酒又分为优质餐酒（QbA，Vins de Qualité Provenant d´ Une Aire Désignée）和高级优质餐酒（QmP，Vins de Qualité avec Distinction），其中后者根据含糖量的不同又分为了一般葡萄酒（Kabinett）、晚摘葡萄酒（Spätlese）、串选葡萄酒（Auslese）、精选贵腐霉葡萄酒（Beerenauslese）、精选干颗粒贵腐霉葡萄酒（Trockenbeerenauslese）和冰酒（Eiswein）。

新世界国家是近期才开始将划定产区位置和规范各地区的术语使用摆上议事日程的。目前，美国加利福尼亚州和新西兰已经有了一套非常细致的产区划分体系。

们开始在地区餐酒的酒标上同时标注2个葡萄品种，例如：奥德省地区餐酒，霞多丽/维奥涅尔。

Ga
(gamay)

自有独立酒庄葡萄酒（Vin de Propriété）

这一类葡萄酒的原料全部来自于同一酒庄的自有葡萄园，因此酒农不能从其他葡萄园收购葡萄酒或原料。自有独立酒庄的葡萄酒知名度高，很受欢迎，但相比之下批发商葡萄酒（Vin de Négoce）则更为常见。

合作社葡萄酒（Vin de Coopérative）

酿造葡萄酒的原料来自于一家或多家酒农，他们共同组成了一个酿酒合作社来负责葡萄酒的酿造和上市销售。这一类型的葡萄酒酒标上会标注“在业主的产业范围内装瓶”（Mise en Bouteille à la Propriété）。

品牌葡萄酒（Vin de Marque）

这一类型的葡萄酒既涉及原产地监控命名酒，也涉及地区餐酒。在酒标上，品牌的名称要比产区名称更醒目。其中比较知名的有海豚酒庄（Cellier des Dauphins）、木桐嘉棣（Mouton Cadet）、玛利莎（Malesan）、雷斯塔克男爵（Baron de Lestac）等。

品牌葡萄酒的先驱

凭借每年高达1300万瓶的销售量（其中8%出口到海外），木桐嘉棣成为了全球第一葡萄酒品牌。这个令人震惊的商业成就要归功于在梅多克所有列级名庄范围内推广酒庄内灌装的菲利普·罗斯柴尔德男爵（Philippe de Rothschild）。1930年的葡萄酒质量不佳，为了保护木桐酒庄的声誉，罗斯柴尔德男爵决定将这批产品贴上一个不同于以往的酒标来进行销售。于是，“木桐嘉棣”这个酒庄中的最年轻成员，这款木桐庄园的副牌酒应运而生。它一炮而红，以至于木桐酒庄自产的以及波亚克地区的葡萄都不够满足客户们高涨的需求，于是从1932年这个年份起，木桐嘉棣开始选用波尔多地区的葡萄酒进行混酿，并在城堡的酿酒车间中进行培养。

新酒（Nouveau/Primeur）

以上词汇可以出现在某些产区的酒标上，例如：博若莱AOC、加亚克AOC、都兰AOC和奥克地区餐酒，用来提示消费者这款葡萄酒适合在采摘后尽快饮用。它们的上市日期都是固定的，地区餐酒为每年10月的第三个星期四，特定产区优质酒为每年11月的第三个星期四。

有机葡萄酒（Vin Biologique）

在目前的相关法律规定中，“有机葡萄酒”和“天然葡萄酒”的定义其实并不存在。只有在种植阶段，存在有机的种植方式。唯一可以接受的说法是“以有机农业方式生产的葡萄酒”（Vin Issu de l´Agriculture Biologique）或是“以采用有机方式种植的葡萄为原料的葡萄酒”（Vin issu de raisins récoltés selon les méthodes de l´agriculture biologique）。大部分采用有机方式耕作的葡萄酒农都会使用德米特

（Demeter）标识。

无醇葡萄酒（Vin sans Alcool）

这种说法没有经过法律认证，而且也不符合欧盟关于葡萄酒的定义。

犹太教葡萄酒（Vin Casher）

犹太教葡萄酒的酿造方法与传统葡萄酒并无多大差别，只不过要在犹太教神职人员的监督下完成。它在生产方面所受的限制与对品质的追求并不相互违背。在法国，符合犹太教义的原产地监控命名酒越来越常见。它的优势不容忽视，严格的生产规范和纯天然产品的独特风格甚至吸引了很多非犹太教消费者，特别是在美国。这类葡萄酒基本上类似于“有机”产品。

综合治理（Production Intégrée）

这个新名词的使用依然显得含糊不清，缺乏规范。在一些大型卖场中，出于商业目的，有些产品会标注这一名词。

庄园（Château）

即使一个酒庄内没有城堡或是房屋，它也可以被叫做“庄园”，因为这个名词对应的是一个经营单位。但地区餐酒不能使用这个名词。

科利玛（Climat）

这个勃艮第的专有名词，等同于村子，或者是葡萄园。

葡萄园、一级葡萄园、特级葡萄园（Cru, Premier Cru et Grand Cru）

葡萄园（Le Cru）指的是一个特定的地块，但在不同的地区，它的用法也会稍有变化。

在波尔多，这个词更倾向于用来指代一个经营单位，例如庄园，因此会存在“列级名庄”（Cru Classée）。

在勃艮第，这个词会更加精确一些，它对应的是一个在册的具体地块。

在其他地区，这个词涵盖了一种独特的风土条件，但它也有可能指的是一个村镇，或是更小一些的范围，例如黑尼耶（Régnié）和弗勒里（Fleurie）都是博若莱地区有名的村庄。

一个村庄中的**一级葡萄园和特级葡萄园**（Les Premier Cru et Grand Cru）是由国家原产地命名管理局所评定出的不同等级。勃艮第的一大特色就在于这二者可以共存在同一个村庄里，在这种情况下，特级葡萄园的级别要高于一级葡萄园。

特级葡萄园（Grand Cru）：如果说尚贝丹是勃艮第的一个特级葡萄园的话，那么阿尔萨斯的特级园就是一个仅限于部分村子使用的AOC产区名号。在夏布利有7个特级葡萄园；在巴纽尔斯，村子中的一部分田可以被称为巴纽尔斯特级园。

一级葡萄园（Premier Cru）： 勃艮第的一些“科利玛”属于这一等级。

列级酒庄（Cru Classé）

这个词汇仅限于波尔多产区中那些获得官方分级认证的酒庄使用。如梅多克列级酒庄（1855年列级酒庄和中级酒庄）、格拉夫、圣埃米利永、苏玳及巴尔萨克地区的列级酒庄。

酒槽（Cuvée）

这是针对于混酿的一个词汇，原意为酒槽或木桶。目前没有任何特殊的制度用来规范所谓的“特酿葡萄酒”（Cuvées Spéciales）。一些生产商为了区别旗下不同风格、不同质量等级的产品，采用“Cuvée”这个词为其命名，如爱美丽佳酿（cuvée Amélie）、图阿农佳酿（Cuvée Trianon）、珍酿（Cuvée Prestige）等。

塑料方桶装和盒中袋（Cubiteneurs et Bag-in-Box）

这些包装都是方形的。传统的有5升和10升装，采用塑料材质，可以起到避光和保护葡萄酒不受震动的作用。最近出现的盒中袋分为1升、3升、5升、10升几个不同的规格。塑料袋的体积可以随着里面酒液的减少而逐渐变小。这一实用的设计保证了葡萄酒可以保存若干个星期之久。

年份（Millésime）

各个地区的年份情况会有所差异，某个年份在某产区表现出色，但在另外一个产区却未必。年份表可以帮助你做出正确的选择。普通餐酒不允许标注年份。

装瓶（Mise en bouteille）

“庄园内装瓶”（Mis en Bouteille au Château）或者“在业主的产业范围内装瓶”（Mis en Bouteille à la Propriété）说明了一款葡萄酒是在原厂内灌装的，其生产商有可能是独立葡萄酒农也有可能是酿酒合作社。这一标识与质量没有直接关系。

“酒库中装瓶”（Mis en Bouteille dans Nos Chais）或“产区内装瓶”（Dans la Région de Production）则暗示说葡萄酒的装瓶商并非生产商。

葡萄酒名

选购葡萄酒时要注意它的品牌名称，有时，某些酒名故意要引起混淆，使你联想到那些名酒，例如：地区餐酒“老教皇”（Vieux Papes）就非常容易与著名的原产地监控命名酒新教皇城堡相混淆，但其实两者之间毫无关系且价格相去甚远。此外，还有梅多克地区的风车庄园（Château Moulin à Vent）会让人联想到博若莱的著名葡萄园风车磨坊。

解读酒标

每瓶葡萄酒都必须要有酒标，在某种程度上来说，它就是葡萄酒的身份证。酒标上的内容受到欧盟和法国法律的严格规范，它必须要充分反映和确保产品的真实性和可靠性。

大部分葡萄酒的酒瓶上会有2个酒标：第一个贴在酒瓶的正面，上面有葡萄酒的名字和法定必须标注的信息，它的目的就是吸引消费者的眼球；另外一个酒标则位于酒瓶的背面，我们称之为“背标”，上面主要是一些补充信息，其内容大多平淡无奇，经常会写着“一款平衡感良好的葡萄酒，为饮者带来无限乐趣”之类的话，也会有关于酒庄历史、风土条件、葡萄品种、生产酿造、侍酒温度和酒菜搭配的相关内容。如今，人们越来越多地将必须标注的信息写在背标上，而在设计精美的正标上只保留酒名。

必须标注的信息和非强制性标注的信息

在葡萄酒的酒标上有必须标注的信息和非强制性标注的信息两类内容。

▼酒标就是葡萄酒的身份证。

必须标注的信息

必须标注的信息包括葡萄酒的等级、酒精含量、出产国、容量、装瓶者、编号。字迹要求清晰、明了、不可涂改，字号要大，让人一下子就能够看清。

葡萄酒等级

必须标注**原产地监控命名酒**（AOC）、优良地区餐酒（AOVDQS）、地区餐酒（Vin de Pays）、普通餐酒（Vin de Table）以及欧盟体系中的特定产区优质酒（VQPRD，其中包括了AOC和AOVDQS）。

对原产地监控命名酒（AOC）和优良地区餐酒（AOVDQS），欧盟法律规定要将产区的名字放在“产区”（Appellation）和“监控”（Contrôlée）两个词中间。例如，尼姆区原产地监控命名酒要标注为“Appellation Costières-de-Nîmes Contrôlée”。

地区餐酒的酒标上也要标注“地区餐酒”字样，如果它是用来自不同国家的葡萄酒调配而成的，那么要注明“由来自于欧共体内不同国家的葡萄酒混合而成”。如果它来自于某一个特定产区，那么就必须在“地区餐酒”后面标注上产区名称。

酒精度

在酒标上，酒精度一般都带有“% vol.”的格式，差异不能超过0.5%。

出产国

出产国的标注形式有许多种，以法国为例，可以用法文标注为“法国出品”（Produit de France）、“法国产品”（Produit Français），也可以用英语做同样的标注“Product of France”、“Produce of France”。

容量

它所指的是酒瓶中酒液的净含量，以升（L）、厘升（cl）和毫升（ml）为单位。

装瓶者

它应该与村庄名和国名一起出现，我们经常会看到以下字样：“种植者”（Viticulteur）、“由……采收”（Récolté par）、“由……经销”（Distribué par）、“酒庄内或城堡内装瓶”（Mis en Bouteille au Domaine ou au Château，也可以是酿酒合作社）、“酒库中装瓶”（Mis en Bouteille dans Nos Chais，通常指的是葡萄酒商）、拥有自己葡萄园的葡萄农（Propriétaire Récoltant，他们也生产自己的葡萄酒）、葡萄酒商（Négociant，他们采购葡萄酒用来二次销售）、自酿并装瓶的批发商（Négociant Eleveur，他们采购葡萄酒，调配、培养并装瓶）、装瓶批发商（Négociant Embouteilleur，他们只负责灌装）。

编号

通过编号可以了解到基酒和调配的相关信息。

非强制性标注的信息

虽然是非强制性标注信息，但一样有着严格的规范，为的是能够让消费者更清晰地了解葡萄酒的品质。它包括的内容如下：

➡**产品类型**（干型、半干型、超甜型、甜型）；

➡**颜色；**

➡带有产区提示的普通餐酒、原产地监控命名酒和优良地区餐酒的**年份**（在法国，如果一瓶葡萄酒的原料不是100%来自同一个年份的话，那么酒瓶上不可以标注年份；在欧洲，只要85%的原料来自于同一年份就可以标注年份）；

➡地区餐酒可标注**葡萄品种**，但原产地监控命名葡萄酒则不标注葡萄品种（在法国，酒标上所标识的葡萄品种在葡萄酒中的含量必须为100％；但在欧洲只需达到85%即可）。

➡**荣誉及奖章**（与葡萄酒相关的知名赛事都刊登在欧盟的官方公报上）；

➡产品**生产工艺**（粒选贵腐葡萄酒、延迟采收葡萄酒、新酒、酒泥陈酿法、橡木桶培养或橡木桶陈酿）；

生产商名称（庄园、酒庄……）；

自酿葡萄农的名称和地址（非强制性标注，但要有书面协议）；

➡**传统标注内容**，如分级

➡一些标注专用于某些原产地监控命名酒；“村庄”（Villages）这个词专用于安茹、博若莱、博纳区、夜丘、罗纳河谷区、鲁西荣区、马孔区；

➡**字母“e”**（很少能见到）代表对葡萄酒的容量进行了检测；

➡**地理标识**可以作为产区名号的补充信息，但前提条件是这个地区必须经过严格的界定，同时所有原料均来自于这里。

自由标识

2003年，为了更好地应对来自新世界葡萄酒的竞争，欧盟重新修改了欧洲葡萄酒的酒标。从这一天开始，欧盟

橡木桶培养（陈年）

这一标识说明葡萄酒在橡木桶中至少放置了6个月。

老藤

在法律上没有任何对老藤的官方定义，一般葡萄树的树龄超过25年或30年，我们就可以认为它是老藤了。

艺术与酒标

从1964年开始，每年都会有一位艺术家为木桐酒庄（Château Mouton Rothschild）创作一幅供新年份酒标使用的作品。20世纪最伟大的艺术家几乎都曾参与其中：考克多（Cocteau）、莱昂诺尔•菲尼（Léonor Fini）、玛丽•罗兰珊（Marie Laurencin）、卡尔祖（Carzou）、布拉克（Braque）、达利（Dali）、夏卡尔（Chagall）、德尔沃（Delvaux）、巴尔蒂斯（Balthus）、安迪•沃霍尔（Andy Warhol）、约翰•休斯顿（John Houston）及培根（Bacon）。这些作品全部展示于罗斯柴尔德博物馆中。

法规允许葡萄酒生产商们在酒标上根据自己的需要自由标注一些信息，但这些内容必须是真实，无欺诈的。酒标上也可以标注酒庄介绍、追溯方式、种植方法（人工采收、不加糖、无杀虫剂、连续筛检式采收、百年老藤、未经过滤……）。这些内容一般都出现在背标上。

为了保护那些易过敏人群，欧盟的相关法律要求食品生产商必须标注出产品的所有成分。但目前这一法规尚未应用于葡萄酒，一旦葡萄酒被纳入相关法律的要求范围内，那么酿酒商就需要列出酒中含有的所有食品添加剂，那将会是一个很长的清单：酵母、发酵活化剂、澄清剂、稳定剂、除酸剂、防腐剂……这些添加剂都是合法的。

新型酒标

长久以来，酒庄、庄园和酿酒商的名字已经给了人们足够的想象空间。现在对一些充满传奇色彩的名庄来说，情况依然如此，它们的酒标保持着低调、暗淡、朴实无华。但在新世界国家的影响下，为了吸引更多的新顾客，酒标的设计也开始打起了创意牌，一些新出现的酒标色彩绚丽，简洁明了，引人注目。

金属瓶帽与酒塞

大部分情况下，每瓶葡萄酒的酒塞外面还会有一层金属瓶帽，它与酒标相配套，因此也可以随着酒标的风格而变化。它同时也是一个付税标签，证明了这瓶葡萄酒已经缴纳过了流通税。瓶帽上包含一些必须标注的信息，这些信息同样受到了法律的严格约束。

原产地监控命名酒要使用绿色的瓶帽；干邑和雅马邑使用金黄色瓶帽；朗姆酒使用红色瓶帽；其他的白兰地则使用白色瓶帽。

在酒塞上，人们会标注年份、产地和生产商名称。

欲获取更多信息

安东尼·若雷（Anthony Rowley）. 葡萄酒酒标. 阿歇特出版社（Hachette），2003.

葡萄酒酒标实例

阿尔萨斯葡萄酒酒标

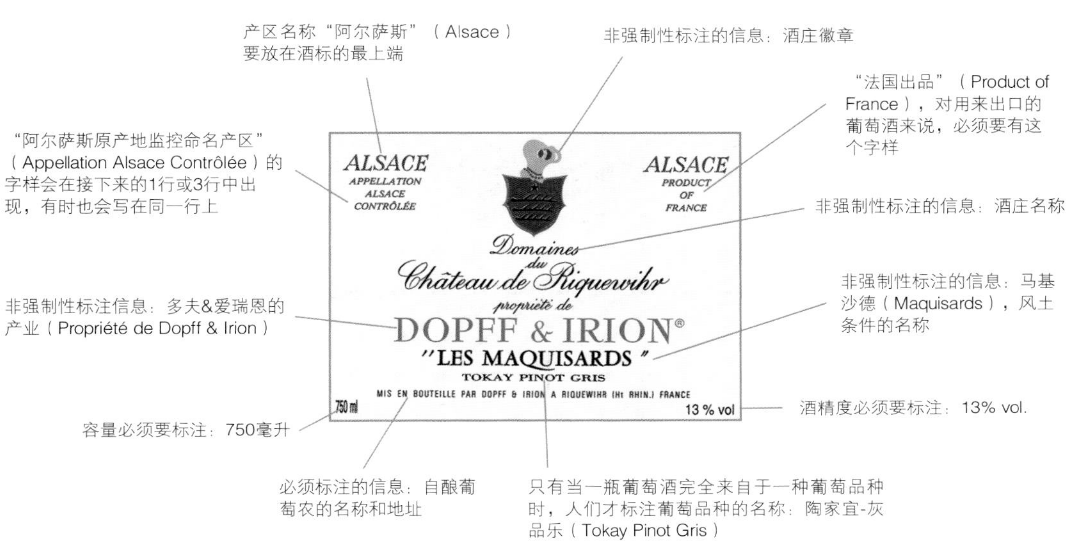

波尔多葡萄酒酒标

勃艮第葡萄酒酒标

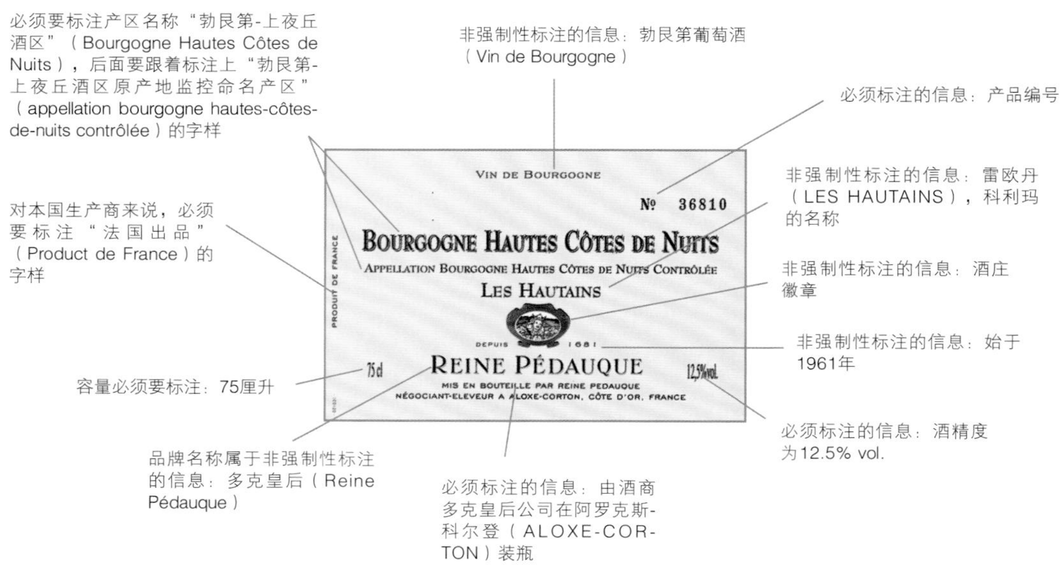

香槟葡萄酒酒标

优良地区餐酒酒标

年份为非强制性标注的信息，所有的葡萄必须采收自同一个年份时才可标注：1998

对外出口的葡萄酒，必须要标明“法国出品”（Product de France）的字样

产区名称必须标注

葡萄酒名称属于非强制性标注信息：圣蒙修道院（Monastère de Saint-Mont）

容量必须要标注：75厘升

等级图标和检测编号必须标注

“e”非强制性标注信息

酒精度必须要标注：12.5% vol.

等级名称“优良地区餐酒”（AOVDQS）必须标注

必须标注的信息：装瓶者的名称及地址

地区餐酒酒标

葡萄酒名称为非强制性标注信息：科隆贝（Colombelle）

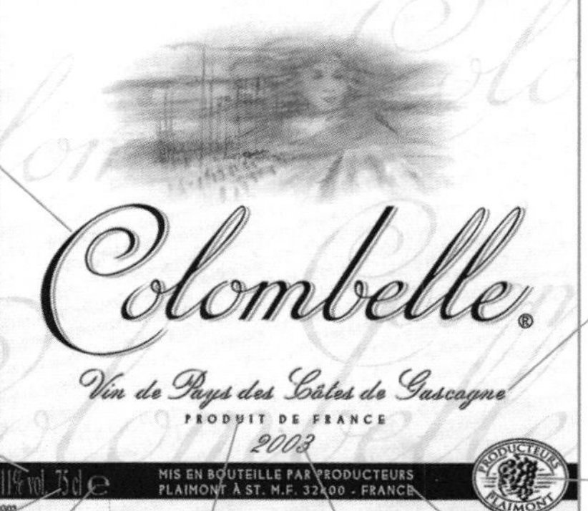

必须标注信息：“地区餐酒”后面跟着地理区域名称

酒精度必须标注：11% vol.

商标为非强制性标注信息

容量必须要标注：75厘升

对外出口的葡萄酒，必须要标明“法国出品”（Product de France）的字样

必须标注信息：装瓶者的名称和地址

“e”非强制性标注信息

年份为非强制性标注的信息：2003

西班牙葡萄酒酒标

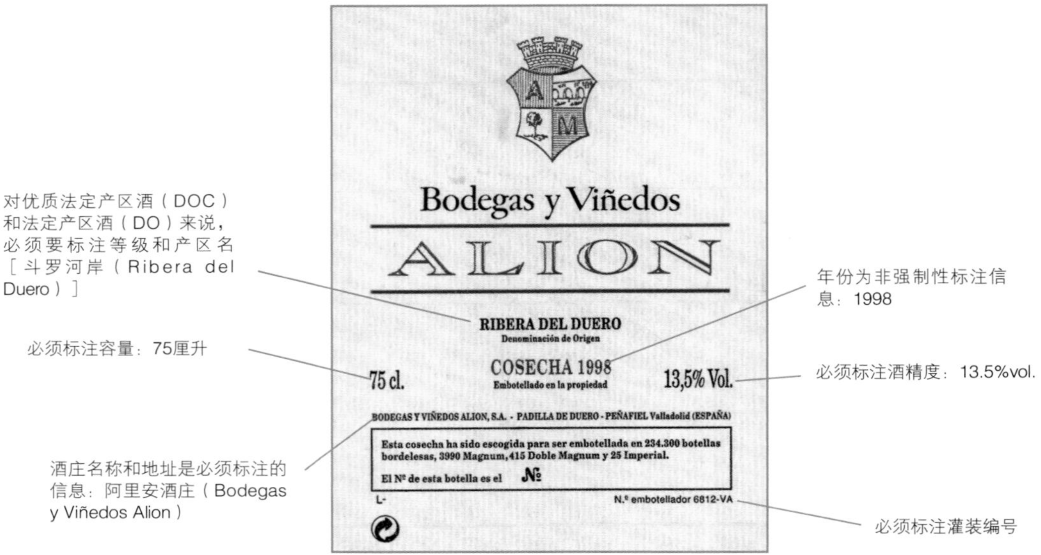

西班牙的相关法律效仿法国的分级体系将产区分成了不同的级别。最高一级为优质法定产区酒（DOC，Denominacion de Origen Calificada），接下来是法定产区酒（DO，Denominacion de Origen）和准法定产区酒（VDT，Vino de la Tierra），后者等同于法国的地区餐酒。然后是优良餐酒（VC，Vino Comarcall），即地区级葡萄酒，以及普通餐酒（Vino de Mesa）。在酒标上，必须注明葡萄酒的级别，有时还需要标明产区。

优质法定产区酒和法定产区酒包含了西班牙大部分优质葡萄酒，不过越来越多的生产商为了获得更大的自由度，选择自动降级到较低级别。除了容量和酒精度以外，法定产区葡萄酒还会带有灌装编号。西班牙葡萄酒的背标上会带有由产区监控委员会颁发的防伪印章和标明产区位置的地图。

西班牙产区体系中最独特的地方在于它标明了葡萄酒培养的条件和时间，这在酒标上属于非强制性标注信息。对红葡萄酒来说，“新酒”（Vino Joven）说明培养的时间低于1年；陈酿（Crianza）则代表葡萄酒最少经过了2年的培养，其中最少有6个月是在橡木桶中度过的；珍藏（Reserva）级别的葡萄酒最少要经过3年的培养，其中包括1年的橡木桶培养；特级珍藏（Gran Reserva）的陈年时间最少要5年（2年的橡木桶陈年和3年的瓶中陈年）。白葡萄酒和桃红葡萄酒也有类似的级别，但陈年时间要相对短一些。

酒精度、容量以及生产商名称都是必须要标注的信息。

意大利葡萄酒酒标

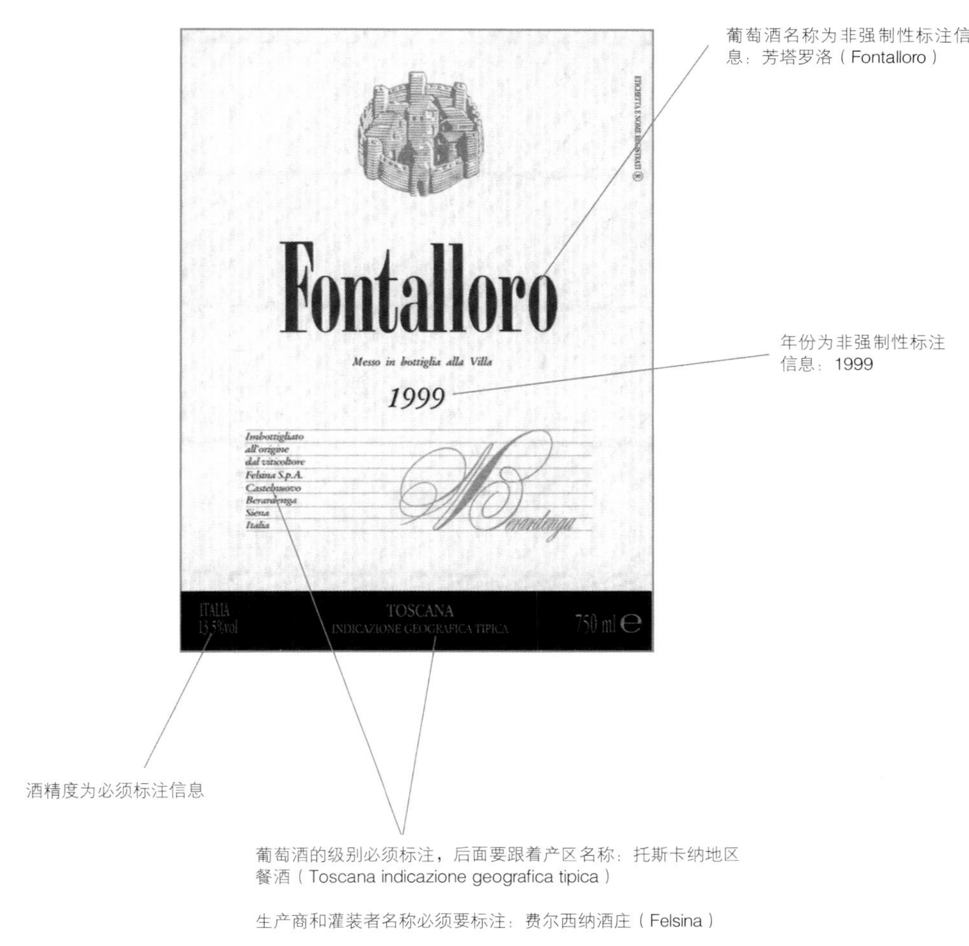

意大利的体系与法国非常相似，根据对生产要求的严格程度不同，葡萄酒产区被分为4类：高级法定产区（DOCG）、法定产区（DOC）——这两个等级相当于法国的原产地监控命名产区（AOC）。此外，还有地区餐酒（IGT）和普通餐酒（Vino de Tavola）。在特定情况下，等级名称后面必须要加注产区名称。通常，产区对应着一个被划定的地理区域，有时也关联了一种特定的葡萄品种。

生产商或灌装者的名称、灌装地点，以及容量和酒精度都属于必须标注的信息。同时，酒标上还要注明葡萄酒的类别（甜型葡萄酒、斯布曼德……），至于其他信息则由生产商根据自己的需要进行标注，但有些内容（例如年份和产品名称）通常会习惯性地出现在酒标上。

南非葡萄酒酒标

南非的相关法律中对酒标的规定十分严格。酒庄名称、葡萄酒名称或葡萄品种、容量、酒精度以及用于确认生产商或灌装者身份的编码都是必须要标注的信息。此外，法律还规定必须要标注年份（除了那些无明确年份的葡萄酒）和产地。在每瓶葡萄酒的瓶颈上还必须标注有一个编号，用来证明酒标及背标上所注明的所有信息都已经经过了南非葡萄酒与烈酒委员会（South African Wine & Spirit Board）的严格检查。

美国葡萄酒酒标

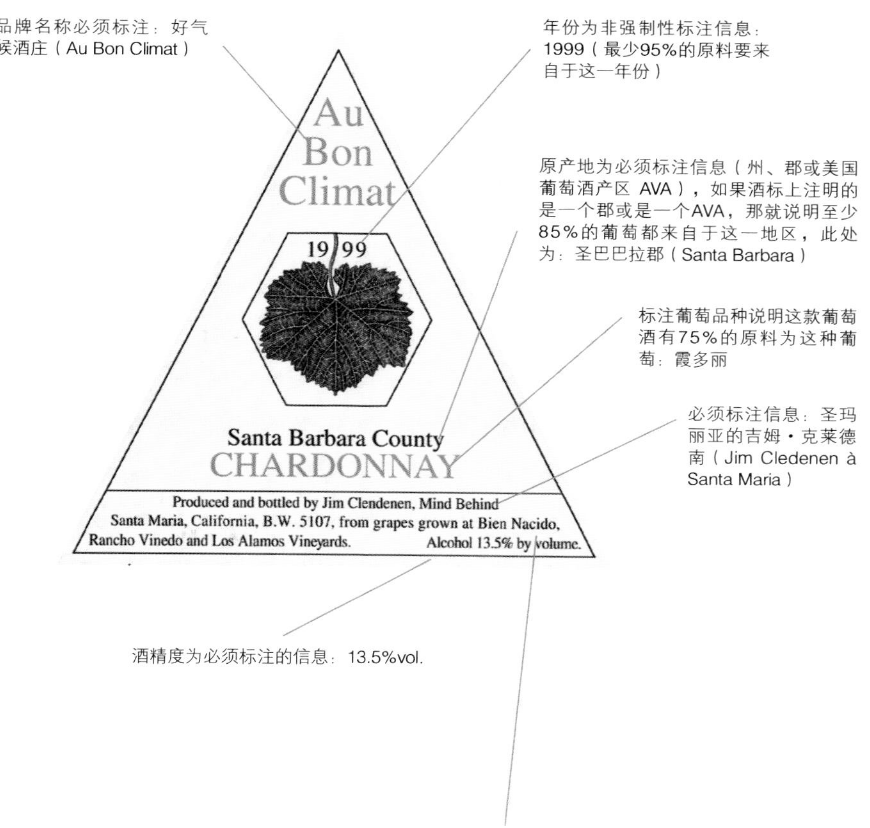

除了酒庄名称和品牌名称以外，葡萄品种也是美国葡萄酒酒标上经常可以见到的内容，不过现在有些生产商已经不再特别标注这一信息了。如果酒标上出现了一种葡萄品种的名称，那说明它在这款葡萄酒中所占的比例至少达到了75%以上。至于葡萄酒产区，则分为了几个不同的级别：地区、郡（以上两者更趋向于行政区划，而非专门划分出的葡萄酒产区）和美国葡萄酒产区（AVA）。对后者，人们在地理条件方面（气候、土壤、海拔）进行了专门的定义。如果酒标上注明了某个AVA的名称，则说明酿酒所使用的葡萄有85%以上来自于这一产区。有时，生产商还会标注出葡萄园的名字。

灌装者的名称和地址、酒精度和容量必须要出现在酒标上。至于其他内容，年份属于自由标注信息，一旦出现了年份，则说明酿造这款葡萄酒的原料有95%以上都采收于这一年。

波特酒酒标

葡萄牙葡萄酒产区的分级体系与法国的非常相似：普通餐酒（Vinho de Mesa）、区域产区酒（Vinho Régional）、推荐产区酒（Indicação de Proveniência Regulamentada，IPR，等同于法国的优良地区餐酒），以及法定产区酒（Denominação de Origem Controlado，DOC，等同于法国的原产地监控命名酒）。与欧盟其他国家一样，这里的葡萄酒酒标上必须要标注容量、酒精度、装瓶地点以及灌装者。

与波尔图法定产区［经常与杜罗河法定产区（DOC Douro）相混淆］相关的立法复杂而详细，为的是避免仿冒产品的出现。波特酒的瓶颈上必须贴有质保印章，以表明这支葡萄酒已经经过了波特酒研究院的品鉴测试，获得了认可。“波特酒”的字样和酒庄的名字也都必须出现在酒标上。尽管绝大多数波特酒都是红色的，但我们也会见到一些带有“White Port”字样的白波特酒。波特酒的具体种类也会用相应的专业术语标注在酒标上，例如：宝石红波特酒（Ruby）、茶色波特酒（Tawny）、年份波特酒（Vintage）、迟装瓶年份波特酒（LBV）等。这些品种的差异基本上都是源自于不同的混酿方法（酒龄及葡萄酒的来源）以及不同的陈年方式（橡木桶、大桶或瓶中陈年）和时间。

陶家宜葡萄酒酒标

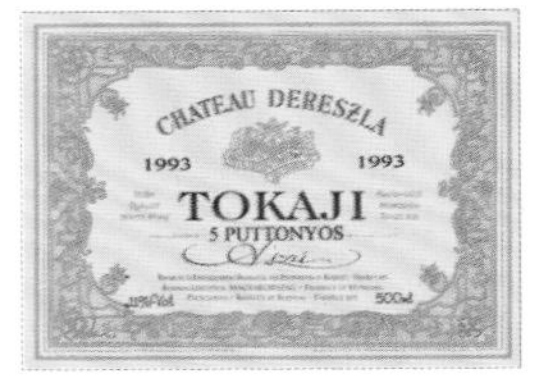

1990年，人们对匈牙利的葡萄酒立法进行了重新修正，重组了当地的葡萄酒分级体系。从那时开始，匈牙利葡萄酒就被分成了2个普通等级［普通餐酒（Asztali Bor）和地区餐酒（Tajbor）］和2个等同于法国原产地监控命名酒的较高等级［特定地区葡萄酒（Minöségi Bor）和特定地区优质葡萄酒（Különleges Minöségi Bor）］，基本上所有的超甜型葡萄酒都被包含在特定地区优质葡萄酒中，其中就包括陶家宜。陶家宜除了著名的超甜型葡萄酒以外，还出产干型葡萄酒和半干型葡萄酒。如果葡萄酒仅用一种葡萄酿造而成的话，那么可以在酒标上标注葡萄品种的名字。

陶家宜的超甜型葡萄酒包括了不同的类型：“天然型”（Szamorodni）代表了这款陶家宜葡萄酒是由未经贵腐霉感染的葡萄、过熟的葡萄和贵腐霉葡萄混合在一起酿造而成的，这一点与埃苏（Aszù）不同；“陶家宜-富迪达斯”（Tokaj Forditàs）则是采用基酒浸泡埃苏葡萄的果渣酿造出的一款甜酒；“陶家宜-埃苏”（Tokaj Aszù）是采用基酒与受贵腐霉感染的优质葡萄混合酿造而成的，人们通常采用篓（Puttonyos，从3篓至6篓）这个单位来衡量它的甜度；而陶家宜爱珍霞（Tokaji Essencia）的甜度甚至可以超过600克/升。

酒精度、容量（标准容量为50厘升）和生产商的名称都必须出现在正标或背标上。

智利葡萄酒酒标

1995年，一项立法对智利葡萄酒的酒标重新进行了规范。酒精度、容量以及生产商和装瓶商的名称［此处为：阿尔伯托·西格尔（Alberto Siegel）］都必须出现在酒标上。人们习惯性标注的信息有品牌名称［此处为：鹰歌（Crucero）］（如果品牌名称与生产商的名称不同）和葡萄品种［此处为：加文拿（Carménère）］（被标注的葡萄品种在葡萄酒中所占的比例必须高于75%）。生产商和葡萄品种依然是智利葡萄酒酒标上最主要的内容，但同时原产地信息［此处为：哥查加谷（Colchagua Valley）］也越来越多地出现在用于出口的葡萄酒酒标上，这意味着至少有75%的葡萄都采摘自这一地区。

澳大利亚葡萄酒酒标

在澳大利亚葡萄酒的酒标上，酒庄或品牌名称和葡萄品种是最主要的内容，但其实这两者都不是必须标注的信息。如果酒标上提及了一个单独的葡萄品种，则说明它在葡萄酒中所占的比例超过了85%。如果酒标上出现的是若干个葡萄品种（正如这个酒标上所标注的），那么就要按照它们在混酿中所占的比例由高至低进行排列。除了国家名称“澳大利亚”必须要标注以外，地理原产地属于非强制性标注信息。澳大利亚的葡萄酒法规按照俄罗斯娃娃的模式（大产区套小产区）将产区分成了若干等级：几个州的集合（例如东南澳是唯一的跨州产区）、州（États）、区域［州以下的次级产区（zones）］、地区［Régions，区域以下的次级产区，此处为：伊甸谷（Eden Valley）］和次级地区（Sous-Régions）。酒标中必须标注的信息包括：酒精度、容量以及生产商的名称和地址。自2002年起，在酿造过程中所使用的易引起人过敏反应的物质也必须标注在酒标上。

新西兰葡萄酒酒标

新西兰的葡萄酒法规与澳大利亚的极为相近。酒标上必须要标注的内容包括：酒精度、容量、生产商的名称和地址以及“新西兰出品”的字样。其他的，例如葡萄品种、产区或年份，则由每个生产商自己决定是否要标注，当然这些信息大部分情况下都会出现在酒标上。如果一款葡萄酒的酒标上出现了某个葡萄品种的名称，则说明它在葡萄酒中所占的比例超过了75%。对优质葡萄酒，大部分生产商都会注明它的具体产地［此处为：马尔堡（Marlborough）］，前提条件是酿造葡萄酒所用的所有原料都必须来自于这里。

▲各种荣誉总是归属于那些高品质的葡萄酒。

是品质保证，还是营销手腕？

在某些情况下，购买指南、金银铜奖章可以帮助你选购葡萄酒，特别是当你独自一人对着一大排货架无所适从的时候。以下就给大家介绍一下具体的使用方法。

购买指南

每当秋天来临的时候，年度的葡萄酒购买指南就会出现在货架上。这种由专家编写的指南是非常有用的工具，可以帮助你更好地了解葡萄酒市场，保证你在大卖场，特别是在每年的葡萄酒展销会上大有斩获。有些指南是由专业杂志编撰的，而其他的则是个人著作或合集。通常，每个人都有自己的哲学、自己的思考方式和立场。这也就解释了为什么一款相同的葡萄酒在不同的指南中可能会得到大相径庭的评语，甚至有时候它会出现在某一本指南中，但在另外一本中却完全没有得到推荐。如果一款葡萄酒没有被收录在购买指南中，也并不代表它的质量就一定不好，有可能只是生产商并没有送样品去参加甄选。

不可错过的购酒指南

《帕克法国葡萄酒指南》（GUIDE PARKER DES VINS DE FRANCE）：这本书中收录了由这位美国品鉴家打了分数的7500多款葡萄酒。——索拉出版社（Solar），每3～4年出版一次。

《阿歇特葡萄酒指南》（GUIDE HACHETTE DES VINS）：这本指南是业界的先锋，市场上的领军者。每年1～6月地区评委会会品尝32000瓶葡萄酒，并最终选出超过6000家生产商生产的10200款葡萄酒。——阿歇特出版社（Hachette）

《法国最佳葡萄酒排行榜》（CLASSEMENT DES MEILLEURS VINS DE FRANCE），米歇尔·贝塔内和蒂耶里·德索沃（Michel Bettane et Thierry Desseauve）：这本书中挑选了1200个酒庄，对87000多款葡萄酒进行了打分和点评，通过品鉴评选出了100款最佳葡萄酒。——《法国葡萄酒评论》

《最佳低价位葡萄酒指南》（LE GUIDE DES MEILLEURS VINS à PETITS PRIX），加尔贝乐和莫昂日（Gerbelle et Maurange）：超过1800款葡萄酒入选，价格低廉，售价集中在2.5～17欧元。——《法国葡萄酒评论》

《杜塞特·加贝赫法国葡萄酒指南》（GUIDE DUSSERT-GERBER DES VINS DE FRANCE）：收录了2500款葡萄酒。——阿尔班·米歇尔出版社（Albin Michel）

其他指南

艾瑞克·曼西奥（Éric Mancio）. 优质优价葡萄酒指南（MES MEILLEURS VINS AU MEILLEUR PRIX）. 南部研究出版社（Le Cherche Midi Éditeur），2001.

于连·福安（Julien Fouin），让克里斯多夫·艾斯戴夫（Jean-Christophe Estève）. 有机葡萄酒指南（GUIDE DES VINS BIO）. 卢埃格出版社（éd. du Rouergue），2002.

Tips

罗伯特·帕克（Robert Parker）现象

在很多人眼里他可以翻手为云覆手为雨，无论大小酒庄，产品的价格和声誉都在他的一手掌控之中。没有人能够对他的评语置若罔闻。他就是律师出身的美国酒评家罗伯特·帕克，如今他已经成为了葡萄酒世界的最高审判官。

一切始于1982年，他成功地预言了这一年对波尔多来说是个绝佳的年份。从此，他的地位在葡萄酒媒体圈中一路攀升。他所撰写的《葡萄酒倡导者》每年出版4～6期（订阅价格为100美元），一经问世便引起了轰动，对葡萄酒生产者、经销者及爱好者而言，它就如同《圣经》一般。从那时起，罗伯特·帕克开始评判法国葡萄酒并给它们打分，这些酒有的是他自己挑选的，有的是他去波尔多、罗纳河谷、卢瓦尔河谷或香槟区旅游时人们推荐给他的。他的品鉴记录清晰、详尽，能引起人们的联想，并配有80～100的分数。有些葡萄酒，例如柏图斯、玛歌庄园、马赛尔·吉佳乐（Marcel Guigal）在罗第丘所打造的三款佳酿——拉慕琳（La Mouline）、朗多纳（Landonne）和杜克（Turque）以及玫瑰山庄（Château Montrose）都获得了超高的分数，这马上引发了抢购风潮并在拍卖会上屡现高价。当帕克打出的分数一经公布（在强大的广告攻势的支持下），葡萄酒的价格总会翻一番，甚至翻两番。在餐厅里，顾客们总是点名要那些分数在95～100的葡萄酒！

《葡萄酒典》（LE VIN），贝尔纳·博特斯奇（Bernard Burtschy）：收录了1200个酒庄，10000款葡萄酒。——达莫法出版社（éd. Damefa），2004.

《玛利莎法国葡萄酒指南》：法国、比利时、卢森堡和瑞士的120家餐厅推选出的令人心动的葡萄酒。——索拉出版社（Solar）

《侍酒师指南》（GUIDE DES SOMMELIERS）：从侍酒师品鉴的25000款葡萄酒中推荐了4000款，按照不同酒庄和不同产品进行分类介绍——福勒菲斯出版社（Fleurus），2004.

《福勒菲斯葡萄酒指南》（GUIDE FLEURUS DES VINS D´AILLEURS），大卫·考博德（David Cobbold）和圣巴斯蒂安·度朗维埃（Sébastien Durand-Viel）：按照国家和价格分类介绍了约1000款葡萄酒——福勒菲斯出版社（Fleurus），2003.

《国际品酒大赛酒典》（GUIDE DES VINS DES VINALIES）：每年酿酒师要品鉴1000款葡萄酒——阿歇特出版社（Hachette）

《法国葡萄酒综合名录》（GRANDS ET PETITS VINS DE FRANCE），弗朗索瓦·科隆贝（François Collombet）和让保罗·柏侯特（Jean-Paul Paireault）——埃提耶出版社（Hatier），2002.

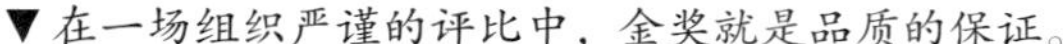

▼在一场组织严谨的评比中，金奖就是品质的保证。

《我最喜欢的10欧元以下葡萄酒》（MES VINS PRÉFÉRÉS À MOINS DE 10 EUROS），让皮埃尔·考夫（Jean-Pierre Coffe）：作者拜访了超过4000家酒庄，推荐了其中1000个收录在书中。——普隆出版社（Plon），2002.

奖章

黏贴在酒瓶瓶颈上的奖章可以吸引消费者。它同时也能作为品质的保证吗？这些获奖的葡萄酒，我们是否可以放心大胆的选购呢？

每一年，光是在法国举办的葡萄酒评比就不下百场，诞生出不计其数的奖章，官方法规规定获奖葡萄酒可达参赛总数的三分之一。

某些评比鉴于其组织的严谨度、评委会的组成以及对产品的精挑细选，的确可以成为葡萄酒品质的切实保障，它所颁发的奖章含金量十足。

一款没有获得任何奖章和荣誉的葡萄酒也并不一定就不好。只有在酒庄选送自己的产品去参加评比的情况下，一款葡萄酒才可能获奖；而且这个奖项通常只针对某一个年份或酒庄的某一个单品，而并非适用于该酒庄的所有出品。

国际葡萄酒及烈酒大赛（Vinalies Internationales）

国际葡萄酒及烈酒大赛是世界葡萄酒及烈酒重大赛事联盟的组成部分，其中的赛事还包括：布鲁塞尔世界葡萄酒比赛（Mondial de Bruxelles）、国际黑品乐大赛（Mondial du Pinot Noir，瑞士）、德国国际葡萄酒大奖赛（Mundus Vini）、卡斯蒂利亚-雷昂葡萄酒大奖赛（Prix Zarcillos de Castilla y Leon，西班牙）、全球葡萄酒评选（Sélections Mondiales，加拿大）、匈牙利葡萄酒大赛（Vinagora）、葡萄酒和挥发性酒精饮料国际大会（Vinandino，阿根廷）、意大利葡萄酒展览会（Vinitaly）、卢布尔雅那葡萄酒大赛（Vino Ljubljana，斯洛文尼亚）。这些大赛由来自于世界上不同国家的品鉴者参与，赛制异常严格，以便确保获奖的葡萄酒实至名归。在法国，这一比赛由法国酿酒师联盟（l′Union des oenologues）负责组织，集中了全球最好的葡萄酒，会收到来自于35个国家的超过3300款样酒。评委会由1000位全球最权威的品鉴者组成（法国、日本、美国、阿根廷、澳大利亚、智利），他们基本都是葡萄酒及烈酒行业内的风云人物。比赛的组织异常严密周详，所使用的全部是特制的品尝杯，比赛结果实时发布。

法国葡萄酒及烈酒大赛（Vinalies）

这个赛事涉及法国所有葡萄酒产区出产的葡萄酒，须由酿酒师推荐参赛。比赛在每年的5月举行。由酿酒师组成的评委会要品鉴3000款葡萄酒，然后从中选出“特别杰出大奖”（Grand Prix d´Excellence）、“杰出奖”（Prix d´Excellence）和“维纳利奖”（Prix des Vinalies）。获奖葡萄酒的名单、它们的历史及品鉴评语会由阿歇特出版社结集出版。

农产品综合评比大赛（Concours Général Agricole）

这项赛事始于1870年，它是根据法国农业、食品、渔业和农村事务部的一项法令设定的，葡萄酒在1894年被加入其中。它每年会组织两期比赛：第一次在2月份的农业国际沙龙期间举行，第二次则安排在4月初。评委会是由独立的专家组成的，他们代表了整个葡萄种植及葡萄酒酿造行业。40%的参赛葡萄酒会获奖。

奥朗日葡萄酒博览会（Foire aux Vins d´Orange）

这一活动始于1952年，是罗纳河谷地区的葡萄酒权威盛会。它在每年1月的最后一个周六举行。评委会中既有专业人士，也有葡萄酒爱好者；既有法国人，也有外国人。约有30%的参赛葡萄酒会获奖。

波尔多-阿基坦葡萄酒竞赛（Concours de Bordeaux–Vins d´Aquitaine）

这个由农业渔业部认可的赛事始于1956年，在每年5月的倒数第二个星期六举行。评委会由专业人士组成。农业委员会（Chambre d´Agriculture）派出的专员会直接到酿造车间中选取样酒。25%～30%的参赛葡萄酒会获得奖章。

酒神葡萄酒评选（Saint-Bacchus）

这个比赛是在1984年时由鲁西荣品鉴大师联盟所创立的，它针对所有东比利牛斯地区（Pyrénées-Orientales）出产的葡萄酒。评委会由法国及欧洲的专业人士组成。2003年，人们在380款参赛葡萄酒中评选出了18个酒神奖，获奖率低于5%。

法国优质葡萄酒大奖赛（Concours des Grands Vins de France）

此项赛事创立于1954年，每年5月在马孔葡萄酒展销会（la Foire de Mâcon）期间举办。由2000位品鉴者（业内人士和葡萄酒爱好者）对约10000款来自法国及世界各地的样酒进行品评。其中28%的参赛葡萄酒会获奖。

独一无二的竞赛

瓦给拉斯消费者评委会葡萄酒竞赛（Concours des vins-jury consommateurs Vacqueyras）是唯一一个由非专业人士来做评委的赛事。它始于1987年，在每年6月的第一个或第二个周末举行，只针对罗纳河谷产区的葡萄酒。表现出色的葡萄酒将会分别获得金奖、银奖、铜奖。

▲品酒骑士协会的品评大奖（Tastevin）旨在褒奖勃艮第和博若莱地区的最佳葡萄酒。

国际葡萄酒挑战赛（Challenge International du Vin）

从1976年开始，这项比赛每年都在纪龙德河上的布尔地区（Bourg-sur-Gironde）举行。2004年，有来自34个不同国家的4416款葡萄酒参赛，其中1206款获奖，比例为27.3%，其中171款被授予金奖。值得注意的是匈牙利葡萄酒（109款葡萄酒参赛，29.4%获奖，其中6款获得金奖）和巴西葡萄酒（40款葡萄酒参赛，35%获奖，10款获得银奖）在这次比赛中所取得的骄人成绩。智利葡萄酒赢取了12个金奖、意大利赢取9个金奖……法国则获得了101个金奖（共有2479款葡萄酒参赛）。

卢瓦尔河葡萄酒竞赛（Concours des Ligers）

这个赛事始于1994年，由卢瓦尔河谷葡萄酒行业委员会与卢瓦尔河谷酿酒师联盟合作组织。它向该地区内所有的葡萄酒生产商、酒商和酿酒合作社开放，嘉奖那些最优质的葡萄酒。每年的评委会品鉴都会在周日先于卢瓦尔河葡萄酒沙龙举行。

Tips

吉尼斯世界纪录

在1989年，法国优质葡萄酒大奖赛被记入到《吉尼斯世界纪录》一书中。它创造了世界最大规模的品鉴纪录：共有10520款样品酒参赛。

国际霞多丽葡萄酒大赛（Chardonnays du Monde）、国际最佳麝香葡萄酒大赛（Muscats du Monde）及国际最佳气泡酒大赛（Effervescents du Monde）

这类评比只针对由某个单一葡萄品种酿造的葡萄酒，例如霞多丽。约有30%的参赛葡萄酒获奖。

荣誉奖项

除了一系列的竞赛和评选之外，还有许多由葡萄酒类协会或团体颁发的荣誉奖项。

品酒骑士协会的品评大奖（Tastevinage）

这是由勃艮第品酒骑士协会（Confrérie des Chevaliers du Tastevin）颁发的，针对勃艮第和博若莱葡萄酒的奖项。自1950年起，品评大奖每年在武若园城堡中举行，春天时为勃艮第红葡萄酒颁奖；9月时为白葡萄酒、博若莱葡萄酒和勃艮第气泡酒颁奖。评委会由葡萄种植者、经纪人、酒商、餐厅经营者、记者和经验丰富葡萄酒爱好者组成。约三分之一的样酒会获奖。获奖葡萄酒会被编号，并带有协会的签章，酒标上也会标有协会的徽章并加注布莱叶盲文标识。

圣艾蒂安协会（Confrérie Saint-Étienne）印章

这对阿尔萨斯葡萄酒来说是一项最崇高的荣誉。它只授予给那些能够通过由专业人士组成的评委会的评审，符合极其严格的质量规范并具有自己的独特性的葡萄酒。这个奖项会以带有评委会封印的带饰或圆形徽章的形式出现在酒瓶上，上面同时还带有相关官员的签名和序号。所有获奖葡萄酒都会出现在协会名下的名牌葡萄酒商店中。

◀每年都会有许多博若莱的酒业行会颁发格鲁玛日（Grumage）印章，旨在嘉奖产区内最优秀的葡萄酒。

格鲁玛日印章

这一针对博若莱葡萄酒的荣誉旨在将那些品质大众化和品质精纯、平衡感出色的葡萄酒区分开来。它通常是由博若莱葡萄酒协会（Compagnons du Beaujolais）或当地与葡萄酒有关的地方行会颁发的。

卡拉夫兰大奖（Clavelinage），该奖项在黄葡萄酒节期间颁发，在4个产区内挑选获奖产品。

欲获取更多信息

- 《酿酒师杂志》（Revue des oenologues）每年都会出版一期特刊《法国金奖葡萄酒及烈酒获奖名单》，专门介绍在14个国内外大型赛事中获奖的最佳法国葡萄酒。

  03 85 37 43 21　03 85 37 19 83

▲酒窖管理员会向顾客推荐各个价位的精选葡萄酒，同时还会提供自己的专业技能和服务。

去何处购买葡萄酒?

从大卖场到邮购

当成千上万可供选择的葡萄酒摆在眼前，你是否会觉得茫然、不知所措，葡萄酒的确与其他的商品不同。面对这样的选择，最简单的还是自助式服务，据投票统计，将近80%的葡萄酒爱好者都会选择大卖场（超市或特大超市）作为每天购买葡萄酒的场所。这里产品种类丰富，价格低廉，但普遍缺少顾问式服务。葡萄酒专卖店，虽然它的数量不像以前那么多，但店内精致的产品构成和专业人士的顾问式服务依然是人们信赖它的理由。与葡萄酒旅游相结合的酒庄内购买，依然是人们最钟爱的葡萄酒购买方式之一，但真正能够跑到酒庄去买酒的顾客和对外开放的酒庄依然数量有限。拍卖、葡萄酒沙龙、互联网等其他的销售渠道也不失为是采购葡萄酒的好方法，但前提是要谨慎处之。当你想构筑一个自己的酒窖时，要考虑哪些条件和因素才能够做到更好地储存葡萄酒，为它们提供良好的陈年条件？如何判断一瓶好酒的适饮期，使它不至于年华老去，无人欣赏？

Tips

“一瓶精细挑选的葡萄酒能为你的生活增光添彩。”[杰-西斯·罗宾逊（Jancis Robinson）]

各类葡萄酒流通渠道

大卖场

在大卖场中购买葡萄酒，人们可以在巨大货架（在175米的货架上陈列着约600款葡萄酒）前自由地挑选葡萄酒。你可以想挑多久就挑多久，不会有人在你身边不停地环顾、推销和对比。但是也正因为缺乏或是完全没有人给你提供适当的建议，选择变得困难起来。研究显示，人们在卖场中挑选葡萄酒所用去的平均时间为2分钟，远远高于挑选其他常用消费品所用的20秒。

商铺

不同卖场的葡萄酒专区的组织形式也各具特点，主要分为两种类型：整体型［家乐福（Carrefour）——在法国名列第一的葡萄酒采购商、欧尚（Auchan）、科拉（Cora）、不二价（Monoprix）等］，每个店铺内所销售的葡萄酒主体上都是一样的；独立型［乐客来（Leclerc）、英特马诗（Intermarche）、U氏（Système U）］，这种形式更加松散，每个店铺可以根据自己地区的特点提供更加个性化、更切合本区实际的产品。

各种规模的商铺，各种连锁品牌混合在一起，在不同的卖场中葡萄酒无疑是差异性最强的一种商品类型。毫不夸张地说，货架的间距、产品的摆放、布置和装饰都起着至关重要的作用。如果老板是个内行或是对葡萄酒充满热情的人，那事情就一定错不了：装潢漂亮的酒窖，呈卧式摆放的酒瓶，甚至有时葡萄酒就放在它本来的原装木箱中，导购人员随时待命，存酒区温度适宜。

越来越多的店铺为那些获奖的葡萄酒专门留出一席之地。对它们而言，最常见的奖项包括全国农业沙龙农产品综合评比大赛（Concours Général Agricole du Salon de l´Agriculture）、马孔法国优质葡萄酒大奖赛、卢瓦尔河葡萄酒沙龙期间举办的卢瓦尔河葡萄酒竞赛。同时，它们也不会忽略购酒指南中所推荐过的产品。

> **大型零售终端，法国葡萄酒销售的超级巨星**
>
> 每5瓶葡萄酒中就有4瓶是在大型零售终端中销售出去的：3瓶中有2瓶是在特大超市或超市中售出的（约占各类型葡萄酒销售量的62%）；每2瓶中就有近1瓶是从硬折扣店中售出的（比例超过16%，这个数字仍处于稳步增长中）。

严格的组织

在大卖场中销售的葡萄酒各式各样，其中包括了各个等级的葡萄酒（原产地监控命名酒、优良地区餐酒、地区餐酒和普通餐酒）、外国葡萄酒、不同价位的葡萄酒、不同包装的葡萄酒（玻璃瓶装、涤纶树脂包装、砖型包装、塑料方桶装、盒中袋）。通常情况下，可供选择的产品都会保持在20000种左右，每年对产品进行复审，但这并不代表每年都会更换产品。

大卖场在货架和产品的排布方面并不能随心所欲，他们也需要遵从法国竞争、消费和反欺诈总局（DGCCRF）的规定，按照原产地监控命名酒（AOC）、优良地区餐酒（AOVDQS）、地区餐酒、普通餐酒和外国葡萄酒的顺序来进行分类。这一项将原产地监控命名酒与地区餐酒相分离的强制性规定并非源于某个详细的文书或法规，而是依据以一项判例为基础的行政法理，旨在避免产品彼此混淆，保持一定的对市场的诚信度。所有的大卖场都必须遵守这一原则。如果想要获取灵活调整的空间，需要讨论研究后才能决定。

▲在法国，每4瓶葡萄酒中就有近3瓶是从大卖场或硬折扣店中售出的。

自主品牌

许多大卖场在经过谨慎权衡之后，开始发展自己的自主品牌葡萄酒。自主品牌的葡萄酒不一定会直接使用商铺的字号，经销商销售这类产品主要是因为它所具有的突出的性价比。

凭借着自己的知识和对葡萄酒从酿造、混合直到装瓶的一整套生产程序的掌控（通过与葡萄酒农一起共同制定的生产细则），大卖场精心地打造着自己葡萄酒“专家”的形象，他们开辟多种途径：建立网站、销售波尔多名庄期酒、设立驻店导购顾问等。

硬折扣店

这些地方显得比较简易，所供应的葡萄酒与大卖场不同，各个产区所占的比例也不一样。在这里，我们能够看到的波尔多和西南产区葡萄酒的数量要比大卖场中少一些，相应增加的是卢瓦尔河谷、罗纳河谷和朗格多克-鲁西荣地区的产品。除了那些非常大众化的法定产区（密斯卡得、波尔多、科比埃和罗纳河谷区）之外，其他产区的葡萄酒很难坚持长期出现在货架上。不要总是等着你所喜欢的那款葡萄酒重新出现了，产品富于变化正是这类店铺的主要特征之一。

Tips

经销商品牌

家乐福的署名、玛吉和U氏超市的心形标识、乐客来的广告语“难以置信”都会出现在瓶颈上……而其他超市则更倾向于直接采用酿酒者或酒商的名称，例如：欧尚的皮埃尔-沙诺（Pierre Chanau）；有时，也会使用一个集中品牌，它能让人联想到这里的葡萄酒来自于专家评委会的精心挑选，例如：英特马诗超市的专家组和卡斯诺超市的侍酒师团。

如何更好地在大卖场中购买葡萄酒

要勇于尝试店铺中重点推荐的产品，它们大都具有超高的性价比；
平均约有5%的葡萄酒会带有木塞味儿，但这并不意味着所有的葡萄酒都有问题；
如果是为了筹备一次餐会，可以先买一瓶葡萄酒回去品尝一下，如果满意再回来购买更多的；
不要羞于去咨询专柜顾问，超市的相关负责人就在那里随时候命；
制订购酒预算。

葡萄酒展销会

进入9月之后，葡萄酒展销会成为了葡萄酒爱好者与好酒之间不可错过的约会。在这种场合中，那些在不同比赛中获奖或是获得购酒指南推荐的葡萄酒总会备受青睐，此外还有许多侍酒师和酿酒师推荐的心动之选，同时人们会把本地区的葡萄酒作为重点的促销对象。这是一个发掘你所不了解的葡萄酒的好方法。不要总是想着在每家店里都能看到相同的产品，不同店家在产品选择方面都有自己的一套理念。

在葡萄酒展销会期间到各个大卖场去转一圈，特别留心一下他们所提供的名庄葡萄酒，这往往也是葡萄酒展销会最吸引人的一点，产品会具有超值的性价比。在葡萄酒展销会上购买高档葡萄酒好处多多，最主要的就是可以节省15%～25%，甚至是30%的花费。波尔多葡萄酒是最受欢迎的，其次分别是香槟、博若莱、勃艮第、罗纳河谷、西南产区、卢瓦尔河谷、阿尔萨斯、汝拉-萨瓦和南部地区的葡萄酒。

专家范儿

按面积来计算，欧尚酒窖是欧洲葡萄酒零售界中的顶级专家了。这个位于伊夫林省（Yvelines）夸涅艾（Coignières）的酒窖开设于1999年，面积为4200平方米，目前有2000多款产品，并且计划最终发展到3500款。这里主要销售那些很难在大卖场中以低廉价格买到的优质葡萄酒。

名利兼收

由于取得了巨大成功，葡萄酒展销会开始了进一步的发展。继秋季葡萄酒展销会之后，又出现了春季的葡萄酒展销会，它主要针对清淡型的葡萄酒和有待人们进一步了解的葡萄酒，此外还出现了以桃红葡萄酒或香槟为主题展销会。

展销会留给人们的印象是能用实惠的价格买到更优质的产品。事实上也的确如此。此外，有些人深知在展销会上都有些什么好货，从一开幕，他们就开始寻觅自己中意的产品，然后心满意足地带着几箱葡萄酒离开。产品目录上越来越多地标注了可供购买的葡萄酒的具体数量，这是个非常实用的信息。如果这样还不够吸引消费者的话，许多商店还会推出额外的“返点”以便让折扣更有力度。这些折扣通常都是针对6支或12支的纸箱装葡萄酒，木箱包装

位于图尔的易乐客来超市在20世纪70年代初创时最早提出了葡萄酒展销会这一理念。然后所有的大型零售终端都纷纷采纳。在这一时期，根据地区和面积的不同，葡萄酒的供给量提升了50%，平均每个店铺有320种葡萄酒。

会提升葡萄酒的价值。

如何更好地在展销会上购买葡萄酒

制订购买预算；
认真阅读店铺内的活动宣传单；
圈出你想购买的葡萄酒，评估它的价格；
通过产品目录来比较不同店铺中的产品及价格；
如果目录中标注了产品的库存数量，要了解清楚；
一切舞弊行为都会受到法国竞争、消费和反欺诈总局（DGCCRF）的查处；
尽可能多地品鉴葡萄酒，有些葡萄酒是本来就开放给顾客品尝的，有些则不是，那么这时你要尽可能找个合理的品尝理由告诉给专柜负责人，例如葡萄酒的年份恰好是自己出生的年份、有个很重要的家庭聚会要准备等，基于商业意图，他们一般都会答应你的品鉴要求的；
如果你相中的葡萄酒非常少见或是库存数量有限，那么就要在活动的前2～3天购买，因为展卖会中是不允许提前预订的。

葡萄酒专卖店

酒窖管理员给人们的印象是他的大围裙、红鼻子和总是显得炯炯有神的眼睛。如今他已经披上了的葡萄酒专家的外衣。

如果一个酒窖管理员足够专业的话，那么他所管理的葡萄酒专卖店无疑会成为一个可以迅速快捷地购买葡萄酒的理想场所。这样的专卖店通常位于市中心，葡萄酒的种类丰富，包含了各个价位的产品。葡萄酒的种类通常反映了酒窖管理员自己的好恶和口味，因为这都是由他们凭借自己对葡萄酒的了解，从酒农那里挑选来的。一般很难在大卖场中找到与专卖店中一样的葡萄酒，因为这些产品有的年份较老，有的来自于名不见经传的小产区，也有的因为产量太少，不足以引起大卖场的兴趣。酒窖管理员钟爱这些特色独具的产品，因此愿意将它们推荐给消费者，引领消费者去体验一种从未有过的饮酒感受。他们还会为消费者提供其他的服务（送货上门、期酒购买、促销）及配套酒具。有些葡萄酒专卖店是独立的，有些则隶属于某个连锁体系或网络。此外，还有些专卖店只销售某一产区的葡萄酒、老年份葡萄酒或是稀缺葡萄酒。人们总是认为这样的商店是以贵著称的，但其实未必。就算有时这里的葡萄酒价格略高于大卖场或互联网，在提供购买建议和服务方面的明显差距也会让人觉得物有所值。

法国独立酒窖管理员章程

约500家葡萄酒专卖店的橱窗中都张贴着同样一个标识，这个标

Tips

低价名庄酒

每年，葡萄酒展销会中总会有一些以极优惠价格出售的名庄酒。例如，在2003年的展销会上，1995年份的滴金庄仅售214欧元；另外一个苏玳地区的名庄——1990年的古依河庄园（Château Guiraud）售价为34.30欧元；玛歌村名庄1999年份的丽仙庄园（Château Prieure-Lichine）售价为22.70欧元；二级庄拉露斯庄园（Château Gruaud-Larose）（1988）售价为38欧元；五级庄林卓贝斯庄园（Château Lynch-Bages）（1998）的售价为32欧元。

识表明这里的酒窖管理员隶属于由全国独立葡萄酒零售商联盟（FNCI）所制定的宪章体系，它要求酒窖管理员必须要亲自到葡萄园去挑选葡萄酒并向客户提供购买建议。

如何更好地在葡萄酒零售店中购买葡萄酒

给予酒窖管理员充分的信任；
不要轻易受他人影响，要用自己的味蕾亲自品尝一下：酒窖管理员的话也并非是金科玉言，他喜欢的葡萄酒不一定所有人都喜欢；
从那些价格便宜的葡萄酒开始品尝；
不要迷信酒标上的标识："在业主的产业范围内装瓶"（Mise en Bouteille à la Propriété）未必就代表了葡萄酒的质量水平；
不要局限于年份，除非你是在为了某个特殊活动挑选葡萄酒；
可以选购大瓶装的小年份葡萄酒或是知名度欠佳的葡萄酒，例如1997年的波尔多葡萄酒。

购买老年份的葡萄酒或稀有葡萄酒

购买老年份的葡萄酒是件不容易的事情。这类葡萄酒通常价格昂贵。几乎没有酒窖管理员能在未经品鉴的情况下向你保证老年份葡萄酒的品质是否依然完好。如果是为自己选购老年份葡萄酒，那么最好提前熟悉一下它的香气，因为老年份酒的香气常常出人意料。在专卖店中了解你想购买酒的年份的具体情况、质量及评分等信息。仔细观察葡萄酒的保存情况，保存得不好的葡萄酒通过它的酒标和液面高度就可以看得出来。无论哪个年份的葡萄酒，正常情况下液面应该是位于瓶颈处的。对一款酒龄超过15年的葡萄酒来说，如果液面高度降低到了比瓶肩略高一些的地方，属于正常情况。液面若位于瓶肩的起始处，对

Tips

尼古拉（Nicolas）的传奇

尼古拉的传奇始于1822年，在这一年它的第一家专卖店在法国巴黎的圣安娜路开张纳客。这是第一次有人在这里销售瓶装葡萄酒并送货上门。1个世纪之后，这个酒窖管理员的形象被纳入了广告界的传奇史中，德兰希（Dransy）笔下的奈可达（Nectar）成为了尼古拉的代言人。在之后的半个世纪中，奈可达和它的亲人格鲁（Glou-Glou）及费丽思黛（Félicité）始终代表着尼古拉的形象。如今，尼古拉已经成为了法国排行第一的葡萄酒连锁店，共开设分店387家。近期它又开始了一项新的创举：建立葡萄酒吧式的店铺。

酒龄超过20年的葡萄酒来说，也属于正常的减少，酒液没有变质。但如果处于瓶肩的中间位置，那么酒质很可能已经发生了变化。购买这样的葡萄酒，风险很大，不过对一部分长期用于收藏的葡萄酒来说，这种情况尚属正常。要是液面比上述情况更低的话，那么这款葡萄酒多半已经无法饮用了。

▲在酒庄买酒时，参观酒窖通常是一个充满乐趣的环节。

如何更好地购买老年份葡萄酒

求助于这方面的专业人士；
知道自己的诉求是什么：送礼、收藏还是投资；
不要随随便便什么年份都买；
对老年份葡萄酒的口味有足够的了解，如果没有的话，可以从小年份的老酒开始品尝，它们的价格没有那么昂贵；
货比三家。

在酒庄内购酒

毫无疑问，如果时间充裕的话，到酒庄买酒是最理想的购买方式。通过这种方式，人们可以了解到风土条件、酒庄的特色、酿造工艺及葡萄酒的生成，还可以买到在别处买不到的葡萄酒。最特别之处是可以认识葡萄酒背后的酿酒师——人们不是总说葡萄酒可以反映出酿造者的性格吗？而且，如果葡萄酒的品质不佳，你还可以知道去找谁投诉。

尽管一部分酒庄坚决反对这种做法，但还是会有一些酒庄坚持对外开放。在各个葡萄酒产区中，人们采取了很多方法来吸引那些热爱葡萄酒的游客，如在公路上设立指示牌、开放地下酒窖或品鉴室、制作接待指南、设立酒庄开放日。相反地，大部分波尔多地区的列级名庄都不会在酒庄内进行售卖。

不要把讲价作为你去酒庄买酒的首要目的，酒庄内销售的葡萄酒不会比专卖店里面便宜（酒庄的庄主们不会进行这种不正当竞争），而且往往会比大卖场中的价格贵，因为后者总是采用大批采购的方式，所以能够从生产商那里获得超高的折扣。但是葡萄酒农们通常也会给客人一个比较有竞争力的价格，为了保持新客户的忠实度。此外，在酒庄内直接购买葡萄酒还可以节省运费（这笔费用通常数额不菲）。

在你进入一家酒庄之前，首先要搞清楚他们是否会向个人出售葡萄酒，提前与庄主或酒窖主管就参观和品鉴进行预约，同时不要忘记询问购买及送货的条件。在酒庄里，你可

▲许多酿酒合作社都配备有一间品鉴室，每周开放7天。在这里，人们可以品鉴合作社生产的葡萄酒，不存在强制性购买。

以要求参观他们的压榨机（气囊式压榨机可以对果粒起到保护作用）、酿酒槽、存储葡萄酒的酒窖（如果看到墙壁上发霉了，完全不必大惊小怪，这是无害的）以及橡木桶。

还可以利用产区内的酒庄开放日去参观，这是一个传统，特别是在波尔多地区，一年2次，一次是在3~6月（为了介绍最新年份的葡萄酒），另外一次是在每年的最后一个季度，酒庄或庄园会向参观者敞开大门。这对很多人来说是一个梦寐以求的机会，人们可以深入地了解一个产区并品尝这里的葡萄酒。

如何更好地在酒庄内购买葡萄酒

事先充分地对比价格；
可以要求参观酒庄内的酒窖，以便更好地了解葡萄酒的存储条件；
不要担心，尽情地品尝酒庄内的葡萄酒。

酿酒合作社

酿酒合作社是由一些生产商和葡萄酒农组成的团体，这些人没有自己的酿酒车间和酒窖，也不具备独立酿造、培养和销售葡萄酒的条件。酿酒合作社本身就是一个生产商，相当于一个大规模的酒庄。

Tips

第一家酿酒合作社在1901年成立于法国埃罗省（Hérault）的马若桑（Maraussan），名为"自由酒农"（Vignerons libres）。这个名字充满了象征意义！

酿酒合作社不只是一个提供技术手段的团体，它同时也代表了一种精神，这种精神的本源是团结、责任感和民主。

在人们的印象中，酿酒合作社只生产低价位葡萄酒，它一直为此所苦，大批量的生产削弱了对品质的要求。如今，一系列旨在提高质量的举措成为了重中之重：对葡萄酒质量的追踪从地块一直延续到杯中，涉及卫生状况、食品安全、环境保护等。凭借这些举措，消费者可以放心饮用。越来越多的酒庄着力去争取获得相应的质量认证（ISO 9002等）。一些曾经一度消失或濒危的产区（比泽、塔维勒、加亚克、伊卢雷基、马第宏、图尔桑、卡奥尔、米内瓦、科比埃）如今重又兴盛起来，在这里人们可以放心大胆地购买葡萄酒。合作社的品鉴室每周7天全部对外开放，由专人负责销售和品鉴——在这里，品酒是免费的，也没有强制性购买。

讨价还价不是很常见，这里的葡萄酒价格比那些知名酒庄要略低，但低的幅度也不是很大；不过，其性价比确实很高。

这些酿酒合作社还出售散装葡萄酒给那些愿意自己装瓶的顾客。如果你对这样的独特体验感兴趣的话，就千万别犹豫，它的质量丝毫不会逊色于瓶装酒。

如何更好地在酿酒合作社中购买葡萄酒

不要仅仅以价格作为衡量标准，要看产品的性价比；
要专注于葡萄酒本身和它的表现；
毫不犹豫地品尝所有对外销售的葡萄酒；
聆听、观察、保持高要求、善于提出问题。

葡萄酒批发商

批发商就是那些从一家或多家生产商手中购买葡萄酒，再转手出售给业内人士（酒窖管理员、餐厅经营者）的酒商。他们有时也是酒庄的庄主，销售自己生产的葡萄酒。有些批发商也售酒给个人。

从批发商那里购买葡萄酒是一种非常好的方式。他们的办公地点一般都位于著名葡萄酒产区的腹地（例如在波尔多或勃艮第），他们销售自己最了解的本地区葡萄酒，但同时也会经销一些其他产区的产品。有时他们手头还会存有一些能带给人们惊喜的葡萄酒：老年份葡萄酒、价格超值的产品或独家代理的某款葡萄酒等。此外，这些人还会进行期酒的销售。

不过，不要总是想着在这里可以买到很便宜的葡萄酒：批发商不会冒着在零售范围内自己跟自己竞争的危险去采用这一类的商业策略。为了保证自己不会受骗上当，你可以到那些历史悠久，拥有自己店面的批发商处购买葡萄酒。

品质至上的酿酒合作社

最顶尖的三个酿酒合作社包括：夏布利合作社（La Chablisienne）、瑟达克酒农合作社（les Vignerons Sieur d´Arques）、香槟酿造中心（Centre vinicole de la Champagne，位于舒伊 ）。

其他的则难分高下：普法芬海姆合作社（la Cave de Pfaffenheim）、比泽酿酒合作社（la Cave de Buzet）、普莱蒙酿酒生产商（les Producteurs Plaimont）、博姆-德沃尼斯酒农合作社（la Cave de Beaumes-les-Venise）、拉斯多酿酒合作社（la Cave de Rasteau）、泰恩-埃米塔日酿酒合作社（les Caves de Tain-l´Hermitage）、阿尔代什省酒农合作社（la Cave des Vignerons Ardéchois）等。

如何更好地在批发商处购买葡萄酒

葡萄酒批发商所开设的店铺跟酒窖管理员的专卖店极为相同，也可能会更专业一些；
不要害怕提问或打听一些情况，葡萄酒批发商对自己所处的产区和自己代理的葡萄酒非常了解；
去品鉴和体验，做出自己的判断。

期酒

期酒销售是波尔多地区的专利，在这方面，它胜过了其他的葡萄酒产区。过去，期酒的订购仅开放给批发商们，但如今这种销售方式也向邮购俱乐部、葡萄酒专卖店……甚至是个人放开。它的原理很简单，就是在价格尚未飙升之前，提前购买最新年份的葡萄酒（例如，在2005年时可以购买2004年份的波尔多葡萄酒），葡萄酒按瓶来定价，待装瓶之后再行送货，也就是说购买者要在12～15个月之后才能拿到自己所购买的产品。

认购通常在采收之后的春天或夏天进行，在时间上也受到限制，一般在2～3个月之内。有时候它可以分为几个不同的阶段进行。在支付了相当于订单总金额的一半货款作为押金之后，购买者会得到一张预订证书，剩下的余款将在送货时支付。每个生产商制订的销售条件都不尽相同，最好提前了解清楚（数量、是否可以拼箱……）。酒庄给出的价格一般都是未含税的，运费（需要另付）也很昂贵。

这些葡萄酒的价格是基于专业人士在品鉴过程中所打出的分数以及专业杂志所给出的反馈来制订的。因此在去酒庄或批发商那里买酒之前，你可以多阅读此类文章。

这种购买方式可以保证你能买到那些自己喜欢但却非常稀有的葡萄酒。如果一切进行顺利的话，它也是最好的购酒方式，你所支付的金额一定会低于葡萄酒的市价。因为期酒的价格要远远低于培养之后的成酒价格，算下来平均能

Tips

批发商葡萄酒（Le vin de négociant）

有些观念根深蒂固。例如，人们总是认为批发商的葡萄酒一定不如生产商的葡萄酒好。其实，这完全取决于批发商和生产商本身，一瓶出色的批发商葡萄酒必然要胜过一瓶不怎么样的酒庄自产葡萄酒。

◀葡萄酒沙龙会吸引大批的城里人前往参观。

节省20%～30%的费用。它还会有增值的可能——特别是那些非常有投资价值的名庄酒，但一般来说那些中规中矩的年份最有可能获利。不过，购买价格高昂的期酒是要承担一定风险的，因为在认购至送货其间，葡萄酒的市价有可能会暴跌。

如何更好地购买期酒

充分信任生产商：购买期酒其实就是葡萄酒农与顾客之间的一份诚信合同；
品尝葡萄酒；
找几个人一起进行团购，这样能够享受到更优惠的价格和免费送货的服务。

葡萄酒沙龙

葡萄酒沙龙是生活在城市中的人可以直接见到葡萄酒农并向他们买酒的唯一机会。在全国性或地区性沙龙、专业或大众化沙龙中买酒可以一举两得，首先能够直接与葡萄酒生产者进行沟通——约1000位葡萄酒农会参加每年12月举行的法国巴黎葡萄酒农沙龙（原独立酒窖沙龙）。此外，还可以品尝所有的葡萄酒！在沙龙上买酒的缺点是可供选择的葡萄酒多种多样，变化莫测，人们很难进行挑选。这还没有算上运输方面可能出现的问题：带着几箱酒离开是非常麻烦的事情，而后期送货又会产生高昂的运费。价格也算不上是促使人们在这里买酒的原因，沙龙中的销售价格并没有什么特别的优势。

如何更好地在沙龙中购买葡萄酒

在参加前做好充分准备；
要知道自己购买葡萄酒的目的：立即饮用还是用来存储；
在买酒之前一定要先品尝：最好品尝3～4款，但千万不要一刻不停地品尝20～25种葡萄酒！
安排好自己的品鉴：最好在中午前进行，从白葡萄酒开始，以红葡萄酒作为结束；
货比三家；
如果沙龙结束后需要驾车的话，就要多加小心了。

邮购

如果想邮购葡萄酒的话，你只需要通过在书籍、商店或是餐厅中获得的联系方式，直接与酒庄取得联系即可。

你也可以通过邮购俱乐部订购，在法国有不少这样的俱乐部。一定要确认它是否是邮购销售商工会的成员。有些邮购销售商隶属于葡萄酒生产商，因此他们通常只销售自己生产的葡萄酒或是本地区内的葡萄酒；但大部分邮购俱乐部是与批发商有关的。

通常，邮购销售商提供的葡萄酒种类非常丰富，各个价位齐全，其中包括酒庄酒、特制酒，有时还有独家精选产品。顾客可以通过产品目录进行选择。商家同时还会提供各种服务：品鉴、侍酒及保存方面的建议、更换和退货（如果酒液受到了的橡木塞污染）等。不要在价格方面抱有幻想，邮购产品的价格与市场价基本相同。如果想要降低成本，可以跟朋友一起进行团购。在购买之前，一定要对价格（是否包含增值税）、销售条件（以6瓶还是以12瓶为单位销售，是否可以拼箱）、送货条件（免除邮资还是邮资自付）进行确认，对葡萄酒来说，运费相当昂贵。

在收货时认真检查酒瓶的情况，以确保没有任何问题。

如何更好地通过邮购购买葡萄酒

充分信任卖家：对那些不符合收货标准的葡萄酒，邮购俱乐部都会承诺更换或退款，没有讨论的余地，也不需要支付任何费用；
多花些时间来挑选产品：在不具备品尝条件的情况下，订购葡萄酒是件很困难的事情；如果酒庄离得不远的话，可以到那里去品尝一下；
多提问，多了解情况。

拍卖会

葡萄酒拍卖会在英国非常盛行，但在法国还是新生事物。

这类拍卖会的信息会定期公布在《嘉泽德鲁奥》（La Gazette de Drouot）杂志上，它由专门的拍卖人员在专家的协助下进行操作。所有参加拍卖的葡萄酒都需要经过专业人员地仔细检查和核对——来源、瓶帽状态、酒标、液面高度，在拍卖前还要进行展示。通过以上措施，人们可以更好地了解葡萄酒的存储状况。即使经过了这些检查，也没有任何一个专家可以百分之百地保证一瓶葡萄酒完好无损。

拍卖会为公众提供了购买优质葡萄酒和老年份葡萄酒的机会，通常这类葡萄酒在专卖店中已经难觅其踪了。此外，人们还有机会以超值的价格买到小年份葡萄酒，甚至是来自于著名产区或是具有象征意义年份（1899年、1900年、1945年、2000年）的葡萄酒，这类葡萄酒的价格奇高，有时你会发现你在与一些行内人士竞争。你可以优先购买那些会随着陈年而逐渐增值的套装葡萄酒，它们具有极高的性价比。此外，拍卖会也是一个出售或交换老年份葡萄酒的好地方。

一般情况下，拍卖会上的葡萄酒价格颇具竞争力：比专卖店中标注的价格要便宜25%～30%，但是不要忘记还要在成交价的基础上加上17.94%的税费，如果一瓶葡萄酒的成交价为100欧元，那么其最终价格应该是117.94欧元。近些年，拍卖的形式在互联网上也风行开来。这套体系非常具有吸引力，适合葡萄酒的销售。它与现场拍卖的原理是一样的。

▲葡萄酒拍卖会定期在法国的大城市中举行。

慈善拍卖

在法国的100多个葡萄酒拍卖会中，有一些是以慈善为目的的，例如每年3月的最后一个周末举行的波若共济会（Hospices de Beaujeu，罗纳河谷）拍卖；在圣枝主日（le Dimanche des Rameaux）举行的托克和克劳舍葡萄酒拍卖会（Toques et Clochers）；在10月的第三个周末举行的朗格多克-鲁西荣名酒拍卖会；以及在11月的第一个周末举行的金酒桶（Barriques D´or）拍卖会。

如何更好地在拍卖会中购买葡萄酒

认真研究价格的变化趋势；
制订购买预算；
了解拍卖规则；
不一定非要购买高端葡萄酒；

波尔多葡萄酒，拍卖会上的明星

在大宗买卖中，法国葡萄酒的比例占了80%，而波尔多葡萄酒又占了其中的75%。在全球的葡萄酒贸易中，按数量计算，波尔多葡萄酒占了整体的60%；按价格计算的话，波尔多葡萄酒占了85%。最昂贵的葡萄酒包括：木桐庄园、拉菲庄园、拉图庄园、玛歌庄园、红颜容庄园、柏图斯庄园等。

了解葡萄酒的来源，以便更好地判断葡萄酒的保存情况；
注意葡萄酒的颜色：如果白葡萄酒已经不再是绿色了，或是红葡萄酒呈现出了瓦红色，那么最好还是放弃吧；
观察葡萄酒的液面：如果状态不理想，最好放弃。

酒库

酒库是个便捷高效的地方，它一般都位于大城市的市郊。这里采取自助的方式进行销售，葡萄酒都摆放在原装木箱中。可供选择的产品种类丰富，一般都围绕着入门级产品展开。葡萄酒的价格极富吸引力。有些时候，这些店里还设有顾问侍酒师，帮助顾客挑选葡萄酒。个别酒库也会销售高档葡萄酒。

如何更好地在酒库中购买葡萄酒

把握好时间非常重要，充分了解酒库中葡萄酒的种类；
注意原产地和年份；
如果非常喜欢某一款葡萄酒，可以经常购买；
不要拒绝一些新的尝试。

互联网

这种购买方式非常具有吸引力。网站会给你提供非常宽泛的选择，有时甚至是来自于世界各地的葡萄酒，但是大部分时候网络售卖的葡萄酒都以波尔多葡萄酒为主，有些是独家代理产品。产品信息越来越全面，有时也不乏溢美之词。网站上提供导购建议、协助及送货上

Tips

一款有助于更好地参与拍卖的软件

来自于著名专业软件“拍卖知识库”（Auction Expertise）的克拉维里（Clavelis）统计收录了从1789~2002年中波尔多葡萄酒在全球范围内的交易记录。这款软件的目的很简单：向葡萄酒爱好者们提供每年更新的数据，帮助他们在参加拍卖前充分了解一款葡萄酒的实际价值。

▲博纳济贫院（Hospices de Beaune）葡萄酒拍卖会是法国最知名、媒体曝光率最高的葡萄酒拍卖活动，它在每年11月第三个星期日的三荣耀日（Trois Glorieuses）期间举行。仅限业内人士参加。

门等服务。产品价格具有明显优势，通常会比传统的专卖店中便宜5%～30%，在搜索引擎的帮助下，比较价格也变得非常容易。如今网络支付变得很安全。但是，你不能只卖一瓶尝尝就算了，最低的起售标准一般为6瓶或12瓶。在网上买酒，顾客也不能进行现场品尝。

人们发现了许多走私或是不符合规范的产品，例如：酒标上缺少了必须标注的信息、虚假广告、延迟送货。为了避免遇到这些问题，一定要挑选那些受法庭或商法管辖的法国网站。如果出现了任何问题，不要犹豫，立刻向法国竞争、消费和反欺诈总局（DGCCRF）投诉。在签字确认收货之前，一定要仔细检查包裹的数量和品相。

如何更好地在互联网上购买葡萄酒

学习如何使用信用卡付款；
确认付款方式是否安全可靠以及订单是否有专人跟进；
多花些时间来挑选，网络上从来没有强制性购买；
通过电子邮件就那些让你担忧的问题进行提问；
比较价格。

▲零售商也销售散装酒，可以用瓶零打。

散装酒

出售散装酒的一般为酿酒合作社、批发商和部分葡萄酒农，有时零售商也会销售（使用灌装器）。这些散装酒的包装有塑料方形桶、玻璃大肚瓶和盒中袋。它的运输必须符合法律相关规定。

除了可以享受自己装瓶的乐趣之外，这种销售方式最大的优势就是价格，因为它是以升为标价单位的，而非瓶（75厘升）。如果葡萄酒的装瓶条件不理想，那会影响到它的后期储存。

挑选一个合适的瓶子，材质是玻璃的并且足够厚实；认真清洗并晾干，瓶口朝下，让它处于酒窖室温下。挑选一个优质瓶塞，软木塞或塑料瓶塞都可以，在使用之前把它弄湿。让葡萄酒缓慢地顺着瓶壁留到瓶里。在瓶塞器的帮助下，将瓶塞放入瓶口中。等候24小时之后，再套上瓶帽。

做好标记后，至少要将葡萄酒静置2个星期后方可饮用。

葡萄酒运输

你曾经在葡萄酒农、酿酒合作社或是拍卖会上购买过葡萄酒。那么接下来就是要将葡萄酒运回自己家里。在法国，葡萄酒的运输受到非常严格的法律约束：有一套专门适用于葡萄酒运输的制度，同时还需要缴纳相应的税费（其比例取决于葡萄酒的数量和级别，是地区餐酒还是原产地监控命名酒）。在运输过程中，葡萄酒必须配有相关文件：或者是橡木塞外的瓶帽上带有付税标签或流通标签；或者是由售卖地的税务局出具的缴税证明。文件中必须标注的内容包括：卖方名称、收件人、运输方式及时长。

私自运输没有流通证明的葡萄酒等同于偷税漏税行为，会受到法律严惩。

葡萄酒是易碎品。因此要保证良好的运输条件，以防破碎。避免在夏日高温或冬日的严寒天气中运输葡萄酒，这会对葡萄酒的品质产生负面影响。即使是短途运输也不行，葡萄酒对外部温度非常敏感。

如何更好地购买散装葡萄酒

最好选择春天或秋天；
将葡萄酒直接放入酒窖中；
在装瓶之前最好静置15天。

在法国购买外国葡萄酒

在法国本土可以买到许多外国葡萄酒。以下是一组地址，不用长途跋涉你就可以体验一番了。

巴黎地区

于沃尼尔（Juvenile′s），黎塞留路（Rue de Richelieu）47号，巴黎75001 ☎01 42 97 46 49

拉维尼娅（Lavinia），玛德琳大道（bd de la Madeleine），巴黎 75001 ☎01 42 97 20 20

红鼻子（Le Nez Rouge），亚历山大-卡班内路（Rue Alexandre-Cabanel）11号，巴黎 75015 ☎01 47 34 87 40

尼古拉（Nicolas）它的连锁店可谓遍布法国

塔耶旺（Taillevent），福堡-圣奥诺贺路（Rue du Faubourg-Saint-Honoré）199号，巴黎 75008 ☎01 45 61 14 09

美味世界（Le Taste Monde），维克多-雨果环岛（Rond-point Victor-Hugo）7号，92130 依西雷莫里诺（Issy-les-Moulineaux）

里昂

昂迪克葡萄酒（Antic Wine），公牛路（Rue du Boeuf）18号，里昂69005 ☎04 78 37 08 96

东部地区

葡萄酒之地（Terres à Vin），镜子路1号（Rue du Miroir），斯特拉斯堡67000 ☎03 88 51 37 20

叛逆的酒窖（La Cave se rebiffe），火星路（Rue de Mars）23号旁门，兰斯 51100， 03 26 46 10 00

东南地区

让天使来承担（La Part des Anges），古博那笛街（Rue Gubernatis）17号，尼斯 06000， 04 93 62 69 80

名酒店（L´Oenothèque），运动廊，爱丽丝公主大街（Avenue Princess-Alice）2号，蒙特卡罗 00 377 93 25 82 66

西南地区

古赞酒业（Cousin et Cie），帕-圣乔治路（rue du Pas-Saint-Georges）1号，波尔多 33000 05 56 01 20 23

巴蒂（Badie），图尔尼路（allée de Tourny ）62号，波尔多 33000 05 56 52 23 72

菜场酒窖（Le Cellier des Halles），菜场路8号（Rue des Halles），比亚里茨 64200 05 59 24 21 64

葡萄酒世界（Le Monde du Vin），宫旁-卡夫瑞丽广场（esplanade Compans-Cafferelli）7号，图卢兹 31000 05 61 22 60 62

西部地区

葡萄酒通道（Canal Vin），杜赛索路（rue Ducerceau）6号，奥尔良 45000 02 38 62 04 30

汤萨酒窖（Cave de la Transat） (在巴黎和勒阿弗尔也有分店)，圣马可广场（Place Saint-Marc）32号，鲁昂 76000 02 35 98 67 85

经销商

世界葡萄酒（Vins du Monde） 02 40 56 75 75

精品葡萄酒世界（Fine Wine World） 01 34 50 22 86

风土星球（Planète terroirs） 05 57 43 16 76/27

在国外购买葡萄酒

有一些国家，特别是信仰伊斯兰教的国家禁止出售含酒精类饮料，除此之外你可以在世界上其他国家购买到葡萄酒。他们的销售渠道与法国基本相同——超市、专卖店、邮购、网购或由生产商直接销售。唯一有区别的是各种销售模式所占的比例不同。在一些国家中，酒类的销售是由政府严格控制的，国家本身成为了行业垄断者。瑞典和加拿大的某些省份，例如魁北克和安大略省，就属于这种情况。

在到国外购买葡萄酒之前，要先问自己三个问题："在我自己的国家是否可以买到这款葡萄酒（外国葡萄酒的进口越来越普遍）？"如果回答是肯定的，那么再问问"价格是什么？"，最后"我是否要自己承担运费呢？"如果只有2～3瓶葡萄酒的话，你还可以轻而易举地把它们放进行李箱中，但如果是成箱的葡萄酒就会引发一系列实际的问题：缴纳关税（烟酒特别消费税）、手续烦琐（超过准许数量的部分要进行申报）、欧盟以外国家的葡萄酒要缴纳增值税……

免税

欧洲立法规定在欧盟成员国之间运输不超过90升（120瓶）的葡萄酒可以享受免税政策。

德国

作为一个重要的产酒国，对那些喜欢雷司令白葡萄酒和德国南部生产的黑品乐红葡萄酒的消费者来说，这里简直就是一个天堂。人们很难，甚至可以说是完全不可能在法国找到同类型的产品，因此我们强烈建议大家在去莱茵河彼岸游览时，可以入手一些此类产品。直接到生产商那里去购买葡萄酒是个不错的办法，尤其是在你开着车的情况下。如果你没有开车，而且又想买几个不同酒庄的产品，那就到专卖店去选购吧。德国的一大特点就是市中心无处不在的连锁商场。如果你找不到专门的葡萄酒专卖店的话，这些商场中也有不错的选择。如果你想买优质葡萄酒，那就不要去硬折扣超市，虽然这类店铺也是德国的一大特色。

奥地利

用产量来衡量的话，奥地利是一个葡萄酒生产小国，但是这里的葡萄酒却凭借着高品质和创新性吸引了众多饮家。因为奥地利葡萄酒的出口量仅占总产量的10%，所以到奥地利旅游是个了解当地葡萄酒的好机会。这里跟其他国家一样，想买到最好的葡萄酒有两种方法：专卖店和酒庄直销。在维也纳，一家拥有三个分支机构的连锁店“葡萄酒公司”是非常理想的购酒场所。此外，还有与它相似的商店，集酒窖与葡萄酒吧于一身，既出售精选葡萄酒，也提供高档美食。在这里，你可以在购买前先品尝一杯葡萄酒，也可以按店内标注的价格将葡萄酒买下来后，直接在店内饮用。最后，在维也纳的机场商店中，你还可以买到一些比较特别的产品（在这里，你可以用相当优惠的价格买到漂亮的力多酒杯）。

西班牙

专门出售精品葡萄酒的商店在西班牙还算是新生事物。这样的商店多位于大城市中，它是人们了解西班牙葡萄酒的理想平台，在投资者和新生代酿酒师的改革下，当地的葡萄酒行业逐渐发生了变化。拉维尼亚是个很好的例子，在进驻巴黎和日内瓦之前，它就已经在马德里和巴塞罗那都开设了商店。产品展示的水平、选择的多样性以及顾问式销售的专业性在这里都表现得至臻完美，顾客还可以得到视觉上的享受。这些充满现代感的巴克斯的神殿通常都与餐厅、葡萄酒吧或是销售葡萄酒类书籍和酒具的店铺融于一体，但它还是会有一些独特的产品，用以表现自己的专业性。各位还要记得在西班牙有两个非常具有影响力的法国零售终端品牌：欧尚和家乐福。这里的产品种类和价格都非常具有吸引力。但是，就像在法国一样，在你去淘宝之前最好知道自己到底想要些什么，因为在这样的大卖场中，就不要指望销售顾问来给你提供建议了。在西班牙，人们也可以到酒庄去购买葡萄酒，但前提是要提前研究好可能出现的问题并明确自己的选择。

英国

从某种程度上讲，英国也是个销售葡萄酒的天堂。诚然，还是有不少英国消费者会定期跨越英吉利海峡，到加来省批量购买葡萄酒，为的是躲避英国本地的税费。但是，在英国，葡萄酒爱好者们几乎可以买到来自于世界各地的葡萄酒，有时价格甚至要低于原产国售价。这种现象并非是由税收上的优惠政策所造成的，相反，这里的烟酒消费税要高过法国。在这样一个竞争激烈的成熟市场中，购买者本身非常专业，对葡萄酒了解甚多，他们要的就是优惠的价格。英国葡萄酒市场的另外一个特点就是这里有大量的老年份葡萄酒，因为长期以来，伦敦一直都是全球收藏用酒的中转站。在这里，你可以找到在法国都难得一见的老年份波尔多和勃艮第葡萄酒，它们的净价有时甚至比法国更低。

英国的许多超市也都出售琳琅满目的葡萄酒，特别是塞恩斯伯里（Sainsbury´s）和维特罗斯（Waitrose）。但是，如果你真心想了解这个市场所能提供给你的产品，那么还是找一家“葡萄酒商铺”去看一下吧，这样的商店在英国各个城市的大街小巷都能找到。他们有些是连锁店，有些则是独立经营，但总的来说都有着非常好的产品储备，工作人员也经过了专业培训——在英国有一套非常完整的葡萄酒从业人员培训体系。邮购葡萄酒这个渠道在英国非常发达且富有竞争力。如果你要乘飞机离境，而在此之前又忘记了购买葡萄酒，那么你可以光顾某些机场（特别是希斯罗机场）内的高档葡萄酒商铺，例如著名的贝里兄弟&路德公司（Berry Brothers and Rudd），它成立于17世纪末期，总店位于皮卡迪利大街附近的圣詹姆斯路上。

意大利

最佳的购酒地点是“艾诺特卡”（Enoteche），它就相当于法国的独立葡萄酒专卖店。值得称道的是，意大利同类店铺的数量要多于法国，因为这里的大卖场尚未能在葡萄酒销售中占据主导地位。这些店铺中经常会设有售卖食品（肉类、油、罐头、糖果）的专柜，它们遍布在亚平宁半岛上的大小城市中。其中有一些还配有葡萄酒吧。

意大利的所有大区都出产葡萄酒，直接到酒庄去购买葡萄酒不失为一个理想的选择，通过这种方式，你可以买到一些稀缺的葡萄酒，但是价格未必会比专卖店里实惠，因为身处同一个商业网络中，生产商不希望进行这种恶性竞争。

葡萄牙

在葡萄酒的销售模式方面，葡萄牙或多或少在效仿西班牙。售卖世界各地葡萄酒的现代派专卖店的数量越来越多。产区内的乡村酒店逐渐开门纳客，促进了当地葡萄酒旅游业的发展。这些酒店通常隶属于一些酒庄，因此店内会出售本酒庄或是相邻酒庄的葡萄酒。但是，如果你希望选择面能够更宽泛一些的话，那最好还是去大城市中的葡萄酒专卖店。与其他国家不同的是尽量不要去葡萄牙机场内的商店购买葡萄酒，首先，生产商如果想在机场中售卖葡萄酒，需要缴纳一定的费用，这就使得一部分优秀的产品无法进入到机场内的商店中；其次，这里的储存条件并不理想。

南非

如果想到这个美丽的国家参观葡萄园的话，你可以咨询专门提供此类服务的公司，例如“葡萄园联络站”（Vineyard Connection），它可以帮你将你要购买的葡萄酒运输回家，负责全套手续，价格合理。这一体系高效、完好地运行着。直接在生产商那里购买葡萄酒也很简单，你只需要填写一个表格，然后回国等着酒运到就可以了。送货时间的长短可以由你自己来选择，当然运费肯定也不一样。除此以外，人们还可以到专卖店中购买葡萄酒，这类店铺在斯泰伦博斯（Stellenbosch）和开普敦数量众多。在这里，有时还可以以非常合适的价格买到老年份的高档南非葡萄酒。

美国

对美国这样联邦州众多，且州与州之间用于规范葡萄酒销售的法规又不尽相同的国家，实在很难提出购买建议。拿犹他州来举例，这里依然是一个禁酒的地区，所有含酒精饮料不得在此销售。在加利福尼亚州或是其他的产酒州，例如华盛顿或俄勒冈州，在酿酒商那里购买葡萄酒可谓轻而易举。像纽约这样的大城市中，有名为“酒类商店”（liquor shops）的零售网络，销售各类含酒精的饮品，其中也包括葡萄酒。超市中也出售葡萄酒，但是很难买到顶级产品，因为这里的营销策略是围绕着低价位葡萄酒展开的。目前，美国出现了一种与葡萄酒价格上涨的势头背道而驰的现象：两元抛（two buck chuck）商店的出现。这里销售的廉价葡萄酒（售价在2美金）均由加利福尼亚州一家著名的灌装商“查理肖酒庄”（Charles Shaw Winery）生产，它被视为对抗某些酒庄疯涨产品价格的一剂解毒剂。无论如何，在两个极端之间，人们总能找到某个平衡点，特别是在葡萄酒专卖店中，这里几乎没有啤酒和烈酒，顾客可以自由选购来自各个国家、各个价位的优质葡萄酒。此外，专卖店中还会经常组织促销类或主题类品鉴，这些活动可以帮助你更好地锻炼对葡萄酒的判断能力。在美国，人们很难避开两本在当地（及全世界）都堪称权威的葡萄酒类杂志所带来的影响，它们分别是：《葡萄酒观察家》（The Wine Spectator）和《葡萄酒倡导者》（The Wine Advocate）。

智利

如果你参观了一家酒庄并且非常喜欢它们的葡萄酒，那酒庄一般都会卖酒给你。葡萄酒旅游业的出现大大推动了酒庄内部店铺的发展。对这样的长途旅行，唯一的麻烦事就是所携带货物的重量。因此，最好询问一下酒庄他们在欧洲（或法国）是否有进口商可以直接向你供货。运费（对于大宗货物来说）只是边际成本，因此价格相差不大（增加30%～50%），除非你找的是一个贪婪的转卖商。几乎所有的智利生产商都会将产品销往英国市场，因此尽管那里的税费要比法国高昂，但新世界葡萄酒的价格依然富有竞争力（售价比法国便宜）。在比利时和德国也有不错的智利葡萄酒。在你离开智利之前，或者是刚抵达时，不妨花一些时间到圣地亚哥最棒的葡萄酒专卖店“葡萄酒世界”去转一圈。这里会定期举办葡萄酒品鉴会并销售智利和其他国家的精选葡萄酒。

澳大利亚和新西兰

到英国伦敦去购买澳大利亚和新西兰的葡萄酒肯定比你从地球的另一端采购要容易得多，而且价格更便宜，因为伦敦的产品种类齐全，同时通过英吉利海峡来运输葡萄酒也要简单得多。英国市场的重要性以及硝烟四起的激烈竞争迫使澳大利亚和新西兰的葡萄酒生产商要以低于本国市场的价格在英国出售葡萄酒。大宗货物的运费相对更为划算，按照一整个集装箱来计算，平均每瓶葡萄酒的运费为2毛钱。

外国葡萄酒购买指南

法国

大卫·考博德（David Cobbold），圣巴斯蒂安·度朗维埃（Sébastien Durand-Viel）. 福勒菲斯外国葡萄酒指南（Le Guide Fleurus des Vins d´Ailleurs）. 福勒菲斯出版社，2003，唯一一本系统介绍所有在法国销售的外国葡萄酒（上千款）的购酒指南，并附有进口商地址。

德国

格哈德·艾赫曼（Gerhard Eichelmann）. 德国葡萄酒（Deutschlands Weine）. 霍格出版社（Hallwag Verlag）

阿敏·迪尔（Armin Diel），乔尔布莱恩·贝恩（Joel Brian Payne）. 高特-米罗德国葡萄酒指南（Gault Millau Wein-Guide Deutschland）. 克里斯蒂安出版社（Christian Verlag）

奥地利

彼得·莫瑟（Peter Moser）. 奥地利葡萄酒终极指南（The Ultimate Austrian Wine Guide）（德英双语）. 法尔塔夫出版社（Falstaff）

西班牙

美味葡萄酒指南（Guia de Vinos Gourmets）. 美味集团出品（éd. Grupo Gourmets）. 皮&艾尔出版（éd. Pi & Erre）

意大利

卢卡·马赫尼（Luca Maroni）. 意大利葡萄酒指南（Guida dei Vini Italiani）.LM出版社（éd. LM）

维罗内利葡萄酒指南（Vini di Veronelli）. 黄金指南（Guida Oro）. 维罗内利出版社（éd. Veronelli）

意大利侍酒师协会（AIS）. 2000葡萄酒. 毕邦达出版社（Bibenda Editore）

意大利葡萄酒. 爱思巴苏指南（Le Guide de l´Espresso）. 爱思巴苏出版社（éd. L´Espresso）

意大利葡萄酒（Vini d´IItalia）. 大红虾杂志（Gambero Rosso）/慢餐出版社（Slow Food Editore）

葡萄牙

罗瑟. A.萨瓦德（José A. Salvador）. 葡萄牙葡萄酒精编（Roteiro dos vinhos portugueses）. 阿弗朗塔蒙出版社（éd. Afrontamento）

南非

约翰·普拉特（John Platter）. 南非葡萄酒（South African Wines）. 斑马出版社（éd. Zebra Publications）

美国

斯蒂芬·布鲁克（Stephen Brook）. 加利福尼亚州葡萄酒. 米切尔·比兹利出版社（Mitchell Beazley）

丽萨·霍（Lisa Hall）. 西北太平洋葡萄酒（Wines of the Pacific Northwest）. 米切尔·比兹利出版社（Mitchell Beazley）

智利

智利葡萄酒指南. 旅游和交流出版社（Turismo y Communicados）

澳大利亚和新西兰

詹姆斯·哈利德（James Hallyday）. 澳大利亚及新西兰葡萄酒手册（Australia & New Zealand Wine Companion），（平装本）

极佳陈年潜质的顶级葡萄酒是人们心之所想，梦之所向。

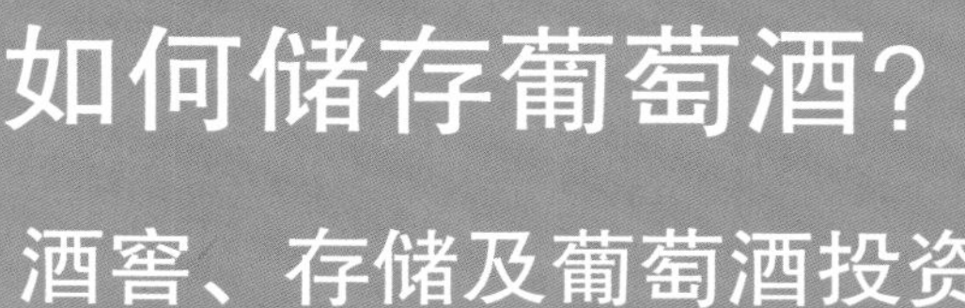

如何储存葡萄酒？

酒窖、存储及葡萄酒投资

在家中存上一些好酒以备不时之需，这对那些葡萄酒爱好者来说是不可或缺的。但是，一定要注意，这些葡萄酒必须保存在适当的存储条件下。有些房子中原本就配有酒窖，这里是葡萄酒陈年的最佳地点，不过这种情况比较少见。在没有酒窖的情况下，酒柜或是由专业公司打造的储酒空间也都是不错的选择。接下来就是要根据你自己的口味、自己的喜好和消费习惯来将这个空间填满，并且学习如何管理自己所存储的葡萄酒，选择在它最巅峰的时期开瓶饮用，以便能欣赏到它所释放出的最佳风采。

许多法国的名庄酒是人们梦寐以求的尤物，因此它们也成为一种绝佳的投资方式。三个最富盛名的葡萄酒产区为：纪龙德、勃艮第和香槟。这些地方的葡萄酒从20世纪80年代初起就开始频频刷新交易纪录，无人能敌。

Tips

"有些酒窖就如同一座博物馆一般，人们希望可以置身其中……只为听见夜语呢喃。"

［皮埃尔·维叶乐岱（Pierre Vieilletet）］

关于酒窖

在所有爱酒者的脑海中总有一幅无法替代的图景：置身尘世之外，远离外界文明的喧嚣，安静地挑选自己喜欢的葡萄酒。酒窖内部的一切布置都是为了让你充分地体验这种愉悦感受。如果说理想的酒窖可遇不可求的话，还有其他一些办法来帮助我们提升和改善普通的储藏空间。

理想酒窖的黄金法则

昏暗

空间整体昏暗是保存葡萄酒的首要条件。光照是葡萄酒的大敌，它会加快葡萄酒的老化进程，如果光照过于强烈，还会对酒产生破坏作用。紫外线会直接破坏葡萄酒中的色素和单宁，而正是这些物质赋予了葡萄酒酒体和陈年潜力。这也是为什么那些名贵的葡萄酒会放在带颜色的酒瓶中。相反地，如果每天的光照时间仅为几分钟，是不会对葡萄酒造成不良影响的。

具体措施

首先要封住一切光线的入口，如气窗、窗户等，但不要影响酒窖内的正常通风，否则就会顾此失彼了。一定要使用透气材料，例如纺织品或是竹帘等。

最理想的状态是酒窖内不要通电。这样一来可以添几分神秘色彩，二来，万一来了窃贼，也可以给他们制造一些麻烦。使用蜡烛、手电或是燃气灯来照明。如果必须要用电的话，千万别用射灯，尽量选择那些25～40瓦的灯泡作为非直射光源。随身带把小手电用来阅读酒标也是很有效的方法。如果可以的话，尽量不要在走道中配备小夜灯，要是有定时照明的设备，尽可能把照明时间调到最短。在离开酒窖时，不要忘记将所有灯都熄掉。

因为白葡萄酒对光照最敏感，同时它的酒瓶颜色也最浅，所以尽量将它们都摆放在酒窖内最避光的地方。

温度

酒窖内的温度至关重要，这其中也有一定之规。最适于葡萄酒陈年的环境温度为10～14℃，低于这个温度，它在瓶中的发展会变得非常缓慢；高于这个温度，葡萄酒的发展则会过快，加速老化。这个温度区间可以略微更低一点或是更高一些（8～16℃），前提是温度的变化不是骤然产生的，是源于外界气候的自然变化。酒窖中夏季和冬季之间存在几度的温差是自然的，对葡萄酒也不会有什么伤害。无论如何，千万避免靠近锅炉，没有什么比这个更糟糕了。

具体措施

酒窖的选址必须在一个凉爽的地方：地下或是偏北方的位置，温度都会更为稳定，因为与酷暑或严寒相比较起来，骤然的温度改变对葡萄酒的伤害会更大。务必将葡萄酒独立保存，并严格遵守一些相关的要求：避光、湿度、安静。

在同一个空间内，高处和低处也会存在几度的温差。因此，应将白葡萄酒保存在低处最凉爽的地方，它的发展速度要快于红葡萄酒。如果你有一些比较脆弱、不耐久藏的葡萄酒，在装瓶的时候没有经过二氧化硫处理（例如一些采用有机农业或生物动力法方式生产的葡萄酒，或是一些由酿酒爱好者自酿的葡萄酒），那么一定要将它们放置在最凉爽的地方。

▲酒窖中最理想的温度是10～14℃。

湿度

其实对保存葡萄酒来说并不存在最理想的湿度条件，因为人们所追求的能够让软木塞保持良好状态和密封性的湿度标准要略高于能够让酒标保持干燥，不至出现霉点所要求的湿度水平。酒窖内的湿度指数应该在60%～80%。在一个非常干燥的酒窖中，软木塞会干缩，由此产生漏酒现象。但是，目前还没有迹象表明酒窖内湿度高会对葡萄酒产生不良影响——除非是通风条件不好。唯一的风险是湿度太大会对酒标造成损害。

具体措施

地下酒窖的自然湿度条件都很好，即使在南部地区也是如此。如果酒窖中湿度不够，那是因为酒窖的密封防水性太好，在这种情况下，最好长期在酒窖里摆放盛满水的容器或是安装一部电加湿器。

在法国，一般人们所面对的都是湿度过高的问题。保持较好的通风往往会改善这种情况：冷空气贴近地面，热气从天花板下排出，良好的隔热性足以解决问题。除湿机简便易行，效果突出，机器上带有一个用来收集水的容器。如果湿度真的很大，

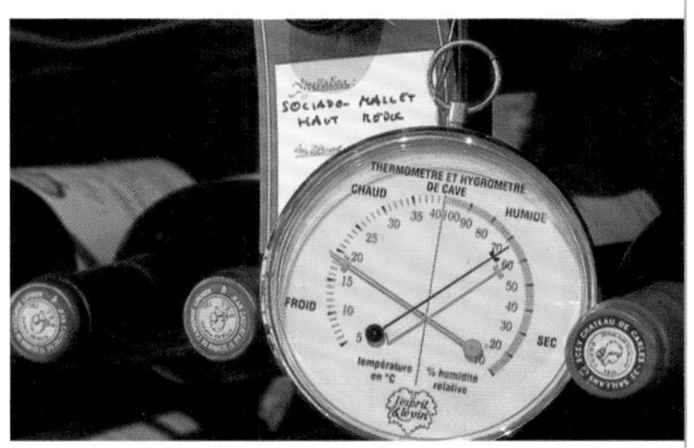

▲酒窖专用的湿度-温度计。

可以选择一个接驳着管子的除湿机，它能够直接将水排出酒窖。

贴着地面的地方湿度最大。不要忘记将放酒瓶的酒架摆放得高一些，千万不要将酒箱或纸箱直接放在地面上。在酒架的下层一定不要放置那些带有精美酒标，且深得你喜爱的葡萄酒。

安静

从葡萄酒农的酒窖中直接取出来的葡萄酒品尝起来总是特别可口，这是因为这些葡萄酒从来没有被移动过。每一次移动都会使得葡萄酒中沉淀的固定物质被重新翻动起来，然后需要静止若干个星期，葡萄酒才能够回归到它的最佳状态。如果葡萄酒处于震动状态下，那么它会老化得比较快，同时酒中的沉淀不能附着在瓶壁上，很难进行醒酒。如果存放葡萄酒的地方附近有地铁、公路或是机器，那么葡萄酒很容易变得疲乏不堪。

具体措施

即使移动的范围仅限于酒窖内部，也尽量不要搬动葡萄酒。如果迫不得已要这么做的话，也一定要保持水平移动。

通风

通风对保证酒窖内部空气清新、环境洁净起着重要作用。难闻的气味会很快通过酒塞进入到酒中，特别是在潮湿的环境内。必须要保持换气，以阻碍细菌的生成和霉味的出现，但要避免剧烈的空气流动。

湿度与酒标

在庄园中，或是旧时在一些像尼古拉这样的大型批发商那里，葡萄酒都是在未正式打入软木塞且未贴标的状态下进行保存的。酒瓶在售出前的最后一刻才进行包装。

Tips

在时间的考验下

酒标上带有许多关于葡萄酒的重要信息，因此要避免过高的湿度对它造成破坏。你可以用食物保鲜膜来包裹酒标。如果需要将瓶子保存在酒架上的话，需要将它们都按照同一方向摆放，酒标朝上才能确保它完好无损。保持背标的可读性也是个问题，而且这个问题越来越普遍。此外，人们标注在瓶颈或瓶底上的一些信息也非常实用，但同样可能会经受不住时间的考验。

总而言之，所有酒标都可能会变得模糊不清、无法辨识。解决办法是在酒窖登记簿中详细地记录每瓶酒的位置，或者是用无法涂改的金色（用于红葡萄酒）或银色（用于白葡萄酒）记号笔在每瓶葡萄酒的瓶底处简要地标注它的名称、产区及年份。

如何选择酒架

用来存放葡萄酒的酒架多种多样：可移动的、固定的、金属的、木质的、自由拼接的方格型（木质、聚苯乙烯、混凝土、砖块等）。那些材质坚硬的酒架要比金属的更好，后者不能很好地吸收外来的震动。可以在酒架下面垫上橡胶垫，并在酒架与墙之间加入一些柔软的间隔物。如果你有足够空间的话，最好选择那些填充了沙子的酒架。

具体措施

避免将葡萄酒与味道浓郁的东西放在一起，即使离得很远也不行。使用扫把或抹布来清洁酒窖，不要使用化学制剂。保持良好通风的方法跟去除过多湿气的方法一样，它们两者之间总是有着必然的联系。

安全

一把好锁要比适宜的温度重要得多。如果最后你收藏的酒被别人偷喝了，那么把酒窖打理得再好也没有用。

具体措施

大厦中的酒窖是最容易被小偷光顾的。保持低调，不要为了炫耀就把自己的藏酒拿出来给人欣赏，也不要用简单的提包来运送葡萄酒。

防盗门造价颇高，但它也的确难以被攻破。如果你的酒窖中收藏的都是珍贵的名庄酒，还是应该毫不犹豫地在安保方面下点本钱。

保险公司很少能够赔偿你全部损失。有些赔付是基于购买发票的，其他一些则是按照现价赔偿。此外，还必须要证明你购买的这些葡萄酒尚未被饮用掉。好好跟你的保险公司了解具体详情，同时注意保存证据，相关记录、照片等。

“人工”酒窖

公寓中的酒窖

从20世纪70年代开始，葡萄酒的存储方式发生了巨大的变革，这时出现了第一批“酒柜”，或者叫做“公寓中的酒窖”。从第一批“尤勒凯夫”（Eurocave，品牌名称，逐渐转变为一个统称）开始，酒柜的式样得到了全面的发展。一台优质酒柜，它的价位一般在700～2500欧元。

酒柜并不简单等同于一个冰箱。虽然它们的工作原理一样，但是人们必须要进行许多修改才能把它变作一个装满了好酒的精致宝匣。首先，必须要加装减震器来减轻它的震动；其次，还要配备蒸发器以便保持酒柜内部的湿度；最后还要加装电阻用以在冬天里提高温度。人们要兼顾到酒柜的实用性和美观性，酒柜内部的储酒区是对空间最大化的合理利用；人们对其外部也都进行了精美的装潢并与周围环境协调一致。对那些自负的收藏者来说，浅色玻璃门充分满足了他们希望展示自己收藏的愿望，但是如果收藏量大且贵重的话，最好还是打消这个念头。外部的温度控制器可以帮助人们在无需打开酒柜门的情况下，就能够很好地观察设备是否在正常运转。

▲对城市居民来说，酒柜不失为一个理想选择。

如果你居住在一个气候炎热的国家，那么就像使用冰箱或冷冻柜一样，要根据气候情况进行设定。

这种酒柜的益处多多，它们的损耗很小。唯一的问题就是储存空间，因为葡萄酒爱好者们经常都会购买大量葡萄酒。如今，根据客观需要，酒柜已经开始逐渐变大了，各种规格一应俱全。

空调

生产商还研发了适合条件不佳的地下室、车库，甚至是公寓内房间所使用的空调系统。起价约为1200欧元。

空调一直以来都会引发一些问题。对面积较大的空间，使用空调的费用过高；它也并不适合保存葡萄酒，因为空调常会使得空气过于干燥，加速葡萄酒的氧化。如今，葡萄酒专家提出了多种解决方案。如果你已经拥有一个酒窖了，那么只需安装一个专用空调用来保证室内凉爽湿润就可以了。新型的入门级空调都是一个直接嵌在墙上的一体式机身，一个装修爱好者自己就能搞定。如果酒窖面积超过15平方米，那么最好还是选择传统的分体式空调，包括室内机和室外机，送风距离可达几米远。“门式空调”将空气调节、隔离及封闭场地等多重功能集于一身。人们可以非常便捷地将它安装在墙上或是屋顶上。

地下酒窖

如果你居住的房子中没有酒窖，那么你可以选择一体式的地下酒窖。它的式样有很多种。最常见的就是带有螺旋形楼梯的圆柱形酒窖，四周布满酒架。人们像摆放图书馆中的藏书那样来排列葡萄酒，利用最少的空间摆放上百个酒瓶。酒窖中凉爽的温度是靠酒窖的深度来保持的，高处和底部的通风口保证了空气的流动。

组装式酒窖

组装式酒窖的优点就是它已经提前为你预想好了一切。一定要确认这些模块与你要存储的葡萄酒的数量相吻合。面对各种各样的选择，价格、美观性和可利用空间的大小是你要着重考虑的。可以从对角线处一分为二的酒架非常适合存储少量葡萄酒。抽拉式酒架可以让你在不用搬搬抬抬的情况下将一个传统的波尔多酒箱滑动到另外一个下面，同时也非常美观，但它只适用于那些有着完备保护措施的地方。

居所之外的酒窖

有些城市居民居住的公寓中没有酒窖，他们也没有自己的乡间别墅或是用来摆放酒柜的空间，但这并不代表这些人就不能经常购买葡萄酒。有些批发商会提供酒窖租赁服务，非常便捷高效，他们还会帮顾客补充存货。此外，他们也会提供电子酒窖的管理服务，负责送货上门，可以确保全年为客户保管葡萄酒。

在既没有酒窖也没有酒柜的情况下保存葡萄酒

保证葡萄酒一直呈卧式摆放在避光处，最好把它们放置在原厂的包装纸或是包装箱中。不要将它放在以窗户为中轴线的范围内，这里到了中午会受到阳光的直射。纸箱的隔热效果很好。如果你购买的白葡萄酒是用来佐餐的话，最好直接把它们放入冰箱内冷却，以达到相应的适饮温度。

在屋子里面找一个最凉爽的地方。冬天里最凉爽的地方在夏天有可能会变成最炎热的地方。不要忘了热气总是上行的，房间内高处的温度总是会比靠近地面的地方高几摄氏度，因此不要将装有葡萄酒的箱子放在柜橱内较高的地方。厨房是屋子里面最不适合放置葡萄酒的地方，因为这里的温度变化很大，冰箱和洗衣机还会产生震动。

构筑酒窖

建立一个酒窖的最主要原因是用来存储葡萄酒，这些葡萄酒有的已经无法在传统销售渠道中买到了，有的在达到成熟状态后，价格会飙升得很高。将哪些葡萄酒放入酒窖中是一个非常私人化的选择。但现实中经常会出现这样的情况：一些葡萄酒爱好者饮用的葡萄酒早已过了它们的巅峰期，或者在名庄酒刚刚进入适饮期时就已经把所有的存货都喝光了。

关注葡萄酒的发展

为了避免以上情况的发生，你可以建立自己的酒窖并且时刻关注葡萄酒的发展情况。购买好年份、高品质的年轻葡萄酒。不用储藏那些风格简单的葡萄酒，因为它们不会有什么太大的变化。收藏优质葡萄酒是要花一些本钱的：一瓶不入流的布尔格伊（Bourgueil）葡萄酒，售价只有几欧元，但是它永远都创

Tips

上山、入海

一些富有创新精神的人们热衷于研究储存葡萄酒的极端条件。让-路易·萨热（Jean-Louis Saget）是一位卢瓦尔河地区的葡萄酒农兼批发商，他收藏有1000支1990～1994年的葡萄酒，其中一部分保存在他的酒窖中，另外一部分则保存在海里。放入海中的葡萄酒与酒窖中的比较起来显得更为清爽、年轻且精细。1997年进行的另外一个实验和分析证明葡萄酒和咸的海水之间没有发生可以检测出的反应。葡萄酒之所以能保存得这么好，完全是因为海水中的压力、温度和避光的环境。此类尝试还涉及高纬度地区，在这里葡萄酒的陈年进行得更加和缓，效果更好。

了解自己的需求

在去求助于专业人士之前，先回答一下下面的问卷，来帮助你了解自己的需求。

- 你是每天都喝酒还是每周喝酒？喜欢哪种类型和什么颜色的葡萄酒？
- 你想存储多少瓶葡萄酒？
- 你还有其他的酒窖吗？你是需要一个用来供葡萄酒进行长期陈年的酒窖？还是需要一个在饮用前来短期存储葡萄酒的酒窖？
- 在购买葡萄酒时，你是每种只买少量甚至一支，还是大量购买，比如一个产区买24瓶甚至更多？
- 你是习惯在酒庄直接购买期酒？还是喜欢在葡萄酒专卖店内根据自己的需求和预算进行购买？
- 你想把酒窖建在哪里？在公寓里还是车库内？
- 你是否拥有价值不菲的葡萄酒？
- 你每年的购酒预算是多少？在未来两年或10年，你将用于保存葡萄酒的预算是多少？
- 你买酒的目的是什么？是用来立即饮用还是用于长期窖藏？

造不出什么奇迹，即使再过10年也是一样。相反，一瓶真正的布尔格伊原产地监控命名葡萄酒应该出自信誉良好的酒农之手，产量和酿造工艺都受到严格限定，可以陈年3～12年。一定要确保你所购买的葡萄酒没有在转手的过程中在不适宜的环境中长期存放过，比如有些条件不好的仓库。

▲一个真正的酒窖是为了让葡萄酒在里面进行适度的陈年。

法国所有的产区都出产耐久藏的葡萄酒。无论在何种情况下，都尽量选择那些最好的产区，也就是说对红葡萄酒来说，在波尔多产区内可以选择梅多克、上梅多克、圣埃米利永的列级名庄葡萄酒，以及弗龙萨克葡萄酒；在勃艮第可以选择一级园和特级园葡萄酒；在博若莱可以选择精品葡萄园的葡萄酒；在罗纳河谷可以选择罗第丘、埃米塔日、新教皇城堡的葡萄酒；在西南产区可以选择马第宏或部分卡奥尔产区的葡萄酒；在卢瓦尔河谷可以选择安茹村庄级葡萄酒。对于白葡萄酒来说，在波尔多产区内可以选择佩萨克-雷奥良白葡萄酒；在勃艮第可以选择一级园和特级园葡萄酒；在卢瓦尔河谷可以选择武弗雷和萨韦涅尔白葡萄酒；在罗纳河谷则可以选择埃米塔日白葡萄酒。不是每年都会出产超甜型葡萄酒，因此在波尔多和西南产区（苏玳、巴尔萨克、蒙巴济亚克、朱朗松……），以及卢瓦尔河谷（武弗雷、蒙路易、莱昂区、博纳左），所有优质年份的超甜型葡萄酒都具有很好的陈年潜质。

留给外国葡萄酒的一席之地

可以在自己的酒窖中也加入一些外国葡萄酒：意大利——彼尔蒙的巴罗露和巴巴拉斯高、托斯卡纳的布鲁内罗-蒙塔奇诺和基安蒂经典；西班牙——里奥哈和斗罗河岸葡萄酒；葡萄牙——年份波特酒；奥地利——冰酒；德国——莱茵省和摩泽尔河区的雷司令葡萄酒；匈牙利——陶家宜葡萄酒。也不要忽略新世界葡萄酒：澳大利亚的雷司令和西拉葡萄酒（猎人谷、巴罗莎谷）、新西兰及俄勒冈（美国）的黑品乐、加利福尼亚（美国）的赤霞珠、智利的美乐、阿根廷的马贝克葡萄酒以及加拿大的冰酒。

保守的入门级酒窖配置：总价不超过600欧元的60支葡萄酒			
清淡型的干白葡萄酒	在2年内饮用	12支葡萄酒，平均价格为5欧元，总价60欧元	都兰地区的长相思、索穆尔白葡萄酒、阿尔萨斯白品乐、阿尔萨斯西万尼、法兰西庭园地区餐酒、青酒（葡萄牙）、南非和智利的霞多丽、绿维特利纳（奥地利）
丰满且复杂的干白葡萄酒	在5~8年内饮用	12支葡萄酒，平均价格为10欧元，总价120欧元	武弗雷、阿尔萨斯的灰品乐、夏布利一级园、默索尔、克罗兹-埃米塔日、奥克地区餐酒、蒙路易、塞龙、巴尔萨克、蒙巴济亚克、朱朗松、智利的霞多丽、索瓦经典高级葡萄酒（意大利）、雷司令干白葡萄酒、雷司令串选葡萄酒（德国）
甜白葡萄酒	在3~15年内饮用	6支葡萄酒，平均价格为12欧元，总价72欧元	罗纳河谷区、里昂区、博若莱村庄、都兰地区的佳美、贝尔热拉克葡萄酒、奥克地区餐酒、串选葡萄酒（奥地利）
清淡的果香型红葡萄酒	在2年内饮用	12支葡萄酒，平均价格为5欧元，总价60欧元	优级波尔多、布尔区、布拉伊酒区、卡斯蒂永区、卡奥尔、蒙特拉维勒、梅尔居雷、马第宏、科比埃、朗格多克区、基安蒂、华普斯兹拉（意大利）、阿根廷的马贝克、南非的赤霞珠
饱满的红葡萄酒	在5年内饮用	12支葡萄酒，平均价格为10欧元，总价120欧元	上梅多克、圣埃米利永名庄酒、勃艮第一级园、基安蒂经典、里奥哈珍藏葡萄酒（西班牙）、加利福尼亚州和智利的赤霞珠、智利的美乐、乌拉圭的丹那
饱满且单宁厚重的红葡萄酒	在15年内饮用	6支葡萄酒，平均价格为25欧元，总价150欧元	上梅多克、圣埃米利永名庄酒、勃艮第一级园、梦特普西露贵族酒、阿玛罗尼（意大利）、俄勒冈黑品乐、纳帕谷的赤霞珠
气泡酒和桃红葡萄酒可以视日后的具体需要再购买			

酒窖管理表格示例

名称……………………………………

原产地监控命名产区……………………

地区……………………………………

年份……………………………………

生产商…………………………………

入库……………………………………

日期……………………………………

数量……………………………………

地点……………………………………

价格……………………………………

酒架……………………………………

出库……………………………………

日期……………………………………

余量……………………………………

酒窖登记卡示例

名称……………………………………

原产地监控命名产区……………………

地区……………………………………

年份……………………………………

生产商…………………………………

地区……………………………………

颜色……………………………………

入库日期………………………………

数量……………………………………

购买地点………………………………

价格……………………………………

出库日期………………………………

品鉴记录………………………………

酒架……………………………………

保守的入门级酒窖配置：总价不超过1500欧元的60支葡萄酒			
清淡型的干白葡萄酒	在2年内饮用	12支葡萄酒，平均价格为8欧元，总价96欧元	桑塞尔、朱朗松干白、格拉夫、阿尔萨斯西万尼、加利福尼亚州霞多丽
丰满且复杂的干白葡萄酒	在5~8年内饮用	12支葡萄酒，平均价格为20欧元，总价240欧元	萨韦涅尔、武弗雷、阿尔萨斯雷司令、夏布利一级园、皮里尼-蒙哈榭、埃米塔日、孔得里约、佩萨克-雷奥良、加利福尼亚州的白品乐、小奥铭（瑞士）、雪利酒（西班牙）、南非的赛美蓉
甜白葡萄酒	在3~15年内饮用	6支葡萄酒，平均价格为12欧元，总价72欧元	巴尔萨克、苏玳、陶家宜（匈牙利）、朱朗松、博纳左、阿尔萨斯延迟采收型葡萄酒、加拿大冰酒、精选贵腐霉葡萄酒、冰酒（德国）、精选干颗粒贵腐霉葡萄酒（奥地利）、陶家宜-埃苏（匈牙利）、蒙迪亚-莫利雷斯（西班牙）
清淡的果香型红葡萄酒	在2年内饮用	12支葡萄酒，平均价格为8欧元，总价96欧元	罗纳河谷村庄区、博若莱精品葡萄园、索穆尔-尚皮尼、布尔区、米内瓦、托罗（西班牙）、南非的贝露特和赤霞珠
饱满的红葡萄酒	在5年内饮用	24支葡萄酒，平均价格为25欧元，总价600欧元	圣埃米利永名庄酒、上梅多克（中级酒庄、列级名庄）、赤霞珠（美国）、埃米塔日、罗第丘、西拉（澳大利亚）、勃艮第一级园、邦多勒、朗格多克区特酿、巴罗露（意大利）、斗罗河岸（西班牙）、里奥哈特级珍藏（西班牙）、西拉（南非）、智利的西拉、瓦莱州红葡萄酒（瑞士）、赤霞珠（智利、澳大利亚）
饱满且单宁厚重的红葡萄酒	在15年内饮用	3支葡萄酒，平均价格为35欧元，总价105欧元	上梅多克列级庄、圣埃米利永列级名庄、勃艮第一级园及特级园、加利福尼亚州黑品乐、纳帕谷的赤霞珠、奔富葛兰许
气泡酒	在2年内饮用	3支葡萄酒，平均价格为25欧元	特酿香槟或年份香槟、武弗蕾、蒙路易、索穆尔、加利福尼亚气泡酒
		4支葡萄酒，平均价格为8欧元	
桃红葡萄酒	在当年饮用	6支葡萄酒，平均价格为8欧元，总价48欧元	艾克斯区、鲁西荣区、伊卢雷基、科西嘉、粉红葡萄酒（Blush，加利福尼亚州）、智利桃红葡萄酒
天然甜葡萄酒	在2~5年内饮用	2支10欧元的	里韦萨尔特、莫利、巴纽尔斯
	在10年内饮用	2支20欧元的；总价60欧元	巴纽尔斯、年份波特酒（年份酒）

跟踪管理

我们经常会举这样的例子：一位葡萄酒爱好者购买了一箱被认为是极具潜力的某酒庄的期酒，例如1982年的波尔多葡萄酒，他耐心地等待了5年，在此之后，每两年他会打开一瓶品尝。2003年时，这款葡萄酒进入了巅峰期，但库存却只剩下4瓶了。如果他咨询过生产商，或是阅读过报纸杂志，就会将大部分好酒都留存起来，不会那么早开瓶饮用。相反的情况也时常出现，某些年份或某种类型的葡萄酒陈年后的表现远未达到人们所预期的水平。这就说明了为什么每年检查一遍自己酒窖中的藏酒是件非常重要的事情。

酒窖小窍门

在码放葡萄酒的时候，要标注上每瓶葡萄酒的适饮期。也可以用星级来进行区分：*代表“尽快饮用”；**代表“4～10年内饮用”；***代表“极具陈年潜质”。这样只需要看上一眼就知道哪瓶酒应该喝了，还可以相应地调整库存。

烂笔头还是计算机

光是把葡萄酒摆放整齐是远远不够的，你必须始终清楚哪些葡萄酒正处于最佳饮用期，可以随时享用，并且能够不费吹灰之力地从酒窖里找出它们。想做到这一点，有许多办法。

科学地摆放

给每个酒架编个号、标注一个字母甚至是起一个名字。至于酒架内部，可以给每一横行用字母做一个编号、竖列则用数字来编号。就像玩海战游戏一样，你可以在标有C-5的格子中，即第三行第五格中找到某庄园1982年的葡萄酒。这种繁杂的摆放方式需要非常严谨和准确，但它可以最大化地利用空间，同时也让小偷无法一下子就找到所有1982年的列级名庄葡萄酒。

酒窖登记簿

在信息技术时代，这种带有入库栏和出库栏的登记簿已经显得过时了，就像活页金属文件夹一样。但是如果你早就已经习惯了使用它，并且酒窖中的藏酒不超过100～200瓶的话，它还是有许多突出的优势的。此外，如果你只是刚刚开始拥有自己的酒窖或是不擅使用计算机的话，酒窖登记簿也会是一个非常出色的解决方案。因为使用一个基础级别的管理工具总好过什么都没有：如果任何记录都没有的话，酒窖会变得杂乱无章，毫无头绪。不管何时，你总是需要一张纸和一支笔。

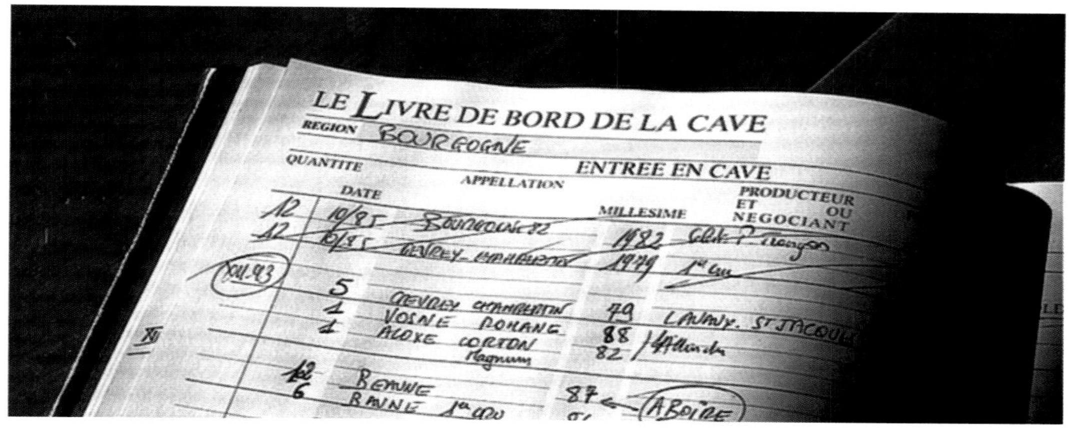

基础软件

如果酒窖的规模不大，那么使用传统的Excel或是Word中的表格就可以了。这类软件无论是苹果电脑还是PC机中都会配备。

专业软件

如果酒窖的规模有可能继续扩张或是在若干个不同的地方都有存酒，那么选择专业的酒窖管理软件绝对是明智之举。这类的软件数量并不是很多，但是最新的版本日趋完美。这些软件可能非常具有吸引力，但其中一些也许会超出你的需求范围，因为它是一套真正的带有视听功能的专业全书，为专业人士量身定制。

对一个规模有限的酒窖来说，像Gestcave和巴克斯（Bacchus）这样的简单软件就足够了。而对规模较大的酒窖来说，带有数据库功能的Gestcave专业版软件则能为你节省许多时间：当你输入一个庄园的名字后，软件会自动填充跟它有关的页面内容，免得你做重复性的录入。《法国葡萄酒评论》、高特·米罗或是罗伯特·帕克等人对各款葡萄酒的品鉴记录也都可以在系统中查询到。在这种情况下，通过互联网对软件定期进行更新是必不可少的。软件中所包含的大量地图、视频和访谈对使用者而言也具有极强的实用性。

你还可以通过某一个葡萄酒网站在线对酒窖进行管理。这种方式投入很小，还会进行自动更新。它要求使用者要拥有高速宽带，并且要明白这样的网站随时都可能消失，那么你的数据也会连带着难觅踪影。克拉维里（Clavelis）软件中储存着波尔多名庄酒自1789年以来的交易价格。

地址簿

人们可以在特许经销商或是传统的电器销售商手中购买到酒柜。购买的时候别忘了货比三家。

概念型酒窖（CAVE CONCEPT, PASSIONS ET HABITAT），40300 奥瑞斯特（Orist）

05 58 57 79 75

昂坦酒架（LES CASIERS D´ANTAN），桑吉路61号，69230 圣热尼拉瓦勒（Saint-Genis-Laval）

04 72 72 07 52

尤勒凯夫（Eurocave），诺耶路25号，75116 巴黎（展示店）

0800 81 56 55

芳迪（FONDIS），9号信箱，68801 坦恩（Thann）

03 89 37 75 00

赫利酒窖设备（HELICAVE HARNOIS），塞纳路15号，94290 国王新城（Villeneuve-le-Roi）

01 45 97 31 20

拼装酒窖（KIT´CAVE），巴斯德路121号，42153 西奥日（Riorges）

04 77 72 41 03

维诺赛弗（VINOSAFE），工匠路2号，68280 山德奥芬（Sundhoffen）

03 89 71 45 35

租赁酒窖

葡萄园之路（LE CHEMIN DES VIGNES），凡尔登路113号旁门，92130 依西雷莫里诺（Issy-les-Moulineaux）

01 46 38 11 66

酒窖（LA CAVE），塞瑟琳路4号，75011 巴黎

01 40 09 20 20

葡萄酒的长期储存和适宜长期储存的葡萄酒

所有的葡萄酒爱好者梦寐以求的是拥有一个一流的酒窖，里面满是经过若干年的陈酿之后逐渐达到最佳成熟状态的葡萄酒。只是，不同的葡萄酒经历岁月的洗礼后也会展现出不同的状态，一瓶老酒并不一定就是一瓶好酒。某些产区的葡萄酒可能不如另外一些产区的产品耐久藏，除此以外，年份和类型也是不可忽略的因素。因为葡萄酒的储藏和耐储藏的葡萄酒是两码事。

葡萄酒的陈年潜力

葡萄酒是有生命的产品，这也就是为什么它在装瓶之后还会继续发展的原因。品鉴记录中用来形容葡萄酒状态的词汇有很多，例如“过于年轻”、“年轻”、“偏老”、“过于衰老”，甚至是“死气沉沉”，这些都是最好的证明。于是，我们会联想到葡萄酒就如同人一般，在岁月的浸染中，从曼妙的青春年华逐渐过渡到精彩无限的成熟期，并最终走向垂垂暮年。面对时间，每瓶葡萄酒的表现是不尽相同的。它们之中有些含有丰富的果香，适合年轻时饮用，一旦陈放若干年，便会魅力尽失，例如博若莱葡萄酒，特别是博若莱新酒。相反地，另外一些在年轻时口感欠佳，在酒窖中静置陈放几年之后才能展现出它优秀的品质。单宁突出的波尔多葡萄酒就是最好的例子。例如，饮用一支刚刚灌装好的波亚克葡萄酒不会带给你太多美妙的感觉，但在5～6年之后，同样的一支葡萄酒却出落得风华绝代。

这种陈年潜质也是一种对品质的“优化”，随着酒龄的增长，葡萄酒渐渐地显露出它所具有的独特性、唯一性和个性。葡萄酒越高端，越是需要岁月的历练。适宜长期储存的葡萄酒就是指那些具有良好陈年潜质的葡萄酒，这是评判葡萄酒品质的一个基础指标。换句话说，时间才能检验出一支葡萄酒是否是真正的顶级好酒。

不稳定性

陈年是一个摩登的概念。在过去的许多个世纪中，人们都习惯在葡萄酒尚处于年轻期的时候就将它们尽快饮用掉，否则脆弱的葡萄酒可能很快会变质。这也就是俗话说的“葡萄酒一旦打开了，就要把它喝掉。”实际上，葡萄酒中的氧气帮助醋酸杆菌发展并转化为醋酸或是醋。在那时，人们并不清楚酒精发酵的原理，不知道是葡萄中的糖分在酵母的作用下转化为了酒精。发酵的过程是否能完成要凭运气，酿酒也完全是凭经验而为之。大酒桶或是橡木桶可能不够干净，密封性不够好，因此扩大了葡萄酒与空气的接触面，加速了细菌的滋生。只有那些酒精度较高的葡萄酒（如加烈酒）能够经得住长期存放。直到19世纪下半叶，路易·巴斯德（Louis Pasteur）才发现了氧气与葡萄酒之间的相互作用。现代酿酒学找到了应对葡萄酒氧化的办法：二氧化硫处理法（硫是非常好的灭菌剂）和添桶。

虽然现在已经有了许多科学发现，但人们还是无法解释为什么葡萄酒在瓶中会继续发展。实际上它关乎一种缓慢而有序的氧化作用。这种氧化之所以不会过度，是因为葡萄酒通过橡木塞进行呼吸时所接触到的氧气量微乎其微，完全可以忽略不计。酒瓶中溶解在酒液内的氧气持续发挥作用，引起了葡萄酒内众多不同物质（目前人们能列举出800种）之间的物理化学作用。

瓶中的神奇魔术

在陈年过程中，葡萄酒要经历一个漫长的变化期，主要表现为颜色、香气和酒体的转变。鉴于其自身的复杂性，葡萄酒中的各种不同成分（色素、香气、单宁……）的变化依然显得神秘莫测。相反地，我们知道由于聚合作用，这些成分彼此相结合，形成了沉淀落入瓶底。红葡萄酒的颜色会逐渐转化成褐色，这是因为色素的浓度逐渐流失，此外它与单宁结合在一起，而单宁在陈年的过程中会变黄。同时，酸度、酒精、残留糖分和单宁彼此融合在一起，带给了葡萄酒一种圆润和甜美的感觉，这是年轻葡萄酒所不具备的。年轻时单宁粗糙且收敛性强的葡萄酒随着时间的流逝会拥有柔和、丝滑的口感。同样的，一支酸度很高的白葡萄酒也会失去它原本棱角毕现的一面，逐渐变得圆润而柔和。

Tips

预计葡萄酒的陈年潜力

有些葡萄酒需要经过漫长的等待才能进入适饮期，但也很可能由于等候的时间太久而错过了它的巅峰状态，从而留下遗憾。现在并不存在一个通过葡萄酒产区来确定其陈年潜力的统一标准。每支葡萄酒都自成一格。最好是根据它的口味来进行判断。如果你偏爱果香型葡萄酒，那就适合饮用那些较为年轻的产品，无需等待它进一步显现出成熟的迹象。相反的，如果你喜欢那些经历了瓶中发展阶段的葡萄酒，那么就将它们陈放一段时间。要想判断葡萄酒的发展状况，只有一种最笨的方法，那就是定期打开一支藏酒进行品尝。

适宜长期储存的葡萄酒

要想保存葡萄酒，首先必须知道哪些葡萄酒是适于陈年的，哪些又是适合尽快饮用的。关于这个问题，可以参考两个标准。

葡萄酒的平衡性

第一个标准是与葡萄酒结构相关的，也就是红葡萄酒的单宁、白葡萄酒的酸度以及加烈酒和超甜型葡萄酒的酒精度。一支葡萄酒的单宁越丰富、酸度越突出或酒精度越高，就越需要长时间陈年。另外还取决于葡萄酒整体的平衡感。因此，如果一款红葡萄酒的原料成熟度不达标，那么仅靠陈年是无法获得单宁的柔和感的。因为要想让单宁失去收敛性，变得甜美，就需要让它与酒精很好地融合在一起，而这一点只有果实足够成熟时才能够实现。相反地，如果一款葡萄酒的酸度是因为葡萄不够成熟或者是酒液过干而造成的，那么陈年时间越长这些缺点就越显著。对白葡萄酒来说也是一样。有时酸度对葡萄酒来讲必不可少，堪称为支撑整个酒体的脊椎，在这种情况下它必须要与果香和足够丰富的酒精度互相衬托，以达成口感上的平衡。否则，随着时间的流逝，酒体会愈显单薄。对超甜型葡萄酒来说（残留糖分非常丰富），要拥有足够的酸度才能带给饮用者清爽感，同时避免尾韵过于厚重。加烈酒的糖度、酒精度和单宁含量都非常高，因此整体的平衡感是决定它是否具有陈年潜质的关键。一般白加烈酒都不太适合陈年，这是因为它本身的酸度很低；相反地，红葡萄酒往往能禁得住几十年的陈年，因为它的单宁含量丰富。

葡萄酒的陈年潜质取决于它的单宁、酸度、酒精度以及/或是糖分，同时，一些产区的优质葡萄品种也能够酿造出耐陈年的葡萄酒，例如：红葡萄品种赤霞珠、美乐、品丽珠、高特（或欧塞瓦）、丹那、西拉；白葡萄品种诗南、阿尔萨斯和德国的雷司令，以及勃艮第的霞多丽。此外，还有其他一些因素也应该考虑进去，例如年份、葡萄树龄（一棵老藤所酿造出的葡萄酒要比年轻葡萄树酿造出的更为浓郁）、酿造工艺及培养方式。在新橡木桶中酿造和培养的干白或甜白葡萄酒要比在发酵罐中酿造并在老橡木桶中培养的同款酒更具有陈年潜质。采用二氧化碳浸皮法酿造出的红葡萄酒寿命较短，例如博若莱及一部分朗格多克的红葡萄酒。相反，经过长期浸皮，然后在新橡木桶中长时间培养的红葡萄酒更能够禁得住时间的考验。遗憾的是，这些信息一般从酒标上无从考证。所以，不妨直接去咨询酒庄或是葡萄酒专卖店。

年份评分表（满分10分）

年份	波尔多红葡萄酒	波尔多甜白葡萄酒	波尔多干白葡萄酒	勃艮第红葡萄酒	勃艮第白葡萄酒	卢瓦尔河谷	罗纳河谷	阿尔萨斯	香槟
1981	8	8	8	7	7	7	7	8	7
1982	9	7	8	7	8	7	7	6	8
1983	8	8	8	7	8	6	8	10	7
1985	9	7	7	8	8	8	8	9	8
1986	8	8	7	7	8	7	6	6	6
1988	8	9	9	8	7	8	9	8	7
1989	9	9	9	8	9	10	8	8	8
1990	10	10	9	9	8	8	8	9	8
1991	7	7	7	7	7	6	7	7	7
1992	6	6	7	8	8	7	6	6	6
1993	7	5	7	7	7	7	7	7	6
1994	7	7	7	7	8	7	7	6	6
1995	8	9	8	7	8	8	8	7	8

续表

年份	波尔多红葡萄酒	波尔多甜白葡萄酒	波尔多干白葡萄酒	勃艮第红葡萄酒	勃艮第白葡萄酒	卢瓦尔河谷	罗纳河谷	阿尔萨斯	香槟
1996	8	9	8	9	9	8	7	7	9
1997	7	9	7	7	8	8	7	7	8
1998	8	8	7	8	8	7	9	7	7
1999	8	7	8	8	7	7	7	6	7
2000	9	7	8	8	9	7	7	7	7
2001	7	9	7	7	6	7	7	7	7
2002	7	8	7	8	8	8	5	6	6
2003	8	7	7	8	6	9	6	6	8

年份的重要性

年份也是葡萄酒神奇魔力的所在。受气象条件的影响，每一年收获的葡萄其特点和品质都会有差异。有些很好，有些较差，还有时会出现不可多得的优质年份。年份越好，葡萄酒的陈年潜质就越长。如果想购买适合储存在酒窖中的葡萄酒的话，就选择那些好年份或是绝佳年份的出品吧。但是也不要忘记，同样的年份在不同的产区也会有很大差别，即使这两个产区都位于同一地区内。例如，2001年对波尔多红葡萄酒来说可能只是一个还算不错的年份，但对苏玳甜白葡萄酒和朗格多克-鲁西荣葡萄酒来说却是一个绝佳的年份。

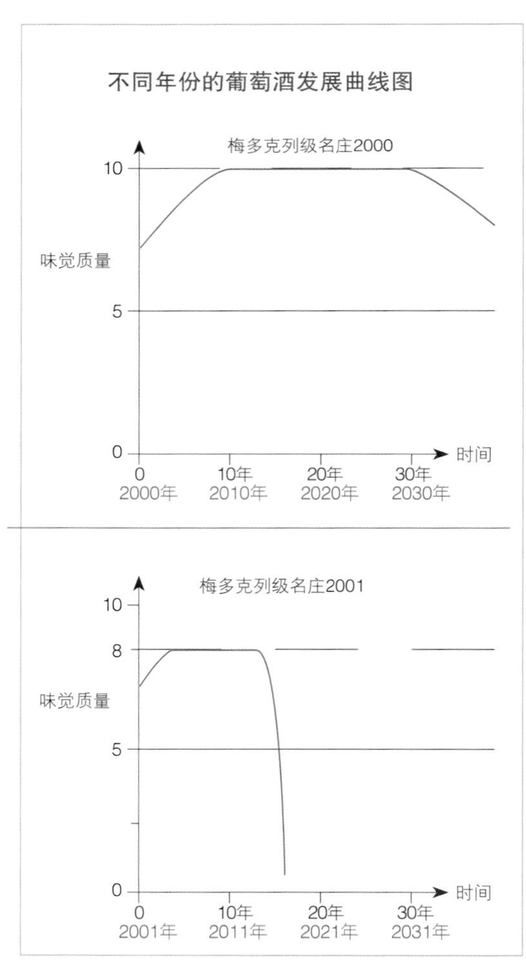

年份表

这种表格旨在综合概括不同产区、不同年份的葡萄酒品质，其中葡萄酒被分为红葡萄酒、干白葡萄酒及甜白葡萄酒等几类。通过这个图表，人们只需看上一眼就能够根据葡萄酒的质量和产区判断出它的陈年潜质。然而，它只是笼统地概括了某一个地区的情况，却忽略了地区内部次级产区之间的差别。以2001年的波尔多葡萄酒为例，以美乐为主要原料的利布尔纳葡萄酒的品质要优于以赤霞珠为主要原料的梅多克葡萄酒，这是由于在当年9月份气候条件的影响下，赤霞珠的成熟期姗姗来迟。这种品质上的差异必然会连带影响到葡萄酒的陈年潜质。尽管所有的年份表对年份的评估可能并不完全一致，但它依然不失为一种有用的工具。

平均保存期限

	6个月	1年	2年	3年	5年	8年	10年	15年	20年	50年	100年
阿尔萨斯											
阿尔萨斯气泡酒											
博若莱											
博若莱新酒											
博若莱和博若莱村庄											
博若莱精品葡萄园											
波尔多											
干白葡萄酒											
甜白葡萄酒											
红葡萄酒：梅多克和格拉夫											
圣埃米利永											
波美侯											
波尔多及优级波尔多红葡萄酒											
勃艮第											
● 白葡萄酒											
马孔											
普伊富塞、夏布利											
一级葡萄园											
特级葡萄园											
● 红葡萄酒											
马孔和夏隆内酒区											
夜丘											
博纳区											
金丘产区特级葡萄园											
勃艮第气泡酒											
科西嘉											
罗纳河谷区											
白葡萄酒											
桃红葡萄酒											
红葡萄酒											
塔维勒											

续表

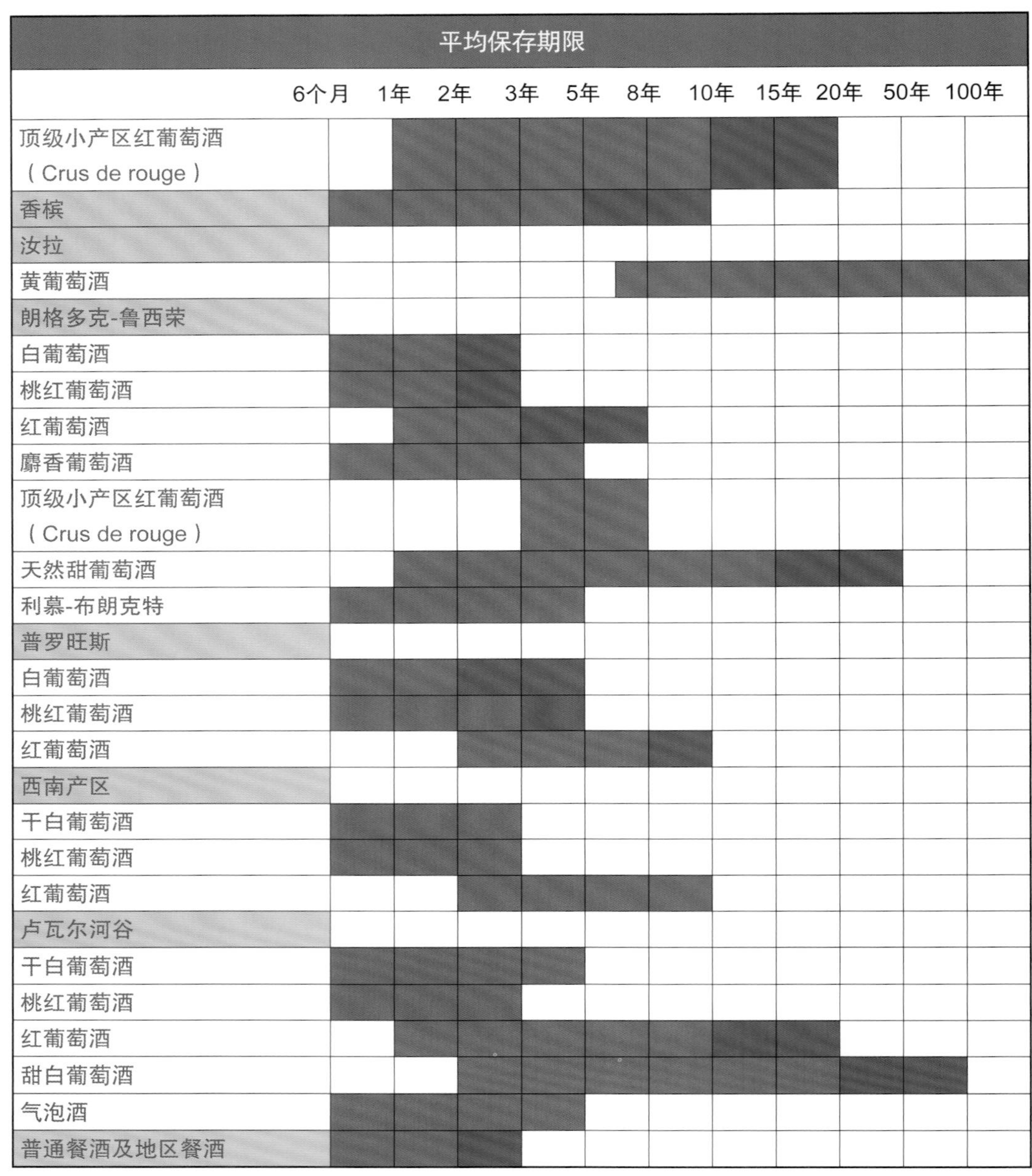

平均保存期限	6个月	1年	2年	3年	5年	8年	10年	15年	20年	50年	100年
顶级小产区红葡萄酒（Crus de rouge）		■	■	■	■	■	■	■			
香槟	■	■	■	■	■	■					
汝拉											
黄葡萄酒						■	■	■	■	■	■
朗格多克-鲁西荣											
白葡萄酒	■	■	■								
桃红葡萄酒	■	■	■								
红葡萄酒		■	■	■	■						
麝香葡萄酒	■	■	■	■							
顶级小产区红葡萄酒（Crus de rouge）				■	■						
天然甜葡萄酒		■	■	■	■	■	■	■	■		
利慕-布朗克特	■	■	■	■							
普罗旺斯											
白葡萄酒	■	■	■	■							
桃红葡萄酒	■	■	■	■							
红葡萄酒			■	■	■	■					
西南产区											
干白葡萄酒	■	■	■								
桃红葡萄酒	■	■	■								
红葡萄酒			■	■	■	■					
卢瓦尔河谷											
干白葡萄酒	■	■	■	■							
桃红葡萄酒	■	■	■								
红葡萄酒		■	■	■	■	■	■	■			
甜白葡萄酒			■	■	■	■	■	■	■	■	
气泡酒	■	■	■	■							
普通餐酒及地区餐酒	■	■	■								

好年份　　绝佳年份

不同风格葡萄酒的陈年潜质

清淡型干白葡萄酒

AOC：勃艮第-阿里高特（BOURGOGNE-ALIGOTÉ）、波尔多白葡萄酒、瑞士夏瑟拉、两海间（ENTRE-DEUX-MERS）、芳丹（FENDANT）、大普朗（GROS-PLANT）、朱朗松干型葡萄酒、密斯卡得（MUSCADET）、小夏布利（PETIT-CHABLIS）、阿尔萨斯白品乐、谢弗尼、都兰长相思、圣布里-长相思（SAUVIGNON DE SAINT-BRIS）、阿尔萨斯-西万尼（ALSACE

SYLVANER）、阿根廷多伦提斯、青酒（VINHO VERDE）、新西兰长相思、索瓦经典高级（SOAVE CLASSICO SUPERIORE，意大利）。

巅峰期及陈年潜质：适宜在果香浓郁的年轻期饮用，适饮期为2年之内。

柔和的果香型干白葡萄酒

AOC：勃艮第、布拉伊酒区（CÔTES-DE-BLAYE）、普罗旺斯区（CÔTES-DE-PROVENCE）、艾克斯区（COTEAUX-D´ AIX-EN-PROVENCE）、格拉夫、马孔村庄（MÂCON-VILLAGES）、桑塞尔（SANCERRE）、索穆尔、科西嘉。

巅峰期及陈年潜质：适宜在果香浓郁的年轻期饮用，适饮期最多不超过3年。

丰满型干白葡萄酒

产区：加利福尼亚州的霞多丽、夏布利一级园及特级园、科尔登-查理曼（CORTON-CHARLEMAGNE）、埃米塔日白葡萄酒（HERMITAGE BLANC）、默索尔、蒙哈榭（MONTRACHET）、蒙路易（MONTLOUIS）、佩萨克-雷奥良（PESSAC-LÉOGNAN）、阿尔萨斯雷司令、萨韦涅尔（SAVENNIÈRES）、武弗雷、黄葡萄酒、澳大利亚和南非的霞多丽、雷司令串选葡萄酒（RIESLING AUSLESE，奥地利、德国）。

巅峰期及陈年潜质：根据年份和地区来确定，介于3~12年。

半干型、甜型、超甜型白葡萄酒

产区：博纳左（BONNEZEAUX）、里昂区（COTEAUX-DU-LYONNAIS）、朱朗松、肖姆-卡尔特（QUARTS-DE-CHAUME）、苏玳、阿尔萨斯延迟采收型葡萄酒和粒选贵腐葡萄酒、武弗雷、德国和奥地利的雷司令晚摘葡萄酒、陶家宜（匈牙利）、马勒瓦西（MALVOISIE）。

巅峰期及陈年潜质：根据年份确定，一般在5~10年，甚至更久。

桃红葡萄酒

产区：卢瓦尔桃红（ROSÉ-DE-LOIRE）、邦多勒（BANDOL）、贝莱（BELLET）、艾克斯区、普罗旺斯区（CÔTES-DE-PROVENCE）、罗纳河谷区（CÔTES-DU-RHÔNE）、塔维勒、西班牙桃红（里奥哈）、意大利、瑞士的桃红葡萄酒、粉红葡萄酒（加利福尼亚州）。

巅峰期及陈年潜质：适宜在果香浓郁的年轻期饮用，适饮期最多1~3年。

清淡的果香型红葡萄酒

产区：博若莱、布尔格伊（BOURGUEIL）、阿尔萨斯黑品乐、布尔格伊-圣尼古拉（SAINT-NICOLAS-DE-BOURGUEIL）、索穆尔-尚皮尼（SAUMUR-CHAMPIGNY）、黑品乐（瑞士）、巴比拉-爱芭（BARBERA D´ALBA）（意大利）。

巅峰期及陈年潜质：适宜在果香浓郁的年轻期饮用，根据年份确定，最多不超过2~5年。

饱满的果香型红葡萄酒

产区：安茹、勃艮第葡萄园及一级园、夏隆内酒区、优级波尔多（BORDEAUX SUPÉRIEUR）、希农（CHINON）、艾克斯区（COTEAUX-D´AIX-EN-PROVENCE）、普罗旺斯区（CÔTES-DE-PROVENCE）、科比埃（CORBIÈRES）、罗纳河谷区（CÔTES-DU-RHÔNE）、芳桐（FRONTON）、米内瓦（MINERVOIS）、科西嘉、基安蒂经典（CHIANTI CLASSICO）、智利的西拉。

巅峰期及陈年潜质：在3~5年，根据不同的年份来判断。

单宁丰富的红葡萄酒

产区：贝尔热拉克（BERGERAC）、邦多勒、卡奥尔（CAHORS）、新教皇城堡、朗格多克区（COTEAUX-DU-LANGUEDOC）、罗纳河谷村庄区（CÔTES-DU-RHÔNE-VILLAGES）、鲁西荣区（CÔTES-DU-ROUSSILLON）、马第宏（MADIRAN）、佩夏蒙（PÉCHARMANT）、圣西尼昂（SAINT-CHINIAN）、圣埃米利永、布鲁内罗-蒙塔奇诺（BRUNELLO DI MONTALCINO）（意大利）、纳帕谷、智利、南非和澳大利亚的赤霞珠、阿根廷的马贝克、加利福尼亚州的美乐。

巅峰期及陈年潜质：在4~10年。

辛辣而复杂的红葡萄酒

产区：勃艮第特级园、罗第丘（CÔTE-RÔTIE）、埃米塔日（HERMITAGE）、玛歌、梅多克、波亚克、波美侯、圣埃米利永列级名庄、圣爱斯泰夫（SAINT-ESTÈPHE）、圣于连（SAINT-JULIEN）、奔富葛兰许（澳大利亚）、巴巴拉斯高、巴罗露（BAROLO，意大利）、斗罗河岸（RIBEIRA DEL DUERO，西班牙）。

巅峰期及陈年潜质：在4～15年。

气泡酒

产区：利慕-布朗克特（BLANQUETTE-DE-LIMOUX）、迪-克雷莱特（CLAIRETTE-DE-DIE）、香槟、瓶中二次发酵气泡酒、加亚克传统法、卡瓦酒（CAVA）（西班牙）、雅思提气泡酒（ASTI SPUMANTE）（意大利）、塞克特（SEKT）传统法（德国）。

巅峰期及陈年潜质：1～3年内可随时饮用。对年份香槟，一般在2～6年，但也要视吐泥日期而定。

天然甜葡萄酒

产区：巴纽尔斯（BANYULS）、博姆-德沃尼斯-麝香（MUSCAT-DE-BEAUMES-DE-VENISE）、弗龙蒂尼昂-麝香、米内瓦-圣让麝香（MUSCAT-D-SAINT-JEAN-DE-MINERVOIS）、莫利、波特、拉斯多（RASTEAU）。

巅峰期：用麝香酿造的天然甜葡萄酒适合在当年内，果香最浓郁的时候饮用。经过氧化培养的天然甜红葡萄酒（宝石红或茶色波特酒、巴纽尔斯、拉斯多及忘年型或琥珀型的里韦萨尔特）既可以尽快饮用，也可以陈放若干年，它在瓶中几乎不会再有什么发展。进行还原培养的天然甜红葡萄酒（年份波特酒、巴纽尔斯特殊年份葡萄酒、莫利年份酒）会像普通的红葡萄酒那样在瓶中继续发展。根据年份不同，它们会表现出不同的陈年潜质。

年份天然甜葡萄酒的陈年潜质

年份波特酒为5～10年；

巴纽尔斯特殊年份葡萄酒为5～10年。

年份波特酒和巴纽尔斯特殊年份葡萄酒应该在开瓶之后的48小时内饮用完，这是因为它们对氧化作用非常敏感。其他经过氧化培养的天然甜红葡萄酒则不同。

葡萄酒的投资与收藏

顶级葡萄酒一定具有投资价值吗?

1977年5月，希腊裔的巴黎金融家安德烈·门泽罗普洛斯（André Mentzelopoulos）用7700万法郎（约合1173万欧元）买下了玛歌庄园。作为一个非常内敛的葡萄酒行家，他预备重建名庄，修复葡萄树，让这个充满传奇色彩的酒庄重拾昔日的辉煌。从1980年开始，安德烈的女儿柯琳娜接管酒庄。在2003年春天，她按照30400万的基数从合伙人阿吉利（Agnelli）家族手中购回了相应的股份，同时玛歌庄园成为了国家遗产。父辈购买酒庄时的花费与女儿接手管理后酒庄市值之间的巨大差异说明了为什么纪龙德河地区的知名酒庄，特别是一级庄会让来自于世界各地的葡萄酒爱好者垂涎三尺，因为它们都是无价之宝。

新生现象

这些珍贵名庄酒的购买者多为日本人，他们将从巴黎淘来的不同年份的罗曼尼-康帝带回家里，摆放在挨着多姆花瓶或是沃霍尔名画的恒温橱窗内。美国人、泰国人和南美地区的人也同样为这些法国顶级葡萄酒神魂颠倒。

近些年来，大酒风潮、对品鉴的兴趣、大卖场中葡萄酒展销会的盛行、媒体在宣传推广葡萄酒方面所起到的作用，以及各个产区整体质量水平的提升都激发了葡萄酒爱好者们购买好酒的欲望。人们分享信息，拜访葡萄酒农，争相购买葡萄酒指南或是专业杂志中推荐的那些优质产品。葡萄酒的大众化已经深入人心。普通的爱好者变身成为了隐藏的投机商，尽管他们极力回避这个称呼。

▲勃艮第大酒的价格相当公道。

年份与价格

如果你以期酒的方式（也就是说在尚未装瓶前购买）购买了一支1982年的波亚克一级名庄拉菲庄园红葡萄酒（18.29欧元），你会发现到了2004年的时候，它的价格已经攀升至500欧元了。如果你有不错的投资眼光，以183欧元的价

▲ 在最能保值的葡萄酒榜单上，首当其冲的就是波尔多的名庄酒。

格买下了一箱12支装的1990年份玫瑰山庄（Château Montrose）红葡萄酒，那么你现在就可以用2285欧元高价将它卖掉（这个圣爱斯泰夫地区的列级庄，凭借着罗伯特·帕克打出的满分而身价陡增）。

葡萄酒遵从着商业世界的规则，极品年份大酒的价格必然会屡攀新高。葡萄酒的存货量一定是越来越少的，因为它是消耗品，这就导致了价格的不断增长。相反地，如果你可以接受一些普通年份（波尔多）的葡萄酒，例如1987年、1997年，那么包括雄狮庄园、大炮庄园、宝嘉龙庄园在内的一些著名酒庄必定不会让你失望。但是，像木桐庄园这样充满魅力、精细迷人的顶级葡萄酒，即使是1997年这样一般的年份，标价99欧元就已经算捡到便宜了。售价为175欧元的1981年的玛歌庄园比起490欧元的1982年份的同款酒，也算是超值了。选择好年份的葡萄酒回报会更高。

投机与风险

对葡萄酒投资来说，2000年的波尔多葡萄酒创造了辉煌的成绩。卓越的年份和难得一见的带有3个“0”的酒标造成了价格的疯涨。即使是最见多识广的业内人士也对此惊叹不已。2000年的白马庄园在2003年6月时市值为450欧元，这创下了一级名庄的新纪录。圣埃米利永的顶级好酒在2004年时，售价接近500欧元。木桐庄园算是相对便宜的，也要295欧元，而2000年的红颜容卖价则达到了320欧。由于价格太高，所以未来的升值空间有限。这种高价已经接近了极限。其实葡萄酒爱好者和收藏者用比这个价格一半还要低的金额就能够买到与它风格相近、同样精细高雅的葡萄酒，例如1995年或是1996年的出品。经济危机同样也影响到了名庄酒的交易。

还会再出现这样的价位吗？除了那些声名显赫的酒庄，诸如柏图斯、里鹏、罗曼尼-康帝、1945年的木桐（市价接近5000欧元）或是1947年的白马（4000欧元）以外，整个市场行情都成大幅下滑趋势，波尔多佳年公司售出的1999年的柏图斯价格为599欧元，这与1998年份的售价（1100欧元）相比较起来，可谓是差之千里。就如同在股市中一样，人们习惯低价买进，高价卖出，除非这支酒被喝掉了，但其实饮用才是人们酿造好酒的真正目的。现在人们将目光投向了勃艮第杰出风土所酿造出的葡萄酒。抛开像科奇（J.-F. Coche Dury）、拉丰伯爵（les Comtes Lafond）或是亨利·亚尔（Henri Jayer）这样声名大噪的酒庄不谈，优质的默索尔、尚贝丹、夜丘圣乔治、穆西尼、科尔登-查理曼，甚至是蒙哈榭产区的葡萄酒的价格都非常合理。

着眼长期

在名庄酒交易市场中，长期性购买是人们应该追求的投资方式。2002这个年份就是如此，对许多酒庄来说，这一年份的葡萄酒要比2000年出色很多。在期酒市场上，2001年份的龙船庄价格为19欧元，红颜容为95欧元，可与拉图庄园相匹敌的马利庄园（Sociando Mallet）售价为20欧元。

收藏家，真正的受益者

葡萄酒收藏可以创造财富。你只需要认真地挑选产区、年份及酿造者，认准你要购买的葡萄酒，然后耐心等待就够了。因为用于收藏的葡萄酒，例如1959年的拉菲、1982年的柏图斯、1933年的杜诺瓦园，它们的价格从来不会降低。它们的市值之所以如此坚挺，完全是因为随着时间的流逝，这些葡萄酒会逐渐被饮用掉，直至完全绝迹。

目前，近10个酒庄凭借着它们几近天价的葡萄酒，成为了德鲁奥（Drouot）、克利斯蒂（Christie´s）和苏富比（Sotheby´s）拍卖行中永恒的投资对象，不管是在巴黎还是在伦敦，这些拍卖行中都聚集着大批的批发商、转卖商和收藏家。拍卖开始的前夜或当天早上，人们会对拍品进行展示，这是一个集中观察葡萄酒状态、液面高度、清洁度、酒标以及详辨真伪的好时机，因为现在市面上的确存在柏图斯的赝品。专家会在现场帮助购买者进行甄别，以免他们受到

▲在时间面前，各种葡萄酒的表现不一。

▲1798年的拉菲庄园红葡萄酒堪称一个神话，它的价格一路飙升。

欺诈。

那些让收藏者们垂涎三尺，青睐有加的名庄酒。

柏图斯：1947年、1959年、1961年、1982年（其中1982年的柏图斯在2004年时，每瓶单价为1900欧元）。

滴金庄（Château d´Yquem）：1900年、1921年、1947年、1967年（1967年份的滴金庄刚上市时，每瓶单价为7.6欧元。在2000年时，美国的《葡萄酒观察家》杂志公布了一次举足轻重的品鉴结果，这一年份的滴金庄独占鳌头。自此以后，它的价格就飙升至每瓶800欧元）。

罗曼尼-康帝：这个传奇的酒庄每年只出产4000瓶葡萄酒，因此无论哪个年份的罗曼尼-康帝都可以在拍卖会上引发一场恶战。它的价格登峰造极，因为酒庄在销售这款葡萄酒时，往往采用拼箱的方式，一箱12支葡萄酒中只有一支罗曼尼-康帝。1998年，一箱被重新整合在一起的12支装1964年罗曼尼-康帝葡萄酒以76224欧元的价格售出，1999年份的罗曼尼-康帝的售价则超过1500欧元。

里鹏（Le Pin）：这个位于波美侯地区，面积只有1.9公顷的小酒庄在

1980年时被威登庄园的庄主雅克·天鹏所收购。它是车库酒中的经典，纯正浓郁，又不失高雅。1995年的里鹏售价为700欧元，已经超越了柏图斯。

白马庄园的庄主艾伯特·费尔（Albert Frère）和贝尔纳·阿诺特（Bernard Arnault）一心想酿造出市场上最贵的波尔多红葡萄酒。在他们的推动下，2000年份的白马庄园的价格接近450欧元。

有些收藏家专门收集这些流动的杰作并将它们私藏起来，他们中的一些人甚至从来不会打开这些葡萄酒。我们称他们为“橱柜收藏家”，这些人收藏名庄酒的目的在于投资，等待获利对他们来说比畅饮美酒更重要。相反地，另外一些人则专门破坏自己的藏品……会把它们逐一喝掉。

P A R T

第 5 部分

餐桌上的葡萄酒

▲葡萄酒的归宿在餐桌上，在酒杯中。它是为此而生的。

居家饮用葡萄酒

从醒酒器到酒杯中

有些葡萄酒甜美如饴，麦秸酒、粒选贵腐葡萄酒或是冰酒，它们在唇齿间绽放出迷人的香气，这些酒通常都可以单独饮用，无需佐餐，为的是可以不受干扰地欣赏它们。有些葡萄酒适合在小酒吧中与朋友一起分享，既可以在早上11点左右，也可以在某些国家（德国）盛行的茶点时间内；如果是一支优质波特酒的话，完全可以放在咖啡之后作为餐后饮料。不过，葡萄酒的真正归属是在餐桌上。这才是它的使命所在。

为了在家里举办一场聚会，一切都要面面俱到：侍酒必不可少，此外还要考虑到餐酒搭配——什么样的酒搭配什么样的菜，什么样的菜又适合什么样的酒。两者的和谐配搭源自于它们的复杂性、包容性、契合性、产地上的同源性，或者与前面几种相反，来自于它们之间鲜明的差异性。白葡萄酒和红葡萄酒同样会出现在食物的烹调中，例如比较浓郁或辛辣的菜肴中的腌渍汁和酱汁。美酒能够使美食得到升华，是它最好的伴侣和陪衬。美酒在手，一切皆有可能……但前提是饮酒要适度。

Tips

“葡萄酒是一种社交的象征和手段：餐桌为宾客们构筑了一个共同的平台，觥筹交错间，彼此传达的是宽容、理解和热情。”［保罗·克罗戴乐（Paul Claudel）］

如何侍酒

一切都从侍酒开始：如何提前处理葡萄酒？如何开瓶？如何醒酒？按什么顺序侍酒以及相应的侍酒温度？酒杯的选择？为了一场真正的感官盛宴，任何一个细节都不容马虎。

葡萄酒的预先处理

如果你在筹备一场朋友间的晚宴，或仅仅是想体验一下品尝美酒的乐趣，别忘了在饭前几个小时就要对葡萄酒进行处理。首先，要将它小心翼翼地从酒窖或是恒温柜中取出。

如果这是一支年轻的红葡萄酒，可以将酒瓶直立摆放；如果是一支已经有了一些酒龄的红葡萄酒，可以将它轻轻放在酒篮上，以免酒中的沉淀物重新悬浮起来；如果没有酒篮的话，可以提前3天将葡萄酒取出，然后呈直立式静置，以便悬浮的沉淀物能够尽快沉到瓶底处。

将白葡萄酒放在冰箱的底层冷藏，这样它才能够达到理想的适饮温度。从20℃降到最佳饮用温度8℃，大约需要2个小时。等到需要将葡萄酒端上餐桌时，再将它放入冰桶中，并加入水和冰块。在任何情况下，都不要冷冻葡萄酒。

开瓶

白葡萄酒、红葡萄酒、气泡酒……每款葡萄酒都有不同的预先处理方法。开瓶很简单，只要选对了工具就行：这就是优质的开瓶器。

开瓶器

开瓶器不是用什么神奇材料制造的。只需要根据实用性和自己的喜好来进行选择即可，有几个标准是不能回避的：坚固耐用，钻头的部分要足够长，最好覆有一层防黏连的保护层，稳定性好，带有刀片，可以用来干净利落地割开瓶帽。

市面上有各式各样的开瓶器，从最简单的T型手柄开瓶器（使用这种开瓶器需要非常有力气才能打开一些很紧的瓶塞）到实用而高效的螺旋拉伸（Screw-pull）开瓶器。介于它们之间的还有带有两个扶手和一个中央钻头的“蝴蝶”形开瓶器或螺母型开瓶器，这些也都非常实用。

▲酒篮特别适用于已经有了一定酒龄的红葡萄酒，可以避免沉淀重新悬浮在酒中。

当酒塞折断时

当你遇到一个折断在瓶颈中，非常难对付的酒塞，请保持冷静，这种情况不难处理。

如果这是一支白葡萄酒或是比较年轻的红葡萄酒，可以先取下已取出的半块酒塞，然后将开瓶器重新钻入留存在瓶颈处的酒塞里，钻入的时候尽量选择酒塞的边缘地带而不是中间部分，以免将酒塞推入瓶内。特别要注意的是，不要浪费时间，要尽快刺穿剩在瓶内的酒塞，避免在酒瓶内部的真空状态作用下，酒塞会被吸入得更深。

如果是一瓶老年份的红葡萄酒，可以用开瓶器逐块地取出瓶塞，因为在陈年的过程中，这些瓶塞已经变得非常松脆易碎。对这样弱不禁风的老瓶塞，开瓶的时候一定要小心翼翼。

如果气泡酒的瓶塞折断的话，可以利用开瓶器来开瓶，方法就像开启普通葡萄酒一样，但是一定要小心瓶中的气体。

掉到瓶内的软木塞残渣丝毫不会影响到葡萄酒的品质，如果数量较多，只需进行醒酒就可以将其去除。

开启一支白葡萄酒

用开瓶器上的小刀干净利落地割开瓶帽，开口的位置要在圆圈状突出部位之下，以避免倒酒时，

Tips

开启一支老年份葡萄酒

一瓶老年份葡萄酒的瓶塞可能已经变得非常脆弱了。为了避免用开瓶器开酒时将瓶塞折断，可以直接将酒塞刺穿。只有这个办法能够完整地取出酒塞，不会将碎片掉落在瓶颈中。

①

②

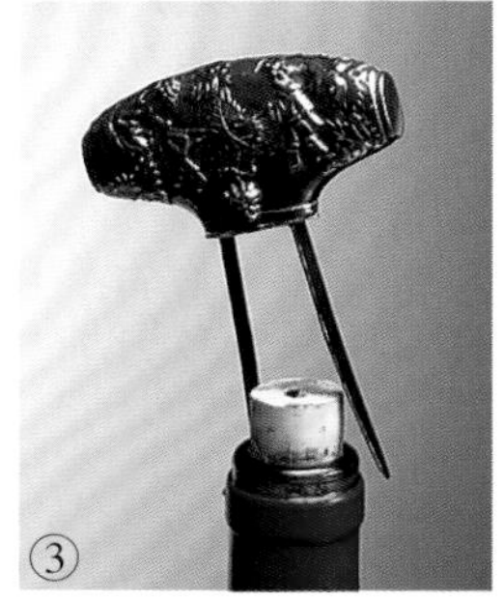
③

④

⑤

开瓶器类型

①螺旋拉伸开瓶器
②收藏型开瓶器
③片状开瓶器
④T型手柄开瓶器
⑤专业型开瓶器：用专业型开瓶器可以轻而易举地快速开启绝大多数酒瓶。不过这种非常高效的专业开瓶器比普通开瓶器要昂贵。如果真有这方面的特殊需要，再考虑购买吧。

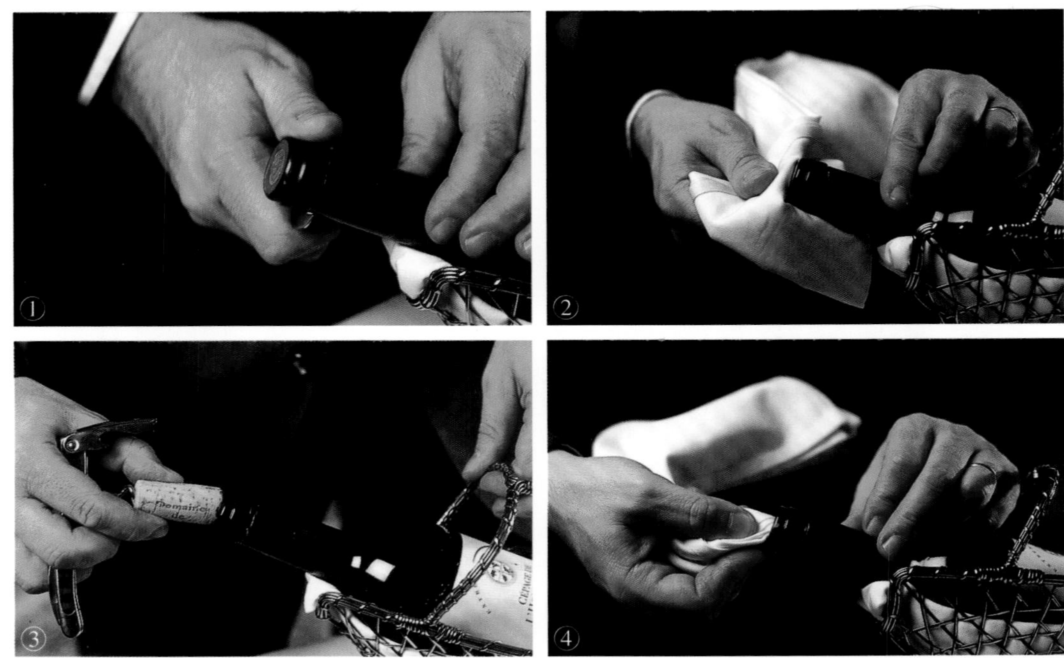

▲ 开启红葡萄酒的步骤。

酒液与氧化变质的瓶帽相接触。用一块餐巾擦拭一下瓶口，然后将钻头对准软木塞的中央，刺入其中并一点点旋转，但不要将酒塞钻透。如果条件允许，可以估量一下酒塞的长度，以便更好地调整自己的动作（适于久藏的高端白葡萄酒和红葡萄酒，其酒塞都会略长一些）。小心地拔出酒塞，拔出的时候要保持笔直，以防酒塞断裂，迅速地闻一下酒塞：强烈的异味通常说明瓶中的葡萄酒已经变质了，不过要最终确定它是否被橡木塞污染了，还是要品尝一下才能知道。轻轻地拧下开瓶器上的酒塞，用餐巾擦拭瓶口，为自己倒上一点品尝一下，确定它是否处于最佳适饮状态。

一瓶白葡萄酒完全可以在用餐前几小时开瓶。在等候的时间内，可以将酒放在冰桶中，房间中要保持通风、温度适中。即使有一些空气通过瓶颈进入到葡萄酒中，酒液也不会那么迅速氧化。但是，如果是一瓶老年份的葡萄酒的话，最好将软木塞重新塞上。

开启一瓶红葡萄酒

一瓶红葡萄酒在开瓶前需要更多的精心呵护，因为即使是一瓶年轻的红葡萄酒，也可能会有沉淀，一定不要摇动酒瓶。红葡萄酒中的沉淀不同于酒石酸，它可能是由于葡萄酒的酒龄、酿造方式，或是未经过滤而造成的。有些沉淀会附着在瓶壁上，有些则由于重量很轻而呈悬浮状态，还有一些会大量沉积于瓶底处。

> **建议**
>
> 在向外拔气泡酒瓶塞时，要旋转瓶身，而不是瓶塞。

▲ 开启一瓶气泡酒时，要注意若干事项。

从圆圈状的突出部位下方割开金属瓶帽（上页图①）并用餐巾擦拭瓶口（上页图②），它可能会有点脏。那些存储在较为潮湿的酒窖中的葡萄酒，酒瓶上有时会出现轻微的发霉现象，但这对葡萄酒丝毫没有影响：脱去瓶帽的时候，轻轻擦拭一下即可。将钻头刺入瓶塞并一点点旋转，但不要将其钻透（上页图③）。接着将酒塞拔出，并且闻一下。如果闻到了奇怪的气味就要提高警惕了。在拔出瓶塞后不要忘记擦拭一下瓶口（上页图④）。

开启一瓶气泡葡萄酒

由于香槟或气泡酒中含有二氧化碳，所以开启时要特别小心。

从冰箱中取出气泡酒之后，可以先将其放入盛有冰块的冰桶中保存一段时间。然后用酒刀上的刀片或是用于迅速开启金属包装的舌片来割开瓶帽。在除去铁丝网套时，一只手握着酒瓶的瓶颈处，同时按住软木塞，以防它突然弹出（上图①）。另一只手则去拧开缠绕在一起的铁丝。托住酒瓶的底部，按压住网套和软木塞，旋转瓶身（旋转底部而不是瓶颈处），一点点拔出软木塞（上图②）。一定要注意不要将瓶口对着周围的客人，因为在气压的作用下，瓶塞可能会冲出瓶口，伤及他人。如果很难将酒塞拔出的话，可以使用香槟钳。瓶中的气体缓缓排出，发出细碎的声音。持瓶时可倾斜45°，这样瓶中的泡沫不会冒升上来。闻一下瓶塞，然后将酒瓶重新放回冰桶中（上图③）。擦拭瓶口，开始品尝。倒酒的时候不要倒太多，以防它在香槟杯中迅速回暖（上图④）。

▲醒酒完全是一种礼仪。

醒酒是一门艺术，所以不能滥用。有时候它是必不可少的，但有时它也会有负众望，比如一支老年份的葡萄酒可能会因为骤然与空气相接触，而最终被氧化。

透气与醒酒

当葡萄酒被打开之后，问题就来了，对一瓶红葡萄酒，要知道如何透气或醒酒。大家不要将这两种处理方法混淆在一起，前者是针对那些没有沉淀的葡萄酒，而后者则适用于那些瓶底处有一些沉渣的葡萄酒。

透气

通过透气可以让葡萄酒的香气得到释放。在用餐前1小时开瓶，然后将瓶中的葡萄酒倒入一个大口醒酒器中，以便葡萄酒能够最大限度地进行呼吸。要注意的是，葡萄酒一旦经过了透气处理，将很难再保存。

醒酒

醒酒就像是一个仪式。通过醒酒，可以将沉淀与酒液分离开来，让酒香进一步释放、单宁更加柔和，让葡萄酒可以更好地表现自己。醒酒通常在饮用前1～2个小时内进行，视各款葡萄酒的结构和酒龄而定。葡萄酒的单宁含量越丰富、口感越强劲，就越需要多醒一些时间。

点燃一支蜡烛，它可以帮助你观察到葡萄酒中的沉淀。开瓶并品尝葡萄酒，这个步骤非常关键，因为在醒酒之前，必须要对葡萄酒的品质、力度及单宁结构做出判断（图①）。

首先要保证醒酒器绝对洁净、干燥且没有异味。接下来要让它沾染些酒香，也就是说用你刚才倒在杯中的少量葡萄酒来涮一下醒酒器。

一只手拿着醒酒器，另一只手拿着酒瓶，这时要将醒酒器稍微托高一些，将葡萄酒顺着内壁倒入醒酒器中。要注意，不能倒得太快太猛，这样葡萄酒会产生泡沫（上页图②）。这一步骤要在蜡烛的上方完成，火苗刚好照着瓶肩处（注意不要让火苗舔舐到酒瓶下方）。借助于蜡烛的光亮，你可以透过酒液和酒瓶观察到沉淀何时聚集到瓶颈处，从而在适当的时候停止倒酒。如果这是一支脆弱而敏感的葡萄酒，要记得塞上醒酒器的塞子，以防葡萄酒过度氧化。

侍酒温度

是否能够欣赏到一款葡萄酒的庐山真面目，侍酒温度是关键。错误的侍酒温度会阻碍一些酒释放它优雅细腻的香气，甚至会将它的精彩之处完全抹杀。不过，不要因为这个原因，就总是试图拿着温度计不停地测量葡萄酒的酒温，也不要为了一两度的温差而过于纠结。温度计是侍酒和学习的工具，但不要让它成为一种障碍。调动你的味觉亲自去品尝一下吧。实际的侍酒温度可以比建议的低一些，因为倒入杯中之后，葡萄酒会回暖。如果酒杯很大或者房间内有暖气的话，回暖速度会更快。

一瓶勃艮第顶级白葡萄酒的侍酒温度不宜过低，否则酒体会过于油腻，香气尽失。一瓶罗纳河谷红葡萄酒在饮用时温度不能过高，否则酒精味会过于突出，葡萄酒变得不再平衡；相反，要是适饮温度过低，单宁则会格外突出，粗糙而苦涩。

白葡萄酒的侍酒温度

不同产地、不同酿造工艺的白葡萄酒，适饮温度也不一样。但无论如何都不能够加冰或冷冻饮用，白葡萄酒的适饮温度在8～13℃。

采用长相思、诗南、雷司令等葡萄品种酿造的活泼型的干白葡萄酒适饮温度偏低（介于8～10℃）。口感越干，温度就应该越低，这样它的酸度和酒精度才会更加突出。相反，来自于寒冷产区，以霞多丽、胡娜、维奥涅尔等葡萄品种为原料并经过新橡木桶培养的白葡萄酒富有油脂感且甘美肥厚，它的适饮温度应在11～13℃，这样才能够充分释放香气，避免油脂感被破坏。为了保证它的侍酒温度，可以将葡萄酒先倒入醒酒器中，然后放入装满凉水的冰桶里。否则，葡萄酒的结构感和风味会消失，变得与普通的干型葡萄酒无异。

在一间有暖气的房间内，一瓶白葡萄酒的温度从4℃上升至8℃，只需15分钟；一个小时之后，温度会提高到10℃。

冰块数量

冰桶中不要放太多的冰块，白葡萄酒不能冰冻饮用。通常冰块填满冰桶的三分之一即可，同时要保证还有足够的后续冰块，以便能始终保持低温。避免使用碎冰，因为碎冰虽然能够迅速降温，但不能持续保温。

Tips

白葡萄酒的几种适饮温度

丰满甘美的白葡萄酒：11～13℃
活泼型的干白葡萄酒（卢瓦尔河、阿尔萨斯等白葡萄酒）：8～10℃
气候炎热地区的白葡萄酒（朗格多克、鲁西荣、罗纳河谷、加利福尼亚州、澳大利亚、希腊等）：10～12℃
甜酒：6～8℃
香槟：8～10℃

Tips

红葡萄酒的几种适饮温度

波尔多老酒：16～18℃
年轻的波尔多葡萄酒：16～17℃
勃艮第老酒：15～17℃
年轻的勃艮第葡萄酒：14～16℃
解渴型或是单宁含量少的红葡萄酒（新酒）：14～15℃
南非葡萄酒：16℃左右
意大利葡萄酒（布鲁内罗-蒙塔奇诺、巴罗露、西施佳雅等）：16～18℃
加利福尼亚州葡萄酒：16～17℃
西班牙葡萄酒：16～17℃

▲葡萄酒专用温度计是帮助人们控制最佳侍酒温度的理想工具，但是永远不要让它成为品鉴葡萄酒的绊脚石。

红葡萄酒的侍酒温度

一般红葡萄酒的适饮温度介于16～18℃。因此完全可以将其置于酒窖室温条件下，即15℃左右。

在对红葡萄酒进行处理之后，如果有酒窖，可以将它放在酒窖中；如果没有，可以将其放在窗台上，前提是室外温度要低于室内的。葡萄酒会缓慢地释放出它的香气。按常规，老年份葡萄酒的单宁较年轻葡萄酒更为柔和，随着时间的流逝，会略显单薄，这类葡萄酒的适饮温度在16～18℃。为了达到理想的适饮温度，可以将一些年轻解渴的葡萄酒在冰箱里冷却1～2个小时。

桃红葡萄酒的侍酒温度

为了突出桃红葡萄酒清爽的特色，人们通常将其冷却后饮用，也就是说适饮温度在8～10℃。为了保持这一温度，可以在用餐的过程中，将葡萄酒放在冰桶内。千万不要一次性在酒杯中倒太多的桃红葡萄酒，酒液会很快回暖，这样的话，清爽感就会消失，酒精味突显，容易引起饮者的反感。

天然甜葡萄酒或甜白葡萄酒的侍酒温度

那些残留糖分多，酒精度较高的白葡萄酒的适饮温度在6～8℃，这个温度能够让葡萄酒更加讨喜，更为容易饮用。

在杯中

倒入杯中之后，葡萄酒会回暖，在一个室温为19℃的房间内，平均每小时升温1℃。

Tips

达到室温

过去，达到室温是指在房间温度高于葡萄酒温度的情况下，使葡萄酒温度升高，与室温达成一致。如今，公寓或是房屋内通常会过热，这种温度完全不适合葡萄酒。

为了应对不时之需，最好在冰箱里备上一支气泡酒。

残留糖分多，富含单宁的红葡萄酒的适宜温度会更高一些，介于12～14℃。如果温度过低，那么单宁会显得干而苦涩。饮用前也可以对这些葡萄酒进行换气和醒酒。

气泡酒的侍酒温度

为了给味蕾带来绝妙的体验，气泡酒的适饮温度在8～10℃。

想要迅速冷却葡萄酒，可以将它放入装有冰块的冰桶中：15分钟之后它会达到你所需要的温度，前提是在放入冰桶之前，它已经在冰箱中冷藏过了；如果没有经过冷藏，那么就要在冰桶里多放一阵。另外一个办法是在冰桶中再加入一把粗盐，它会很快溶解在冰水中并加速葡萄酒的冷却。千万不要对葡萄酒进行冷冻。

侍酒顺序

葡萄酒各不相同，它们有不同的酸度、单宁以及结构。因此要有一个详细的饮用顺序，而这个顺序是在品尝和对比之后才能够确定的。例如，一款尾韵厚重的葡萄酒要比酸度突出的葡萄酒更具有油脂感，因此它应该在一般的干白葡萄酒之后饮用。

通常，人们首先饮用气泡酒，作为开胃酒来讲，它能带给人们清爽的感觉，并让味蕾变得更为敏感；活泼的干白葡萄酒要在丰满滑腻的白葡萄酒之前饮用，比如：密斯卡得白葡萄酒在饮用时要先于皮里尼-蒙哈榭白葡萄酒。你也可以饮用甜白葡萄酒，但要注意它丰富的含糖量。优先饮用酸度较高的葡萄酒，以免在用餐之前你的味觉被甜味弄得不堪重负。

红葡萄酒在白葡萄酒之后饮用，一般有两种处理方式：可以按照葡萄酒的强劲程度循

保持良好的适饮温度

使用冰桶、水和冰块吧！预备好冰块或塑料冰盒，以便让冰桶中的水始终保持低温。别忘了红葡萄酒也可以放入装有凉水的冰桶中，此外，醒酒器也一样可以放入其中。

序渐进，年轻而辛辣的红葡萄酒可以搭配口感丰富，配有酱汁的菜肴；或者可以将年轻的红葡萄酒放在最后，首先开始饮用酒龄最老的葡萄酒。一切都取决于口味和饮用习惯。但是，如果要安排顺序的话，必须提前品尝一下，同时还要考虑到葡萄酒的单宁结构。要是一款葡萄酒的单宁收敛感强，让人觉得口干的话，可以将酒提前醒一下，然后用来搭配那些味道浓郁丰富的菜肴，菜肴中的酱汁会让葡萄酒的口感变得柔和。接下来可以饮用一些香气集中，单宁柔和的葡萄酒。至于再往下，则要视菜肴而定，一般在一餐中都会有奶酪和甜品。

正确的侍酒量

一款葡萄酒可以分若干次倒入杯中，一次不用倒得太多。这样，一来能够自如地转杯；二来可以避免葡萄酒迅速回暖。对白葡萄酒来说，一次的倒酒量不要超过杯子的三分之一，这样大家才不至于喝到“过热”的葡萄酒，在饮用过程中逐渐添酒，能够保证葡萄酒的最佳适饮条件。对红葡萄酒来说，一次可以倒满杯子的三分之二。这样的话，葡萄酒可以充分透气并且有充足的时间慢慢地升温。

葡萄酒的数量要根据用餐的宾客人数来确定。一支容量为75厘升的标准瓶葡萄酒，可以毫无问题地分出8杯。如果在整个用餐过程中只饮用1款葡萄酒的话，那么要按照两人一瓶的量来准备。如果品尝一白一红两款葡萄酒，那么白葡萄酒按每4人一瓶，红葡萄酒按每3人一瓶来准备。

> **小贴士**
>
> 香槟和干白葡萄酒可以用来开启一场盛宴。
>
> 年轻的红葡萄酒要先于老酒饮用。
>
> 波尔多红葡萄酒先于勃艮第红葡萄酒饮用。
>
> 如果在开始用餐时，用一款甜酒搭配了鹅肝，那么之后一定要先喝点水，清洗一下味蕾才能继续饮用后面的干白葡萄酒或红葡萄酒。相反的，如果在一款单宁厚重、口感辛辣的红葡萄酒之后饮用甜酒，将不会有任何问题。
>
> 在一场全部以香槟为佐餐用酒的宴会中，白中白香槟要先于年份香槟饮用，后者可以搭配肉类菜肴。

醒酒器与酒杯

醒酒器

还有什么能比葡萄酒的醒酒器更高雅！市面上有各种式样、各种类型的醒酒器，其中一些完全就是精美的装饰品。尽量选择那些瓶颈够长、配有瓶塞、容易打理的醒酒器。

醒酒器的容量要足够用来装盛一整瓶葡萄酒。它不仅仅适用于顶级葡萄酒，也可以在其他许多情况下使用，你完全可以将它用于清淡解渴型的葡萄酒、年轻强劲型的葡萄酒、带有一些酒龄的葡萄酒，以及勃艮第顶级白葡萄酒，因为它可以让所有葡萄酒得到升华。葡萄酒的酒裙在醒酒器的映衬下熠熠生辉，这是一幅多么美轮美奂的图景啊！

保养

如果希望借由醒酒器来提升葡萄酒品质的话，醒酒器本身

必须要干净明亮、完全没有异味。关于它的保养，有以下几种方法。

最环保且有效的方法是向醒酒器中加入粗盐和适量的醋，两者形成的白浆会有效地去除醒酒器中的污渍，使它变得干净透亮。用力晃动醒酒器来帮助粗盐粒深入到各个角落，这样才能做到彻底清洁。

也可以在大量冷水中加入一滴漂白剂，然后将其倒入那些暗淡无光，被单宁和色素染红了的醒酒器中。浸泡最少两个小时，甚至是一整晚，之后要反复多次用清水冲洗醒酒器，以去除掉漂白水的异味。如果使用的剂量没有超出规定范围，那就不会有什么其他问题。用漂白水浸泡后，醒酒器会被漂白，表面形成了一层薄薄的白雾；只需请专业人士用酸处理一下，醒酒器就能够重放光彩。不过，这种方法还是尽量少用为妙。

▲醒酒器能够提升葡萄酒的品质，无论是大酒还是普通葡萄酒。如何清洁、保养醒酒器非常关键。

齿科器具专用清洁片剂也可以用于清洗醒酒器。只需放1～2片到醒酒器中，然后加入清水浸泡一夜，效果会非常好。但是，对那些暗沉发红的醒酒器，这种片剂的效果就非常有限了。

酒杯

想让你的餐桌看起来赏心悦目、饱满充实，各式各样的酒杯就是最好的装饰。选择那些足够高挑、光泽度好的酒杯，最好根据葡萄酒的颜色来准备杯子，也就是说白葡萄酒一支酒杯，红葡萄酒一支酒杯。郁金香型的酒杯是最上乘的选择。

用大号酒杯来装盛单宁突出的年轻葡萄酒，用小一些的酒杯盛干白葡萄酒，这样可以

▲如果要饮用几款不同的高档葡萄酒，那么要记得更换酒杯；如果同一款葡萄酒开了第二瓶，也同样要换杯，因为两瓶酒的味道也可能会有差异。上图从左至右：波尔多甜酒杯、红葡萄酒杯、香槟杯。

避免酒液快速回暖。对那些口感丰富、甜美的高档白葡萄酒，最好使用大号的酒杯；而对那些年老脆弱的红葡萄酒，则应该使用个头中等的酒杯，这是为了让它适度地透气，避免剧烈的氧化。

某些地区有着不同的酒杯使用习惯，例如在阿尔萨斯，人们使用带有绿色杯脚的酒杯来饮用葡萄酒，这是为了能让淡黄色的葡萄酒看起来带有绿色的光泽。但这在品鉴的时候并不适用，会误导人们对葡萄酒的判断。需要观察葡萄酒颜色时，可以使用同类型但不带有绿色杯脚的杯子。至于那些特殊杯型的酒杯，大多数情况下，人们还是更偏爱郁金香型的。

在饮用香槟时，要使用纤长的香槟杯。大口的香槟杯虽然也有过它的辉煌时代，但它其实并不适合用来饮用香槟。这种酒杯过于扁平开阔，酒中的气体会一下子跑光，香气容易散失，同时酒液也会很快回暖。相反的，笛型香槟杯纤细修长，较短的直径便于观察气泡的上升。整体看来酒杯杯肚略大，杯口收紧，便于香气的集中，还可以小幅度的晃杯。

保养

如果使用洗碗机来清洗酒杯的话，将酒杯杯口朝下直立放置，彼此之间不要挨着。检查一下机器是否处于轻柔洗涤的档位，洗涤剂和盐的剂量是否足够。清洗后将酒杯取出，轻轻擦拭，不要将其放在机器中晾干，这样会留下印记。

在条件允许的情况下，尽量不要用洗碗机清洗高档酒杯。此外，如果酒杯上没有难以消除的印记的话，也不要受那些洗涤用品广告的影响而滥用洗涤剂。强力洗涤以及含有洗涤剂的热水会使酒杯失去光泽，而且你将再也没有办法让它像昔日一样光彩熠熠。由此看来，不如花上一

Tips

餐桌上的酒杯摆放

在餐桌上，酒杯可以按照侍酒顺序来摆放，白葡萄酒摆在右边，水杯要摆放在酒杯的后面。

点时间手洗为妙。

剩余葡萄酒的保存

一般来讲，一瓶葡萄酒一旦开瓶最好在当天饮用完毕。然而，有些葡萄酒可以略微保存得久一些。购买一个真空酒塞，这种酒塞能够借助一个小泵排出瓶内空气，创造真空条件。一定要将剩酒保存在冰箱里，无论它是白葡萄酒还是红葡萄酒，在寒冷条件下，葡萄酒不易快速氧化。

▲勃艮第杯。每款葡萄酒都有适合自己的酒杯。

如果你计划在转天将剩余的葡萄酒喝完，可以提前一个小时将它从冰箱中取出。为了避免氧化，要尽快饮用。

汝拉黄葡萄酒或是国外的氧化葡萄酒（雪莉酒等）都已经事先经历了氧化过程。这类葡萄酒开瓶后，空气不易对其造成影响。你完全可以将其在冰箱中储存若干个月。

波特酒或法国南部地区的加烈酒也不易受到空气的影响，可以提早开瓶。这类葡萄酒在开瓶以后可以在酒窖中或是凉爽的地方保存若干天。

一些酒体强劲的红葡萄酒（马第宏、卡奥尔、加利福尼亚或智利的赤霞珠、部分波尔多或罗纳河谷葡萄酒……）在开瓶后最多可以保存3天，前提条件是酒瓶或醒酒器要封口，储存环境要足够凉爽（酒窖中最为理想），这样葡萄酒才不会快速氧化。

Tips

水晶杯的摆放

水晶杯一定要正着摆放。如果杯口朝下的话，酒杯不但有可能受到不良气味的污染，而且容易破损。千万不要将酒杯堆积在一起，杯与杯之间要保持距离：两个紧贴在一起的酒杯容易彼此划伤。

小勺的传说

在气泡酒的瓶颈处放上一只小勺，其实什么作用也没有，酒中的气体照样会跑掉。要想保存一支开封的气泡酒，最好使用高效的密封酒塞，或者用一个优质的软木塞用力塞紧，这样可以保存住气泡。将葡萄酒冷藏，然后尽快喝掉。

餐与酒的和谐配搭

▲餐与酒的和谐统一基于一种柔和的共性。

餐桌艺术

对音乐来讲，和谐就是将音符拼凑起来，形成一组让人身心愉快的乐章。在餐桌上也是一样的，人们将酒与菜搭配在一起，彼此影响，互相衬托，以体验一种舌尖上的享受。与其说是搭配，不如说它们是伴侣，甚至是彼此妥协，是一种双向性的包容。

Tips

搭配须知

关于餐酒搭配，有些完美主义者制订出的规则霸道而教条。另外一些人又恰恰相反，他们总是做一些毫无意义的胡乱混搭，仿佛是要告诉大家一瓶好酒随便搭配什么菜都可以。在这两种极端之间，还是存在有能够酝酿出美妙口感的搭配方式的。前提是要遵循一些基本的规则，以避免出现低级的错误。

➡葡萄酒应该在最佳适饮期内饮用，这样它才能展现出自身所蕴藏的魅力。有些葡萄酒年轻的时候非常可口，而有些则需要时间来陈年才能达到巅峰状态。

➡应该遵守基本的侍酒顺序。

➡过甜、过咸或者是带有苦味和酸味的食物都有可能破坏掉葡萄酒精致的口感。

甜味的或是以水果为食材的菜肴会破坏掉干白葡萄酒或是清淡型红葡萄酒的口感。这时最好选择香气浓郁的甜白葡萄酒来搭配；

腌渍类菜肴适合搭配少单宁的清淡型红葡萄酒、桃红葡萄酒或是活泼的白葡萄酒；

总体来讲，无论何种葡萄酒搭配酸度十足的菜肴时都会走味儿，所以食用这类以醋调味的食物时，恐怕只能饮水了；

有些蔬菜本身含有苦味（洋蓟、芦笋、苦苣、菠菜），它会让红葡萄酒中的单宁更为突兀，因此用桃红葡萄酒或者活泼的白葡萄酒与之搭配将更为适合；

在任何情况下都不应该用精细、纯正且带有一定酒龄的葡萄酒来搭配辛香料或蒜味过重的菜肴。

➡奶酪对一顿正餐来讲通常是非常重要的一个组成部分，这时不应该饮用那些最珍贵的葡萄酒。最好适当地选择一两种奶酪的拼盘，它们一定要适合搭配选定的葡萄酒。

➡就一般情况来讲，油脂感强的葡萄酒适合搭配口感浓郁的食材。

➡温度的强烈对比可以突出和彰显食物美妙的口感（热的水果塔搭配甜白葡萄酒、奶酪；虾搭配干白葡萄酒）。

➡逻辑缔造规则，各个地区的特色菜式都能够与本地所出产的葡萄酒达成完美的搭配。

以葡萄酒为出发点的餐酒搭配

白葡萄酒配餐

基于它天然的果香、酸度、适饮温度以及基本不含单宁的特性，白葡萄酒解渴且能够带给人们即时型的饮用乐趣。这就是为什么它被越来越多地用做开胃酒。用来与之搭配的餐前小食一定不要喧宾夺主。

白葡萄酒的大家族中包含了许多不同的种类：干型、半干型、甜型等。每种不同风格的葡萄酒都有适合与其搭配的菜式。

清淡型干白葡萄酒

例如：密斯卡得（Muscadet）、阿培蒙（Apremont）、两海间（l´Entre-Deux-Mers）、马孔区（Mâcon）、勃艮第-阿里高特（Bourgogne-Aligoté）、圣韦朗（Saint-Véran）、夏布利、西万尼、加亚克（Gaillac）、桑塞尔（Sancerre）、普伊芙美（Pouilly-Fumé）、阿尔萨斯白品乐、阿尔萨斯-高贵的混合（Alsace Edelzwicker）、萨瓦葡萄酒、皮克普勒（Picpoul-de-Pinet）、普伊富塞（Pouilly-Fuissé）、青酒（Vinho Verde）、弗里沃-格拉夫、瓦莱州芳丹（fendant du Valais）。

➲以上葡萄酒的侍酒温度在7～8℃，适合年轻时饮用。

这些葡萄酒充满新鲜感和果香，入口后带给饮用者一种清爽的感觉。它们是绝佳的开胃酒，适合与各种不同类型的前菜搭配（注意：采用带有强烈酸味的醋调配的菜肴除外）。不妨用猪肉、煎蛋卷或是黄油炒蛋来配酒。生蚝、青口、虾、炸鱼也都是不错的搭配，还有田鸡腿和蜗牛。除了前菜外，这类葡萄酒还可以搭配一口酥、陶罐鱼或是炖鱼、烤鱼及面拖鱼。面拖鲜贝或是鲜贝串也非常不错。大部分羊奶奶酪也是可以用来搭配这类葡萄酒的，无论是鲜的还是干的：沙维尼奥尔的克罗坦奶酪（Crottin de Chavignol）、圣摩尔（Sainte-Maure）、瓦朗塞（Valençay）、谢尔河畔塞勒奶酪（le Selles-sur-Cher）等。

丰满的干白葡萄酒

例如：佩萨克-雷奥良（Pessac-Léognan）、夏布利一级园和特级园、夏瑟尼-蒙哈榭（Chassagne-Montrachet）、皮里尼-蒙哈榭（Puligny-Montrachet）、蒙哈榭、科尔登-查理曼（Corton-Charlemagne）、阿尔萨斯葡萄园、埃米塔日白葡萄酒、新教皇城堡白葡萄酒、孔得里约、塞朗-古列（Coulée-de-Serrant）、夏龙堡葡萄酒（Château-chalon）、黄葡萄酒、雷司令干型晚摘葡萄酒、上雅迪结霞多丽、加利福尼亚州、澳大利亚或是南非的霞多丽葡萄酒。

➲以上葡萄酒的适饮温度为10～12℃。除了孔得里约适合在年轻时饮用以外，其他都具有较好的陈年潜质

这些葡萄酒浓郁而厚重，果香与细腻的酸度融合在一起，需要那些富有足够表现力、口感纯正而丰富的菜肴来搭配。鹅肝是个不错的选择，可以是鹅肝胚也可以是五成熟的鹅肝。小牛胸肉就像是专门为这类葡萄酒准备的。带有酱汁或奶油的贝壳类及鱼类（多宝鱼、海鲂、比目鱼等）菜肴也能构成非常好的搭配。用考究的带有辛香料的美式酱汁烹调的鳌虾、龙虾和鲜贝与这些葡萄酒进行搭配，无论是葡萄酒还是菜肴都会带给你一种高雅的、贵族般的享受。

小牛肉和禽类白肉也同样适于搭配这些

葡萄酒，但前提是酱汁不能太浓郁，比较理想的有奶油小母鸡配羊肚菌或是黄葡萄酒炖鸡。

对香气浓厚强劲的葡萄酒，例如琼瑶浆、黄葡萄酒或是新教皇城堡白葡萄酒等，可以用一些带有咖喱和藏红花的菜肴来搭配。如果是奶酪，可以选择山羊奶酪，特别是博福尔（Beaufort）、孔泰（Comté）或格鲁耶尔（Gruyère）等硬质熟奶酪。其中最经典的搭配要算是琼瑶浆葡萄酒配曼斯特奶酪（Munster）了。

甜白、半干型及超甜型葡萄酒

例如：莱昂区、武弗雷、朱朗松、蒙巴济亚克、巴尔萨克、苏玳、阿尔萨斯延迟采收葡萄酒（Vendanges Tardives）和粒选贵腐葡萄酒、雷司令精选干颗粒贵腐霉葡萄酒、陶家宜-埃苏、马勒瓦西、圣酒（Vino Santo）。

➲以上葡萄酒的适饮温度为8℃。由于拥有高糖分、高酒精度和适宜的酸度，所以这些葡萄酒通常具有良好的陈年潜质。

这类个性独特的白葡萄酒是绝妙的开胃酒：可以用来搭配鹅肝酱吐司、烟熏三文鱼和洛克福奶酪。搭配冻鹅肝酱或鸭肝酱也非常经典。这些葡萄酒与一些口味有着鲜明反差的食物搭配也能很好地彼此衬托。热吐司与冰镇葡萄酒的搭配构成了温度上的反差。甜度、油脂感、酥脆感、热度与冰爽感在口腔中交织在一起。

这些葡萄酒也可以与奶油鱼、香草贝类、用奶油和香料（藏红花、咖喱等）烹调的白肉或家禽肉、香橙鸭或桃子鸭在香气上构成非常好的搭配。所有牛奶或母羊奶制的蓝纹奶酪都可以与之搭配：热克斯霉菌蓝纹奶酪（bleu de Gex）、高斯蓝纹奶酪（Bleu des Causses）、奥弗涅大区的霉菌蓝纹奶酪（Bleu d´Auvergne）、斯提尔顿蓝纹奶酪（Stilton，英国）、戈贡佐拉奶酪（Gorgonzola，意大利）、或是洛克福奶酪（Roquefort，与老年份的苏玳甜葡萄酒简直是天作之合）。

红葡萄酒配餐

不同于白葡萄酒的独饮与配餐皆宜，用现代酿酒学之父艾米乐·贝诺（Émile Peynaud）的话来说：“红葡萄酒只有搭配适当的菜肴才能够充分地表现自己”。由于它带有收敛性，所以不适宜与部分食物搭配。它不适合过酸、过甜尤其是有苦味的食品。如果必须要食用这样的菜品，那最好选择一些柔和圆润的葡萄酒，但一定不要选那些成熟的、单宁纯正优雅的酒款。

开胃酒

采用葡萄酒作为开胃酒的情况越来越普遍，因为这样做可以简化侍酒程序，同一款葡萄酒还可以用来搭配当天的头盘。

但并不是所有的葡萄酒都是开胃酒的理想选择：丰满单宁厚重的红葡萄酒不太适宜作为开胃酒，它更适合与热菜相搭配。相反的，适合低温饮用（约12℃）的新酒或是缺少单宁的清淡型红葡萄酒及新鲜的桃红葡萄酒就非常适合作为开胃酒。

所有的白葡萄酒（干白、甜白、气泡酒）都可以毫无例外地被用作开胃酒。低温饮用，清爽解渴，齿颊留香，可以很好地开启人们的食欲。

白中白香槟也是非常好的开胃酒，它新鲜活泼，清爽而优雅，会让你的味蕾干爽洁净。相反的，天然甜葡萄酒则会对你继续品尝接下来的葡萄酒和菜肴造成困扰。

红葡萄酒的种类多种多样，可以根据它们的酒龄、特色来选择搭配不同的菜肴。

适合年轻时饮用的果香型红葡萄酒

例如：博若莱、卢瓦尔河的佳美、安茹、布尔格伊（Bourgueil）、福雷酒区（Côtes-du-Forez）、伊卢雷基（Irouléguy）、里昂区（Coteaux-du-Lyonnais）、阿尔萨斯黑品乐、索穆尔-尚皮尼（Saumur-Champigny）、所有的地区餐酒、加利福尼亚州仙粉黛、华普斯兹拉（Valpolicella）等。

➲以上葡萄酒的适饮温度在12～14℃，这样才能表现出它的清爽感。

这类葡萄酒柔顺解渴，充满果香，易于饮用，备受人们喜爱。它们是一些家常菜肴的绝好搭配：猪肉、肉酱泥、煎烤炖的禽类或其他肉类。另外，它们还可以搭配一些有名的地方菜肴（例如里昂或里昂区的肉制品），或是一般的大酒难以搭配的底菜。那些缺少单宁，最为年轻的葡萄酒（罗阿纳产区和博若莱）一般都带有非常好的酸度，可以替代白葡萄酒来与烤鱼、面拖鱼或炖鱼搭配。这类葡萄酒要新鲜饮用，适饮温度为10℃。它们也是发酵奶油奶酪的最佳搭配：布里奶酪（Brie）、卡门贝奶酪（Camembert）、科罗米斯尔奶酪（Coulommiers）、彭勒维克奶酪（Pont-l´Évêque）、圣马塞兰奶酪（Saint-Marcellin），以及各种形态的羊奶奶酪。

适于3～8年间饮用的单宁丰富的红葡萄酒

例如：贝尔热拉克、优级波尔多、比泽（Buzet）、科比埃、卡奥尔、布拉伊酒区（Côtes-de-Blaye）、布尔区（Côtes-de-Bourg）、卡斯蒂永区（Côtes-de-Castillon）、鲁西荣村庄区（Côtes-du-Roussillon-Villages）、夏隆内酒区、普罗旺斯区（Côtes-de-Provence）、罗纳河谷村庄区（Côtes-du-Rhône-Villages）、艾克斯区（Coteaux-d´Aix-en-Provence）、吉恭达斯（Gigondas）、马第宏、米内瓦（Minervois）、佩夏蒙（Pécharmant）、圣西尼昂（Saint-Chinian）、瓦给拉斯（Vacqueyras）、圣埃米利永的卫星产区、里奥哈、纳瓦拉（Navarra）、基安蒂经典（Chianti Classico）、加利福尼亚州、智利、南非及澳大利亚的赤霞珠。

➲以上葡萄酒的侍酒温度为16℃，这样才能最好地欣赏到它复杂的香气。

这些葡萄酒中的一部分经过了橡木桶培养，需要一定的时间才能进入巅峰期，一般为5年左右，一些好年份甚至会达到8年或更久。优秀年份的葡萄酒单宁结构良好，果香丰富，适合搭配一些口味鲜明的菜肴，特别是烧烤的或配有酱汁的红肉：牛肋骨、焖肉、蔬菜烩肉、羊腿肉或烤全羊。它们同样也适合搭配肉糜派、野味肉酱泥和一些烤制的或是用红酒汁烧制的小型动物（野猪仔、兔子、野兔）及禽类野味（鹌鹑、小山鹑、松鸡）。此外，这些葡萄酒也可以搭配以内脏为食材的菜肴：腰子串以及用芥末酱或马德拉葡萄酒汁烹调的腰子。

通常情况下，这类葡萄酒与本地的特色菜肴能构成绝佳搭配。例如，西南地区的葡萄酒都可以与焖鹅肉（或鸭肉）冻及扁豆炖肉什锦砂锅相搭配；波尔多地区的葡萄酒除了极为经典的小洋葱炖牛脊肉以外，还可以与串烤野鸽或七鳃鳗构成不错的搭配。鉴于这些葡萄酒个性鲜明，所以最好搭配硬质未熟奶酪：冈塔尔奶酪（Cantal）、亚当奶酪

（Édam）、托姆奶酪（Tommes）、莫尔碧叶奶酪（Morbier）、比利牛斯奶酪或圣耐克泰尔奶酪（Saint-Nectaire）。

单宁丰富适于久藏的红葡萄酒

例如：科尔登、沃尔奈、波马特（Pommard）、格拉夫、梅多克和上梅多克、玛歌、波亚克、圣爱斯泰夫（Saint-Estèphe）、圣于连（Saint-Julien）、布鲁内罗-蒙塔奇诺（Brunello di Montalcino）、梦特普西露贵族酒（Vino Nobile di Montepulciano）、纳帕谷的赤霞珠。

以上葡萄酒的适饮温度为17℃，不要超越这一标准。如果温度过高的话，会使酒体变得沉重。

只有时间和耐心才能驯服这类葡萄酒中强劲的单宁。唯有简单的菜肴方能衬得上葡萄酒无可比拟的细腻感，与其构成和谐搭配。烤制并搭配了相应酱汁的白肉（牛仔肉、羔羊肉）、红肉（牛排）、禽类白肉（鸡肉、母鸡肉）或红肉（鸭肉、鸽子、珍珠鸡）无疑是最好的搭配。此外，还可以选择一些没有什么特别味道的蔬菜：土豆、白豆、蚕豆、米饭或面条。这类葡萄酒非常适合搭配松露，松露能够赋予肉类和蔬菜香气，也是制作佩里格酱汁的原料。你还可以用硬质熟奶酪来搭配这些葡萄酒：格鲁耶尔（Gruyère）、博福尔（Beaufort）、孔泰（Comté）、埃曼塔奶酪（Emmenthal），有时也可以选择圣耐克泰尔奶酪（Saint-Nectaire）。在波尔多，人们有用优秀年份的葡萄酒搭配陈年米莫雷特奶酪的传统，奶酪要切成极细的碎屑。如果想更丰富一点

Tips

用单一葡萄酒来搭配的一餐

完全可以用一款单一的葡萄酒来搭配一顿午餐或晚餐，这样做的目的是为了更专注地欣赏一款葡萄酒。以酒为中心，餐一定要符合酒的要求，菜单尽量简洁，最重要的是要选择一款能够搭配这支葡萄酒的主菜，同时不要忘记，葡萄酒越高级，菜肴就要越简单。

不是所有葡萄酒都适合这种搭配方式。对白葡萄酒来说，要选择烹调方式简单（烤制或面拖）的鱼类菜肴（三文鱼、多宝鱼、比目鱼），不要有柠檬汁，但有时可以配有简单清淡的酱汁，例如荷兰酱汁或南特奶油。蒸制的填馅土豆也可以。宜选择口味清淡的头道和羊奶奶酪拼盘。

如果是红葡萄酒的话，最好选择年轻且果香丰盈的产品，头道可以是肉糜派，接下来是一份精致的烤肉配土豆泥或野蘑菇。至于奶酪，则可以选择硬质熟奶酪：孔泰、埃曼塔奶酪、格鲁耶尔或米莫雷特奶酪。

的话，还可以佐上一些经过轻度烘烤的坚果面包片。

辛辣复杂适于久藏的红葡萄酒

例如：邦多勒、罗第丘、埃米塔日、新教皇城堡、尚贝丹（Chambertin）、武若园（Clos-de-Vougeot）、穆西尼（Musigny）、拉塔须（La Tâche）、丽琪堡（Richebourg）、罗曼尼-康帝（Romanée-Conti）、圣埃米利永、波美侯、阿玛罗尼（Amarone）、斗罗河岸（Ribera del Duero）、巴罗露、奔富葛兰许（澳大利亚）。

➲以上葡萄酒的适饮温度为16℃，在这种温度下才不至于产生灼热的感觉。

这些葡萄酒非常难得地将力度与优雅集于一身。它们所拥有的柔和感要经过足够的陈年才能充分表现出来。香气浓郁、口感柔美，回味悠长且持久是这类葡萄酒的最大特点。鉴于它们鲜明的个性，这类葡萄酒适合与味道丰满的佳肴相搭配：带有丰富酱汁并以栗子泥和芹菜作为配菜的野味、皇家野兔肉、红酒洋葱烧野兔、红酒炖鸡等。它们与松露搭配也没有问题，因为酒本身就带有松露的香气。花皮软质奶酪就像是为这些葡萄酒量身定做的：布里奶酪（莫城布里奶酪Meaux或莫伦布里奶酪 Melun）、布里亚-萨瓦兰（Brillat-Savarin）、科罗米斯尔奶酪（Coulommiers）、查尔斯奶酪（Chaource）、卡门贝奶酪（Camembert）。如果葡萄酒正处于巅峰期，可以谨慎地选择一些水洗皮软质奶酪与之搭配：彭勒维克奶酪（Pont-l´Évêque）、朗戈瑞丝奶酪（Langres）、埃波瓦斯奶酪（Époisses）、利瓦罗奶酪（Livarot）。

气泡酒

例如：香槟、利慕-布朗克特葡萄酒（Blanquette-de-limoux）、迪-克雷莱特葡萄酒（Clairette-de-Die）、阿尔萨斯气泡酒（Crémant-d´Alsace）、勃艮第气泡酒（Crémant-de-Bourgogne）、索穆尔（Saumur）、武弗雷、雅思提气泡酒（Asti Spumante，意大利）、卡瓦酒（Cava，西班牙）。

➲以上葡萄酒应当低温饮用，适饮温度为8℃。

一般来说，不含糖的气泡酒（白中白）是绝佳的开胃酒，无需加入糖浆、利口酒或水果甜酒。同样的，这类葡萄酒也不是非要配餐不可。吐司或餐前小点都可以与之搭配。如果更近一步的话，气泡酒还可以继续搭配第一道菜。最好选择年份香槟或是一个酒庄中比较高端的产品来搭配肉类、禽类、鱼类或是带有奶油汁的贝类。桃红气泡酒略显辛辣，非常适合搭配白肉，禽类、花皮软质奶酪（科罗米斯尔奶酪、查尔斯奶酪、布里亚-萨瓦兰）和以红色水果为原料的甜品。

有些人认为如果在一餐中不想用若干种不同的葡萄酒来配菜的话，那么气泡酒就是唯一的解决方案。要是这些菜肴中没有红酒汁，没有醋渍汁，没有浓烈的奶酪，没有沙拉，也没有味道突出的甜品的话，那就不妨这么搭配。半干型香槟和甜型气泡酒可以用来搭配糕点（不含巧克力）：奶油水果馅饼、蛋糕、奶油夹心烤蛋白等。

天然甜葡萄酒

例如：巴纽尔斯、博姆-德沃尼斯-麝香（muscat-de-beaumes-de-venise）、米雷瓦勒-麝香（muscat-de-mireval）、里韦萨尔特-麝香（muscat-de-rivesaltes）、拉斯多、里韦萨尔特、波特酒。

➲ 白葡萄酒的适饮温度为8℃，红葡萄酒的适饮温度为14℃

这类葡萄酒酒劲强劲、丰满、果香四溢且酒精度高，通常它可以和各种食物搭配。如果作为开胃酒的话，这类葡萄酒丰满甜美的口感和果香往往会使得口腔中充满了酒精味和甜味，从而阻碍人们对接下来的葡萄酒及菜肴的品鉴。但是，它们非常适合搭配鹅肝，特别是以水果（桃子、李子、无花果、葡萄等）为配菜的热鹅肝。此外，它们还可以与那些带有辛香料的菜肴（阿匹西吾斯蜂蜜香料烤鸭）形成理想的搭配，与蓝纹奶酪一起食用，效果也极为出色。麝香风格的葡萄酒最好是搭配水果塔，卷边果酱饼和水果蛋糕。而巴纽尔斯、

Tips

香槟晚宴

选择香槟作为餐酒的晚宴必然是一场欢庆的盛宴。但是要注意，并不是所有食物都适合它（红酒汁烧兔肉或是其他带有酱汁的野味）。菜肴要根据香槟酒的类型（白中白、年份香槟、顶级香槟、桃红香槟等）来选定。

• 对白中白香槟来说，颜色的统一非常重要，头道可以选择鱼、贝类、虾蟹类或是鹅肝；接下来则可以选择白肉和禽类白肉，菜肴中最好带有一些味道不太浓重的奶油酱汁。

• 对特酿香槟来说，鱼子酱无疑是绝佳搭配，千万不要用它来配甜品。

• 如果是一支较为醇烈的香槟，可以搭配烤制的红肉。至于奶酪，则可以选择瑞布罗申奶酪（Reblochon）或埃波瓦斯奶酪（Époisses）。

• 对一款桃红香槟来说，烟熏三文鱼、鹅肝或味道浓郁的禽类（鸭子、珍珠鸡或乳鸽）是它的最佳搭档。此外，还可以选择烤牛肉或羊肉。温热的红色水果塔与桃红香槟也能产生出色的搭配效果。

拉斯多、里韦萨尔特和波特酒则是所有巧克力或咖啡风味甜品的最佳搭档。

以菜肴为出发点的餐酒搭配

猪肉制品、肉酱泥、内脏

因为猪肉总是非常美味，所以以它为主的菜式常常能够给人们带来绝妙的用餐体验。腌制、风干或是熏烤，每个国家、每个地区都有古老的保存肉类的方式，它们为食物又平添了几分特别的滋味。香肠的种类数不胜数，它们的味道咸而浓郁，油脂丰富，适合与口感活泼的白葡萄酒（阿里高特、谢弗尼、克雷皮、圣普尔桑、萨瓦葡萄酒）或者是单宁含量低、酸度突出的红葡萄酒（福雷酒区、里昂区、布尔格伊、汝拉酒区、安茹）相搭配。鲜活的桃红葡萄酒也可以与之搭配：吕贝隆区（Côtes-du-Lubéron）、汝拉酒区、帕莱特、里瑟桃红（Rosé-des-Riceys）。火腿没有那么油腻，比较干，有时还经过烟熏的处理，它适合用来搭配结实强劲的红葡萄酒，例如：科利乌尔（Collioure）、卡奥尔、伊卢雷基（Irouléguy）、马第宏、里奥哈。

经过烹调后的肉酱泥和肉糜派可热食也可冷食，它是许多地区和家庭的特色菜，可以用来搭配当地的葡萄酒。如果肉酱泥本身口味厚重，那么佐餐的葡萄酒也应该强劲一些：例如普通的兔肉泥适合搭配卢瓦尔河桃红葡萄酒、密斯卡得或是博若莱葡萄酒；如果是野兔肉泥则适合搭配结构更为硬朗一些的葡萄酒：吉恭达斯或克罗兹-埃米塔日。介于这二者中间的其他类型的肉糜派可以采用鲜明且结构突出的白葡萄酒（普伊芙美、格拉夫白葡萄酒、新教皇城堡）及桃红葡萄酒（波尔多桃红酒、塔维勒或邦多勒）来与之搭配。然而，通常红葡萄酒才是这类菜肴的真命天子，例如：博若莱精品葡萄园、科尔纳斯、上夜丘、拉朗德-波美侯、希农、朗格多克区。

内脏制品是大西洋北部沿海地区的特色美食。黑色的猪血香肠最适宜与个性率直的红葡萄酒搭配，例如：蒙塔涅-圣埃米利永（Montagne-Saint-Émilion）、瓦给拉斯（Vacqueyras）、圣蒙区（Côtes-de-Saint-Mont）或是菲图。牛头肉可以与桑塞尔、马孔村庄的白葡萄酒搭配，也可以与里瑟桃红葡萄酒、贝尔热拉克桃红葡萄酒搭配，还可以搭配一些新鲜的新酒（都兰佳美、博若莱村庄）。那些更为讲究的菜式，例如牛肝可以搭配布尔格伊（Bourgueil）、上梅多克或是阿尔萨斯的黑品乐。精致的小牛胸腺肉可以与武弗雷甜白、汝拉酒区、圣普尔桑、夏布利一级园葡萄酒或是圣克鲁瓦蒙（Sainte-Croix-du-Mont）超甜型葡萄酒形成美味的搭配；如果在配菜中添加有野蘑菇，我们还可以选择玛歌村、佩萨克-雷奥良、布济，甚至是马朗日或圣阿穆尔（Saint-Amour）红葡萄酒。牛腰子是一道味道浓郁的菜肴，我们可以采用烹调这道菜时所使用的葡萄酒来与之搭配；如果是牛腰串或是烤制的牛腰子，则可以选择那些尚处于年轻期，带点力度的葡萄酒，例如：菲图、芳桐区、桑特奈、蒙得斯；当菜肴中加入了口感滑腻、味道辛辣的芥末酱时，会比较适合与圣埃米利永特级园、波美侯或是夜丘圣乔治相搭配。

肥鹅肝或鸭肝

肥肝是各类节庆宴会上的标志性食品。它有可能是鹅肝或是鸭肝，来自于阿尔萨斯或是西南地区，无论是哪种烹调方式，总会有一款葡萄酒或是许多款葡萄酒适合它。许多的搭配会营造出令人惊艳的效果。阿尔萨斯的鹅肝多以鹅肝批的形式出现，与当地的葡萄酒，例如灰品乐和琼瑶浆相得益彰，特别是用这两种葡萄品种酿造的延迟采收型葡萄酒（Vendanges Tardives）和粒选贵腐葡萄酒。

与鹅肝相比，西南地区的鸭肝酱味道更为突出，它可以冷食或热食，需要口感丝滑的葡萄酒，甚至是超甜型葡萄酒来与之搭配，例如所有西南产区的葡萄酒，其中包括波尔多葡萄酒，此外还有卢瓦尔河谷的超甜型葡萄酒（博纳左、莱昂区、蒙路易、武弗雷）。你还可以尝试一下金丘地区著名村庄的干白葡萄酒（默索尔、科尔登、蒙哈榭）、孔得里约白葡萄酒（罗纳河谷）以及汝拉黄葡萄酒。马第宏或卡奥尔地区柔和的高端红葡萄酒，或是正值巅峰期的波尔多名庄酒同样也能搭配鸭肝酱。特别值得一提的是天然甜葡萄酒，巴纽尔斯、莫利、里韦萨尔特、年份波特酒，它们都能与这道菜形成绝妙的配搭。一支著名品牌的特酿香槟也是不错的选择。

鱼类

跟鱼类有关的菜式数不胜数。并非所有的鱼类菜肴都能够搭配白葡萄酒，还要参考它的烹调方式，例如炖鱼、烤鱼或是纸包鱼。用以上这些方式烹调的鱼类，可以搭配清淡的干白葡萄酒，例如：两海间、大普朗（Gros-plant）、密斯卡得、萨瓦-胡塞特。而普罗旺斯产区新鲜清淡的桃红葡萄酒则特别适合搭配绯鲤。适饮温度为12℃，单宁含量少，适合年轻饮用的红葡萄酒（佳美或卢瓦尔河谷的品丽珠）也比较适合搭配鱼类，这样可以照顾到那些并不喜欢只饮用白葡萄酒的食客。

煎炸的烹调方式与香气浓郁鲜明的白葡萄酒搭配能够营造出一种独特的风味，例如：马孔村庄、圣韦朗、汝拉地区的霞多丽；风格近似于都兰地区的佳美红葡萄酒的产品也是可以的。更为经典的是黄油鱼和面拖鱼，它们需要与丰满、矿物味浓郁葡萄酒搭配，例如：桑塞尔、格拉夫白葡萄酒、雷司令、普伊芙美（Pouilly-Fumé）、夏布利以及贝莱白葡萄酒。

烹调鱼类时所使用的酱汁也是千变万化的。酱汁越是稠腻，味道越是浓郁，这样的菜式往往适合搭配那些结构感好，香气馥郁纯正的白葡萄酒。一些鱼类常被制作成“名贵”的菜肴，例如：肥鹅肝比目鱼、芥末汁烧海鲂、南特黄油焗梭鱼等。这时可以考虑用孔得里约葡萄酒、博纳区的上等勃艮第白葡萄酒、佩萨克-雷奥良葡萄酒、武弗雷甜酒或是年份香槟来进行搭配。

熏鱼味道独特，口感独具韧劲，搭配不好的话非常容易破坏葡萄酒的香气。为了应对这种情况，我们可以选择白葡萄酒，它们所具有的酸度完全可以化解这些问题。食用三文鱼时尽量避免没完没了地使用柠檬片，它对改善鱼肉的味道并没有太多帮助，反而会对葡萄酒造成伤害。选择那些活泼的果香型葡萄酒

Tips

生蚝

并非所有的生蚝都是同一个味道，因此它们所搭配的葡萄酒也不只限于一种类型。避免用柠檬、醋或是小葱头来调味，它们过高的酸度会打破葡萄酒与食物之间的和谐搭配。扁形生蚝，例如贝隆生蚝，肉色金黄，肉质紧实，充满碘的味道和清淡的榛子香。选择充满花香和矿物质味的葡萄酒来与之搭配，例如：桑塞尔、夏布利一级园、白中白香槟或是意大利的格拉夫-弗留利（Grave del Friuli），它们可以冲淡碘味，进一步强化榛子的味道。

质地轻薄的特选生蚝，肉质滑腻，略带咸味，爽脆且肥美，同样带有榛子的香气。选择鲜活、丝滑、圆润的葡萄酒来迎合这种生蚝的油脂感，例如：圣欧班（Saint-Aubin）、勃艮第-阿里高特（Bourgogne-Aligoté）、发展充分的雷司令葡萄酒、陶家宜-灰品乐、摩泽尔河区的雷司令（德国）等。

精选带绿育肥生蚝偏咸，碘味浓重，质地轻薄、肥厚多肉，但没有油脂感。可以选择清淡柔顺的白葡萄酒来与之搭配，以烘托生蚝的新鲜感，例如：大普朗（Gros-plant）、密斯卡得、马孔白葡萄酒、两海间、夏瑟拉（Chasselas，瑞士）等。

对经过奶油烹制用来熟食的蚝，可以选择佩萨克-雷奥良白葡萄酒或是南非的长相思来进行搭配；用波尔多地区的特色烹调方法（与小香肠一起）做出的蚝可以搭配年轻新鲜的格拉夫红葡萄酒；如果是加入了香槟进行烘烤的蚝，那肯定是要搭配香槟来食用了。

吧，例如：夏布利、普伊富塞、马孔、吕利、陶家宜-灰品乐、两海间、桑塞尔、普伊芙美和默纳图萨隆（Menetou-Salon）。

有些人大胆地采用甜白葡萄酒来搭配烟熏三文鱼。这时，可以选择那些甜美与爽脆兼具的葡萄酒，例如：朱朗松、武弗雷、博纳左。可能你还会喜欢用伏特加或是白兰地来佐餐。它们是可以与熏鱼相搭配的，只不过这类烈酒需要加冰饮用，且酒精度很高，可能会影响到之后其他葡萄酒的品鉴。最完美的搭配还要数白中白香槟，它的鲜活感、矿物质味以及细腻的气泡能够使三文鱼绝妙的口感得以升华。

肉类

在用肉类搭配葡萄酒时，必须要考虑到菜品的烹调方式和配料，也就是说调味料、酱汁以及配菜。

白肉

最为中性的肉类（兔肉、小牛肉）需要搭配味道突出的配菜（洋葱、猪肉丁、香料）以及较为柔顺的葡萄酒，比如，博若莱、夏隆内酒区及都兰的佳美葡萄酒特别适合与猎户扒兔肉搭配；而菲图、米内瓦及圣约瑟夫葡萄酒则是芥末兔肉的好搭档。烤制的小牛肉适合与博若莱精品葡萄园葡萄酒或是阿尔萨斯黑品乐搭配；裹面粉的小牛肉片可以搭配格拉夫红葡萄酒或是马蒙德区葡萄酒；牛肉卷可以搭配布尔格伊-圣尼古拉葡萄酒；炖小牛肉可以搭配的葡萄酒种类非常宽泛，包括阿尔萨斯的灰品乐、马孔村庄、普伊富塞、布鲁伊以及桑塞尔红葡萄酒；一款意式牛仔腿的最佳搭配的是基安蒂、华普斯兹拉（Valpolicella）以及其他的巴比拉葡萄酒。

简单烹调并加入了野蘑菇的羔羊肉是顶级红葡萄酒的最佳拍档，例如：梅多克、格拉夫、圣埃米利永特级园、埃米塔日、西班牙红葡萄酒（里奥哈、斗罗河岸）、意大利红葡萄酒（纳比奥罗爱芭、巴比拉、布鲁内罗-蒙塔奇诺、梦特普西露贵族酒）、加利福尼亚州、南非、智利及澳大利亚的赤霞珠。

除去那些典型的地方菜以外（酸菜烩肉、蔬菜炖肉），普通的炖猪肉或是烤猪肉适合搭配年轻充满活力的红葡萄酒（博若莱、里昂区、罗阿纳产区）、萨韦涅尔白葡萄酒或是马沙内、科利乌尔、希农、布尔格伊、克罗兹-埃米塔日、鲁西荣区、贝尔热拉克的桃红葡萄酒。

红肉

味道厚重鲜香的肉类，比如羊肉，包括烤羊腿、烤全羊、酱汁羊肉，或是萝卜土豆烩羊肉、炒羊肉、小米饭（Couscous）配羊肉都能够与醇美年轻的芳香型红葡萄酒或是桃红葡萄酒形成很好的搭配，例如：朗格多克区、邦多勒、科西嘉及北非的葡萄酒。

简单煎制或烤制的牛肉可以与大部分红葡萄酒搭配在一起；红葡萄酒洋葱烧牛肉的最佳搭配是黑品乐葡萄酒；蔬菜牛肉浓汤（Pot-au-feu）需要搭配新酒或是非常年轻的阿尔萨斯佳美及黑品乐葡萄酒；胡椒牛肉适合搭配紧实的澳大利亚西拉红葡萄酒、新教皇城堡、邦多勒、波美侯或是夜丘圣乔治红葡萄酒；炖牛肉的理想搭配是单宁厚重的红葡萄酒，例如：马第宏、伊卢雷基、卡奥尔、科比埃或是卡巴戴斯红葡萄酒。更为精致的脆皮牛肉馅饼配松露汁最适合搭配顶级的波美侯、圣埃米利永、罗第丘、尚贝丹或武若园红葡萄酒。

家禽

白色禽类（鸡肉、母鸡、火鸡及阉鸡）和黑色禽类（珍珠鸡、鸽子和鸭子）所搭配的葡萄酒有很大差异。

鸡肉类菜肴多种多样，从最普通的到最精致美味的一应俱全，它们所搭配的葡萄酒的口感也会循序渐进。大部分口感清爽、果香馥郁的地区餐酒、白葡萄酒、桃红葡萄酒或红葡萄酒都可以根据味道和季节的不同与鸡肉形成很好的搭配。

黑色家禽的肉质细嫩、味道浓郁、香气扑鼻，适合与西南产区单宁厚重的葡萄酒搭配在一起，例如：芳桐区、布里瓦区（Côtes-du-Brulhois）、比泽（Buzet）、马第宏、卡奥尔、波美侯。鸽子肉可以搭配来自于圣埃米利永、波美侯或是智利的美乐葡萄酒；如果是摩洛哥的巴司蒂亚，则可以搭配天然甜葡萄酒、科西嘉角-麝香或是茶色波特酒。至于鸭肉，红葡萄酒、白葡萄酒或是甜葡萄酒都可以跟它搭配，关键在于选择哪种烹调的菜谱。如果是橄榄鸭，最好考虑南部地区的葡萄酒：瓦给拉斯、吉恭达斯、邦多勒或是科西嘉角葡萄酒；油浸鸭胸可以选择西南产区葡萄酒，例如：比泽、贝尔热拉克、卡奥斯；烤鸭适合搭配东部地区的葡萄酒，例如：琼瑶浆、阿尔萨斯灰品乐、阿伯瓦白葡萄酒；水果鸭适合搭配的葡萄酒有莫利、巴纽尔斯、阿蒙蒂拉雪莉酒或是宝石红波特酒。

野味

长期以来，葡萄酒与野味之间一直存在着一种默契。不过，有时也会有些细微的偏差，因为野味本身的原味常常会因为烹调方式的影响而改变。烤山鹑与狍子腿的味道有着天壤之别，而红葡萄酒无论搭配哪个类型的野味都很合适。

禽类野味：作为杂食性动物，这类野味的味道特别浓郁，无需再加入厚重的酱汁了。如果是简单烤制的禽类（鹌鹑、山鹬、小山鹑、野鸭），可以选择细腻的博纳区葡萄酒（博纳、沃尔奈、波马特）、梅多克名庄酒、布尔格伊-圣尼古拉（Saint-Nicolas-de-Bourgueil）或是圣约瑟夫葡萄酒。如果菜肴中配有酱汁，那么就应该选择更为肥厚的夜丘、圣埃米利永、新教皇城堡或是朗格多克区红葡萄酒。

动物类野味：这类动物大部分都食草，因此在烹调的时候通常会加入酱汁提味。如果是狩猎风味酱汁或是胡椒酱的话，需要搭配较为强劲，富有结构感但又不失曼妙的葡萄酒，例如勃艮第特级园、顶级的波美侯葡萄酒、波亚克一级庄、罗第丘、埃米塔日、邦多勒葡萄酒等。

如果是搭配皇家野兔肉的话，也可以选择以上葡萄酒，但它们一定要处于巅峰期才可以。

蔬菜

葡萄酒与蔬菜之间的搭配一不小心就会产生问题。这对所有服务员和侍酒师来说都是个难题，这是因为大部分蔬菜都不可避免地带有自己非常独特的味道。

首先，排除掉所有的红葡萄酒，除了（要视情况而定）那些果香浓郁，酸度高，不含单宁，适合低温饮用（12℃）的新酒。让我们将视线转向白葡萄酒和桃红葡萄酒，由于它们酸度突出，不含单宁，所以许多情况下能够与蔬菜形成适合的搭配。

如果是用醋汁调味的蔬菜沙拉，那就尽量避免搭配葡萄酒，即使是白葡萄酒也并不适合。对那些味道鲜明突出的蔬菜（洋蓟、煮苦苣、卷心菜、茴香、青豆、番茄、柿子椒等），与葡萄酒搭配往往会让香气支离破碎，难以辨认。这时只能选择一个折中的解决方案了，也就是人们搭配芦笋时经常采用的办法：饮用阿尔萨斯的麝香葡萄酒。

对其他味道中性的蔬菜（白豆、土豆、米饭、面条），部分普罗旺斯和卢瓦尔河谷的桃红葡萄酒可以毫不费力地与它们进行搭配。此外，充满活力的干白葡萄酒，例如密斯卡得、吕利、马孔或是阿培蒙葡萄酒也是一样。

对那些在最佳时节采摘的蘑菇，你完全可以毫不吝惜地用美妙绝伦的圣于连名庄酒、顶级的波马特、波美侯或是罗第丘葡萄酒来与之搭配。在配酒方面，著名的灰烬下的松露容不得丝毫怠慢，它只能与顶级的波美侯葡萄酒相映成趣。

▲与蔬菜搭配时，可以选择阿尔萨斯的麝香葡萄酒。

奶酪

奶酪是食品中的一个大家族，它在许多方面与葡萄酒不谋而合：原产地和产区的概念、季节的重要性、发酵、生成、熟化的工艺等。奶酪的种类无穷无尽，选择面极其宽泛。葡萄酒与奶酪的搭配方法不言而喻。但是此处仍将做一些详细说明……

软质奶酪

这种奶酪略酸，有时味道浓郁。卡门贝（Camembert）风格的奶酪（布里、科罗米斯尔……）适合搭配新鲜、少单宁的红葡萄酒，例如：博若莱、巴斯红酒、阿尔萨斯黑品乐。如果是水洗皮软质奶酪，它的力度就变得完全不同了，与之搭配的葡萄酒一定要能够驾驭它，例如曼斯特奶酪可以搭配琼瑶浆葡萄酒；彭勒维克奶酪（Pont-l´Évêque）可以搭配吉恭达斯或邦多勒葡萄酒；孟道尔（Mont-dore）搭配热夫雷-尚贝丹红葡萄酒；朗戈瑞丝奶酪（Langres）和埃波瓦斯奶酪（Époisses）可以搭配勃艮第果渣白兰地；马罗瓦勒奶酪（Maroilles）则适合白中白香槟。

硬质熟奶酪

格鲁耶尔（Gruyère）、埃曼塔奶酪（Emmenthal）、孔泰、博福尔（Beaufort），这些奶酪都非常适合与红葡萄酒搭配，它们可以消除葡萄酒强烈的收敛感，提升它的果香。勃艮第的红、白葡萄酒，西南产区、罗纳河谷、朗格多克的葡萄酒，或是圣吉米尼亚诺的沃纳斯（意大利）及瓦莱州的芳丹葡萄酒（瑞士）都可以搭配这种奶酪。

硬质未熟奶酪

冈塔尔（Cantal）和拉吉奥尔奶酪（Laguiole）搭配干白葡萄酒可以带来愉悦的味觉享受；瑞布罗申奶酪（Reblochon）可以搭配克雷皮葡萄酒；圣耐克泰尔奶酪（Saint-Nectaire）则与博纳区、波美侯或是圣埃米利永的葡萄酒相得益彰。陈年的米莫雷特奶酪（Mimolette Étuvée）必须搭配绝佳年份的顶级梅多克葡萄酒才合适。

▲与人们脑海中的固有观念正好相反，最适合搭配奶酪的其实是白葡萄酒。

山羊奶酪

山羊奶酪无论在任何情况下都是干白葡萄酒的最佳伴侣：普伊芙美、桑塞尔、默纳图萨隆（Menetou-Salon）、坎西（Quincy）、勒伊（Reuilly）、两海间。如果是在勃艮第，可以选择阿里高特、圣韦朗（Saint-Véran）、马孔村庄（Mâcon-Villages）白葡萄酒。如果是在高山牧场的话，克雷皮、塞塞勒、萨瓦-胡塞特、里帕耶、萨隆或是阿培蒙葡萄酒都能与之形成很好的搭配。

蓝纹奶酪

搭配蓝纹奶酪［热克斯霉菌蓝纹奶酪、奥弗涅霉菌蓝纹奶酪、布雷斯霉菌蓝纹奶酪、昂贝尔的圆柱形奶酪（la Fourme d´Ambert）、洛克福、斯提耳顿奶酪、戈贡佐拉奶酪］最保险的方法是选择西南产区、波尔多、卢瓦尔河谷的甜白葡萄酒或是天然甜葡萄酒、阿尔萨斯粒选贵腐葡萄酒或麝香葡萄酒。如果奶酪之后还有巧克力甜品，那么最好选择莫利、巴纽尔斯、年份波特酒、雷司令精选贵腐霉葡萄酒（Beerenauslese）、冰酒（奥地利、德国、加拿大）。

异国美食

异国美食丰富多样。让我们先从西班牙菜肴和它美味的海鲜饭说起。这种米饭、鸡肉、鱼肉、虾和贝类的什锦大餐适合搭配带有足够酒体和香气的白葡萄酒，例如：格拉夫、桑塞尔、普伊芙美、阿尔萨斯白品乐或是皮克普勒。毋庸置疑，西班牙佩内德斯的白葡萄酒和桃红葡萄酒也能与它形成很好的配搭。在地中海另一边的北非有塔吉锅、小米饭、烤全羊。北非地区的红葡萄酒和桃红葡萄酒可以跟这些食物搭配，法国南方的葡萄酒也是不错的选择，例如：罗纳河谷、吉恭达斯、瓦给拉斯、新教皇城堡、朗格多克区、邦多勒和科西嘉葡萄酒。

让我们转向东方，印度有各式各样的咖喱，在这里，咖喱的味道不像它原产国中的那么辛辣。这有益于配酒。果香丰富的白葡萄酒可以与这样的菜肴进行搭配，例如：琼瑶浆、孔得里约、新教皇城堡和埃米塔日的白葡萄酒。部分桃红葡萄酒也非常合适，例如：塔维勒、利哈克、邦多勒、巴蒂莫尼奥。远东地区的菜式更是多种多样，泰国菜、越南菜、中国菜和日本菜。它们都具有自己鲜明的味道，以甜咸或是微酸为主，并不适合搭配单宁过重的红葡萄酒。柔和的白葡萄酒，甚至强劲的白葡萄酒或甜白葡萄酒都是这些菜肴的最佳搭配。此外，诗南酿造的白葡萄酒，例如武弗雷、博纳左、萨韦涅尔，富有甜度，充满活力，特别适合搭配辣味食物；部分罗纳河谷区的葡萄酒足够强劲且成熟，如新教皇城堡、埃米塔日或邦多勒的粉红。但最佳选择还要数阿尔萨斯白葡萄酒，例如用琼瑶浆酿造的延迟采收型葡萄酒和好年份的陶家宜-灰品乐。

巧克力

巧克力甜品，美妙绝伦！但是巧克力的基础味道是苦味，而苦味又是葡萄酒的劲敌。因此，要想搭配巧克力甜品，必须要选择强劲、酒精度高，残留糖分丰富的葡萄酒，例如加烈酒。茶色波特酒（Tawny）是最完美的选择。此外，其他一些采用相同工艺生产的法国天然甜葡萄酒也同样能够用来搭配巧克力，但一定要低温饮用（12～14℃）。

对黑巧克力来说，搭配陈年巴纽尔斯葡萄酒更能够衬托出它的美味。如果甜品中还含有小粒的红色水果，比如黑森林蛋糕，那么它与莫利葡萄酒的搭配一定会让你大感意外。如果是咖啡口味与巧克力口味相混合，那就选择拉斯多或是里韦萨尔特吧！

无论如何，一定要避免用香槟来跟巧克力搭配。葡萄酒的口感会毁于一旦，还会产生出令人厌恶的金属味。

▲巧克力与甜葡萄酒的搭配宛若一段美妙的爱情故事。

欲获取更多信息

菲利普·布赫吉荣（Philippe Bourguignon），艾薇琳娜·马尼克（Évelyne Malnic）. 完美搭配. 橡树出版社（Le Chêne），1997.

皮埃尔·卡萨马耶（Pierre Casamayor）. 餐酒搭配学堂. 阿歇特出版社（Hachette），2000.

让-路易·戴乐帕（Jean-Louis Delpal）. 美味配餐与搭配尝试.《读者文摘》（Reader´s Digest）精选，1998.

阿尼克·盖多兹（Annick Gaidoz），丹尼尔·丹波特（Daniel Timbert）. 如何为一款葡萄酒配餐？. 日常生活读物出版社（Presse Vie Quotidienne），1998.

乔治·乐培（Georges Lepré），艾薇琳娜·马尼克（Évelyne Malnic）. 唇齿间的葡萄酒. 索拉出版社（Solar），2002.

雅克·奥顿（Jacques Orton）. 餐与酒的和谐搭配. 人类出版社（Les éditions de l´Homme），1994.

奥蒂乐·彭第罗（Odile Pontillo），艾薇琳娜·马尼克（Évelyne Malnic）. 最棒的美食与红葡萄酒的搭配. 马哈布出版社（Marabout），1999.

奥蒂乐·彭第罗（Odile Pontillo）. 勒诺特，甜品与葡萄酒. 索拉出版社（Solar），2002.

雅克·皮塞（Jacques Puisais）. 真正的味道，葡萄酒与菜肴. 弗拉马里翁出版社（Flammarion），1985.

葡萄酒的第二次生命

一瓶被橡木塞污染了的葡萄酒，或是打开后被遗忘在厨房角落中的葡萄酒……经过一段时间之后，就会变质。表面形成一层白纱状的薄膜，产生出浓烈的异味，这就是葡萄酒在逐渐转变为酒醋。

家庭自制酒醋

不要把这样一瓶葡萄酒扔掉，因为它是用来制作家庭自制酒醋的最佳原料。步骤很简单，只需将瓶中剩余的葡萄酒（或是有橡木塞味的葡萄酒）连同它的沉淀一起倒入一支容量为1.5升的酒瓶内，用具有吸水性的纸卷成一个简易瓶塞塞住酒瓶，防止灰尘和飞蝇的进入。只有红葡萄能具有这样的功用，但不要选用级别较低的普通餐酒或是过于工业化的葡萄酒。

从醋罐开始……

选择一只熟陶土制成的醋罐、一些买来的优质酒醋以及一个大号的广口瓶（1.5升的酒瓶或陶土制的装酸黄瓜的罐子也可以）。将酒醋倒入广口瓶中，然后加入相当于其三倍量的葡萄酒。将容器放置到一个气温适中的地方，最好与人保持一定的距离，因为它会生成强烈的气味。最理想的地方是置物架上层，但前提是这里的空气不能过于干燥。开始时，每周要对酒液进行观察，不要让蒸发过于剧烈。盖子或瓶塞不要密封得过紧，因为空气对酒醋的转化过程来说是必不可少的。

母液

很快你会发现瓶中形成了沉淀，它的外形与质地跟牛肝非常相似。过去，人们认为这个“母液”是必不可少的，因为葡萄酒之所以能转化为醋主要依赖于它的作用。如今，人们发现若干厘升的醋中含有成千上万的醋母菌，它们足以启动转化过程。因此，在制作酒醋的过程中可以逐步将这些沉淀去除。

准备就绪

3～8个星期之后，酒醋就酿好了，但是如果这时食用的话，它的酸度会太过生硬。因此，需要经过陈酿和芳香化处理来让酒醋变得精致柔和。用一只大汤勺取适量酒醋，用小漏斗进行过滤，然后倒入另外一只陶土或玻璃容器中，加入一些草本香料，例如：龙蒿、鼠尾草、小洋葱头、百里香、迷迭香、蒜、旱金莲花、接骨木、玫瑰花瓣、胡椒粒、芥末粒。这些香料必须放置在吸水纸上干燥至少2天，以保证它们不会发霉，也不会稀释酒醋。在香料的作用下，醋变得澄清明亮并带有金黄色或琥珀色。

重新灌满醋罐，然后可以再次重复以上的酿造步骤。

厨房中的葡萄酒

用马德拉葡萄酒、波特酒、密斯卡得、苏玳、博若莱、波尔多、勃艮第，以及其他产区的葡萄酒所制成的腌渍汁、酱汁、乳浆、底料、肉类调味汁等，宛如药剂师的神秘配方，它们为菜肴锦上添花，让它们焕发出光彩，让所有的美食家为之倾倒。以下就给大家介绍一些用葡萄酒烹调的菜肴。

法国

使用葡萄酒进行烹调是法国的传统，甚至每个地区都有它们自己的特产与当地葡萄酒配搭的方式。

地区级组合

在**阿尔萨斯**，雷司令葡萄酒为酸菜烩肉和烟熏猪肉添了一些新鲜感。制做著名的白酒炖肉锅（Bäckeofe）时，三种肉类要在西万尼葡萄酒中浸泡一夜后才能与土豆和葱做成的底料一起烹调。

香槟从18世纪起就是皇室烹调的御用配料。这种气泡酒能够让食物变得更加美味，例如香槟王炖山鹑，这是著名设计师克里斯蒂安·迪奥的最爱。

佳美是**博若莱**世代相传的葡萄品种，它同样也出现在菜谱中。在里昂附近的一些小饭馆中，我们不难发现这样的菜式：如葡萄酒炖鸡、水手蛋等。

在**勃艮第**，人们将蓝纹奶酪与白葡萄酒一起烹调。以勃艮第红葡萄酒为原料制作的“红酒酱汁”也非常出名。葡萄酒能够突出当地特产的美味，例如夏诺莱牛肉、布雷斯鸡肉、蜗牛或是田鸡腿。

在**罗纳河谷**，可以与葡萄酒一起烹调的包括了海鲜、河鲜及陆地上的各类食材。葡萄酒洋葱炖河鱼与浓郁热烈的红葡萄酒是极好的搭配。一支新教皇城堡的葡萄酒与特里加斯丹松露相得益彰。

著名的黄葡萄酒羊肚菌炖鸡无疑是**汝拉黄葡萄酒**和其他弗朗什孔泰地区特产的绝佳搭档；而**萨瓦**奶酪火锅中也加入了阿培蒙葡萄酒。

卢瓦尔河谷的密斯卡得非常著名，人们在烹制南特鲜贝和

质量第一

葡萄酒的品质非常重要。如果随便找一瓶葡萄酒，结果很可能不尽如人意。在烹调时，应该优先选择年轻且充满活力的葡萄酒，而并非那些大瓶装或是已经风采不再的老年份葡萄酒。你也可以选用发展充分的高端葡萄酒，它的味道能够与食材和谐地融为一体；或者选一支色味化的白葡萄酒，它会赋予菜肴一股坚果的香气，就像阿伯瓦葡萄酒那样。

制作波尔尼克的“神甫奶酪”时会使用到它。

波尔多葡萄酒能够衬托出海鲜或是陆地食材的独特味道，例如用白葡萄酒腌渍过的鲟鱼片，以及用来搭配马雷纳奥莱宏（Marennes-Oléron）生蚝的小香肠。

在**西南地区**，两瓶贝尔热拉克红葡萄酒可以烹制佩里戈尔皇家野兔肉。在贝阿恩，亨利四世曾经非常喜欢用朱朗松葡萄酒腌渍后，再用小火烹调的羊舌。

从沿海到内陆，**朗格多克**地区的风味菜式品种多变。辣汁是一种烤制野味时使用的酱汁，它的出现可以追溯至中世纪。在烹调过程中，人们向切成丁的鲜嫩蔬菜和香料上淋洒葡萄酒，之后再用白兰地烧制一下。在**鲁西荣**，人们将金枪鱼与柠檬和大蒜放在一起用白葡萄酒炖煮。

在**卡玛格地区**（Camargue），人们将公牛肉在1升的邦多勒葡萄酒中浸泡一日使其变得嫩滑，其中还要加入百里香和迷迭香。厨师精选的红酒汁——普罗旺斯哈伊图（raïto provençal），味道浓郁独特，最适合搭配炸鱼。

在**科西嘉**的传统烹调方式中，人们经常使用葡萄酒来为鱼肉、野猪肉、山羊肉、山羊仔肉和山羊奶酪提鲜。其中最具代表性的为鲜浓番茄洋葱炖肉（Stufatu），它是将牛肉、猪肉和熏火腿放在一起，再用白葡萄酒炖制而成的一种菜肴。

普罗旺斯红酒煨牛肉

用100克猪肉皮垫在炖锅的底部，把肉块放在上面（如果是4个人用餐的话，预先准备1.5公斤牛腿肉，切成3厘米见方的小块）。2个洋葱、2瓣蒜，将1根红萝卜切成片，加入盐和胡椒。加入1汤勺橄榄油、1片干橙子片，1个香料包。倒入50厘升干白葡萄酒，加入水，要将肉全部浸没。

用中火炖煮。在出锅前30分钟时加入胡萝卜片，2个番茄。在上桌前5分钟加入12颗去核的黑橄榄。

在阿维尼翁，这种炖肉是采用切成块的去骨羊腿肉为原料，炖制的时候要加入羊骨和多种配料：洋葱、红萝卜、大蒜、月桂、干橙片，并且使用新教皇城堡葡萄酒。

欧洲的葡萄酒产区也有许多以葡萄酒为配料的烹调方式。在新世界国家，传统的烹调方式以使用香料为特色（辣椒、匈牙利红辣椒、桂皮、柠檬、椰子等）。但在更为创新、更为开放的新型烹调技法中，当地的葡萄酒占据了举足轻重的地位。

德国

距法兰克福不远的莱茵黑森州出产优质的摩泽尔雷司令白葡萄酒，它常被用来制作当地的经典菜肴。

摩泽尔雷司令炖鳗鱼

清理干净的鳗鱼（1公斤）洗净、切段并晾干，撒上2只柠檬所挤出的柠檬汁，放入由2个大洋葱、3个丁香花苞粒、2片月桂叶，50厘升雷司令葡萄酒和25厘升盐水所制成的葡萄酒奶油汤汁中炖煮。20分钟后，将鳗鱼盛入盘中，浇上100克熔化的黄油，撒上香芹碎，与蒸土豆一起搭配食用。

西班牙

每一年都是蒙迪亚地区拉开所有雪莉酒产区采收季的序幕。

蒙迪亚洋蓟心

将12个洗净的洋蓟以及切成2厘米的洋蓟梗一起扔进柠檬水中，这样可以防止它的颜色变黑。然后，将它们放入炖锅中，锅内加入2个切成片的洋葱，2瓣用橄榄油炸过的蒜瓣，并加入一瓶菲诺雪莉酒。这时加入1个切成片并提前用盐水漂白和冷藏过的柠檬、熔化了的猪油和由3个西班牙藏红花蕊化成的溶液。半开着盖炖煮10分钟后，锅内的水只剩一半了，洋葱也全部熔化形成黏稠的酱汁。将锅盖盖好后再煮10分钟，直到煮熟为止。洋蓟心可以热着吃也可以放凉后食用，吃之前浇上一些橄榄油和一杯蒙迪亚菲诺雪莉酒。

希腊

尤维特斯（Youvetsi）指的是在陶土砂锅中与费塔奶酪、番茄和洋葱一起炖制的虾（gharides youvetsi）或羊肉（arni youvetsi），菜中通常要加入伯罗奔尼撒白葡萄酒。

鲜虾尤维特斯

4个洋葱切片，与2瓣蒜、2小盒剥了皮的番茄一起，用橄榄油慢火烧熟，撒盐、撒胡椒并淋上佩特雷干白葡萄酒（伯罗奔尼撒）。加入牛至香精调味，炖煮大约30分钟后，将锅中的一半酱汁倒入砂锅中。将洗净去壳的虾放在酱汁上，然后再用剩余的酱汁将虾覆盖住。放入切成块的费塔奶酪（100克）并撒上香芹碎。待奶酪全部熔化后，菜即可出锅。

意大利

彼尔蒙的美味佳肴中汇集了陆地和海中的食材。

金枪鱼小牛肉

将小牛腿肉（6个人用餐的话，准备1公斤）和1根红萝卜、1棵芹菜、2瓣蒜、1个刺入了丁香花苞的洋葱及香料调味包一起浸入到煮沸的干白葡萄酒（一瓶）和水（50厘升）的混合液里，加盐和胡椒，沸水炖煮1个半小时。晾凉后在原汁中浸泡一晚。转天，将肉切成薄片，抹上一层用100克蛋黄酱、橄榄油和柠檬汁混合成的酱汁，加入200克沥干水分的金枪鱼、10块过了油的鳀鱼，2汤勺刺山柑花蕾和胡椒。

葡萄牙

青酒口感极干且解渴，是家庭日常饮用的葡萄酒。它的简单纯朴与当地的传统菜肴不谋而合。

青酒炖填馅火鸡

将一只3公斤重的火鸡在加入了2个切片柠檬和1个切片橙子的冷水中腌制一晚，沥干水分后填入馅料。馅料的原料包括一个切碎的猪肝、250克香肠肉泥、50克猪肉丁、100克在10厘升青酒中浸泡过的面包心、2个鸡蛋、1个小洋葱头、1瓣蒜、1汤勺剁碎的香芹、50克杏仁片、50克去核的绿橄榄、一小撮肉豆蔻、盐和胡椒。接下来，将金黄色的咸黄油刷在火鸡表面，放入烤箱以中火烤制（160℃），定时淋入20厘升的白葡萄酒，直至烤熟。在用餐时可以搭配用平底锅炒制的土豆、胡萝卜，以及水芹沙拉。

瑞士

瑞士特色菜的烹调配方里面总是带有葡萄酒。这款红酒汤出自法语区，烹调方法简单易行。

红酒汤

将3个胡萝卜、2棵葱白、1个萝卜和1个大洋葱切成丁，放入黄油中煸炒，待颜色变为浅黄色后，放入25厘升的佳美或黑品乐红葡萄酒；加入50厘升鸡汤来提味，用文火煮1小时。最后再向汤中洒入3汤勺木薯粉。

南非

在南非著名的葡萄酒产区开普地区，大厨们使用葡萄酒烹调并将它与各种不同的地方特产融为一体。我们要介绍的这种慕斯是用来搭配鼬鲥的，这是一种当地产的白色鱼类（可以用石斑来替代），人们通常将其烤制后与西班牙辣味小香肠煨饭一起食用。

霞多丽慕斯

将2个小洋葱头、1/2片月桂叶、1段百里香、3个巴黎蘑菇的蘑菇帽放入平底锅中，用25克黄油煸炒后，加入霞多丽葡萄酒，用旺火收汁。待锅中的酱汁只剩10厘升时，加入鱼汤（40厘升），继续用旺火炖煮，直至酱汁再减少10厘升。这时酱汁变为乳白色（添加40厘升鲜奶油），沸腾后再用小火煮3分钟。过滤后加入盐和胡椒，本款酱汁可以用来搭配鱼肉。

美国

每个地区都有它们自己制作感恩节（国家性节日）传统菜肴火鸡的方法。在美国马萨诸塞州，感恩节大餐会让人们想起在1620年第一批欧洲人在东海岸登陆后，印第安的易洛魁人赠予了他们第一批食物：贝类和火鸡。

香料、生蚝填馅火鸡

在将烤箱预热至160℃期间，可以先准备火鸡的馅料：200克捣碎的干面包与煸炒后的碎末混合在一起（2个洋葱、100克芹菜片，用25克熔化的黄油煎一下，加入10厘升白葡萄酒，将汁收干）、1/2个柠檬切片剁碎、3根香芹剁碎、2汤勺去叶的鲜百里香、50克软黄油、盐、胡椒。12只肥生蚝沥净水后切碎，再将水滤净后加入到馅料里。将装入了馅料的火鸡绑好，刷上25克黄油，放入烤箱中烤制3个小时，期间要定时淋上鸡汤。在半熟时，加入30厘升白葡萄酒可以愈发突出菜肴鲜美的味道。

墨西哥

这道传统的墨西哥菜将白葡萄酒、啤酒、鲜果汁和洋葱的味道汇聚到了一起，这一切与哈拉朋诺（Jalapeno）辣椒的味道相互辉映。

醉虾

将18只卡马隆斯大虾提前放入由25厘升橙汁、25厘升菠萝汁、25厘升柠檬汁、1/2瓶干白葡萄酒、25厘升啤酒，2个剁碎的洋葱和1个哈拉朋诺鲜辣椒所制成的腌渍汁中浸泡一宿。转天将虾去皮（保留虾头和虾尾），然后用2汤勺油旺火烹制5分钟，直至颜色变黄。将腌渍汁过滤后，把其中收汁至原先的一半并倒入之前烹制大虾的锅中，再次收汁至原先的一半后，将酱汁淋到虾肉上。这道菜可以与白米饭一同食用。

澳大利亚

澳大利亚人用葡萄酒烹制菜肴的方式新鲜而独具创意。

赤霞珠红酒汁烧牛肉

将4片重量为180克的去骨牛肋骨肉放在20厘升的调料汁中低温浸泡30分钟到2小时。调味汁的主要原料有6厘升香醋、25厘升的澳大利亚赤霞珠葡萄酒、100克糖、1/2咖啡勺的芥末粒、2片柠檬片、2根桂皮，用中火炖煮10分钟。在剩余的浸渍汁中加入200克鲜樱桃，在浸泡牛排期间，加入了樱桃的酱汁也要低温保存。浸泡之后，将牛排沥干水分，两面各在火上煎4分钟，然后再将樱桃酱汁加热5分钟后与牛排一起食用。

欲获取更多信息

风土烹饪. 拉鲁斯出版社（Larousse），2001.

皮埃尔·德哈池林那（Pierre Drachline），克劳德·小卡斯戴利（Claude Petit-Castelli）. 与恺撒一起进餐. 桑德出版社（Sand），1983.

雷蒙德·杜美（Raymond Dumay）. 葡萄酒指南. 斯托克出版社（Stock），1967.

法国烹饪文化遗产盘点：地方特产与传统菜谱. 阿尔班·米歇尔出版社（Albin Michel）/CNAC，2000.

拉鲁斯世界烹饪全书. 2001.

拉鲁斯美食. 2001.

瓦莱丽安娜（Valérie-Anne），日内维吾·马赛（Geneviève Macé）. 欧洲最佳美食. 希尔12-菲诺科特出版社（Cie 12-Fixot），1999.

雅克琳娜·于希（Jacqueline Ury）. 季节性葡萄酒烹饪. 合集《葡萄酒手册》. 阿歇特出版社（Hachette），2002.

▲佩戴着金色葡萄串胸章的侍酒师在餐厅中向客人介绍酒单。

餐厅中的葡萄酒

从酒单到服务

当你在餐桌前落座后，侍酒师来到你面前，他身着白衬衫、打着领结，系着长围裙，佩戴着金属质地的葡萄串胸章，这就是侍酒师的典型装扮。这是你与葡萄酒从业者的首次接触。很多人都为繁杂的侍酒礼仪感到困惑和不知所措，当酒单含糊其辞时，我们该如何点酒？怎样品尝？如果我们不喜欢这支酒，那该怎么办呢？在餐厅中选酒就像一场高深的测试。但是，不要因此而望洋兴叹。得益于数量众多的比赛和展示，侍酒师——这些深谙葡萄酒艺术的人越来越多地活跃在美酒美食的舞台上，他们会帮助你选酒，为你提供相应的建议。你完全可以听从侍酒师的指引，别忘了你到餐厅来就是为了与亲朋好友一起享受一段愉悦的时光。在了解了选酒之道后，餐厅里的葡萄酒必会为这美妙的一餐锦上添花。

Tips

“葡萄酒是一餐中智慧的体现。肉类和蔬菜仅代表物质而已。”［大仲马（Alexandre Dumas）］

如何侍酒

一切从开胃酒开始，佩戴着金色葡萄串胸章的先生或女士会向你进行推荐。他们不会强迫消费，你完全可以礼貌地拒绝，或者略过开胃酒直接点餐。你也可以在餐前就直接饮用葡萄酒。这种现象越来越多见。如果你已经有了自己的心头好，那么就可以直接点单。如果你犹豫着不知道喝什么好，侍酒师会为你提供酒单。一般来说，当侍者帮你点好菜之后，侍酒师就会将酒单交到你手中。

酒单

酒单没有统一的规范，但许多餐厅的酒单风格都非常相近。无论怎样，酒单首先应该做到清晰明了，要提供一些必要的信息供客人参考，地区及产区名称必须要有，字体要足够大，容易辨认；标注确切的酒名（酒庄、庄园等）、生产商名称或批发商名称、葡萄酒的类型、容量、年份和含税价格。

▲佩戴在上衣上的胸章是侍酒师的统一标志。

根据餐厅所在的地区不同，酒单也会有所差别——例如，你不太可能在一个勃艮第餐厅的酒单上看到大量的波尔多葡萄酒，却找不到什么当地的出品。此外，酒单的设计还要考虑到餐厅的类型、客户群的分布、主厨推荐的菜式、季节等因素。比如，当野味到货时，酒单也要随之调整；冬天的时候，要推荐浓郁型的罗纳河谷葡萄酒或勃艮第葡萄酒，夏天的时候则可以推荐桃红葡萄酒。同时也不要忘记，酒窖中会有一些经典的老年份葡萄酒会陆续进入适饮期，在酒单上也要对它们加以推荐。

酒单中葡萄酒的排布顺序由各个餐厅自己决定，可以按照颜色来排列——首先是白葡萄酒，然后是红葡萄酒；也可以按照地区来排列，在每个地区内又按产区、地理位置和年份来划分。香槟一般都被放在酒单的开始或最后。侍酒师的心动推荐、最佳性价比葡萄酒，这一类的精选产品也同样会在酒单中表现出来。酒单往往会抓住顾客的心理，让

Tips

没有侍酒师怎么办?

不是所有的餐厅都配备侍酒师。如果没有侍酒师，那么侍酒的工作就由大堂经理、老板或是服务生来负责。但对顾客来说，服务的内容是一致的。你同样可以要求完美的侍酒服务。拒绝使用有瑕疵的酒杯、温度不适宜或是跟你要求的年份不相符的葡萄酒。

你被其中琳琅满目的葡萄酒所吸引，一旦选择，也不会让你失望。

加价系数

关于这个系数没有一个具体的规定，根据餐厅的类别不同，一般在2.5～7。

选酒

如果你希望独自安静地研究一下酒单，侍酒师会先离开几分钟，让你有充分的时间进行选择。如果在解读酒单方面，你需要帮助，需要了解哪一款葡萄酒最适合搭配你点的菜肴，那么侍酒师会给你提供相应的指导。

在餐厅中，餐酒搭配也未必就是完美的，大多时候只能采取一个折中的解决方案，特别是几个人一起用餐，而各自又都点了不一样的菜式的时候。要想做到完美的餐酒搭配，需要每位宾客根据自己的菜肴来搭配不同的葡萄酒。这几乎不太可能实现，除非是按杯售卖的葡萄酒。

在餐厅用餐最主要的是让自己心情愉快，因此，如果餐酒搭配方面有些瑕疵，也都无伤大雅。如果某位客人希望用苏打水来搭配鹅肝，侍酒师也不会提出异议，尽管这可能让他觉得难以接受。即使你不点葡萄酒，只是要一杯白水，这也是你的正当权利。

此外，尽量详述你的要求，因为即使是再善解人意的侍酒师，可能也无法准确理解你所说的“清淡”或是“不太贵”的葡萄酒到底指的是什么标准。

老板的特别推荐

如果一个餐厅非常棒的话，那么这里的特别推荐用酒也肯定差不了。我们首先要明白这个概念指的是什么。如果它是一些籍籍无名的葡萄酒，是侍酒师的新发现或是老板自己所珍爱的某款产品，来自于价格低廉的小产区，你是否还有兴趣品尝呢？为了了解清楚，可以先问一下服务员。一般来说，餐厅的特别推荐用酒都是用醒酒器或是按杯售卖的，性价比非常突出。

半瓶装

半瓶装售卖的葡萄酒不但陈年效果不佳，价格也会比整瓶葡萄酒要昂贵。为了防止店家在酒单上胡乱标价，你可以将一支75厘升的葡萄酒的价格除以2，再加价20%作为半瓶装葡萄酒的参考价格。两个半瓶装葡萄酒的价格要比一支整瓶的贵。

与人们的固有概念相反，一支1.5升装的葡萄酒的价格也要比2支标准瓶的葡萄酒昂贵。

按杯售卖

首先要问一下葡萄酒的容量。至于它的价格，你可以将同一款75厘升装的葡萄酒的价格除以4，你会发现按杯售卖的葡萄酒要比整瓶装的贵上1倍。不过，这种售卖方式可以很好地解决每道菜独立配酒的问题：甜白葡萄酒可以搭配鹅肝，果香型的干白葡萄酒可以搭配奶酪，拉斯多或莫利可以搭配巧克力甜品。如果一桌有4～6个人用餐，那就选择标准瓶装的葡萄酒吧，它的价格会更加划算一些。一些美食餐厅开发出“一道菜一杯酒”的菜单

①

②

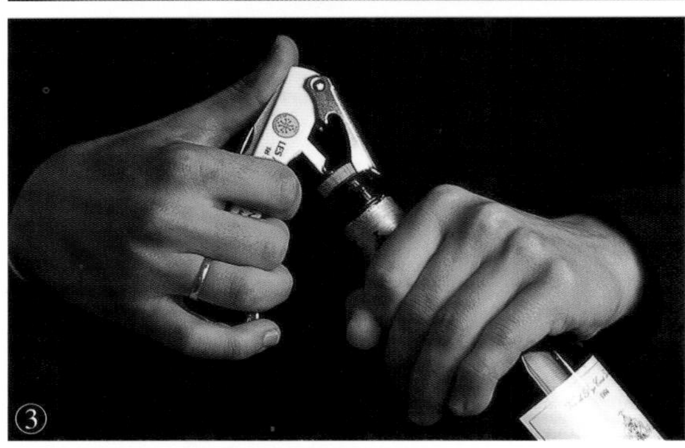
③

④

▲一支葡萄酒的预先处理：标准而流畅的动作体现了葡萄酒的侍酒艺术。

模式。然而，不是酒单上所有的葡萄酒都会按杯售卖的。在一个以零售为主的葡萄酒小餐馆里，这样的情况可能出现，但是在一家正式的高档餐厅中绝不会如此。那些稀有而珍贵的顶级葡萄酒就更不会按杯售卖了。

正确的姿势

当客人选定了一款葡萄酒之后，侍酒师会先将合适的酒杯摆放到餐桌上，然后再从葡萄酒吧台中取出已达到标准侍酒温度的葡萄酒（左图①）。侍酒师会向客人展示葡萄酒，并告知葡萄酒的名称、酒庄名称和年份，一定要让客人看清楚酒标（左图②）。然后他会在客人面前展开一系列的侍酒程序：开瓶、透气、醒酒、让葡萄酒达到适饮温度（左图③），他们的侍酒动作必须要符合专业规范。

品尝葡萄酒

现在就是品尝环节了。有些侍酒师会闻一下酒塞的味道，但这还不够。侍酒师必须要品尝葡萄酒：在杯中倒入一点酒（左图④），转动酒杯并品尝；这样做的目的并不是要对葡萄酒质量水平的高低做出判断，而是要看看这支酒是否有缺陷，

Tips

葡萄酒吧台

葡萄酒吧台位于餐厅的一隅，这里保存着从酒窖中取出的葡萄酒，侍酒师会在这里对它们进行相应的处理，并使之达到标准的适饮温度。

还能不能饮用。如果葡萄酒有问题，他马上会为你更换另外一瓶。

接下来，侍酒师会让客人品尝葡萄酒，以便确定它符合客人的要求，并开始为在座的人们侍酒。如果你觉得葡萄酒不对劲或是存有疑问，一定要指出来，侍酒师也会有马失前蹄的时候。一些香气浓郁的勃艮第白葡萄酒或是罗纳河谷红葡萄酒，可能刚开瓶的时候不会有什么问题，但经过透气之后，它们的缺陷就显露出来了。

如果你觉得葡萄酒有木塞味，要告诉侍酒师，他会重新品尝一下葡萄酒，如果确定有问题，他将会为你更换一瓶新酒。在一些大饭店里，即使侍酒师跟你的意见相左，也一样会为你换酒。如果你不喜欢这款葡萄酒的口味，那就另当别论了。原则上讲，侍酒师会为你推荐一支更加符合你口味的葡萄酒，不过这很少见。老年份葡萄酒所带有的内脏味、动物味及林下植物的味道，可能会让很多人难以接受。

倒酒

在品尝过客人所点的葡萄酒之后，侍酒师会为在座的各位倒酒，这时不要忘记还要给第一位品尝葡萄酒的客人补足杯中的葡萄酒。倒酒的量既不能太少，也不能太多。即使杯型不同，倒酒量一般最多也不能超过酒杯的三分之二（在那种专为帮助葡萄酒进行透气而设计的，容量为50厘升的酒杯中，可以多倒一些）。接下来就要考验侍酒师的注意力和细心程度了。酒杯永远都不能空着。侍酒师要定时巡视，注意添酒，每次都要少量添加，以确保一瓶酒（如果是2个人饮用的话）能够贯穿整个用餐过程。添酒的量不要太多，频率不要过快，以免在奶酪或甜点上桌前，酒瓶就已经空了。

在许多大饭店里，葡萄酒都会放在瓶架中，完全由侍酒师来负责倒酒。在小餐馆里，侍者们将酒瓶放在桌上，客人可以自己倒酒。

有时，你可能注意不到酒瓶已经空了，侍酒师会低调地提示你。不要觉得他是在逼迫你再点一支葡萄酒，这只是他的职责而已。一般来说，在点第二支酒时，人们会选择相同的酒款，但这不是必须的，你可以选择品尝另外一款葡萄酒。侍酒师会为你更换酒杯：即使两支相同酒庄、相同年份的葡萄酒，在口味上可能也会存在差异，特别是对老酒而言。

用过甜品之后，桌上一般就只剩下水杯了。侍酒师会上前询问你是否需要一杯咖啡、茶、白兰地或是利口酒。

Tips

注意用词

为了防止让“惊喜”变成“惊吓”，一定要知道在点酒的时候，香槟并不等同于香槟王，所谓的“波尔多好酒”也不都相当于柏图斯，至于勃艮第葡萄酒嘛，也不非得是武若园。

将葡萄酒打包

现在越来越多的餐厅开始提供将没有喝完的葡萄酒打包带走的服务。所以，你可以毫无顾虑地提出这样的要求。

侍酒师行业

侍酒师通常是在实践中培养或是经过学历教育（侍酒师证书或专业文凭）而产生的。在餐厅中，他负责一切与“液体”（水、咖啡、草药茶、茶，当然还有葡萄酒）和雪茄有关的工作。受到欧洲及国际性竞赛的双重影响，这个在法国长期以来只与葡萄酒打交道的职业也开始逐渐增添了其他的职能。

历史使命

法国国王菲利普五世通过1318年的法令，正式认可了侍酒师这一词汇。但是他的职能非常古老，只负责斟酒，这一职业最早出现在古罗马时期，后来在墨洛温王朝和加洛林王朝时期都是一个重要的官职。侍酒师负责王室出行的后勤工作。在法国大革命之后，侍酒师出现在一些餐厅中，负责服务酒水。在到餐厅服务之前，侍酒师的工作内容更接近于酒窖管理员（接收桶装葡萄酒并进行灌装）。

在20世纪初，随着精品美食餐厅数量的增加，侍酒师这个职业得到了迅速的发展，但由于从业难度大，让许多人都失去了兴趣。20世纪60年代，侍酒师的数量下降至40人。重振这一行业需要顽强的毅力，国际侍酒师协会主席让・弗朗布（Jean Frambourt）就是这样的人。如今，在法国有超过1500名侍酒师，他们之中有男有女，这还没有包括为数众多的在大卖场工作的葡萄酒从业者及酒窖管理员。

提供建议

餐厅中的幕后工作

侍酒师的工作不能简单地概括为在餐厅内为客人提供服务，其中也包括一些后台工作。餐厅中的那些心动推荐就是由侍酒师根据葡萄酒的品质、价格、与主厨推荐菜式的搭配和餐厅定位挑选出来的。他会根据自己选择的葡萄酒来设计酒单，在这个过程中需要考虑到相关法规、餐厅风格、客户的类型以及地理位置，此外还要制订具体价格。侍酒师负责管理酒窖（库存、保存条件、码放）。葡萄酒应该何时饮用也由他来决定：是该拿出来售卖，还是应该继续保存若干年，等待它到达巅峰状态。这个决定就跟金融投资一样重要，稍不留意就可能导致巨大的损失。侍酒师可以独立工作，也可以在助理侍酒师的辅助下工作，或者是听命于首席侍酒师。

餐厅中的幕前工作

这指的是侍酒师所负责的包括开胃酒、

侍酒师的大脑

在品鉴一款葡萄酒时，侍酒师的大脑所产生的反应与他人不同。这是一项科学研究得出的结论，桑塔露琪亚（Santa Lucia）研究所的科学实验室主任卢奇• 阿马迪奥（Luigi Amadio）2003年时在罗马首先进行了这样的实验。通过核磁共振所得到的图像显示作为实验对象的7位侍酒师在进行品鉴时，大脑的左右脑是一起工作的。

▲1986年度全球最佳侍酒师——让-克劳德·詹博（Jean-Claude Jambon）。

利口酒、白兰地、咖啡及雪茄在内的一整套服务工作。这些细致入微的工作考验的是侍酒师的专业技能、文化修养、人品和心理状态，要求他们要谦虚低调，不能过于强势。

其他

现在我们会越来越多地在小酒馆、商店、葡萄酒专卖店和大卖场中见到侍酒师。他们的角色变成了一个导购顾问，永远不要忘记他们真正的所在，就像葡萄酒的最终归宿应该是酒杯和餐桌一样。

优秀的侍酒师所应该具备的素质：

［乔治·乐培（Georges Lepré），大师级侍酒师］

- 掌握一定的心理学，是一个积极的聆听者。
- 会说多种语言。
- 谦虚低调，随时待命，具备服务精神。
- 有着丰富的葡萄酒和传统菜肴方面的知识，但从不炫耀。

竞赛

虽然并不一定非要拥有一个称号才能代表事业成功，但这些称号依然会是许多侍酒师的梦想。

葡萄酒大师（Master of Wine）

这是世界上声誉最高也是最难的侍酒师考试。考试全部使用英语；除了跟葡萄酒工艺学有关的问题以外，还会就市场推广、销售、企业经营等一些实用性和技巧性的内容来进行考核。从1953年创建至今，2000多名候选人中只有278人获得了这个头衔。

全球最佳侍酒师（Meilleur Sommelier du Monde）

这一竞赛由国际侍酒师协会创办，通常每3年举行一次。每个国家都会派出代表参赛。

Tips

自1978年以来的全球最佳侍酒师

1978：朱塞佩·瓦卡瑞尼（Giuseppe Vaccarini）（意大利）
1983：让-卢克·布都（Jean-Luc Pouteau）（法国）
1986：让-克劳德·詹博（Jean-Claude Jambon，法国）
1989：塞日尔·杜伯（Serge Dubs）（法国）
1992：菲利普·福赫巴克（Philippe Faure-Brac）（法国）
1995：田崎真也（Shinya Tasaki，日本）
1998：马库斯·德拉·莫纳克（Markus Del Monego）（德国）
2000：奥利维耶·布斯耶（Olivier Pouss）（法国）

其他竞赛

法国最佳侍酒师（Meilleur Sommelier de France）：这个国家级的竞赛由法国侍酒师联合会与各地区的侍酒师协会共同组织，每两年举行一次。

法国最佳职人（Meilleur ouvrier de France）：最早出现于2000年，每4年举办一次。

法国最佳年轻侍酒师，瑞纳特杯（Meilleur Jeune Sommelier de France, Trophée Ruinart）：每2年在兰斯举办一次，与瑞纳特杯欧洲最佳侍酒师比赛交替举行。

法国最佳葡萄酒及烈酒见习侍酒师，米歇尔·莎普蒂尔大奖（Meilleur Elève Sommelier en Vins et Spiritueux de France, Grand Prix Michel Chapoutier）：它只针对与酒店管理学校中侍酒师专业的学生。

关于葡萄酒的林林总总

葡萄酒与健康

被埋没的益处

葡萄酒对健康并不只有负面影响。在科学研究的支持下，今天的医学工作者们重新证明了许多古代先贤所提出的理论，从希波克拉底倡导的白葡萄酒有益于胃病的防治到巴斯德所提出的“葡萄酒是最安全、最卫生的饮料”。

Tips

“如果葡萄酒从人类生产中消失了的话，我相信在这个世界上与健康和智慧有关的领域里必然会出现一个空白，这要比其他任何东西都可怕”。［夏尔·波德莱尔（Charles Baudelaire）］

适度饮酒

在过去的若干年中，适度饮用葡萄酒所带来的积极作用一直被反对酗酒的宣传和过渡饮酒与适度饮酒之间的概念混淆所掩盖了。

过度饮酒的害处

过度饮酒对男性、女性及公共健康都有着巨大的危害，特别是烈酒。在法国每年有45000人因为喝酒所引起的肝硬化、癌症和事故而丧生，其中大部分是青年人。此外，据估计有200万人有跟酒精有关的各种问题（酒精依赖等）。

不同国家的法定酒精浓度

为了减少交通事故的数量，几乎所有的工业化国家都制订了相应的法定酒精浓度比例，如果在身体里的酒精浓度高过这一比例的情况下驾车的话，司机将受到严惩。

- 低于或等于0.2克/升——瑞典；
- 低于0.5克/升——保加利亚、匈牙利、波兰、罗马尼亚、俄罗斯；
- 低于或等于0.5克/升——澳大利亚、芬兰、法国、希腊、冰岛、以色列、日本、挪威、荷兰；
- 低于或等于0.8克/升——南非、德国、奥地利、比利时、加拿大、丹麦、西班牙、英国、意大利、卢森堡、瑞士；
- 在美国，对于年龄超过21岁的驾驶者来说，法定酒精浓度从0.8克/升（犹他州、爱达荷州）到1克/升（其他州）不等。

适度饮酒的益处

从几年前起，人们开始在法国、英国、丹麦、意大利及荷兰的数万人中进行一项流行病学研究，研究结果显示适度饮用葡萄酒（只饮用葡萄酒）对于降低心血管疾病的发病率有着重要的作用。但有一个非常重要的前提条件，就是要适量地每日饮用。

“理想”的饮用量

适量饮用是指每日饮用3～5杯葡萄酒（鉴于新陈代谢的情况不同，女性要略微少于这个数字）。同时，频率与饮用习惯也非常重要：要定期饮用葡萄酒，也就是说在每天的每顿饭中（以避免酒精中毒的危险），最好与平衡性良好的地中海式菜肴（以水果、蔬菜、纤维食品、橄榄油等为基础食材）一起食用。“当消费者不能适度饮酒或是在用餐时间之外饮酒时，葡萄酒的这些潜在优势就会消失，而与酒精有关的一切风险则会占据主导地位。”葡萄酒与健康科学理事会主席吕多维克·德胡埃（Ludovic Drouet）教授如是说。

葡萄酒的成分

葡萄酒以土地的产物葡萄为原料酿造而成，它包含有几百种不同的成分。

水占的比例最大：800～900毫克。

酒精：主要指的是经由葡萄汁发酵所产生的酒精（乙醇），按照150克/升计算（即每杯的酒精量为10～15克），还有甲醇（它是导致宿醉的罪魁祸首）和甘油（它赋予葡萄酒柔滑的口感）。

矿物盐：钾、钙、镁（在圣埃米利永地区的葡萄酒中最为典型）。

微量元素：锌、铜、铁（特别是在勃艮第和波尔多的葡萄酒中）、锰（在米内瓦葡萄酒中）。

B族维生素（维生素B_1、维生素B_2、维生素B_3或维生素B_5、维生素B_6、维生素B_7、维生素B_8、维生素B_{12}）。

糖分：在红葡萄酒中基本不存在，在白葡萄酒中可以找到，如果是超甜型葡萄酒的话最多可达到100克/升。

Tips

喝酒还是驾车

血液内酒精浓度为0.5克/升，也就意味着饮用了25厘升酒精度为5度的啤酒（1啤酒杯），或12.5厘升酒精度在10～12度的葡萄酒（1球形杯），或是3厘升酒精度为40度的蒸馏酒（威士忌、茴香酒、金酒）。

每“杯”酒会让血液中的酒精含量提升0.20～0.25克，一个身体健康的人每小时血液中的酒精含量会降低0.15克。因此，饮酒后必须要等待一段时间才可以开车上路。

如果饮用了2杯12度的葡萄酒，或1杯葡萄酒+1杯香槟，或1杯威士忌，或2杯开胃酒，那要等1个小时才能开车。

如果饮用了3杯葡萄酒，或1杯威士忌+1杯香槟，或2杯烈酒，那要等2～3个小时才能开车（虽然表面上看起来好像没什么问题，但实际上大脑的功能已经受到影响）。

如果饮用了4杯葡萄酒，或2杯威士忌，那要等3～4个小时才能开车（在障碍物面前做出反应的速度明显变慢）。

如果饮用了5杯葡萄酒+1杯开胃酒，或2杯威士忌+1杯葡萄酒，那要等4～5个小时才能开车（几乎所有驾驶时所必需的感官功能都丧失了）。

以上数据均为平均值，它们会根据性别、体重、年龄、背景及季节等因素的不同而发生变化。

（来源：道路安全须知）

多酚：这些著名的分子集中在葡萄籽中，在酿造过程中它们进入到葡萄酒里，具有极强的抗氧化、抗感染和抗菌性。目前，关于葡萄酒的许多研究都是围绕着它展开的。它们存在于红葡萄酒中（3000～5000克/毫升），特别是那些年轻的，经过橡木桶培养，以赤霞珠、丹那、西拉和美乐为原料酿造的葡萄酒。它下面又包含了4类：苯酚酸、黄酮或类黄酮、花青素和单宁。

保健作用

抵抗自由基

人类本身没有办法抵抗自由基，这是一些肌体氧化反应中产生的垃圾。只能利用来自于食物中的抗氧化物（这些分子可以防止剧烈氧化作用加速老化）：维生素C、维生素E、维生素A、锌、硒，以及多酚物质，它们大量集中在葡萄酒、茶（特别是红茶）、黑巧克力和橄榄油中。葡萄酒中的抗氧化物（特别是活跃的酚类物质）可以帮助人类延年益寿。

抗心血管疾病

多酚物质可以提高血管壁的抵抗力，防止血小板堆积，降低形成血栓的风险，避免动脉硬化症的出现。适量饮用葡萄酒的话，可以将心肌梗死和脑血栓形成的风险分别降低40%和25%。它对防治动脉高血压及新的梗死形成也有着特殊的作用。经法国的科研人员研究显示在40～60岁的已经出现过一次心肌梗死的人群中，每天饮2杯葡萄酒的人出现二次梗塞的风险要比那些不饮酒的人有所降低。

抗癌

鉴于白芦藜醇和它的衍生物对多种癌细胞形成的抑制作用，葡萄酒对防治消化系统和耳鼻喉癌症也有着非凡的意义。塞日尔·雷诺（Serge Renaud）和荷内·盖刚（René Gueguen）进行了一项持续了10年的研究，超过34000名的实验者每天饮用1～3杯葡萄酒（女性的饮用量要减少一半），他们的癌症死亡率降低了20%。饮用同剂量的啤酒就不会产生同样的效果。相反，如果过量饮酒，即每天饮用5杯葡萄酒的话，罹患癌症的风险就会上升。

预防退行性病变

由于有多酚物质的存在，葡萄酒能够减缓帕金森症的发展速度及阿兹海默氏症和老年痴呆症的生成和发展。相比那些从来不饮酒的人，每天饮用20～50厘升葡萄酒的人群阿兹海默氏症的发病率会降低75%。

预防其他健康问题

葡萄酒能缓解紧张的情绪，是最好、最健康的舒心药。

葡萄酒还有杀菌、抗感染的作用，白葡萄酒在这方面的功效要优于红葡萄酒。此外，它还可以抗病毒，阻止病毒渗透到细胞内部。一边喝葡萄酒，一边吃贝类，可以降低食物

Tips

法国或地中海悖论

1992年，法国教授塞日尔·雷诺发布了一项研究成果，一下子引起轩然大波：尽管法国人的日常饮食富含油脂，但法国心血管疾病的死亡率是最低的，这要归功于适量而规律性地饮用葡萄酒。在法国和意大利，心肌梗死的死亡率要比苏格兰和美国低3～5倍。南部地区同类疾病的发病率要低于北方地区，这就是如今许多研究者们所称的“地中海悖论”。

中毒的风险。

葡萄酒同样对骨质疏松有一定的疗效，它还有益于视觉，特别是预防黄斑病变方面。

最后，还必须强调，葡萄酒对人们，特别是老年人的交流能力和社交能力都有着不容忽视的作用。

欲获取更多信息

· 国家葡萄酒行业局（ONIVINS）所创立的葡萄酒与健康委员会

☎ 01 42 86 32 00 　📠 01 40 15 06 96

· 欧洲生物能医学联合会（UMEBE）

☎ 04 67 11 04 04 　📠 04 67 11 04 05

· 吕多维克·德胡埃（Ludovic Drouet）. 葡萄酒对健康有何种影响. 葡萄酒工艺学杂志，2003（106）.

· 吕多维克·德胡埃（Ludovic Drouet）. 葡萄酒对心血管疾病的潜在作用. 2004. 议会听证会

· 马蒂尔德·卡地亚德-托马（Mathilde Cathiard-Thomas），柯琳娜·贝扎德（Corinne Pezard）. 葡萄带来的健康. 梅迪思出版社（Librairie Médicis），1998.

Tips

葡萄酒与其他含酒精饮料

其他的含酒精饮料并没有像葡萄酒一样的功用，这是一项丹麦科学家研究后所得出的结论。这项研究持续了12年，涉及年龄在30～70岁的13000人。实验表明，在那些每日少量饮用葡萄酒的患者中，死亡率明显下降；而饮用其他酒精饮料的人群则没有出现同样的情况，相反，每日饮用3～5杯烈酒或啤酒的话，会导致死亡率升高。

· E. 莫利博士（Dr E. Maury）. 用葡萄酒治病. 马哈布出版社（Marabout），1983.
· 塞日尔·雷诺（Serge Renaud）. 健康饮食. 奥蒂乐·雅克博出版社（Odile Jacob），1995.
· 葡萄酒与健康，年度指南. 旅行版

葡萄酒行会

一种象征

兄弟会、社交、欢庆……围绕着这些核心价值，许多葡萄酒行会应运而生，给人们创造了一个平台，可以与他人一起分享自己对葡萄酒的热爱。凭借着自有的一些习俗和仪式，葡萄酒行会成为了一种法国式生活艺术的具体表达方式。

Tips

"圆桌骑士们，让我们尝尝葡萄酒是否美味。尝一尝吧，好、好、好；尝一尝吧，不、不、不；让我们尝一尝葡萄酒是否美味……"（20世纪30年代的饮酒歌）

法国的葡萄酒行会

作为兄弟会的一种标志，本着互助精神，从中世纪开始，葡萄酒行会就出现了。它同时带有一种行业协作的性质，一般会选择一位葡萄树和葡萄酒神圣的保护者作为象征人物。文森特是他们之中最著名的，此外还有其他30多人，例如马丁、埃迪安、于尔班或马塞兰。

这种行会在法国大革命时期被撤销（沙普利埃法案），在20世纪时再度出现。最著名的要数1934年11月成立于夜丘圣乔治的品酒骑士协会（Les Chevaliers du tastevin）。但是，直到第二次世界大战后这一传统才真正恢复。今天，经统计，这样的行会有200多个，有些大的葡萄酒产区会拥有多个行会——卢瓦尔河谷37个、法兰西岛31个。每个行会都由统领（高级大师、主事……）、被加冕者（骑士、会士、官员）和一些国内及国际知名的葡萄酒爱好者（政客、作家、艺术家等）组成。它们有自己的就职仪式，届时要身着特定礼服并佩戴徽章。如果一些葡萄酒行会想进一步对它们的圣主展示自己的忠诚，它们会在一些世俗事物方面自成一格。除了传统的职能以外，如今葡萄酒行会还添加了慈善和维护行业利益的功能。

著名的葡萄酒行会

品酒骑士协会（Les Chevaliers du tastevin）：由2个勃艮第人乔治·法莱丽（Georges Faiveley）和卡米尔·侯迪埃创立于1934年11月，其目的在于共同面对严重的经济危机并恢复已经被废弃的行业性节日——圣文森特节。这个团体今日依然在坚守着同样的使命：推广当地著名的葡萄酒、美食及风土条件。从1945年起，协会的会议定期在武若园城堡举行，这里是西多修道会的遗迹。他们有许多活动，例如组织三荣耀日期间的圣文森特葡萄酒巡回节。他们它的标志性服装是金红相间的宽大长袍，四边帽，脖子上佩戴着小银杯。这个团体比较私密，在法国和海外共有约12000名会员。

☏ 03 80 61 07 12　⎙ 03 80 62 37 09

圣埃米利永茹拉德葡萄酒协会（La Jurade de Saint-Émilion）：这个协会成立于1199年，那时英国国王让·桑戴尔（Jean-sans-Terre）在法莱塞（Falaise）授予圣埃米利永地区的资产阶级特权，允许他们自己管理这一地区。当地的一些市政官吏占据着对外贸易的管理权，控制管理着行政、法律、治安以及一切与葡萄酒有关的方面：这些官吏建立了葡萄酒质量监控体系，查处假冒伪劣产品，监督葡萄酒的生产和酿造，对各个生产商印在橡木桶上的标记进行管理，严惩违规行为，销毁被判定为“不合格”的葡萄酒并发布采收的官方通告。在1789年时，这一组织解散，然后又于1948年重建。每年，它会在9月发布采收公告（波尔多最重要的事件），组织盛大的集会、“花节”和“春日茹拉德”，最重要的是在全球范围内推广当地的葡萄酒。协会的统一服饰是点缀着白色皱褶襟饰的红色长袍，袖口由白貂皮做成的装饰，白色披风和红色的无边帽。它的会员遍布全世界，数量达到好几千人。

☏ 05 57 55 50 51　⎙ 05 57 53 10

Tips

必经之路

“在葡萄酒农的主宰者圣文森特的见证下，我宣誓成为骑士团骑士。”就职典礼是每个加入葡萄酒行会的人的必经之路。这对新成员来说是一个无比重要的时刻，必须有1～2位社友作为介绍人，现场会有盛大的传统仪式、音乐、高级大师的讲话以及葡萄酒品鉴。在宣读誓言之后，他会被授予行会的徽章。

阿尔萨斯圣艾蒂安协会（Saint-Étienne d´Alsac）：阿尔萨斯圣艾蒂安葡萄酒协会（Herrenstubgesellschaft）是最古老的兄弟会之一。它的内部章程可追溯至1561年，但今天依然在使用。在经历了一段漫长的繁荣期后，这个协会在法国大革命之后开始衰落，直到1947年，在约瑟夫· 德海耶（Joseph Dreyer）的推动下，它才按照现在的模式进行了重组。它每年会组织4次盛大的集会，每次集会都以对5个葡萄品种的评价和品鉴作为开始，评选出最佳葡萄园并颁发质量印章。他们的统一服饰是由一顶带有黑色缎带的帽子、一件白领的红色大衣、白手套和一串坠着代表不同职能的徽章和装饰性小酒桶的银链子所组成的。

☏ 03 89 78 23 84　⎙ 03 89 47 34 74

法国司酒官协会（Les Échansons de France）：这个协会成立于1954年，旨在捍卫原产地监控命名酒。他们的服装灵感来自于路易十一时期，由长袍、紫色与蓝色间杂的披肩，以及一顶帽子所组成。对大师级别的人物，徽章是金色的，还会佩戴一个小酒杯；会士则为银色。新加入的成员会被授予“主管司酒官”或“大司酒官”的称号（针对专业人士），或是会士（针对葡萄酒爱好者）。这个协会所掌管的区域还包括比利时、加拿大、黎巴嫩和埃及。

☎ 01 45 25 63 26　📠 01 40 50 91 22

其他行会

许多葡萄酒行会都会对法国及海外的葡萄酒行业造成影响。在这里我们选取一小部分进行介绍。

阿尔萨斯

圣于尔班行会（Confrérie Saint-Urbain）：它在中世纪时就被视为阿尔萨斯和中欧葡萄酒的主宰者，是当地葡萄酒节的发起者。

☎ 03 88 82 09 30　📠 03 88 82 51 16

博若莱

博若莱葡萄酒协会（Compagnons du Beaujolais）：它的得名和相关规范都受到古老的法国手工业同业会的影响，只有服饰与之不同。它的统一制服是围裙，虽然这也是手工业同业会必不可少的工具之一，但这个围裙是酿酒专用的，颜色为绿色。协会的所在地是拉瑟纳斯（Lacenas），离自由城（Villefranche）很近。每年协会集会4次，组织格鲁玛日评比。

☎ 04 74 02 22 85　📠 04 74 02 22 89

古基耶塞克（Le Gosiersec，集社会、知识、教育、娱乐、体育和文化组织于一身的团体）：借助于每年2月的第一个星期日在沃昂-博若莱（Vaux-en-Beaujolais）举行的“古基耶塞克节”来向公众宣传博若莱地区。

☎ 04 74 03 24 80　📠 04 74 03 24 80

希露柏勒贵族妇女会（La Commanderie des damoiselles de Chiroubles）：这是为数不多的女性葡萄酒行会之一。它在每年5月召开大会。它采用希露柏勒的传统徽章作为自己的标志。

☎ / 📠 04 74 69 12 83

布鲁伊之友（Les Amis de Brouilly）： 会员们有自己独特的装束：绿色的围裙、黑背心、白衬衫、带有绿色和红色缎带的狭边帽，以及刻有“In vino veritas in panem in sal”（真实存在于葡萄酒、面包和盐之中）的纪念章。

☎ 04 74 66 81 49 　 📠 04 74 66 71 95

波尔多

每个大产区都有一个葡萄酒行会。自1975年起，它们被归入到波尔多葡萄酒议会（Grand Conseil du vin de Bordeaux）麾下，它还与19个国家（美国、加拿大、德国、西班牙、意大利、俄罗斯、日本等）中的63个波尔多葡萄酒协会结成了联盟。

☎ 05 56 00 21 93 　 📠 05 56 48 19 46

勃艮第

圣文森特及桑特奈-格鲁莫行会（Confrérie de Saint Vincent et des Grumeurs de Santenay）： 它的诸多活动包括新酒大会、格鲁玛日评比、圣文森特节、马西 · 诺埃尔（Marie Noël）诗歌赛。

☎ 03 80 20 67 77 　 📠 03 80 20 65 92

通内瓦葡萄酒协会（Les Foudres Tonnerrois）： 组织通内瓦葡萄酒节（les vinées tonnerroises，每年4月的第二个周末），它的会员一般都穿着黄色和淡紫色的衣服。

☎ 03 86 55 32 29 　 📠 03 86 55 31 44

夏布利种植者协会（Les Piliers Chablisiens）： 他们的标准服装为黄色长袍，绿色的祭披代表夏布利葡萄酒的颜色，黄绿相间的缎带系着小酒杯。他们是夏布利葡萄酒节（11月的最后一个周末）的发起者。

☎ / 📠 03 86 42 48 48

梅尔居雷圣文森特行会（Confrérie de Saint Vincent et Des disciples de la Chanteflute de Mercurey）： 组织夏隆内酒区葡萄酒节（每年10月的最后一个周六）、圣文森特葡萄酒巡回节、春日葡萄酒节（5月的第一个周六），葡萄开花节。

☎ 03 85 45 22 99 　 📠 03 85 45 24 88

香槟区

香槟区行会（L´Ordre des coteaux de Champagne）： 由夏尔 · 圣艾沃蒙（Charles Saint-Évremond）创立，他是一位伊壁鸠鲁学派的哲学家，1661年时定居伦敦。行会在全球范围内有6000名会员，每年由不同的大型香槟公司轮流担任主席。

☎ 03 26 40 16 68 　 📠 03 26 40 14 66

巴黎和法兰西岛

蒙马特园协会（La Commanderie du Clos Montmartre）： 蒙马特葡萄园的守护者，也是巴黎唯一的葡萄酒协会。他们的服装是紫红色的，搭配有金色和银色。

☎ 01 44 92 35 34 　 📠 01 42 62 96 88

卓维乐彭大师会（Les Maîtres Goustiers de Joinville-le-Pont）： 在马恩河畔再现了过去的葡萄酒酿造业及相关民俗，同时他们还负责维护欧洲大道上的葡萄树。

☎ 01 42 83 30 06 　 📠 01 42 83 71 84

叙雷纳葡萄酒行会（La Confrérie du vin de Suresnes）： 组织叙雷纳葡萄采收节，目的在于捍卫自己的“产区”。

☎ 01 41 18 15 51 　 📠 01 46 97 16 91

普罗旺斯

罗伊荷内司酒官协会（Les Échansons du Roy René）： 他们的服装沿袭自荷内国

王创建于15世纪的葡萄酒协会的制服。该协会会为高级大师佩剑。

电话/传真 04 42 21 35 77

吕贝隆葡萄酒与松露共生会（Commensale du Luberon et de la Truffe）：每年3月的第2个星期六会组织野餐会；6月的最后一个周末还会组织葡萄酒农的大型宴会。

电话 04 90 77 15 52　传真 04 90 77 15 52

普罗旺斯区酿酒者协会（Les Enchanteleurs des Côtes-de-Provence）：他们的制服是普罗旺斯传统的白裤子，配上金色和紫红色的礼帽。他们会组织本地的葡萄酒节（Hyères，每年7月的第3个星期六），以及普罗旺斯区的葡萄酒开放日。

电话 04 94 99 50 00　传真 04 94 99 50 02

美杜莎骑士协会（L´Ordre Illustre des Chevaliers de Méduse）：1690年，该协会成立于马赛。今天，它致力于推广普罗旺斯地区的5个产区（邦多勒、贝莱、卡西斯、普罗旺斯区和帕莱特）。他们佩戴着带有普罗旺斯地区代表性颜色的绶带，以及印有美杜莎头像的纪念章。它在法国、加拿大、加勒比海地区及圣巴泰勒米（Saint-Barthélemy）建立了众多分支机构（20个左右）。

电话 04 94 90 06 06　传真 04 94 90 04 29

西南地区

比泽葡萄酒行会（La Confrérie du Vin de Buzet）：组织比泽葡萄酒节（每年8月的第二个周末）。

电话/传真 05 53 84 74 18

马第宏葡萄酒互助会（La Viguerie Royale de Madiran）：发布葡萄酒采收公告。

电话 05 62 31 90 67

卢瓦尔河谷

昂布瓦斯葡萄酒协会（La Commanderie des Grands Vins d´Amboise）：协会的名字是为了纪念13世纪时位于昂布瓦斯城堡对面圣让岛上的僧侣共济会。他们的服饰传承了弗朗索瓦1世时期的服装风格。

电话 02 47 46 26 60，02 47 23 12 41

武弗雷骑士会（Les Chevaliers de la Chantepleure de Vouvray）：协会名字中的单词“chantepleure”指的是橡木桶上木质的龙头或塞子，当人们旋动扳手时，它会发出声音，葡萄酒从中流出。

希农拉伯雷酿酒人协会（Les Bons Entonneurs Rabelaisiens de Chinon）：宣传希农葡萄酒的优势。金色的奖章上绘有拉伯雷的头像，并配有红金相间的缎带。

电话 02 47 93 30 44　传真 02 47 93 36 36

布昂-桑塞尔葡萄酒协会（Compagnie d´Honneur des Sorciers Birettes à Bue-en-Sancerre）：在协会所组织的活动中，最重要的就是索希埃和彼海特展销会（Foire aux Sorciers et Birettes），这是两个狡猾的小精灵的名字，它们将灵魂卖给了魔鬼，披着兽皮终日游荡。展销会每年8月的第一个星期日举行。

电话 02 48 54 22 19　传真 02 48 78 08 59

罗纳河谷

维桑圣文森特行会（La Confrérie de Saint-Vincent de Visan）：它的特点是向所有交纳会费的人开放，尤其是对女性。自1475年创建起，它的职能和礼仪从未有过任何改变。它的制服是黑色丝绒裤搭配花背心，传统的红色斗篷，佩戴象征着圣文森特的铜制吊牌。

☎ 04 90 28 50 80 ⎙ 04 90 41 96 43

罗纳河谷区葡萄酒协会（Les Compagnons des Côtes du Rhône）：由该协会发布采收公告并负责位于罗纳河谷区首府阿维尼翁的教皇宫葡萄园的采收工作。他们将葡萄酒拍卖，拍卖所得投入到文化、科学、体育事业中，或是作为慈善用途。

☎ 04 90 16 00 32 ⎙ 04 90 16 00 33

世界范围内的葡萄酒行会

在世界所有的葡萄酒生产国：德国、英国、意大利、匈牙利、西班牙、加拿大、美国、南非、黎巴嫩……甚至是日本，都会有一个或是几个葡萄酒行会。像瑞士这样的葡萄酒生产小国，有18个相关行会，葡萄牙有17个。这些行会中的140个被统一归入国际葡萄酒行会联盟（Fédération internationale des confréries bachiques）中，该组织成立于1964年，总部位于巴黎。它每年都会组织姐妹行会之间的集会，目的是了解不同的葡萄酒产区，品尝来自于全球各地的葡萄酒。

瑞士

纳沙泰尔葡萄园协会（Compagnie des Vignolants du Vignoble Neuchâtelois）：它由纳沙泰尔地区的19个酿酒村组成。他们庄严地承诺要采取一切措施，在所有地方并利用一切时间“为纳沙泰尔地区的葡萄园以及它珍贵的产物——来自于朗德容（Landeron）与沃玛科斯（Vaumarcus）之间土地中的红葡萄酒和白葡萄酒而劳作。”

☎ 00 41/32 843 25 00 ⎙ 00 41/32 843 44 60

意大利

基安蒂联盟（La Lega del Chianti）：它的起源可以追溯至公元14世纪的佛罗伦萨共和国所建立的军事联盟，它的目的是将基安蒂地区的村民组织起来保卫自己的土地。它的标志是一只立于金色背景上的黑色公鸡。从15世纪起，它开始专管葡萄酒，建立了一套酿造标准，在每年9月29日的圣米歇尔节后发布采摘公告。它几乎将所有基安蒂的葡萄酒生产商都联合了起来，致力于推广当地的葡萄酒和美食，每年最少组织一次专项行动。它盛大的集会都是在佛罗伦萨大教堂中举行的。

☎ 00 39/05 52 60 88 90

美国

美国葡萄酒骑士兄弟会（The Brotherhood of the Knights of the Vine of America）：它传承自中世纪时成立于法国的葡萄酒骑士会，标志是刻有葡萄串、剑以及“Per vitem ad vitam”（穿越葡萄藤，生命之路）字样的徽章。它在美国的许多州（如德克萨斯、密苏里）、墨西哥、英国、芬兰和日本都设有分会。

☎ 00 1/916 929 33 91 ⎙ 00 1/926 568 53 20

西班牙

桑特桑德尼卡瓦酒行会（Confraria del Cava Sant Sadurni）：行会的目的是推广西班牙著名的气泡酒卡瓦。行会的男性穿着黑色制服，女性着白色长袍。它旗下还包括一个专门针对年轻人的行会。

☎ 00 34/93 89 12 803

葡萄牙

波特酒行会（La Confraria do Vinho do Porto）：这个行会接纳所有从事跟波特酒有关的工作（贸易及出口）的专业人士以及对波特酒推广有贡献的葡萄酒爱好者。它的制服包括一顶宽边黑色礼帽（管理会成员的帽子为白色）；镶黑边的酒红色斗篷，上面印着行会的名称；脖子上戴着红绿相间的缎带，上面拴着小酒杯。这个小酒杯是18世纪时波特酒专用杯的复制品，而帽子则仿制了他们的圣主航海家亨利的帽子。

☎ 00 351/22 374 5525 　 📠 00 351/22 370 5400

奥地利

欧洲葡萄酒骑士会（Die Europaische Weinritterschaft）：这个欧洲葡萄酒骑士会的职责是在欧洲保护和推广葡萄酒文化，他们汲取1468年成立的圣乔治骑士会的文化、历史及社会价值观。它的象征是三色徽章（红、金、绿），上面带有2棵葡萄藤的图案，每棵葡萄藤上带有3串葡萄，图案的背景是有3个山峰的绿色山峦。协会的标志是十字架。

☎ 00 43/26 82 2439

斯洛文尼亚

斯洛文尼亚葡萄酒骑士会（Zdruzenje Evropskega Reda Vitezov Vina, Konzulat za Slovenijo Slovenia）：成立于1991年，受欧洲葡萄酒骑士会的管辖，其目的是在斯洛文尼亚推广葡萄酒骑士精神。它担负着许多任务：推广与葡萄酒文化有关的所有活动，宣传葡萄酒知识，推动优质葡萄酒的生产。它的标志与奥地利行会的一样。

☎ 00 386/74 66 80 00 　 📠 00 386/74 962 116

欲获取更多信息

- 让保罗·布朗拉得（Jean-Paul Branlard）. 法国101个行会. 埃斯卡出版社（éd. Eska），2002.
- 弗朗西斯·里其雷（Francis Lichtlé），克劳德·缪勒（Claude Muller），安德烈·于盖尔（André Hugel）著. 阿尔萨斯圣艾蒂安协会. J.D.瑞博出版社（éd. J. D. Reber），2003.

葡萄酒旅游

如日中天的葡萄酒

鉴于社会大众对葡萄酒的痴迷，在法国以及世界上许多国家出现了一些新兴的旅游项目：葡萄酒之路、酿酒主题日或主题周末。在这些活动中，人们可以亲身体验酒庄生活，倾听酿酒师讲述葡萄园的故事，分享他们对葡萄酒的热爱，当然品酒的环节是绝对不容错过的。除此以外，人们也可以通过葡萄酒节或葡萄酒主题博物馆这些喜闻乐见、趣味无穷的形式来了解葡萄酒。

Tips

“葡萄酒为人类的心灵带来愉悦的感受，幸福感是所有美德的基础。”（歌德）

葡萄酒之路

法国所有的葡萄酒产区都设立了专门的葡萄酒旅游线路：休闲漫步、周末度假或长期度假。人们可以通过步行、骑自行车、驾车、骑马、坐船以及搭乘热气球等方式来了解一个产区的风土条件和葡萄品种。

不容错过的

这些葡萄酒之路将不同的城镇、村子里的庄园、山坡上的酒窖、风景秀丽的景点串联在一起。其中有一些是由官方认定的，通过小册子进行宣传，这些宣传品由行业办公室或委员会、旅游局来制作。例如，阿尔萨斯唐恩（Than）到马勒海姆（Marlenheim）之间的葡萄酒之路，约170公里，穿越了若干个以葡萄酒著称的充满魅力的小村庄：里玻唯雷（Ribeauvillé）、巴尔（Barr）、英格汉斯（Éguisheim）、凯恩斯海姆（Kientzheim）、利克威尔（Riquewihr）、普法芬海姆（Pfaffenheim）等。此外，还有勃艮第的特级园之路，在这里你可以看到全球最知名的葡萄园：热夫雷-尚贝丹（Gevrey-Chambertin）、罗曼尼-康帝（Romanée-Conti）、武若园。圣薇薇安（Saint-Vivien，波尔多）的埃吉娜（Eysine）葡萄酒之路沿途路过了梅多克的诸多传奇酒庄：碧尚（Pichon）、拉图、拉菲等。博若莱葡萄酒之路从自由城一直延伸到圣阿穆尔。除此以外，还有许多其他旅游性的葡萄酒之路，例如香槟之路，从瓦朗塞到吕那（Luynes）的都兰及卢瓦尔河谷葡萄酒之路，旺度山脚下吕贝隆自然公园的普罗旺斯葡萄酒之路、从阿雅克修（Ajaccio）到萨尔坦（Sartène）的科西嘉葡萄酒之路。在这里，我们不可能全部列举，但旅游指南上会为大家提供每一个葡萄酒产区的相关信息。

别具一格的

除了大道之外，还有许多引人入胜的迷人小路值得我们造访，在这些地方一样有供游客学习或娱乐的景点。它往往从一个村庄或一个城市开始，引领着爱好者们穿过山坡侧翼上的葡萄园，参观陡峭的阶地，或漫步河岸，最后以品尝一款甘美的葡萄酒作为结束。

阿尔萨斯的酒馆、里昂的小餐厅、博若莱的地下酒窖……几乎每个产区都有的酿酒合作社，这些全是游客驻足，品尝当地葡萄酒的理想场所。不要忽略掉酒庄，尽管它们中的一些还不怎么对游客开放，但是基于个人的创新意识，或是地区相关机构的号召（例如：博若莱的“跟随统一品牌”和勃艮第的“从葡萄种植到酿酒”宪章），许多酒庄都已经在热情地恭候你的光临了。

其他国家的葡萄酒之路

西班牙

覆盖里奥哈地区的三条葡萄酒之路：阿勒格里葡萄园（Viña Alegre）、阿玛博拉葡萄园（Viña Amable）、赫西亚葡萄园（Viña Recia）。

匈牙利

15条葡萄酒之路（博鲁特），除了建于1994年的维拉尼（Villany）葡萄酒之路以外，其他都是20世纪初建立的。它们都隶属于葡萄酒之路协会。

意大利

这里有上百条葡萄酒之路，例如：宝雪

歌葡萄酒之路，它起于威尼斯葡萄酒之都科内利亚诺（Conegliano），这里有葡萄酒种植学院、葡萄酒大学，是名副其实的葡萄酒工艺学地标；终止于瓦杜比阿迪（Valdobbiadene），这里有为数众多的斯布曼德葡萄酒酒庄，每年都会举办全国斯布曼德酒展（9月）。

葡萄牙

11条葡萄酒之路带你领略葡萄牙葡萄酒业的魅力。波特酒之路是它们中最出名的。它包含了54个景点，全部位于杜罗河地区以及与它相邻的村庄。在这里，不仅可以游览葡萄牙，参观博物馆和酒庄，品尝（或购买）葡萄酒，与葡萄酒农交流，还可以参与到不同的葡萄种植工作中去。

斯洛文尼亚

三个大型葡萄酒产区被20多条葡萄酒之路所覆盖。

南非

15条葡萄酒之路由相关协会统一管理，使用统一标识。

阿根廷

7条葡萄酒之路由洛斯卡米诺斯葡萄酒协会（Association Los Caminos del Vino）负责管理。它们主要位于门多萨地区，60%的阿根廷葡萄酒出自于这里。

欲获取更多信息

- 法国葡萄酒旅游百科全书. 阿歇特出版社（Hachette），2002.
- 各葡萄酒产区的行业办公室、各地区的旅游委员会、法国各地区及各城市的旅游局。

葡萄酒节

葡萄酒就是欢庆。从最早的狄奥尼索斯（Dionysos）和巴克斯（Bacchus）开始，就有了葡萄酒节，包括宗教性的和非宗教的。从50多年前起，以葡萄酒为主题的节日越来越多，不只在法国，也包括海外。

不容错过的

从最普通的村庄露天赈济游艺会，到大型的公众“弥撒”，在法国有超过300个葡萄酒节。

圣文森特（La Saint-Vincent）

几乎每一个产酒村都会庆祝圣文森特节，这是最古老也是最出名的葡萄酒节，人们将它定在每年的1月22日或是最接近这一天的一个周末。在一个产区内，这个节日的欢庆仪式可以总是在同一个村子中举行，也可以每年轮换（首次圣文森特葡萄酒巡回节是由勃艮第品酒骑士协会发起的，并于1938

年在尚博勒-穆西尼举行）。节日的仪式几乎每次都是一样的。圣像被请出后，会进入新的接收家庭，并在这个家庭里保存至下次的葡萄酒节。在教堂中会举行神圣的弥撒，为圣像祈福，还有圣文森特行会的巡游、为这一年中逝去的人献花、葡萄酒农的入会仪式、祈福酒的发放，最后以为葡萄酒农准备的猪肉大餐作为结束。在所有的圣文森特节中，举办于上索恩省尚普利特（Champlitte）的可以算是最原始的之一。

➲博纳旅游局

☏ 03 80 26 21 30　🖷 03 80 26 21 39

➲尚普利特旅游局

☏ 03 84 67 67 19

黄葡萄酒节（La percée du vin jaune）

这个节日每年2月的第一个周末在汝拉地区的酿酒村中举行，整个流程如同普通的葡萄酒巡回节。让所有人翘首以盼的环节就是庄严的228升酒桶的开启仪式，酒桶中的黄葡萄酒已经存储了6年零3个月。另外一个重要环节就是老年份葡萄酒的拍卖。

➲汝拉葡萄酒行业协会

☏ 03 84 66 40 60　🖷 03 84 66 10 29

梅多克和格拉夫马拉松（Le marathon des châteaux du Médoc et des Graves）

如果按照参与人数计算的话，梅多克和格拉夫的马拉松已经成为全法国第二大马拉松盛事了，仅次于巴黎。它在每年梅多克采收公告发布前的那个周六举行，之所以如此受欢迎是因为这是一场化妆马拉松赛。它的一个重要环节是“葡萄酒体育测试”，参赛者们可以品尝葡萄酒、生蚝、牛排和奶酪。选手们取道波亚克著名的葡萄酒之路，全程途经50个名庄。优胜者可以获得与自己体重相当的葡萄酒。

➲梅多克马拉松协会

☏ 05 56 59 17 20

三荣耀日（Les Trois Glorieuses）

借着名的济贫院葡萄酒销售会的机会，在博纳（金丘）举行三天的欢庆。如果说节日期间的部分活动（勃艮第品酒骑士协会的盛大集会、博纳城堡中的烛光晚餐、默索尔庆典）只允许一部分幸运的受邀嘉宾参加的话，那么其他活动则给公众提供了更多接触葡萄酒的机会（马拉松、开酒塞大赛等等）。许多葡萄酒批发商和酒庄会开放他们的酒窖，提供葡萄酒。

➲博纳旅游局

☏ 03 80 26 21 30　🖷 03 80 26 21 39

博若莱新酒节（Le beaujolais nouveau）

博若莱新酒节是一个全球性的节日。在世界各地的酒馆、葡萄酒吧、葡萄酒农的酒窖，以及时尚餐厅中，人们都会在11月的第三个周四午夜12点的钟声敲响时，一起开启传统的博若莱新酒。在博若莱地区的城市和村庄里，人们都会举行欢庆仪式，例如在波若，萨芒戴勒（Sarmentelles）庆典中会进行12个法定产区葡萄酒的品鉴，人们举着由燃烧着的葡萄枝制成的火把游行，乐队也会演奏欢庆新酒出炉的乐曲。

➲波若旅游局

☏ / 🖷 04 74 69 22 88

别具一格的

布朗克特之夜（La Nuit de la blanquette）在圣枝主日那天在利慕（奥德）举行。它是利慕狂欢节的闭幕仪式，在用奥克语宣读过判读之后，人们将“狂欢大王”点燃，开始兴高采烈地欢度布朗克特之夜。

➲旅游局

☏ 04 68 31 11 82 ⎙ 04 68 31 87 14

博若莱葡萄园节（Fête des crus du Beaujolais，在当地的一个村庄内举行）在每年5月的第一个周末举行：新年份的葡萄酒离开了橡木桶，向所有人展示出了它的第一缕香气。在活动中人们可以品尝博若莱10个精品葡萄园的葡萄酒。

➲索恩自由城旅游局

☏ 04 74 07 27 40 ⎙ 04 74 07 27 47

酒瓶巡游（La procession des bouteilles）每年的6月1日在布尔邦（Boulbon，罗纳河口）举行。它将宗教与非宗教仪式结合在一起，这一庆典只允许男性参加。

➲市政府

☏ 04 90 43 95 47 ⎙ 04 90 43 90 91

波尔多葡萄酒节（Fête du vin，à Bordeaux，纪龙德河）每年6月举行：你只需拿上一支酒杯，不停地品尝，直到你心满意足为止。参观者们可以用3天的时间进行一次全面的纪龙德河57个法定产区之旅。

➲旅游局

☏ 05 56 00 66 00 ⎙ 05 56 00 66 01

密斯卡得之夜（Nuit du muscadet）每年7月的第一个周六在慕兹永（Mouzillon）（大西洋卢瓦尔省）举行。这一整夜人们会喝掉大量的密斯卡得葡萄酒。

☏ 02 40 36 38 38 ⎙ 02 40 36 29 63

圣昂布鲁瓦葡萄酒节（Le Volo biou，à Saint-Ambroix，加尔省），每年7月14日举

行。为了纪念一个古老的传说，圣昂布鲁瓦市民会在节日中进行传统“飞牛”表演。

➲旅游局

☏ 04 66 24 33 36 ⎙ 04 66 24 05 83

布兰德地区葡萄酒节（Fête du Pays de Brand）于每年8月的第一个周末在图克汉（Turckheim）举行。葡萄酒品尝、传统风俗表演以及夜晚巡守者游行，他们身着宽袖长外套，持着戟在大街小巷歌唱。

➲旅游局

☏ 03 89 27 38 44 ⎙ 03 89 80 83 22

毕乌葡萄酒节（Fête du Biou）（在阿伯瓦地区的许多村镇中举行）每年9月举行：以一串巨大的葡萄串作为象征的采收祭礼，这个葡萄串被称为“毕乌”（Biou），只用阿伯瓦本地的葡萄制成。

➲旅游局

☏ 03 84 66 55 50 ⎙ 03 84 66 25 50

海滨巴纽尔斯采收节（Fête des Vendanges de Banyuls-sur-Mer，东比利牛斯省），每年10月第三个周末：依据传统，两个最重要的环节就是儿童采收和加泰罗尼亚小船上的海上采收仪式。

➲旅游局

☏ 04 68 88 31 58 ⎙ 04 68 88 36 84

邦多勒年份葡萄酒节（Fête des Vins du Millésime Bandol，瓦尔省），每年12月的第一个星期日：人们在邦多勒港品尝那些刚刚开始酿造仍然非常粗糙的葡萄酒。从前，人们就是在这里将印有代表该产区的“B”字形标识的橡木桶装上船的。

➲邦多勒葡萄酒协会

☏ 04 94 90 29 59

雅马邑之火（Flamme de l´Armagnac，加斯科涅），每年的11月中旬至2月：在酒窖的蒸馏器旁，品饮着雅马邑度过愉悦的夜晚。

➲全国雅马邑行业办公室

☏ 05 62 08 11 00

圣西尔维斯特采收节（Vendanges de la Saint-Sylvestre），在除夕夜举行（热尔省）：在教堂内唱过圣歌之后，人们会持着火把游行，在葡萄园中品尝热葡萄酒并将葡萄藤上过熟的果实采摘下来。

➲市政府

☏ 05 62 69 74 16 ⎙ 05 62 69 90 87

主题节日

音乐

勃艮第特级葡萄园音乐节（Festival Musical des Grands Crus de Bourgogne），每年的6～9月：在这期间，在5个享有盛名的地方［夏布利、克吕尼（Cluny）、热夫雷-尚贝丹、默索尔及诺耶尔-赛罕（Noyers-sur-Serein）］会举行40多场音乐会，其中不乏世界顶级的音乐家，每场音乐会都伴随着美食和葡萄酒展示。

➲夏布利旅游局

☏ 03 86 42 80 80 ⎙ 03 86 42 49 71

➲克吕尼旅游局

☏ 03 85 59 05 34 ⎙ 03 58 59 06 95

➲尚贝丹之音

☏ 03 80 51 81 11 ⎙ 03 80 58 51 55

➲默索尔旅游局

☏ 03 80 21 25 90 ⎙ 03 80 21 61 62

➲诺耶尔-赛罕市政府

☏ 03 86 82 83 72

氛围愉快的酒窖（Le Bon Air est dans

les Caves）在每年耶稣升天节之后的周六在阿尔巴（Albas，洛特-加龙省）举行：在13个管弦乐团的伴奏下，人们品尝着美味的卡奥尔地区葡萄酒，并佐以卡伯库奶酪（Cabecou）和鹅肝。

➲“氛围愉快的酒窖”协会

☏ 05 65 22 19 10

马尔西亚克爵士音乐节（Jazz in Marciac，朗德省），从每年8月的第一个周日开始，共持续10天：在音乐节期间，带着传统贝雷帽的普莱蒙葡萄酒酿造者们会献上他们特别酿造的圣蒙区“爵士乐特酿”。在葡萄酒的背标上，会有音乐家的签名。

➲普莱蒙生产商

☏ 05 62 69 62 87　📠 05 62 69 61 68

艺术

奥格雷瓮庄园大奖赛（Prix du château Haut-Gléon），每年7月中旬至9月中旬在德班（奥德省）举行：这一盛事将现代艺术创作、酒庄、土地和葡萄园结合在一起，优胜者的名字将会出现在奥格雷瓮庄园红葡萄酒的酒标上，他的作品则出现在背标上。

☏ 04 68 48 85 95　📠 04 68 48 46 20

艺术与葡萄酒（Art et Vin，瓦尔省），每年7月1日至9月1日：瓦尔省各法定产区（邦多勒、贝莱、艾克斯区、皮埃尔凡区、普罗旺斯区）的60余名葡萄酒农将他们的酿酒车间变身为画廊，用来展示艺术作品。

➲瓦尔省独立葡萄酒农联合会

☏ 04 98 05 13 83　📠 04 98 05 13 84

葡萄园历史与传统日（L´Histoire et les Traditions Vignoble en Fête），每年3月的最后一个周末在圣蒙（热尔省）举行：村民们会重现作为僧侣的葡萄酒酿造者们迎接圣雅克-德-孔波斯特拉（Saint-Jacques-de-Compostelle）朝圣者并向他们提供葡萄酒的场景。活动中还会进行新酒的品尝。

➲市政府

☏ 05 62 69 62 67

葡萄转熟及克雷芒六世纪念日（Véraison de Bacchus à Clément VI），每年8月的第一个周末在阿维尼翁（沃克吕兹省）举行：这个14世纪的古老节日具有双重意义，一个是为了欢庆葡萄转熟，从这时起，葡萄皮逐渐变为靓丽的紫红色；另一个是为了纪念克雷芒六世，他对节日和好酒的偏爱众所周知。如今，这个古老节日中的许多环节也都沾染了一些现代色彩：街头表演、葡萄酒农晚宴、回顾历史、骑士比武等。

➲旅游局

☏ 04 32 74 32 74　📠 04 90 82 95 03

圣蒂耶里高地古法采收节（Vendanges à l´Ancienne dans le Massif de Saint-Thierry，马恩省），每个奇数年10月的第三个周末举行：葡萄酒农会穿着传统服饰来讲解采收的不同步骤，同时还会品鉴香槟。

➲市政府

☏ 03 26 03 10 41　📠 03 26 03 04 22

马提聂-布希昂美好时代采收节（Vendanges de la Belle Époque, à Martigné-Briand，曼恩-卢瓦尔省），每年10月的第一个周日举行：人们穿着1900年的服饰，还原莱昂区的传统生活。

➲市政府

☏ 02 41 59 42 48　📠 02 41 59 97 17

美食

孔得里约葡萄酒与希高特奶酪节（Vins et Rigottes en Fête, à Condrieu，罗纳

省)，每年5月1日举行：该地区两个最顶级的法定产区一起与您相约。

➲旅游局

☏ 04 74 56 62 83　🖷 04 74 56 65 85

拉斯多美食节(Escapade des Gourmets, à Rasteau，沃克吕兹省)，每年5月的第一个周六举行：在总长6公里的葡萄园间的小径漫步，两旁都是美丽的建筑和自然风景，手持酒杯，用来随时品尝普罗旺斯的美食和葡萄酒。

➲光彩大地协会

☏ 04 90 46 15 63

苏玳巡游(Rondes en Sauternais)，每年耶稣升天节的周四在苏玳举行(纪龙德河)：骑自行车或是步行游览苏玳产区。

➲旅游局

☏ 05 56 76 69 13　🖷 05 57 31 00 67

美食之旅(Balade Gourmande)，每年7月的第一个星期日在拉都瓦-赛赫尼(Ladoix-Serrigny)举行(金丘)：在葡萄园中漫步5公里，同时可以品尝到该产区的葡萄酒，包括特级园葡萄酒。

➲市政府

☏ 03 80 26 41 74　🖷 03 80 26 47 40

勒皮诺特达姆葡萄酒与蘑菇节(Fête du Vin et du Champignon, à Puy-Notre-Dame，曼恩-卢瓦尔省)，每年7月的第一个或第二个周末举办：该省是法国生产蘑菇的第一大省，节日期间人们会品尝蘑菇和本地区的葡萄酒作为庆祝。

➲旅游局

☏ 02 41 38 87 30

拉斯多甜酒之夜(La Nuit du Vin Doux, à Rasteau，沃克吕兹省)，每年8月15日的前夜举行：在节日期间，大家能够品尝到当地的葡萄酒和土特产。

➲韦松拉罗迈讷(Vaison-la-Romaine)旅游局

☏ 04 90 36 02 11　🖷 04 90 28 76 04

加亚克葡萄酒节(Fête des Vins, à Gaillac，塔恩省)，每年8月的第二个周末举行：大批葡萄酒农都会参加这个活动，有葡萄酒品尝、美食餐会以及各种游艺活动。

➲旅游局

☏ 05 63 57 14 65　🖷 05 63 57 61 37

芳桐的味道和香气(Saveurs et Senteurs du Frontonnais, à Fronton，上加龙省)，每年8月的第三个周末：芳桐区葡萄酒盛会，还搭配着当地的美食。

➲市政府

☏ 05 62 79 92 10　🖷 05 62 79 92 12

英格汉斯酒农节(Fête des Vignerons d´Éguisheim，上莱茵省)，每年8月的最后一个周末举行：节日期间人们可以品尝到阿尔萨斯地区最具代表性的葡萄酒及当地的特产。

➲旅游局

☏ 03 89 23 40 33　🖷 03 89 41 86 20

特里加斯丹葡萄酒及松露节(Vins et Truffes en Tricastin)，每年圣诞节前的周末在格里酿(德龙省)举行：在年尾的节日前，可以享受葡萄酒与松露的完美搭配。

➲旅游局

☏ 04 75 46 56 75, 04 75 46 56 64

🖷 04 75 46 55 89

世界上的其他葡萄酒节

德国

摩泽尔葡萄酒节（Festival du Vin en Moselle），每年9月初举行：在5天的庆典中，有烟火和行会游行，人们在狂欢中饮用掉大量葡萄酒。这个地区一年中有许多葡萄酒节：摩泽尔葡萄酒周（5月的最后一周）、大型葡萄酒节（8月）、新酒节（11月），后者是一个品尝当地高档白葡萄酒的好机会。

塞浦路斯

利马索尔葡萄酒节（Fête du Vin, à Limassol），每年9月举行：8月底采摘过后，在特罗多斯山向阳的南面和西南面山坡上，人们可以在10天中免费品尝当地的葡萄酒。酒庄会组织参观和葡萄酒品鉴。

西班牙

巴兰特斯红酒节（Fête du Vin Rouge, à Barrantes），每年6月的第一个周末举行：品尝当地的葡萄酒和特产美食，例如烤鱿鱼。

阿尔巴利诺葡萄酒节（Fête du Vin Albarino），每年8月的第一个周日在塞尔奈斯（Salnès）举行：这个节日始于1952年，是由几个朋友发起的，这曾是第一个针对单独一款葡萄酒的节日。但到了今天，它已经成了一个盛大的公众化及商业化的节日。

佩尼亚菲尔采收节（Fête des Vendanges, à Peñafiel），每年10月的第一个周末举行：节日期间有葡萄酒品鉴、音乐演奏会、表演，绘画比赛，对刚压榨完的葡萄汁的品鉴，以及采收音乐会。在同一时段进行的还有博物馆周，这是一个免费参观该地区的好机会。

意大利

梅拉诺葡萄酒节（Fête du Vin, à Mérano，白云石山），在每年的采收节期间举行：根据传统，在装瓶之后，人们会品尝每一个酒庄的新酒并选出最佳酿造者。

斯波密诺尔节（Sporminore，多天奴），每年6月的第一个周末举行：葡萄酒竞赛伴随着民俗表演；5位酿酒专家会用2个晚上的时间分类别选出最佳葡萄酒，并向其颁发年度葡萄酒大奖。

奥特扎诺葡萄酒节（Fête du Vin, à Ortezzano），每年9月的第三个周末举行：在这个周末中，市中心变身为一个巨大的风味餐厅，在这里，人们可以品尝到葡萄酒和当地的特色美食；借此机会，居民们会成为演员，展示葡萄酒生产的不同步骤，采收，用脚压榨……直至酿成。

葡萄牙

采收节终结日（Fin de la Fête des Vendanges，杜罗河地区），每年9月举行：在经过了一个月的欢庆之后，卡尔穆地区的诺瓦葡萄园的采收季以向圣主路易莎敬献由甘蔗、葡萄串、鲜花和橄榄枝制成的花束作为终结，这个花束要由最年轻的采收者负责敬献。

采收节（Fête des Vendanges），每年九月在帕尔迈拉［Palmela，塞图巴尔（Setubal）附近］举行：所有人都可以参与，还可以赤脚踩葡萄。

斯洛文尼亚

马里博尔老藤节（Stara Trta, à Maribor），每年10月举行：这个节日是为了庆祝一棵树龄超过400年的“老葡萄藤”

的丰收，它是欧洲，甚至可能是全世界最老的葡萄树。它的树干周长81厘米，枝杈有几米长，长在该市历史街区中一栋16世纪的住宅里。这一天，农民们会穿着传统服饰，采收树上的葡萄串，并在充满传统特色的小乐队的伴奏下对葡萄进行压榨。接下来，人们会将来自于这棵老树的葡萄酒倒入小瓶子中，赠予周围的其他城市，作为和平的象征。

瑞士

沃韦酒农节（Fête des Vignerons, à Vevey），每代人举行一次：这个世界上独一无二的节日在每百年中只举办几次；第一届酒农节在1797年举办，之后几届的年份分别为1819年、1833年、1851年、1865年、1889年、1905年、1927年、1955年、1977年以及1999年。下一次节日将在2021年举办。

瓦莱州葡萄酒节（Rencontres Vinicoles du Valais），每年9月的第一个周末在谢尔（Sierre）举办：这是瑞士葡萄酒行家与瓦莱州最优秀的葡萄酒酿造者的一场重要聚会。在这里，人们可以领略到40多个葡萄品种和1500个不同酒庄的风采。此外，还有基础品鉴课程和各种表演（橡木桶制作、香气的认知）。

加拿大

奥肯那根谷葡萄酒节（Festival du vin, à Okanagan Valley），每年10月初举行：在为期10天的节日期间，整个城市的人们通过品尝地方特产美食和组织文化表演来庆祝采收结束，节日会一直持续到感恩节。

阿根廷

路冉得库约采收节（Fête de la Vendange, à Lujan de Cuyo），每年2月中旬举行：节日期间会有新一届采收皇后的选美和加冕、声光表演、传统舞蹈及葡萄酒品尝。

多伦提斯葡萄酒节（Fête du Vin Torrontes），每年11月的最后一个周末在卡法亚特（Cafayate）举行：在为期2天的节日期间，卡法亚特变身为一个品尝当地传统葡萄酒的天堂，还有由画家、音乐家和作曲家参与的文化表演。

贝坦索斯葡萄酒节（Fête du vin, à Betanzos），每年4月的第三个周六举行：这个节日开始于1986年，一般持续10天。在活动的第一天，人们会依照传统悬挂月桂树枝，这是为了纪念以前的葡萄酒农在葡萄酒酿成之后会在酒窖前悬挂月桂枝，以便吸引游客前来购买。节日期间还会有葡萄酒大赛。

欲获取更多信息

- 艾薇琳娜·马尼克（Evelyne Malnic）. 葡萄酒节指南. 福勒菲斯出版社（Fleurus），2002.
- 马克·拉格朗治（Marc Lagrange）. 葡萄酒节，从狄奥尼索斯到圣文森特. 费雷出版社（Feret），2003.

葡萄酒博物馆

在法国和全世界范围内，有许多专为葡萄酒而设的博物馆，这里是一个用来了解葡萄酒、产区、酿造以及与之有关的人物的理想场所。它见证了葡萄种植及葡萄酒酿造世界的丰富性和多样性。

Tips

"伟大的葡萄酒是一件在不停发展着的艺术作品，绝不会一成不变，就如同考尔德的动态雕塑一般。它带着一种墨守成规的假象，但实际上却不畏岁月流转。它最终的归宿是被人们一饮而尽，连同随之产生的愉悦感一起消散。"［艾米乐·贝诺（Émile Peynaud）］

不容错过的

弗朗什孔泰葡萄与葡萄酒博物馆，位于阿伯瓦（汝拉）：葡萄酒农的发展史和汝拉地区的酿造技术（古法种植、葡萄品种的进化、传统的采收工具、黄葡萄酒的酿造秘诀）全部都展示在贝考德城堡内，这里也是汝拉葡萄酒学院的所在地。城堡周围的葡萄园可以帮助大家认识弗朗什孔泰地区所种植的葡萄品种。

☏ 03 84 66 40 45 　 03 84 66 40 46

下奥弗涅地区葡萄及葡萄酒博物馆，位于欧比耶尔（Aubière，多姆山省）：这里展示了从19世纪末期到20世纪中期，该地区传统的葡萄酒生产技术及特色物件。值得参观的有：葡萄生长周期展示厅、工具展示、制桶作坊、用来展示从葡萄酒酿造到欢庆采摘等不同阶段的声光表演。在这里还可以免费品尝一些奥弗涅区的精选葡萄酒。

☏ 04 73 27 60 04 　 04 73 27 91 35

勃艮第葡萄酒博物馆，位于博纳（金丘）：这个博物馆位于旧时勃艮第大公的宫殿中，馆中有从古代一直到20世纪有关勃艮第葡萄及葡萄酒历史的详尽介绍。在形象展示大厅中，有让·吕尔萨（Jean Lurçat）专门为这里特制的名为"葡萄酒"的挂毯。

☏ 03 80 22 08 19

父子酒窖，位于博纳（金丘）：这个博物馆位于一个古老的修道院中，1796年时，让-帕提亚主教就是在这里开展他的葡萄酒生意的，圣母往见会的修女们保存了庄园的遗迹。位于博纳古老住宅及街道地下的酒窖绵延5公里，300万～400万支葡萄酒被依照传统精细地存放在板条之上，其中最古老的葡萄酒来自于1904年。整个参观过程以品酒作为结束，在烛光中，人们在橡木桶上可以品尝13个著名葡萄园的葡萄酒，其中包括：热夫雷-尚贝丹、夜丘圣乔治、风车磨坊、萨维尼莱博纳……

☏ 03 80 24 53 01

阿尔萨斯葡萄产区及葡萄酒博物馆，位于凯恩斯海姆（上莱茵省）：博物馆位于圣艾蒂安协会的城堡中，这个3层建筑中展示了当地葡萄酒行业的历史以及葡萄种植和葡萄酒酿造技术。值得参观的内容有：复原版的葡萄酒窖、采收车、一系列压榨机，其中最古老的可以追溯至1716年；尤其不能忽略的是存储了5万支葡萄酒的酒窖，这里面包括了从1947年开始的所有年份。

☏ 03 89 78 21 36

开酒器博物馆，位于梅纳（Ménerbes）（沃克吕兹省）：在多梅因城堡（Domaine de la Citadelle）中展示着上千款各式开酒器，从17世纪的古董一直到今天的最新式样一应俱全，并按不同主题进行了分类。

☏ 04 90 72 41 58　🖷 04 90 72 41 59

葡萄酒博物馆，位于巴黎：这个博物馆中展示的是葡萄种植过程的方方面面，它由若干个小酒窖组成，位于帕西修道院（15世纪）古老的储藏室中，充满了艺术气息和传统特色。蜡像表现的是生产葡萄酒的场景，参观结束后还可以进行品鉴。

☏ 01 45 25 63 26　🖷 01 40 50 91 22

木桐庄园葡萄酒艺术博物馆，位于波亚克（纪龙德省）（需要提前预约）：博物馆由菲利普·罗斯柴尔德男爵和他的夫人宝琳创建，位于这个波亚克一级酒庄中一个建于19世纪的酿造车间内。博物馆里收藏了大量与葡萄树和葡萄酒有关的珍贵展品，其中一些可以追溯到古希腊和古埃及时代（画作、花瓶、水壶、玻璃制品、陶器、金银器、挂毯、瓷器、铜器、雕塑……），这些展品来自于四面八方。来访者还可以参观酿酒车间和酒窖，并品尝葡萄酒（需要付费）。

☏ 05 56 73 21 29　🖷 05 56 73 21 28

博若莱葡萄酒村博物馆，位于罗马内什托兰（Romanèche-Thorins，索恩-卢瓦尔省）：博物馆位于旧日的罗马内什托兰火车站中，面积超过10000平方米，通过娱乐和互动的方式展现了葡萄树与葡萄酒的历史，其中包括地质学-葡萄种植学空间、嫁接与葡萄品种的视听介绍、本地区葡萄酒的PPT展示、展现博若莱和马孔区风光的美丽壁画，以及许多奇特的表演。参观结束后，还可以品尝乔治·杜波夫3个酒园的葡萄酒。

☏ 03 85 35 22 22　🖷 03 85 35 21 18

安茹葡萄及葡萄酒博物馆，位于圣朗贝尔-迪拉泰（Saint-Lambert-du-Lattay，曼恩-卢瓦尔省）：这里通过感官与实践等不同方式，借助于实物及文献来介绍安茹地区的葡萄酒。在参观结束时，“品鉴喷泉”会向参观者展现当地的一些传统习俗（行会、美食、葡萄酒节）以及该产区的葡萄酒（萨韦涅尔、安茹红葡萄酒、莱昂区葡萄酒），参观者可以用专门的“安茹”酒杯进行品鉴。

☏ 02 41 78 42 75　🖷 02 41 78 59 64

比热酒窖（Le Caveau Bugiste），位于瓦纳（Vongnes，安省）：这里采用PPT的形式介绍葡萄种植、葡萄酒酿造、烈酒的蒸馏和陈酿，可以帮助参观者全面了解比热地区和这里的风土条件。这个充分展示了酿酒传统的博物馆中，收藏了大量古老的生产器具（超过1300款）和与葡萄种植及葡萄酒酿造有关的实物。参观者还可以在酒吧中进行品鉴。

☏ 04 79 87 92 32　🖷 04 79 87 91 11

别具一格的

维诺拉马葡萄酒博物馆，位于波尔多（纪龙德省）：通过13张图画重现了自古罗马时代直到19世纪波尔多葡萄酒发展史上重要的历史时刻。在这里还可以品尝到人们根据古书记载的方法所酿造出的古罗马葡萄酒、19世纪50年代的典型葡萄酒以及现代葡萄酒。

☏ 05 56 39 39 20

夏尔特龙博物馆，位于波尔多（纪龙德省）：博物馆位于一座18世纪葡萄酒批发商所居住的古老住宅中。这里有别具一格的酒库和19世纪的酒标收藏。

☏ 05 57 87 50 60　🖷 05 57 87 50 67

压榨机博物馆，位于尚普利特（上索恩省）：这里收藏着弗朗什孔泰、勃艮第和香槟地区从17世纪至20世纪所使用的压榨机，还有两个蒸馏车间和制桶车间。

☎ 03 84 67 82 00　📠 03 84 67 82 09

安塞姆神父酿酒工具博物馆，位于新教皇城堡（沃克吕兹省）：这里保存着种植葡萄酒及酿造葡萄酒所使用的工具：16世纪的压榨机、古罗马时代的双耳尖底瓮、犁、破碎机、大酒桶……

☎ 04 90 83 70 07　📠 04 90 83 74 34

迪拉斯大公城堡葡萄与葡萄酒博物馆（洛特-加龙省）：这里展示了从18世纪起，葡萄与葡萄酒的发展史。

☎ 05 53 83 77 32　📠 05 53 64 97 99

葡萄与葡萄酒博物馆，位于雷兹年-科比埃（奥德省）：博物馆位于一个19世纪的古老葡萄酒农庄里，这里展示的是朗格多克葡萄酒农们的日常生活。

☎/📠 04 68 27 37 02

蒙孔图尔城堡，位于勒尼（Reugny，安德尔-卢瓦尔省）：建在山洞中的酒窖里，保存着3000件生产工具，通过它们，参观者可以重温葡萄酒酿造的历史以及与葡萄酒有关的不同工种的发展演变过程。在参观结束时，人们还可以品尝到武弗雷和都兰地区的葡萄酒。

☎ 02 47 52 94 95

南特产区博物馆，位于勒帕莱（大西洋卢瓦尔省）：这里收集了从16世纪一直到今天的1000多个酿酒工具和机器，人们还可以进行品鉴。

☎ 02 40 80 90 13　📠 02 40 80 49 81

葡萄酒农博物馆，位于拉斯多（沃克吕兹省）：这里展示着旧时葡萄酒农们使用的工具，葡萄酒室中存储着2000支葡萄酒，其中许多都超过百年的历史。

☎ 04 90 46 11 75　📠 04 90 83 78 06

维尼玛日葡萄酒博物馆，位于吕奥姆（Ruoms，阿尔代什）：通过娱乐和互动的方式来介绍阿尔代什葡萄酒、阿尔代什的风土条件以及酿造方式，还有大屏幕视频和宣传册。此外，参观者还可以品尝葡萄酒。

☎ 04 75 93 85 00

都兰葡萄酒博物馆，位于图尔（安德尔-卢瓦尔省）：博物馆位于圣于连修道院（13世纪）的储藏室中，这里向公众介绍了所有都兰地区的葡萄种植历史，家庭及社会礼仪习俗，行会组织等。

☎ 02 47 61 07 93　📠 02 47 21 68 90

葡萄及香槟博物馆，位于韦尔兹奈（Verzenay，马恩省）：建立于1909年，周围围绕着葡萄园。博物馆展示了整个香槟地区的历史。

☎ 03 26 07 87 87　📠 03 26 07 87 88

其他博物馆

主宫医院博物馆，位于博纳（金丘）：这里是每年进行葡萄酒拍卖的地点。

☎ 03 80 24 45 00　📠 03 80 24 45 99

葡萄酒及内河航运博物馆，位于贝尔热拉克（多尔多涅省）。

☎ 05 53 57 80 92

拉尚特利葡萄酒博物馆，位于卡奥尔（洛特省）。

☎ 05 65 53 20 65　📠 05 65 53 20 74

葡萄酒及橡木桶博物馆，位于希农（安德尔-卢瓦尔省）。

02 47 93 25 63

干邑民俗博物馆，位于干邑区（夏朗德省）。

05 46 94 91 16　05 46 94 98 22

香槟博物馆，位于埃佩尔奈（马恩省）。

03 26 51 90 31

葡萄与葡萄酒民俗博物馆，格拉迪尼昂（Gradignan，纪龙德省）。

05 56 89 00 79

本笃会修道院博物馆（酩悦香槟公司），位于欧维尔（Hautvillers）（马恩省）：这里展示了唐·佩里农（Dom Pérignon）的生活及成就。

03 26 51 20 20

雅马邑民俗博物馆，位于拉巴斯蒂德-雅马邑（Labastide-d´Armagnac，朗德省）。

05 58 44 88 38

地区葡萄及葡萄酒博物馆，位于蒙梅利扬（萨瓦省）。

04 79 84 42 23

软木塞及酒塞博物馆，位于梅赞（Mézin，洛特-加龙省）。

05 53 65 68 16

利布尔纳民俗博物馆，位于圣埃米利永山（纪龙德省）。

05 57 74 56 89

香槟之家，位于厄伊（OEuilly，马恩省）：一家户外的民俗博物馆。

03 26 57 10 30　03 26 52 65 63

蒸馏器博物馆，位于圣德西哈（Saint-Désirat，阿尔代什省）：让·古迪耶烧酒厂。

04 75 34 23 11　04 75 34 28 81

葡萄树博物馆，位于圣普尔桑（阿利埃）。

04 70 45 62 07

世界范围内的葡萄酒博物馆

德国

摩泽尔葡萄酒博物馆（Musée du Vin de la Moselle），位于贝恩卡斯特尔-屈斯（Bernkastel-Kues）：这里展示着酒农们在一年之中所使用的劳动工具、相关文献、收藏的各式酒杯，以及其他葡萄酒产区的特色容器。

00 49/65 31 41 41　00 49/65 31 41 55

布罗姆泽堡葡萄酒博物馆（Musée du Vin, à Bromserburg）：世界上最大的葡萄酒博物馆之一，它位于一座古老的隐修园中，可以欣赏到莱茵河的景致。这里有狭窄的楼梯、石头形的拱门以及面朝莱茵河的庭园。博物馆通过许多不同的物件向人们展示从古罗马时代直到今天的葡萄酒发展史：罗马时代的双耳尖底瓮、有着几百年历史开酒器、17世纪的玻璃酒瓶、酒盏、酒杯、潘趣酒的酒碗、醒酒器、16世纪的木质压榨机、各种形状、各种尺寸的酒桶。参观者还可以品尝红、白葡萄酒及气泡酒。

00 49/67 22 23 48

斯图加特-乌尔巴赫葡萄种植博物馆（Musée de Viniculture, à Stuttgart-Uhlbach）：通过古老的压榨机、大橡木桶、酒杯、平底大口杯和各种材质的小口酒壶（黏土、玻璃、粗陶、锡等），以及收集的各式开酒器来展示巴登-符腾堡地区的葡萄酒酿造历史。与葡萄树有关的各种主题介绍。在参观结束时，来访者可以在一个品鉴沙龙中品尝到7家斯图加特酿酒合作社的产品，每家2款不同的葡萄酒。

☏ 00 49/711 32 57 18

西班牙

格里夫葡萄酒博物馆（Musée du Vin El Grifo），位于兰萨罗特岛（Lanzarote）：在这个建于1775年，以火山石为建筑材料的酒库中，展示着西班牙50年中（19世纪末-20世纪中叶）葡萄酒酿造的发展过程：古老的压榨机、破碎机、装瓶设备以及用来酿造白兰地的实验室。在葡萄酒及酒具商店和品鉴大厅中会定期举办葡萄酒初级课程。

☏ 00 34/92 85 24 036 ⎙ 00 34/92 88 32 634

纳瓦尔卡内罗葡萄酒博物馆（Villa Real, à Navalcarnero）［埃斯特雷马杜拉（Estremadure）］：博物馆位于一个19世纪的酒库中，它是一个手工开凿的长廊，砖砌的墙壁和拱门带有典型的卡斯蒂利亚风格。在这里展示着酒瓮、木质酒桶以及其他与葡萄酒有关的设备和工具。

☏ 00 34/91 81 011 42

露琪亚别墅葡萄酒博物馆（Musée du Vin de la villa Lucia），位于拉瓜迪亚（Laguardia，里奥哈）：在这里，人们可以了解里奥哈葡萄酒的生产全过程。品鉴葡萄酒并参观建于12世纪的法布里斯塔酒庄（Domaine El Fabulista）。

☏ 00 34/945 600 032

瓦拉多利德省葡萄酒博物馆（Musée provincial du vin, à Valladolid）：博物馆旨在向公众介绍卡斯提尔-莱昂（Castille-Léon）的葡萄种植及葡萄酒酿造史。人们还可以品尝葡萄酒。

☏ 00 34/945 600 032

英国

哈维葡萄酒博物馆（Harvey´s Wine Museum），位于布里斯托尔（Bristol）：这里专门接待那些雪莉酒和波特酒爱好者，帮助他们了解这两款葡萄酒的历史。博物馆中还收藏了大量水晶制的和银制的杯子，其中包括74个1680年的葡萄酒和雪莉酒醒酒器，此外，还有古老的银器（瓶底大口杯、漏斗、品尝杯……）、布里斯托尔的蓝色杯子、酒塞、酒瓶、开酒器，以及许多与葡萄酒有关的艺术作品（绘画、乐谱）。

☏ 00 44/530 852 0310 ⎙ 00 44/209 755 7813

匈牙利

托卡斯瓦葡萄酒博物馆（Musée Viticole de Tolcsva）：博物馆位于陶家宜产区的曼都费斯（Mandulfis）和库特帕卡（Kùtpadka）两个葡萄园之上，奥廉穆斯酒庄的酒库主管会引领游客参观酒窖。总长4公里的网络形酒窖中储存着3000多个橡木桶。

☏ 00 36/47 384 240

意大利

鲁菲娜葡萄与葡萄酒博物馆（Musée de la Vigne et du Vin, à Rufina，波焦雷阿莱别墅）：分4个主题介绍了该地区与葡萄酒有关的全部历史——葡萄种植（劳动工具、以视频的形式回顾了20世纪50年代的葡萄采摘节）、酒窖内工序（有一个真正的酿酒槽，里面充满了葡萄果渣的气味）、葡萄酒及相关容器（制桶工具、意大利长颈大肚瓶、戴尔维沃的玻璃器皿清单）、葡萄酒贸易及消费（酒标、诗歌、书信……）。

📞 00 39/055 839 7932

世界葡萄酒酒标博物馆（Musée international des étiquettes du vin），位于库普拉蒙塔纳（Cupramontana）：这里收集了来自于世界各地的10万个酒标，并按照历史、艺术及现代主题对其中2000个酒标进行了展示。

📞 00 39/0731 780199

葡萄酒艺术博物馆（Musée de l´Art du Vin），位于斯塔福洛（Staffolo）：在一个城堡中展示着旧时葡萄酒农们所使用的工具——酒槽、酒桶、破碎机、手工吹制的玻璃装瓶器，以及一个非常特别的1695年的压榨机。参观者还可以品尝葡萄酒。

📞 00 39/0731 771 040

赛拉&莫斯卡葡萄酒博物馆（Musée du Vin Sella & Mosca），位于阿尔盖罗（Alghero，萨萨里省）：通过19世纪末的许多照片和实物介绍了葡萄酒的酿造。

📞 00 39/079 997 700　📠 00 39/079 951 279

雅思提之家（Maison de l´Asti），位于雅思提：坐落于产区工会［雅思提保护协会（Consorzio dell´Asti）］的所在地，这里有情景重现、照片、广告，以及其他与蜜丝佳桃雅思提葡萄酒酿造有关的实物。

📞 00 39/0141 594 215

爱芭葡萄酒博物馆（Musée Ratti des Vins d´Alba），位于拉梦罗村（La Morra，圣马丁修道院）：博物馆中收藏了酒瓶、瓶塞、开酒器、酒杯、酿造工具以及与葡萄有关的文献（需要提前预约）。

📞/📠 00 39/0173 50 185

彼尔蒙地区葡萄酒博物馆（Musée de l´OEnothèque Régionale Piémontaise），位于格林扎纳-卡沃尔（Grinzane Cavour）：这里展示着种植葡萄及酿造葡萄酒所使用的古老设备和实物，并且在卡沃尔城堡中仿造了一个制桶作坊。

📞 00 39/0173 262 159

马天尼酿酒历史博物馆（Musée Martini d´Histoire de l´oenologie），位于基耶里（Chieri）：博物馆中收藏了从伊特鲁利亚时代直到今天的与葡萄酒有关的实物，其中包括一辆17世纪的农用车和一个18世纪的大型压榨机。在这里人们可以了解味美思的生产过程。

📞 00 39/011 94 191　📠 00 39/011 94 191

兰伽罗第葡萄酒博物馆（Musée du Vin Fondation Lungarotti），位于托尔吉亚诺（Torgiano）：通过展示生产工具的变迁、保存葡萄酒的方法，以及葡萄酒的运输和侍酒来给公众们上了一堂历史课，让大家更加了解这种神圣饮料的饮用方式。

📞 00 39/75 9880 200　📠 00 39/75 985 294

卢森堡

葡萄酒博物馆（Musée du Vin），位于埃南（Ehnen）：博物馆坐落于一家葡萄酒批发商的老房子中，这里展示着葡萄酒酿造的图片和工具、葡萄酒瓶、1848年的巨大压榨机、酒桶制作过程等。在博物馆后面的葡萄园中，有卢森堡所有的葡萄品种。在参观结束时，人们还可以品尝当地葡萄酒。

📞 00 352/76 00 26

葡萄牙

圣弗朗索瓦酒窖博物馆（Musée du Vin des caves de Saint-François），位于丰沙尔（Funchal，马德拉）：这里收藏着与马

德拉葡萄酒有关的文献和实物（圣港岛17世纪的木质压榨机、商业用品、测量器、酒标、桃花心木或橡木的酒槽）。博物馆忠实地重现了19世纪50年的氛围，采用试听技术介绍马德拉葡萄酒，人们还有机会品尝到老年份的马德拉酒。

☏ 00 351/91 74 01 10　🖷 00 351/91 74 01 11

斯洛伐克

普雷肖夫葡萄酒博物馆（Musée du Vin, à Presov）：它是斯洛伐克国家博物馆的一部分，位于一个16世纪的古老酒窖中，这里收集了1200支独一无二的斯洛伐克、摩拉维亚以及世界其他地方的葡萄酒，可以让参观者进一步熟悉葡萄酒的酿造历史。在这里，参观者还可以看到由日本皇室成员之一的冢本（Toshiko Tsukamoto）所酿造的红光庄园葡萄酒，或是1942年的拉加德赛美蓉葡萄酒，这是美洲大陆最古老的葡萄酒。博物馆同样向参观者提供品鉴葡萄酒的机会。

☏ 00 421/51 773 31 08　🖷 00 421 51 733 665

布拉迪斯拉发葡萄酒博物馆（Musée du Vin, à Bratislava）：帮助公众了解葡萄酒的发展历史（仅限于斯洛伐克葡萄酒）。

☏ 00 421/2 59 20 51 41

瑞士

瓦莱州葡萄与葡萄酒博物馆（Musée Valaisien de la Vigne et du Vin），位于艾格勒（Aigle）：博物馆占地面积巨大（有17个厅），通过实物和许多场景的重现来介绍葡萄种植及葡萄酒酿造的发展史，其中包括1833年沃韦酒农节的一段音乐片。

☏ 00 41/466 21 30　🖷 00 41/466 21 31

苏黎世葡萄酒博物馆（Musée du Vin de Zurich），位于韦登斯维尔（Wädenswil）：通过许多实物来介绍当地的葡萄酒，其中包括一台1761年的橡木制压榨机，重达23吨，宽13米，以及一台19世纪的抗冰雹设备；博物馆中的一部分空间专门用来介绍19世纪中叶的根瘤蚜虫病给欧洲葡萄园所带来的破坏性影响；这里还种植着许多失传已久的葡萄品种。

☏ 00 41/01 781 3565

南非

斯泰伦博斯葡萄酒博物馆（Stellenryck Wijn Museum, à Stellenbosch）：在一个18世纪下半叶建造的农场酒窖中，大量的工具和实物讲述着与葡萄酒酿造有关的历史和文化（公元前8~17世纪的以色列酒罐、古希腊和古罗马时代的双耳尖底瓮、16世纪的日式陶瓷酒壶等）。

这里还收藏着独一无二的康斯坦莎（Constantia）葡萄酒（几百支依然带着原始酒标的葡萄酒，最老的一支是1791年的）。

☏ 00 27/21 888 35 88

阿根廷

葡萄与葡萄酒博物馆（Musée de la Vigne et du Vin），位于卡法亚特（Cafayate）：博物馆向公众介绍卡法亚特和卡尔查基谷葡萄酒的发展史，这里有许多从古时到现代人们所使用的机器和工具（酒瓮、皮制破碎机、大酒桶、压榨机、1950年从法国进口的破碎机等）。

☏ 00 54/086 821 125

圣菲利普葡萄酒博物馆（Musée du Vin San Felipe），位于门多萨：这是拉丁美洲地区最重要的博物馆之一，位于茹若酒窖内（Bodega La Rural）。这里收藏着4500件实物（古老的压榨机、制桶工具、殖民时期的陶制容器、酿酒学书籍、马车、20世纪初的法式手工装瓶机）。

☏ 00 54/800 666 59 99

加拿大

葡萄酒博物馆（Musée du Vin），位于基隆拿（Kelowna）：这里有着可以帮助你了解奥肯那根地区葡萄酒历史的一切事物，从古代直到20世纪30年代。博物馆中保存着数量众多的珍稀酒瓶和酒标。这里非常具有代表性的展品是公元前1千年的古船和20世纪30年代的压榨机。参观者们还可以进行葡萄酒品鉴。

☏ 00 1/250 868 0441 🖷 00 1/250 868 9272

中国

葡萄酒博物馆（Musée du Vin），位于澳门：博物馆的占地面积为1400平方米，这里收藏着上千个葡萄酒瓶（756支商业用酒及359支收藏用酒）、与葡萄酒有关的实物，并且有相应的场景再现，通过这些，人们可以充分了解葡萄牙葡萄酒的酿造历史。参观者还可以品尝到许多新兴葡萄园的葡萄酒。

☏ 00 853/79 84 108/151/188

日本

葡萄酒博物馆（Musée du Vin），位于大阪：在这里，通过许多实物人们可以回顾世界葡萄酒发展历程。在博物馆所附带的餐厅中，参观者还可以品尝到来自世界各地的葡萄酒。

☏ 00 81/6 6613 2411 🖷 00 81/6 6613 2456

品鉴俱乐部与葡萄酒吧

想要愈行愈远

在学习和了解葡萄酒的过程中，没有什么比实践更加有效了。为了满足大家对葡萄酒知识的渴望，许多葡萄酒爱好者俱乐部和葡萄酒吧应运而生。

Tips

“那些深谙品鉴之道的人，他们饮用的不再是葡萄酒，而是玄之又玄的秘密。”［萨尔瓦多·达利（Salavador Dali）］

品鉴俱乐部

要评判葡萄酒，不一定非得成为精通葡萄酒的人或是著名侍酒师。了解酿造葡萄酒所采用的葡萄品种、产区、年份和保存条件有利于你更好地了解葡萄酒，欣赏它，喜欢它。

多变的形式

除了专业培训以及培养葡萄酒从业者的大学以外，俱乐部及品鉴学校可以在一种融学习与交际于一身的气氛中，向葡萄酒爱好者们提供学习、深化及完善葡萄酒知识的机会。这样的场所多种多样，适合有着各种不同需求和不同消费水平的人群。从最娱乐性的到最

专业化的。

根据不同的需求

目前一些专为培养葡萄酒从业人员的课程，例如波尔多葡萄酒工艺学院或是第戎居由学院所开设的科目，也会以成人职业教育的形式向葡萄酒爱好者开放，并且颁发葡萄酒品鉴专业的大学文凭（DU）。

大多数地区性的葡萄酒机构（波尔多、勃艮第、阿尔萨斯、汝拉、卢瓦尔河谷、博若莱等地的行业办公室）也面向公众设立了“葡萄酒学校”。在这里，根据不同的课程编排，人们可以进行1天、2天，甚至4天的初级或高级实习，参加酿酒学周末班、到葡萄园进行亲身体验，或是参与主题之夜。在夏天的时候，这些机构还开设持续时间较短的入门课程。

根据不同消费水平

人们还可以求助于协会或是私人俱乐部。例如，由乔治·乐培管理的品酒汇葡萄酒学院（l´Institut du Vin du Savour Club）就可以提供2个不同级别的葡萄酒课程（初级和高级），而且这些课程都是与美食结合在一起的。叙兹拉鲁斯葡萄酒大学（L´université du vin de Suze-la-Rousse）也会全年开设初级或高级课程周末班和体验日（尤其是关于餐酒搭配的主题）。位于阿伊市中心独特建筑中的比森格别墅（villa Bissinger）主要从事香槟的教育工作，每年8～10月的每个月第一个周六都会开设相应的课程。丽兹艾思高菲尔烹饪学校（L´école de cuisine Ritz Escoffier）开设了由著名记者兼品鉴师瓦莱丽·德雷科尔（Valérie de Lescure）所主讲的餐酒搭配课程。巴黎葡萄酒博物馆开设不同等级的葡萄酒讲座和初级品鉴课程。法国酿酒师联盟（l´Union des oenologues de France）在它们的“发现葡萄酒”主题实习中，分5次课程来帮助人们学会如何像专业人士那样品酒。

在法国的大部分城市中，都遍布着数量众多的，由专业人士、侍酒师、酿酒师、行业记者所主办的葡萄酒爱好者俱乐部。在这些场所中，人们可以组织以葡萄酒品鉴为主题的朋友聚会。从时长2小时的简单课程到品鉴晚宴，从品尝名不见经传的普通产品到列级名庄酒，各种形式一应俱全。唯一的问题就是你的预算有多少。

其他国家的葡萄酒入门教学

德国

美因兹（Mayence）：德国葡萄酒学院为专业人士和热忱的葡萄酒爱好者开设了许多研修班（多个等级及品鉴测试）。学院还提供德国葡萄酒的英文入门课程，以及为期一周的酒庄参观。

英国

伦敦：英国葡萄酒学院面向那些有志于投身葡萄酒行业的入门人士开设了相关课程。

葡萄酒与烈酒教育基金会（Wine &

Spirit Education Trust）：这里的一系列教育课程都是为了考取葡萄酒大师打基础的。

意大利

艾诺提姆（Enotime）：在意大利多个城市（帕尔马、里米尼、米兰、巴勒莫、佛罗伦萨、的里雅斯特）中开设葡萄酒品鉴课程，由酿酒师法布瑞兹奥·百纳执教。

瓦勒泰乐西纳（Valletelesina）：公众品鉴学院面向初级及高级葡萄酒爱好者推出不同等级的课程。

南非

开普葡萄酒学院（Capewine Academy）：这个国立学校开设了各个不同级别的葡萄酒课程。

美国

纽约：受到WSET课程的启发，国际葡萄酒中心从1994年开始推出葡萄酒教学课程，课程面向那些希望完善自身知识的葡萄酒爱好者或是立志于投身葡萄酒行业的人员。

费城（宾夕法尼亚州）：全年都开设各种等级的葡萄酒课程。

澳大利亚

墨尔本：葡萄酒专业学校面向葡萄酒爱好者和侍酒师专业的学生开设了3个不同等级的课程。

Tips

葡萄酒之夜的定制服务

如今，许多葡萄酒界的大人物开始投资一个新兴行业，那就是私人葡萄酒之夜的定制服务。许多公司已经开始应用这项服务了，他们为自己的中层管理人员或是客户举行以葡萄酒为主题的讲座或晚会，活动中经常会品尝一些价格不菲的名庄酒。许多个人也会求助于专业人士，请他们来为自己定制一场葡萄酒之夜活动。以美酒来款待自己最要好的酒迷朋友是再好不过的方式了。

葡萄酒吧

随着一些新的饮用习惯的诞生，在世界各地的大部分城市中都出现了葡萄酒吧，从巴黎到墨尔本、从罗马到东京，这之中也包括伦敦、马德里或是维也纳。

不同风格的店铺

“葡萄酒吧”这个词对应的其实是一种店铺形式，它们有着不同的风格和气氛，向消费者按杯出售各种档次的葡萄酒。

小酒馆

从20世纪80～90年代起，法国、意大利或西班牙的大城市中，一些传统型的公共小酒馆逐渐受到新型酒吧、酒馆或是葡萄酒主题餐厅的冲击。以往人们会时常跑到街区内小酒馆中，倚着吧台跟熟悉的邻里喝上一杯白葡萄酒或红葡萄酒。但如今那些效仿英语国家而建的新型饮酒场所中的葡萄酒消费量日渐增加，这些店铺装潢考究，按杯售卖品种丰富的葡萄酒。这种趋势刷新了人们头脑中的传统观念，并伴随着消费方式的变革。葡萄酒从一种大众型的日常饮料变身成为一种有选择性地，分场合饮用并带有庆祝和交际目的奢侈的文化类产品。新派消费者们既希望有更多的选择，又需要获得葡萄酒的最新资讯。快来品尝葡萄酒吧，用一杯甜白葡萄酒代替茶来搭配蛋糕，或是用一杯圣爱斯泰夫（Saint-Estèphe）来搭配奥弗涅香肠和烤法国乡村面包片。

一种全新的风格

为了追随这种风潮，原来那些老式的小酒馆也开始提供一些略见高端的服务。斯特拉斯堡传统的“温斯塔博”（winstub）、巴黎的酒馆、罗马的小餐厅（Taverna）以及西班牙的酒窖都与时俱进地丰富了自己所销售的葡萄酒种类，更多地基于质量来挑选产品而不仅仅只是着眼于价格。这种现象在西班牙蔓延极快，当地不乏可以与葡萄酒进行搭配的丰富美食，那些只提供小吃的传统型酒吧被一些更为高雅的场所所替代。一批葡萄酒吧在伦敦、曼彻斯特、纽约、芝加哥、旧金山、达拉斯、悉尼及新加坡发展起来，这充分说明了消费者和游客对葡萄酒的兴趣日渐浓厚。这些葡萄酒吧效仿欧洲的典型风格，甚至许多细微之处都如出一辙，但更为普遍的是这里营造出一种与酒吧、俱乐部、高级餐厅，甚至是葡萄酒商店所相似的氛围。在德语国家也存在这种情况，特别是在奥地利，此类装修精致、国际化的葡萄酒吧发展的势头逐渐超越了维也纳周边的传统型小酒馆。它们的优势不容忽略，顾客可以在店里酒柜间挑选一支葡萄酒，然后直接在店内饮用，而葡萄酒的价格跟普通的零售店别无差异，也就是说比餐馆中便宜很多。澳大利亚和新西兰也不例外，这里的葡萄酒吧风格更为大众化，装修简洁现代，吸引了不少年轻人，特别是女性顾客。

葡萄酒主题餐厅

有的葡萄酒主题餐厅带有明显的怀旧风，有的又会极具现代感。通常创办和管理这些餐厅的都是葡萄酒爱好者，而非普通的餐饮业人士。在这里，葡萄酒才是重头戏，它们一般都是店主或酒农精细挑选的。葡萄酒的价格也会有所调整。人们学会了采用惰性气体来帮助储存开了瓶的葡萄酒，这一技术的应用进一步扩大了产品选择范围。

Tips

意大利，经典实例

作为世界上最大的葡萄酒生产国，意大利人的用餐时间在逐渐缩短，特别是午餐，这和法国一样，与葡萄酒消费量的减少有着直接关系。但是，这个国家更为积极地接受着新的消费形态。从20世纪90年代开始，以往那些意大利人打牌、喝酒的小酒馆逐渐变身为餐厅（廉价小饭店或小酒馆），成了展示当地传统美食和葡萄酒的窗口。新生代的葡萄酒吧[小餐吧（vinaio）、葡萄酒专卖店（enoteca）或小酒馆（fiaschetteria）]在意大利的所有城市中发展起来。它们类似于富有时尚感的咖啡厅，有的则是葡萄酒专卖店的配套设施。这里向顾客提供冷盘及热菜，用来搭配按杯售卖的意大利各产区葡萄酒以及来自于世界各地的葡萄酒。为了与大卖场竞争，葡萄酒专卖店顺应潮流，开设了提供菜肴及按杯售卖的精选葡萄酒的小餐吧。在罗马、米兰、都灵、佛罗伦萨，甚至是热那亚、威尼斯和维罗纳等地都出现了这种现象，它在很大程度上帮助了年轻一带更深入地了解意大利葡萄酒。

葡萄酒与葡萄植株关键词

（葡萄酒品鉴关键词见第315页）

A

乳酸（Acide lactique）：发酵过程中，在乳酸菌的作用下，苹果酸转化的结果。

苹果酸（Acide malique）：来自于葡萄，赋予葡萄酒酸度；在发酵过程中，它会转化为乳酸。

透气（Aération）：让葡萄酒的香气得到释放的过程。

精酿（Affinage）：培养过程。

认证（Agrément）：说明葡萄酒符合相关法律要求的证明。

烧酒（Aguardente，葡萄牙语）：白兰地。

烧酒（Aguardiente，西班牙语）：白兰地。

酒精（Alcool）：葡萄酒的成分之一，即乙醇。

变质（Altération）：葡萄酒状态的变化（物理形态、香气、口感）。

甜美（Amabile，意大利语）：甜的。

美国葡萄酒产区（Americana Viticultural Area）（美国）：生产葡萄酒的区域。

葡萄种植学（Ampélographie）：与葡萄及葡萄品种相关的一门科学。

花青素（Anthocyanes）：葡萄中的红色色素。

原产地监控命名酒（AOC）：同appellation d´origine contrôlée。

优良地区餐酒（AOVDQS）：同appellation d´origine des vins de qualité supérieure（其规定要比原产地监控命名产区制度的规定宽松一些）。

原产地监控命名酒（Appellation d´origine contrôlée）：来自于一个限定的风土条件，遵从法律规定的相关要求（葡萄品种、产量、剪枝方式、酒精度）进行生产，并接受严格检验的葡萄酒。

无核葡萄（Apyrène）：没有果核的葡萄果实。

葡萄白兰地（Aquavite di Uva）（意大利语）：由部分发酵的葡萄汁所酿造出来的白兰地。

硅质黏土（Argilo-silicieux）、钙质黏土（argilo-calcaire）：黏土在土壤构成中占主要成分。

混酿（Assemblage）：将由几种不同葡萄品种所酿造的葡萄酒混合在一起，为了调配出一款和谐的葡萄酒。这是波尔多和香槟地区葡萄酒的基本酿造技法。

柔化（Assouplir）：让葡萄酒中的单宁变得圆润。

串选葡萄酒（Auslese，德国、奥地利）：由延迟采收的葡萄所酿造的葡萄酒。

美国葡萄酒产区（AVA）：见Americana Viticultural Area。

B

巴克斯（Bacchus）：罗马神话中的葡萄和葡萄酒之神。

巴克斯的（Bachique）：与葡萄酒有关的，带有欢庆、纵酒的意思。

盒中袋（Bag-in-Box）：也写作“outre à vin”或“fontaine à vin”。这是一个装在纸盒中的塑料袋子，配有一个龙头，装在其中的葡萄酒可以在开封之后保存若干个月。

公告（Ban，采收公告）：通过法律途径公开告知采收开始的日期。

橡木桶（Barrique）：酒桶、橡木桶。各个地区的橡木桶容量不同（波尔多为225升、勃艮第为228升……）。

精选贵腐霉葡萄酒（Beerenauslese）（德国、奥地利）：由延迟采收的葡萄所酿造的葡萄酒。

子产区（Bereich，德国）：区域。

蛋白（Blanc d´oeuf）：用来澄清葡萄酒。

白中白（Blanc de blancs）：只采用白葡萄品种发酵酿造而成的白葡萄酒。

红葡萄酿造的白葡萄酒（Blanc de noirs）：只采用从红葡萄中获取的白色葡萄汁酿造的白葡萄酒。

酒窖（Bodega，西班牙、拉丁美洲）：同cave、chai或domaine。

灰葡萄孢菌（Botrytis cinerea）：一种生长在葡萄浆果上的真菌，它是用来酿造超甜型葡萄酒的贵腐葡萄产生的原因。

被灰葡萄孢菌感染的（Botrytisé）：受到灰葡萄孢菌感染的葡萄。

波尔多液（Bouillie bordelaise）：含有用氧化钙中和的硫酸铜的溶液，可以用来抵抗霜霉病。

粗糙的（Bourru）：尚在酒槽中的青涩的葡萄酒。

白兰地（Brandy，英语国家）：以葡萄酿造的白兰地。

绝干中的绝干（Brut de brut）：不含残留糖分，也不添加补液的气泡酒。

绝干型（Brut）：一种天然的葡萄酒，指那些所含残留糖分低于15克/升的气泡酒。

气泡（Bulle）：原先溶解在葡萄酒中的二氧化碳释放时产生的气泡。

C

石灰质（Calcaire，风土条件）：赋予葡萄酒力量和热情、圆润和优雅。

完税标签（Capsule congé或CRD）：代表完税的图示，印制在葡萄酒的瓶帽上，这证明葡萄酒获得了运输许可。

儿茶酸（Catéchine）：对红葡萄酒品质有着重要影响的酚类物质。

卡瓦（Cava）：一种气泡酒。

酒窖（Cave）：用来存储和培养葡萄酒的地方。

酿酒合作社（Cave coopérative）：拥有自己葡萄园的酒农组成一个联合体共同酿酒，这个联合体还会负责葡萄酒的销售。

葡萄植株（Cep）：葡萄树的植株。

葡萄品种（Cépage）：葡萄属中的不同葡萄种类。

酒库（Chai）：酒窖的近义词，这里存放着装有葡萄酒的橡木桶。

达到室温（Chambrer）：让葡萄酒达到理想的适饮温度。

香槟法酿造的（Champagnisé）：采用与香槟相同的方法酿造的气泡酒。

酒帽（Chapeau）：在浸皮发酵过程中浮到液体表面的葡萄的固体成分（果皮、果梗、葡萄籽）。

串状（Chapelet）（或细带状 Cordon）：气泡酒倒入杯中后，由于二氧化碳释出而产生的气泡的形态。

加糖工艺（Chaptalisation）：（在法律规定的条件下）向葡萄汁中加糖，这是为了在酒精度不达标的情况下提高酒精度以及葡萄酒的品质。

查尔曼法（Charmat）：一种酿造气泡酒的方法。

庄园（Château）：波尔多的葡萄酒庄。

桃红酒（Clairet，仅限波尔多）：颜色非常浅的红葡萄酒或是颜色很深的桃红葡萄酒。

澄清（Clarifier）：让葡萄酒变得清澈透明。

克拉芙兰瓶（Clavelin）：瓶肩宽、瓶身矮胖的克拉芙兰瓶用于装盛汝拉黄葡萄酒，容量为62厘升（620毫升）。

气候、科利玛（Climat）：对一个确定区域产生影响的气候现象；勃艮第对风土条件的称呼。

克隆（Clone）：通过对母枝进行扦插所得到的葡萄植株，因此二者会有相同的基因构成（克隆选择）。

葡萄园（Clos）：用围墙圈起的葡萄园；有时也作为酒庄或庄园的同义词（例如勃艮第的武若园、香槟的梅尼园）。

瓶颈（Col）：酒瓶前端。

年份（Colheita，葡萄牙语）：同millésime。

凝结过滤法（Collage）：人们采用这种工艺来澄清葡萄酒。

酚类物质（Composés phénoliques）：葡萄酒中含有的酚类衍生物。

放行单（Congé）：葡萄酒可以进入运输环节的凭证，说明卖方已经缴纳了相关的税费。

背标（Contre-étiquette）：贴在酒瓶背面的小酒标，位于正标的反面。

年份（Cosecha，西班牙语）：同millésime。

（酒裙的）颜色（Couleur）：葡萄酒中所含有的多酚类物质是形成酒裙颜色的原因。

结果母枝（Courson或cot）：葡萄树的细枝。

气泡酒（Crémant）：仅限于部分原产地监控命名产区（阿尔萨斯、勃艮第、卢瓦尔河谷、汝拉、波尔多、迪城等等）所使用的气泡酒名称。

陈酿（Crienza，西班牙语）：经过2年陈年的葡萄酒，其中有6个月的陈年是在橡木桶中进行的。

葡萄园（Cru）：来自于某个特殊的风土条件的产品；有时也特指某种风土条件。

列级酒庄（Cru classé）：名庄，由某一专家委员会正式授予了相应的级别。

塑料方形桶（Cubiteneur）：塑料容器，用来销售散装酒。

酿酒槽（Cuve）：用来发酵或保存葡萄酒的容器（木质、不锈钢、水泥等材质）。

单一酒槽酒（Cuvée）：某一个发酵罐、某一个容器或橡木桶中酿出的来自于单一葡萄品种、单一科利马或单一风土条件……的葡萄酒。对于香槟来说，这个词指的是混酿后所得到的酒液。

特酿（Cuvée spéciale）：在香槟地区，混合调配不同酒槽中的酒液，以获得一款独特的香槟。

D

澄清（Débourbage）：通过醒酒来清除杂质。

滗清、醒酒（Décantation）：将葡萄汁与固体物质相分离、去除酒瓶中的沉淀以及让葡萄酒释放香气的相关操作。

降级（Déclassement）：在某款葡萄酒不能达到法律规定的标准时，对其进行变更等级的处理。

吐泥（Dégorgement）（只针对于气泡酒）：在二次发酵时，为了将瓶内的沉淀物集中到瓶口并将其除去而进行的操作。

半干型（Demi-sec ou medium dry）：指香槟中的残留糖分为35~50克/升。

法定产区酒（Denominaçao de Origen Controlada，葡萄牙）：等同于原产地监控命名酒。

法定产区酒（Denominacion de Origen，西班牙）：来自于认证产区的葡萄酒。

法定产区酒（Denominazione di origine controlada，意大利）：等同于原产地监控命名产区酒。

高级法定产区酒（Denominazione di origine controlada e garantita，意大利）：比法定产区酒更高一等的级别。

沉淀（Dépôt）：存在于瓶底的有色或无色的固体物质。

除草（Désherbage）：在葡萄的生长和成熟期内，去除掉葡萄园中的其他杂草。

干燥法（Dessication）：由于失水而导致葡萄浆果内的糖分高度集中。

狄奥尼索斯（Dionysos）：希腊神话中掌管葡萄及葡萄酒的神。

酒庄（Domaine）：某一片葡萄园的拥有者或是由同一业主所拥有的多块葡萄园的总称。

补液（Dosage）：在吐泥之后向香槟中加入的最终调味液，它决定了香槟的类型（绝干、干型、半甜等）

木桶板（Douelle）：用来制作橡木桶的木板。

甜型（Doux）：指香槟中的残留糖分超过50克/升。

E

葡萄园等级（Échelle des crus）：香槟地区村子的分级体系，它可以决定葡萄的价格。

气泡酒（Effervescent）（比mousseux这个词更常用）：葡萄酒中含有二氧化碳，它会以气泡的形式释放出来。

摘取果粒（Égrapper）：将葡萄浆果与果梗分离开。

冰酒（Einswein，德国、奥地利）：同vin de glace。

单一葡萄园（Einzellagen，德语）：风土条件。

制作（Élaborer）：酿造葡萄酒。

培养（Élevage）：在发酵之后，葡萄酒的成熟过程。

全部葡萄品种（Encépagement）：一个葡萄园中所种植的所有葡萄品种。

置于板条架上（Entreillage）：在加入二次发酵糖液后，将装有香槟的酒瓶放置于板条架上。

修剪枝叶（Épamprer）：去除掉徒长枝和不结果的枝桠。

平衡（Équilibre）：葡萄酒中的各个要素处于一种和谐的状态中。

酒庄（Estate，南非）：同domaine或château。

乙醇（Éthanol）：葡萄酒中酒精的主要成分。

酒标（Étiquette）：葡萄酒的身份证，其中包括必须标注的信息和非强制性标注的信息。

超天然（Extra brut）：指香槟中的残留糖分为0~6克/升。

特干（Extra dry）：指香槟中的残留糖分为12~20克/升。

F

酒精发酵（Fermentation alcoolique）：在酵母的作用下，糖分转化为酒精和二氧化碳的过程。

苹果酸-乳酸发酵（Fermentation malolactique）：苹果酸转化为乳酸的过程。

浸皮发酵（Fermentation pelliculaire）：浸泡完整的葡萄浆果。

过滤（Filtration或filtrage）：通过特殊的过滤器对葡萄酒进行澄清的过程，其目的在于分离其中的固体物质和悬浮的胶状物。

酒庄（Finca，西班牙语）：同Domaine。

黄酮（Flavone）：葡萄果实的果皮中所含有的黄色色素。

黄酮类化合物（Flavonoïdes）：多酚物质。

结絮（Floculer）：粘着作用所产生的沉淀。

大桶（Foudre）：容量非常大的橡木桶，有的容量可达几万升。

压榨（Foulage）：在不弄碎葡萄籽的前提下，挤压葡萄果实，使葡萄汁流出。

酒桶（Fût）：容量为200~250升（不同的地区，容量不同）的木桶。

G

陈年性（Garde）：葡萄酒的特性决定了它可以保存很长时间。

二氧化碳（Gaz carbonique）：在酒精发酵和苹果酸-乳酸发酵过程中所产生的气体，也写作“dioxyde de carbone”。

基础级（Générique）：指的是那些地区级的原产地监控命名产区。

滴酒、滴汁［Goutte (jus ou vin de)］：通过流汁方式获得的那部分葡萄酒。

特级珍藏（Gran Reserva，西班牙）：陈年了至少5年的葡萄酒，其中2年是在橡木桶中陈酿的，只有优质年份才会酿造。

大酒（Grand vin）：采用波尔多顶级酒庄最好的酒槽酒所调配而成的葡萄酒。

古拉帕（Grappa，意大利）：果渣白兰地。

嫁接（Greffage）：将葡萄植株与砧木接合在一起，构成气生部分。

自动摇瓶机（Gyropalette）：用来帮助摇瓶的机器。

H

杂交品种（Hybride）：通过将2个不同的葡萄品种进行杂交所获得的植株。

湿度条件（Hygrométrie）：在酒窖中保存葡萄酒所需要达到的湿度（最低70%）。

I

地区餐酒（IGT）：见Indicazione geografica tipica。

6公升装酒瓶（Impériale或Mathusalem）：容量相当于8个标准瓶的酒瓶，约为6公升。

国家原产地命名管理局（INAO）：见Institut national des appellations d´origine。

推荐产区酒（Indicaçao de proveniencia regulamentado/IPR）（葡萄牙）：等同于优良地区餐酒。

地区餐酒（Indicazione geografica tipica/IGT）：等同于法国的地区餐酒。

国家原产地命名管理局（Institut national des appellations d´origine）：法国负责管理葡萄酒及白兰地原产地监控命名产区的机构（法律、政令、监管、法规、实施、建议）。

推荐产区酒（IPR）：见Indicaçao de proveniencia regulamentado。

J

新酒（Joven，西班牙）：两年之内装瓶的葡萄酒。

L

地区餐酒（Landwein，德国、奥地利）：同vin de pays。

迟装瓶年份波特酒（Late Bottled Vintage）（葡萄牙）：陈酿了4~6年的年份波特酒。

迟装瓶年份波特酒（LBV）：见Late Bottled Vintage。

酵母（Levure）：发酵剂。

酒泥（陈酿）［Lies (sur)］：酿造密斯卡得的传统方法，这样可以保存它的少量气泡。

最终调味液（Liqueur de dosage或liqueur d´expédition）：在吐泥之后，向气泡酒中

加入的由糖和基酒组成的补液，它可以决定气泡酒的最终类型。

二次发酵糖液（Liqueur de tirage）：在瓶中二次发酵环节中，向葡萄酒中加入的由糖和酵母组成的混合液。

加烈酒（Liquoroso）（意大利）：同muté。

M

二氧化碳浸皮法（Macération carbonique）：这是一种细胞内发酵；完整的葡萄浆果在充满二氧化碳的容器中进行发酵。

果皮浸泡法（Macération pelliculaire或préfermentaire）：在发酵前，让葡萄汁、果皮和果肉在充斥惰性气体的环境下进行充分地接触，以便获得足够的果香。

浸皮（Macération）：让葡萄汁与果皮和果肉进行接触。

1.5升装酒瓶（Magnum）：容量为1.5公升的酒瓶，相当于2个标准瓶。

果渣（Marc）：压榨后所获得的葡萄果实中的固体物质。

6升装酒瓶（Mathusalem）：容量相当于8个标准瓶的巨大酒瓶（见Impériale）。

成熟过程（Maturation）：葡萄从开始成熟到最终成熟的发展阶段。

成熟（Maturité）：葡萄浆果的大小、含糖量及酸度都趋于稳定的时候。

局部气候（Mésoclimat）：当地的气候。

混酿型葡萄酒（Meritage）：具有波尔多风格的美国混酿葡萄酒。

香槟法（Méthode champenoise）：采用酿造香槟的方法来酿造气泡酒，其中包括瓶中二次发酵（产生气泡）、加入二次发酵糖液、吐泥及加入最终调味液（补液）等步骤。

传统法（Méthode traditionnelle）：香槟地区以外的其他地区酿造气泡酒的方法。

霜霉病（Mildiou）：由于真菌感染所引起的葡萄植株的病变。

果实僵化（Millerandage）：葡萄果实发育不全。

年份（Millésime）：葡萄采收的年份。

蜜甜尔（Mistelle）：采用葡萄汁与酒精调配而成的一种葡萄酒。

慕斯蒂仰（Moustillant）：一种刚刚发酵完的葡萄酒。

葡萄汁（Moût）：酿造红葡萄酒时，通过破皮或压榨所得到的混有固体物质（果肉、果皮、葡萄籽、有时还有果梗）的葡萄汁。

铁丝网套（Muselet，专用于气泡酒）：由铁丝编成的带有四个分支的网套，固定在瓶颈上端的环状突起下，用来压紧气泡酒的酒塞。

中止发酵（Mutage）：通过添加酒精（天然甜葡萄酒、利口酒）或二氧化硫（甜型及超甜型葡萄酒）来中止葡萄汁发酵的行为。

N

15升装酒瓶（Nabuchodonosor）：相当于20个标准瓶的大号香槟瓶。

新酒（Nouveau）：当年的葡萄酒，与Primeur词义相同。

新酒（Novello）（意大利）：同vin nouveau。

O

葡萄酒工艺学（OEnologie）：关于葡萄酒及其应用技术的科学。

葡萄酒工艺学家（OEnologue）：持有葡萄酒工艺学文凭，葡萄与葡萄酒方面的专家。

国际葡萄与葡萄酒局（Office international de la vigne et du vin/OIV）：专门研究与葡

萄及葡萄酒有关的科学、法律、技术及经济方面问题的组织，1924年成立于巴黎。

国家葡萄酒行业局（ONIVINS）：致力于保护、推广及规范法国葡萄酒市场的国家性行业办公室。

添桶（Ouillage）：（用与原酒一样的葡萄酒）不断地向橡木桶或酒槽中添加，以补足蒸发掉的部分。

P

麦秸酒［Paille (vin de)］：采用收获后在麦秸上风干的过熟葡萄酿造的葡萄酒。

绑缚（Palissage）：在木桩之间拴上铁丝，使葡萄枝桠有所攀附并以此来引导葡萄植株的生长。

自然干缩（Passerillage）：过熟的阶段，葡萄果实已经干枯，糖分高度集中。

巴斯德灭菌法（Pasteurisation）：由巴斯德研究出的消灭酒中的微生物，防止酒液变坏的方法。

葡萄皮（Pellicule）：葡萄果皮，不同葡萄品种果皮的颜色会有差异。

微气泡酒（Perlant）：会释放出少量二氧化碳气泡的葡萄酒。

根瘤蚜虫病（Phylloxéra）：寄生在葡萄树上的蚜虫，它们会破坏掉葡萄植株的根部。

发酵剂（Pied de cuve）：当葡萄汁不能自然开始发酵过程时，发酵剂会帮助启动发酵。

踩皮（Pigeage）：用脚踩的方法或是采用自动装置将酒帽压入葡萄汁中。

色素（Pigment）：葡萄浆果中所含的染色物质。

皮克斯白兰地（Pisco，智利、秘鲁）：白兰地。

多酚物质（Polyphénol）：葡萄浆果的固体物质中所含的有机成分。

砧木（Porte-greffe）：能够很好地适应土壤特性的葡萄植株支座，它可以有效地防止根瘤蚜虫病的蔓延。

贵腐葡萄（Pourriture noble）：在一种叫做灰葡萄孢菌的真菌作用下所产生的现象，灰葡萄孢菌会加速葡萄浆果的脱水现象，从而形成“枯果”或“果脯”（例如苏玳地区的贵腐葡萄）。

压榨酒［Presse (vin de) ］：在酿造红葡萄酒后，对剩余果渣进行压榨所得到的酒。

压榨（Pressurage）：通过挤压来获取葡萄汁的操作。

期酒（Primeur (achat de vins en)）：在葡萄酒还未上市前就预先购买的交易形式。

新酒（Primeur）：在当年采摘后迅速酿造并立即饮用的葡萄酒，这类葡萄酒活泼、柔顺、果香馥郁、清爽解渴。

产生气泡（Prise de mousse）：通过瓶中的二次发酵来使气泡酒内产生二氧化碳的过程。

果肉（Pulpe）：葡萄的果肉，葡萄汁就产自于其中。

篓（Puttonyos，匈牙利）：葡萄农所使用的背篓，用来计算陶家宜葡萄酒的含糖量（3~6）。

Q

优质餐酒（QBA）：见Qualitatswein eines bestimmten anbaugbietes。

高级优质餐酒（QMP）：见Qualitatswein mit prädikat。

法定产区酒（Qualitätswein，德国、奥地利）：优质葡萄酒。

**优质餐酒（Qualitatswein eines bestimmten

anbaugbietes/QBA）（德国、奥地利）：加糖葡萄酒。

高级优质餐酒（Qualitatswein mit prädikat/QMP，德国、奥地利）：不允许加糖的葡萄酒。

槲皮酮（Quercétine）：酚类化合物。

酒庄（Quinta，葡萄牙）：物业、波特酒酒窖（在杜罗河地区）。

R

果梗（Rafle）：葡萄串中的木样部分，富含叶绿素、酸和单宁。

葡萄（Raisin）：由果皮包裹着果肉和果核的浆果。

糖折射计（Réfractomètre）：用来测量葡萄含糖量的仪器，其目的是为了确定采收日期。

珍藏（Reserva，西班牙）：经过了3年陈酿的红葡萄酒，其中至少有一年是在橡木桶中进行的。

白藜芦醇（Resveratrol）：葡萄酒中所含有的多酚类物质。

年份（Rimage）：巴纽尔斯地区对年份的称呼。

宝石红波特酒（Ruby，葡萄牙）：最少陈酿2～3年的波特酒。

S

放血法（Saignée）：从底端打开酿酒槽，让一部分经过浸皮的葡萄汁在重力的作用下流出。

干型（Sec或Dry）：指香槟中所含的残留糖分为17～35克/升。

干型（葡萄酒）：不含任何还原糖。

干型（Secco，西班牙、葡萄牙）：同Sec。

干型（Seco，意大利）：同Sec。

索雷拉法（Solera，西班牙）：这是一种将雪莉酒在数个橡木桶中陈酿数年的方法。

侍酒师（Sommelier）：餐厅中负责侍酒的人员。

换桶（Soutirage）：为了将澄清的葡萄酒与酒渣分离开来所进行的操作。

晚摘葡萄酒（Spätlese，德国、奥地利）：由延迟采收的葡萄所酿造的葡萄酒。

稳定（Stabiliser）：采用生物、物理或化学方法来让葡萄酒变得更加稳定。

二氧化硫处理（Sulfitage）：向葡萄汁中加入二氧化硫来杀菌并防止其氧化。

过熟（Surmaturation）：葡萄或葡萄串已经超过了正常的成熟程度。

T

普通餐酒（Tafelwein，德国、奥地利）：同Vin de Table。

剪枝（Tailler）：将葡萄植株剪成某种特定的形态，以便控制它的产量。

小酒杯（Tastevin或Taste-vin）：专门用来品尝葡萄酒的杯子。

品酒骑士协会品鉴（Tastevinage）：对选出的有资格代表各个原产地监控命名产区的样酒进行品尝（勃艮第）。

茶色波特酒（Tawny，葡萄牙）：在橡木桶中陈酿了至少7年的波特酒。

精选干颗粒贵腐霉葡萄酒（TBA）：见Trockenbeerebauslese。

风土条件（Terroir）：某个生产商或酒庄所拥有的因品质而取胜的地块。与葡萄园意思相近，它涵盖了土壤、葡萄品种及微气候等要素。

顶级香槟（Tête de cuvée）：酿造这种香槟所使用的葡萄来自于特殊的风土条件并经

过了精心筛选，仅使用头道汁作为原料，它代表的是不可多得的高品质。

控温技术（Thermorégulation）：通过降低或升高酿酒槽或葡萄汁温度的方法来放缓或提高发酵的速度。

红色（Tinto，西班牙、葡萄牙）：同Rouge。

酒精浓度（Titre）：葡萄酒的酒精度。

筛选（Tries）：通过连续筛选的方式采收到达过熟状态的葡萄，用来酿造超甜型葡萄酒。

精选干颗粒贵腐霉葡萄酒（Trockenbeere-bauslese/TBA）（德国、奥地利）：采用受到灰葡萄孢菌感染的葡萄酿造的葡萄酒。

V

推荐产区葡萄酒（VCIG）：见Vino de calidad con indicacio geografica。

天然甜葡萄酒（VDN）：见Vin doux naturel。

收获的葡萄（Vendange）：指葡萄本身。

延迟采收型葡萄（Vendanges tardives）：指在过熟状态下采收的葡萄。

绿色采收（Vendanges vertes）：这项操作通常在7月进行，人们去除掉部分绿色的葡萄，为了控制葡萄的产量，提高剩余葡萄串风味的集中度。

采收（Vendanges）：收获葡萄。

转熟（Véraison）：葡萄浆果的外观发生变化，标志着成熟过程的开始。

VSOP级（Very Superior Old Pale，英语）：干邑及雅马邑的一个等级，以酒龄为依据。

陈年（Vieillissement）：葡萄酒在瓶中的成熟过程。

葡萄酒（Vin）：仅通过对新鲜的葡萄或葡萄汁进行完全或部分的酒精发酵所获得的产品。

地区餐酒（Vin de pays）：标注了地理产区信息的普通餐酒。

普通餐酒（Vin de table）：日常饮用的葡萄酒。

天然甜葡萄酒（Vin doux naturel/VDN）：通过加入酒精中止发酵而生产出的葡萄酒。

区域产区酒（Vinho Régional，葡萄牙）：地区级葡萄酒，等同于地区餐酒。

葡萄酒酿造（Vinification）：将葡萄转变为葡萄酒的一系列操作。

普通餐酒（Vino de Mesa，西班牙）：同vin de table。

普通餐酒（Vino da tavola，意大利）：同vin de table。

推荐产区葡萄酒（Vino de calidad con indicacio geografica/VCIG，西班牙）：等同于地区餐酒。

单一葡萄园葡萄酒（Vino de Pago /VP，西班牙）：产自于单一地块的葡萄酒。

年份（Vintage，英语）：同millésime。

葡萄栽培的（Viticole）：与葡萄树有关的。

美洲葡萄（Vitis labrusca）：美国葡萄种群的名称。

酿酒葡萄（Vitis vinifiera）：葡萄属且原产于欧洲的葡萄种群名称。

特定产区优质酒（VQPRD）：一个特定产区出产的优质葡萄酒（这是一个欧盟给出的定义，涵盖了法定产区酒）。

VSOP级：见Very Superior Old Pale。

W

酒庄（Winery，美国）：同Domaine。

温斯塔博（winstub）：阿尔萨斯地区特有的葡萄酒吧。

注：由于编译及出版之时间因素，书中部分数据及法规与目前现行内容有出入之处仅供参考。

索　引

本书创作团队介绍

主　编

艾薇琳娜·马尼克（EVELYNE MALNIC）

顾　问

乔治·乐培（GEORGES LEPRE）

创作团队

伊莎贝拉·巴什拉德（Isabelle Bachelard）： 葡萄酒专栏记者，曾为《法国葡萄酒评论》、《美食烹饪指南》、《葡萄树》、《国际葡萄酒杂志》、英国的《售酒新闻》及日本的《葡萄酒杂志》等多家著名杂志供稿。

大卫·比宏（David Biraud）： 巴黎克里龙酒店首席侍酒师，曾被法国侍酒师联合会（UDSF）评选为2002年度最佳侍酒师及2004年度法国侍酒师杰出人物。

莫哈德·布德拉（Mohamed Boudellal）： 记者，曾为《法国葡萄酒评论》供稿。

克莱尔·卡莫加纳（Claire Calmejane）： 记者，《行动才能》杂志"饮品"栏目负责人。

大卫·考博德（David Cobbold）： 独立撰写或与他人合著多部作品，其中包括收录于合集《关于一支葡萄酒》（弗拉马里翁出版社）中的《世界上最伟大的葡萄园，邦多勒、博纳、苏玳、巴尔萨克》、《福勒菲斯外国葡萄酒指南》、《葡萄酒之乐》（立博欧出版社）、《酒配餐/餐配酒》（福勒菲斯出版社）。曾为多个国家的专业杂志撰稿：法国的《烹调与风土》及《波尔多葡萄酒爱好者》、加拿大的《葡萄酒与葡萄园》、意大利的《慢酌葡萄酒》、英国的《国际葡萄酒》及《哈珀斯》杂志。同时作为专业译者，他经常主持以葡萄酒为主题的讲座及晚会。此外，他还管理着一个专门面向葡萄酒生产商及进口商的咨询公司。

马库斯·德拉·莫纳克（Markus Del Monego）： 世界上唯一位同时荣获全球最佳侍酒师（1998年）和葡萄酒大师（2003年）2个头衔的侍酒师。他获得的荣誉称号还包括：瑞纳特德国最佳侍酒师（1998年）、《美食评鉴指南》1992年度最佳侍酒师。此外，他还是清酒大师。在埃森市，他打理一家葡萄酒咨询公司，并曾出版多部著作。其中《水》（希尔出版社）和《为何葡萄酒有木塞味》（希尔出版社）两部作品曾在"美食烹饪类书籍评比"（2003年布里萨克城堡）中被评选为全球最佳葡萄酒类书籍。

圣巴斯蒂安·度朗维埃（Sébastien Durand-Viel）： 撰写过多部作品，其中3篇收录于《关于一支葡萄酒》（弗拉马里翁出版社）中。此外，还与大卫·考博德合著《福勒菲斯外国葡萄酒指南》及《葡萄酒之乐》（立博欧出版社）。

伯努瓦·弗朗斯（Benoît France）： 地图绘制师，曾主持编制索拉出版社的《法国葡萄园地图册》（此书曾在2002年佩里格国际美食书展上荣获葡萄酒历史与地理大奖，在2002年度世界烹饪书籍评比中获选为"最出色的葡萄酒地图册"，并获得国际美食学院2004年度文学奖）。

米希安·于埃（Myriam Huet）： 酿酒师，毕业于波尔多大学，获得葡萄酒品鉴文凭及葡萄树与葡萄酒科学技术文凭。同时，任《波尔多葡萄酒爱好者》杂志记者。自1999年起，他在法国国际广播电台由让皮埃尔·高夫主持的美食节目中担任葡萄酒专栏记者。

马蒂尔德·于洛（Mathilde Hulot）： 葡萄酒专业记者，为《法国葡萄酒杂志》、《国际酿酒杂志》、《波尔多葡萄酒爱好者》、《葡萄树》、《费加罗》经济版及美国的《葡萄酒贸易月刊》供稿。她还曾撰写《陶家宜葡萄酒》（费雷出版社 Féret），并与他人合著《年份世纪》（福勒菲斯出版社）。在2003年曾为《拉鲁斯葡萄酒》撰稿。

费德里克·勒柏拉（Frédérique Lebel）：香水及潮流领域记者、专家，为《每日时尚新闻》、《美容资讯》及《健康生活》杂志供稿。

乔治·乐培（Georges Lepré）：大师级侍酒师，韦弗大饭店及丽兹酒店前任首席侍酒师，后来曾任丽兹国际葡萄酒经理。目前担任品酒汇质量及对外关系总监。他曾与人合著《唇齿间的葡萄酒》（索拉出版社 / 荣获2002年度埃德蒙德罗斯柴尔德大奖）。

瓦莱丽·德雷科尔（Valérie de Lescure）：葡萄酒专业记者，为《祖班周刊》及《回声限量版》月刊供稿，也曾为多部书籍撰稿，其中包括《鱼排大餐》（阿尔班·米歇尔出版社）及《小拉鲁斯葡萄酒》。此外，她还在丽兹艾思高菲尔烹饪学校教授葡萄酒品鉴及餐酒搭配课程。

艾薇琳娜·马尼克（Evelyne Malnic）：记者，曾撰写多部著作，其中包括与菲利普·布赫吉荣（Philippe Bourguignon）合著的《完美搭配》（橡树出版社）、与奥蒂乐·彭第罗（Odile Pontillo）合著的《最棒的美食搭配》（马哈布出版社）、《法国葡萄酒节指南》（福勒菲斯出版社）及与乔治·乐培合著的《唇齿间的葡萄酒》（索拉出版社 / 荣获2002年度埃德蒙德罗斯柴尔德大奖）。

艾莲娜·比沃（Hélène Piot）：葡萄酒领域专业记者，曾长期供职于《法国葡萄酒杂志》及《波尔多葡萄酒爱好者》杂志。目前为《挑战》及《新观察家》杂志供稿。与他人合著《年份世纪》（福勒菲斯出版社）。

尼古拉·德哈伯第（Nicolas de Rabaudy）：记者，为美食频道制作高档餐厅的专题影片。他还是《法兰西晚报》及《休伯特指南》的美食专栏作者，著有多部作品，包括《豪华酒店、度假村、城堡中的餐厅》（即将面世）及《高端法式烹饪》（米内瓦出版社）。

米歇尔·罗兰（MICHEL ROLLAND）：波尔多最杰出的酿酒师之一，在波美侯及圣埃米利永地区拥有5个酒庄。著名的葡萄酒专家，特别是在对于美乐的研究方面，这也是他始终在自己庄园里种植的葡萄品种。常以顾问的身份参与世界范围内的葡萄种植及葡萄酒酿造工作（阿根廷、智利、美国加利福尼亚州以及西班牙、匈牙利、意大利、南非和印度）。同时，他还在波美侯地区管理一家酿酒实验室，该实验室拥有700多家客户。

迪蒂埃·戴赫（Didier Ters）：西南地区记者，著有多部介绍葡萄酒及阿基坦地区历史的著作，其中包括《圣埃米利永：热情与团结》。

雅克琳娜·于希（Jacqueline Ury）：记者，曾于1999年荣获美食评论与资讯古农斯基奖。为多本杂志撰稿并参与多项职业烹饪大赛。著有《阿塔尼昂美食》（法国宇宙出版社）及《季节性葡萄酒烹饪》（阿歇特出版社）。